中国国家标准汇编

2008 年修订-27

中国标准出版社　编

中国标准出版社

北　京

图书在版编目（CIP）数据

中国国家标准汇编：2008年修订.27/中国标准出版社编.—北京：中国标准出版社，2009

ISBN 978-7-5066-5536-1

Ⅰ.中… Ⅱ.中… Ⅲ.国家标准-汇编-中国-2008 Ⅳ.T-652.1

中国版本图书馆CIP数据核字（2009）第194084号

中国标准出版社出版发行
北京复兴门外三里河北街16号
邮政编码:100045

网址 www.spc.net.cn
电话:68523946 68517548
中国标准出版社秦皇岛印刷厂印刷
各地新华书店经销

*

开本 880×1230 1/16 印张 38.5 字数 1 150 千字
2009年12月第一版 2009年12月第一次印刷

*

定价 200.00 元

ISBN 978-7-5066-5536-1

9 787506 655361 >

出 版 说 明

1.《中国国家标准汇编》是一部大型综合性国家标准全集。自1983年起,按国家标准顺序号以精装本、平装本两种装帧形式陆续分册汇编出版。它在一定程度上反映了我国建国以来标准化事业发展的基本情况和主要成就,是各级标准化管理机构,工矿企事业单位,农林牧副渔系统,科研、设计、教学等部门必不可少的工具书。

2.《中国国家标准汇编》收入我国每年正式发布的全部国家标准,分为"制定"卷和"修订"卷两种编辑版本。

"制定"卷收入上年度我国发布的、新制定的国家标准,顺延前年度标准编号分成若干分册,封面和书脊上注明"20××年制定"字样及分册号,分册号一直连续。各分册中的标准是按照标准编号顺序连续排列的,如有标准顺序号缺号的,除特殊情况注明外,暂为空号。

"修订"卷收入上年度我国发布的、被修订的国家标准,视篇幅分设若干分册,但与"制定"卷分册号无关联,仅在封面和书脊上注明"20××年修订-1,-2,-3,……"字样。"修订"卷各分册中的标准,仍按标准编号顺序排列(但不连续);如有遗漏的,均在当年最后一分册中补齐。需提请读者注意的是,个别非顺延前年度标准编号的新制定的国家标准没有收入在"制定"卷中,而是收入在"修订"卷中。

读者配套购买《中国国家标准汇编》"制定"卷和"修订"卷则可收齐上一年度我国制定和修订的全部国家标准。

3. 由于读者需求的变化,自1996年起,《中国国家标准汇编》仅出版精装本。

4. 2008年制修订国家标准共5946项。本分册为"2008年修订-27",收入新制修订的国家标准36项。

中国标准出版社
2009年10月

目　　录

ICS 07.060
N 93

中华人民共和国国家标准

GB/T 4934.1—2008
代替 GB/T 4934—1996

土工试验仪器 剪切仪 第1部分:应变控制式直剪仪

Instrument for soil test—Shear apparatus—
Part 1:Strain-controlled direct shear apparatus

2008-06-17 发布 2008-10-01 实施

中华人民共和国国家质量监督检验检疫总局
中国国家标准化管理委员会 发布

前　言

GB/T 4934《土工试验仪器　剪切仪》分为两部分：

——第 1 部分：应变控制式直剪仪；

——第 2 部分：现场十字板剪切仪。

本部分为 GB/T 4934 的第 1 部分。

本部分是对 GB/T 4934—1996《应变控制式直剪仪》进行的修订，其主要修订内容如下：

——增加了直剪仪和应变控制式直剪仪的定义；

——增加了垂直加荷构件的最大法向力的规格，拓展了仪器的最大变速范围；

——在仪器的技术要求中还增加了剪切盒、水平量测及垂直位移量测仪表、贮存环境、同轴度等方面的要求；调整了砝码的相对误差要求；

——在试验方法中补充了有关仪器台面振幅、噪声等有关检测方法；

——补充了对检验规则及标志、包装、运输、贮存的要求。

本部分由中华人民共和国水利部提出并归口。

本部分主要起草单位：水利部水文仪器及岩土工程仪器质量监督检验测试中心、国家电力公司南京电力自动化设备总厂、南京土壤仪器厂有限公司、水利部南京水利水文自动化研究所。

本部分参加起草单位：全国工业产品生产许可证办公室水文仪器及岩土工程仪器审查部、安徽省水利部淮委水利科学研究院。

本部分主要起草人：章一新、夏康、徐晓乐、李刚、茅加峰、鲍良钝。

本部分参加起草人：袁普生、宋新江。

本部分所代替标准的历次发布情况为：

——GB/T 4934—1996。

土工试验仪器　剪切仪
第1部分:应变控制式直剪仪

1　范围

GB/T 4934的本部分规定了应变控制式直剪仪(以下简称直剪仪)的类型、结构组成及规格、技术要求、试验方法、检验规则、标志、使用说明书、包装、运输和贮存的统一要求。

本部分适用于测定土样在不同垂直压力条件下的抗剪强度的应变控制式直剪仪。

2　规范性引用文件

下列文件中的条款通过GB/T 4934的本部分的引用而成为本部分的条款。凡是注日期的引用文件,其随后所有的修改单(不包括勘误的内容)或修订版均不适用于本部分,然而,鼓励根据本部分达成协议的各方研究是否可使用这些文件的最新版本。凡是不注日期的引用文件,其最新版本适用于本部分。

GB 9969.1　工业产品使用说明书　总则

GB/T 15406—2007　岩土工程仪器基本参数及通用技术条件

GB/T 15464　仪器仪表包装通用技术条件

GB/T 50279　岩土工程基本术语标准

JJG 34　指示表(指针式、数显式)检定规程

JJG 99　砝码检定规程

JJG 455　工作测力仪

SL 116　应变控制式直剪仪校验方法

SL/T 152—1995　透水板

3　术语和定义

GB/T 50279确立的以及下列术语和定义适用于GB/T 4934的本部分。

3.1

剪切力　shear force

平行于剪切面上的力。

3.2

法向力　vertical force

垂直于剪切面上的力。

3.3

剪切位移　shear displacement

剪切面相对移动的距离。

3.4

直剪仪　direct shear apparatus

对土样的固定剪切面施加剪切力,以求得土样在不同垂直压力条件下的抗剪强度(粘聚力 c、内摩擦角 φ)的土工试验仪器。

3.5

应变控制式直剪仪　strain-controlled direct shear apparatus

一种通过匀速推动剪切容器对土样的固定剪切面施加剪切力，以求得土样在不同垂直压力条件下的抗剪强度（粘聚力 c、内摩擦角 φ）的土工试验仪器。

4　产品类型、结构组成及规格

4.1　产品类型

直剪仪按剪切操作方式可分为手动式和电动式两种。

4.2　结构组成

直剪仪主要由剪切盒、垂直加荷构件、剪切力施加构件、剪切力计量装置、附件等组成，如图 1 所示。

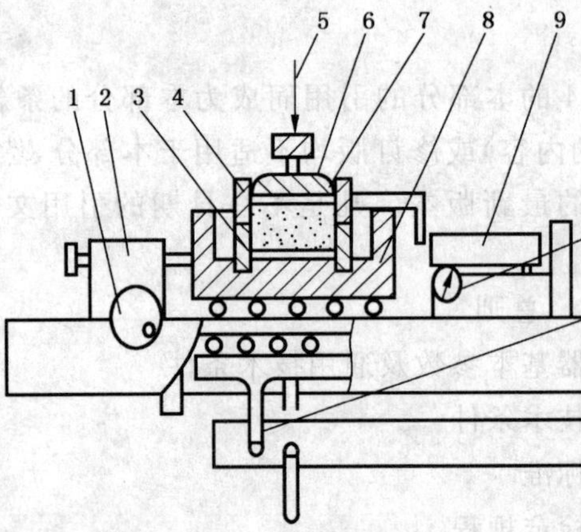

1——剪切传动机构；
2——推动座；
3——下剪切盒；
4——上剪切盒；
5——垂直位移量测装置；
6——传压板；
7——透水板；
8——储水盒；
9——剪切力计量装置；
10——剪切位移量测装置；
11——联动装置。

图 1　应变控制式直剪仪示意图

4.3　产品规格

4.3.1　剪切盒包括上剪切盒、下剪切盒、储水盒、透水板、传压板等，其主要规格应满足表 1 规定。

表 1　剪切盒规格　　单位为毫米

土样尺寸	上剪切盒内径	下剪切盒内径	上透水板直径	传压板底面直径
ϕ61.8×20	61.8		61.3	
ϕ79.8×20	79.8		79.3	

4.3.2　垂直加荷构件的最大法向力应满足表 2 的规定。

表 2 最大法向力

土样尺寸/mm	最大法向力/kN	最大压强/kPa
ϕ61.8×20	1.2	400
	3.0	1 000
	6.0	2 000
	9.0	3 000
ϕ79.8×20	10.0	2 000

4.3.3 剪切力施加构件包括剪切传动机构、推动座、剪切位移量测装置等，其主要规格应符合表 3 规定。

表 3 剪切力施加构件规格

推动轴行程/mm		变速范围/(mm/min)	最大推动力/kN	测力仪(或负荷传感器)量程/kN
最 大	手轮每转一圈			
25	0.1	2.4×10^{-3}～2.4	10	0.6
30	0.2	1.0×10^{-2}～2.4		1.0
				3.0
				6.0
				10.0

4.3.4 附件包括环刀、位移量表等，其主要规格应满足表 4 规定。

表 4 附件主要规格

单位为毫米

试样尺寸	环刀		垂直位移量表	剪切位移量表
	内径	高度		
ϕ61.8×20	61.8	20	0～10	
ϕ79.8×20	79.8	20		

5 技术要求

5.1 工作环境

直剪仪应能在下列环境下正常工作：

a) 温度：5 ℃～35 ℃；

b) 相对湿度：不大于 85%(30 ℃时)。

5.2 外观

5.2.1 仪器的铸件表面应无气泡和砂眼。

5.2.2 仪器的表面漆层或镀层应平整、光滑、均匀；不得有斑点、气泡、脱皮、皱纹、碰痕、划伤及锈蚀等。

5.3 剪切容器

5.3.1 环刀应符合相关产品标准的有关规定。

5.3.2 透水板应符合 SL/T 152—1995 第 4 章的有关规定，渗透系数应不小于 1×10^{-3} cm/s。

5.3.3 剪切盒应以耐磨损、耐腐蚀的金属材料制造；剪切盒的规格尺寸应符合表 1 的规定，上剪切盒与下剪切盒的直径相对误差应小于 0.1%，上、下剪切盒盒内孔同轴度应小于 0.1%，内壁粗糙度应小于 $Ra3.2\ \mu m$。

5.4 砝码

砝码质量的相对误差应不低于 0.2%。

5.5 法向力

法向力的相对误差应不大于±1%。

5.6 垂直位移量测仪表

垂直位移量测时宜采用1级百分表。

5.7 剪切力计量装置

5.7.1 测力计

用测力计测量时,其示值误差在最大负荷的10%～30%范围内应不大于1.5%;在最大负荷30%～100%范围内应不大于1.0%。

5.7.2 负荷传感器

负荷传感器的非线性度误差应不超过满量程的0.3%。

5.8 推动座

5.8.1 水平位移量测时宜采用1级百分表。

5.8.2 推动座人工操作时,手轮每转一圈,轴的行程相对误差应小于等于10%;推动座电动操作时,在额定电压和负荷状态下,推动座的多次(5次以上)测定的平均行程速率(mm/min)与设计标称速率的相对误差应小于10%。

5.8.3 推动座电动操作时,仪器台面振幅应不超过0.003 mm。

5.8.4 推动座电动操作时,仪器工作时噪声应小于75 dB(A)。

5.9 同轴度

推动座、剪切盒和测力仪(或负荷传感器)所构成的剪切轴心线应在同一轴线上,其同轴度应不大于±0.1 mm。

5.10 综合误差

仪器的综合误差应不超过2.5%。

5.11 绝缘性能

电气设备不接地处的绝缘电阻应大于1 MΩ。

5.12 机械环境适应性

包装好的仪器经运输颠振后,应满足如下要求:

a) 外包装箱不得有任何损坏和变形;

b) 仪器的各项性能及功能应符合5.1～5.11的规定。

6 试验方法

6.1 主要测试设备

6.1.1 0.3级标准测力仪:1.5 kN,3.0 kN,10 kN或性能指标相当的标准负荷传感器(包括指示仪器)。

6.1.2 专用砝码:力值误差±0.1%。

6.1.3 游标卡尺:量程0～150 mm,分度值0.02 mm。

6.1.4 声级计:0～120 dB(A),最小读数0.5 dB(A)。

6.1.5 百分表检定仪。

6.1.6 专用量规:ϕ61.8 mm;ϕ79.8 mm。

6.1.7 秒表:准确度0.1 s。

6.1.8 拾振器及相应测振系统:最大位移±1.5 mm,线性误差5%。

6.1.9 粗糙度标准对比样块:四等一级。

6.1.10 高低温交变湿热箱。

6.1.11 500 V兆欧表。

6.1.12 标准砂:粒径0.25 mm～0.50 mm的风干石英砂。

6.1.13 专用校验棒。

6.1.14 专用量规。

6.1.15 塞尺。

6.2 工作环境

参照GB/T 15406—2007的7.2.1的规定进行，结果应满足5.1的要求。

6.3 外观

目测检查仪器外观，结果应符合5.2的要求。

6.4 剪切容器

6.4.1 环刀

应按相关产品标准的有关试验方法进行检测，结果应符合5.3.1的要求。

6.4.2 透水板

将透水板置于专用试验容器(侧向密封、仅允许上下渗水)内，参照SL/T 152的有关方法进行检测，结果应符合5.3.2的要求。

6.4.3 剪切盒

6.4.3.1 用游标卡尺检测各部分尺寸。

6.4.3.2 用粗糙度样块比测内壁粗糙度及接触面粗糙度。

6.4.3.3 先用专用量规分别检测上、下剪切盒的内径，然后将上、下剪切盒装成后用专用量规检测内孔的同轴度；各项检测结果均应符合5.3.3的要求。

6.5 砝码

砝码应按JJG 99中的有关试验方法进行检测，结果应符合5.4的要求。

6.6 法向力

应用标准测力仪(或标准负荷传感器)进行检测，结果应符合5.5的要求。

6.7 垂直位移量测仪表

应按JJG 34中有关试验方法进行检测，结果应符合5.6的要求。

6.8 剪切力计量装置

6.8.1 测力计

测力计应按JJG 455中有关规定进行检测，结果应符合5.7.1的要求。

6.8.2 负荷传感器

应参照JJG 455中的有关规定进行检测，结果应符合5.7.2的要求。

6.9 推动座

6.9.1 百分表应按JJG 34中有关试验方法进行检测，结果应符合5.8.1的要求。

6.9.2 推动轴的行程速率相对误差应用百分表和秒表进行检测，其计算公式如下：

$$r = \frac{V_1 - V_2}{V_1} \times 100\% \quad \cdots\cdots(1)$$

式中：

r——速率相对误差，%；

V_1——设计标称速率，mm/min；

V_2——多次测定的平均速率，mm/min。

结果应符合5.8.2的要求。

6.9.3 台面振幅：将拾振器固定安放在仪器台面上，并与测振系统相联，测量仪器快、慢两种速度运转时的台面振动，应符合5.8.3的要求。

6.9.4 噪声：仪器在快、慢两种速度运转时，将声级计距离仪器正面1 m位置处检测，结果应符合5.8.4的要求。

6.10 同轴度

用专用量规、塞尺等检测同轴度，结果应符合 5.9 的要求。

6.11 综合误差

参照 SL 116 中有关试验方法进行检测，结果应符合 5.10 的要求。

6.12 绝缘性能

用 500 V 兆欧表检测绝缘电阻，结果应满足 5.11 的要求。

6.13 机械环境适应性

仪器在包装状态下应能经受三级公路 50 km 运输的颠振试验，结果应满足 5.12 的要求。

7 检验规则

7.1 出厂检验

7.1.1 仪器出厂前必须进行出厂检验；出厂检验项目分全检和抽检两种。其中，对 5.2、5.5、5.11 应进行全检，对 5.3.1、5.3.2、5.3.3、5.4、5.7.1、5.7.2、5.8、5.10 应进行抽检，检验结果应完整保存。

7.1.2 产品发现不合格品应进行返工直至合格。

7.1.3 抽检按每批产品数量的 5%～10% 随机抽样进行检验，每批不得少于 3 台，若产品数量少于 3 台，则应全检；当抽检项目出现不合格项时，应根据问题性质决定加倍复检或逐台试验，并应将该台产品进行返工直至合格。

7.1.4 每台仪器应经制造厂家质量检验部门检验合格并附有质量合格证方可出厂。

7.2 型式试验

7.2.1 产品在下列情况下应作型式试验：

a) 新产品或老产品转厂生产的试制定型鉴定；

b) 定型产品在结构、工艺或使用的材料作较大改变，可能影响产品性能时；

c) 产品长期停产后，恢复生产时；

d) 出厂检验结果与上次型式试验有较大差异时；

e) 正常生产时，定期或累计一定产量后，应周期性进行一次检查；

f) 国家质量监督机构提出进行型式试验的要求；

g) 合同规定进行型式试验时。

7.2.2 型式试验应按本部分规定的全部试验项目进行全性能检验。

7.2.3 型式试验的样品，应从经出厂检验合格的产品中随机抽取 3 台。若产品总数少于 3 台，则应全部检验。

7.2.4 试验结果评定：在型式试验中有两台以上(包括两台)不合格时，则应判该批产品不合格。有一台不合格时，则应加倍抽取该产品进行扩大抽样检验。仍有不合格时，则应判该批产品为不合格；若加倍抽样产品全部合格，则该批产品应判为合格。

7.2.5 经过型式试验的仪器样机，需要更换易损件，并经出厂检验合格后方能出厂。

8 标志、使用说明书

8.1 标志

8.1.1 产品标志

在产品的显著位置应具有完整的铭牌标志，内容包括：

a) 产品型号及名称；

b) 生产单位名称、地址及商标；

c) 生产日期及出厂编号等。

8.1.2 包装标志

在产品的包装箱的适当位置，应标有显著、牢固的包装标志，内容包括：

a) 仪器型号及名称；

b) 仪器数量；

c) 箱体尺寸(mm)；

d) 净重或毛重(kg)；

e) 运输作业安全标志；

f) 到站(港)及收货单位；

g) 发站(港)及发货单位；

h) 国家工业产品生产许可证编号及标志。

8.1.3 箱内文件

箱内应有下列文件：

a) 装箱单；

b) 产品出厂合格证明书；

c) 产品使用说明书；

d) 剪切力量测装置的率定资料。

8.2 使用说明书

产品的使用说明书的内容应符合 GB 9969.1 的有关规定。

9 包装、运输、贮存

9.1 包装

9.1.1 仪器主机、零件与附件、备件应分箱包装。

9.1.2 包装箱选用的材料和结构应能防止风沙和雨水侵入。

9.1.3 未涂漆的零件应用油封包装。

9.1.4 产品包装后，其包装件重心应尽量靠下且居中，产品装在箱内必须予以支撑、垫平、卡紧。

9.1.5 附件箱、备件箱应尽量固定在主机箱内适当位置，装在箱内的附件、备件等也应采取相应的固定措施。

9.1.6 产品的防震、防潮、防尘等防护包装按 GB/T 15464 中的有关规定进行。

9.2 运输

包装好的产品应能适应陆运、水运和空运等各种运输方式。

9.3 贮存

9.3.1 仪器应贮存在干燥、通风、防晒和无化学物质侵蚀的环境中。

9.3.2 仪器应能以下规定的范围内贮存：

a) 温度：−40 ℃～60 ℃；

b) 相对湿度：不大于 85%(+30 ℃时)。

ICS 07.060
N 93

中华人民共和国国家标准

GB/T 4934.2—2008

土工试验仪器　剪切仪
第2部分:现场十字板剪切仪

Instrument for soil test—Shear apparatus—
Part 2:Field vane shear apparatus

2008-06-17 发布　　　　2008-10-01 实施

中华人民共和国国家质量监督检验检疫总局
中国国家标准化管理委员会　发布

前言

GB/T 4934《土工试验仪器　剪切仪》分为两部分：

——第1部分：应变控制式直剪仪；

——第2部分：现场十字板剪切仪。

本部分为GB/T 4934的第2部分。

本部分与GB/T 15406《岩土工程仪器基本参数及通用技术条件》等标准在技术内容上相互协调一致。

本部分由中华人民共和国水利部提出并归口。

本部分主要起草单位：水利部水文仪器及岩土工程仪器质量监督检验测试中心、国家电力公司南京电力自动化设备总厂、南京土壤仪器厂有限公司、水利部南京水利水文自动化研究所。

本部分参加起草单位：全国工业产品生产许可证办公室水文仪器及岩土工程仪器审查部、安徽省水利部淮委水利科学研究院。

本部分主要起草人：夏康、徐晓乐、李刚、王长生、鲍良钝。

本部分参加起草人：袁普生、宋新江。

土工试验仪器　剪切仪
第2部分:现场十字板剪切仪

1　范围

GB/T 4934的本部分规定了现场十字板剪切仪(以下简称十字板剪切仪)的类型、结构组成及规格、技术要求、试验方法、检验规则、标志、使用说明书、包装、运输和贮存的统一要求。

本部分适用于现场测定饱和粘性土的原位不排水强度和灵敏度试验、且深度不超过30 m的十字板剪切仪。

2　规范性引用文件

下列文件中的条款通过GB/T 4934的本部分的引用而成为本部分的条款。凡是注日期的引用文件,其随后所有的修改单(不包括勘误的内容)或修订版均不适用于本部分,然而,鼓励根据本部分达成协议的各方研究是否可使用这些文件的最新版本。凡是不注日期的引用文件,其最新版本适用于本部分。

GB 9969.1　工业产品使用说明书　总则

GB/T 15406—2007　岩土工程仪器基本参数及通用技术条件

GB/T 15464—1995　仪器仪表包装通用技术条件

GB/T 50279　岩土工程基本术语标准

JJG 557　标准扭矩计

3　术语和定义

GB/T 50279确立的以及下列术语和定义适用于GB/T 4934的本部分。

3.1

现场十字板剪切仪　field vane shear apparatus

一种用十字形板头测量原状土体的抗剪强度的原位测试仪器。

3.2

原位不排水强度　in-situ intension without drainage

土在原位不排水条件下受剪时可产生的最大剪阻力。

3.3

土的灵敏度　sensitivity of soil

原状土的不排水强度与土在相同含水率下经重塑后的不排水强度之比。

3.4

十字板面积比　section proportion of the vane

十字板头的横截面积(包括轴杆)与受剪土柱的横截面积(直径按板宽计算)之比,其计算公式如下:

$$A=\frac{8e(D-d)+\pi d^2}{\pi D^2}\times 100\%$$

式中:

A——面积比,%;

e——板厚,单位为毫米(mm);

D——板宽，单位为毫米(mm)；

d——轴杆直径，单位为毫米(mm)。

4 产品类型、结构组成及规格

4.1 产品类型

十字板剪切仪按扭力测量设备工作原理的不同可分为机械式和电测式两种。

4.2 结构组成

十字板剪切仪主要由十字形板头、轴杆、扭矩测量设备及必要的附件等部分组成。如图1所示。

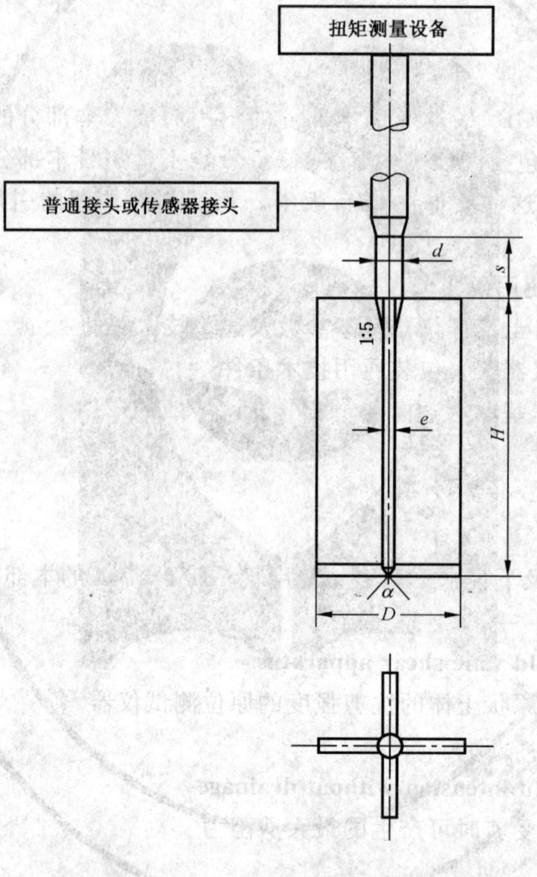

图1 现场十字板剪切仪示意图

4.3 产品规格

4.3.1 十字板剪切仪板头和轴杆主要规格应符合表1的规定。

表1 板头和轴杆规格

板头				轴杆		十字板面积比 A/%
板宽 D/mm	板高 H/mm	板厚 e/mm	刃角 α/(°)	直径 d/mm	长度 s/mm	
50	100	2	60	13	50	14
75	150	3	60	14	50	13

4.3.2 十字板剪切仪扭力测量设备主要规格应符合表2规定。

表2 扭力测量设备规格

扭矩测量范围/N·m	扭转盘旋转角(手轮每转一圈)/(°)
0～80	1

4.3.3 附件包括接头、导轮(或钻杆)、接杆以及率定设备等。

5 技术要求

5.1 工作环境

仪器应能在以下环境条件下正常工作：

a) 温度：0 ℃～45 ℃；

b) 相对湿度：≤95%(40 ℃时)。

5.2 外观

5.2.1 仪器的铸件表面应无气泡和砂眼。

5.2.2 仪器表面漆层或镀层应平整、光滑、均匀；不应有斑点、气泡、脱皮、皱纹、碰痕、划伤及锈蚀等。

5.3 板头

5.3.1 板头应由两片正交的高强度金属材料制成，硬度应大于HRC40。

5.3.2 表面粗糙度应小于 $Ra6.3\ \mu m$。

5.3.3 机械尺寸应符合表1的规定。

5.4 轴杆

机械尺寸应符合表1中的规定。

5.5 扭力测量设备

5.5.1 扭矩相对误差

扭矩相对误差应小于2.0%。

5.5.2 扭矩传感器

传感器应能满足如下要求：

a) 非线性度：≤1.0% FS(FS表示满量程)；

b) 不重复度：≤0.8% FS；

c) 迟滞：≤1.0% FS；

d) 温度影响：<0.5% FS/10 ℃(在0 ℃～45 ℃范围内)；

e) 过范围限：>120%。

5.6 绝缘性能

仪器采用电测时，传感器的绝缘电阻在压力为500 kPa的水中应大于50 MΩ。

5.7 机械环境适应性

包装好的仪器经运输颠振后，应满足如下要求：

a) 外包装箱不得有任何损坏和变形；

b) 仪器的各项性能及功能应符合5.1～5.6的规定。

6 试验方法

6.1 主要测试设备

6.1.1 开口钢环(或扭矩传感器)率定专用装置。

6.1.2 洛氏硬度计。

6.1.3 拾振器及相应测振系统：最大位移±1.5mm，线性误差5%。

6.1.4 高低温交变湿热箱。

6.1.5 100 V 兆欧表。

6.2 工作环境

参照 GB/T 15406—2007 中 7.2.1 中规定进行检测，结果应满足本标准 5.1 的要求。

6.3 外观

目测检查仪器外观，其结果应符合 5.2 的要求。

6.4 板头

6.4.1 用洛氏硬度计测量板头硬度，结果应符合 5.3.1 要求。

6.4.2 用表面粗糙度标准样块目测比较板头的表面，目测结果应符合 5.3.2 的要求。

6.4.3 用游标卡尺和万能角度尺分别测量板头的宽度、厚度、高度及刃角，结果应符合 5.3.3 的要求。

6.5 轴杆

用游标卡尺检测轴杆的直径和长度，结果应符合 5.4 的要求。

6.6 扭力测量设备

6.6.1 用专用标定架和砝码等设备对扭矩计量仪表进行检测，结果应符合 5.5.1 的要求。

6.6.2 非线性度、不重复度、迟滞、过范围限和温度影响等试验方法，参照 JJG 557 中有关规定进行，结果应分别符合 5.5.2 的要求。

6.7 绝缘性能

当仪器采用传感器测量时，在本标准 5.6 规定的条件下，分别进行历时 0.5 h 的试验（试验时引出电缆端部应防止进水），然后用兆欧表检测电缆与密封壳体之间的绝缘电阻，结果应符合 5.6 的要求。

6.8 机械环境适应性

仪器在包装状态下应能经受三级公路 50 km 运输的颠振试验，结果应满足 5.7 的要求。

7 检验规则

7.1 出厂检验

7.1.1 仪器出厂前必须进行出厂检验；出厂检验项目分全检和抽检两种。其中，对 5.2、5.5.1、5.5.2、5.6 应进行全检，对 5.3、5.4 应进行抽检，检验结果应完整保存、备查。

7.1.2 全检系对产品进行特定项目检验，抽检系对特定项目进行抽样检验；产品发现不合格品应进行返工直至合格。

7.1.3 抽检按每批产品数量的 5%～10% 随机抽样进行检验，每批最少应不少于 3 台，若产品数量少于 3 台，则应全检；当抽检项目出现不合格项时，应根据问题性质决定加倍复检或逐台试验，并应将该台产品进行返工直至合格。

7.1.4 每台仪器应经制造厂家质量检验部门检验合格并附有质量合格证方可出厂。

7.2 型式试验

7.2.1 产品在下列情况下应作型式试验：

a） 新产品或老产品转厂生产的试制定型鉴定；

b） 定型产品在结构、工艺或使用的材料作较大改变，可能影响产品性能时；

c） 产品长期停产后，恢复生产时；

d） 出厂检验结果与上次型式试验有较大差异时；

e） 正常生产时，定期或累计一定产量后，应周期性进行一次检查；

f） 国家质量监督机构提出进行型式试验的要求；

g） 合同规定进行型式试验时。

7.2.2 型式试验应按本标准规定的全部试验项目进行全性能检验。

7.2.3 型式试验的样品，应从经出厂检验合格的产品中随机抽取3台。若产品总数少于3台，则应全部检验。

7.2.4 试验结果评定：在型式试验中有两台以上（包括两台）不合格时，则应判该批产品不合格。有一台不合格时，则应加倍抽取该产品进行扩大抽样检验。仍有不合格时，则判该批产品为不合格；若加倍抽样产品全部合格，则该批产品应判为合格。

8 标志、使用说明书

8.1 标志

8.1.1 产品标志

在产品的显著位置应具有完整的铭牌标志，内容包括：

a) 产品型号及名称；

b) 生产单位名称、地址及商标；

c) 生产日期及出厂编号等。

8.1.2 包装标志

在产品的包装箱的适当位置，应标有显著、牢固的包装标志，内容包括：

a) 仪器型号及名称；

b) 仪器数量；

c) 箱体尺寸(mm)；

d) 净重或毛重(kg)；

e) 运输作业安全标志；

f) 到站(港)及收货单位；

g) 发站(港)及发货单位；

h) 国家工业产品生产许可证编号及标志。

8.1.3 箱内文件

箱内应有下列文件：

a) 装箱单；

b) 产品出厂合格证明书；

c) 产品使用说明书；

d) 扭矩率定资料；

e) 传感器率定资料。

8.2 使用说明书

产品的使用说明书的内容应符合GB 9969.1的有关规定。

9 包装、运输、贮存

9.1 包装

9.1.1 仪器主机、零件与附件、备件应分箱包装。

9.1.2 包装箱选用的材料和结构应能防止风沙和雨水侵入。

9.1.3 未涂漆的零件应用油封包装。

9.1.4 产品包装后，其包装件重心应尽量靠下且居中，产品装在箱内必须予以支撑、垫平、卡紧。

9.1.5 附件箱、备件箱应尽量固定在主机箱内适当位置，装在箱内的附件、备件等也应采取相应的固定措施。

9.1.6 产品的防震、防潮、防尘等防护包装按GB/T 15464中的有关规定进行。

9.2 运输

包装好的产品应能适应陆运、水运和空运等各种运输方式。

9.3 贮存

9.3.1 仪器应贮存在干燥、通风、防晒和无化学物质侵蚀的环境中。

9.3.2 仪器应能在以下规定的范围内贮存：

a) 温度：−40 ℃～60 ℃；

b) 相对湿度：不大于95%(40 ℃时)。

ICS 07.060
N 93

中华人民共和国国家标准

GB/T 4935.1—2008
代替 GB/T 4935—1996

土工试验仪器　固结仪
第1部分：单杠杆固结仪

Instrument for soil test—Oedometer—
Part 1: Single level arm oedometer

2008-11-21 发布　　2009-02-01 实施

中华人民共和国国家质量监督检验检疫总局
中国国家标准化管理委员会　发布

前　言

GB/T 4935《土工试验仪器　固结仪》分为两部分：

——第1部分：单杠杆固结仪；

——第2部分：气压式固结仪。

本部分为GB/T 4935的第1部分。

本部分是对GB/T 4935—1996《单杠杆固结仪》的修订，其主要修订内容如下：

——在第3章中增加了单杠杆固结仪的定义；

——在第5章中明确了砝码的技术要求；

——在第5章中增加了工作环境的要求；

——补充了对检验规则及标志、包装、运输、贮存的要求。

本部分由中华人民共和国水利部提出并归口。

本部分主要起草单位：水利部水文仪器及岩土工程仪器质量监督检验测试中心、国家电力公司南京电力自动化设备总厂、南京土壤仪器厂有限公司、水利部南京水利水文自动化研究所。

本部分参加起草单位：全国工业产品生产许可证办公室水文仪器及岩土工程仪器审查部。

本部分主要起草人：茅加峰、夏康、章一新、徐晓乐。

本部分参加起草人：鲍良钝。

本部分所代替标准的历次发布情况为：

——GB/T 4935—1996。

土工试验仪器　固结仪
第1部分：单杠杆固结仪

1　范围

GB/T 4935的本部分规定了单杠杆固结仪的相关术语和定义、结构组成及规格、技术要求、试验方法、检验规则、标志、使用说明书、包装、运输和贮存的要求。

本部分适用于测定土样在无侧向变形条件下的固结特性相关参数的单杠杆固结仪。

2　规范性引用文件

下列文件中的条款通过GB/T 4935的本部分的引用而成为本部分的条款。凡是注日期的引用文件，其随后所有的修改单（不包括勘误的内容）或修订版均不适用于本部分，然而，鼓励根据本部分达成协议的各方研究是否可使用这些文件的最新版本。凡是不注日期的引用文件，其最新版本适用于本部分。

GB 9969.1　工业产品使用说明书　总则

GB/T 15406　岩土工程仪器基本参数及通用技术条件

GB/T 15464　仪器仪表包装通用技术条件

GB/T 50279　岩土工程基本术语标准

JJG 34—1996　指示表（百分表和千分表）检定规程

SL/T 152—1995　透水板

SL 370—2006　土工试验仪器　环刀

3　术语和定义

GB/T 50279确立的以及下列术语和定义适用于GB/T 4935的本部分。

3.1

固结仪　oedometer

测量土样在无侧向变形条件下的固结特性的一种土工试验仪器。

3.2

单杠杆固结仪　single level arm oedometer

通过单臂杠杆对土样施加不同垂直压力的固结仪。

3.3

杠杆输出力值　output value of the level

在某一杠杆比下，对杠杆的施力端施加一力值后，在其出力端所反映的力值。

4　产品结构组成及规格

4.1　结构组成

单杠杆固结仪（以下简称固结仪）由固结容器、加压装置和量测装置等零部件组成。其结构示意图如图1所示。

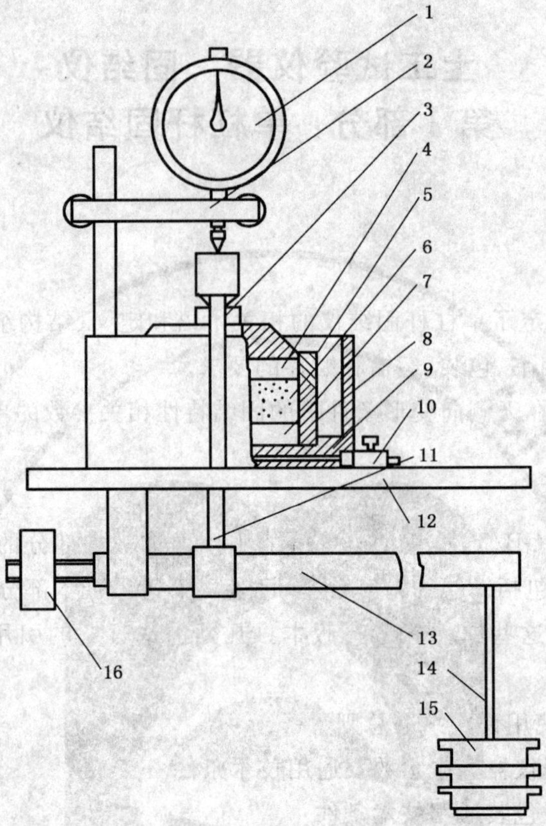

1——百分表；
2——百分表架；
3——传压板；
4——上透水板；
5——环刀；
6——校正样块；
7——下透水板；
8——护环；
9——储水盒；
10——阀门；
11——加压框架；
12——台板；
13——杠杆；
14——砝码盘；
15——砝码；
16——平衡锤。

图 1　单杠杆固结仪示意图

4.2　产品规格

4.2.1　固结容器

固结容器主要由储水盒、护环、透水板、环刀、传压板等组成。环刀和透水板的规格应符合表 1 中的规定。

4.2.2　加压装置

杠杆比宜为 10∶1 或 12∶1。杠杆输出力值应符合 GB/T 15406 的规定，最大轴向垂直压力应符合表 1 的规定。

表 1 加压装置

环刀规格		透水板规格/mm		最大轴向垂直压力/MPa
面积/cm^2	内径和高度/mm	上透水板直径	下透水板直径 >	
30	ϕ61.8×20	ϕ61.3	ϕ61.8	0.8,1.6,3.2,4.0
50	ϕ79.8×20	ϕ79.3	ϕ83	0.4,0.8,2.0

4.2.3 量测装置

应用测量范围 0～10 mm 的百分表或位移传感器进行测量。

5 技术要求

5.1 工作环境

固结仪应能在下列环境下正常工作：

a) 温度：5 ℃～35 ℃；

b) 相对湿度：不大于 85%(30 ℃时)。

5.2 外观

5.2.1 仪器的铸件表面应无气泡和砂眼。

5.2.2 仪器的表面漆层或镀层应平整、光滑、均匀；不得有斑点、气泡、脱皮、皱纹、碰痕、划伤及锈蚀等。

5.3 固结容器

5.3.1 环刀

环刀应符合 SL 370—2006 的有关规定。

5.3.2 透水板

透水板应符合 SL/T 152—1995 第 4 章的有关规定，渗透系数应不小于 1×10^{-3}cm/s。

5.4 杠杆

5.4.1 灵敏度

杠杆平衡后，其灵敏度应不超过其最大输出力值的 0.02%。

5.4.2 出力相对误差

杠杆输出力值为最大值的 2.5%及其以上时，出力相对误差应不超过±1.0%。

5.5 砝码

砝码质量的相对误差应不超过±0.2%。

5.6 量测装置

量测装置中的百分表或位移传感器应符合如下要求：

a) 百分表的最小分度值应为 0.01 mm；

b) 位移传感器的准确度应不小于满量程(FS)的 0.3%。

5.7 机械环境适应性

包装好的仪器经运输颠振后，应满足如下要求：

a) 仪器表面无损伤，零件无松动、损坏；

b) 仪器的各项性能应符合 5.1～5.6 的规定。

6 试验方法

6.1 主要测试设备

主要测试设备包括：

a) 0.3 级标准测力仪:0.6 kN,1.5 kN,10 kN 或性能指标相当的标准负荷传感器(包括指示仪器);

b) 电子秤或天平;

c) 外径千分尺:分度值为 0.01 mm;

d) 专用塞规:ϕ61.8 mm;ϕ79.8 mm。

6.2 试验方法

6.2.1 外观

目测检查仪器外观,结果应符合 5.2 的要求。

6.2.2 固结容器

6.2.2.1 环刀

应按 SL 370—2006 的有关试验方法进行检测,结果应符合 5.3.1 的要求;

6.2.2.2 透水板

参照 SL/T 152—1995 的有关规定进行检测,结果应符合 5.3.2 的要求。

6.2.3 杠杆

6.2.3.1 灵敏度

调平杠杆到水平位置,按输出力值选用相应的标准测力计放在加压框架下 ,按杠杆最大输出力值的 0.02%除以杠杆比后的砝码值为负载,施加在砝码盘上,测力计应有明显反应,则符合 5.4.1 的要求。

6.2.3.2 出力相对误差

取约为最大输出力值的 2.5%、50%及满负荷三点,施加相应的砝码,检测各点输出力值的相应误差,结果应符合 5.4.2 的要求。

6.2.4 砝码

用电子秤检测砝码质量,结果应符合 5.5 的要求。

6.2.5 量测装置

百分表应按照 JJG 34—1996 的有关规定进行检测,结果应符合 5.6a)的要求。

位移传感器应参照 JJG 34—1996 第 12 章中的有关规定进行检测,结果应符合 5.6b)的要求。

6.2.6 机械环境适应性

仪器在包装状态下经受三级公路 50km 运输的颠振试验后,结果应满足 5.7 的要求。

7 检验规则

7.1 出厂检验

7.1.1 仪器出厂前应进行出厂检验。出厂检验项目分全检和抽检两种。其中,对 5.2、5.4 应进行全检,对 5.3、5.5、5.6 应进行抽检。

7.1.2 全检系对产品进行特定项目检验,抽检系对特定项目进行抽样检验;产品发现不合格品应进行返工直至合格。

7.1.3 抽检按每批产品数量的 5%~10%随机抽样进行检验,每批不得少于 3 台,若产品数量少于 3 台,则应全检;当抽检项目出现不合格项时,应根据问题性质决定加倍复检或逐台试验,并应将该台产品进行返工直至合格。

7.1.4 每台仪器应经制造厂家质量检验部门检验合格并附有质量合格证方可出厂。

7.2 型式检验

7.2.1 产品在下列情况下应作型式检验:

a) 新产品试制、定型鉴定或老产品转厂生产时;

b) 正式生产后,在结构、材料、工艺有较大改变、可能影响产品性能时;

c) 正式生产后，产品已连续生产三年以上时；

d) 产品停产一年以上又恢复生产时；

e) 产品出厂检验结果与上次型式检验结果有较大差异时；

f) 国家质量监督机构提出进行型式检验要求时。

7.2.2 型式检验应按本部分规定的全部试验项目进行全性能检验。

7.2.3 型式检验的样品，应从经出厂检验合格的产品中随机抽取 3 台。若产品总数少于 3 台，则应全部检验。

7.2.4 检验结果评定：在型式检验中有 2 台以上(包括 2 台)不合格时，则应判该批产品不合格。有 1 台不合格时，则应加倍抽取该产品进行扩大抽样检验。仍有不合格时，则应判该批产品为不合格；若加倍抽样产品全部合格，则该批产品应判为合格。

7.2.5 经过型式检验的仪器样机，需要更换易损件，并经出厂检验合格后方能出厂。

8 标志、使用说明书

8.1 标志

8.1.1 产品标志

在产品的显著位置应具有完整的铭牌标志，内容包括：

a) 产品型号及名称；

b) 生产单位名称、地址及商标；

c) 生产日期及出厂编号等。

8.1.2 包装标志

在产品的包装箱的适当位置，应标有显著、牢固的包装标志，内容包括：

a) 仪器型号及名称；

b) 仪器数量；

c) 箱体尺寸(mm)；

d) 净重或毛重(kg)；

e) 运输作业安全标志；

f) 到站(港)及收货单位；

g) 发站(港)及发货单位；

h) 国家工业产品生产许可证编号及标志。

8.1.3 随机文件

仪器出厂应提供下列文件：

a) 装箱单；

b) 产品出厂合格证明书；

c) 产品使用说明书。

8.2 使用说明书

产品的使用说明书的内容应符合 GB 9969.1 的有关规定。

9 包装、运输、贮存

9.1 包装

9.1.1 仪器主机、零件与附件、备件应分箱包装。

9.1.2 包装箱选用的材料和结构应能防止风沙和雨水侵入。

9.1.3 未涂漆的零件应用油封包装。

9.1.4 产品包装后，其包装件重心应尽量靠下且居中，产品装在箱内应予以支撑、垫平、卡紧。

9.1.5 附件箱、备件箱应尽量固定在主机箱内适当位置，装在箱内的附件、备件等也应采取相应的固定措施。

9.1.6 产品的防震、防潮、防尘等防护包装按 GB/T 15464 中的有关规定进行。

9.2 运输

包装好的产品应能适应陆运、水运和空运等各种运输方式。

9.3 贮存

9.3.1 仪器应贮存在干燥、通风、防晒和无化学物质侵蚀的环境中。

9.3.2 仪器应能在以下规定的范围内贮存：

a) 温度：−40 ℃～60 ℃；

b) 相对湿度：不大于 85％ 。

ICS 01.040.71;71.040
G 04

中华人民共和国国家标准

GB/T 4946—2008
代替 GB/T 4946—1985

气相色谱法术语

Terms of gas chromatography

2008-06-18 发布　　2009-02-01 实施

中华人民共和国国家质量监督检验检疫总局
中国国家标准化管理委员会　发布

前　言

本标准代替 GB/T 4946—1985《气相色谱法术语》。

本标准与前版 GB/T 4946—1985 的主要技术差异为：

——2.1 气相色谱法增加了对方法的解释"它利用物质在流动相中与固定相中分配系数的差异，当两相作相对运动时，被测样品组分在两相之间进行反复分配，随着流动相(气体)的移动也可以有距离，最后被测样品组分得到分离测定。"；

——增加了 2.4 填充气相色谱法；

——增加了 3.1.4.1 部分二维气相色谱仪(GC+GC)；

——增加了 3.1.4.2 全二维气相色谱仪(GC×GC)；

——增加了 3.1.6 反应气相色谱仪；

——增加了 3.1.7 气相色谱-质谱联用仪(GC-MS)；

——增加了 3.1.8 气相色谱-傅立叶变换红外光谱联用仪(GC-FTIR)；

——增加了 3.5.2.1.4 处壁空心柱；

——增加了 3.5.2.3 化学键合空心柱；

——增加了 3.5.2.4 化学交联空心柱；

——增加了 3.5.3 液膜厚度；

——增加了 3.5.4 涂渍效率；

——增加了 3.5.7 柱寿命；

——增加了 3.6.4.5.1 脉冲火焰光度检测器(PFPD)；

——增加了 3.6.4.7 原子发射检测器(AED)；

——增加了 3.6.4.8 质谱检测器 (MSD)；

——增加了 3.6.4.9 傅立叶变换红外光谱；

——将 2.9 微处理机改为 3.9 数据处理系统；

——将 4.15 校正因子改为 5.15 定义改为：

进入检测器中组分的量与检测器产生的相应峰值的比值。组分 i 的量和峰值分别用质量和峰面积表示，校正因子的表达式为：

$$f_i = m_i / A_i$$

——增加了 5.15.1 相对(定量)校正因子；

——增加了 6.13 峰面积百分比法；

——将 5.13 归一法改为 6.14 归一化法，定义改为"将样品中所有组分含量之和定为 100%，计算其中某一组分含量百分数的定量方法。组分各自的峰值要用相应的相对定量校正因子校准。"；

——第 7 章符号增加了 F_c、T_e、T_i、T_o、f_M、f_V、f_m；

——第 7 章符号中参比物质改为"内标物质"；

——附录 B 增加了 B.1 峰面积百分比法。

本标准附录 A、附录 B 均为规范性附录。

本标准由中国石油和化学工业协会提出。

本标准由全国化学标准化技术委员会归口。

本标准起草单位：中国检验检疫科学研究院、中化化工标准化研究所。

本标准主要起草人：于文莲、魏静、王军兵、陈会明、周新、王立峰、孙鑫、王峥。

本标准于1985年首次发布，本次为第一次修订。

气相色谱法术语

1 范围

本标准规定了气相色谱法的一般术语、仪器、固定相和流动相、色谱参数、色谱图及其他、符号。

本标准适用于气相色谱法。

2 一般术语

2.1

气相色谱法(GC)　gas chromatography

用气体作为流动相的色谱法。它利用物质在流动相中与固定相中分配系数的差异,当两相作相对运动时,试样组分在两相之间进行反复多次分配,各组分的分配系数即使只有微小差别,随着流动相(气体)的移动也可以有距离,最后被测样品组分得到分离测定。

2.2

气液色谱法(GLC)　gas liquid chromatography

将固定液涂渍在载体上作为固定相的气相色谱法。

2.3

气固色谱法(GSC)　gas solid chromatography

用固体(一般指吸附剂)作为固定相的气相色谱法。

2.4

填充气相色谱法　packed column gas chromatography

使用填充色谱柱的气相色谱法。

2.5

程序升温气相色谱法　programmed temperature gas chromatography

色谱柱按照预定的程序连续地或分阶段地进行升温的气相色谱法。

2.6

反应气相色谱法　reaction gas chromatography

试样经过色谱柱前、柱内或柱后的反应区,进行化学反应的气相色谱法。

2.7

裂解气相色谱法　pyrolysis gas chromatography

试样经过高温、激光、电弧等途径,裂解为较小分子后进入色谱柱的气相色谱法,是反应气相色谱法的一种。

2.8

顶空气相色谱法　head space gas chromatography

用气相色谱法分析在密闭系统中与液体(或固体)试样处于热力学平衡状态的气相组分,是间接测定试样中挥发性组分的一种方法。

2.9

毛细管气相色谱法　capillary gas chromatography

使用具有高分离效能的毛细管柱的气相色谱法。

2.10

多维气相色谱法(GC-GC)　multidimensional gas chromatography

将两个或多个色谱柱组合,通过切换,可进行正吹、反吹或切割等操作的气相色谱法。

2.11

制备气相色谱法　preparative gas chromatography

用能处理较大量试样的色谱系统,进行分离、切割和收集组分,以提纯化合物的气相色谱法。

3　仪器

3.1

气相色谱仪　gas chromatograph

气相色谱法用的装置。主要由气路系统、进样系统、柱系统、检测系统、数据处理系统、控制系统组成。

3.1.1

填充气相色谱仪　packed column gas chromatograph

使用填充色谱柱的气相色谱仪。

3.1.2

流程气相色谱仪　process gas chromatograph

用于工业生产中流程控制,能按设置程序自动连续地测定试样的气相色谱仪。

3.1.3

毛细管气相色谱仪　capillary gas chromatograph

毛细管气相色谱法用的装置。

3.1.4

多维气相色谱仪　multidimensional gas chromatograph

多维气相色谱法用的装置。

3.1.4.1

部分二维气相色谱仪(GC+GC)　heart cut two-dimensional gas chromatograph

第一 GC 部分流出物进入第二 GC 进行第二次分离的多维气相色谱法用装置。

3.1.4.2

全二维气相色谱仪(GC×GC)　comprehensive two-dimensional gas chromatograph

第一 GC 全部流出物进入第二 GC 进行第二次分离的多维气相色谱法用的装置。

3.1.5

制备气相色谱仪　preparative gas chromatograph

制备气相色谱法用的装置。

3.1.6

反应气相色谱仪　reaction gas chromatograph

用于反应气相色谱法的气相色谱仪。具有使组分发生反应的部件。

3.1.7

气相色谱-质谱联用仪(GC-MS)　gas chromatograph-mass spectrometer

由气相色谱仪与质谱仪组合成的仪器。气相色谱仪分离的样品组分在质谱仪上测定。

3.1.8

气相色谱-傅立叶变换红外光谱联用仪(GC-FTIR)　gas chromatograph-Fourier transform infrared spectrometer

由气相色谱仪与傅立叶变换红外光谱仪组合成的仪器。气相色谱仪分离的样品组分,进入傅立叶变换红外光谱仪，绘出相应组分的气态红外光谱图，得到定性结果。

3.2

进样器　sample injector

能定量和瞬时地将试样注入色谱系统的器件，通常指注射器、进样阀或自动进样器。

3.3

气化室　vaporizer

使试样瞬时气化并预热载气的部件。

3.4

分流器　splitter

按一定比例将气流分成两部分的部件。

3.5

色谱柱　chromatographic column

内有固定相用以分离试样混合组分的柱管。

3.5.1

填充柱　packed column

填充了固定相的色谱柱。

3.5.1.1

微填充柱　micro-packed column

填充了微粒固定相的内径一般为 0.5 mm～1 mm 的色谱柱。

3.5.2

毛细管柱　capillary column

内径一般为 0.1 mm～0.5 mm 的色谱柱。

3.5.2.1

空心柱　open tubular column

内壁上有固定相的开口的毛细管柱。

3.5.2.1.1

涂壁空心柱(WCOT)　wall-coated open tubular column

内壁上直接涂布固定液的空心柱。

3.5.2.1.2

多孔层空心柱(PLOT)　porous-layer open tubular column

内壁上有多孔层的固定相的空心柱。

3.5.2.1.3

涂渍体空心柱(SCOT)　support-coated open tubular column

内壁上沉积载体后涂渍固定液的空心柱。

3.5.2.1.4

处壁空心柱(WTOT)　wall-treated open tubular column

经化学处理的空心柱。

3.5.2.2

填充毛细管柱　packed capillary column

将载体或吸附剂疏松地装入玻璃管中，然后拉制成内径一般为 0.25 mm～0.5 mm 的毛细管柱。

3.5.2.3

化学键合空心柱　chemical bonded open tubular column

用固定相在柱管内壁的基团共价键合的方法制备的空心柱。

3.5.2.4

化学交联空心柱 chemical crosslinked open tubular column

用固定相在柱管内壁聚合(交联)的方法制备的空心柱。

3.5.3

液膜厚度 liquid film thickness

在载体表面或柱管内壁上涂布的固定液厚度。

3.5.4

涂渍效率 coating efficiency

最小理论板高与理论板高的百分比。表征空心柱柱效达到理想化的程度。

3.5.5

老化 conditioning

色谱柱在高于操作温度下通载气处理使其稳定的过程。

3.5.6

柱流失 column bleeding

固定液随载气流出柱外的现象。

3.5.7

柱寿命 column life

色谱柱能在良好分离状态下使用的极限时间。

3.6

检测器 detector

能检测色谱柱流出组分极其量的变化的器件。

3.6.1

浓度敏感型检测器 concentration sensitive detector

响应值取决于组分浓度的检测器。

3.6.2

质量敏感型检测器 mass sensitive detector

响应值取决于组分质量流量的检测器。

3.6.3

积分型检测器 integral detector

响应值取决于组分累积量的检测器。

3.6.4

微分型检测器 differential detector

响应值取决于组分瞬间量的检测器。

3.6.4.1

热导检测器(TCD) thermal conductivity detector

当载气和色谱柱流出物通过热敏元件时,由于两者的热导系数不同,使阻值发生差异而产生电信号的器件。

3.6.4.2

氢火焰离子化检测器(FID) flame ionization detector

有机物在氢火焰中燃烧时生成的离子,在电场作用下产生电信号的器件。

3.6.4.3

氮磷检测器(NPD) nitrogen phosphorous detector

在火焰离子化检测器的喷嘴附近放置碱金属化合物,能增加含氮或含磷化合物所生成的离子,从而使电信号增强的器件。

3.6.4.4

光离子化检测器(PID)　photoionization detector

利用高能量的紫外线,使电离电位低于紫外线能量的组分离子化,在电场作用下产生电信号的器件。

3.6.4.5

火焰光度检测器(FPD)　flame photometric detector

将含硫或含磷的化合物在富氢火焰中产生的特征波长的光转化为电信号的器件。

3.6.4.5.1

脉冲火焰光度检测器(PFPD)　pulse flame photometric detector

在火焰光度检测器的基础上,通过减小燃烧池的体积和降低燃气的流速,形成间歇性的脉冲式火焰,即利用时间分辨来区分各元素的响应的器件。

3.6.4.6

电子捕获检测器(ECD)　electron capture detector

载气分子在^{3}H或^{63}Ni等辐射源所产生的β粒子的作用下离子化,在电场中形成稳定的基流,当含电负性基团的组分通过时,俘获电子使基流减小而产生电信号的器件。

3.6.4.7

原子发射检测器(AED)　atom emission detector

用等离子体做激发光源,使所含组分原子化,其原子被激发至激发态后,跃迁至基态,发射出原子光谱,根据波长和强度能同时定性定量检测多种元素的器件。

3.6.4.8

质谱检测器(MSD)　mass spectrometric detector

使所含组分离子化,然后利用不同离子在电场或磁场的运动行为的不同,把离子按质荷比(m/z)分开而得到质谱,通过样品的质谱和相关信息,可以得到样品的定性定量结果的器件。

3.6.4.9

傅立叶变换红外光谱(FTIR)　Fourier transform infrared spectrometer

通过麦克尔逊干涉仪来获得光强度的时间函数的器件。

3.7

记录器　recorder

记录由检测系统所产生的随时间变化的电信号的仪器。

3.8

积分仪　integrator

按时间累积检测系统所产生电信号的仪器。

3.9

数据处理系统　data-process system

用以记录及处理色谱数据的系统,有的也可控制色谱仪运行。

4　固定相和流动相

4.1

固定相　stationary phase

色谱柱内不移动的、起分离作用的活性物质。

4.1.1

吸附剂　adsorbent

具有吸附活性并用于色谱分离的固体物质。

4.1.2

固定液 stationary liquid

固定相的组成部分，指涂渍在载体表面上起分离作用的物质，在操作温度下是不易挥发的液体。

4.1.3

载体 support

负载固定液的惰性固体。

4.1.4

化学键合相 chemically bonded phase

用化学反应在载体表面键合上特定基团的固定相。

4.1.5

高分子多孔小球 porous polymer beads

苯乙烯和二乙烯基苯的共聚物或其他共聚物的多孔小球，可以单独或涂渍固定液后作为固定相。

4.2

流动相 mobile phase

在色谱柱中用以携带试样和洗脱组分的气体。

4.2.1

载气 carrier gas

用做作流动相的气体。

5 色谱参数

5.1

死时间(t_M) dead time

不被固定相滞留的组分，从进样到出现峰最大值所需的时间(附录 A 图 A.1)。

5.2

保留时间(t_R) retention time

组分从进样到出现峰最大值所需的时间(附录 A 图 A.1)。

5.2.1

调整保留时间(t'_R) adjusted retention time

减去死时间的保留时间(附录 A 图 A.1)。

$$t'_R = t_R - t_w$$

5.2.2

校正保留时间(t°_R) corrected retention time

用压力梯度校正因子修正的保留时间。

$$t^{\circ}_R = jt_R$$

5.2.3

净保留时间(t_N) net retention time

用压力梯度校正因子修正的调整保留时间。

$$t_N = jt'_R$$

5.3

死体积(V_M) dead volume

不被固定相滞留的组分，从进样到出现峰最大值所需的载气体积。

$$V_M = t_M \cdot F_c$$

5.4

保留体积(V_R)　retention volume

组分从进样到出现峰最大值所需的载气体积。

$$V_R = t_R \cdot F_c$$

5.4.1

调整保留体积(V'_R)　adjusted retention volume

减去死体积的保留体积。

$$V'_R = V_R - V_M$$

5.4.2

校正保留体积(V°_R)　corrected retention volume

用压力梯度校正因子修正的保留体积。

$$V^{\circ}_R = jV_R$$

5.4.3

净保留体积(V_N)　net retention volume

用压力梯度校正因子修正的调整保留体积。

$$V_N = jV'_R$$

5.5

比保留体积(V_g)　specific retention volume

每克固定液校正到 273 K 时的净保留体积。

$$V_g = \frac{273}{T_c} \cdot \frac{V_N}{m_L}$$

5.6

相对保留值($r'_{i,s}$)　relative retention value

在相同操作条件下,组分与参比组分的调整保留值之比。

$$r_{i,s} = \frac{t'_{R(i)}}{t'_{R(s)}} = \frac{V'_{R(i)}}{V'_{R(s)}}$$

5.7

保留指数(I)　retention index

定性指标的一种参数。通常以色谱图上位于待测组分两侧的相邻正构烷烃的保留值为基准,用对数内插法求得。每个正构烷烃的保留指数规定为其碳原子数乘以 100。

$$I = 100\left[Z + \frac{\log V'_{R(i)} - \log V'_{R(Z)}}{\log V'_{R(Z+1)} - \log V'_{R(Z)}}\right]$$

5.8

相比率(β)　phase ratio

色谱柱中气相与液相体积之比。

$$\beta = \frac{V_G}{V_L}$$

5.9

分配系数(K)　partition coefficient

在平衡状态时,组分在固定液与流动相中的浓度之比。

$$K = \frac{C_L}{C_G}$$

5.10

容量因子(k)　capacity factor

在平衡状态时,组分在固定液与流动相中的质量之比。

$$k = K\frac{V_L}{V_G} = \frac{K}{\beta} = \frac{t'_R}{t_M}$$

5.11

柱效能　column efficiency

色谱柱在色谱分离过程中主要由动力学因素(操作参数)所决定的分离效能。通常用理论板数、理论板高或有效板数表示。

5.11.1

理论板数(n)　number of theoretical plate

表示柱效能的物理量,可由下式计算:

$$n = 5.54\left(\frac{t_R}{W_{h/2}}\right)^2 = 16\left(\frac{t'_R}{W}\right)^2$$

5.11.2

理论板高(H)　height equivalent to a theoretical plate

单位理论板的长度。

$$H = \frac{L}{n}$$

5.11.3

有效板数(N_{eff})　number of effictive plate

减去死时间后表示柱效能的物理量,可由下式计算:

$$N_{eff} = 5.54\left(\frac{t'_R}{W_{h/2}}\right)^2 = 16\left(\frac{t'_R}{W}\right)^2$$

5.12

分离度(R)　resolution

两个相邻色谱峰的分离程度,以两个组分保留值之差与其平均峰宽值之比表示(附录A图A.2)。

$$R = 2\left(\frac{t_{R_2} - t_{R_1}}{W_1 + W_2}\right)$$

5.13

分离数(TZ)　separation number

两个相邻的正构烷烃峰之间可容纳的峰数。

$$TZ = \frac{t_{R(Z+1)} - t_{R(Z)}}{[W_{h/2}]_{(Z)} + [W_{h/2}]_{(Z+1)}} - 1$$

5.14

响应值　response

组分通过检测器所产生的信号。

5.14.1

相对响应值(s)　relation response

单位量物质与单位参比物质的响应值之比。

$$s_m = \frac{A_i/m_i}{A_s/m_s} \text{ 或 } s_v = \frac{A_i/V_i}{A_s/V_s}$$

5.15

校正因子(f)　correction factor

进入检测器中组分的量与检测器产生的相应峰值的比值。组分 i 的量和峰值分别用质量和峰面积表示,校正因子的表达式为:

$$f_i = m_i/A_i$$

5.15.1

相对校正因子($f_{s,i}$)　relative correction factor

组分 i 与内标物质校正因子的比值称为该物质的相对校正因子。物质分别以质量、体积及物质的量(mol)表示时,分别有相对质量校正因子(f_m)、相对体积校正因子(f_v)、相对摩尔校正因子(f_M)。峰值用峰面积的相对质量校正因子的表达式为:

$$f_{s,i}=\frac{m_i/A_i}{m_{st}/A_{st}}$$

相对(定量)校正因子与相对响应值互为倒数关系。

5.16

灵敏度(S)　sensitivity

通过检测器的物质量变化 ΔQ 时响应信号的变化率。

$$S=\frac{\Delta R}{\Delta Q}$$

5.17

检测限(D)　detectability

随单位体积的载气或在单位时间内进入检测器的组分所产生的信号等于基线噪声 2 倍的量。

$$D=\frac{2N}{S}$$

5.18

线性范围　linear range

检测信号与被测物质的量呈线性关系的范围。

5.19

载气流速(F_c)　flow rate of carrier gas

在色谱柱出口温度和压力下测得并校正到柱温时的载气体积流速。

$$F_c=F_o\frac{T_c}{T_a}$$

5.20

载气平均线速($\bar{u}$)　mean linear velocity of carrier gas

载气沿色谱柱轴向移动的平均速度。

$$\bar{u}=\frac{L}{t_M}$$

5.21

压力梯度校正因子(j)　pressure gradient correction factor

用以校正在色谱柱中由于流动相的可压缩性所产生的压力梯度的因子。

$$j=\frac{3}{2}\left(\frac{(P_i/P_o)^2-1}{(P_i/P_o)^3-1}\right)$$

5.22

液相载荷量　liquid phase loading

在填充柱中,固定液与固定相(包括固定液和载体)的相对量,用质量百分数表示。

5.23

柱外效应　extra-column effect

从进样系统到检测器之间色谱柱以外的气路部分,由于进样方式、柱后扩散等因素对柱效能所产生的影响。

6 色谱图及其他

6.1

色谱图 chromatogram

色谱柱流出物通过检测器系统时所产生的响应信号对时间或载气流出体积的曲线图。

6.2

色谱峰 chromatographic peak

色谱柱流出组分通过检测器系统时所产生的响应信号的微分曲线。

6.3

峰底 peak base

从峰的起点与终点之间连接的直线(附录 A 图 A.1 中的 CD)。

6.4

峰高(h) peak height

从峰最大值到峰底的垂直距离(附录 A 图 A.1 中的 BE)。

6.5

峰宽(W) peak width

在峰两侧拐点(F,G)处作切线与峰底相交两点间的距离(附录 A 图 A.1 中的 KL)。

6.6

半高峰宽($W_{h/2}$) peak width at half height

通过峰高的中点作平行于峰底的直线,此直线与峰两侧相交两点之间的距离(附录 A 图 A.1 中的 HJ)。

6.7

峰面积(A) peak area

峰与峰底之间的面积(附录 A 图 A.1 中的 $CHEJDC$)。

6.8

拖尾峰 tailing peak

后沿较前沿平缓的不对称的峰。

6.9

前伸峰 leading peak

前沿较后沿平缓的不对称的峰。

6.10

假峰 ghost peak

并非由试样所产生的峰。

6.11

畸峰 distorted peak

形状不对称的峰,如拖尾峰、前伸峰。

6.12

基线 baseline

在正常操作条件下,仅有载气通过检测器系统时所产生的响应信号的曲线。

6.12.1

基线漂移 baseline drift

基线随时间定向的缓慢变化。

6.12.2

基线噪声(N)　baseline noise

由于各种因素所引起的基线波动。

6.13

峰面积百分比法　peak area percent

计算其中某一组分峰面积在样品中所有组分峰面积之和的百分数的定量方法。(计算公式见附录B中B.1)。

6.14

归一化法　normalization mothed

将样品中所有组分含量之和定为100%,计算其中某一组分含量百分数的定量方法。组分各自的峰值要用相应的相对定量校正因子校准。(计算公式见附录B中B.2)。

6.15

内标法　internal standard method

在已知量的试样中加入能与所有组分完全分离的已知量的内标物质,用相应的校正因子校准待测组分的峰值并与内标物质的峰值进行比较,求出待测组分的百分含量的方法(计算公式见附录B中B.3)。

6.16

外标法　external standard method

在相同的操作条件下,分别将等量的试样和含待测组分的标准试样进行色谱分析,比较试样与标准试样中待测组分的峰值,求出待测组分的含量的方法(计算公式见附录B中B.4)。

6.17

绝对法　absolute method

根据事先求得待测组分的峰值与量(用重量或容量分析等方法测得)的关系,在相同操作条件下,测量已知量试样中组分的峰值并求出其含量的方法。

6.18

叠加法　addition method

测量试样中待测组分及一邻近组分的峰值后,在已知量的试样中加入一定量的待测组分,再测量此两组分的峰值,求出待测组分的百分含量的方法(计算公式见附录B中B.5)。

6.19

洗脱　elution

载气携带组分在色谱柱内向前移动并流出色谱柱的过程。

6.20

谱带扩张　band broadening

由于纵向扩散、传质阻力等因素影响,使组分在色谱柱内移动过程中谱带宽度增加的现象。

6.21

反吹　backflushing

在一些组分洗脱以后,将载气反向通过色谱柱,使某些组分向相反方向移动的操作。

7　符号

A	峰面积,cm^2
A_i	组分 i 的峰面积,cm^2
A_{st}	内标物质的峰面积,cm^2
C_G	组分在流动相中的浓度,g/mL
C_L	组分在固定液中的浓度,g/mL

D	检测限,mg/mL 或 g/s
F_c	载气校正体积流量(到柱温和色谱柱出口处压力下的载气体积流量),mL/min
F_o	柱出口载气体积流量,mL/min
H	理论板高,mm
I	保留指数
K	分配系数
L	柱长,m
N	基线噪声,mV
P_i	柱入口压力,MPa
P_o	柱出口压力,MPa
ΔQ	物质量的变量
R_s	分离度
ΔR	响应信号的变量
S	灵敏度,mV·mL/mg 或 mV·mL/mL(浓度型检测器);A·s/g 或 mV·s/g(质量型检测器)
T_a	以热力学温度表示的室温,K
T_c	以热力学温度表示的柱温,K
T_e	以热力学温度表示的程序升温终结的柱温,K
T_i	以热力学温度表示的程序升温开始的柱温,K
T_o	以热力学温度表示的色谱柱出口处温度单位,K
TZ	分离数
V_g	比保留体积,mL/g
V_G	柱内气相体积,mL
V_i	组分 i 体积,mL
V_L	柱内液相体积,mL
V_M	死体积,mL
V_N	净保留体积,mL
V_R	保留体积,mL
V'_R	调整保留体积,mL
$V'_{R(i)}$	组分 i 调整保留体积,mL
$V'_{R(st)}$	内标组分的调整保留体积,mL
V°_R	校正保留体积,mL
V_{st}	内标物质的保留体积,mL
$Z, Z+1$	分别为组分 i 谱峰前、后出现的具有 Z、$Z+1$ 碳原子数的正构烷烃
f	校正因子
$f_{s,i}$	相对校正因子
f_M	相对摩尔校正因子
f_V	相对体积校正因子
f_m	相对质量校正因子
h	峰高,cm
j	压力梯度校正因子
k'	容量因子
m_i	组分 i 质量,g

m_L	固定液的质量,g
m_{st}	内标物质的质量,g
n	理论板数
n_{eff}	有效板数
$r_{i,s}$	相对保留值
s	相对响应值
s_m	相对质量响应值
s_v	相对体积响应值
t_M	死时间,min
t_N	净保留时间,min
t_R	保留时间,min
t'_R	调整保留时间,min
$t'_{R(i)}$	组分 i 调整保留时间,min
$t'_{R(st)}$	内标组分的调整保留时间,min
t°_R	校正保留时间,min
$\bar{u}$	载气平均线速,cm/s
W	峰宽,cm(或以时间表示,min)
$W_{h/2}$	半高峰宽,cm(或以时间表示,min)
β	相比率

附　录　A
（规范性附录）
色　　谱　　图

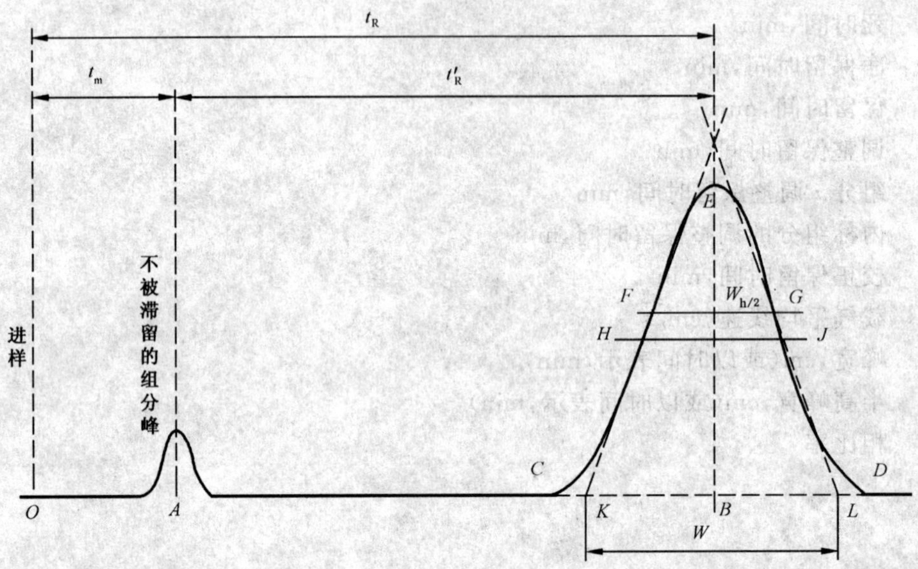

图 A.1

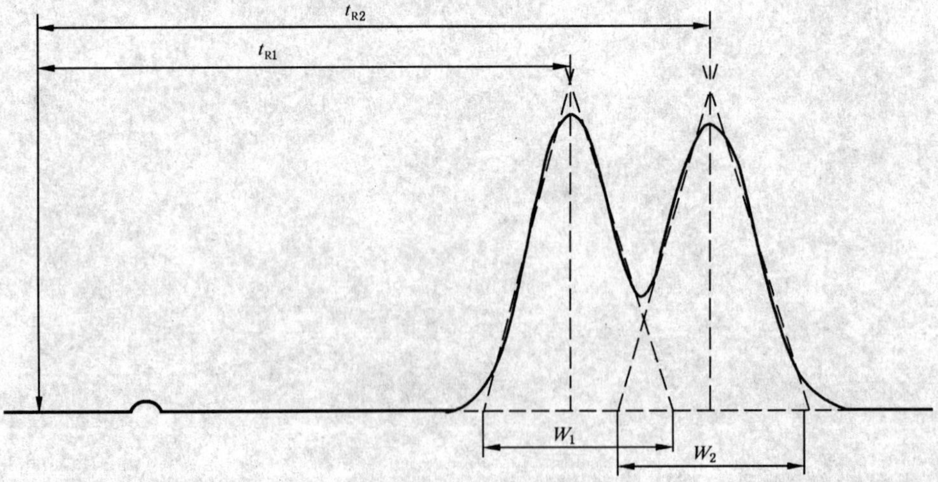

图 A.2

附 录 B
（规范性附录）
定量分析方法的计算公式

B.1 峰面积百分比法的计算公式见式(B.1)。

$$X_i=\frac{A_i}{\sum A_i}\times 100\% \qquad \cdots\cdots(\text{B.1})$$

式中：

A_i——组分 i 的峰面积，cm^2。

B.2 归一化法的计算公式见式(B.2)。

$$X_i(\%)=\frac{f_i\cdot A_i}{\sum(f_i\cdot A_i)}\times 100\% \qquad \cdots\cdots(\text{B.2})$$

式中：

X_i——试样中组分 i 的百分含量；

f_i——组分 i 的校正因子；

A_i——组分 i 的峰面积，cm^2。

B.3 内标法的计算公式见式(B.3)。

$$X_i(\%)=\frac{m_s\cdot A_i\cdot f_{s,i}}{m\cdot A_s}\times 100 \qquad \cdots\cdots(\text{B.3})$$

式中：

X_i——试样中组分 i 的百分含量；

m——试样的质量，g；

m_s——加入内标物质的质量，g；

A_i——组分 i 的峰面积，cm^2；

A_s——内标物质的峰面积，cm^2；

$f_{s,i}$——组分 i 与内标物质相比的校正因子。

B.4 外标法的计算公式见式(B.4)。

$$X_i=E_i\times\frac{A_i}{A_E} \qquad \cdots\cdots(\text{B.4})$$

式中：

X_i——试样中组分 i 的含量；

E_i——标准试样中组分 i 的含量；

A_i——试样中组分 i 的峰面积，cm^2；

A_E——标准试样中组分 i 的峰面积，cm^2。

B.5 叠加法的计算公式见式(B.5)。

$$X_i(\%)=\frac{m_i\cdot A_iA'_j}{m(A'_iA_j-A_iA'_j)}\times 100 \qquad \cdots\cdots(\text{B.5})$$

式中：

X_i——试样中组分 i 的含量；

A_i——试样中组分 i 的峰面积，cm^2；

A'_i——试样加入 m_i 组分 i 后，组分 i 的峰面积，cm^2；

A_j——试样中组分 i 邻近组分 j 的峰面积，cm^2；

A'_j——m 试样加入 m_i 组分 i 后，邻近组分 j 的峰面积，cm^2；

m——试样的质量，g；

m_i——加入组分 i 的质量，g。

中 文 索 引

英 文 索 引

A

B

C

D

E

F

G

H

I

L

M

N

O

P

ICS 27.120.01
F 04

中华人民共和国国家标准

GB/T 4960.6—2008
代替 GB/T 4960.6—1996

核科学技术术语 第6部分：核仪器仪表

Glossary of terms for nuclear science and technology—Part 6: Nuclear instrumentation

2008-09-19 发布 2009-08-01 实施

中华人民共和国国家质量监督检验检疫总局
中国国家标准化管理委员会 发布

前言

GB/T 4960《核科学技术术语》分为8个部分：

——第1部分：核物理与核化学；

——第2部分：裂变反应堆；

——第3部分：核燃料与核燃料循环；

——第4部分：放射性核素；

——第5部分：辐射防护与辐射源安全；

——第6部分：核仪器仪表；

——第7部分：核材料管制；

——第8部分：放射性废物管理。

本部分为GB/T 4960的第6部分。

本部分主要参考：

——HAF 102(2004)《核动力厂设计安全规定》；

——IEC 60050-393:2003《核仪器——物理现象和基本概念》(第2版)；

——IEC 60050-394:2007《核仪器——仪表、系统、设备和探测器》(第2版)。

本部分代替GB/T 4960.6—1996《核科学技术术语　核仪器仪表》，本部分与GB/T 4960.6—1996相比主要差异如下：

——在第3章"通用核仪器及其特性和试验"中增加3.4"试验和测量误差"；

——将第4章标题由"反应堆仪表"改为"核设施仪表和控制"，将4.5"电源"移到3.3，并增加核仪器通用电源的术语和定义，将4.6"质量鉴定"移到3.5；

——为使术语各章结构一致(术语均为二级条)，将第5章"辐射防护仪器"按IEV 394分为5.1"注量(率)、空气比释动能(率)、剂量当量(率)的测量仪和监测仪"和5.2"污染和活度测量仪器"，将第6章"核辐射应用仪器"按体系分为6.1"勘探、采矿仪器"、6.2"利用电离辐射源的测量仪器和系统"和6.3"医用核仪器"；

——第4章"核设施仪表和控制"中有关安全的术语和定义按HAF 102和IAEA No. NS-G-1.3的"名词解释"修改；

——按IEC 60050-393 (IEV 393):2003和IEC 60050-394 (IEV 394):2007修改部分术语的定义；

——按新制定和修订的核仪器标准增加部分术语和定义，特别是核辐射应用仪器的术语和定义；

——调整一些术语的位置和顺序。

本部分由中国核工业集团公司提出。

本部分由全国核仪器仪表标准化技术委员会归口。

本部分起草单位：核工业标准化研究所。

本部分主要起草人：熊正隆、严陈昌、张京长、牛祝年、贺宣庆、范蕙君。

本部分所代替标准的历次版本发布情况：

——GB/T 4960—1985，GB/T 4960.6—1996。

核科学技术术语
第6部分:核仪器仪表

1 范围

GB/T 4960的本部分规定了核辐射探测器、通用核仪器、核设施仪表和控制、辐射防护仪器及核辐射应用仪器等核仪器的基本术语和定义。

本部分适用于有关核仪器标准、合同、报告和技术规格书等技术文件的编写,文献翻译以及技术交流等。

2 核辐射探测器

2.1 核辐射探测器通用术语

2.1.1

核辐射探测器 radiation detector

用于将入射(致)电离辐射(以下简称电离辐射)能量转换为适合于指示和(或)测量信号的器件或材料。

[IEV 394-24-01]

2.1.2

线性探测器 linear detector

输出信号与入射粒子能量呈线性关系的核辐射探测器。

注:输出信号是一个与在探测器灵敏体积中所损失能量有关的量。

[IEV 394-24-02]

2.1.3

非线性探测器 non-linear detector

输出信号与入射粒子能量呈非线性关系的核辐射探测器。

[IEV 394-24-03]

2.1.4

模拟探测器 analogue detector

以模拟量形式提供辐射信息的探测器。

2.1.5

脉冲探测器 pulse detector

以脉冲信号形式提供辐射信息的探测器。

2.1.6

活化探测器 activation detector

利用在核辐射辐照下产生的感生放射性来测定辐射粒子注量(率)的探测器。

2.1.7

自给能探测器 self-powered detector

无需外加电源,通过中子或γ射线的活化和(或)激发作用产生弱电信号的中子或γ射线探测器。

[IEV 394-24-04]

2.1.8

中子热电偶　neutron thermopile

通过吸收中子诱发反应产生的粒子而使材料变热，使用热电偶测量的中子探测器。

[IEV 394-24-05]

2.1.9

电荷发射探测器　charge emission detector

在电离辐射作用下所产生的带电粒子从一个极板转移到另一个极板而改变极板间电位差的电容器式探测器。

2.1.10

2π 核辐射探测器　2π radiation detector

在立体角为 2π 球面度的范围内，用于探测核辐射的探测器。

[IEV 394-24-06]

2.1.11

4π 核辐射探测器　4π radiation detector

在立体角为 4π 球面度的范围内，用于探测核辐射的探测器。

[IEV 394-24-06]

2.1.12

井型探测器　well-type detector

其灵敏体积中具有井型结构的核辐射探测器。将被测核素置于井型结构中，可在立体角接近 4π 球面度的范围内用于 α、β、γ 或 X 发射体的高效探测。

[IEV 394-24-11]

2.1.13

化学探测器　chemical detector

利用电离辐射在其灵敏体积材料中诱发的化学反应产物来探测电离辐射的探测器。

2.1.14

辐射损伤探测器　radiodefect detector

利用电离辐射在其灵敏体积材料中产生的缺陷来探测辐射的探测器。

2.1.15

浸入式探测器　dip detector

浸入或淹没在待测活度液体中的核辐射探测器。

[IEV 394-24-10]

2.1.16

核乳胶　nuclear emulsion

用于记录单个电离粒子径迹的照相乳胶。

注：使用反冲质子的方法，核乳胶也可用于探测快中子。

[IEV 394-24-13]

2.1.17

辐射发光探测器　radioluminescence detector

利用探测器中的灵敏体积材料在辐射作用下的发光效应的探测器。

2.1.18

阈探测器　threshold detector

利用阈反应原理制成的探测器。

2.1.19

次级发射探测器　secondary emission detector

由限定容积的真空腔体构成的核辐射探测器。由腔壁上射出的二次电子在适当外加电压作用下收集而形成探测器电流。

2.1.20

量热探测器　calorimetric detector

其信号是在探测器灵敏体积材料中吸收电离辐射所产生的热能度量值的核辐射探测器。

[IEV 394-24-08]

2.1.21

总电离　total ionization

直接电离粒子以任何方式所产生的离子对总数。

2.1.22

探测效率　detection efficiency

在规定的几何条件下,单位时间探测到的某类型粒子数与辐射源同类型粒子的表面发射率之比。

[IEV 394-38-18]

2.1.23

探测器效率　detector efficiency

探测器测到的光子数或粒子数与同一时间间隔内入射到探测器上的同类型的光子数或粒子数之比。

[IEV 394-38-17]

2.1.24

(探测器的)选择性　selectivity (of a detector)

探测器对被测电离辐射的灵敏度与同一探测器对总的入射辐射灵敏度之比。

[IEV 394-38-21]

2.1.25

感应度　influenceability

当所有其他的影响量均保持不变时,探测器对某种伴生辐射的感应度为输出量的变化(探测器响应)与输入量的变化(伴生辐射引起的)之比。

当探测器的工作受某种伴生辐射干扰而有反应时,即称该探测器对这种辐射是有感应的,这种伴生辐射就成为一种影响量。

2.1.26

(探测器的)窗　window (of a detector)

探测器中用于保护灵敏体积不受外部影响并允许被测辐射穿透的部分。

[IEV 394-30-16]

2.1.27

(探测器的)灵敏体积　sensitive volume (of a detector)

探测器中对辐射灵敏并能提供信号的那部分体积。

2.1.28

中子灵敏材料　neutron sensitive material

利用中子探测器的衬里或所充气体以直接产生电离粒子(包括核反应的裂变碎片)的材料。

[IEV 394-30-07]

2.1.29

(探测器的)使用寿命 useful life (of a detector)

在限定的辐射和环境条件下,探测器的特性能保持在规定的容差范围内的最长使用时间或最大累计计数。

2.1.30

(中子探测器的)燃耗寿命 burn-up life (of a neutron detector)

中子探测器对给定能量分布的中子注量所能承受的估计值。超过此值后,探测器的灵敏材料将消耗到使探测器的性能指标超出规定的容差。

2.1.31

电离电流 ionization current

在被电离的介质中所产生的离子和电子在电场的作用下移动并被电极收集而形成的电流。

[IEV 394-38-24]

2.1.32

(探测器的)剩余电流 residual current (of a detector)

在探测器不再承受外辐射以后继续产生的电流。

注:剩余电流是由于探测器组成材料的活化、污染及其绝缘质量不好而产生的电流。

[IEV 394-38-25]

2.1.33

漏电流 leakage current

探测器在工作电压下,无辐照时产生的电流。

[IEV 394-38-26]

2.1.34

电子收集时间 electron collection time

由电离辐射在给定点产生的离子对到收集电极收集相应的电子之间的时间间隔。

[IEV 394-38-28]

2.1.35

离子收集时间 ion collection time

由电离辐射在给定点产生的离子对到收集电极收集相应的离子之间的时间间隔。

[IEV 394-38-27]

2.1.36

壁效应 wall effect

壁材料的组分和厚度对测量结果产生的影响。

[IEV 394-38-23]

2.1.37

(探测系统的)等效窗厚度 equivalent window thickness (of a detector system)

垂直入射到探测器的一个粒子穿过一定厚度到达该探测器灵敏体积的表面,此厚度用单位面积的质量(mg/cm^2)表示。

[IEV 394-39-44]

2.1.38

康普顿连续谱 Compton continuum

探测器中释放的康普顿电子形成的连续脉冲幅度谱。

[IEV 394-38-55]

2.1.39

蚀刻斑痕 etch pit

在某些塑料表面因蚀刻可察觉的斑痕，系由质子和其他原子核的径迹造成的。

注：这些径迹实际上是由塑料中较轻原子核被置换而造成的。

[IEV 394-24-14]

2.1.40

收集电极 collecting electrode

电离室或计数管的电极，用于收集电离辐射产生的电子或离子。

[IEV 394-30-04]

2.1.41

（探测器的）最大可接受辐照率 maximum acceptable irradiation rate (of a detector)

探测器能在规定条件下工作的最高剂量率或粒子注量率。

[IEV 394-38-58]

2.1.42

磷光 phosphorescence

撤去激励辐照后继续保持相当长时间的发光现象。

[IEV 394-38-59]

2.1.43

荧光 fluorescence

仅在辐照期间可观测的发光现象。

[IEV 394-38-60]

2.1.44

热释光 (radio) thermoluminescence

当某些晶体物质受到电离辐照或紫外线辐照后受热时出现的发光现象。

[IEV 394-38-61]

2.1.45

能谱峰 spectral peak

能谱中包含一个局部最大值的那部分。

注：通常是一次单能辐射的全部能量。

[IEV 394-38-66]

2.1.46

（核辐射探测器的）偏置 bias (of a radiation detector)

为了探测器能产生收集信号电荷所需的电场而施加的电压。

[IEV 394-38-67]

2.1.47

（核辐射探测器的）甄别阈 discrimination threshold (of a radiation detector)

在其以下脉冲不能被收集的限值。

[IEV 394-38-68]

2.1.48

谱（脉冲高度分布） spectrum (of a pulse height distribution)

脉冲的数量作为脉冲高度的函数。

[IEV 394-38-69]

2.1.49

能量窗　energy window

在能量上、下限之内的那部分能谱。

[IEV 394-38-70]

2.1.50

剂量反射率　dose albedo

在给定的表面上，反射辐射产生的剂量与入射辐射产生的剂量之比。

[IEV 394-38-71]

2.1.51

微分剂量反射率　differential dose albedo

从表面向某一方向反射辐射产生的剂量与入射辐射产生的剂量之比。

[IEV 394-38-72]

2.2　气体电离探测器

2.2.1

电离探测器　ionization detector

利用探测器灵敏体积中的电离效应而获得信号的核辐射探测器。

[IEV 394-25-01]

2.2.2

脉冲电离探测器　pulse ionization detector

能探测单个电离事件的电离探测器。

注1：脉冲电离探测器通常分为三种工作模式：

——电离模式，对应的工作电压范围是未发生气体中的放大的区域，脉冲幅度是一次电离事件在灵敏体积中产生的离子总数的直接度量，例如电离室；

——正比模式，对应的工作电压范围是气体中放大系数与初始电离无关的区域，脉冲幅度正比于一次电离事件在灵敏体积中产生的离子总数，例如正比计数管；

——盖革-米勒模式，对应的工作电压范围是每次电离事件都给出一个输出脉冲，其幅度与这次电离事件在灵敏体积中初次产生的离子数无关，例如盖革-米勒计数管。

注2：脉冲电离探测器内充一种适当气体或气体混合物，并加有工作电压以产生电场，电场能将各个电离事件在探测器灵敏体积中产生的离子和电子收集在电极上。

[IEV 394-25-03]

2.2.3

流气式探测器　gas-flow detector

借助于气体在探测器中的低速流动，以保持其中充有适当的气体介质的核辐射探测器。

注：例如：

——流气式电离室；

——流气式计数管。

[IEV 394-25-30]

2.2.4

内充气体探测器　internal gas detector

测量充在探测器内的全部或部分气体的放射性活度的核辐射探测器，例如内充气体放射源的电离室。

2.2.5

电离室　ionization chamber

充有合适的气体或混合气体或保持真空并加有电场的电离探测器，所加电场不足以产生气体放大作用，却能将电离辐射在探测器灵敏体积中产生的离子和电子收集到电极上。

注1：例如：

——脉冲电离室；

——积分电离室；

——电流电离室。

注2：真空电离室靠室壁效应及所加电场探测射线。

[IEV 394-25-02]

2.2.6

电子收集脉冲电离室　electron collection pulse ionization chamber

利用电子迁移率比离子迁移率高很多，主要收集电子而获得输出信号的脉冲电离室。

[IEV 394-25-05]

2.2.7

离子收集脉冲电离室　ion collection pulse ionization chamber

由全部收集离子和电子而获得输出信号的脉冲电离室。

[IEV 394-25-06]

2.2.8

屏栅电离室　grid ionization chamber

由一对平板电极和处于其间的一个称为Frisch栅极的附加电极组成的电离室。

注：屏栅电离室是一种脉冲电离室，通常用于测量α粒子或裂变碎片的能量，其附加电极保持在中间电位以减少重离子的影响。

[IEV 394-25-07]

2.2.9

三氟化硼电离室　boron trifluoride ionization chamber

使用三氟化硼气体来探测热中子的电离室。

注：电离是由中子与硼进行核反应所产生的α粒子和锂核引起的。

[IEV 394-25-08]

2.2.10

涂硼电离室　boron-lined ionization chamber

使用电离室壁上或在形状适宜的电极上的硼灵敏层来探测热中子的电离室。

注：电离是由中子与涂层中的硼进行核反应所产生的α粒子和锂核引起的。

[IEV 394-25-09]

2.2.11

裂变电离室　fission ionization chamber

使用裂变物质作灵敏层来探测中子的电离室。

注1：电离是由中子和可裂变物质进行核反应所产生的裂变碎片引起的。

注2：根据所使用的可裂变物质，探测热中子、快中子或各种能量的中子都是可能的。

注3：见裂变[IEV 393-11-26]和可裂变[IEV 393-11-28]的定义。

[IEV 394-25-10]

2.2.12

反冲核电离室　recoil nuclei ionization chamber

利用快中子与低原子序数核碰撞形成的反冲核产生的电离来探测快中子的电离室。

注：当所充气体是氢气时，反冲核电离室称为反冲质子电离室。

[IEV 394-25-22]

2.2.13

反冲质子电离室　recoil proton ionization chamber

利用快中子与氢核碰撞产生质子来探测快中子的含氢电离室。

[IEV 394-25-31]

2.2.14

自由空气电离室　free air ionization chamber

灵敏体与大气相通，以空气作为介质的，主要用于照射量绝对测量的电离室。

注1：电离室的设计要准确规定计算照射量所依据的空气体积，并且辐射束及其产生的大部分次级电子都不会打到电极上。

注2：电离室的设计要保证：可以准确规定计算照射量所依据的空气体积，并且辐射束及其产生的可观数量的次级电子都不会打到电极上。

[IEV 394-25-13]

2.2.15

空气等效电离室　air-equivalent ionization chamber

室壁和电极材料以及所充气体与空气具有相同有效原子序数的电离室。

注：当空气等效电离室是以自由空气电离室校准时，可用它确定空气中的吸收剂量或空气比释动能。在该电离室内产生的电离与没有电离室的情况下在同一点的空气中产生的电离实质上是一样的。

[IEV 394-25-15]

2.2.16

布拉格-戈瑞空腔电离室　Bragg-Gray cavity ionization chamber

用于确定介质中X或γ辐射或中子的吸收剂量或空气比释动能的电离室。

注：该电离室的特性(例如：灵敏体积、气体压力、室壁的性质和厚度)满足布拉格-戈瑞空腔规定的条件，即其体积应小于电离粒子的路径。

[IEV 394-25-14]

2.2.17

液体壁电离室　liquid-wall ionization chamber

使液体的表面构成室壁，用于测量该液体的α或β放射性活度的电离室。

[IEV 394-25-16]

2.2.18

无壁电离室　wall-less ionization chamber

灵敏体积不是由电离室壁限定，而是由电场的电力线所限定的电离室，该电场取决于电极的形状、排列方式和电极间的电位差。

[IEV 394-25-17]

2.2.19

组织等效电离室　tissue equivalent ionization chamber

用于测量组织中吸收剂量的电离室，其中电离室壁的材料、电极和所充气体与软组织具有相同的有效原子序数。

[IEV 394-25-18]

2.2.20

差分电离室　difference ionization chamber

结构上分为两部分的电离室，其输出电流为两部分电离电流的差。

[IEV 394-25-19]

2.2.21

补偿电离室　compensated ionization chamber

其设计实际上可消除叠加在被测辐射上的其他辐射影响的差分电离室。

注：通常，设计补偿是为了有效降低中子-γ混合场中γ辐射的影响。

[IEV 394-25-20]

2.2.22

外推电离室　extrapolation ionization chamber

为了外推出电离室对灵敏质量为零时的响应，可改变某个特性(通常是电极间的距离)的电离室。

[IEV 394-25-21]

2.2.23

内充气体放射源电离室　ionization chamber with internal gas source

全部或部分充有待测活度的放射性气体的电离室。

[IEV 394-25-25]

2.2.24

电容器电离室　capacitor ionization chamber

测量因辐射诱发的电容放电引起构成电容器的电极间电位差变化的电离室。

[IEV 394-25-26]

2.2.25

2π电离室　2π ionization chamber

用于在立体角为2π球面度的范围内探测放射源辐射的电离室。

[IEV 394-25-27]

2.2.26

4π电离室　4π ionization chamber

用于在立体角为4π球面度的范围内探测放射源辐射的电离室。

[IEV 394-25-27]

2.2.27

井型电离室　well-type ionization chamber

用于在立体角接近4π的范围内测量辐射体放射性活度的电离室。在电离室内有一中心圆柱形的井，被测源就放置于井中。

[IEV 394-25-24]

2.2.28

驻极体电离室　electret ionization chamber

永久极化电介质电离室　electret ionization chamber

一种电离室，其中高压电极用具有永久性表面电位的驻极体或永久极化电介质代替，由于所充气体的电离，驻极体的表面电位降低，可用来测量待测的辐射剂量。

[IEV 394-25-28]

2.2.29

脉冲电离室　pulse ionization chamber

对每次探测到的电离事件都产生一个输出脉冲的电离室。

[IEV 394-25-04]

2.2.30

积分电离室　integrating ionization chamber

用于测量在预定时间间隔内出现的多次独立电离事件产生的累积电荷的电离室。

[IEV 394-25-11]

2.2.31

电流电离室　current ionization chamber

由于电离辐射而产生电离电流的电离室。

[IEV 394-25-12]

2.2.32

指形电离室　thimble ionization chamber

外部电极的形状和尺寸类似于指套筒的电离室。

[IEV 394-25-23]

2.2.33

流气式电离室　gas-flow ionization chamber

其内部有气体连续流过的电离室。

[IEV 394-25-29]

2.2.34

漂移室　drift chamber

利用测量电离电子在电场中的漂移时间来确定入射粒子的气体探测器，例如多丝漂移室、均匀电场漂移室和可调电场漂移室等。

2.2.35

多丝正比室　multi-wire proportional chamber

由一系列平行且等间距的阳极丝构成的平面，置于上下对称的两个阴极丝平面之间所构成的正比型气体探测器。室内充有气压略高于大气压的气体，阴、阳极之间加有一定电压，当入射带电粒子在室内气体中产生的初始电离电子漂移到阳极附近时产生气体放大，从而在丝上产生脉冲信号，它可提供入射粒子能量损失和两维位置信息。

2.2.36

计数管　counter tube

工作在正比区或盖革-米勒区的脉冲电离探测器。

[IEV 394-29-01]

2.2.37

正比计数管　proportional counter tube

工作在正比区的计数管。

[IEV 394-29-02]

2.2.38

浸入式计数管　dip counter tube

可浸入或淹没在液体中测量其活度的计数管。

[IEV 394-29-12]

2.2.39

火花计数管　spark counter

当强电离粒子通过时，能在电极间产生火花的核辐射探测器。

[IEV 394-29-16]

2.2.40

强流计数管　strong current counter tube

在一定范围内，其输出平均电流与入射的γ射线强度的对数成正比，用于探测高强度γ射线的卤素计数管。

2.2.41

三氟化硼正比计数管　boron trifluoride proportional counter tube

充有三氟化硼气体，利用中子和硼的核反应所产生的α粒子和锂引起的初始电离来探测热中子的正比计数管。

[IEV 394-29-03]

2.2.42

涂硼正比计数管　boron-lined proportional counter tube

在壁上或适当形状的电极上涂有硼灵敏层，利用中子和硼的核反应所产生的α粒子和锂核引起的初始电离来探测热中子的正比计数管。

2.2.43

氦计数管　helium counter tube

充有氦-3、用于探测中子的正比计数管。

注：初始电离是由中子与氦-3进行核反应所产生的质子和氚核引起的。

[IEV 394-29-05]

2.2.44

反冲质子计数管　recoil proton counter tube

含有氢或含氢物质，利用快中子和氢核碰撞产生的反冲质子引起的电离来探测快中子的计数管。

2.2.45

反冲核计数管　recoil nuclei counter tube

利用快中子和低原子序数的原子核碰撞产生的反冲核引起电离来探测快中子的计数管。

注：如果初始电离是由反冲质子引起的，这种计数管称为反冲质子计数管。

[IEV 394-29-06]

2.2.46

薄壁计数管　thin wall counter tube

管壁的吸收低到足以能探测低能辐射的计数管。

[IEV 394-29-09]

2.2.47

窗计数管　window counter tube

外壁上被称为"窗"的部分吸收低到足以能探测低能辐射的计数管。

注：例如：

——侧窗计数管；

——钟罩计数管。

[IEV 394-29-10]

2.2.48

裂变计数管　fission counter tube

含有可裂变物质的灵敏衬里、用于探测热中子和快中子的计数管。

注：初始电离主要由中子和灵敏衬里进行核反应所产生的裂变碎片引起。

[IEV 394-29-11]

2.2.49

液体计数管　liquid counter tube

用于测量液体放射性活度的计数管，其典型结构为圆柱形管，外面套有一个同轴固定式的或可移动的圆柱形杯。

注：被测放射性液体置于杯与计数管之间的环状空间内。

[IEV 394-29-13]

2.2.50

外阴极计数管 external cathode counter tube

管壳一般为玻璃、其外表面涂覆碳或金属构成阴极的计数管。

[IEV 394-29-14]

2.2.51

平面计数管 flat counter tube

由两块金属平行板阴极及在平行板间悬挂着若干条互相平行且与平板相平行的金属丝阳极构成的正比计数管。

2.2.52

电晕计数管 corona counter tube

由电离粒子引起电流急剧变化，并能维持电晕放电的计数管。

[IEV 394-29-15]

2.2.53

盖革-米勒计数管 Geiger-Müller counter tube

工作在雪崩区（盖革-米勒区）的计数管。

[IEV 394-29-07]

2.2.54

自猝灭计数管 self-quenched counter tube

仅靠所充气体而不采取其他措施就能猝灭的盖革-米勒计数管。

注：例如：

——卤素猝灭计数管；

——有机蒸汽猝灭计数管。

[IEV 394-29-08]

2.2.55

保护环 guard ring

用于降低电离室或计数管的收集电极与其他电极间的漏电流和（或）限定电位梯度及灵敏体积的一种辅助电极。

[IEV 394-30-05]

2.2.56

收集极 collecting electrode

在电离室或计数管中，用于收集由电离辐射产生的电子或离子的电极。

2.2.57

猝灭 quenching

在盖革-米勒计数管中，单次电离事件后，为阻止其后的连续或多次放电，而终止电离雪崩的过程。

[IEV 394-38-49]

2.2.58

猝灭电路 quenching circuit

在单次电离事件发生后，通过降低、抑制或反向加在盖革-米勒计数管电极上的电位来实现猝灭的电路。

[IEV 394-30-08]

2.2.59

猝灭气体 quenching gas

为确保放电的自猝灭，充入盖革-米勒计数管内的混合气体的组分。

[IEV 394-30-09]

2.2.60

气体放大　gas multiplication

由入射电离辐射在气体中产生的离子对，在足够强的电场作用下生成更多离子对的过程。

[IEV 394-38-36]

2.2.61

气体放大因子　gas multiplication factor

经气体放大后的最终离子对数与初始离子对数之比。

[IEV 394-38-39]

2.2.62

汤森雪崩　Townsend avalanche

一个带电粒子由于碰撞而迅速产生大量次级带电粒子的气体放大过程。

[IEV 394-38-37]

2.2.63

正比区　proportional region

计数管所加的工作电压范围，在此电压范围内气体放大因子大于1，且实际上与单次电离事件在计数管灵敏体积内最初生成的离子对总数无关，其脉冲幅度正比于最初的离子对总数。

[IEV 394-38-41]

2.2.64

有限正比区　region of limited proportionality

处于正比区与盖革-米勒区之间的计数管的工作电压范围内，在此电压范围内气体放大因子与计数管灵敏体积内最初生成的离子对总数有关。

[IEV 394-38-42]

2.2.65

盖革-米勒区　Geiger-Müller region

在计数管的工作电压范围内，且气体放大因子足够大，脉冲幅度基本上与计数管灵敏体积内最初生成的离子对总数无关。

[IEV 394-38-43]

2.2.66

盖革-米勒阈　Geiger-Müller threshold

计数管工作于盖革-米勒区所需加的最低电压。

[IEV 394-38-44]

2.2.67

(计数管的)临界电场　critical field (of a counter tube)

引起气体放大所需的最小电场强度。

[IEV 394-38-38]

2.2.68

(计数管的)边缘效应　end effect (of a counter tube)

由于靠近计数管收集极边缘电场的畸变，而对测量结果产生影响的效应。

[IEV 394-38-40]

2.2.69

(盖革-米勒计数管的)过电压　overvoltage (of a Geiger-Müller counter tube)

工作电压与盖革-米勒阈之间的差。

[IEV 394-38-45]

2.2.70

(探测器脉冲模式下的)死时间　dead time (in a detector operating in pulse mode)

探测器在脉冲模式下工作时,单次电离事件产生一个脉冲之后,不能响应后继的电离事件的时间间隔。

[IEV 394-38-50]

2.2.71

坪　plateau

核辐射探测器特性曲线的一部分,在此区间测得的电流或计数率与外加电压基本无关。

[IEV 394-38-47]

2.2.72

坪斜　plateau relative slope

坪区的斜率,表示外加电压每变化 100 V 时电流或计数率变化的百分数。

[IEV 394-38-48]

2.2.73

(核辐射探测器的)特性曲线　characteristic curve(of radiation detector)

所有其他参数都不变的情况下,表示计数率或电流作为核辐射探测器工作电压函数的关系曲线。

注 1:这条曲线是所有探测器在脉冲模式下工作的一种特性。

注 2:对于在电流模式下工作的探测器,此特性曲线是饱和曲线。

[IEV 394-38-46]

2.2.74

(光晕计数管的)放电噪声　discharge noise (of a corona counter tube)

当不存在电离辐射时,由电晕效应引起的一次稳定放电的电流或电压的波动。

[IEV 394-38-65]

2.2.75

(电离室中的)猝发　burst (in an ionization chamber)

由于一个或多个高能粒子入射到电离室内的气体中或室壁上而引起的,在短时间内突然生成大量离子对的过程。

2.2.76

(电离室的)饱和电流　saturation current (of an ionization chamber)

在给定的辐照下,当所加的电压高到基本上足以收集全部离子对,但尚未到达气体放大区时所得到的电离电流。

2.2.77

(电离室的)饱和电压　saturation voltage (of an ionization chamber)

在给定的辐照下,电离室内为得到饱和电流所需加的最小电压。

注:引伸之,实际上所用的"95%(或 90%)饱和电压"这类术语是为得到"95%(或 90%)饱和电流"所必须的设计电压。

[IEV 394-38-31]

2.2.78

(补偿电离室的)补偿因子　compensation factor (of a compensated ionization chamber)

补偿电离室对伴生辐射的灵敏度与它在无补偿情况下对同一伴生辐射的灵敏度之比。

[IEV 394-38-34]

2.2.79

(补偿电离室的)补偿比　compensation ratio (of a compensated ionization chamber)

补偿因子的倒数。

注：用它表示补偿电离室的一个性能指标。

[IEV 394-38-35]

2.2.80

(电流电离室的)饱和曲线　saturation curve (of a current ionization chamber)

在给定的辐照下,电流电离室输出电流随所加电压变化的特征曲线,用于确定饱和电流与饱和电压。

[IEV 394-38-32]

2.2.81

布拉格-戈瑞空腔　Bragg-Gray cavity

在固体介质内含有气体的理想空腔,它小到不足以干扰初级和次级辐射在介质内的分布。

[IEV 394-38-33]

2.2.82

电离径迹　ionization track

电离粒子路径的一部分,在径迹室、核乳胶等处可见。

[IEV 394-38-51]

2.3　闪烁探测器

2.3.1

闪烁　scintillation

由分子退激引起的、持续时间约几微秒或更短的闪光。

[IEV 394-38-01]

2.3.2

闪烁持续时间　scintillation duration

闪烁从发射10%光子的瞬间到发射90%光子的瞬间之间的时间间隔。

[IEV 394-38-02]

2.3.3

闪烁上升时间　scintillation rise time

闪烁体受单次激发后,发射光的强度从其最大值的10%上升到90%所需的时间。

[IEV 394-38-03]

2.3.4

闪烁下降时间　scintillation fall time

闪烁体受单次激发后,发射光的强度从其最大值的90%下降到10%所需的时间。

[IEV 394-38-04]

2.3.5

闪烁衰减时间　scintillation decay time

闪烁体受单次激发后,发射光的强度下降到其最大值的1/e所需的时间。

注：e=2.718…

[IEV 394-38-05]

2.3.6

闪烁光衰减长度　light attenuation length of scintillation

闪烁光子在闪烁体内经自吸收后衰减为原发光强度的1/e时光子在闪烁体中所通过的路程,表征闪烁体对自身发光的透过能力。

它与闪烁体的材料、工艺有关，且与测量时的光收集条件有关。按实际条件测得的数值称为技术光衰减长度。

2.3.7

闪烁物质 scintillating material

在电离辐射作用下，能以闪烁方式发出光辐射的物质。

[IEV 394-30-01]

2.3.8

激活剂 activator

用于提高闪烁物质发光效率的杂质或移位原子。

[IEV 394-30-02]

2.3.9

移波剂 wavelength shifter

与闪烁物质共同使用，用来吸收光子并发射波长更长的光子的荧光化合物。

注：使用移波剂的目的是使光电倍增管或其他光电器件更有效地利用光子。

[IEV 394-30-03]

2.3.10

闪烁体 scintillator

用一定数量的闪烁物质做成适当形状的闪烁探测元件。

[IEV 394-30-10]

2.3.11

（闪烁体的）光学反射层 optical reflector (of a scintillator)

在闪烁体（光导）表面上，为使闪烁体（光导）中向四周发射的光有效地反射到出射方向上的包层。

2.3.12

（闪烁体的）光学窗 optical window (of a scintillator)

闪烁体中能让光辐射透出的部分。

2.3.13

（闪烁体的）发射光谱 emission spectrum (of a scintillator)

闪烁体发射的光子数随光子的波长或能量变化的分布曲线。

[IEV 394-38-06]

2.3.14

（闪烁体的）吸收光谱 absorption spectrum (of a scintillator)

闪烁体的光吸收系数随光子的能量或波长而变化的曲线。

2.3.15

（闪烁体的）发射带 emission band (of a scintillator)

发射光谱中与光子发射概率最大时的能量（波长）相对应的那一部分。

2.3.16

（闪烁体的）吸收带 absorption band (of a scintillator)

吸收光谱中与光子吸收概率最大时的能量（波长）相对应的那一部分。

2.3.17

（闪烁体的）光子发射曲线 photon emission curve (of a scintillator)

表示闪烁体单次激发所发射光的强度随时间变化的曲线。

[IEV 394-38-07]

2.3.18

(闪烁体的)能量转换效率　energy conversion efficiency (of a scintillator)

闪烁体发射光子的总能量与其吸收的入射能量之比。

[IEV 394-38-08]

2.3.19

(闪烁体的)光输出　light output (of a scintillator)

闪烁体发射光子的总数与该闪烁体吸收的入射辐射能量之比。

2.3.20

(闪烁体的)α-β 比　α-β ratio (of a scintillator)

在 α 粒子和能量相同的 β 粒子激发下,闪烁体的能量转换效率之比。它反映了闪烁体对电离密度不同的粒子能量转换效率差异的程度。

2.3.21

康普顿二极管　Compton diode

不需外加电源,利用能量在 0.5 MeV～10 MeV 的 γ(X)射线与原子序数低的物质间的康普顿效应,将部分光子能量转换为电流信号的光电探测器。它用于直接探测强脉冲的 X 和 γ 射线,一般可分为介质型和真空型两种。

2.3.22

光电二极管　photodiode

在两个半导体间的 PN 结附近或半导体与金属间的结附近,通过吸收光辐射而产生光电流的光电探测器。

[IEV 394-30-18]

2.3.23

倍增极　dynode

打拿级　dynode

与其他电极的位置和工作情况有关的次级发射电极,它使得离开其表面的次级电子数超过入射到其表面的初级电子数。

[IEV 394-30-14]

2.3.24

电子倍增器　electron multiplier

在真空中,加有递增电压的一组倍增极,通过级联过程来放大电子电流。

[IEV 394-30-11]

2.3.25

光电倍增管　photomultiplier tube; multiplier phototube

由光阴极、电子倍增器和阳极组成、用于把光信号转换为电信号的真空器件。

[IEV 394-30-12]

2.3.26

无窗光电倍增管　windowless photomultiplier tube; windowless multiplier phototube

在光源和作为光阴极的靶之间没有插入其他物质的光电倍增管。

注:无窗光电倍增管的一种特殊应用是探测短波长的紫外辐射。

[IEV 394-30-13]

2.3.27

光导　light guide

用于光的无明显损失传输的光学器件。

注:可以将光导置于闪烁体和光电倍增管之间。

[IEV 394-30-15]

2.3.28

(光电倍增管中的)渡越时间 transit time (in a photomultiplier tube)

从一个具有限定通量和持续时间无穷小的光脉冲到达光阴极开始,到阳极输出电流脉冲达到某一指定值(例如幅度峰值或峰值的一半)时的时间间隔。

[IEV 394-38-12]

2.3.29

(光电倍增管中的)渡越时间分散 transit time jitter (in a photomultiplier tube)

相对于各个光脉冲的渡越时间的变化,这些光脉冲应具有限定通量和持续时间无穷小,而且每个光脉冲所产生的光电子数不能超过一个。

2.3.30

(光电倍增管的)响应脉冲宽度 response pulse duration (of a photomultiplier tube)

当光阴极接受一个具有限定通量和持续时间无穷小的光脉冲而产生大量光电子时,在输出电流脉冲曲线上与其半高宽相对应的持续时间。

2.3.31

(光电倍增管的)暗电流 dark current (of a photomultiplier tube)

在光阴极无光照条件下流过光电倍增管阳极回路的电流。

[IEV 394-38-14]

2.3.32

(光电倍增管的)增益 gain (of a photomultiplier tube)

在规定的电极电压下,阳极输出电流与光阴极发射电流之比。

[IEV 394-38-15]

2.3.33

(光电倍增管的)收集效率 collection efficiency (of a photomultiplier tube)

到达第一个倍增极的可测量的电子数与光阴极发射的电子数之比。

[IEV 394-38-16]

2.3.34

光阴极灵敏度 photocathode sensitivity

在规定的光照条件下,光阴极的光电发射电流与入射光通量之比。

[IEV 394-38-11]

2.3.35

(光电倍增管的)光灵敏度 light sensitivity (of a photomultiplier tube)

光电倍增管的阴极电流除以给定波长的入射光通量之比。

[IEV 394-38-62]

2.3.36

(光电倍增管的)光谱灵敏度 spectral sensitivity (of a photomultiplier tube)

作为波长函数的光灵敏度。

[IEV 394-38-63]

2.3.37

(光电倍增管的)光灵敏度的不均匀性 light sensitivity nonuniformity (of a photomultiplier tube)

在光阴极表面上光灵敏度的变化。

[IEV 394-38-64]

2.3.38

(光阴极的)量子转换效率　conversion quantum efficiency (of a photocathode)

光阴极发射的电子数与给定能量的入射光子数之比。

[IEV 394-38-09]

2.3.39

(光阴极的)光谱响应曲线　spectral response curve (of a photocathode)

量子转化效率随入射辐射波长变化的曲线。

[IEV 394-38-10]

2.3.40

光耦合材料　optical coupled material

为使闪烁体所发的光有效地传输到光电倍增管的光阴极上,在闪烁体光学窗与光电倍增管窗(闪烁体光学窗与光导及光导与光电倍增管窗)间所加的物质。

2.3.41

闪烁探测器　scintillation detector

由闪烁体构成的核辐射探测器,该闪烁体通常直接或通过光导与光敏器件光耦合。

注:闪烁体由闪烁物质组成,电离粒子在闪烁物质中沿其路径产生光辐射猝发。

[IEV 394-27-01]

2.3.42

空气等效闪烁探测器　air-equivalent scintillation detector

由有效原子序数等于或近似等于空气的材料构成的辐射闪烁探测器。

[IEV 394-27-02]

2.3.43

组织等效闪烁探测器　tissue equivalent scintillation detector

由有效原子序数近似于软组织的材料构成的辐射闪烁探测器。

注:有些塑料闪烁体与组织近似等效。

[IEV 394-27-03]

2.3.44

闪烁组合件　scinteblock;scintillation integrated block

将被测的电离辐射能转化为光电信号的核辐射探测器部件。通常由闪烁体、光耦合材料、光敏器件(如光电倍增管)等连成一体,在某些情况下,还包含分压器和前置放大器等,并装在同一外壳内。

2.3.45

闪烁室　scintillation chamber

室的内壁覆盖一薄层闪烁物质的探测元件。

2.3.46

气体正比闪烁探测器　gas proportional scintillation detector

利用气体电离特性的闪烁探测器。其光输出正比于入射粒子在闪烁气体中损耗的能量。

2.3.47

全吸收峰探测器效率　total absorption detector efficiency

对于给定的光子能量,在全吸收峰内探测到的光子数与同一时间间隔内入射到探测器上的光子数之比。

注:全吸收蜂探测器效率等于峰总比与探测器效率之积。

[IEV 394-38-19]

2.3.48

全吸收峰探测效率　total absorption detection efficiency

在规定的几何条件下，对于给定的探测装置和光子能量，每单位时间在全吸收峰内探测到的光子数与一个辐射源的发射率之比。

注：全吸收峰探测效率等于峰总比与探测效率之积。

[IEV 394-38-20]

2.4　半导体探测器

2.4.1

半导体　semiconductor

在正常情况下，总电导率在导体与绝缘体之间的物质，总电导率由两种符号的电荷载流子形成，电荷载流子密度可以用外部手段加以改变。

注："半导体"一词通常适用于电荷载流子是电子或空穴的情况。

[IEV 394-28-33]

2.4.2

本征半导体　intrinsic semiconductor

近似纯净和理想的半导体，在热平衡条件下其导电的电子和空穴密度基本相等。

[IEV 394-28-34]

2.4.3

补偿半导体　compensated semiconductor

半导体中一种给定类型的杂质对载流子密度的影响能部分或全部抵消另一类型杂质影响的半导体。

[IEV 394-28-35]

2.4.4

非本征半导体　extrinsic semiconductor

电荷载流子密度取决于杂质或其他缺陷的半导体。

[IEV 394-28-36]

2.4.5

N型半导体　N-type semiconductor

导电电子密度超过空穴密度的非本征半导体。

[IEV 394-28-37]

2.4.6

P型半导体　P-type semiconductor

空穴密度超过导电电子密度的非本征半导体。

[IEV 394-28-38]

2.4.7

半导体探测器　semiconductor detector

利用在半导体电荷载流子耗尽区中电子-空穴对的产生和运动来探测和测量辐射的半导体器件。

注：见2.4.1"半导体"。

[IEV 394-28-01]

2.4.8

面垒探测器　surface barrier detector

由表面反型层形成电荷载流子耗尽区(势垒)的半导体探测器。

[IEV 394-28-02]

2.4.9

扩散结探测器　diffused junction detector

用施主(N)型或受主(P)型杂质扩散的方法产生结的半导体探测器。

[IEV 394-28-03]

2.4.10

注入结探测器　implanted junction detector

用施主(N)型或受主(P)型杂质注入的方法产生结的半导体探测器。

注：例如离子注入探测器。

[IEV 394-28-04]

2.4.11

补偿型半导体探测器　compensated semiconductor detector

在P型区与N型区之间存在施主(N)和受主(P)几乎彼此平衡的区域(补偿型半导体)的半导体探测器。

[IEV 394-28-05]

2.4.12

锂漂移半导体探测器　lithium drifted semiconductor detector

在外加电场和高温的作用下,使锂(N型)离子在P型晶体中移动以平衡(补偿)束缚杂质,从而获得补偿区的补偿型半导体探测器。

[IEV 394-28-06]

2.4.13

内放大半导体探测器　amplifying semiconductor detector

由类似雪崩的次级过程产生电荷倍增的半导体探测器。

[IEV 394-28-07]

2.4.14

透射式半导体探测器　transmission semiconductor detector

包括入射窗和出射窗在内,其厚度薄到足以允许粒子完全穿过的半导体探测器。

[IEV 394-28-08]

2.4.15

d*E*/d*x* 半导体探测器　differential d*E*/d*x* semiconductor detector

其灵敏体积厚度远小于入射粒子射程,且入射和出射的死层厚度又小于探测器灵敏体积厚度的全耗尽层半导体探测器。

[IEV 394-28-09]

2.4.16

全耗尽半导体探测器　totally depleted semiconductor detector

耗尽层厚度与半导体材料厚度实质上相等的半导体探测器。

[IEV 394-28-10]

2.4.17

涂硼半导体探测器　boron coated semiconductor detector

表面涂有硼-10、用于探测热中子的半导体探测器。

注：电离是由中子在涂层内的核反应所产生的带电粒子引起的。

[IEV 394-28-11]

2.4.18

涂锂半导体探测器　lithium coated semiconductor detector

表面涂有锂-6、用于探测热中子的半导体探测器。

注：电离是由中子在涂层内的核反应所产生的带电粒子引起的。

[IEV 394-28-12]

2.4.19

裂变半导体探测器　fission semiconductor detector

表面涂有裂变物质、用于探测热中子的半导体探测器。

注：电离主要是由中子与裂变物质进行核反应所产生的裂变碎片引起的。

[IEV 394-28-13]

2.4.20

晶体导电型探测器　crystal conduction detector

由晶体结构均匀的半导体做成的电离探测器。

2.4.21

高纯半导体探测器　high-purity semiconductor detector

采用高纯度(例如电阻率高)半导体材料的半导体探测器。

[IEV 394-28-14]

2.4.22

辐照补偿半导体探测器　radiation compensated semiconductor detector

经过预先对半导体材料大剂量辐照,其电子结构是由辐射损伤掺杂造成的补偿型半导体探测器。

[IEV 394-28-15]

2.4.23

化合物半导体探测器　chemical compound semiconductor detector

用化合物半导体做成的探测器。一般是用平均原子序数高、禁带宽度大、净杂质浓度低的化合物半导体材料(例如碘化汞、碲化镉、碲锌镉、砷化镓等)做成的,用于室温探测 γ 射线。

2.4.24

(中子探测器的)转换体　converter (for neutron detectors)

涂敷在中子探测器的内壁或渗入探测器的灵敏体积内以提高探测效率的包含轻原子(例如氢)的物质。

[IEV 394-28-16]

2.4.25

多结型半导体探测器　multijunction semiconductor detector

采用几个 PN 结组合的半导体探测器。

[IEV 394-28-17]

2.4.26

平板(或平面)型半导体探测器　planar semiconductor detector

其灵敏体积为平板型的半导体探测器。

[IEV 394-28-18]

2.4.27

同轴型半导体探测器　coaxial semiconductor detector

其灵敏体积对称环绕中心轴的半导体探测器。

[IEV 394-28-19]

2.4.28

普通电极锗同轴半导体探测器　conventional-electrode germanium coaxial semiconductor detector

用P型高纯锗为材料，外电极为N^+接触，内电极为P接触，正偏压加在外电极上的同轴半导体探测器。

2.4.29

反电极锗同轴半导体探测器　reverse-electrode germanium coaxial semiconductor detector

用N型高纯锗为材料，外电极为P^+接触，内电极为N接触，正偏压加在内电极上的同轴半导体探测器。

2.4.30

保护环半导体探测器　guard-ring semiconductor detector

为了降低表面电流和噪声，有一个围绕探测器灵敏面的辅助PN结的半导体探测器。

[IEV 394-28-20]

2.4.31

镶嵌半导体探测器　mosaic semiconductor detector

为了增加灵敏面积，用镶嵌式结构将几个独立的探测器并联的半导体探测器。

[IEV 394-28-21]

2.4.32

位置灵敏半导体探测器　position-sensitive semiconductor detector

对入射到探测器表面的电离辐射离子，能给出其一维或二维位置的半导体探测器。

[IEV 394-28-22]

2.4.33

（半导体探测器的）死层　dead layer (of a semiconductor detector)

半导体探测器中的一个层，粒子在该层内损失的能量的大部分对形成的信号无贡献。

2.4.34

结　junction

半导体的不同电性能区域之间的过渡层，或者是不同类型半导体之间的过渡层，其特性由阻止电荷载流子从一个区域流到另一个区域的势垒来表征。

[IEV 394-28-23]

2.4.35

（反向偏置PN结的）击穿　breakdown (of reverse biased PN junction)

当反向电压增加时，由高电阻状态向明显低的电阻状态的跃变。

[IEV 394-28-27]

2.4.36

（结的）雪崩击穿　avalanche breakdown(of a junction)

在强电场作用下，一些载流子获得足够的能量而产生新的空穴电子对，使半导体中载流子累积倍增所引起的击穿。

注：雪崩击穿也称场致碰撞电离。

[IEV 394-28-28]

2.4.37

雪崩电压　avalanche voltage

发生雪崩击穿时所加的反向电压。

[IEV 394-28-29]

2.4.38

(半导体探测器的)耗尽层　depletion layer (of a semiconductor detector)

构成半导体探测器灵敏体积的一层。

注：光子或粒子在这一区域损失的绝大部分能量都可能对形成的信号做出贡献。

[IEV 394-28-30]

2.4.39

(半导体探测器的)全耗尽电压　total depletion voltage (of a semiconductor detector)

使耗尽层基本上扩散到半导体整个厚度时所加的反向电压。

[IEV 394-28-31]

2.4.40

(半导体探测器的)电荷收集时间　charge collection time (of a semiconductor detector)

当电离粒子通过半导体探测器后，由电流积分收集的电荷从其最终值的10%增加到90%所需的时间。

[IEV 394-28-32]

2.4.41

(半导体探测器的)反型层　inversion layer (of a semiconductor detector)

对给定的导电类型半导体，其反型的表面层即反型层。

2.4.42

(半导体探测器的)偏压　bias (of a semiconductor detector)

探测器两电极间所施加的反向工作电压。此电压在探测器灵敏体积内形成一定的电场强度，进而使射线所产生的电荷被收集到两电极处而形成电信号。

2.4.43

(半导体探测器的)伏安特性　volt-ampere characteristic (of a semiconductor detector)

半导体探测器的正、反向电压-电流特性。

2.4.44

(半导体探测器的)结电容　junction capacitance (of a semiconductor detector)

半导体探测器PN结势垒层的电荷增量与加在结上的电压增量之比。

2.4.45

(半导体探测器的)噪声　noise (of a semiconductor detector)

无辐照时，在半导体探测器输出端测到的无规则的信号，它与所加偏压的大小有关。

2.4.46

面势接触　surface barrier contact

金属-半导体接触或金属-绝缘体-半导体接触的一种结构，其整流特性决定于接触界面上和绝缘体中捕获的电荷。

[IEV 394-30-17]

2.5　其他探测器

2.5.1

径迹探测器　track detector

利用辐射在其内部产生的径迹以获得与辐射有关信息的核辐射探测器。

2.5.2

蚀刻径迹探测器　etched track detector

重带电粒子经过构成核辐射探测器材料时，造成材料的局部损伤，其表面经腐蚀后，使损伤的局部显示出来，由此可测量粒子引起的径迹数目的探测器。使用某种转换材料后，该探测器也可用于探测中子。

2.5.3

径迹室 track chamber

辐射在其中产生可见粒子径迹的探测器。

[IEV 394-26-01]

2.5.4

气泡室 bubble chamber

在过热液体中、沿电离粒子的路径液体沸腾时形成气泡的径迹室。

[IEV 394-26-02]

2.5.5

云室 cloud chamber

含有过饱和蒸汽、沿电离粒子路径产生的离子作为凝结中心的径迹室。

[IEV 394-26-03]

2.5.6

扩散室 diffusion chamber

由于室壁间的温差引起饱和蒸汽连续扩散而产生过饱和蒸汽的云室。

[IEV 394-26-04]

2.5.7

威尔逊云室 Wilson cloud chamber

由于快速膨胀，在短时间内产生过饱和蒸汽的云室。

[IEV 394-26-05]

2.5.8

火花探测器 spark detector

当强电离粒子通过时，能在电极间产生火花的核辐射探测器，例如：火花室、罗森布拉姆探测器。

2.5.9

热释光探测器 thermoluminescent detector

使用热释光介质的核辐射探测器，当其受热激发时能发光，发光量是探测器在电离辐射照射过程中贮存的能量的函数。

[IEV 394-27-04]

2.5.10

光致发光探测器 photoluminescent detector

用光致发光材料做成的核辐射探测器，当它受电离辐射照射后，再接受某一波长光辐射时能发出另一波长的光辐射(通常在可见光谱区内)，光的强度是电离辐射过程中贮存在探测器中能量的函数。

2.5.11

切连科夫探测器 Cerenkov detector

使用能产生切连科夫效应的介质、用于探测相对论粒子的核辐射探测器。

注：介质直接或通过光导与光敏器件进行光耦合。

[IEV 394-29-17]

2.5.12

(径迹室的)敏感时间 sensitive time (of a track chamber)

在某些径迹室(例如威尔逊云室或气泡室)内允许处于电离径迹形成状态的持续时间。

[IEV 394-38-52]

3 通用核仪器及其特性和试验

3.1 通用核仪器

3.1.1

核仪器 nuclear instrumentation

用于测量电离辐射量和控制涉及电离辐射的设备或过程的仪器或设备。

[IEV 394-21-01]

3.1.2

(核仪器)系统 system (of nuclear instrumentation)

为了完成一个确定的目标利用核测量方法组合起来的设备、装置、部件或连接单元。

3.1.3

(核仪器的)装置 assembly (of nuclear instrumentation)

为实现一个确定的总的功能而连接起来的一套核仪器。

注1：装置可以是不同的可移动的部分、部件或分离的仪器的组合，它们都具有局部的功能。

注2：用于功能和目的测量的装置是测量装置。

3.1.4

测量通道 measuring channel

由一个或多个探测器和有关的电子线路组成、用于产生相关信息的装置。

[IEV 394-21-12]

3.1.5

部件 sub-assembly

由基本功能单元组成的装置中，起局部功能作用的部分。

注：例如在脉冲计数装置中，探测器和定标器部分就是部件。

3.1.6

功能单元 function unit

执行一个或一个以上基本功能的部件或部件组合。

注：例如在“定标器”中，“成形单元”、“脉冲幅度甄别单元”、“定标单元”都是功能单元。

[IEV 394-21-02]

3.1.7

插件 module

通常具有前面板并能单独或多个一起插入机箱的插拔式单元，例如 NIM 插件。

[IEV 394-21-06]

3.1.8

核仪器插件(NIM) nuclear instrumentation module (NIM)

在科学和工业领域中使用的一种标准化插件式核仪器系统中的部件。

[IEV 394-21-05]

3.1.9

NIM 机箱 NIM bin

设计用于容纳核仪器插件的机箱。

[IEV 394-21-04]

3.1.10

计算机自动测量和控制插件(CAMAC) computer automated measurement and control(CAMAC)

在科学和工业应用中使用的一种标准化插件式仪器和数字接口系统。

[IEV 394-21-07]

3.1.11

CAMAC 机箱控制器 CAMAC crate-controller

安装在控制站中或者安装在一个或多个 CAMAC 机箱标准站中的功能单元，它控制数据通路运行。

注 1：标准站是 CAMAC 机箱中插入单元的安装位置，它提供通向数据通路的路径。

注 2：控制站是 CAMAC 机箱中容纳该机箱控制器的一个安装位置，它提供通向所有站编码和"中断信号(LAM)"线的路径。

[IEV 394-21-08]

3.1.12

并行(CAMAC)机箱控制器 parallel (CAMAC) crate controller

用作机箱通道和并行分支干线之间信息连接的一种机箱控制器。

3.1.13

串行(CAMAC)机箱控制器 serial (CAMAC) crate controller

用作机箱通道和串行分支干线之间信息连接的一种机箱控制器。

3.1.14

总线 bus

计算机或数字仪表的元器件之间的电气连接，通过总线信息可以从任一信息源传输至任一目的地。

[IEV 394-21-09]

3.1.15

快总线 fastbus

一种标准化模块式的数据高速采集和控制系统。该系统具有大量的地址域且可能按单机箱系统或多机箱系统配置，在多机箱系统中机箱能够与多个处理器一起自动运行，也可以为实现数据传输、控制和整个系统寻址信息提供路径。

[IEV 394-21-10]

3.1.16

辐射测量仪 radiation meter

用于测量电离辐射的仪器。

[IEV 394-22-01]

3.1.17

辐射监测仪 radiation monitor

用于测量电离辐射水平并能发出报警信号的装置。

注：辐射监测仪也可以提供定量信息。

[IEV 394-22-03]

3.1.18

辐射指示仪 radiation indicator

借助于可视或可听信号，对与电离辐射有关的量提供粗略估计的一种装置。

3.1.19

(辐射测量仪的)探头 probe (of a radiation meter)

一种可能带有前置放大器及某些功能单元的核辐射探测器。其构造使它能在难接近的或远离与其相连接仪器的位置上工作。

3.1.20

辐射报警系统 radiation alarm system;radiation warning apparatus

当超过预置的辐射水平时能提供视觉或听觉信号的仪器。

注：辐射报警系统可以由监测系统触发。

[IEV 394-22-04]

3.1.21

报警整定值 alarm set point

触发报警的设定值。

注：例如,该值可能是辐射剂量和(或)剂量率。

[IEV 394-39-47]

3.1.22

辐射探测装置 radiation detection assembly

用于对入射电离辐射产生响应信号的装置。

注1：这一信号携带与辐射物理特性有关的信息。

注2：在同一单元中可以包括一个或多个部件。

[IEV 394-21-11]

3.1.23

放大器 amplifier

依靠从外部能源吸收能量将输入量值放大的一种装置。

例如:前置放大器、电荷灵敏放大器、脉冲放大器、直流放大器、电压放大器、线性放大器、对数放大器、偏置放大器、差分放大器。

注：在核仪器中,放大器的输出量可以不同于输入量,但是又以一种特定的方式依赖于输入量。

3.1.24

前置放大器 preamplifier

位于核辐射探测器与主放大器或其他电部件之间,其输入端直接与探测器输出端相连的电子放大器。

3.1.25

电荷灵敏前置放大器 charge-sensitive preamplifier

其输出信号正比于输入电荷,而与输入电容无关的前置放大器。

3.1.26

弱电流前置放大器 weak current preamplifier

其输出信号正比于输入的弱电流并具有足够放大倍数和快速响应的前置放大器。

3.1.27

主放大器 main amplifier

谱(仪)放大器 spectrum amplifier

用于幅度谱测量的线脉冲放大器。它通常具有脉冲成形、抗堆积、基线恢复等功能,并有足够好的稳定性和合适的谱响应宽度。

注：主放大器又称成形放大器。

3.1.28

偏置放大器 biased amplifier

对所有在阈值幅度以下的输入产生(几乎是)零输出的放大器。

注：对于幅度超过偏置阈直至规定的最大值的输入信号部分,偏置放大器具有恒定增益。

[IEV 394-23-16]

3.1.29

(辐射)分析器　(radiation) analyzer

分析来自一个或几个核辐射探测器的输出信号与给定参数或量(例如:能量、时间等)的关系的辐射测量装置。

例如:脉冲幅度分析器,飞行时间分析器,多参数分析器。

3.1.30

单道分析器　single channel analyzer

只有当输入信号的幅值落在其设置的上、下阈值之间时才产生一个输出逻辑脉冲的装置。

[IEV 394-23-11]

3.1.31

多道幅度分析器　multichannel amplitude analyzer

多于一道的分析器,通常包含有足够多的道数。它按照输出信号的一个或多个特性(幅度、时间等)对信号进行分类计数,从而测定其分布函数。

3.1.32

模拟-数字变换器(ADC)　analogue-to-digital converter(ADC)

提供表征模拟量输入信号的数字式输出信号的装置或部件。

3.1.33

数字-模拟变换器(DAC)　digital-to-analogue converter(DAC)

提供表征数字式输入信号的模拟量输出信号的装置或部件。

3.1.34

幅度-时间变换器　amplitude-to-time converter

用输出信号的时间来表征输入信号的幅度的装置:或输出一个信号,其持续时间正比于输入信号的幅度;或输出两个信号,其中一个信号相对于另一个信号延迟的时间间隔正比于输入信号的幅度。

[IEV 394-23-07]

3.1.35

时间-幅度变换器　time-to-amplitude converter

用输出信号的幅度来表征输入信号的时间的装置:输出信号的幅度正比于两个输入信号的时间间隔,或正比于一个输入信号的持续时间。

[IEV 394-23-08]

3.1.36

时间-数字变换器　time-to-digital converter

用输出的数字信号来表征输入信号的时间的装置:该数字代表两个输入脉冲(例如启动脉冲和停止脉冲)之间的时间间隔,或代表一个输入信号的持续时间。

[IEV 394-23-09]

3.1.37

(辐射)谱　spectrum (of a radiation)

(能)谱　spectrum

通常指某一特定辐射量的数值随能量的分布,例如粒子发射率与其能量的关系。

3.1.38

辐射谱仪　radiation spectrometer

由一个或多个核辐射探测器和与其连接的分析器组成、用于确定电离辐射能谱的辐射测量设备。

[IEV 394-22-05]

3.1.39

放射性色层分析仪　radiochromatograph

绘制混合物中不同成分的(放射性)活度特性曲线的测量装置。混合物用放射性核素标记,并且分别放置在气体或液体载体中或沉积在固体材料上。

3.1.40

穆斯堡尔谱仪　Mössbauer spectrometer

利用穆斯堡尔效应测量物质超精细结构等特性的谱仪。它通常由穆斯堡尔源、吸收样品、电磁振动部件、辐射探测部件及有关电子仪器组成。

3.1.41

反康普顿γ谱仪　anti-Compoton gamma ray spectrometer

能降低γ谱中康普顿效应产生的连续分布成分的辐射谱仪。

3.1.42

反冲质子(能)谱仪　recoil proton spectrometer

通过测量反冲质子的能量分布测定快中子能谱的辐射谱仪。这些反冲质子是由快中子在含氢探测器中的弹性散射产生的。

3.1.43

飞行时间中子(能)谱仪　time-of-flight neutron spectrometer

通过测量中子飞行时间测定中子束能谱的辐射谱仪。

3.1.44

(放射性)活度计　(radio) activity meter

用于测量放射源活度并配备指示或记录仪器的装置。

3.1.45

(放射性)电荷测量仪　(radioactive) charge meter

采用核辐射探测器输出电流积分的方法,测量由电离所产生并收集在加速器靶上的电荷的装置。

3.1.46

计数装置　counting assembly

用于电脉冲计数的装置。

注:定标器是计数装置的一种类型。

3.1.47

可逆定标器　reversible scaler

输入端每进入一个脉冲,根据控制要求,可使其存数加一或减一的计数器。

3.1.48

静电计　electrometer

测量少量电荷或弱电流的仪器。

[IEV 394-23-02]

3.1.49

率表　ratemeter

连续指示平均计数率的仪器。

注:率表包括:

——模拟率表;

——线性率表;

——对数率表;

——差分线性率表;

——数字率表。

[IEV 394-23-03]

3.1.50

模拟率表　analogue ratemeter

能提供模拟输出信号的率表。

3.1.51

线性率表　linear ratemeter

输出指示正比于计数率的率表。

3.1.52

对数率表　logarithimic ratemeter

输出指示正比于计数率对数的率表。

3.1.53

差分线性率表　difference linear ratemeter

输出指示正比于两计数率差分的率表。

3.1.54

数字率表　digital ratemeter

能提供数字输出信号的率表。

3.1.55

稳谱器　spectrum stabilizer

通过对谱仪中某些部件(如探测器、高压电源、放大器、分析器等)的漂移进行补偿来减少谱畸变的功能单元。

[IEV 394-23-04]

3.1.56

甄别器　discriminator

只有当输入信号超过一个预定阈值时才产生一个输出逻辑脉冲的功能单元。

[IEV 394-23-10]

3.1.57

符合电路　coincidence circuit

只有在规定的时间间隔内在规定的几个输入端按预定的组合出现信号时，才产生一个输出信号的功能单元。

[IEV 394-23-13]

3.1.58

反符合电路　anticoincidence circuit

在特定的持续时间间隔内，在一个或几个指定的输入端有输入脉冲，而另外一个或几个指定的输入端没有输入脉冲时才有输出信号的功能单元。

3.1.59

(脉冲)选择器　(pulse) selector

每当输入脉冲的某一规定特性处于规定的限值之内时就产生输出信号的功能单元。

注：例如：

——脉冲高度选择器；

——时间选择器。

[IEV 394-23-14]

3.1.60

脉冲成形器　pulse shaper

对应输入信号输出具有规定形状特征脉冲的功能单元。

[IEV 394-23-15]

3.1.61

延时器(延时电路)　delayer (delay circuit)

一种将输入信号延迟一段时间传送的功能单元。

3.1.62

线性门　linear gate

一种在其关闭时截断信号通路,开启时使输入信号线性通过的功能单元。

3.2　主要特性

3.2.1

脉冲符合　pulse coincidence

在预定的时间间隔内,符合电路输入端的两个或更多的探测通道中都有脉冲到达。

[IEV 394-39-15]

3.2.2

真符合　true coincidence

来源于单一事件的脉冲的符合。

[IEV 394-39-16]

3.2.3

偶然符合　random coincidence

假符合　false coincidence

在符合分辨时间内,由来自非关联事件的脉冲偶然到达符合电路的输入端形成的一种符合。

[IEV 394-39-17]

3.2.4

符合分辨时间　coincidence resolving time

在认为脉冲是符合的情况下,在符合选择器规定的两个或更多的输入端中的每一输入端上,脉冲出现的最大时间间隔。

[IEV 394-39-18]

3.2.5

反符合　anticoincidence

在规定的输入端、在规定的时间间隔内,产生一个事件或一个脉冲用于阻止电路或仪器提供与之相对应的一个或多个输出信号。

[IEV 394-39-19]

3.2.6

计数　count

辐射计数装置对单一事件的响应。

[IEV 394-39-01]

3.2.7

假计数　spurious count

除被测辐射外其他任何因素引起的计数。

[IEV 394-39-02]

3.2.8

计数率 count rate;counting rate

单位时间的计数。

[IEV 394-39-03]

3.2.9

允许计数率 admissible count rate

与某一给定的时间分布有关的输入脉冲的计数率,相对于此值,被测得的计数率偏离约定真值不超过规定的一个百分比。

[IEV 394-39-46]

3.2.10

脉冲率 pulse rate

单位时间的脉冲数。

[IEV 394-39-52]

3.2.11

(粒子的)飞行时间 time-of-flight (of a particle)

粒子在两个给定点之间运动所用的时间。

[IEV 394-39-04]

3.2.12

(带电粒子的)迁移率 mobility (of a charged particle)

在规定的介质中,带电粒子沿电场方向的速度除以该电场场强的商。

[IEV 394-39-05]

3.2.13

(定标器的)定标因子 scaling factor (of a scaler)

为了产生输出脉冲,在定标器的输入端所需的脉冲数。

[IEV 394-39-06]

3.2.14

(测量装置的)灵敏度 sensitivity (of a measuring assembly)

对于一个给定的被测量值,观测量的变化与相应的被测量的变化之比。

注:对于某些测量系统,术语灵敏度可能具有另外的含义,例如最低(小)可探测限。

[IEV 394-39-07]

3.2.15

(测量装置的)本底水平 background level (of a measuring assembly)

源于被测辐射之外的信号。

注:本底可归因于:

a) 探测器内、外非测量所关注的源辐射产生的对测量有影响的信号。

b) 由于该测量系统的电子电路及其电源的缺陷导致的信号。

[IEV 394-39-08]

3.2.16

固有本底水平 intrinsic background level

测量装置在屏蔽环境自然辐射情况下的本底水平。

注:固有本底水平一般是由结构材料的放射性活度、各种不同的固有的原因引起的,它还取决于仪器的设计和工作状态。

3.2.17

(计数装置的)计数损失　count loss (of counting assembly)

由于分辨时间或诸如脉冲堆积或死时间等现象引起的计数率的损失,进而导致产生误差。

[IEV 394-39-13]

3.2.18

相对计数损失　fraction count loss

计数损失与测到的计数之比。

3.2.19

(计数装置的)堆积　pile-up (in a counting assembly)

由于第一个脉冲与后续脉冲之间的间隔时间太短,因而不容许放大器去正确响应后续脉冲而发生的现象。

注:堆积可能导致分辨力降低。

[IEV 394-39-14]

3.2.20

分辨时间　resolving time

相继出现且仍然可以分辨的两个脉冲之间应经历的最小时间间隔。

[IEV 394-39-21]

3.2.21

分辨时间校正　resolving time correction

死时间校正　dead time correction

考虑到由于分辨时间或死时间而损失的脉冲数,对实际观测到的脉冲数进行的校正。

[IEV 394-39-22]

3.2.22

(测量装置的)响应时间　response time (of a measuring assembly)

从被测量发生阶跃变化到输出信号第一次达到其最终值的某一给定百分数(通常取90%)时所经历的时间。

[IEV 394-39-09]

3.2.23

(测量装置的)上升时间　rise time (of a measuring assembly)

对于一个阶跃响应,输出信号达到其最终值与初始稳态值之差所规定的一个很小百分值时与其第一次达到同一差值所规定的一个很大百分值时所持续的时间间隔。

注:通常规定值是5%到95%或10%到90%。

[IEV 394-39-11]

3.2.24

(测量装置的)下降时间　fall time (of a measuring assembly)

除另行规定外,指输出量的幅度从90%下降到10%所持续的时间间隔。

[IEV 394-39-36]

3.2.25

(测量装置的)建立时间　setting time (of a measuring assembly)

从一个输入变量发生阶跃变化到输出变量的偏离不超过其最终值与初始稳态值之差的某一规定误差(例如5%)所经历的时间。

注1:通常的允差值是±2%和±5%。

注2:对于非线性特性,宜规定输入变量的幅度和位置。

[IEV 394-39-10]

3.2.26

(辐射谱仪的)能量分辨力　energy resolution (of a radiation spectrometer)

辐射谱仪能分辨的两个粒子能量之间的最小差值。

注：通常情况下能量分辨率用一个因子表示，该因子是在单能粒子分布曲线峰的半高宽(能量)除以峰位的能量。

[IEV 394-39-12]

3.2.27

半高宽(FWHM)　full width at half maximum (FWHM)

在单峰构成的分布曲线上，峰值一半处曲线上两点的横坐标间的距离。

注：如果曲线包含几个峰，则每个峰都有一个半高宽。另外，由此术语还可以扩展定义 1/10 高度(FW0.1M)，1/50 高度(FW0.02M)等。

3.2.28

(对脉冲的)响应阈　response threshold (to pulses)

使给定的电路对脉冲响应，执行其功能所需该脉冲的最小幅度。

[IEV 394-39-20]

3.2.29

间歇时间　paralysis time

通常为了使分辨时间的校正更精确，用间歇电路强加到分辨时间上的一个恒定的预定值。

3.2.30

恢复时间　recovery time

当一个后续脉冲幅度达到其之前脉冲最大幅度的某一确定的百分数时，放大器做出响应所经历的最小时间间隔。

[IEV 394-39-23]

3.2.31

滞后时间　latency time

粒子到达探测器与探测器电路被触发之间的时间间隔。

[IEV 394-39-24]

3.2.32

复原时间　restoration time

设备输出饱和后恢复其性能特性所需的时间。

[IEV 394-39-40]

3.2.33

过零游动　cross-over walk

由于脉冲幅度变化引起的双向脉冲过零时间的变化。

3.2.34

(线性)变换增益　(linear) conversion gain

放大器在线性动态范围内输出物理量除以输入物理量所得的商。

3.2.35

等效噪声电荷　equivalent noise charge

在前置放大器中，在能量上折合到输入的输出噪声电荷量。

3.2.36

极零相消　pole-zero cancellation

在单极性脉冲的 RC 脉冲成形网络中为防止上冲或下冲而采用的电路技术。

[IEV 394-39-30]

3.2.37

数字偏置　digital offset

为了移动模拟基线从数字-模拟变换器的输入信号中减去或加上的数字。

3.2.38

活时间　live time

探测装置对输入信号灵敏的那段时间。

[IEV 394-39-31]

3.2.39

死时间　dead time

装置对相继输入脉冲不响应的那段时间。

3.2.40

实时间　real time

装置完成一次任务(例如多道分析器获取脉冲幅度分布数据)所经历的实际时间。

3.2.41

(测量装置的)微分非线性　differential nonlinearity (of measuring assembly)

(1)　输出和输入关系曲线的斜率对参考直线的斜率的最大偏差,以百分数表示。

(2)　在多道分析器中单个道宽均匀性的涨落,以百分数表示。

3.2.42

(测量装置的)积分非线性　integral nonlinearity (of measuring assembly)

(1)　线性响应的偏差除以最大额定的输出脉冲幅度,以百分数表示。

(2)　道数与脉冲幅度之间线性关系的偏差除以多道脉冲幅度分析器的最大道数,以百分数表示。

3.2.43

模拟偏置　analog offset

为了改变模拟-数字变换器的输入信号的量值,从输入信号中减去的模拟量,一般使其对应零道址。

3.2.44

峰康比　peak-to-Compton ratio

在单能γ辐射的脉冲高度谱上,全能吸收峰的峰位道计数与康普顿连续谱的康普顿端的道计数之比。

[IEV 394-39-32]

3.2.45

峰总比　peak-to-total ratio

在单能γ辐射的脉冲幅度谱上,全能吸收峰内包含的计数与整个谱包含的计数之比。

[IEV 394-38-25]

3.2.46

光电峰　photoelectric peak

由核辐射探测器中的光电效应产生的那部分能谱响应曲线。

注:通常,与光电峰最大强度相对应的能量是唯一可测量的近似于全吸收峰的能量。

[IEV 394-38-56]

3.2.47

全吸收峰　total absorption peak

在核辐射探测器中,能谱响应曲线对应光子能量全吸收的那部分。

注:全吸收峰代表所有相互作用过程所产生的光子能量全被吸收,即:

a） 光电吸收；

b） 康普顿效应；

c） 电子对生成。

[IEV 394-38-57]

3.2.48

康普顿剥离　Compton stripping

在一个给定的能量窗，剥离因高能光子康普顿散射而导致的对计数率的贡献。

[IEV 394-39-49]

3.2.49

逃逸峰　escape peak

在γ辐射谱上，以下情况产生的峰：

a） 由于探测器中产生电子对，及一个或两个511 keV的湮灭光子从探测器敏感部分逃逸；

b） 由于探测器中的光电效应，及作为光电效应结果而发射的X射线光子从探测器敏感部分逃逸（X射线逃逸峰）。

[IEV 394-39-26]

3.2.50

（线性放大器）输入等效噪声　equivalent noise referred to input (of a linear amplifier)

输入端的噪声值，它能在输出端产生与实际噪声源所产生的相同的噪声值。

[IEV 394-39-27]

3.2.51

成形（限幅）时间　clipping time

a） 具有RC微分器的脉冲成形电路的时间常数。

b） 脉冲成形电路中的脉冲宽度。

[IEV 394-39-28]

注：成形时间决定脉冲的幅度。

3.2.52

预热时间　warm-up time

从测量仪表加电时开始到该仪表满足所有规定的性能要求时为止所经历的时间。

注：通常由制造商规定。

[IEV 394-39-35]

3.2.53

（模-数变换器的）变换时间　conversion time (of an analogue-to-digital converter)

从触发模-数变换器的时刻开始到输出数据可用的时刻为止之间的时间间隔。

[IEV 394-39-39]

3.2.54

校准曲线　calibration curve

用解析、图形或表格的形式表示系统响应与被测变量标准值的函数关系。

[IEV 394-39-41]

3.2.55

额定范围　rated range

指定给仪器的被测、观察、提供或设定的量值的范围。

[IEV 394-39-42]

3.2.56

额定使用范围　rated range of use

影响量的数值范围，在此范围内满足相关工作误差的要求。

[IEV 394-39-43]

3.2.57

随机波动　random variation

在规定的时间间隔内，当所有整定值和其他的量都保持恒定，而被测量也应在测量范围之内且保持恒定时，输出信号的波动。

[IEV 394-39-48]

3.2.58

统计涨落　statistical fluctuation

辐射不稳定性　radiometric instability

辐射噪声　radiometric noise

只由辐射源发射及其被探测的随机特性引起的输出信号变化。当探测器处于辐照状态时，其值规定为输出信号(不包含各种漂移)平均值的$\pm 2\sigma$。

注1：辐射噪声的定义不包含电噪声，但测量它时，却不能析出电噪声。

注2：当探测器处于最强辐照状态时的辐射噪声为全辐射噪声。

3.2.59

信号饱和　signal saturation

输出信号对输入值的增加不再响应的状态。

[IEV 394-39-50]

3.2.60

死区　dead band；dead zone

量值的有限范围，在此范围之内输入变量的变化不能引起输出变量的任何可测的变化。

注：当这种特性是有意造成时，有时可称之为中性区。

[IEV 394-39-51]

3.2.61

(辐射测量装置的)响应　response (of a radiation measuring assembly)

在规定的条件下由下式给出的比值：

$$R = V/V_{C}$$

式中：

V——试验用设备或装置测得的量值；

V_{C}——这个量的约定真值。

注1：对测量系统来说，输入信号可称为激励(发)；输出信号可称为响应。

注2：响应可能有不同的定义，上述辐射测量装置响应的定义就是一个例子。

[IEV 394-40-21]

3.2.62

参考响应　reference response

测量装置在参考条件下对参考剂量率或放射性活度的响应，表示为：

$$R_{ref} = V/V_{C,R}$$

式中：

$V_{C,R}$——参考剂量率或放射性活度的约定真值。

[IEV 394-40-22]

3.2.63

(辐射测量装置的)分辨力　resolution (of a radiation measuring assembly)

能有意义地区分显示装置指示的最小差值。

注1:对于数字显示装置来说,就是显示最低位有效数字改变一位所引起指示值的变化。

注2:分辨力概念同样适用于记录装置。

[IEV 394-40-23]

3.2.64

甄别器曲线　discriminator curve

计数率作为甄别器甄别电压函数的关系曲线。

注:这条曲线用于确定甄别阈。

[IEV 394-38-53]

3.2.65

最小可探测(测量)活度(MDA)　minimum detectable (measurable) activity(MDA)

在规定的本底噪声存在的情况下能给出辐射量的一个计数,该计数不是只由本底噪声产生的概率为95%。

[IEV 394-40-25]

3.2.66

最小可探测(测量)浓度(MDC)　minimum detectable (measurable) concentration(MDC)

在规定的本底噪声存在的情况下能给出放射性浓度的一个计数,该计数不是只由本底噪声产生的概率为95%。

[IEV 394-40-26]

3.3　电源

3.3.1

交流源电压　AC power input voltage

向电装置源提供能量的输入端交流电压。

3.3.2

输出效应　output effect

在其他影响量保持不变时,由于一个或几个影响量的稳态值在规定范围内变化,而引起稳定输出量的变化。

3.3.3

交流源电压效应　AC power input voltage effect

由于交流源电压在规定范围内变化而引起稳定输出量的变化。

3.3.4

负载效应　load effect

由于负载电流在规定范围内变动,而引起稳定输出量的变化。

3.3.5

交流源电压及负载组合效应　combinatory effect of AC power input voltage and load

由于交流源电压及负载在各自的额定使用范围内同时发生变化,而引起稳定输出量的变化。

3.3.6

温度效应　temperature effect

环境温度每变化1 ℃时,电源稳定输出量的最大变化。

3.3.7

(电源)稳定性　stability (of power supply)

在所有影响量保持不变时,电源在规定的预热时间之后的一段指定时间内,其稳定输出量的最大变化。

3.3.8

纹波和噪声　ripple and noise

叠加在电源直流输出电压上的残余交流分量，其周期波动称为纹波，随机波动称为噪声。

3.3.9

瞬态效应　transient effect

任何影响量发生阶跃变化之后，电源稳定输出量的响应特性。

3.3.10

交流源电压瞬态效应　transient effect for AC power input voltage

其他影响量保持不变，交流源电压在其额定值的上、下限跃变后电源稳定输出量的特性。

3.3.11

负载瞬态效应　transient effect for load

其他影响量保持不变，负载在空-满载状态跃变后，电源稳定输出量的特性。

3.3.12

通、断瞬态效应　transient effect for turn-on，turn-off

其他影响量保持不变，源电压在通-断状态跃变后，电源稳定输出量的特性。

3.3.13

效率　efficiency

电源的直流总输出功率除以输入有功功率。

3.3.14

浪涌电流　surge current

接通电源时，电源装置输入电流的最大瞬时值。

3.3.15

过流保护　over-current protection

为使电源不被过大电流（包括短路电流）损坏的保护装置和（或）连接的设备。

3.3.16

过压保护　over-voltage protection

为使电源不被过高电压损坏的保护装置和（或）连接的设备。

3.3.17

过温（热）保护　over-temperature (heat) protection

为使电源不被过高温度损坏的保护装置和（或）连接的设备。

3.3.18

优先电源（PPS） preferred power supply (PPS)

核电站在事故和事故后工况下，从输电系统优先给安全级电力系统供电的电源。

一般情况下它由厂外电源供电。

3.3.19

备用电源　stand-by power supply

当优先电源不能使用时，用于供应电力的电源。

3.3.20

浮空电源　floating power supply

与其他电源没有公用电路的电源。

3.3.21

不间断电源（UPS） uninterruptible power supply（UPS）

安全重要的仪表和控制电源 safety important instrumentation and control power supply

不间断电源由整流装置、逆变装置、蓄电池组和电源开关等组成，用以向安全重要仪表和控制系统等负载连续供电。

3.3.22

负载分布图 load profile

表示在规定的时序中施加负载的大小和持续时间（包括各个负载的瞬态和稳态特性）的图。

3.3.23

带厂用电运行 house load operation

核电厂只向本厂自用电负荷供电的运行模式。

[IEV 393-18-59]

3.4 试验和测量误差

3.4.1

试验 test

根据规定的程序，对给定的产品、过程或服务的一种或多种特性进行测定的技术操作。

注：进行试验就是对某一物项施加一组环境条件和运行条件和（或）要求，以便测量该物项的性能或特性，或将其进行归类。例如：

a) 原型试验（验证设计）；

b) 型式试验（验证最终设计和制造工艺）；

c) 制造厂接受试验（验证单个部件）；

d) 验收检查（验证已经收到的产品是否符合订货方的要求）；

e) 现场接收试验（验证产品在系统中的工作）；

f) 监督试验（验证产品仍能工作）；

g) 维护或恢复使用试验。

[IEV 394-40-01]

3.4.2

型式试验 type test

对代表产品的一个或多个物项进行的符合性试验。

[IEV 394-40-02]

3.4.3

验收试验 acceptance test

向顾客证明产品符合其某些规范要求，按合同规定进行的试验。

[IEV 394-40-05]

3.4.4

常规试验 conventional test

在参考条件或标准试验条件下对每个产品均进行的符合性试验。

3.4.5

例行试验 routine test

在常规试验后，为验证产品对影响量的适应性以抽样方式进行的试验。

3.4.6

试运行试验 commissioning test

在现场对产品进行的，用以证明其正确安装且能正确运行的试验。

[IEV 394-40-04]

3.4.7

寿命试验　life test

为确定某个部件或装置在规定条件下可能具有的寿命所进行的试验。

[IEV 394-40-06]

3.4.8

定期试验　periodic test

为保证装置或设备的性能保持在规定的限值内，定期在装置或设备上所进行的试验，以便确定在需要时进行调整。

[IEV 394-40-07]

3.4.9

维护试验　maintenance test

特定维护后所要求进行的试验。

[IEV 394-40-08]

3.4.10

全功能试验　full function test

全功能试验包括过程变量的扰动、敏感元件探测到的信号处理、逻辑输出和相应部件的触发。

3.4.11

量的约定真值　conventionally true value of a quantity

赋予一个特定量的值，按该值用于某一给定目的时具有的不确定度，有时按惯例可以接受。

注：“量的约定真值”有时称为给定值、最佳估算值、约定值或参考值。

[IEV 394-40-10]

3.4.12

测量误差　error of measurement

测量结果与其真值的差值。

注1：因为不可能确定一个真值，实际上采用约定真值。

注2：当必须区分“误差”和“相对误差”时，有时前者就称为测量的绝对误差。这不应与误差的绝对值相混淆，误差的绝对值是误差的模数。

[IEV 394-40-13]

3.4.13

指示值的相对变化　relative variation of indication

指示值变化除以标准试验条件下指示值所得的商。

3.4.14

相对误差　relative error

测量误差与被测量真值的商。

注：因为不可能确定一个真值，实际上采用约定真值。

[IEV 394-40-11]

3.4.15

固有误差　intrinsic error

在参考条件下确定的测量仪器的误差。

[IEV 394-40-12]

3.4.16

误差极限　limit of error

设备在试验方法指定的条件下工作时，制造商对一个被测量或提供的量所指定的误差最大值。

3.4.17

试验标准偏差　experimental standard deviation

对于同一被测物理量的 n 次系列测量，量 s 的分散特性结果由下式给出：

$$s=\sqrt{\frac{\sum_{i=1}^{n}(x_i-\overline{x})^2}{n-1}}$$

式中：

x_i——第 i 次测量结果；

$\overline{x}$——所考虑的 n 次测量结果的算术平均值。

注 1：表达式$\frac{s}{\sqrt{n}}$是 $\overline{x}$ 标准分布的估算值，称之为试验平均标准偏差。

注 2："试验平均标准偏差"有时误称为平均标准误差。

[IEV 394-40-40]

3.4.18

变异系数　coefficient of variation

标准偏差 s 与一组 n 个测量值 x_i 的算术平均值 $\overline{x}$ 之比值，由下式给出：

$$v=\frac{s}{\overline{x}}=\frac{1}{\overline{x}}\sqrt{\frac{1}{n-1}\sum_{i=1}^{n}(x_i-\overline{x})^2}$$

[IEV 394-40-14]

3.4.19

参考点　reference point

在设备上作出的标记，以此标记定位仪表进行校准。

注：从此点测量到辐射源的距离。

[IEV 394-40-15]

3.4.20

有效测量范围　effective range of measurement

标称范围的两个限值之差的绝对值。

注：在某些领域，最大值与最小值之差被称为范围。

[IEV 394-40-16]

3.4.21

动态范围　dynamic range

最大可测量指示信号量与最小可测量指示信号量的商。

注：在某些情况下，动态范围可用上述相应值的一个区间表示。

[IEV 394-40-17]

3.4.22

影响量　influence quantity

不是被测量却能影响测量结果的量。

[IEV 394-40-27]

3.4.23

参考条件　reference conditions

为校准测量仪表或比对测量结果而规定的条件。

注：一般情况下参考条件包括影响测量仪表的影响量的参考值或参考范围。

3.4.24

试验条件　test conditions

为检查设备的性能而选择的条件。

[IEV 394-40-29]

3.4.25

标准试验条件　standardization test conditions

为验证设备性能而选择的具有确定范围的参考条件。

3.4.26

环境条件　environmental conditions

作为正常运行工况或假设始发事件后果预期的物理环境，例如环境温度、压力、辐射、湿度、化学烟雾等。

[IEV 393-18-39]

3.4.27

(设备的)运行条件　operational conditions (of equipment)

在影响量的范围内设备按规定要求运行的条件。

[IEV 393-18-34]

3.4.28

线性误差　linearity error

代表输出量与输入量函数关系的曲线对一条直线的偏离。

[IEV 394-40-31]

注：线性误差也称为非线性。

3.4.29

(辐射测量装置的)稳定性　stability (of a radiation measuring assembly)

在指定的不变条件下，辐射测量装置在规定的时间间隔内性能保持稳定的能力。

注：通常给出的稳定性是指时间间隔内单位时间的指示变化除以指示值所得的百分数。

[IEV 394-40-24]

注：稳定性通常用不稳定性表示。

3.4.30

漂移　drift

在指定的不变条件下，辐射测量装置在规定的时间间隔内工作点或输出信号平均值的变化。

注：漂移分为短期漂移(小于或等于 1 d)和长期漂移(1 d 到 1 a)。

3.4.31

系统误差　systematic error

在可重复的条件下，同一被测量无穷多次测量值的平均值与该被测量约定真值的差值。

[IEV 394-40-32]

3.4.32

随机误差　random error

在可重复的条件下，同一被测量的一次测量值与无穷多次测量值的平均值的差值。

注 1：随机误差等于测量误差减去系统误差。

注 2：因为只能作有限次数的测量，所以只能测出随机误差的估算值。

[IEV 394-40-33]

3.4.33

(测量仪表的)偏移　bias (of a measuring instrument)

测量仪表显示的系统误差。

注：测量仪表的偏移通常用适当次数的测量指示误差的平均值来估算。

[IEV 394-40-34]

3.4.34

测量的准确度 accuracy of measurement

测量结果与其约定真值之间的一致程度。

注1："准确度"是一个定性概念。

注2：术语"精确度"不能用作"准确度"。

[IEV 394-40-35]

3.4.35

准确度等级 accuracy class

测量装置按准确度或最大固有误差确定的级别。

3.4.36

测量的不确定度 uncertainty of measurement

与测量结果有关的、标志被测量的值可能合理分布的分散程度的参数。

注：例如，不确定度可能是一个标准偏差(或其给定倍数)，或是具有给定置信度的区间半宽。

[IEV 394-40-36]

3.4.37

(测量仪表的)重复性 repeatability (of a measuring instrument)

在同样的测量条件下，测量仪表对同一被测物理量通过重复测量给出最类似指示的能力。

[IEV 394-40-37]

3.4.38

(测量结果的)重复性 repeatability (of results of measurements)

在同样的测量条件下，对同一被测物理量连续测量结果的一致程度。

[IEV 394-40-38]

3.4.39

(测量结果的)再现性 reproducibility (of results of measurements)

在变化的测量条件下，对同一被测物理量多次测量结果的一致程度。

[IEV 394-40-39]

3.4.40

验证 verification

确定一个产品或服务的质量或性能是否如所说明的、所预期的或所要求的过程。例如，对一个开发过程而言，验证便是保证该开发过程中的一个特定阶段满足前一个阶段对其要求的过程。

[IAEA No. NS-G-1.3:2002]

3.4.41

确认 validation

确定被定型的仪表和控制系统(硬件和软件)符合其功能、性能和接口要求的过程。

[IEV 394-40-42]

3.4.42

校准 calibration

在规定的条件下，确定测量仪表或测量系统的指示值、或实物量具或参考物质所表示的值与相应标准规定值之间关系的一组操作。

[IEV 394-40-43]

3.4.43

校准检查 calibration check

为保证仪表、部件或系统的响应准确度是可接受所进行的检查。

[IEV 394-40-44]

3.4.44

可溯源性　traceability

辐射量的测量值相对其适当参考量值的连续链。

注1：参考量通常是一个国家标准。

注2：这个概念常用形容词“可追溯的”表示。

注3：比较连续链可称为可追溯性链。

[IEV 394-40-45]

3.4.45

置信度　confidence level

一个统计估算量的真值落入其估算值预先设定区间内的概率，通常用百分数表示。

[IEV 393-18-31]

3.5 质量鉴定

3.5.1

设备质量鉴定　equipment qualification

保证设备按指令运行时能依照其所属系统的技术规格书、性能和安全要求的证据的产生和保存。

注：对于特定设备、工况或使用条件需要更多的具体要求。

[IEV 393-18-38]

3.5.2

(设备的)设计寿命　design life (of equipment)

保证设备具有规定性能特性的最短持续时间。

[IEV 393-18-32]

3.5.3

(设备的)合格寿命　qualified life (of equipment)

验证设备具有规定性能特性的最短持续时间。

注：在某一个特定部件安装寿命内该组件的合格寿命可能改变。

[IEV 393-18-33]

3.5.4

(设备的)安装寿命　installed life (of equipment)

设备从安装到永久拆除不再运行之间的时间间隔，在此时间间隔内按照规定的运行条件设备可完全满足所有设计要求。

注：设备可能有40年的安装寿命，但是它的一些部件要定期更换，那么这些部件的安装寿命将短于40年。

[IEV 393-18-35]

3.5.5

使命时间　mission time

设备应执行其规定功能的一段时间。

3.5.6

时程　time history

地震运动的时间记录或为置于地面的结构的一个特定楼层或某个标高处在时间坐标上的地震反应。

3.5.7

质量鉴定试验　qualification test

为了证明设计的充分性，同时证明设备在正常状态、运行条件下和预计运行事件下均能满足厂方和用户商定的技术要求，在该设备有代表性的样本上进行的试验。

3.5.8

(设备的)鉴定裕度　qualification margin (of equipment)

设备型式试验条件与其相应最严格的运行条件之间的差额。

注：鉴定裕度考虑了设备制造时的偏差和明确满足工作性能时的合理误差。

[IEV 393-18-36]

3.5.9

S1 地震(运行安全地震)　S1 earthquake (OBE)

在核电厂被鉴定设备的运行寿期内可能影响到该厂址的地震。对这类地震，设备应设计成连续运行而无需修改。

注：S1 地震是在核电厂运行寿期内，可合理预期的在厂区内可能遭受一次的最大地面运动。

3.5.10

S2 地震(极限安全地震)　S2 earthquake (SSE)

可能发生的最大地震。某些构筑物、系统和部件设计成在它作用下仍能保持其功能。这些构筑物、系统和部件对保证被鉴定的整个系统的正确功能、完整性和安全性是必不可少的。

注：S2 地震是在厂区内可能发生的最大地震。

3.5.11

抗震鉴定试验　seismic qualification

证明设备和(或)设施有能力承受规定地震应力的活动。

[IEV 394-40-09]

3.5.12

反应谱　response spectrum

表示一组振子最大反应的曲线。每个振子都是单自由度的而且阻尼是固定的。当振子承受在支座处输入的振动时，其最大反应为其自振频率的函数。

3.5.13

要求反应谱(RRS)　required response spectrum (RRS)

设备的抗震要求应满足的由用户给出的作为验证试验技术条件的反应谱。

3.5.14

试验反应谱(TRS)　test response spectrum (TRS)

从振动台的实际运动通过分析技术或谱分析设备得到的反应谱。

3.5.15

标准谱试验　standard spectrum testing

在设备安装处地震谱不超过试验谱的情况下，可以用一个适宜的标准谱对设备进行的试验。

3.5.16

功率谱密度(PSD)　power spectrum density (PSD)

某一波形的单位频率内加速度平方的平均值。功率谱密度用单位频率内的加速度平方($g^2/\Delta f$)与频率(f)的关系曲线表示。

3.5.17

阻尼　damping

使自由振动衰减的各种摩擦和其他阻碍作用。

3.5.18

正弦拍波　sine beat

由一个较低频率正弦波调幅的较高频率的连续正弦波。

3.5.19

零周期加速度　zero period acceleration(ZPA)

反应谱的高频未放大部分的加速度水平。它等于导出该反应谱所相应的时程曲线的最大峰值加速度。

3.5.20

易损度　fragility level

以输入频率的函数表示的某一设备能承受并仍能执行其所要求安全功能的输入激励的最高水平。易损度可用反应谱表示，它是从确定易损度的试验中得到的试验反应谱。

4　核设施仪表和控制

4.1　通用术语

4.1.1

[核]反应堆仪表　[nuclear] reactor instrumentation

监测和控制反应堆所需的电气设备和电子设备或仪表，包括安全重要的所有控制和仪表系统。

[IEV 394-33-01]

4.1.2

运行限值和条件　operation limits and conditions

经国家核安全监管部门批准的，为核电厂的安全运行列举的参数限值、设备的功能和性能及人员执行任务的水平等一整套规定。

[HAF 103(2004)]

4.1.3

单一故障　single failure

导致某个部件不能执行其预定安全功能的一种故障，以及由此引起的各种继发故障。

[HAF 102(2004)]

4.1.4

单一故障准则　single failure criteria

要求系统或设备组合在其任何部位发生可信的单一随机故障时仍能执行其正常功能的设计准则。

4.1.5

实体分隔　physical separation

实体隔离　physical separation

由几何分隔(距离、方位)、适当的屏障或两者结合形成的隔离。

[HAF 102(2004)]

4.1.6

功能隔离　function separation

防止一个线路或一个系统的运行模式或故障影响到另一个线路或系统。

[HAF 102(2004)]

4.1.7

电气隔离　electrical separation

部件、设备、通道或系统之间不存在电回路的一种隔离。

4.1.8

独立设备　independent equipment

独立的兼有下列两个特性的设备：

a)　执行其所需功能的能力不受其他设备运行或故障的影响；

b) 执行其功能的能力不受要求它起作用的假设始发事件的后果的影响。

4.1.9

多样性 diversity

为执行某一确定功能设置两个或多个多重部件或系统，这些不同部件或系统具有不同属性，从而减少了共因故障的可能性。

[HAF 102(2004)]

4.1.10

冗余 redundancy

多重性 redundancy

除本身外，设置另外一个或多个(相同的或不同的)构筑物、系统和部件，以便其中一个能执行所要求的功能，不管任何其他的是处于运行状态还是故障状态。

[IAEA No. NS-G-1.3:2002]

4.1.11

冗余组 redundancy group

能重复其他组的基本功能的设备组合。不管具有同种功能的其他组状态如何，它都能独立完成所要求的功能。

4.1.12

冗余设备 redundant equipment

功能相同的两个或两个以上的设备。其中任何一个都可以完成要求的功能而与其他设备是否处于正常状态无关。

4.1.13

共因故障 common cause failure

由特定的单一事件或起因导致两个或多个构筑物、系统或部件失效的故障。

[HAF 102(2004)]

4.1.14

安全故障 safe failure

在反应堆运行异常时能增加相应安全动作概率的安全系统内的故障。

4.1.15

非安全故障 unsafe failure

安全系统内的故障，这种故障在反应堆运行异常时可能减少保护系统触发相应安全动作的概率。

4.1.16

故障安全 fail-safe

系统中任何部件发生故障时能使该系统趋于增加安全动作的一种设计原则。

4.1.17

故障容限 fault tolerance

当存在限定数量的硬件或软件故障时，该系统能保证连续正确地执行其功能的固有能力。

[IEV 394-33-13]

4.1.18

辅助控制点/室(核安全领域) supplementary control point (in nuclear safety)

独立于主控室完成安全功能的设施。

[IEV 393-18-28]

4.1.19

保护接地　protective earthing

电气和电力设备的金属外壳，由于绝缘损坏可能带电，为防止这种电压危及人身安全而进行的接地。

4.1.20

周期计　period meter

与一个或多个探测器相连接、用于指示反应堆时间常数(反应堆周期)的电子装置。

注：周期计可以按时间常数单位、倍增时间或每分钟功率增加10倍等进行刻度。

[IEV 394-33-04]

4.1.21

倍增时间　doubling time

倍周期　doubling time

在中子注量率按指数规律上升的时候，中子注量率增长1倍所需要的时间。

4.1.22

源区段　source range

为有效测量中子注量率，反应堆在需要附加中子源的非常低功率下运行的范围。

[IEV 393-17-44]

4.1.23

中间区段　time constant range

反应堆的一个功率水平范围，在此范围内反应堆控制主要依据时间常量(反应堆周期)测量而不是根据反应堆功率测量。

注：在核电厂技术中，这一概念常称为"时间常数区段"或"对数区段"。

[IEV 393-17-48]

4.1.24

功率区段　power range

反应堆的一个功率水平范围，在此范围内反应堆控制主要依据温度或中子注量率测量而不是时间常量测量。

[IEV 393-17-47]

4.1.25

操作监测　operational monitoring

与一定操作有关的特殊监测。

4.1.26

旁通　bypass

旁路　bypass

有意地但是暂时地使一个线路或系统停止起作用的一种装置，例如使继电器的接点短路。

[IAEA No. NS-G-1.3:2002]

4.1.27

运行旁通　operational bypass

在核动力厂特定运行模式期间某些不需要的保护动作的旁路。

[IAEA No. NS-G-1.3:2002]

4.1.28

维修旁通(安全系统的)　maintenance bypass (for safety system)

安全系统设备在维护、试验和修理期间的旁路。

[IAEA No. NS-G-1.3:2002]

4.1.29

序列　train;division

某一给定系统或设备组的名称，它们与其他冗余设备组在实体、电气和功能上保持独立。

4.1.30

通道　channel;train

系统内相互连接的几个部件发出单一输出信号的配置，在单一输出信号与来自其他通道(例如监测通道或安全驱动通道)的信号结合在一起的地方，通道就告终止。

[IAEA No. NS-G-1.3:2002]

4.1.31

(反应堆)电气贯穿件　electric penetration assembly (of reactor)

由带绝缘的导体、导体密封件和开孔密封件构成的组件，它为导体穿过安全壳结构的单个开孔提供通道，同时在安全壳结构的内外侧之间提供压力边界。

[IEV 394-35-09]

4.1.32

反应性温度系数　reactivity temperature coefficient

在反应堆中特定的部件和位置上，反应性变化与反应堆温度增量的比值。

[IEV 393-15-44]

4.1.33

(反应堆)物理功率　physical power (for reactor)

反应堆技术中用于表示反应堆中子产额(每秒的中子数)的约定值。

[IEV 393-15-64]

4.1.34

紧急停堆　scram

为防止危险状态发生或将危险状态发生的概率减至最小而尽可能快地关闭反应堆的动作。

[IEV 393-17-43]

4.1.35

(反应堆)事故(保护)停堆　trip (for reactor)

核反应堆快速降功率直至关闭反应堆的动作。

[IEV 393-18-29]

4.1.36

误停堆　spurious shutdown

与反应堆异常工况无关的意外事件引起的停堆。

[IEV 393-18-30]

4.2 测量系统

4.2.1

监测　monitoring

连续或定期地测量辐射或其他参数来确定某个系统的状态。

[IEV 393-18-40]

4.2.2

被扰动的中子注量率　perturbed neutron fluence rate

中子探测器置于测量位置时该处空间的平均中子注量率。其数值为探测器输出除以它的灵敏度，实际上近似于探测器全表面的平均中子注量率。

没有设置中子探测器时该点的平均中子注量率，称为未被扰动的中子注量率。

4.2.3

反应堆噪声　reactor noise

反应堆中由核过程的随机性或由机械、流体动力过程的无规则涨落引起的中子注量率涨落和由此产生的功率波动。

4.2.4

(反应堆)噪声诊断系统　noise diagnostic system (of reactor)

通过监测和分析反应堆稳态运行期间参数涨落(如中子注量涨落、冷却剂压力波动及机械振动),以早期探测过程异常或反应堆堆芯部件潜在缺陷的系统。

[IEV 394-35-12]

4.2.5

冷却剂泄漏测量装置　coolant leakage measuring assembly

确定冷却剂从反应堆冷却剂系统流失所用的测量装置。

4.2.6

可查数据　auditable data

以易于理解和查找的方式记录和整理成文件的技术信息,据此信息可以单独核查、推论或作出结论。

4.2.7

离线　off-line

计算机系统的一种运行方式,在此方式下,正在运行的程序的输入数据与核电厂当前状态无关。

4.2.8

在线　on-line

计算机系统的一种运行方式,在此方式下,正在运行的程序的输入数据是从工艺设备自动获取的,能代表这些设备的当前状态。在计算机系统在线运行时,通常有一种输出功能可用。

4.2.9

安全参数显示系统(SPDS)　safety parameter display system (SPDS)

用于显示与反应堆关键安全功能有关的主要参数的系统。

注:这些安全参数尤其涉及到反应性控制、反应堆冷却剂系统的完整性、堆芯冷却、从反应堆主系统排出热量以及放射性控制。

4.2.10

热功率测量装置　thermal power measuring assembly

包括测量冷却剂温度和流率的子设备,并与计算机相连接、用于测定反应堆热功率的装置。

[IEV 394-35-03]

4.2.11

燃料通道活度比较器　fuel channel activity comparator

以预先测得的燃料通道或通道组的裂变产物浓度作为基准浓度,将每一个燃料通道或通道组的裂变产物浓度与该基准浓度进行自动比较的测量装置。

[IEV 394-33-07]

4.2.12

基于活化的功率测量装置　power measuring assembly based on activation

通过测量某种合适材料的活化程度来确定反应堆热功率的测量装置。

[IEV 394-33-03]

4.2.13

裂变产物中毒预测仪　fission products poisoning predictor

根据裂变产物中毒情况来确定反应堆反应性变化的仪器，例如氙中毒预测仪。

4.2.14

热交换器泄漏监测仪　heat exchanger leak monitor

通过监测二次回路中冷却剂放射性来探测一次冷却剂回路和二次冷却剂回路之间泄漏的仪器。

4.2.15

重水含量仪　heavy water content monitor

用于连续或间断测量反应堆中重水与轻水混合物中重水含量的仪器。

[IEV 394-35-08]

4.2.16

冷却剂总活度监测仪　coolant gross activity monitor

用于测量反应堆冷却剂活度，并在活度超过预定值时发出报警的仪器。

[IEV 394-35-05]

4.2.17

中子监测的坎贝尔系统　Campbell system for neutron monitoring

根据中子注量率与裂变室产生的信号涨落方差成正比的原理，利用裂变室产生的信号涨落测量核反应堆内中子注量率的装置。

4.2.18

堆芯中子注量率测量(测绘)系统　in-core neutron fluence rate mapping system

用于测量并绘制反应堆堆芯中子注量率分布的装置。

[IEV 394-35-04]

注：典型测量系统使用小型移动式裂变室或自给能探测器(或者利用安装在堆芯的适当的金属丝或金属片)，测其不同点的感生活度分布；典型测量系统还包括气球系统。

4.2.19

流气式中子注量率测量装置　gas-flow neutron fluence rate measuring assembly

用于测量反应堆内中子注量率的设备，由一个裂变材料靶和一个探测器组成，在靶上产生的裂变产物由惰性气体流带到反应堆外的探测器。

[IEV 394-35-02]

4.2.20

堆芯温度测量系统　in-core temperature measuring system

利用堆芯测温传感器测量反应堆一次冷却剂、燃料和堆内构件温度的系统。

注：该系统为反应堆正常运行提供必需的信息，它可以是一个独立的系统，或是整个堆芯监测系统的一部分。

[IEV 394-35-11]

4.2.21

堆芯测温传感器　in-core temperature measuring sensor

用于提供反应堆堆芯或主包壳内预定点的温度测量信号的一种固定式或可移动的器件。

注：示例：

——铠装热电偶；

——接点绝缘型热电偶；

——接点非绝缘型热电偶；

——同轴热电偶；

——电阻温度计。

[IEV 394-35-10]

4.2.22

破损燃料元件监测仪　failed fuel element monitor

对将燃料元件与反应堆冷却剂隔开的燃料元件密封包壳上可能出现的破损进行探测和定位的设备。

注1：有时，探测和定位分成两个独立的系统。

注2：在核安全术语中，"包壳"被认为是一道屏障。

[IEV 394-33-06]

4.2.23

静电收集型破损燃料元件监测仪　electrostatic collector failed fuel element monitor

通过测量在负电极上收集到的气态裂变产物放射性活度来监测破损燃料元件的监测仪。

注：例如，铷和铯。

[IEV 394-33-08]

4.2.24

切连科夫效应破损燃料元件监测仪　Cerenkov effect failed fuel element monitor

利用水中裂变放射性核素的β辐射产生的切连科夫效应来监测破损燃料元件的监测仪。

[IEV 394-33-09]

4.2.25

裂变产物分离型破损燃料元件监测仪　fission product separator failed fuel element monitor

通过测量从反应堆冷却剂中分离出的一种或几种裂变产物的放射性活度来确定破损燃料元件的监测仪。

[IEV 394-33-10]

4.2.26

缓发中子型破损元件监测仪　delayed neutron failed element monitor

基于探测冷却剂中某些裂变产物产生的缓发中子来监测破损燃料元件的监测仪。

[IEV 394-33-11]

4.2.27

破损燃料元件指示器　failed fuel element indicator

快速显示燃料元件破损情况的装置，包括置于主冷却剂环路中的测量裂变产物活度的探测器。

[IEV 394-33-12]

4.2.28

（控制室）显示器　displays (in control room)

用于显示所监测的核电厂工况和状态信息的装置。

注：显示的信息包括过程状态、设备状态等。

[IEV 394-33-21]

4.2.29

（反应堆）振荡器　(reactor) oscillator

通过样品的振荡使反应性发生周期变化的一种装置。用于测定反应堆的特性或样品的核截面。

4.2.30

包壳温度计算机　cladding temperature computer

根据反应堆的功率和在堆芯内某些点测得的温度来计算包壳最热部分温度的计算机。

[IEV 394-35-01]

4.3 控制系统

4.3.1

反应堆控制 nuclear reactor control

通过调节反应性来获得反应堆内反应速率的变化以保持所要求的运行状态。

[IEV 393-17-33]

注：反应堆控制的方法有许多种，例如，反射层控制、构形控制、慢化剂控制、硼浓度控制、燃料控制、吸收控制、液体毒物控制等。

4.3.2

(反应堆)传递函数 transfer function (of reactor)

给定的反应堆参数(例如功率)对反应性变化给出响应的数学表达式。

[IEV 394-35-06]

4.3.3

(反应堆)传递函数仪 transfer function meter (of reactor)

测定传递函数的装置。

[IEV 394-35-07]

4.3.4

反应性 reactivity

ρ

表征链式核裂变反应介质或系统偏离临界程度的一个参数，定量表示为：$\rho=1-1/k_{eff}$

式中：k_{eff}是有效增殖因数。$\rho>0$ 相应于超临界状态，$\rho=0$ 相应于临界状态，$\rho<0$ 相应于次临界状态。

4.3.5

负反应性 negative reactivity

反应堆在某一状态下由特定的装置或物理现象引起的反应性增量的减少。

注：例如控制棒(装置)或温度变化(现象)引起的负反应性。

[IEV 393-15-43]

4.3.6

反应性仪 reactivity meter

与一个或多个探测器相连接、用于指示反应堆反应性的电子装置。

[IEV 394-33-05]

4.3.7

尼奎斯特准则 Nyquist criterion

在系统传递函数分析中判断反馈控制系统稳定性程度的一种准则。

4.3.8

联锁限值 interlock limit

运行参数的一种限制值，达到该值时，自动闭锁某些动作。例如禁止控制棒进一步抽出。

4.3.9

(反应堆)失控 (reactor) runaway

因异常事件导致反应堆功率或反应性的连续增加，使反应堆偏离正常状态并达到预定的整定值，不能由正常控制系统控制，但反应堆紧急停堆系统能使其安全终止的情况。

4.3.10

自调节 self-regulation

由于反应性功率系数的作用，使反应堆在一定条件下维持恒定功率运行的一种固有倾向。

4.3.11

反应堆控制系统　reactor control system

控制反应堆用的设备、部件和器件的组合。

4.3.12

反应堆功率自动调节装置　reactor power automatic control assembly

反应堆功率自动调节系统　reactor power automatic control system

用于自动调节表征反应堆功率的量(例如中子注量率或其他希望调节的量),并在要求的条件下自动改变这个量的数值的装置。

4.3.13

辅助操作控制系统　auxiliary operating control system

控制室外(例如就地控制室和就地停堆系统)的操作系统。

[IEV 394-33-20]

4.3.14

补偿组件　shim member;shim element

用以补偿反应堆内反应性和中子注量密度分布的长期变化的控制部件。

[IEV 394-35-15]

4.3.15

(反应堆)控制组件驱动机构　control member drive mechanism (of reactor)

用于移动控制组件的装置。

[IEV 394-35-18]

4.3.16

控制组件　control member

反应堆内本身能影响反应性且用于反应堆控制的可移动部分。

[IEV 394-35-19]

4.3.17

反射层控制　reflector control

通过调节反射层的性质、位置或数量来改变反应性的方式来控制反应堆。

[IEV 393-17-38]

4.3.18

微调控制　fine control

为了校正小的反应性变化而进行的细微调整。

[IEV 393-17-41]

4.3.19

误动[作]　spurious action

系统运行时,由不可信故障或人因差错而引起系统动作的行为。

4.3.20

拒动[作]　rejection action

系统运行时,由可信故障或人为指令需要系统动作而系统不动作的行为。

4.4　安全系统

4.4.1

固有安全　intrinsic safety;inherent safety

一个特定故障所引起的响应能提高系统、设备或组件的安全性的特性。

[IEV 393-18-43]

4.4.2

安全级(1E 级)　class 1E

反应堆或核电厂电气设备和系统的一个安全级别。它们是完成反应堆紧急停堆、安全壳隔离、堆芯冷却以及从安全壳和反应堆排出热量所必需的，或者是防止放射性物质向环境大量排放所必需的。

4.4.3

安全系统　safety system

安全上重要的系统，用于保证反应堆的安全停堆、从堆芯排出余热或限制预计运行事件和设计基准事故的后果。

[HAF 102(2004)]

注：安全系统包括保护系统、安全执行系统和安全系统支持设施(见图 1)。

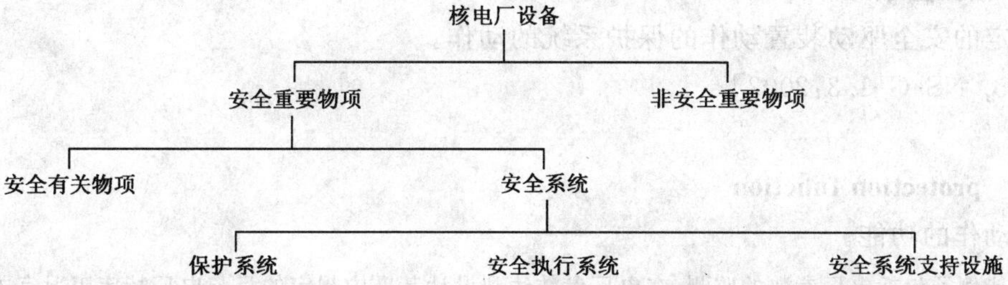

图 1　核电厂物项(构筑物、系统或部件)

4.4.4

安全重要物项　items important to safety (IIS)

属于某一安全组合的一部分和(或)其失效或故障可能导致对厂区人员或公众的辐射照射的物项。

[HAF 102(2004)]

注：安全重要物项见图 1。

4.4.5

(反应堆)安全组合　safety group (of reactor)

为完成特定的假设始发事件所需的全部操作所设计的设备的组合，用于保证不超过预期运行事件和设计基准事故的设计基准中规定的限值。

[IAEA No. NS-G-1.3:2002]

4.4.6

安全任务　safety task

显示一特定假设始发事件的一个或几个变量的测量，信号的处理，为防止超过设计基准规定的限值而需要的安全动作的触发和完成，以及安全系统辅助设施的某些服务的触发和完成。

[IAEA No. NS-G-1.3:2002]

4.4.7

安全动作　safety action

安全驱动系统采取的单一动作。

[IAEA No. NS-G-1.3:2002]

4.4.8

安全功能　safety function

为安全而应达到的特定目的。

[HAF 102(2004)]

4.4.9

(反应堆)保护系统 protection system (of reactor)

监测反应堆的运行,并根据接收到的异常工况信号,自动动触发动作以防止发生不安全或潜在的不安全工况的系统。

[HAF 102(2004)]

4.4.10

保护任务 protective task

为保证完成某一个给定假设始发事件所要求的安全任务所需要产生的最少的那些保护动作。

[IAEA No. NS-G-1.3:2002]

4.4.11

保护动作(核安全领域) protective action (in nuclear safety)

使某个特定的安全驱动装置动作的保护系统的动作。

[IAEA No. NS-G-1.3:2002]

4.4.12

保护功能 protection function

执行保护动作的功能。

注:保护功能例子包括电厂参数的监测,在电厂参数达到设计基准中规定的且与电厂特定工况有关的限值时,触发信号处理、完成保护动作。

[IEV 393-18-24]

4.4.13

整定值 setpoint

根据安全分析预先确定的值,当被监测的变量达到此值时,具有双稳态的装置改变状态。

4.4.14

安全限值 safety limit

对运行参数规定的限值,核电厂在此限值之内运行是安全的。

[HAF 102(2004)]

4.4.15

安全系统整定值 safety system setpoint

为防止出现超过安全限值的状态,在发生预计运行事件和事故工况时启动有关自动保护装置的触发点。

[HAF 102(2004)]

4.4.16

保护动作整定值 trip level

反应堆安全系统中变量的设定值,当被监测的变量达到此值时,保护系统触发安全驱动器动作。

4.4.17

安全监测装置 safety monitor;safety monitoring assembly

跟踪反应堆特性变化的设备,包括向安全逻辑装置输出一个或多个逻辑信号的数据处理子设备。

4.4.18

安全逻辑装置 safety logic assembly

与一个或多个安全监测装置相连,用来完成预定的逻辑功能并向一个或多个安全驱动器输出指令信号的装置。

4.4.19

动态逻辑信号　dynamic logic signal

周期变化的电压或电流信号，其频率与所要求的系统响应时间相一致。不同的逻辑状态与周期变化的一个或多个量(例如脉冲或交变信号的幅度、斜率、重复速率，或者脉冲编码)的不同数值有关。其中一种逻辑状态可对应该信号无周期变化状态。

4.4.20

动态逻辑装置　dynamic logic equipment

使用动态逻辑信号的系统或系统部件。

4.4.21

触发　trip

跳闸(脱扣)　trigger

具有双稳态的装置从一种状态向另一种状态的转换。例如安全监测装置双态输出信号(报警、反插、安全停堆等)从常态变成异常状态。也指反应堆紧急停堆。

4.4.22

触发裕度　trip margin

某一变量的测量值与其相关的触发值之间的差。

4.4.23

报警　alarm

当仪表的读数超过一个整定值或超出整定范围时，在报警盘和其他显示器上触发听觉或视觉信号，以便为现场人员提供关于设备或事件的信息。

[IEV 393-18-03]

4.4.24

停役　outage

反应堆或核电厂按照计划停止运行，进行换料、检修、试验或改进等工作而不能使用的状态。

4.4.25

报警系统　alarm system

当出现异常情况时(例如某个系统或过程偏离)用于提醒操纵员可能需要采取校正动作的系统。

[IEV 394-34-20]

4.4.26

(反应堆)警告系统　warning system (of reactor)

报警系统的一部分，它对异常但不会立即产生严重后果的情况(即使是暂时的)提供视觉听觉信号。

4.4.27

安全报警系统　safety alarm system

保护系统中由所有安全报警组成的那部分。

注：安全报警警告操纵员采取必要的保护动作。

[IEV 394-34-13]

4.4.28

声响报警系统　audible warning system

对需要采取安全动作的事故状态，如需要(人员)撤离安全壳或其他构筑物时。提供声响报警的系统。

[IEV 394-34-15]

4.4.29

安全驱动系统　safety actuation system

安全执行系统　safety actuation system

当受到保护系统触发时,完成要求的安全动作所需设备的集合。

[IAEA No. NS-G-1.3:2002]

4.4.30

联锁功能　interlock function

作为仪表和控制系统的一部分,能防止非安全的运行工况、保护人员及防止危险所执行的功能。

[IEV 394-34-18]

4.4.31

安全重要的联锁系统　interlock system important for safety

电气仪表和控制系统的一部分,除非满足所有规定的条件,否则它将阻止某些可能影响反应堆安全的操作。

[IEV 394-34-12]

4.4.32

执行装置　actuated equipment

执行设备　actuated equipment

用以完成一个或几个安全任务的原动机和被驱动设备的组合体。

[IAEA No. NS-G-1.3:2002]

4.4.33

驱动设备　actuation device

驱动装置;驱动器　actuation device

直接控制执行设备动力的部件。例如控制配电和用电的断路器和继电器,以及控制液体或气体的先导阀。

[IAEA No. NS-G-1.3:2002]

4.4.34

自动降功率系统　automatic power cutback (runback) system

这个系统按规定的控制棒运行速度自动地控制反应性的减少,以编程方式将反应堆的功率降到预定的水平。

4.4.35

反应堆安全释放装置　reactor safety fuse

这是一种系统内的装置,它对反应堆内过高的温度或中子注量率做出反应,使核反应速率降到安全水平。为便于操作,这个装置可以是能动的或者非能动的。

4.4.36

可编程操作的安全装置　programmed action safety assembly

按编程方式控制反应堆功率有限制下降的安全设备。

4.4.37

反应堆紧急停堆系统　reactor trip system;emergency shutdown (safety) system

安全系统的一部分,通过不可逆转的动作迅速减少堆芯中子注量率使反应堆停堆的设备组合。

4.4.38

安全系统支持设施　safety system support features

安全系统辅助设施　safety system auxiliary features

为保护系统和安全驱动系统的需要而提供诸如冷却、润滑和能源等服务的设备集合。

[IAEA No. NS-G-1.3:2002]

4.4.39

专设安全设施　engineered safety features

为限制或缓解反应堆事故后果而专门设置的安全系统，包括安全壳隔离系统、应急堆芯冷却系统、安全壳喷淋系统和安全壳氢气控制系统等。

4.4.40

应急响应设施　emergency response facility

为缓解事故后果和对异常运行工况作出响应而设置的设施，例如技术支持(援)中心、运行支持(援)中心、应急操作设施等。

4.4.41

安全有关仪表和控制系统　safety-related instrumentation and control systems

不作为安全系统组成部分的安全重要仪表和控制系统。

[IAEA No. NS-G-1.3:2002]

4.4.42

安全组件　safety member;safety element

单独或与其他组件一起为反应堆紧急停堆提供负反应性的控制组件。

[IEV 394-34-02]

4.4.43

紧急停堆棒　emergency shutdown rod

执行紧急停堆动作的棒状安全组件。

注：紧急停堆棒也称为安全棒。

5　辐射防护仪器

5.1　注量(率)、空气比释动能(率)、剂量当量(率)的测量仪和监测仪

5.1.1

辐射防护仪器　radiation protection instrumentation

为了辐射防护目的，用于探测和(或)测量电离辐射和放射性活度的电气和电子系统。

[IEV 394-31-01]

5.1.2

粒子注量率仪　particle fluence ratemeter

测量粒子注量率的装置。

[IEV 394-31-05]

5.1.3

粒子注量率监测仪　particle fluence rate monitor

用于测量粒子注量率，且当粒子注量率超过预定值或测定值超出规定限值时能给出可视和/或可听报警的辐射监测仪。

[IEV 394-31-06]

5.1.4

粒子注量率指示仪　particle fluence rate indicator

给出粒子注量率估计值的辐射指示仪。

[IEV 394-31-07]

5.1.5

空气比释动能(率)仪　air kerma (rate) meter

用于测量空气比释动能(率)的辐射仪。

5.1.6

(辐射)照射量计　(radiation) exposure meter

测量X或γ辐射的照射量的辐射仪。

5.1.7

剂量计　dosimeter (dosemeter)

用于测量吸收剂量或剂量当量的辐射仪。

注1：从广义上讲,用于测量其他有关辐射的量(例如照射量、注量等)的仪表也使用这条术语,但不推荐用此法。

注2：这种装置可要求分开的读数器,以读出吸收剂量或剂量当量。

[IEV 394-22-08]

5.1.8

吸收剂量率仪　(absorbed) dosi-ratemeter

用于测量电离辐射造成的吸收剂量率的辐射仪。

注：例如:空气吸收剂量率仪。

[IEV 394-31-08]

5.1.9

剂量当量(率)仪和(或)监测仪　dosi-equivalent (rate) meter and/or monitor

用于测量或评估剂量当量(率)的辐射仪和(或)监测仪。

注：例如:个人剂量当量(率)仪和(或)监测仪、定向剂量当量(率)仪和(或)监测仪、周围剂量当量(率)仪和(或)监测仪。

5.1.10

中子剂量当量率仪　neutron dosi-equivalent ratemeter

用来测量中子剂量当量率的辐射仪。它包括一个或多个核辐射探测器以及与其相连接的部件或基本功能单元,仪器的探头通常是用含氢物质(如石蜡、聚乙烯等)和中子吸收介质包围的慢中子探测器。

5.1.11

个人剂量计　personal dosimeter (dosemeter)

用于测量佩戴者个人所接受的剂量当量的剂量计。

注1：例如,胶片剂量计、笔型剂量计、热释光剂量计。

注2：个人剂量计可以直接或间接读数。

[IEV 394-31-11]

5.1.12

剂量计充电器　dosimeter (dosemeter) charger

为剂量计能工作做准备的充电装置。

[IEV 394-31-12]

5.1.13

剂量计读数器　dosimeter (dosemeter) reader

读出剂量计的仪表。

[IEV 394-31-13]

5.1.14

剂量计充电读数器　dosimeter (dosemeter) charger reader

为剂量计充电并读出它所贮存的信息的仪器。

注：某些剂量计正常工作可能仅需要充电或仅需要读数。

5.1.15

热释光剂量计读数器　reader for thermoluminescent dosimeter (dosemeter)

在剂量计加热到选定的温度范围期间，通过测量热释光探测器所发射的光来读出热释光剂量计的仪器。

[IEV 394-31-04]

5.1.16

热释光剂量计　thermoluminescent dosimeter (dosemeter)

由一个或多个热释光探测器组成的无源装置，其安装在一个合适的支撑物中以便佩戴在身上或放在环境中，其目的用于评估它所在位置或及其附近的相应剂量当量。

[IEV 394-31-02]

5.1.17

热释光剂量测量系统　thermoluminescent dosimetry system

由热释光剂量计、读数器和辅助设备组成的系统。

[IEV 394-31-03]

5.1.18

光致荧光剂量计　photoluminescent dosimeter (dosemeter)

使用光致荧光探测器来测量剂量的剂量计。

[IEV 394-31-14]

5.1.19

光致荧光剂量计读数器　reader for photoluminescent dosimeter (dosemeter)

通过测量光致荧光剂量计在接受某种波长的辐射时所发出的光读出剂量的仪器。

[IEV 394-31-15]

5.1.20

电子式剂量计　electronic dosimeter (dosemeter)

供个人配带的剂量计，当 X 或 γ 辐射剂量当量率或累积剂量当量超过预定值时报警，或直接显示剂量当量率、累积剂量当量。

5.1.21

胶片剂量计　film dosimeter; photographic dosimeter (dosemeter)

用受辐照后显影的照相胶片作为核辐射探测器的剂量计。

注：显影后胶片变黑的程度就是吸收剂量的指示。

[IEV 394-31-16]

5.1.22

反照中子剂量计　albedo neutron dosimeter (dosemeter)

测量人体受辐照后被人体反射的中子注量份额的中子剂量计。

注：这个份额可以用于估计佩戴者的剂量当量。

[IEV 394-31-17]

5.1.23

剂量率监测仪　dose rate monitor

具有剂量率仪和(或)剂量率报警装置功能的仪表。

[IEV 394-31-18]

5.1.24

剂量率报警装置　dose rate warning assembly

辐射剂量率超过某一规定值时发出可视和(或)可听报警的装置。

[IEV 394-31-19]

5.1.25

环境剂量仪　environmental dosimeter (dosemeter)

用于测量环境辐射的剂量仪。

[IEV 394-31-20]

5.1.26

全身计数器　whole body counter

用于测量人体中放射性核素的设备及其连接的组件，它包含一个或多个对环境电离辐射重屏蔽的核辐射探测器。

注：有时，这种设备包括γ能谱分析仪。

[IEV 394-32-17]

5.2　污染和活度测量仪器

5.2.1

放射性碘测量仪和(或)监测仪　radioactive iodine meter/monitor

用于放射性碘的辐射测量仪和(或)监测仪。

[IEV 394-32-11]

5.2.2

放射性表面污染测量仪　radioactive surface contamination meter

通过测量物体表面放射性发射率来确定物体表面放射性污染程度的辐射仪。

[IEV 394-32-01]

5.2.3

放射性表面污染监测仪　radioactive surface contamination monitor

通过测量和检查物体表面放射性发射率来确定物体放射性污染程度的辐射监测仪，并且该辐射监测仪在物体表面放射性发射率超过预定值时能给出报警。

注：示例：

——洗衣房污染监测仪；

——地面污染监测仪。

[IEV 394-32-02]

5.2.4

放射性表面污染指示仪　radioactive surface contamination indicator

用于估计由于被检查的物体的污染而引起的，在给定时间间隔内放射性表面发射的辐射指示仪。

5.2.5

放射性空气污染测量仪　radioactive air contamination meter

用于测量在给定的时间间隔内空气中的尘埃、微粒、悬浮颗粒物、气溶胶、蒸汽或气体放射性体积活度的辐射仪表。

[IEV 394-32-04]

5.2.6

放射性空气污染监测仪　radioactive air contamination monitor

用于测量和检查在给定时间间隔内空气中尘埃、微粒、悬浮颗粒物、气溶胶、蒸汽或气体的放射性体积活度的辐射仪表，并且该辐射仪表在放射性体积活度超过预定值时能发出报警。

注：示例：

——碘监测仪；

——氚监测仪。

[IEV 394-32-05]

5.2.7

放射性空气污染指示仪　radioactive air contamination indicator

用于探测由空气中的放射性尘埃、微粒、悬浮颗粒物、气溶胶、蒸汽或气体造成污染的辐射指示仪。

[IEV 394-32-06]

5.2.8

β-γ 门框式监测仪　beta-gamma door-way monitor

用排列在门通道周围的探测器来测量通过该门通道的人体或物体的污染或携带所造成的β或γ发射率的辐射监测仪。

[IEV 394-32-03]

5.2.9

人体表面外部污染监测仪　external contamination monitor on the surface of the body

用于测量在给定的时间间隔内人体放射性表面发射的辐射监测仪。

5.2.10

取样监测仪　sampling monitor

具有取样器的辐射监测仪。在预定的时间间隔内取样，当样品的放射性发射率高于预定值时，取样器自动关闭。

5.2.11

空气取样器　air sampler

在预定的时间间隔内，将通过过滤器或吸附(取样)器的已知体积的空气中所含有的放射性污染物收集在过滤器或吸附(取样)器上的一种装置。

注：示例：

——连续移动过滤器型；

——间断移动型；

——固定过滤器型；

——滤筒型。

[IEV 394-32-07]

5.2.12

气载尘埃或微粒监测仪　airborne dust or particulates monitor

用于测量悬浮于空气中的尘埃、微粒或悬浮颗粒物体积活度的辐射监测仪。

[IEV 394-32-08]

5.2.13

手或脚放射性污染报警装置　hand or foot radioactive contamination warning assembly

当手或脚上的放射性发射率超过某个预定值时，给出报警信号的装置。

5.2.14

手、脚、衣服放射性污染监测仪　hand-foot-clothing radioactive contamination monitor

在给定的时间间隔内测量手、脚或衣服上的放射性发射率的辐射监测仪。

5.2.15

α 潜能测量仪　total (potential) alpha energy meter (detector); potential alpha energy meter/monitor

用于测量通常在空气中由氡-222 和氡-220 短寿命的衰变产物(子体)所释放的α粒子总能量的辐射测量仪或监测仪。

注 1：氡-220 有时称钍射气。

注 2：有时也叫α潜能监测仪。

[IEV 394-32-09]

5.2.16

放射性气溶胶测量仪　radioactive aerosol meter

用于测量在给定时间间隔内气溶胶体积活度的放射性空气污染测量仪。

[IEV 394-32-10]

5.2.17

放射性气溶胶监测仪　radioactive aerosol monitor

用于连续测量环境空气中在给定的时间间隔内气溶胶的放射性发射的辐射监测仪。

5.2.18

液体放射性活度和(或)监测仪　liquid radioactivity meter/monitor

用于测量在给定时间间隔内液体放射性体积活度的辐射测量仪和(或)监测仪。

[IEV 394-32-12]

5.2.19

蒸发样品液体放射性活度计和(或)监测仪　evaporated sample liquid activity meter/monitor

按照预定的程序测量液体样品蒸发后的残渣来测量该液体的放射性体积活度的测量仪或监测仪。

[IEV 394-32-13]

5.2.20

气体放射性活度计　gas radioactivity meter

用于测量在给定时间间隔内气体放射性的辐射仪。

[IEV 394-32-14]

5.2.21

氡含量测量仪和(或)监测仪　radon content meter/monitor

用于测量空气中氡及其子体浓度的辐射仪和(或)监测仪。

[IEV 394-32-15]

5.2.22

组织放射性活度探测器　tissue activity detector

组织放射性活度计　tissue radioactivity meter

用合适的探头测定组织内部固定位置的放射性核素的装置。

[IEV 394-32-16]

5.2.23

全身内部污染测量仪　whole-body internal contamination meter

通过使用对环境电离辐射进行重屏蔽的一个或多个核辐射探测器,以及与其相连接的装置和部件来测量人体放出总 γ 辐射的设备。

5.2.24

全身γ谱分析器　whole-body gamma spectrum analyzer

包括全身内部污染测量仪、幅度分析器和数据处理设备的测量系统,用于鉴定人体内存在的放射性核素并分别测定它们的活度。

5.2.25

放射性生物测量仪　radio-bioassay meter

通过对人体内或人体排泄物或排出物中所测量的放射性物质总量或浓度的分析来评估人体内放射性物质总量的装置。

[IEV 394-32-18]

5.2.26

气态排出流监测仪　gas effluent monitor

用于连续监测气体排放系统中气态排出流放射性活度的辐射监测仪。

5.2.27

液态排出流监测仪　liquid effluent monitor

用于监测排放到环境中的液体排出流的放射性活度的辐射监测仪。

[IEV 394-32-22]

5.2.28

工艺流监测仪　process stream monitor

用于监测工艺流屏障完整性,并可发出信息使操作人员及时了解屏障出现的任何异常或破损的辐射监测仪。

5.2.29

临界事故监测仪　criticality accident monitor

用于测量与可能发生的临界事故有关的辐射监测仪。

注:示例:

——由倍增因子表示辐射;

——辐射水平。

[IEV 394-32-19]

5.2.30

事故监测仪　accident monitor

用于事故和事故后条件下测量核设施辐射水平的辐射监测仪。

[IEV 394-32-20]

5.2.31

事故惰性气体排出流监测仪　noble gas effluent monitor for accident conditions

用于事故和事故后条件下连续测量排放到环境中的惰性气体排出流的总体积活度的辐射监测仪。

[IEV 394-32-21]

5.2.32

核设施环境监测车　environmental radioactivity monitoring vehicle of nuclear features

监测环境放射性的车载移动监测站。它主要用于核设施正常和事故条件下,流动监测其周围环境辐射水平和环境介质放射性核素活度。

6　核辐射应用仪器

6.1　勘探、采矿仪器

6.1.1

γ辐射仪　γ radiation meter

基于定量测量γ辐射场强度的辐射仪。

注:测量某一张角内γ辐射场强度的称为γ定向辐射仪。

6.1.2

γ能谱仪　γ radiation spectrometer

基于定量测量γ辐射能谱的辐射仪。

6.1.3

勘探用γ辐射仪或能谱仪　γ radiation meter or spectrometer for prospects

用于地面勘探放射性矿床的γ辐射仪或能谱仪。

注：勘探用γ能谱仪通常由一个或多个核辐射探测器和与其连接的分析器组成，可分为便携式γ能谱仪、车载γ能谱测量系统和航空γ能谱测量系统；而γ能谱仪或γ能谱测量系统又可分为多道能谱仪和4道能谱仪(总道、铀道、钍道和钾道)。

6.1.4

航测γ(闪烁)辐射仪　aerial survey γ(scintillation) radiation meter

安装在飞机上对地下放射性矿床进行大面积快速普查的勘探用γ辐射仪。

6.1.5

航测γ(闪烁)能谱仪　aerial survey γ(scintillation) spectrometer

安装在飞机上对地下放射性矿床进行大规模快速能谱测量的勘探用γ能谱仪。

6.1.6

勘探用测氡仪　radon measuring instruments for prospect

测量地表浅层的氡及其子体的浓度以探查放射性矿床的辐射仪。

6.1.7

音响辐射勘探指示仪　audio-radiation prospecting indicator

用音响指示提供电离粒子注量率的可携式辐射勘探仪。

6.1.8

铍勘探仪　beryllium prospecting meter

用于铍矿勘探的辐射勘探仪。它的工作原理通常是利用由γ辐射源与铍的(γ、*n*)核反应产生的中子经慢化后被计数。

6.1.9

辐射钻孔测井仪　radiation bore-hole logging meter

用于测量钻孔中的辐射与深度关系的辐射勘探仪，它包括探头，计数装置和必要的机械设备。

注：所测量的辐射可以是地下天然的，也可以是由γ或中子源感生的。

6.1.10

中子测井仪　neutron well logging meter

利用中子和井孔周围岩石物质原子核的相互作用，测量岩层结构的辐射测井仪。根据不同的用途又分为中子-中子测井仪和中子-γ测井仪。

6.1.11

γ能谱测井仪　gamma radiation spectrum well logging meter

在钻孔中测量井孔周围岩石物质的γ辐射能谱以定量测定孔中矿层铀、钍含量的辐射测井仪。

6.1.12

X射线荧光测井仪　bore-hole apparatus for X-ray fluorescence analysis

测量一定能量的γ或X射线照射井壁岩石表面所产生的X射线荧光，以确定岩石中有用元素的成分及其含量的仪器。

6.1.13

α杯　alpha-cup

埋在地下能透过气体的杯子，其内有对α粒子灵敏的探测器，用于探测氡及其子体的放射性活度。

6.1.14

活性炭氡气杯　charcoal radon cup

埋在地下能透过气体的杯子，其内装有活性炭用于收集氡及其子体。

6.1.15

矿石含量仪　ore content meter

用于测定在矿石中特定金属(如铀、钍等)含量的装置。

例如:铀含量仪、钍含量仪。

6.1.16

矿石分选设备　ore sorting equipment

利用天然的或感生的放射性活度剔出贫矿并按相关的元素含量对矿石进行分类的设备。

6.1.17

运载容器放射性活度计　container load activity meter

包括探测器及与其相连接的电子学部件,用于测量或记录运载容器(如箕斗、卡车、矿车等)放射性活度的活度计。

6.1.18

运载容器分选矿山设备　container sorting mine-head equipment

包括运载容器放射性活度仪以及与其相连接的自动分选装置的设备。

6.2　利用电离辐射源的测量仪器和系统

6.2.1

辐射量测计　radiation gauge

由电离辐射源、辐射仪表和必要的机械部件组成的测量装置,用于工业上无损检测。

[IEV 394-37-01]

6.2.2

辐射型集装箱检查系统　cargo/vehicle radiographic inspection system

带有X或γ辐射源和辐射探测器等装置及设施,利用辐射成像原理获得集装货物及车辆等被检物透射图像的检查系统。

6.2.3

X辐射检查系统　X-ray inspection system

利用产生X射线的设备作为辐射源的检查系统。

6.2.4

γ辐射检查系统　gamma radioactive sources inspection system

利用密封γ放射源作为辐射源的检查系统。

6.2.5

无损检测用电子直线加速器　electron linac for non-destructive

能将电子枪产生的电子在直线加速管内加速到高能,并打到靶上产生X射线用于物品无损检测的装置。

6.2.6

自屏蔽电子束消毒灭菌装置　self-shielding electron beam sterilizing facility

利用具有足够功率(能量和强度)的电子束对照射物或吸收体进行消毒灭菌、并有自屏蔽能力(泄漏剂量在无需额外屏蔽的情况下减小到规定剂量限值以下)的装置。

6.2.7

透射式测量系统　transmission measurement system

利用穿透被测物质的电离辐射进行测量的仪表系统。辐射源和探测器分别放置在被测物质相对的两侧。

6.2.8

反散射式测量系统　back-scatter measurement system

利用测量被测物质以及与被测物质贴近的基体（衬底）物质反散射的电离辐射进行测量的仪表系统。辐射源和探测器放置在被测物质的同一侧。

6.2.9

厚度计（电离辐射）　thickness gauge (ionizing radiation)

带有电离辐射源，并设计成可以利用电离辐射非破坏性测量材料的厚度或单位面积质量的测量装置。

6.2.10

透射式厚度计　transmission thickness meter

利用穿透被测材料的电离辐射进行测量的厚度计。

6.2.11

反散射式厚度计　back-scatter thickness meter

利用被测材料和任何与被测材料紧挨着的基体（衬底）材料的反散射电离辐射进行测量的厚度计。

6.2.12

X 射线荧光厚度计　X-ray fluorescence thickness meter

利用在被测材料和与被测材料紧挨着的基体材料（或支撑材料）中 X 射线所激发的荧光 X 射线谱进行测量的厚度计。

6.2.13

密度计（电离辐射）　density gauge (ionizing radiation)

带有电离辐射源，并设计成可以利用电离辐射衰减或反散射的变化，测量均匀物质或多种物质混合物的平均密度的测量装置。

6.2.14

透射式密度计　transmission density meter

利用穿透被测物质的电离辐射进行测量的密度计。

6.2.15

反散射密度计　back-scatter density meter

利用被测材料反散射的辐射确定物质密度的密度计。

6.2.16

物位计（电离辐射）　level gauge (ionizing radiation)

带有电离辐射源，并设计成可测量物质表面或界面位置的测量装置。

6.2.17

物料检测仪　material presence gauge

由电离辐射源和探测器组成，用于确定辐射源和探测器之间的路径上是否存在物料的测量装置。

注：物料检测仪也称通断式物位计。

[IEV 394-37-11]

6.2.18

随动式物位计　level following gauge

由物料检测仪和相连接的机械装置组成的，能使辐射源和探测装置跟踪物位的物位测量装置。

[IEV 394-37-12]

6.2.19

直射式物位计　direct exposition level meter

辐射源和探测器安装在被测物质的同一侧，源与探测器之间的距离随容器内物位的变化而变化，通过测量源直接照射到探测器的电离辐射测量物位的装置。

6.2.20

含量仪 content meter

带有电离辐射源,用于测量物体中规定的元素或物质的数量的测量装置。

6.2.21

X射线荧光含量仪 X-ray fluorescence content meter

通过测量X射线激发的X荧光确定液体或固体样品中一种元素或几种元素含量的含量仪。

6.2.22

碳氢比值仪 carbon to hydrogen ratio meter

带有β辐射源的测量装置,通过测量穿过已知密度的碳氢化合物样品的辐射来确定该样品中碳氢的比值。

[IEV 394-37-13]

6.2.23

湿度仪 moisture meter

水分仪 moisture meter

带有快中子源,根据被水分子中氢核慢化的中子计数确定材料中水含量的含量仪。

6.2.24

γ射线探伤机 apparatus for gamma radiography

包含一个源容器及其附件,能使密封放射源发射的γ射线用于工业射线照相的设备。

6.2.25

γ辐射煤灰分测量仪 γ radiation coal ash monitor

根据γ射线与煤相互作用以及煤灰分(杂质)含量对γ射线减弱不同的原理,进行煤灰分含量测量的仪器。

6.2.26

核子秤 nuclear scale

带有γ辐射源和辐射测量仪表,通过测量被材料吸收后的γ辐射对散装固体材料的质量进行连续自动累计的计量器具。该装置由累计指示器和秤体两部分组成。

6.3 医用核仪器

6.3.1

液体闪烁放射性活度计 liquid scintillator activity meter

液体闪烁放射性计数器 liquid scintillator activity counter

把放射性样品与液体闪烁体混合以测定该样品放射性活度的计数器。

6.3.2

γ放射免疫计数器 gamma radioimmunoassay counter

用于γ放射免疫测量,通常由一个或多个NaI(TI)闪烁探头、基本功能单元和数据系统组成的仪器。

6.3.3

放射性核素发生器 radionuclide generator

含有由一种母体和一种子体放射性核素构成的放射性核素混合物的装置,通常带有辐射屏蔽,用简单方法可将子体由混合物中萃取出来。

6.3.4

放射性核素扫描器 radionuclide scanner

使用一个或多个辐射探测器组件,用于闪烁成像的设备。设备中探头相对于物体运动,根据探测器在放射图像中相应的位置信号形成图像。

6.3.5

γ(闪烁)扫描仪 gamma (scintillation) scanner

临床核医学中以放射性药物为示踪剂,用小型闪烁探头自体外扫描检查脏器或组织内的放射性分布,获得二维图像的核仪器。

6.3.6

闪烁成像 scintigraphy

记录放射性核素在人体内分布的技术。

6.3.7

伽马(闪烁)照相机 gamma (scintillation) camera

临床核医学中以放射性药物为示踪剂,用大型闪烁探头自体外对脏器或组织照相,进行静态及动态的显像检查和功能测定的设备。

6.3.8

伽马照相机全身成像系统 gamma camera based wholebody imaging system

使用一个或两个探头的一种闪烁成像设备,由其探头与目的物的彼此相对运动以及有关放射性图像的输出信息形成图像。

6.3.9

剂量面积乘积仪 dose area product meter

使用电离室对诊断医学放射学检查用 X 射线机射束中的剂量面积乘积或剂量面积乘积率进行测量的设备。

一台剂量面积乘积仪包含下列部件:

——电离室;

——测量装置;

——稳定性检验装置。

6.3.10

肾功能仪 kidney function meter

利用注入人体的放射性同位素(如邻碘马尿酸)诊断肾功能的核仪器。

6.3.11

甲状腺功能仪 thyroid function meter

利用注入人体的碘放射性同位素测定甲状腺功能的核仪器。

6.3.12

骨矿物测量仪 bone mineral meter

带有放射源,利用测量骨骼对射线的吸收情况,诊断骨骼中矿物含量的仪器。

6.3.13

计算机断层成像装置(CT) computerized tomography(CT)

一种用辐射源及其射线投影重建人体断层图像的设备。它利用人体或物体不同部位对射线吸收程度的不同而获得断层图像。按照所使用的辐射源的种类和使用方法又分为透射型(XCT)、发射型(ECT)。ECT 又分为 PECT(正电子发射)和 SPECT(单光子发射型)。

6.3.14

质谱仪 mass spectrometer

基于荷质比,按照物质中各种成分的相对质量丰度来分析物质的设备。

[IEV 394-22-06]

6.3.15

γ刀　γ-ray knife

立体定向放射外科治疗设备的一种。将合理排布的多个γ放射源发射的γ射线准确地会聚到病灶部位，在病灶中心形成大剂量聚集，达到手术切除肿瘤的效果。

6.3.16

X刀　X-ray knife

一种用于放射性治疗的设备，采用三维立体定位，X射线能够准确地按照肿瘤的生长形状照射，使肿瘤组织与正常组织之间形成整齐的边缘，像用手术刀切除的一样。

6.3.17

中子刀　neutron knife

用发射中子来杀灭癌细胞以代替手术刀进行手术的设备。中子刀用多支中子束围绕病灶旋转，对准病灶发射中子杀灭癌细胞。

参 考 文 献

[1] HAF 102(2004).核动力厂设计安全规定.
[2] HAF 103(2004).核动力厂运行安全规定.
[3] IAEA No. NS-G-1.3:2002.核动力厂安全重要仪表和控制系统.
[4] IEC 60050-393(IEV 393):2003.国际电工词汇　核仪器　核物理现象和基本概念.
[5] IEC 60050-394(IEV 394):2007.国际电工词汇　核仪器　仪表、系统、设备和探测器.
[6] GB/T 7352—2008.利用电离辐射源的电测量系统和仪表.
[7] GB/T 17857—1999.医用放射学术语(放射治疗、核医学和辐射剂量学设备).
[8] GB 19211—2003.辐射型集装箱检查系统.
[9] EJ/T 1139—2001.勘查用γ辐射仪和γ能谱仪　性能和测试方法.
[10] 核科学技术辞典第1版.北京:原子能出版社,1992.
[11] 现代汉语词典第5版.北京:商务印书馆,2005.

中 文 索 引

序号	中文术语	章条号
06	(半导体探测器的)耗尽层	2.4.38
07	(半导体探测器的)结电容	2.4.44
08	(半导体探测器的)偏压	2.4.42
09	(半导体探测器的)全耗尽电压	2.4.39
10	(半导体探测器的)死层	2.4.33
11	(半导体探测器的)噪声	2.4.45
12	半高宽(FWHM)	3.2.27
13	包壳温度计算机	4.2.30
14	保护动作(核安全领域)	4.4.11
15	保护动作整定值	4.4.16
16	保护功能	4.4.12
17	保护环	2.2.55
18	保护环半导体探测器	2.4.30
19	保护接地	4.1.19
20	保护任务	4.4.10
21	报警	4.4.23
22	报警系统	4.4.25
23	报警整定值	3.1.21
24	备用电源	3.3.19
25	倍增极	2.3.23
26	倍增时间	4.1.21
27	倍周期	4.1.21
28	被扰动的中子注量率	4.2.2
29	本征半导体	2.4.2
30	壁效应	2.1.36
31	变异系数	3.4.18
32	标准谱试验	3.5.15
33	标准试验条件	3.4.25
34	并行(CAMAC)机箱控制器	3.1.12
35	薄壁计数管	2.2.46
36	补偿半导体	2.4.3

序号	中 文 术 语	章条号
37	补偿电离室	2.2.21
38	(补偿电离室的)补偿比	2.2.79
39	(补偿电离室的)补偿因子	2.2.78
40	补偿型半导体探测器	2.4.11
41	补偿组件	4.3.14
42	不间断电源(UPS)	3.3.21
43	布拉格-戈瑞空腔	2.2.81
44	布拉格-戈瑞空腔电离室	2.2.16
45	部件	3.1.5
	C	
01	参考点	3.4.19
02	参考条件	3.4.23
03	参考响应	3.2.62
04	操作监测	4.1.25
05	测量的不确定度	3.4.36
06	测量的准确度	3.4.34
07	(测量结果的)再现性	3.4.39
08	(测量结果的)重复性	3.4.38
09	测量通道	3.1.4
10	测量误差	3.4.12
11	(测量仪表的)偏移	3.4.33
12	(测量仪表的)重复性	3.4.37
13	(测量装置的)本底水平	3.2.15
14	(测量装置的)积分非线性	3.2.42
15	(测量装置的)建立时间	3.2.25
16	(测量装置的)灵敏度	3.2.14
17	(测量装置的)上升时间	3.2.23
18	(测量装置的)微分非线性	3.2.41
19	(测量装置的)下降时间	3.2.24
20	(测量装置的)响应时间	3.2.22
21	插件	3.1.7

序号	中 文 术 语	章条号
22	差分电离室	2.2.20
23	差分线性率表	3.1.53
24	常规试验	3.4.4
25	成形(限幅)时间	3.2.51
26	触发	4.4.21
27	触发裕度	4.4.22
28	串行(CAMAC)机箱控制器	3.1.13
29	窗计数管	2.2.47
30	次级发射探测器	2.1.19
31	猝灭	2.2.57
32	猝灭电路	2.2.58
33	猝灭气体	2.2.59
	D	
01	打拿级	2.3.23
02	带厂用电运行	3.3.23
03	(带电粒子的)迁移率	3.2.12
04	单道分析器	3.1.30
05	单一故障	4.1.3
06	单一故障准则	4.1.4
07	等效噪声电荷	3.2.35
08	电荷发射探测器	2.1.9
09	电荷灵敏前置放大器	3.1.25
10	电离电流	2.1.31
11	电离径迹	2.2.82
12	电离室	2.2.5
13	(电离室的)饱和电流	2.2.76
14	(电离室的)饱和电压	2.2.77
15	(电离室中的)猝发	2.2.75
16	电离探测器	2.2.1
17	电流电离室	2.2.31
18	(电流电离室的)饱和曲线	2.2.80

序号	中 文 术 语	章条号
19	电气隔离	4.1.7
20	电容器电离室	2.2.24
21	(电源)稳定性	3.3.7
22	电晕计数管	2.2.52
23	电子倍增器	2.3.24
24	电子式剂量计	5.1.20
25	电子收集脉冲电离室	2.2.6
26	电子收集时间	2.1.34
27	(定标器的)定标因子	3.2.13
28	定期试验	3.4.8
29	氡含量测量仪和(或)监测仪	5.2.21
30	动态范围	3.4.21
31	动态逻辑信号	4.4.19
32	动态逻辑装置	4.4.20
33	独立设备	4.1.8
34	(对脉冲的)响应阈	3.2.28
35	堆芯测温传感器	4.2.21
36	堆芯温度测量系统	4.2.20
37	堆芯中子注量率测绘系统	4.2.18
38	堆芯中子注量率测量系统	4.2.18
39	对数率表	3.1.52
40	多道幅度分析器	3.1.31
41	多结型半导体探测器	2.4.25
42	多丝正比室	2.2.35
43	多样性	4.1.9
44	多重性	4.1.10
	E	
01	额定范围	3.2.55
02	额定使用范围	3.2.56
	F	
01	反冲核电离室	2.2.12

序号	中 文 术 语	章条号
02	反冲核计数管	2.2.45
03	反冲质子(能)谱仪	3.1.42
04	反冲质子电离室	2.2.13
05	反冲质子计数管	2.2.44
06	反电极锗同轴半导体探测器	2.4.29
07	反符合	3.2.5
08	反符合电路	3.1.58
09	反康普顿 γ 谱仪	3.1.41
10	反散射密度计	6.2.15
11	反散射式测量系统	6.2.8
12	反散射式厚度计	6.2.11
13	反射层控制	4.3.17
14	(反向偏置 PN 结的)击穿	2.4.35
15	反应堆安全释放装置	4.4.35
16	(反应堆)安全组合	4.4.5
17	(反应堆)保护系统	4.4.9
18	(反应堆)传递函数	4.3.2
19	(反应堆)传递函数仪	4.3.3
20	(反应堆)电气贯穿件	4.1.31
21	反应堆功率自动调节系统	4.3.12
22	反应堆功率自动调节装置	4.3.12
23	反应堆控制	4.3.1
24	反应堆控制系统	4.3.11
25	(反应堆)控制组件驱动机构	4.3.15
26	(反应堆)警告系统	4.4.26
27	反应堆紧急停堆系统	4.4.37
28	(反应堆)事故(保护)停堆	4.1.35
29	(反应堆)失控	4.3.9
30	(反应堆)物理功率	4.1.33
31	反应堆噪声	4.2.3
32	(反应堆)噪声诊断系统	4.2.4

序号	中 文 术 语	章条号
33	(反应堆)振荡器	4.2.29
34	反应谱	3.5.12
35	反应性	4.3.4
36	反应性温度系数	4.1.32
37	反应性仪	4.3.6
38	反照中子剂量计	5.1.22
39	放大器	3.1.23
40	放射性表面污染测量仪	5.2.2
41	放射性表面污染监测仪	5.2.3
42	放射性表面污染指示仪	5.2.4
43	放射性碘测量仪和(或)监测仪	5.2.1
44	(放射性)电荷测量仪	3.1.45
45	放射性核素发生器	6.3.3
46	放射性核素扫描器	6.3.4
47	(放射性)活度计	3.1.44
48	放射性空气污染测量仪	5.2.5
49	放射性空气污染监测仪	5.2.6
50	放射性空气污染指示仪	5.2.7
51	放射性气溶胶测量仪	5.2.16
52	放射性气溶胶监测仪	5.2.17
53	放射性色层分析仪	3.1.39
54	放射性生物测量仪	5.2.25
55	飞行时间中子(能)谱仪	3.1.43
56	非安全故障	4.1.15
57	非本征半导体	2.4.4
58	非线性探测器	2.1.3
59	分辨时间	3.2.20
60	分辨时间校正	3.2.21
61	峰康比	3.2.44
62	峰总比	3.2.45
63	浮空电源	3.3.20

序号	中 文 术 语	章条号
64	符合电路	3.1.57
65	符合分辨时间	3.2.4
66	幅度-时间变换器	3.1.34
67	辐射报警系统	3.1.20
68	辐射不稳定性	3.2.58
69	辐射测量仪	3.1.16
70	(辐射测量仪的)探头	3.1.19
71	(辐射测量装置的)分辨力	3.2.63
72	(辐射测量装置的)稳定性	3.4.29
73	(辐射测量装置的)响应	3.2.61
74	辐射发光探测器	2.1.17
75	辐射防护仪器	5.1.1
76	(辐射)分析器	3.1.29
77	辐射监测仪	3.1.17
78	辐射量测计	6.2.1
79	(辐射)谱	3.1.37
80	辐射谱仪	3.1.38
81	(辐射谱仪的)能量分辨力	3.2.26
82	辐射损伤探测器	2.1.14
83	辐射探测装置	3.1.22
84	辐射型集装箱检查系统	6.2.2
85	(辐射)照射量计	5.1.6
86	辐射噪声	3.2.58
87	辐射指示仪	3.1.18
88	辐射钻孔测井仪	6.1.9
89	辐照补偿半导体探测器	2.4.22
90	辅助操作控制系统	4.3.13
91	辅助控制点/室(核安全领域)	4.1.18
92	负反应性	4.3.5
93	负载分布图	3.3.22
94	负载瞬态效应	3.3.11

序号	中 文 术 语	章条号
95	负载效应	3.3.4
96	复原时间	3.2.32
	G	
01	伽马(闪烁)照相机	6.3.7
02	伽马照相机全身成像系统	6.3.8
03	盖革-米勒计数管	2.2.53
04	(盖革-米勒计数管的)过电压	2.2.69
05	盖革-米勒区	2.2.65
06	盖革-米勒阈	2.2.66
07	感应度	2.1.25
08	高纯半导体探测器	2.4.21
09	个人剂量计	5.1.11
10	工艺流监测仪	5.2.28
11	功率谱密度(PSD)	3.5.16
12	功率区段	4.1.24
13	功能单元	3.1.6
14	功能隔离	4.1.6
15	共因故障	4.1.13
16	骨矿物测量仪	6.3.12
17	固有安全	4.4.1
18	固有本底水平	3.2.16
19	固有误差	3.4.15
20	故障安全	4.1.16
21	故障容限	4.1.17
22	光导	2.3.27
23	光电倍增管	2.3.25
24	(光电倍增管的)暗电流	2.3.31
25	(光电倍增管的)光灵敏度	2.3.35
26	(光电倍增管的)光灵敏度的不均匀性	2.3.37
27	(光电倍增管的)光谱灵敏度	2.3.36
28	(光电倍增管的)收集效率	2.3.33

序号	中 文 术 语	章条号
29	(光电倍增管的)响应脉冲宽度	2.3.30
30	(光电倍增管的)增益	2.3.32
31	(光电倍增管中的)渡越时间	2.3.28
32	(光电倍增管中的)渡越时间分散	2.3.29
33	光电二极管	2.3.22
34	光电峰	3.2.46
35	光耦合材料	2.3.40
36	(光阴极的)光谱响应曲线	2.3.39
37	(光阴极的)量子转换效率	2.3.38
38	光阴极灵敏度	2.3.34
39	(光晕计数管的)放电噪声	2.2.74
40	光致发光探测器	2.5.10
41	光致荧光剂量计	5.1.18
42	光致荧光剂量计读数器	5.1.19
43	过零游动	3.2.33
44	过流保护	3.3.15
45	过温(热)保护	3.3.17
46	过压保护	3.3.16
	H	
01	氦计数管	2.2.43
02	含量仪	6.2.20
03	航测 γ(闪烁)辐射仪	6.1.4
04	航测 γ(闪烁)能谱仪	6.1.5
05	[核]反应堆仪表	4.1.1
06	核辐射探测器	2.1.1
07	(核辐射探测器的)偏置	2.1.46
08	(核辐射探测器的)特性曲线	2.2.73
09	(核辐射探测器的)甄别阈	2.1.47
10	核乳胶	2.1.16
11	核设施环境监测车	5.2.32
12	核仪器	3.1.1

序号	中 文 术 语	章条号
13	核仪器插件(NIM)	3.1.8
14	(核仪器的)装置	3.1.3
15	(核仪器)系统	3.1.2
16	核子秤	6.2.26
17	厚度计	6.2.9
18	化合物半导体探测器	2.4.23
19	化学探测器	2.1.13
20	环境剂量仪	5.1.25
21	环境条件	3.4.26
22	缓发中子型破损元件监测仪	4.2.26
23	恢复时间	3.2.30
24	活化探测器	2.1.6
25	活时间	3.2.38
26	活性炭氡气杯	6.1.14
27	火花计数管	2.2.39
28	火花探测器	2.5.8
	J	
01	积分电离室	2.2.30
02	基于活化的功率测量装置	4.2.12
03	激活剂	2.3.8
04	极零相消	3.2.36
05	计数	3.2.6
06	计数管	2.2.36
07	(计数管的)边缘效应	2.2.68
08	(计数管的)临界电场	2.2.67
09	计数率	3.2.8
10	计数装置	3.1.46
11	(计数装置的)堆积	3.2.19
12	(计数装置的)计数损失	3.2.17
13	计算机断层成像装置(CT)	6.3.13
14	计算机自动测量和控制插件(CAMAC)	3.1.10

序号	中 文 术 语	章条号
15	剂量当量(率)仪和(或)监测仪	5.1.9
16	剂量反射率	2.1.50
17	剂量计	5.1.7
18	剂量计充电读数器	5.1.14
19	剂量计充电器	5.1.12
20	剂量计读数器	5.1.13
21	剂量率报警装置	5.1.24
22	剂量率监测仪	5.1.23
23	剂量面积乘积仪	6.3.9
24	甲状腺功能仪	6.3.11
25	假符合	3.2.3
26	假计数	3.2.7
27	间歇时间	3.2.29
28	监测	4.2.1
29	交流源电压	3.3.1
30	交流源电压及负载组合效应	3.3.5
31	交流源电压瞬态效应	3.3.10
32	交流源电压效应	3.3.3
33	胶片剂量计	5.1.21
34	校准	3.4.42
35	校准检查	3.4.43
36	校准曲线	3.2.54
37	结	2.4.34
38	(结的)雪崩击穿	2.4.36
39	紧急停堆	4.1.34
40	紧急停堆棒	4.4.43
41	浸入式计数管	2.2.38
42	浸入式探测器	2.1.15
43	晶体导电型探测器	2.4.20
44	井型电离室	2.2.27
45	井型探测器	2.1.12

序号	中 文 术 语	章条号
46	径迹室	2.5.3
47	(径迹室的)敏感时间	2.5.12
48	径迹探测器	2.5.1
49	静电计	3.1.48
50	静电收集型破损燃料元件监测仪	4.2.23
51	拒动[作]	4.3.20
	K	
01	勘探用γ辐射仪或能谱仪	6.1.3
02	勘探用测氡仪	6.1.6
03	康普顿剥离	3.2.48
04	康普顿二极管	2.3.21
05	康普顿连续谱	2.1.38
06	抗震鉴定试验	3.5.11
07	可编程操作的安全装置	4.4.36
08	可查数据	4.2.6
09	可逆定标器	3.1.47
10	可溯源性	3.4.44
11	空气比释动能(率)仪	5.1.5
12	空气等效电离室	2.2.15
13	空气等效闪烁探测器	2.3.42
14	空气取样器	5.2.11
15	(控制室)显示器	4.2.28
16	控制组件	4.3.16
17	快总线	3.1.15
18	矿石分选设备	6.1.16
19	矿石含量仪	6.1.15
20	扩散结探测器	2.4.9
21	扩散室	2.5.6
	L	
01	浪涌电流	3.3.14
02	冷却剂泄漏测量装置	4.2.5

序号	中 文 术 语	章条号
03	冷却剂总活度监测仪	4.2.16
04	离线	4.2.7
05	离子收集脉冲电离室	2.2.7
06	离子收集时间	2.1.35
07	锂漂移半导体探测器	2.4.12
08	例行试验	3.4.5
09	(粒子的)飞行时间	3.2.11
10	粒子注量率监测仪	5.1.3
11	粒子注量率仪	5.1.2
12	粒子注量率指示仪	5.1.4
13	联锁功能	4.4.30
14	联锁限值	4.3.8
15	量的约定真值	3.4.11
16	量热探测器	2.1.20
17	裂变半导体探测器	2.4.19
18	裂变产物分离型破损燃料元件监测仪	4.2.25
19	裂变产物中毒预测仪	4.2.13
20	裂变电离室	2.2.11
21	裂变计数管	2.2.48
22	临界事故监测仪	5.2.29
23	磷光	2.1.42
24	零周期加速度(ZPA)	3.5.19
25	流气式电离室	2.2.33
26	流气式探测器	2.2.3
27	流气式中子注量率测量装置	4.2.19
28	漏电流	2.1.33
29	率表	3.1.49
	M	
01	脉冲成形器	3.1.60
02	脉冲电离室	2.2.29
03	脉冲电离探测器	2.2.2

序号	中 文 术 语	章条号
04	脉冲符合	3.2.1
05	脉冲率	3.2.10
06	脉冲探测器	2.1.5
07	(脉冲)选择器	3.1.59
08	密度计	6.2.13
09	面垒探测器	2.4.8
10	面势接触	2.4.46
11	模拟率表	3.1.50
12	模拟偏置	3.2.43
13	模拟-数字变换器(ADC)	3.1.32
14	模拟探测器	2.1.4
15	穆斯堡尔谱仪	3.1.40
16	(模-数变换器的)变换时间	3.2.53
	N	
01	内充气体放射源电离室	2.2.23
02	内充气体探测器	2.2.4
03	内放大半导体探测器	2.4.13
04	能量窗	2.1.49
05	(能)谱	3.1.37
06	能谱峰	2.1.45
07	尼奎斯特准则	4.3.7
	O	
01	偶然符合	3.2.3
	P	
01	旁路	4.1.26
02	旁通	4.1.26
03	铍勘探仪	6.1.8
04	偏置放大器	3.1.28
05	漂移	3.4.30
06	漂移室	2.2.34
07	平板(或平面)型半导体探测器	2.4.26

序号	中文术语	章条号
08	平面计数管	2.2.51
09	坪	2.2.71
10	坪斜	2.2.72
11	屏栅电离室	2.2.8
12	破损燃料元件监测仪	4.2.22
13	破损燃料元件指示器	4.2.27
14	普通电极锗同轴半导体探测器	2.4.28
15	谱(脉冲高度分布)	2.1.48
16	谱(仪)放大器	3.1.27
	Q	
01	气泡室	2.5.4
02	气态排出流监测仪	5.2.26
03	气体放大	2.2.60
04	气体放大因子	2.2.61
05	气体放射性活度计	5.2.20
06	气体正比闪烁探测器	2.3.46
07	气载尘埃或微粒监测仪	5.2.12
08	前置放大器	3.1.24
09	强流计数管	2.2.40
10	切连科夫探测器	2.5.11
11	切连科夫效应破损燃料元件监测仪	4.2.24
12	驱动器	4.4.33
13	驱动设备	4.4.33
14	驱动装置	4.4.33
15	取样监测仪	5.2.10
16	全功能试验	3.4.10
17	全耗尽半导体探测器	2.4.16
18	全身γ谱分析器	5.2.24
19	全身计数器	5.1.26
20	全身内部污染测量仪	5.2.23
21	全吸收峰	3.2.47

序号	中 文 术 语	章条号
22	全吸收峰探测器效率	2.3.47
23	全吸收峰探测效率	2.3.48
24	确认	3.4.41
	R	
01	燃料通道活度比较器	4.2.11
02	热功率测量装置	4.2.10
03	热交换器泄漏监测仪	4.2.14
04	热释光	2.1.44
05	热释光剂量测量系统	5.1.17
06	热释光剂量计	5.1.16
07	热释光剂量计读数器	5.1.15
08	热释光探测器	2.5.9
09	人体表面外部污染监测仪	5.2.9
10	冗余	4.1.10
11	冗余设备	4.1.12
12	冗余组	4.1.11
13	弱电流前置放大器	3.1.26
	S	
01	三氟化硼电离室	2.2.9
02	三氟化硼正比计数管	2.2.41
03	闪烁	2.3.1
04	闪烁成像	6.3.6
05	闪烁持续时间	2.3.2
06	闪烁光衰减长度	2.3.6
07	闪烁上升时间	2.3.3
08	闪烁室	2.3.45
09	闪烁衰减时间	2.3.5
10	闪烁探测器	2.3.41
11	闪烁体	2.3.10
12	(闪烁体的)α-β 比	2.3.20
13	(闪烁体的)发射带	2.3.15

序号	中 文 术 语	章条号
14	(闪烁体的)发射光谱	2.3.13
15	(闪烁体的)光输出	2.3.19
16	(闪烁体的)光学窗	2.3.12
17	(闪烁体的)光学反射层	2.3.11
18	(闪烁体的)光子发射曲线	2.3.17
19	(闪烁体的)能量转换效率	2.3.18
20	(闪烁体的)吸收带	2.3.16
21	(闪烁体的)吸收光谱	2.3.14
22	闪烁物质	2.3.7
23	闪烁下降时间	2.3.4
24	闪烁组合件	2.3.44
25	(设备的)安装寿命	3.5.4
26	(设备的)合格寿命	3.5.3
27	(设备的)鉴定裕度	3.5.8
28	(设备的)设计寿命	3.5.2
29	(设备的)运行条件	3.4.27
30	设备质量鉴定	3.5.1
31	肾功能仪	6.2.10
32	声响报警系统	4.4.28
33	湿度仪	6.2.23
34	时程	3.5.6
35	时间-幅度变换器	3.1.35
36	时间-数字变换器	3.1.36
37	实时间	3.2.40
38	实体分隔	4.1.5
39	实体隔离	4.1.5
40	蚀刻斑痕	2.1.39
41	蚀刻径迹探测器	2.5.2
42	使命时间	3.5.5
43	事故惰性气体排出流监测仪	5.2.31
44	事故监测仪	5.2.30

序号	中 文 术 语	章条号
45	试验	3.4.1
46	试验标准偏差	3.4.17
47	试验反应谱(TRS)	3.5.14
48	试验条件	3.4.24
49	试运行试验	3.4.6
50	收集电极	2.1.40
51	收集极	2.2.56
52	手、脚、衣服放射性污染监测仪	5.2.14
53	手或脚放射性污染报警装置	5.2.13
54	寿命试验	3.4.7
55	输出效应	3.3.2
56	数字率表	3.1.54
57	数字-模拟变换器(DAC)	3.1.33
58	数字偏置	3.2.37
59	水分仪	6.2.23
60	瞬态效应	3.3.9
61	死区	3.2.60
62	死时间	3.2.39
63	死时间校正	3.2.21
64	随动式物位计	6.2.18
65	随机波动	3.2.57
66	随机误差	3.4.32
	T	
01	(探测器的)窗	2.1.26
02	(探测器的)灵敏体积	2.1.27
03	(探测器的)剩余电流	2.1.32
04	(探测器的)使用寿命	2.1.29
05	(探测器的)选择性	2.1.24
06	(探测器的)最大可接受辐照率	2.1.41
07	(探测器脉冲模式下的)死时间	2.2.70
08	探测器效率	2.1.23

序号	中 文 术 语	章条号
09	(探测系统的)等效窗厚度	2.1.37
10	探测效率	2.1.22
11	碳氢比值仪	6.2.22
12	汤森雪崩	2.2.62
13	逃逸峰	3.2.49
14	跳闸(脱扣)	4.4.21
15	停役	4.4.24
16	通、断瞬态效应	3.3.12
17	通道	4.1.30
18	同轴型半导体探测器	2.4.27
19	统计涨落	3.2.58
20	透射式半导体探测器	2.4.14
21	透射式测量系统	6.2.7
22	透射式厚度计	6.2.10
23	透射式密度计	6.2.14
24	涂锂半导体探测器	2.4.18
25	涂硼半导体探测器	2.4.17
26	涂硼电离室	2.2.10
27	涂硼正比计数管	2.2.42
	W	
01	外推电离室	2.2.22
02	外阴极计数管	2.2.50
03	威尔逊云室	2.5.7
04	微调控制	4.3.18
05	微分剂量反射率	2.1.51
06	维护试验	3.4.9
07	维修旁通(安全系统的)	4.1.28
08	位置灵敏半导体探测器	2.4.32
09	温度效应	3.3.6
10	纹波和噪声	3.3.8
11	稳谱器	3.1.55

序号	中 文 术 语	章条号
12	无壁电离室	2.2.18
13	无窗光电倍增管	2.3.26
14	无损检测用电子直线加速器	6.2.5
15	物料检测仪	6.2.17
16	物位计	6.2.16
17	误差极限	3.4.16
18	误动[作]	4.3.19
19	误停堆	4.1.36
	X	
01	吸收剂量率仪	5.1.8
02	系统误差	3.4.31
03	(线性)变换增益	3.2.34
04	(线性放大器)输入等效噪声	3.2.50
05	线性率表	3.1.51
06	线性门	3.1.62
07	线性探测器	2.1.2
08	线性误差	3.4.28
09	相对计数损失	3.2.18
10	相对误差	3.4.14
11	镶嵌半导体探测器	2.4.31
12	效率	3.3.13
13	信号饱和	3.2.59
14	型式试验	3.4.2
15	序列	4.1.29
16	雪崩电压	2.4.37
	Y	
01	延时器(延时电路)	3.1.61
02	验收试验	3.4.3
03	验证	3.4.40
04	要求反应谱(RRS)	3.5.13
05	液态排出流监测仪	5.2.27

序号	中文术语	章条号
06	液体壁电离室	2.2.17
07	液体放射性活度和(或)监测仪	5.2.18
08	液体计数管	2.2.49
09	液体闪烁放射性活度计	6.3.1
10	液体闪烁放射性计数器	6.3.1
11	移波剂	2.3.9
12	易损度	3.5.20
13	音响辐射勘探指示仪	6.1.7
14	应急响应设施	4.4.40
15	荧光	2.1.43
16	影响量	3.4.22
17	永久极化电介质电离室	2.2.28
18	优先电源(PPS)	3.3.18
19	有限正比区	2.2.64
20	有效测量范围	3.4.20
21	预热时间	3.2.52
22	阈探测器	2.1.18
23	源区段	4.1.22
24	云室	2.5.5
25	允许计数率	3.2.9
26	运行旁通	4.1.27
27	运行限值和条件	4.1.2
28	运载容器放射性活度计	6.1.17
29	运载容器分选矿山设备	6.1.18
	Z	
01	在线	4.2.8
02	真符合	3.2.2
03	甄别器	3.1.56
04	甄别器曲线	3.2.64
05	蒸发样品液体放射性活度计和(或)监测仪	5.2.19
06	整定值	4.4.13

序号	中 文 术 语	章条号
07	正比计数管	2.2.37
08	正比区	2.2.63
09	正弦拍波	3.5.18
10	执行设备	4.4.32
11	执行装置	4.4.32
12	直射式物位计	6.2.19
13	指示值的相对变化	3.4.13
14	指形电离室	2.2.32
15	质量鉴定试验	3.5.7
16	质谱仪	6.3.14
17	滞后时间	3.2.31
18	置信度	3.4.45
19	中间区段	4.1.23
20	中子测井仪	6.1.10
21	中子刀	6.3.17
22	中子剂量当量率仪	5.1.10
23	中子监测的坎贝尔系统	4.2.17
24	中子灵敏材料	2.1.28
25	中子热电偶	2.1.8
26	(中子探测器的)燃耗寿命	2.1.30
27	(中子探测器的)转换体	2.4.24
28	重水含量仪	4.2.15
29	周期计	4.1.20
30	主放大器	3.1.27
31	注入结探测器	2.4.10
32	驻极体电离室	2.2.28
33	专设安全设施	4.4.39
34	准确度等级	3.4.35
35	自猝灭计数管	2.2.54
36	自调节	4.3.10
37	自动降功率系统	4.4.34

序号	中文术语	章条号
38	自给能探测器	2.1.7
39	自屏蔽电子束消毒灭菌装置	6.2.6
40	自由空气电离室	2.2.14
41	总电离	2.1.21
42	总线	3.1.14
43	阻尼	3.5.17
44	组织等效电离室	2.2.19
45	组织等效闪烁探测器	2.3.43
46	组织放射性活度计	5.2.22
47	组织放射性活度探测器	5.2.22
48	最小可探测(测量)活度(MDA)	3.2.65
49	最小可探测(测量)浓度(MDC)	3.2.66
	字母、数字	
01	CAMAC 机箱控制器	3.1.11
02	dE/dx 半导体探测器	2.4.15
03	NIM 机箱	3.1.9
04	N 型半导体	2.4.5
05	P 型半导体	2.4.6
06	S1 地震(运行安全地震)	3.5.9
07	S2 地震(极限安全地震)	3.5.10
08	X 刀	6.3.16
09	X 辐射检查系统	6.2.3
10	X 射线荧光测井仪	6.1.12
11	X 射线荧光含量仪	6.2.21
12	X 射线荧光厚度计	6.2.12
13	α 杯	6.1.13
14	α 潜能测量仪	5.2.15
15	β-γ 门框式监测仪	5.2.8
16	γ(闪烁)扫描仪	6.3.5
17	γ 刀	6.3.15
18	γ 放射免疫计数器	6.3.2

序号	中文术语	章条号
19	γ辐射检查系统	6.2.4
20	γ辐射煤灰分测量仪	6.2.25
21	γ辐射仪	6.1.1
22	γ能谱测井仪	6.1.11
23	γ能谱仪	6.1.2
24	γ射线探伤机	6.2.24
25	2π电离室	2.2.25
26	2π核辐射探测器	2.1.10
27	4π电离室	2.2.26
28	4π核辐射探测器	2.1.11

英 文 索 引

序号	英 文 术 语	章条号
28	amplifying semiconductor detector	2.4.13
29	amplitude-to-time converter	3.1.34
30	analog offset	3.2.43
31	analogue detector	2.1.4
32	analogue ratemeter	3.1.50
33	analogue-to-digital converter (ADC)	3.1.32
34	anticoincidence	3.2.5
35	anticoincidence circuit	3.1.58
36	anti-Compoton gamma ray spectrometer	3.1.41
37	apparatus for gamma radiography	6.2.24
38	assembly (of nuclear instrumentation)	3.1.3
39	audible warning system	4.4.28
40	audio-radiation prospecting indicator	6.1.7
41	auditable data	4.2.6
42	automatic power cutback (runback) system	4.4.34
43	auxiliary operating control system	4.3.13
44	avalanche breakdown (of a junction)	2.4.36
45	avalanche voltage	2.4.37
	B	
01	background level (of a measuring assembly)	3.2.15
02	back-scatter density meter	6.2.15
03	back-scatter measurement system	6.2.8
04	back-scatter thickness meter	6.2.11
05	beryllium prospecting meter	6.1.8
06	beta-gamma door-way monitor	5.2.8
07	bias (of a measuring instrument)	3.4.33
08	bias (of a radiation detector)	2.1.46
09	bias (of a semiconductor detector)	2.4.42
10	biased amplifier	3.1.28
11	bone mineral meter	6.3.12
12	bore-hole apparatus for X-ray fluorescence analysis	6.1.12

序号	英文术语	章条号
13	boron coated semiconductor detector	2.4.17
14	boron trifluoride ionization chamber	2.2.9
15	boron trifluoride proportional counter tube	2.2.41
16	boron-lined ionization chamber	2.2.10
17	boron-lined proportional counter tube	2.2.42
18	Bragg-Gray cavity	2.2.81
19	Bragg-Gray cavity ionization chamber	2.2.16
20	breakdown (of reverse biased PN junction)	2.4.35
21	bubble chamber	2.5.4
22	burn-up life (of a neutron detector)	2.1.30
23	burst (in an ionization chamber)	2.2.75
24	bus	3.1.14
25	bypass	4.1.26
	C	
01	calibration	3.4.42
02	calibration check	3.4.43
03	calibration curve	3.2.54
04	calorimetric detector	2.1.20
05	CAMAC crate-controller	3.1.11
06	Campbell system for neutron monitoring	4.2.17
07	capacitor ionization chamber	2.2.24
08	carbon to hydrogen ratio meter	6.2.22
09	cargo/vehicle radiographic inspection system	6.2.2
10	Cerenkov detector	2.5.11
11	Cerenkov effect failed fuel element monitor	4.2.24
12	channel	4.1.30
13	characteristic curve(of radiation detector)	2.2.73
14	charcoal radon cup	6.1.14
15	charge collection time (of a semiconductor detector)	2.4.40
16	charge emission detector	2.1.9
17	charge-sensitive preamplifier	3.1.25

序号	英 文 术 语	章条号
18	chemical compound semiconductor detector	2.4.23
19	chemical detector	2.1.13
20	cladding temperature computer	4.2.30
21	class 1E	4.4.2
22	clipping time	3.2.51
23	cloud chamber	2.5.5
24	coaxial semiconductor detector	2.4.27
25	coefficient of variation	3.4.18
26	coincidence circuit	3.1.57
27	coincidence resolving time	3.2.4
28	collecting electrode	2.1.40
29	collecting electrode	2.2.56
30	collection efficiency (of a photomultiplier tube)	2.3.33
31	combinatory effect of AC power input voltage and load	3.3.5
32	commissioning test	3.4.6
33	common cause failure	4.1.13
34	compensated ionization chamber	2.2.21
35	compensated semiconductor	2.4.3
36	compensated semiconductor detector	2.4.11
37	compensation factor (of a compensated ionization chamber)	2.2.78
38	compensation ratio (of a compensated ionization chamber)	2.2.79
39	Compton continuum	2.1.38
40	Compton diode	2.3.21
41	Compton stripping	3.2.48
42	computer automated measurement and control(CAMAC)	3.1.10
43	computerized tomography(CT)	6.3.13
44	confidence level	3.4.45
45	container load activity meter	6.1.17
46	container sorting mine-head equipment	6.1.18
47	content meter	6.2.20
48	control member	4.3.16

序号	英 文 术 语	章条号
49	control member drive mechanism(of a nuclear reactor)	4.3.15
50	conventional test	3.4.4
51	conventional-electrode germanium coaxial semiconductor detector	2.4.28
52	conversion quantum efficiency (of a photocathode)	2.3.38
53	conversion time (of an analogue-to-digital converter)	3.2.53
54	converter (for neutron detectors)	2.4.24
55	conventionally true value of a quantity	3.4.11
56	coolant gross activity monitor	4.2.16
57	coolant leakage measuring assembly	4.2.5
58	corona counter tube	2.2.52
59	count	3.2.6
60	count loss (of counting assembly)	3.2.17
61	count rate	3.2.8
62	counter tube	2.2.36
63	counting assembly	3.1.46
64	counting rate	3.2.8
65	critical field (of a counter tube)	2.2.67
66	criticality accident monitor	5.2.29
67	cross-over walk	3.2.33
68	crystal conduction detector	2.4.20
69	current ionization chamber	2.2.31
	D	
01	damping	3.5.17
02	dark current (of a photomultiplier tube)	2.3.31
03	dead band	3.2.60
04	dead layer (of a semiconductor detector)	2.4.33
05	dead time	3.2.39
06	dead time (in a detector operating in pulse mode)	2.2.70
07	dead time correction	3.2.21
08	dead zone	3.2.60
09	delayed neutron failed element monitor	4.2.26

序号	英 文 术 语	章条号
10	delayer (delay circuit)	3.1.61
11	density gauge	6.2.13
12	depletion layer (of a semiconductor detector)	2.4.38
13	design life (of equipment)	3.5.2
14	detection efficiency	2.1.22
15	detector efficiency	2.1.23
16	difference linear ratemeter	3.1.53
17	difference ionization chamber	2.2.20
18	differential dE/dx semiconductor detector	2.4.15
19	differential dose albedo	2.1.51
20	differential nonlinearity (of measuring assembly)	3.2.41
21	diffused junction detector	2.4.9
22	diffusion chamber	2.5.6
23	digital offset	3.2.37
24	digital ratemeter	3.1.54
25	digital-to-analogue converter (DAC)	3.1.33
26	dip counter tube	2.2.38
27	dip detector	2.1.15
28	direct exposition level meter	6.2.19
29	discharge noise (of a corona counter tube)	2.2.74
30	discrimination threshold (of a radiation detector)	2.1.47
31	discriminator	3.1.56
32	discriminator curve	3.2.64
33	displays (in control room)	4.2.28
34	diversity	4.1.9
35	division	4.1.29
36	dose albedo	2.1.50
37	dose area product meter	6.3.9
38	dosi equivalent (rate) meter and/or monitor	5.1.9
39	dose rate monitor	5.1.23
40	dose rate warning assembly	5.1.24

序号	英文术语	章条号
41	dosimeter (dosemeter)	5.1.7
42	dosimeter (dosemeter) charger	5.1.12
43	dosimeter (dosemeter) charger reader	5.1.14
44	dosimeter (dosemeter) reader	5.1.13
45	doubling time	4.1.21
46	drift	3.4.30
47	drift chamber	2.2.34
48	dynamic logic equipment	4.4.20
49	dynamic logic signal	4.4.19
50	dynamic range	3.4.21
51	dynode	2.3.23
	E	
01	effective range of measurement	3.4.20
02	efficiency	3.3.13
03	electret ionization chamber	2.2.28
04	electric penetration assembly (of reactor)	4.1.31
05	electrical separation	4.1.7
06	electrometer	3.1.48
07	electron collection pulse ionization chamber	2.2.6
08	electron collection time	2.1.34
09	electron linac for non-destructive	6.2.5
10	electron multiplier	2.3.24
11	electronic dosimeter (dosemeter)	5.1.20
12	electrostatic collector failed fuel element monitor	4.2.23
13	emergency response facility	4.4.40
14	emergency shutdown (safety) system	4.4.37
15	emergency shutdown rod	4.4.43
16	emission band (of a scintillator)	2.3.15
17	emission spectrum (of a scintillator)	2.3.13
18	end effect (of a counter tube)	2.2.68
19	energy conversion efficiency (of a scintillator)	2.3.18

序号	英 文 术 语	章条号
20	energy resolution (of a radiation spectrometer)	3.2.26
21	energy window	2.1.49
22	engineered safety features	4.4.39
23	environmental conditions	3.4.26
24	environmental dosimeter (dosemeter)	5.1.25
25	environmental radioactivity monitoring vehicle of nuclear features	5.2.32
26	equipment qualification	3.5.1
27	equivalent noise charge	3.2.35
28	equivalent noise referred to input (of a linear amplifier)	3.2.50
29	equivalent window thickness (of a detector system)	2.1.37
30	error of measurement	3.4.12
31	escape peak	3.2.49
32	etch pit	2.1.39
33	etched track detector	2.5.2
34	evaporated sample liquid activity meter/monitor	5.2.19
35	experimental standard deviation	3.4.17
36	external cathode counter tube	2.2.50
37	external contamination monitor on the surface of the body	5.2.9
38	extrapolation ionization chamber	2.2.22
39	extrinsic semiconductor	2.4.4
	F	
01	failed fuel element indicator	4.2.27
02	failed fuel element monitor	4.2.22
03	fail-safe	4.1.16
04	fall time (of a measuring assembly)	3.2.24
05	false coincidence	3.2.3
06	fastbus	3.1.15
07	fault tolerance	4.1.17
08	film dosimeter	5.1.21
09	fine control	4.3.18
10	fission counter tube	2.2.48

序号	英 文 术 语	章条号
11	fission ionization chamber	2.2.11
12	fission product separator failed fuel element monitor	4.2.25
13	fission products poisoning predictor	4.2.13
14	fission semiconductor detector	2.4.19
15	flat counter tube	2.2.51
16	floating power supply	3.3.20
17	fluorescence	2.1.43
18	fraction count loss	3.2.18
19	fragility level	3.5.20
20	free air ionization chamber	2.2.14
21	fuel channel activity comparator	4.2.11
22	full function test	3.4.10
23	full width at half maximum (FWHM)	3.2.27
24	function separation	4.1.6
25	function unit	3.1.6
	G	
01	gain (of a photomultiplier tube)	2.3.32
02	gamma (scintillation) camera	6.3.7
03	gamma (scintillation) scanner	6.3.5
04	gamma camera based wholebody imaging system	6.3.8
05	gamma radiation spectrum well logging meter	6.1.11
06	gamma radioactive sources inspection system	6.2.4
07	gamma radioimmunoassay counter	6.3.2
08	gas effluent monitor	5.2.26
09	gas multiplication	2.2.60
10	gas multiplication factor	2.2.61
11	gas proportional scintillation detector	2.3.46
12	gas radioactivity meter	5.2.20
13	gas-flow detector	2.2.3
14	gas-flow ionization chamber	2.2.33
15	gas-flow neutron fluence rate measuring assembly	4.2.19

序号	英 文 术 语	章条号
16	Geiger-Müller counter tube	2.2.53
17	Geiger-Müller region	2.2.65
18	Geiger-Müller threshold	2.2.66
19	grid ionization chamber	2.2.8
20	guard ring	2.2.55
21	guard-ring semiconductor detector	2.4.30
	H	
01	hand or foot radioactive contamination warning assembly	5.2.13
02	hand-foot-clothing radioactive contamination monitor	5.2.14
03	heat exchanger leak monitor	4.2.14
04	heavy water content monitor	4.2.15
05	helium counter tube	2.2.43
06	high-purity semiconductor detector	2.4.21
07	house load operation	3.3.23
	I	
01	implanted junction detector	2.4.10
02	in-core neutron fluence rate mapping system	4.2.18
03	in-core neutron fluence rate measurement system	4.2.18
04	in-core temperature measuring sensor	4.2.21
05	in-core temperature measuring system	4.2.20
06	independent equipment	4.1.8
07	influence quantity	3.4.22
08	influenceability	2.1.25
09	inherent safety	4.4.1
10	installed life(of equipment)	3.5.4
11	integral nonlinearity (of measuring assembly)	3.2.42
12	integrating ionization chamber	2.2.30
13	interlock function	4.4.30
14	interlock limit	4.3.8
15	interlock system important for safety	4.4.31
16	internal gas detector	2.2.4

序号	英 文 术 语	章条号
17	intrinsic background level	3. 2. 16
18	intrinsic error	3. 4. 15
19	intrinsic safety	4. 4. 1
20	intrinsic semiconductor	2. 4. 2
21	inversion layer (of a semiconductor detector)	2. 4. 41
22	ion collection pulse ionization chamber	2. 2. 7
23	ion collection time	2. 1. 35
24	ionization chamber	2. 2. 5
25	ionization chamber with internal gas source	2. 2. 23
26	ionization current	2. 1. 31
27	ionization detector	2. 2. 1
28	ionization track	2. 2. 82
29	items important to safety (IIS)	4. 4. 4
	J	
01	junction	2. 4. 34
02	junction capacitance (of a semiconductor detector)	2. 4. 44
	K	
01	kidney function meter	6. 2. 10
	L	
01	latency time	3. 2. 31
02	leakage current	2. 1. 33
03	level following gauge	6. 2. 18
04	level gauge	6. 2. 16
05	life test	3. 4. 7
06	light attenuation length of scintillation	2. 3. 6
07	light guide	2. 3. 27
08	light output (of a scintillator)	2. 3. 19
09	light sensitivity (of a photomultiplier tube)	2. 3. 35
10	light sensitivity nonuniformity (of a photomultiplier tube)	2. 3. 37
11	limit of error	3. 4. 16
12	(linear) conversion gain	3. 2. 34

序号	英 文 术 语	章条号
13	linear detector	2.1.2
14	linear gate	3.1.62
15	linear ratemeter	3.1.51
16	linearity error	3.4.28
17	liquid counter tube	2.2.49
18	liquid effluent monitor	5.2.27
19	liquid radioactivity meter/monitor	5.2.18
20	liquid scintillator activity counter	6.3.1
21	liquid scintillator activity meter	6.3.1
22	liquid-wall ionization chamber	2.2.17
23	lithium coated semiconductor detector	2.4.18
24	lithium drifted semiconductor detector	2.4.12
25	live time	3.2.38
26	load effect	3.3.4
27	load profile	3.3.22
28	logarithimic ratemeter	3.1.52
	M	
01	main amplifier	3.1.27
02	maintenance bypass (for safety system)	4.1.28
03	maintenance test	3.4.9
04	mass spectrometer	6.3.14
05	material presence gauge	6.2.17
06	maximum acceptable irradiation rate (of a detector)	2.1.41
07	measuring channel	3.1.4
08	minimum detectable (measurable) activity (MDA)	3.2.65
09	minimum detectable (measurable) concentration (MDC)	3.2.66
10	mission time	3.5.5
11	mobility (of a charged particle)	3.2.12
12	module	3.1.7
13	moisture meter	6.2.23
14	monitoring	4.2.1

序号	英 文 术 语	章条号
15	mosaic semiconductor detector	2.4.31
16	Mössbauer spectrometer	3.1.40
17	multichannel amplitude analyzer	3.1.31
18	multijunction semiconductor detector	2.4.25
19	multiplier phototube	2.3.25
20	multi-wire proportional chamber	2.2.35
	N	
01	N-type semiconductor	2.4.5
02	negative reactivity	4.3.5
03	neutron well logging meter	6.1.10
04	neutron dosi-equivalent ratemeter	5.1.10
05	neutron knife	6.3.17
06	neutron sensitive material	2.1.28
07	neutron thermopile	2.1.8
08	NIM bin	3.1.9
09	noble gas effluent monitor for accident conditions	5.2.31
10	noise (of a semiconductor detector)	2.4.45
11	noise diagnostic system (of reactor)	4.2.4
12	non-linear detector	2.1.3
13	nuclear emulsion	2.1.16
14	nuclear instrumentation	3.1.1
15	nuclear instrumentation module (NIM)	3.1.8
16	nuclear reactor control	4.3.1
17	[nuclear] reactor instrumentation	4.1.1
18	nuclear scale	6.2.26
19	Nyquist criterion	4.3.7
	O	
01	off-line	4.2.7
02	on-line	4.2.8
03	operation limits and conditions	4.1.2
04	operational bypass	4.1.27

序号	英 文 术 语	章条号
05	operational conditions (of equipment)	3.4.27
06	operational monitoring	4.1.25
07	optical coupled material	2.3.40
08	optical reflector (of a scintillator)	2.3.11
09	optical window (of a scintillator)	2.3.12
10	ore content meter	6.1.15
11	ore sorting equipment	6.1.16
12	outage	4.4.24
13	output effect	3.3.2
14	over-current protection	3.3.15
15	over-temperature (heat) protection	3.3.17
16	overvoltage (of a Geiger-Müller counter tube)	2.2.69
17	over-voltage protection	3.3.16
	P	
01	parallel (CAMAC) crate controller	3.1.12
02	paralysis time	3.2.29
03	particle fluence rate indicator	5.1.4
04	particle fluence rate monitor	5.1.3
05	particle fluence ratemeter	5.1.2
06	peak-to-Compton ratio	3.2.44
07	peak-to-total ratio	3.2.45
08	period meter	4.1.20
09	periodic test	3.4.8
10	personal dosimeter (dosemeter)	5.1.11
11	perturbed neutron fluence rate	4.2.2
12	phosphorescence	2.1.42
13	photocathode sensitivity	2.3.34
14	photodiode	2.3.22
15	photoelectric peak	3.2.46
16	photographic dosimeter (dosemeter)	5.1.21
17	photoluminescent detector	2.5.10

序号	英 文 术 语	章条号
18	photoluminescent dosimeter (dosemeter)	5.1.18
19	photomultiplier tube	2.3.25
20	photon emission curve (of a scintillator)	2.3.17
21	physical power (for reactor)	4.1.33
22	physical separation	4.1.5
23	pile-up (in a counting assembly)	3.2.19
24	planar semiconductor detector	2.4.26
25	plateau	2.2.71
26	plateau relative slope	2.2.72
27	pole-zero cancellation	3.2.36
28	position-sensitive semiconductor detector	2.4.32
29	potential alpha energy meter/monitor	5.2.15
30	power measuring assembly based on activation	4.2.12
31	power range	4.1.24
32	power spectrum density (PSD)	3.5.16
33	preamplifier	3.1.24
34	preferred power supply (PPS)	3.3.18
35	probe (of a radiation meter)	3.1.19
36	process stream monitor	5.2.28
37	programmed action safety assembly	4.4.36
38	proportional counter tube	2.2.37
39	proportional region	2.2.63
40	protection function	4.4.12
41	protection system (of reactor)	4.4.9
42	protective action (in nuclear safety)	4.4.11
43	protective earthing	4.1.19
44	protective task	4.4.10
45	P-type semiconductor	2.4.6
46	pulse coincidence	3.2.1
47	pulse detector	2.1.5
48	pulse ionization chamber	2.2.29

序号	英 文 术 语	章条号
49	pulse ionization detector	2.2.2
50	pulse rate	3.2.10
51	(pulse) selector	3.1.59
52	pulse shaper	3.1.60
	Q	
01	qualification margin (of equipment)	3.5.8
02	qualification test	3.5.7
03	qualified life (of equipment)	3.5.3
04	Quenching	2.2.57
05	quenching circuit	2.2.58
06	quenching gas	2.2.59
	R	
01	radiation alarm system	3.1.20
02	(radiation) analyzer	3.1.29
03	radiation bore-hole logging meter	6.1.9
04	radiation compensated semiconductor detector	2.4.22
05	radiation detection assembly	3.1.22
06	radiation detector	2.1.1
07	(radiation) exposure meter	5.1.6
08	radiation gauge	6.2.1
09	radiation indicator	3.1.18
10	radiation meter	3.1.16
11	radiation monitor	3.1.17
12	radiation protection instrumentation	5.1.1
13	radiation spectrometer	3.1.38
14	radiation warning apparatus	3.1.20
15	(radio) activity meter	3.1.44
16	(radio) thermoluminescence	2.1.44
17	radioactive aerosol meter	5.2.16
18	radioactive aerosol monitor	5.2.17
19	radioactive air contamination indicator	5.2.7

序号	英 文 术 语	章条号
20	radioactive air contamination meter	5.2.5
21	radioactive air contamination monitor	5.2.6
22	(radioactive) charge meter	3.1.45
23	radioactive iodine meter/monitor	5.2.1
24	radioactive surface contamination indicator	5.2.4
25	radioactive surface contamination meter	5.2.2
26	radioactive surface contamination monitor	5.2.3
27	radio-bioassay meter	5.2.25
28	radiochromatograph	3.1.39
29	radiodefect detector	2.1.14
30	radioluminescence detector	2.1.17
31	radiometric instability	3.2.58
32	radiometric noise	3.2.58
33	radionuclide generator	6.3.3
34	radionuclide scanner	6.3.4
35	radon content meter/monitor	5.2.21
36	radon measuring instruments for prospect	6.1.6
37	random coincidence	3.2.3
38	random error	3.4.32
39	random variation	3.2.57
40	rated range	3.2.55
41	rated range of use	3.2.56
42	ratemeter	3.1.49
43	reactivity	4.3.4
44	reactivity meter	4.3.6
45	reactivity temperature coefficient	4.1.32
46	reactor control system	4.3.11
47	reactor noise	4.2.3
48	(reactor) oscillator	4.2.29
49	reactor power automatic control assembly	4.3.12
50	reactor power automatic control system	4.3.12

序号	英文术语	章条号
51	(reactor) runaway	4.3.9
52	reactor safety fuse	4.4.35
53	reactor trip system	4.4.37
54	reader for photoluminescent dosimeter (dosemeter)	5.1.19
55	reader for thermoluminescent dosimeter (dosemeter)	5.1.15
56	real time	3.2.40
57	recoil nuclei ionization chamber	2.2.12
58	recoil nuclei counter tube	2.2.45
59	recoil proton counter tube	2.2.44
60	recoil proton ionization chamber	2.2.13
61	recoil proton spectrometer	3.1.42
62	recovery time	3.2.30
63	redundancy	4.1.10
64	redundancy group	4.1.11
65	redundant equipment	4.1.12
66	reference conditions	3.4.23
67	reference point	3.4.19
68	reference response	3.2.62
69	reflector control	4.3.17
70	region of limited proportionality	2.2.64
71	rejection action	4.3.20
72	relative error	3.4.14
73	relative variation of indication	3.4.13
74	repeatability (of a measuring instrument)	3.4.37
75	repeatability (of results of measurements)	3.4.38
76	reproducibility (of results of measurements)	3.4.39
77	required response spectrum (RRS)	3.5.13
78	residual current (of a detector)	2.1.32
79	resolution (of a radiation measuring assembly)	3.2.63
80	resolving time	3.2.20
81	resolving time correction	3.2.21

序号	英 文 术 语	章条号
82	response (of a radiation measuring assembly)	3.2.61
83	response pulse duration (of a photomultiplier tube)	2.3.30
84	response spectrum	3.5.12
85	response threshold (to pulses)	3.2.28
86	response time (of a measuring assembly)	3.2.22
87	restoration time	3.2.32
88	reverse-electrode germanium coaxial semiconductor detector	2.4.29
89	reversible scaler	3.1.47
90	ripple and noise	3.3.8
91	rise time (of a measuring assembly)	3.2.23
92	routine test	3.4.5
	S	
01	S1 earthquake (OBE)	3.5.9
02	S2 earthquake (SSE)	3.5.10
03	safe failure	4.1.14
04	safety task	4.4.6
05	safety action	4.4.7
06	safety actuation system	4.4.29
07	safety alarm system	4.4.27
08	safety element	4.4.42
09	safety function	4.4.8
10	safety group (of reactor)	4.4.5
11	safety important instrumentation and control power supply	3.3.21
12	safety limit	4.4.14
13	safety logic assembly	4.4.18
14	safety member	4.4.42
15	safety monitor	4.4.17
16	safety monitoring assembly	4.4.17
17	safety parameter display system (SPDS)	4.2.9
18	safety system	4.4.3
19	safety system auxiliary features	4.4.38

序号	英 文 术 语	章条号
20	safety system setpoint	4.4.15
21	safety system support features	4.4.38
22	safety-related instrumentation and control systems	4.4.41
23	sampling monitor	5.2.10
24	saturation current (of an ionization chamber)	2.2.76
25	saturation curve (of a current ionization chamber)	2.2.80
26	saturation voltage (of an ionization chamber)	2.2.77
27	scaling factor (of a scaler)	3.2.13
28	scinteblock	2.3.44
29	scintillation integrated block	2.3.44
30	scintigraphy	6.3.6
31	scintillating material	2.3.7
32	scintillation	2.3.1
33	scintillation chamber	2.3.45
34	scintillation decay time	2.3.5
35	scintillation detector	2.3.41
36	scintillation duration	2.3.2
37	scintillation fall time	2.3.4
38	scintillation rise time	2.3.3
39	scintillator	2.3.10
40	scram	4.1.34
41	secondary emission detector	2.1.19
42	seismic qualification	3.5.11
43	selectivity (of a detector)	2.1.24
44	self-powered detector	2.1.7
45	self-quenched counter tube	2.2.54
46	self-regulation	4.3.10
47	self-shielding electron beam sterilizing facility	6.2.6
48	semiconductor	2.4.1
49	semiconductor detector	2.4.7
50	sensitive time (of a track chamber)	2.5.12

序号	英 文 术 语	章条号
51	sensitive volume (of a detector)	2.1.27
52	sensitivity (of a measuring assembly)	3.2.14
53	serial (CAMAC) crate controller	3.1.13
54	setpoint	4.4.13
55	setting time (of a measuring assembly)	3.2.25
56	shim element	4.3.14
57	shim member	4.3.14
58	signal saturation	3.2.59
59	sine beat	3.5.18
60	single channel analyzer	3.1.30
61	single failure	4.1.3
62	single failure criteria	4.1.4
63	source range	4.1.22
64	spark counter	2.2.39
65	spark detector	2.5.8
66	spectral peak	2.1.45
67	spectral response curve (of a photocathode)	2.3.39
68	spectral sensitivity (of a photomultiplier tube)	2.3.36
69	spectrum	3.1.37
70	spectrum amplifier	3.1.27
71	spectrum (of a pulse height distribution)	2.1.48
72	spectrum (of a radiation)	3.1.37
73	spectrum stabilizer	3.1.55
74	spurious action	4.3.19
75	spurious count	3.2.7
76	spurious shutdown	4.1.36
77	stability (of power supply)	3.3.7
78	stability (of a radiation measuring assembly)	3.4.29
79	standard spectrum testing	3.5.15
80	standardization test conditions	3.4.25
81	stand-by power supply	3.3.19

序号	英 文 术 语	章条号
82	statistical fluctuation	3.2.58
83	strong current counter tube	2.2.40
84	sub-assembly	3.1.5
85	supplementary control point (in nuclear safety)	4.1.18
86	surface barrier contact	2.4.46
87	surface barrier detector	2.4.8
88	surge current	3.3.14
89	system (of nuclear instrumentation)	3.1.2
90	systematic error	3.4.31
	T	
01	temperature effect	3.3.6
02	test	3.4.1
03	test conditions	3.4.24
04	test response spectrum (TRS)	3.5.14
05	thermal power measuring assembly	4.2.10
06	thermoluminescent detector	2.5.9
07	thermoluminescent dosimeter (dosemeter)	5.1.16
08	thermoluminescent dosimetry system	5.1.17
09	thickness gauge	6.2.9
10	thimble ionization chamber	2.2.32
11	thin wall counter tube	2.2.46
12	threshold detector	2.1.18
13	thyroid function meter	6.3.11
14	time constant range	4.1.23
15	time history	3.5.6
16	time-of-flight (of a particle)	3.2.11
17	time-of-flight neutron spectrometer	3.1.43
18	time-to-amplitude converter	3.1.35
19	time-to-digital converter	3.1.36
20	tissue activity detector	5.2.22
21	tissue equivalent ionization chamber	2.2.19

序号	英 文 术 语	章条号
22	tissue equivalent scintillation detector	2.3.43
23	tissue radioactivity meter	5.2.22
24	total absorption detection efficiency	2.3.48
25	total absorption detector efficiency	2.3.47
26	total absorption peak	3.2.47
27	total depletion voltage (of a semiconductor detector)	2.4.39
28	total ionization	2.1.21
29	total (potential) alpha energy meter (detector)	5.2.15
30	totally depleted semiconductor detector	2.4.16
31	townsend avalanche	2.2.62
32	traceability	3.4.44
33	track chamber	2.5.3
34	track detector	2.5.1
35	train	4.1.29/30
36	transfer function (of reactor)	4.3.2
37	transfer function meter(of a nuclear reactor)	4.3.3
38	transient effect	3.3.9
39	transient effect for AC power input voltage	3.3.10
40	transient effect for load	3.3.11
41	transient effect for turn-on，turn-off	3.3.12
42	transit time (in a photomultiplier tube)	2.3.28
43	transit time jitter (in a photomultiplier tube)	2.3.29
44	transmission density meter	6.2.14
45	transmission measurement system	6.2.7
46	transmission semiconductor detector	2.4.14
47	transmission thickness meter	6.2.10
48	trigger	4.4.21
49	trip	4.4.21
50	trip (for reactor)	4.1.35
51	trip level	4.4.16
52	trip margin	4.4.22

序号	英 文 术 语	章条号
53	true coincidence	3.2.2
54	type test	3.4.2
	U	
01	uncertainty of measurement	3.4.36
02	uninterruptible power supply (UPS)	3.3.21
03	unsafe failure	4.1.15
04	useful life (of a detector)	2.1.29
	V	
01	validation	3.4.41
02	verification	3.4.40
03	volt-ampere characteristic (of a semiconductor detector)	2.4.43
	W	
01	wall effect	2.1.36
02	wall-less ionization chamber	2.2.18
03	warm-up time	3.2.52
04	warning system (of reactor)	4.4.26
05	wavelength shifter	2.3.9
06	weak current preamplifier	3.1.26
07	well-type detector	2.1.12
08	well-type ionization chamber	2.2.27
09	whole body counter	5.1.26
10	whole-body gamma spectrum analyzer	5.2.24
11	whole-body internal contamination meter	5.2.23
12	Wilson cloud chamber	2.5.7
13	window (of a detector)	2.1.26
14	window counter tube	2.2.47
15	windowless multiplier phototube	2.3.26
16	windowless photomultiplier tube	2.3.26
	X	
01	X-ray fluorescence content meter	6.2.21
02	X-ray fluorescence thickness meter	6.2.12

序号	英 文 术 语	章条号
03	X-ray inspection system	6.2.3
04	X-ray knife	6.3.16
	Z	
01	zero period acceleration (ZPA)	3.5.19
	其他字母以及数字	
01	α-β ratio (of a scintillator)	2.3.20
02	γ radiation coal ash monitor	6.2.25
03	γ radiation meter	6.1.1
04	γ radiation meter or spectrometer for prospects	6.1.3
05	γ radiation spectrometer	6.1.2
06	γ-ray knife	6.3.15
07	2π ionization chamber	2.2.25
08	2π radiation detector	2.1.10
09	4π ionization chamber	2.2.26
10	4π radiation detector	2.1.11

ICS 27.120.01
F 04

中华人民共和国国家标准

GB/T 4960.8—2008
代替 GB/T 4960.8—1996

核科学技术术语
第8部分:放射性废物管理

Glossary of term: nuclear science and technology—
Part 8: Radioactive waste management

2008-03-24 发布　　2008-11-01 实施

中华人民共和国国家质量监督检验检疫总局
中国国家标准化管理委员会　发布

前　言

GB/T 4960《核科学技术术语》分为八个部分：

——第1部分：核物理与核化学；

——第2部分：裂变反应堆；

——第3部分：核燃料与核燃料循环；

——第4部分：放射性核素；

——第5部分：辐射防护与辐射源安全；

——第6部分：核仪器仪表；

——第7部分：核材料管制；

——第8部分：放射性废物管理；

本部分为GB/T 4960的第8部分。

本部分代替GB/T 4960.8—1996《核科学技术术语　放射性废物管理》。本次修订基本保持原来的结构和章条划分，但删去了第2章"引用标准"，从第7章"废物整备"中划分出"退役与去污"一章，这样仍保持11章。修订中，根据我国放射性废物管理的实践和要求，吸收国内其他名词术语标准的经验，参考国际原子能机构(IAEA)制定的名词术语标准，对原来GB/T 4960.8—1996的词条和释义进行了补充、删节和修正。本次修订删除了104条术语，新增加了53条新术语，另外对85条术语的释义做了修改。

本部分由中国核工业集团公司提出。

本部分由全国核能标准化技术委员会归口。

本部分起草单位：中国原子能科学研究院。

本部分主要起草人：罗上庚、孙东辉、范显华、禚凤官、曾继述。

本部分所代替标准的历次版本发布情况为：

——GB 4960—1985，GB/T 4960.8—1996。

核科学技术术语
第 8 部分:放射性废物管理

1 范围

GB/T 4960 的本部分规定了有关放射性废物管理的基本术语及其定义。

本部分适用于与放射性废物管理有关的一切活动。

2 基本术语

2.1

放射性废物 radioactive waste; radwaste

含有放射性物质或被放射性物质所污染,其活度或活度浓度大于规定的清洁解控水平,并且所引起的照射未被排除的废弃物(不管其物理形态如何)。

2.2

废物产生量 waste arisings

核燃料循环各阶段、研究堆以及放射性同位素生产与应用等所产生的废物的量。

2.3

废物管理 waste management

与废物的产生、预处理、处理、整备、贮存、运输、处置和退役相关的各种行政与技术活动。

2.4

废物预处理 waste pretreatment

废物处理前进行的一种或全部操作,如收集、分拣、化学调制和去污等。

2.5

废物处理 waste treatment

为安全和(或)经济目的而改变废物特性的操作,其三个基本目标是:减容、去除放射性核素和改变组分。

2.6

废物整备 waste conditioning

为形成适于搬运(装卸)、运输、贮存和(或)处置的废物包而进行的操作。整备可以包括将废物转变为固体形态、封装在容器内,还包括必要时进行外包装。

2.7

废物处置 waste disposal

将废物放置到经批准的适当设施内,不打算再回取[1)]。处置也包括经过审管部门批准的将流出物直接排入环境中弥散。

2.8

废物最小化 waste minimization

在从设施设计到退役的各个阶段,通过减少废物的产生、进行再循环与再利用、对一次废物和二次废物做适当处理等措施,使放射性废物的量和活度浓度减小到可合理达到的尽量低水平。

---

1) 目前,有的国家要求在设计高放废物处置库时要考虑废物的可回取性。

2.9

防护与安全最优化　optimization of protection and safety

针对实践中特定源的照射，确定其防护与安全水平，使得在考虑了经济和社会因素之后，个人受照剂量、受照射人数以及受照射可能性达到并保持在可合理达到的尽量低的水平（即ALARA，as low as reasonably achievable）。

2.10

源项　source term

安全评价与环境影响评价中的一个常用术语，指给定的辐射源实际或可能释放的辐射和（或）放射性物质以及能量等的有关数据，如放射性核素的种类、数量、化学形态、释放的模式与速率等。

2.11

废物清单　waste inventory

废物存量

详细的废物记录，包括废物的数量、放射性核素的种类、活度和废物体特性等。

2.12

形态　species

〈化学〉特定条件（pH、Eh、配位体、离子强度等）下，元素（包括放射性核素）的化学形式、价态和性质。

2.13

排放　discharge

将放射性物质（通常为气载或液态）有计划和受控制地释放到环境中。

2.14

弥散　dispersion

流体中的粒子（如放射性核素）因流体速度的小尺度变化而引起的分散。

2.15

流出物　effluent

排出流

核设施向环境排放的带有放射性物质的气态或液态流。

2.16

排放限值　discharge limit

为控制流出物中放射性核素对环境的影响，审管部门认可的流出物的活度浓度和（或）总活度的限值。

2.17

豁免　exemption

基于辐射源或实践的照射（包括潜在照射）足够低，经审管部门批准，免除对其进行监管控制。

2.18

清洁解控水平　clearance level

审管部门规定的，以活度浓度和（或）总活度表示的值，当辐射源的活度浓度和（或）总活度等于或低于该值时，可以不再受审管部门的监管。

2.19

补救行动　remedial action

在干预情况下，当超过规定的行动水平时，为减少可能受到的照射剂量而采取的行动。

注：例如，(1)退役和（或）关闭期间对场址所采取的去污、废物清除和环境整治等行动；(2)尾矿库稳定化外为使该区域可再利用或使之尽可能回复原貌而采取的行动。

2.20

分离—嬗变技术　partitioning-transmutation technology；P&T technology

将高放废物中的次锕系元素、长寿命裂变产物和长寿命活化产物分离出来，制成燃料元件置于反应堆内辐照或制成靶件放到加速器上轰击散裂，使之转变成短寿命核素或稳定元素，以降低高放废物地质处置的负担和长期危险性，并可能更好地利用资源。

2.21

环境整治　environmental remediation；environmental restoration；environmental rehabilitation

对受到污染或地貌破坏的场址，进行去污、清除、恢复地貌、植被等补救行动。

2.22

天然存在的放射性物质　naturally occurring radioactive material；NORM

含有天然放射性核素的非铀/钍矿物质，如来自某些稀土矿、磷矿、油/气田物质。当其放射性活度超过审管部门的规定时，需要进行审管控制。

2.23

技术增强的天然存在的放射性物质　technically enhanced naturally occurring radioactive material；TENORM

因人为过程而导致放射性活度浓度增加或放射性核素分布改变了的天然存在的放射性物质。如某些天然存在的放射性物质在加工过程中，其所含的放射性核素（如铀、钍、镭等）可能会在其沉积物、灰渣、垢物中浓集，这种副产物，即为技术增强的天然存在的放射性物质。

2.24

包封　confinement

封隔

a）使放射性物质控制或滞留在限定的范围内，防止或减轻其向环境不可控地释放；或

b）为防止或减轻放射性物质向环境释放，直接设置在含放射性物质设施主要部分周围的屏障。

2.25

包容　containment

阻止放射性物质意外外泄的方法或实体结构。

2.26

废物的确认　waste certification

证实给定的废物或废物流满足处理、贮存或处置设施废物接收要求的过程。

3　废物分类

3.1

放射性气态废物　radioactive gaseous waste

放射性废气

含有放射性核素的气载物和（或）气体流。根据放射性水平不同，气态废物可以经简单处理合格后排放或者经综合处理（如经过滞留衰变、吸附、过滤）合格后排放。

3.2

放射性液体废物　radioactive liquid waste

放射性废液

以液态形式存在的放射性废物，它可能含有溶解物、胶体或分散的固体。放射性废液通常要经处理合格后排放或要作固化处理。

3.3

放射性固体废物　radioactive solid waste

以固态形式存在的放射性废物，包括受放射性污染而作废物处理的各种物件，也包括放射性液体转变成的固化体。

3.4

低放废物　low level waste；LLW

放射性核素的活度浓度较低，在正常操作和运输过程中通常不需要屏蔽的废物。

3.5

中放废物　intermediate level waste；ILW

放射性核素的活度浓度及释热率虽然均低于高放废物，但在正常操作和运输过程中需要采取适当屏蔽防护措施的废物。

3.6

高放废物　high level waste；HLW

放射性核素的活度浓度及释热率高，在正常操作和运输过程均需要屏蔽防护的废物。通常指：乏燃料后处理第一溶剂萃取循环产生的含有锕系元素和大部分裂变产物的高放废液及其固化体；被认定作为废物的乏燃料；或其他有相似放射性特性的废物。

3.7

短寿命废物　short lived waste

主要含半衰期短于或等于30年的短寿命放射性核素，其活度浓度满足低中放废物处置要求的放射性废物。

3.8

长寿命废物　long lived waste

含有半衰期大于30年的长寿命放射性核素，其活度浓度足够高，要求同生物圈长期隔离的放射性废物。

3.9

α废物　alpha bearing waste

含半衰期大于30年的α发射体，其α放射性活度浓度在单个包装中大于4×10^{6} Bq/kg（对于近地表处置设施，多个包装的平均α活度浓度大于4×10^{5} Bq/kg）的废物。

3.10

超铀废物　transuranic waste；TRU waste

含有原子序数大于92、半衰期大于20年的α放射性核素，其含量和（或）活度浓度超过审管部门规定限值的废物。

3.11

极低放废物　very low level waste；VLLW

放射性水平极低，经审管部门批准，可在不专为低中放废物设计的处置设施中处置的放射性废物。

3.12

豁免废物　exempt waste

按照豁免原则可以免除审管控制的废物。

3.13

核技术应用放射性废物　radioactive waste from application of nuclear technologies

通常指放射性同位素生产和应用过程中产生的放射性废物（包括废放射源），以及某些射线装置（如中、高能加速器等）应用中产生的放射性废物。

3.14

［铀］矿冶废物　［uranium］ mining and milling wastes

铀矿开采产生的废石和铀矿石化学处理提取铀所产生的废物，通常指废石、尾矿、堆浸渣、泥浆、滤饼和流出物。

3.15

伴生放射性废物　radioactive waste from no-uranium-thorium mineral processing

铀、钍伴生矿（如伴生有铀、钍的稀土矿、有色金属矿、磷矿、铁矿、煤矿）资源开发利用中产生的放射性废物。

3.16

模拟废物　simulated waste

某种特定废物的仿制物，其成分、物理性能、化学性能尽可能接近真实废物，有时，加入示踪量放射性核素。

3.17

一次废物　primary waste

原生废物　raw waste

保持其产生时状态和数量的废物——未处理过的废物。

3.18

二次废物　secondary waste

废物处理过程中产生的废物。

3.19

活化废物　activated waste

由于核粒子或射线的活化作用而形成的放射性废物。

3.20

含氚废物　tritium bearing waste

废物中氚的放射性活度浓度大于审管部门规定限值的放射性废物。

3.21

混合废物　mixed waste

兼含非放射性毒物和化学危险物质的放射性废物。

3.22

湿废物　wet waste

通常指带水的废物，如：蒸发残渣、泥浆、废树脂等。

3.23

干废物　dry waste

通常指不带水的废物，如：污染的劳保用品、工具、设备，废空气过滤器，废活性炭等。

3.24

废放射源　spent radioactive source

废源

由于放射性衰变的结果，不再适用的放射源，或者因其他原因而废弃的放射源。

3.25

不再用源　disused source

不再使用或不打算再使用的源。

3.26

失控源　orphan source

因被遗弃、丢失、错放、被盗或未经批准被转移，失去审管控制但具有足够辐射危害的源。

4 废物预处理

4.1

废物接收要求 waste acceptance requirements

为了放射性废物的处置或贮存，由审管部门制定，或由营运者制定并经审管部门批准的定量或定性的接收标准。这些要求可能包括：对废物活度浓度或各个核素总活度（或核素类型）的限制，或者关于废物体或废物包的要求等。

4.2

废物分类 waste segregation

从放射性废物中拣出豁免废物，或将废物按其放射性特性、物理和化学特性进行分类拣出，以便减少放射性废物体积或便于废物的处理或处置。

4.3

废物分拣 waste sorting

利用辐射监测装置或手工分拣，在分检台上将废物分出放射性或非放射性废物，或可燃与不可燃废物、可压实与不可压实废物，以便后续处理。

4.4

废物搬运 waste handling

对废物和废物包的物理操作（如分拣、归类、装卸、挪动等）。

4.5

废物调制 waste adjustment

对废物进行如调节 pH 等操作，以适应进一步处理的需要。

4.6

污染 contamination

由于人类活动造成设备、场所、人体、环境介质等表面或内部出现不希望有的放射性物质或者射线超过国家标准。

4.7

去污 decontamination

用物理、化学、电化学或生物等方法去除或降低放射性污染的过程。

4.8

去污因子 decontamination factor

污染物去污前后的放射性水平的比值。

4.9

热点 hot spot

放射性污染区中污染水平明显高于平均值的部位。

5 废物处理

5.1

尾气 off-gas

工艺过程产生的气体流出物。如溶解、蒸发、焚烧、玻璃固化、沥青固化、水泥固化都可能产生尾气。尾气中可能含有放射性气溶胶、放射性气体、水蒸汽、酸气和其他化学组分。

5.2

尾气处理 off-gas treatment

在受控情况下，释放到大气之前，除去尾气中的放射性核素和其他污染物的操作。

5.3

尾气净化系统　off-gas cleaning system

尾气净化处理用的组合装置。通常包括洗涤塔、吸附柱和过滤器等。

5.4

高效微粒空气过滤器　high efficiency particulate air filter;HEPA filter

绝对过滤器　absolute filter

一种高效的干式过滤器,用于除去气态流出物中亚微米级粒子的过滤器。对0.3μm粒径的微粒,其过滤效率不低于99.97%。

5.5

碘吸附装置　iodine adsorption system

用于去除反应堆运行、乏燃料后处理和同位素生产等过程中产生的气载放射性碘的装置。也称碘过滤器。

5.6

过滤器芯　filter cartridge

过滤器中的多孔过滤介质部件。

5.7

过滤效率　filtering efficiency

过滤器滞留尘埃或放射性物质的能力。其值为过滤前后气体中尘埃或放射性浓度之差与过滤前原始尘埃或放射性浓度之比。

5.8

复合器　recombiner

一种通过催化或电加热方法,可控地进行氢-氧复合反应的设备。

5.9

除雾　defog, demist

去除气体或蒸汽中夹带的雾沫。有干法、湿法、吸附法、静电法等。

5.10

雾沫夹带　entrainment

气-液系统中微小的液滴伴随气体逸出的现象。

5.11

低温吸附装置　cryogenic adsorption system

利用吸附剂在低温下吸附气体中某些放射性气体组分,使之滞留的装置。

5.12

放射性气体衰变箱　radioactive gas decay tank

加压下收集或贮存含短半衰期放射性核素气体,滞留放射性核素,使其衰变到符合规定要求的装置。

5.13

滞留床　delay system

采用吸附剂滞留放射性核素通过,以使放射性水平通过衰变而降低的装置。

5.14

放射性气溶胶　radioactive aerosol

放射性核素的微小的固体粒子或液滴在空气或其他气体中形成的分散系。

5.15

再生废液　regeneration liquid waste

一般指离子交换树脂再生过程中所产生的放射性废液。

5.16

蒸发残液 evaporator bottom

蒸残物 residues

加热废液使其中大部分溶剂蒸发后残存的浓缩物。

5.17

工艺废物 processing waste

废物处理过程产生的废物。例如:核电站运行过程产生的废离子交换树脂、废过滤器芯、地面清洗废水及不复用的硼酸等放射性废物。

5.18

过滤 filtration

借助如滤纸、滤布或玻璃纤维等多孔介质,将固体从固-液或固-气混合物中分离出来的过程。

5.19

脱水 dewatering

用离心、过滤、冻融或其他的固-液分离技术除去废物(如沉淀物、泥浆、废树脂等)中水分的过程。

5.20

脱硝 denitration

通过加热、化学或电解方法把硝酸根(NO_3^-)转换(还原)成挥发性的氮氧化物的过程。

5.21

除盐 demineralizing

从水或放射性废液中除去盐分的过程。

5.22

反渗透 reverse osmosis

在压力作用下,浓溶液中的溶剂通过半透膜向低压侧的纯溶剂或低浓度的溶液中运动的过程,从而使溶剂从溶液中分离出来。

5.23

电渗析 electric dialysis

利用离子交换膜的离子选择透过性,在直流电场作用下,使放射性废液中的正、负离子产生定向迁移,从而达到净化和浓缩的过程。

5.24

沉降 settling

非均一体系(液-固,气-固)中借助固体微粒受重力作用而分离的过程。

5.25

沉淀 precipitation

一种处理放射性废液的化学方法。通过在液体内的化学反应所产生的不溶性产物的结合或载带作用,从液体中除去放射性核素。

5.26

共沉淀 coprecipitation

通过两种以上物质的一起沉淀,将放射性核素从液相转移到不溶性沉淀物中的化学处理方法。

5.27

絮凝 flocculation

利用中和电荷和使中性粒子凝集并沉淀,从废液中除去微细固体粒子(通常为胶体粒子)和放射性核素的过程。

5.28

预涂层过滤器　pre-coated filter

在过滤介质表面预涂一层固体材料(如粉状树脂),以提高从液-固混合物中分离出固体颗粒效率的装置。

5.29

超细过滤器　super fine filter

利用微孔滤材或滤膜,在外力作用下净化废液的一种装置。

5.30

超滤　ultrafiltration

借助于压力的推动和半透膜的筛滤作用,分离出溶液中分子量大于500和粒度为0.002～10 μm的大分子和胶体微粒的一种膜分离技术。

5.31

泥浆废物　slurry waste

沉淀法处理废液过程产生的浆状废弃物。

5.32

淤渣　sludge

通过沉降或其他固-液分离方法,从废液中分离出来的悬浮粒子渣体。

5.33

冻融　freeze-thaw

a) 采用冷冻-融化过程破坏胶体结构,以便于固-液分离的一种泥浆脱水处理技术;或

b) 模拟气候条件的变化,试验固化体承受气候变化能力的一种评价固化体性能的试验方法。

5.34

蒸发　evaporation

废液在蒸发器内通过加热将其水分变成蒸汽排出,从而使废液浓缩的过程。

5.35

热泵　heat pump

指一种压缩机,它将低热值的蒸汽通过压缩以提高其压力和热焓,使成为有用热能。

5.36

压缩蒸发装置　compression evaporator

借助热泵抽出沸腾料液的二次蒸汽,并经压缩使其温度升高,然后再将其潜热传给较冷的沸腾料液进行蒸发的装置。

5.37

蒸汽发生器排污　steam generator blowdown

为维持冷却剂中合适的化学物质含量,自蒸汽发生器二次侧排走液体的操作。

5.38

吸着　sorption

指发生在固体孔隙内或表面上的现象。它包含吸收(absorption)和吸附(adsorption)两种机制。吸收反应发生在固体孔隙内,固体的吸收容量正比于孔隙体积;吸附反应发生在固体表面,其容量取决于固体的表面积。吸着可以是物理过程,也可以是化学过程。

5.39

溶剂净化　solvent cleanup

对使用过的溶剂进行处理,除去降解产物和放射性核素,以恢复其萃取性能和降低放射性水平,达到净化目的。

5.40

离子交换　ion exchange

通过与离子交换材料中活性基团的可交换离子进行交换，实现分离或纯化的一种技术。

5.41

废树脂　spent resin

使用过的、不再复用的含有放射性核素的离子交换树脂。

5.42

硅藻土　siliceous earth

由硅藻和动物的外壳形成的多孔而质轻的岩石。

5.43

蛭石　vermiculite

镁、钙、铁等的水合硅铝酸盐矿物[$(Mg,Ca,Fe)_3(Al,Si)_4O_{10}(OH)_2 \cdot 4H_2O$]，呈片状，对一些金属离子（如锶、铯等）具有一定的离子交换能力，可用来处理低水平放射性废液。

5.44

沸石　zeolite

一类钙、钠、钡、锶的水合硅铝酸盐矿物，具有较高的离子交换容量，常用于处理放射性废液。

5.45

减容　volume reduction

减少废物体积的处理方法。减容具有良好的经济性，减容后适合后续的废物的装卸、贮存、运输和处置。典型的减容方法有机械压实、焚烧和蒸发。减容也包括通过去污（达到豁免）或避免废物的产生来减少废物的总体积。废物的减容会导致放射性核素浓度的相应增加。

5.46

减容因子　volume reduction factor

放射性废物减容前、后的体积比。

5.47

焚烧　incineration

燃烧可燃性放射性废物的一种处理技术，使废物获得较大减容。

5.48

热解焚烧　pyrolysis incineration

废物的有机成分先在缺氧的反应室内裂解成为挥发性气体，然后进入有过量空气的燃烧室完全燃烧的一种焚烧工艺。可用于处理含塑料、橡胶类物质多的废物。

5.49

熔渣焚烧　slag incineration

将可燃废物和少量不可燃烧废物混在一起在高温下焚烧，生成的熔渣块可直接处置。

5.50

等离子体焚烧　plasma incineration

利用等离子焰的高温焚烧废物，生成的熔渣块可直接处置。

5.51

流化床焚烧　fluidized-bed incineration

利用流态化过程焚烧废物。

5.52

湿法氧化　wet oxidation

用浓硫酸加氧化剂（如浓硝酸）或过氧化氢加催化剂，在加热条件下在水相中氧化分解有机废物的处理方法。

注：用氧化性浓酸氧化分解有机废物又称酸煮解(acid digestion)。

5.53

压实　compaction

a) 通过外部压力减少废物体积的方法。通常有桶内压实和连桶压实两种，前者指废物在包装桶内压实的过程。此过程往往是多次压实和多次加料，直至装填到一定程度为止；后者是指废物连同包装桶一起压实成“饼块”，此过程通常是在桶内压实的基础上进一步作超压压实；或

b) 将覆盖在近地表处置设施上的土压实，以减少其渗透性。

5.54

超级压实机　supercompactor

高压力(大于 9.8×10^{6} N)的压实装置，可使固体废物得到充分减容。常用来对已装桶的废物连桶一起压实或对钢铁构件、混凝土构件进行压实。

5.55

微生物处理　microbial treatment

利用微生物的代谢作用，处理放射性废物的方法(如使放射性废物降解或使溶液中的放射性核素富集等)。

6　废物整备

6.1

固定　immobilization

通过固化、埋置或封装等手段，把废物转化为在搬运、运输、贮存和处置时，放射性核素迁移或弥散可能性小的废物体。

6.2

固化　solidification

一种使液体或类似于液体的物质转变为固体的方法，通常形成一种易于搬运和加工，物理性能稳定，不易弥散的物体。水泥固化、沥青固化、玻璃固化是典型的固化液体废物的方法。

6.3

埋置　embedding

在固体废物(如金属部件)周围填充基料(如水泥浆、熔融沥青)以形成整块性废物体。

6.4

封装　encapsulation

a) 使弥散性物质(如焚烧炉灰或粉末状废物)同基料混合形成整体性的废物体；或

b) 把固体废物体(如乏燃料组件)放置在特制的容器中。

6.5

放射性核素固定　fixation of radionuclides

将放射性核素封固在物体表面上，以防止其弥散。通常采用在污染的表面上涂上油漆或涂覆可剥离涂层，以防止放射性核素变成气溶胶或因与外界接触而转移。

6.6

废物体　waste form

包装前通过处理和(或)整备所形成的具备一定物理和化学形态的固体物。废物体是废物包的一个组成部分。

6.7

固化的放射性废物　solidified radioactive waste

液态废物经转化后形成的固态废物体。这种转化可通过掺入诸如玻璃、水泥、沥青或塑料等基料中来实现。

6.8

桶内固化　in-drum solidification

在桶内加入废物和固化剂，进行搅拌混合和固化。

6.9

桶外固化　out-drum solidification

在桶外将废物和固化剂搅拌混合均匀后，注入桶内固化。

6.10

就地固化　in situ solidification

废物在其产生地或贮存场所直接进行固化处理和处置。

6.11

基料　matrix

用来固化或固定放射性废物的非放射性物料，如水泥、沥青、聚合物、玻璃等。

6.12

水泥固化　cementation；cement solidification

把放射性废物掺合在水泥基料中形成固化体的一种技术。

6.13

水灰比　water/cement ratio

水泥固化时，掺入的水与水泥的质量比值。

6.14

盐灰比　salt/cement ratio

水泥固化时，掺入的废物中的盐分与水泥的质量比值。

6.15

泌水性　bleeding

从水泥浆中泌出部分拌和水的特性。

6.16

聚合物浸渍固化体　polymer impregnated form

为提高固化体的抗浸出性、机械强度等性能，用聚合物浸渍处理的水泥固化体。

6.17

水化热　heat of hydration

物质与水化合时所放出的热量。此热效应往往不单纯由水化作用发生，所以有时也用其他名称。水泥的水化热也有人称为硬化热，其中包括水化、水解和结晶一系列作用的结果。

6.18

沥青固化　bituminization；bitumen solidification

把放射性废物掺合在沥青基料中形成固化体的一种技术。

6.19

针入度　penetration index

表征沥青等物料在一定温度、负荷和时间条件下的相对硬度和稠度的物理量，单位为毫米。

6.20

刮板蒸发器　evaporator with scraper;scraping evaporator

一种用于放射性废液沥青固化的设备,也称薄膜蒸发器。蒸发器中央设置一个带刮板的旋转轴,周围有一个蒸汽或油作加热介质的加热夹套。废液与沥青从顶部加入,通过分配盘和旋转的刮板把它们均匀送到蒸发器内表面,在自上而下的流动过程中不断蒸发出水分,并通过刮板将废液中的盐分与沥青混合均匀,最后形成沥青固化体。

6.21

螺杆挤压机　screw extruder

塑料工业常用的一种设备,在核工业中用于沥青固化和塑料固化。从挤压机一端加入基料和废物,随着物料向前推进,不断蒸发出水分和达到均匀混合,最后从另一端排出产品。

6.22

聚合物固化　polymer solidification

把放射性废物掺合在聚合物基料中形成固化体的一种技术。

6.23

玻璃固化　vitrification; glass solidification

把废物掺在玻璃基料中形成玻璃状固化体的一种技术。通常用于固化乏燃料后处理产生的高放废液。

6.24

硼硅酸盐玻璃体　borosilicate glass form

以二氧化硅和氧化硼为基料的玻璃固化体,目前使用较普遍。

6.25

磷酸盐玻璃体　phosphate glass form

以磷酸盐为基料的玻璃固化体,其优点是熔制温度低,硫包容量大;主要缺点是熔制过程对设备腐蚀性大。

6.26

玻璃熟料　glass frit

用于玻璃固化的经过熔融或部分熔融过的物料,称玻璃熟料或基础玻璃。固体废物或废液与熟料混合,经加热熔融可形成均匀玻璃体。

6.27

罐式熔融法　pot melting process

采用多段感应加热,在金属罐内将高放废液与玻璃基料一起熔制成玻璃的方法。废液在一个设备中完成蒸发、煅烧和与玻璃形成剂(或熟料)熔融。

注:这种方法也称一步法。

6.28

两步法　two steps process

指废液首先进行煅烧,然后在感应加热熔炉中熔融的玻璃固化工艺。

6.29

焦耳加热陶瓷电熔炉　joule heated ceramic melter

采用电极直接加热,把废液与玻璃熟料一起熔制成玻璃固化体的内衬耐火陶瓷的熔炉。

6.30

冷坩埚熔炉　cold crucible melter

一种利用高频感应加热、外有水冷盘管的玻璃熔炉。由于熔炉的水冷盘管中连续通过冷却水,在熔炉内壁形成一层固态玻璃壳体,熔融的玻璃被包容在这玻璃壳体内,因此,能大大减少熔融玻璃对炉壁材料的腐蚀。冷坩埚熔炉熔融温度高,可固化处理多种废物。

6.31

就地玻璃固化　in situ vitrification

现场玻璃固化

一种处理放射性废物或混合废物污染场址的热处理技术。将电压加到插入地下的石墨电极上,产生高温,使污染物和周围的土壤,包括所含的设备,如槽罐、阀门、管道,一起熔融,形成整体结构的玻璃体(类似黑曜岩、火山岩)物质,把绝大多数放射性核素和重金属毒物熔铸在玻璃体中。

6.32

地熔技术　geomelt technology

将电极插入地下,利用电流产生焦耳热的原理,在现场直接将污染的土壤和其他地下污染物熔融,形成稳定的玻璃或结晶状固化体的技术。

6.33

自蔓延高温合成　self propagating high temperature synthesis

利用化学反应自身放热产生的高温制备废物固化体的一种技术。

6.34

玻璃特征温度　glass characteristic temperature

通常指玻璃的转变温度,析晶温度和软化温度。

6.35

析晶　crystallization

无定形玻璃变成原子排列有序的晶体物质的过程。

注:在热力学上,玻璃比组分相同的晶体物质有更高的自由能,所以升高温度或长时间放置均能导致析晶(又称反玻璃化)。

6.36

黄相　yellow phase

玻璃熔制过程中分离出的黄色物相。这是一种易溶于水的结晶状物质,其主要成分是碱和碱土金属的硫酸盐、铬酸盐或钼酸盐,富含^{137}Cs、^{90}Sr等核素,导致玻璃固化体的抗浸出性能下降。

6.37

煅烧　calcination

物料在低于熔点的温度下加热,逐出水分和挥发性物质,使转变为固态氧化物的过程。

6.38

玻璃陶瓷　glass ceramic

玻璃体通过控制加热等特殊工艺处理,转变成的结晶型产品。玻璃陶瓷兼有玻璃和陶瓷两者的优良特性。

6.39

玻璃复合体　glass composites

为改善玻璃固化体的导热性能和机械强度,将玻璃掺入金属(如铅、铝等)基料中而成的混合体。

6.40

人造岩石　synroc

人工合成的类似岩石的陶瓷体,如钛酸盐基陶瓷体,宜用于高放废物和α废物之类废物的固化。

6.41

废物体性能鉴定　waste form characterization

对废物体组成及其机械、物理、化学、耐热和抗辐照等性能进行检测和鉴定。

6.42

废物包容量　waste loading

废物固化体中所包容的放射性废物的质量百分数。

6.43

游离液体　free liquid

不为固体基质所束缚的未结合的液体。

6.44

抗压强度　compressive strength

受到压缩负荷作用而破坏时的单位面积所承受的极限压力。

6.45

耐久性　durability

抵御生物、化学和(或)物理作用对其性能造成影响的能力。

6.46

浸出试验　leaching test

为确定废物体浸出率所进行的试验。浸出结果可用来对不同类型废物体作比较和判断，也可用于废物处置的长期安全评价。

6.47

浸出剂　leachant

浸出试验所用的浸出介质，如：蒸馏水、去离子水、模拟地下水、海水、盐卤水等。

6.48

浸出液　leachate

浸出剂与废物体接触后的溶液，因此，可能含有放射性核素。

6.49

浸出率　leaching rate

物质溶解或侵蚀的速率，或者固体通过扩散释放的速率，可以用来衡量放射性核素释放的速度，反映废物固化体的耐久性。

6.50

归一化元素浸出率　nominalized element leaching rate

计算固化体样品元素浸出率的一种方法，用下式表示：

$$LR_{\mathrm{i}} = \frac{C_{\mathrm{i}}}{f_{\mathrm{i}}} \cdot \frac{V}{SA \cdot t}$$

式中：

LR_{i}——样品中元素 i 的浸出率，$g/(m^2 \cdot d)$；

C_{i}——浸出液中元素 i 的浓度，g/m^3；

V——浸泡液的体积，m^3；

SA——样品的几何表面积，m^2；

t——浸泡时间，d；

f_{i}——样品元素 i 所占的质量分数。

6.51

静态浸出试验　static leaching test

在浸出剂不流动情况下对废物体所做的浸出试验。

6.52

动态浸出试验　dynamic leaching test

在浸出剂连续流动情况下对废物体所做的浸出试验。

6.53

废物体老化　aging of waste form

废物固化体在环境因素,如热、光、水、氧、机械力、辐射、化学和生物介质等作用下,外观、物理和化学性能变坏的过程和结果。

6.54

溶胀　swelling

废物固化体因吸收溶剂而发生体积膨胀的现象。

6.55

辐照稳定性　radiation stability

耐电离辐射作用不产生物理或化学特性改变的能力。

6.56

辐解　radiolysis

由于电离辐射作用引起物质化学组分的改变。

6.57

辐解气体　radiolytic gas

物质在辐射作用下产生的气体。

6.58

生物降解　biological degradation

由生物作用引起或加速物理、化学性能的下降或化学组成的变化。

7　废物包装、运输和贮存

7.1

废物[货]包　waste package

废物整备后的产品,包括废物体和容器,也包括可能存在的吸收材料和衬里,以便符合搬运、运输、贮存和(或)处置的要求。

注:在运输中,废物[货]包通常称为"货包"。放射性货包的类型根据其内装物和活度分为:

a) 例外货包
b) Ⅰ型工业货包(IP-Ⅰ型)
c) Ⅱ型工业货包(IP-Ⅱ型)
d) Ⅲ型工业货包(IP-Ⅲ型)
e) A型货包
f) B(U)型货包
g) B(M)型货包
h) C型货包

7.2

包装　packing

将放射性物质包封在合适的容器中的活动。

7.3

放射性内容物　radioactive　contents

包装内的放射性物质连同已被污染或活化的固体、液体和气体。

7.4

废物容器　waste container

满足搬运、运输、贮存和最终处置所使用的装载废物体的各种容器,也是防止外界入侵的一种屏障。废物容器是废物货包的组成部分。

7.5

外包装　overpackaging

为辐射防护需要或方便搬运、运输、贮存或处置作业，为已封装好的一个或多个废物包外加的包装物（如箱、容器）。

7.6

高放密封容器　canister

用于浇注高放废液-玻璃熔融物并使在其中冷却和固化的专门容器。

7.7

屏蔽容器　cask；flask

用于乏燃料和其他高放射性物质运输和贮存的容器。它具有足够的辐射屏蔽能力，化学、机械性能稳定，耐热，抗辐照性及散热性好等特性，满足装卸、运输和贮存的要求。

7.8

高整体容器　high integrity container

一种由特殊材料和结构制成、能长期维持对内容物有效包容，寿命长达500～600年的包装容器。可使低、中放废物（如废树脂等）不经固化处理就可安全处置。

7.9

废物贮存　waste storage

把内装放射性废物或乏燃料的废物包放入人为控制的设施（如建筑物或岩硐）中，以后可以回取出来，进行处理和处置或按照豁免废物处置。

7.10

湿法贮存　wet storage

水冷贮存　water cooling storage

把内装乏燃料或释热的废物固化体的容器放置于在反应堆现场或者远离反应堆现场的水池中冷却和贮存，以后要把它取出来，作进一步处理或处置。

7.11

干法贮存　dry storage

气冷贮存　air cooling storage

把内装释热的废物固化体或乏燃料的容器或废物包放置于设施或容器中贮存，通过自然通风或强制通风带走衰变热。以后要把它取出来，作进一步处理或处置。

7.12

可回取性　retrievability

从废物贮存场所和（或）处置库把废物取出来的可能性。

7.13

废液贮槽　waste storage tank

用来贮存废液的槽罐。一般要有托盘或双层壁，必要时要设备用罐。用于贮存高放废液的槽罐，应有搅拌、冷却、防爆、排气、监测液位和临界安全以及报警等措施。

7.14

废物集存　waste staging

先把废物累积起来，作临时贮存，以便以后废物的运输、转移或处置。

7.15

衰变贮存　storage for decay

将放射性废物贮存足够长的时间，使所关注的放射性核素的活度浓度通过衰变降低到所希望的水平。

8 废物处置

8.1

处置前[活动] predisposal

废物处置前所进行的所有废物管理步骤。例如:预处理、处理、整备、贮存、运输等活动。国际原子能机构把退役也作为放射性废物处置前活动的一个部分。

8.2

废物处置系统 waste disposal system

系指整个处置环境,包括:处置库的地质环境、处置库的工程系统(例如:各种屏障)以及废物货包。

8.3

填埋场 burial ground

一种废物近地表处置场地,通常指处置一般废物或极低放废物的场地。

8.4

处置场 repository

处置库 repository

用于处置废物的设施,包括近地表处置场(含洞穴处置设施)、地质处置库等。

8.5

直接处置 direct disposal

指乏燃料不作后处理,经过整备后就进行处置,又称一次通过(once through)。

8.6

近地表处置 near surface disposal

将放射性废物放置在地表面或地表面下几十米深的设施中,设置或不设置工程屏障,最后加几米厚的防护覆盖层;或者是将废物埋藏在地表下几十米深的洞穴中的处置。

注:这样的处置库适宜短寿命废物和低、中放废物的处置。

8.7

地质处置 geological disposal

将放射性废物放置在地下(通常在地表下数百米或更深)地质体的设施中,采用工程屏障和天然屏障使长寿命废物、高放废物和 α 废物与人类生存环境隔离的处置。

注:通常,这样的处置库用于长寿命和(或)高放废物。有时也称深地质处置。

8.8

现场处置 on-site disposal

就地处置

就地埋葬 entombment

在核设施的场地边界内处置整个核设施或其构成部分,也称就地处置或就地埋葬。

8.9

深井注入[处置] deep well injection [disposal]

在稳定的、无地下水流过的、封闭性好的地质体中,通过深井注入放射性废液,来处置放射性废液的一种方法,尚处于验证和评价阶段,还未得到推广应用。

8.10

水力压裂 hydraulic fracturing ,hydro fracturing

在高压水作用下使页岩层产生水平裂缝,加压将废液、水泥砂浆及添加剂制成的浆液注入到该页岩层,使废液固结在页岩层的裂缝中的处置方法。

8.11

处置场的选址　sitting for repository

处置库的选址

依据一定的准则，选择合适处置场址的过程，该过程由下述阶段构成：

a）方案设计与规划；

b）区域调查；

c）场址特性评价；

d）场址确定。

8.12

屏障　barrier

阻止或延迟一个系统(如一座废物处置库)内核素或其他物质在各组成部分间运动(如:迁移)的实体障碍物。通常包括工程屏障和天然屏障。

8.13

天然屏障　natural barrier

天然存在的屏障，包括各种地质体和土壤等。

8.14

工程屏障　engineered barrier

人工建造的屏障，如废物固化体，废物包装容器，缓冲材料，回填材料，处置库等。

8.15

多重屏障　multiple barriers

处置库中用来隔离放射性废物，并阻止放射性核素迁移的两种或两种以上天然屏障和工程屏障。

8.16

防闯入屏障　intrusion barrier

为阻止人、动物和植物无意接近废物而设计的处置库系统的组成部分。

8.17

[近地表处置]覆盖层　[near surface disposal] cover

在废物货包上面的一种或多种材料构成的覆盖物，它是近地表处置设施实体结构的一部分。其主要目的是防止地表水进入处置库以及减少穴居动物、啮齿动物和深根植物与人类闯入的可能性。

8.18

缓冲材料　buffer material

处置库中放在废物货包周围的各种材料，构成附加屏障，有稳定周围环境条件，限制地下水接触废物货包及降低废物中放射性核素向周围迁移速率等作用。

8.19

缓冲区　buffer zone

在核设施(如:废物处置库)周围设立的一个控制区，以确保该核设施与公众使用的或可接近的场所之间有足够的距离。

8.20

回填材料　backfill

回填在正在或已放置废物的处置库中被挖空的部分的材料。

8.21

裂隙　fracture

岩石中规模较小的不连续面。岩石的任何破裂，不论这种破裂有无造成岩石位移，均称裂隙。裂隙是水流和核素迁移的可能途径。

8.22

断层　fault

地质体中具有一定规模的不连续面或不连续带。

8.23

包气带　aerated　zone

从地表面到潜水位之间的地带，或称非饱和带。

8.24

饱水带　saturated zone

地下水面以下，土层或岩层的空隙全被水充满的地带。含水层都位于饱水带中。

8.25

地表水　surface water

沿着地表流动，最终进入河流、湖泊或海洋的水。

8.26

地下水　subsurface water；ground water

以各种形式埋藏于地壳岩石中的水。按含水层的埋藏特征，可分为包气带水、潜水和承压水。

8.27

主岩　host rock

处置库设置于其中的稳定的地质体。

8.28

硐室(地质体中)　chamber

在地下岩体内开凿的空硐，通常断面较大、长度较短。

8.29

花岗岩　granite

一种分布很广的含石英晶体的岩浆岩。其主要成分是长石、石英和黑云母。

8.30

凝灰岩　tuff

一种压实的火山碎屑岩，主要由火山微尘、晶屑、岩屑和玻屑组成。

8.31

沉积岩　sedimentary rock

由成层沉积的松散物质固结形成的一类岩石。沉积层可能由机械作用或化学沉积作用形成。一般来说，这种堆集物质起源于其他岩石的风化或活着的生物体的分泌物。

8.32

片麻岩　schist

具有片麻状构造、由长石、石英和片状或柱状矿物组成的一种变质石。

8.33

页岩　shale

一种主要由黏土矿物组成的具有薄页状或薄片状层节理的黏土岩。

8.34

封闭　seal

在处置库或关闭设施(如井硐口)通道内设置工程屏障，隔绝废物并防止水渗入其中及防止放射性核素从其中迁移出来。

8.35

关闭 closure

a) 处置设施运行终了时，对处置设施采取的行政和技术措施。包括在废物安置完成后，覆盖处置设施，回填或封闭地质置库及其通道，终止和结束所有相关建筑设施的活动，使处置库永久封闭；或

b) 针对铀(钍)矿的尾矿库、废石堆、堆浸渣或地浸设施采取的措施，使减少监护甚至达到不需监护。

8.36

关闭前 preclosure period

从处置设施的建造和运行到最终关闭及地表设施退役所经历的全过程的时间。

8.37

关闭后 post-closure period

废物处置库封闭以及相关的表面设施退役之后的时期。在此期间，近地表处置设施可能需要维持某种形式的监督或控制。

9 铀(钍)矿冶废物治理

9.1

矿石 ores

在现有的技术经济条件下，能够从中提取有用组分(元素、化合物或矿物)并具有商业价值的天然矿物聚集体。

9.2

采矿废石 mining debris

采掘过程中产生的铀(钍)含量达不到可用作矿石的岩石。

9.3

地浸 in situ leaching

将溶浸剂溶液通过钻孔注入具有渗透性能的含矿层里(如砂岩型铀矿)在含矿层中渗透和扩散，溶解矿中有用成分，然后通过抽液钻孔或其他通道，收集浸出液回收有用成分的工艺过程。

9.4

堆浸 heap leaching

将矿石或表外矿石破碎或造粒之后，堆积在不透水的天然或人造基底上，喷淋浸出剂到筑堆的矿石上面，经渗透溶浸后，收集浸出液回收有用成分的工艺过程。

9.5

堆浸渣 Heap leachings

由堆浸处理铀矿石而产生的废弃物。

9.6

废石渗出液 waste rock seepage

〈采矿〉废石存放地渗出的对环境可能有影响的液体。

9.7

矿泥 slimes

由非常细小颗粒(多数在 10 μm 以下)组成的粉矿或尾矿泥浆。

9.8

尾矿 tailings

水冶厂加工矿石回收有用金属而产生的废弃物。

9.9

尾矿库　tailings impoundment

存放尾矿的构筑物，包括堤坝、底垫、尾矿及排水设施。

9.10

尾矿渗液　tailings seepage

从尾矿库渗出的对环境有影响的液体。

9.11

射气　emanation；Em

由放射性物质衰变产生的放射性气体，指三个天然放射系中镭(Ra)的子体放射性气体氡(Rn)。铀系是镭射气(^{222}Rn，$T_{1/2}=3.82$ d)，钍系是钍射气(^{220}Rn 或 Tn，$T_{1/2}=55.6$ s)，锕铀系是锕射气(^{219}Rn 或 An，$T_{1/2}=3.96$ s)。

9.12

射气因子　emanation factor

由铀(钍)矿石中扩散到周围空间或介质中的氡气量(N_1)与同一时间内在同一体积铀(钍)矿石中产生的氡气量(N_2)的比值(α)，表示为$\alpha=N_1/N_2$；α通常用百分数表示。

9.13

氡析出　radon emanation

氡穿过矿岩表面进入大气的现象。

9.14

氡析出率　radon emanation rate

单位时间内垂直穿过单位面积界面析出的氡的放射性活度，单位：Bq/(m^2·s)。

9.15

防氡覆盖层　coat of radon

为减少氡析出而在固体面加设的涂敷层或覆盖层。

9.16

尾矿稳定化　tailings stabilization

为稳定尾矿渣所采取的措施，可能包括尾矿脱水，排水、建造(维修)坝体、排洪设施和覆盖尾矿库等。

10　处置的安全评价

10.1

场址特性调查　site characterization

为确定处置场(库)址的适宜性和评价其长期性能而进行的详细的地表和地下各种调查活动。

10.2

近场　near-field

靠近废物包、回填材料、封闭材料和那些可能会受处置库或其内装物影响而改变特性的挖掘区及其附近的地质体。

10.3

远场　far-field

处置库近场外一定距离内的地质体。

10.4

放射性核素迁移　radionuclide migration

放射性核素因自然作用在环境中的移动，包括吸附、扩散、弥散和随地下水的流动。

10.5

阻滞 retardation

放射性核素受不流动基体(如多孔介质)的作用(如吸着)而引起放射性核素移动速率减小。

10.6

阻滞因子 retardation coefficient

Rd

表征多孔介质阻滞放射性核素移动的能力。阻滞因子以下式表示(此公式只适用于饱气带):

$$Rd = 1 + (\rho_b / n) \cdot K_d$$

式中:

ρ_b——介质的堆积质量密度,kg/m³;

n——孔隙率;

K_d——分配系数,m³/kg。

10.7

滞留时间 hold-up time

放射性核素保留在动、植物或水中的特征时间段。

10.8

含水层 aquifer

地下水面以下饱水的透水层,它可能是井水或泉水的供水来源。

10.9

水传递系数 hydraulic transmissivity

在单位水力梯度下,地下水穿过含水层单位宽度的传输速率。

10.10

渗透率 permeability

多孔介质传送流体的能力。压力梯度为1时,动力黏滞系数为1的液体在介质中的渗透速度。渗透率(k)仅是介质的函数,量纲为L^2。

10.11

性能评价 performance assessment

对一个系统或子系统性能所进行的一种评估,并将评估结果与相关的标准或准则进行比较。性能评价可用于分析和比较各种系统。

10.12

安全评价 safety assessment

用于评估整个系统的安全性能及其影响的一种分析。这里的性能评估是指放射学影响或某些其他安全影响方面的综合性评估。

10.13

环境影响评价 environmental impact assessment

评价对某个活动对环境的放射学和非放射学的环境影响,包括其他安全与环境影响方面的综合性评估。

10.14

情景 scenario

用于分析或评价未来可能发生的、有代表性的假设状态或事件。

10.15

监督 surveillance

为保证核设施的工况处于规定限值以内所进行的各种活动。对于近地表处置设施,监督通常延续到运行期末和关闭后。

10.16

天然类比研究　natural analogue study

对与人造系统特征类似的自然现象或人造古物进行研究。例如,分析漫长时间中放射性矿物、沉积物放射性核素的迁移行为等,可为现存的或计划中的核设施的安全评价提供佐证或参考依据。

11　退役与去污

11.1

退役　decommissioning

核设施使用期满或因其他原因停止服役后,为保护工作人员和公众的健康与保护环境,使核设施全部或部分解除审管控制而采取的行政的和技术的行动。此定义不适用于废物处置场或特定的铀矿冶设施的关闭。

11.2

安全封存　safe enclosure

监护封存

在退役过程中核设施可能经历的一种状态,在此状态下,只需要对设施进行监督和维护。

11.3

电抛光去污　electro - polishing decontamination

通过电化学原理溶解金属表面的薄层,使金属表面的污染物溶解下来,达到去污目的。

11.4

泡沫去污　foam decontamination

将化学去污剂与起泡剂混合,形成泡沫附着在待去污物体的表面上,停留一段时间后用水冲洗,达到去污目的。

11.5

化学凝胶去污　chemical gel decontamination

将化学凝胶剂与去污剂混合,喷到金属表面上,停留一段时间后用水冲洗,达到去污目的。

11.6

高压喷射去污　high pressure jet [spray] decontamination

用高压喷射设备,喷射水(或蒸汽)、砂、干冰或其他磨料,以除去设备表面或地面、墙面的放射性污染物。

11.7

废金属熔炼去污　metal scrap melting decontamination

被放射性污染的废金属,切割后在熔炉中熔融,大部分污染的核素进入熔渣或尾气中,部分放射性核素均匀分布在铸锭中,使金属可以得到有限制或无限制地使用。

11.8

可剥离涂层　strippable coatings

由具有多种官能团的络合剂、成膜剂、乳化剂等,制成有良好物理化学性能和去污能力的涂料,喷刷在污染物的表面,形成一种可剥离或会自剥裂的涂层,用以将污染物随涂层除去,达到去污目的;或用来固定表面的污染物,防止污染的扩散;或用来保护清洁物的表面,防止被放射性污染。

11.9

再循环　recycling

将达到国家标准或审管部门规定水平的物料返回生产流程使用。

11.10

再利用 reuse

将放射性活度浓度或表面污染水平达到国家标准或审管部门规定水平的工具、设备、物料、建筑物和场地等进行再使用。

11.11

拆除 dismantling

退役期间将构筑物、系统或设备拆卸和取走。拆除可以在核设施关闭后立即进行，或延迟进行。

11.12

解体 disassembling

拆卸

将设备拆开或分解的过程。

11.13

分割 segmentation

切割 cutting

用机械、热、电热、高压水喷射或激光等方法将装置、设备、系统或建(构)筑物分割为较小的部分。

11.14

拆毁 demolition

通常指对达到清洁解控水平的建(构)筑物的拆除。

11.15

清除 cleanup

在环境整治中，按实践原则进行的去除或减少土壤和建(构)筑物表面污染的活动。

11.16

开放 release

核设施退役达到国家标准或审管要求后，场址或建(构)筑物对外有限制或无限制的开放或使用。

11.17

释放 release

放射性物质从建筑物、装置、系统或设备中释放到外部环境的过程。

11.18

有限制开放或使用 restricted release or use

将达到国家标准或审管部门规定和具有潜在放射性危害的物料返回生产过程使用。

11.19

无限制开放或使用 unrestricted release or use

将达到国家标准或审管部门审批确定和已无危害作用的设备、材料、建筑物或场地无条件的开放或利用。

11.20

有组织的控制 institutional control

根据国家法律规定，由审管部门或其指定的单位对废物场址(如处置场址、退役场址)进行的控制。这种控制可以是主动的(监测、监督和补救工作)或被动的(限制土地使用)控制。

中文索引

G

H

J

K

L

M

N

P

Q

英 文 索 引

A

B

C

N

O

P

R

S

ICS 71.100.20
G 86

GB

中华人民共和国国家标准

GB 4962—2008
代替 GB 4962—1985

氢气使用安全技术规程

Technical safety regulation for gaseous hydrogen use

2008-12-11 发布　　　　2009-10-01 实施

中华人民共和国国家质量监督检验检疫总局
中国国家标准化管理委员会　发布

前　言

本标准第4、5、6、7、8、9章为强制性的，其余为推荐性的。

本标准从实施之日起，代替GB 4962—1985《氢气使用安全技术规程》。

本标准与GB 4962—1985《氢气使用安全技术规程》相比，主要变化如下：

——修改了标准适用范围、术语和定义(原版第1章)，增加了规范性引用文件；

——修改了供氢站平面布置防火间距表(原版2.2)；

——原版中删除条款分别为2.3、2.4、3.2.1、3.3.3、5.1、5.4；

——增加了2章正文(本版第5章、第7章)和1个附录；

——供氢设置、氢气瓶使用作了修改(原版第3章、第5章，本版第6章)；

——放空管作了修改(原版3.5，本版第8章)；

——消防作了修改(原版第6章，本版第9章)。

本标准的附录A为资料性附录。

本标准由国家安全生产监督管理总局提出。

本标准由全国安全生产标准化技术委员会化学品安全标准化分技术委员会(SAC/TC 288/SC 3)归口。

本标准负责起草单位：上海市安全生产科学研究所。

本标准参加起草单位：上海华林工业气体有限公司、林德集团(苏州、宁波、厦门)公司。

本标准主要起草人：刘桂玲、李杰、蒋燕锋、唐根妹、龙显淼、佘伟宏、傅佳佳。

本标准于1985年首次发布，本次为第一次修订。

氢气使用安全技术规程

1 范围

本标准规定了气态氢在使用、置换、储存、压缩与充(灌)装、排放过程以及消防与紧急情况处理、安全防护方面的安全技术要求。

本标准适用于气态氢生产后的地面上各作业场所,不适用于液态氢、水上气态氢、航空用氢场所及车上供氢系统。氢气生产中的相应环节可参照执行。

2 规范性引用文件

下列文件中的条款通过本标准的引用而成为本标准的条款。凡是注日期的引用文件,其随后所有的修改单(不包括勘误的内容)或修订版均不适用于本标准,然而,鼓励根据本部分达成协议的各方研究是否可使用这些文件的最新版本。凡是不注日期的引用文件,其最新版本适用于本标准。

GB 2893 安全色

GB 2894 安全标志及其使用导则

GB 3836.1 爆炸性气体环境用电气设备 第1部分: 通用要求

GB 4385 防静电胶底鞋、导电胶底鞋安全技术条件

GB 7144 气瓶颜色标记

GB 7231 工业管路的基本识别色、识别符号和安全标识

GB 12014 防静电工作服

GB 16804 气瓶警示标签

GB 50016 建筑设计防火规范

GB 50057 建筑物防雷设计规范

GB 50058 爆炸和火灾危险环境电力装置设计规范

GB 50177—2005 氢气站设计规范

SH 3059 石油化工管道设计器材选用通则

SY/T 0019 埋地钢质管道牺牲阳极阴极保护设计规范

气瓶安全监察规程(国家质量技术监督局,2001年7月1日实施)

压力容器安全技术监察规程(原劳动部,1991年1月1日实施)

汽轮发电机运行规程(1999年版)(国家电力公司标准,1999年11月9日实施)

3 术语和定义

下列术语和定义适用于本标准。

3.1

供氢站 hydrogen filling station

不含氢气发生设备,以瓶装和(或)管道供应氢气的建筑物、构筑物等场所的统称。

3.2

氢气罐 gaseous hydrogen receiver

用于储存氢气的定压变容积(湿式储气柜)及变压定容积容器的统称(不含气瓶)。

3.3

氢气充(灌)装站 gaseous hydrogen filling station

设有灌充氢气用氢气压缩、充(灌)装设施及其必要的辅助设施的建筑物、构筑物等场所的统称。

3.4

爆炸危险区域　explosive hazard zone

大气条件下，气体、蒸气或雾、粉尘或纤维状的可燃物质与空气形成爆炸性混合物，该混合物遇火源后，燃烧或爆炸将传遍整个未燃混合物的区域。

3.5

动火　hot work

可能产生火焰、火花等明火及形成赤热表面的施工作业。

3.6

高、中、低压氢气压缩机　low/middle/high-pressure gaseous hydrogen compressor

输出压力分别为大于等于 10.0 MPa(高压)，大于等于 1.6 MPa、小于 10.0 MPa(中压)，小于 1.6 MPa(低压)的氢气压缩机。

3.7

钢质无缝气瓶集装装置　bundle of seamless steel cylinders

由专用框架固定，采用集气管将多只气体钢瓶接口并联组合的气体钢瓶组单元。

3.8

氢气汇流排间　hydrogen gas manifolds room

采用氢气钢瓶供应氢气的汇流排组等设施的房间。

3.9

实瓶　full cylinder

充有气体的无缝钢制气瓶，其水容积一般为 40 L、50 L，工作压力为 12.0 MPa～20.0 MPa。

3.10

空瓶　empty cylinder

无内压或残余压力小于 0.05 MPa 的气瓶。

3.11

湿氢　humid hydrogen

含有一定数量水蒸气的氢气，且在使用过程中通过降低温度或进行等温压缩，使之达到饱和并析出水分的氢气。

3.12

明火地点　open fire site

有外露的火焰或炽热表面的固定地点。

3.13

散发火花地点　sparking site

带有火星的烟囱或室内外的砂轮、电焊、气焊(割)、无齿锯片切割机、冲击钻、电钻等固定地点。

3.14

排放管　vent pipe

具有一定高度，且能向大气中直接排放气体的管道。

3.15

阻火器　fire arrestor

防止氢气回火的一种安全设施。

3.16

长管拖车　tube trailer

在半挂车或集装框架内装有若干大型钢制无缝气瓶的高压气体运输设备，通常用配管和阀门将气瓶连接在一起，并配有安全附件。

3.17

湿式可燃气体储罐　dish flammable gas holder

湿式可燃气体储罐又称水槽式储气罐，主要由水槽、塔节、钟罩和水封等组成。储气罐的设计压力通常小于 4 kPa。

3.18

重要公共建筑　important public building

人员密集、发生火灾后伤亡大、损失大、影响大的公共建筑。

4　基本要求

4.1　建筑及选址

4.1.1　供氢站平面布置的防火间距见表 1。

表 1　供氢站平面布置的防火间距表

名　　称		最小防火间距/m
其他建筑物耐火等级	一、二级	12
	三　级	14
	四　级	16
高层厂房(仓库)		13
甲类仓库		20
电力系统电压为(35～500)kV 且每台变压器容量在 10 MVA 以上的室外变、配电站以及工业企业的变压器总油量大于 5 t 的室外降压变电站		25
民用建筑		25
重要公共建筑		50
明火或散发火花地点		30
湿式可燃气体储罐(区)的总容积 V/m^3	$V<1\ 000$	12
	$1\ 000\leqslant V<10\ 000$	15
	$10\ 000\leqslant V<50\ 000$	20
	$50\ 000\leqslant V<100\ 000$	25
湿式氧气储罐(区)的总容积 V/m^3	$V\leqslant 1\ 000$	10
	$1\ 000<V\leqslant 50\ 000$	12
	$V>50\ 000$	14
甲、乙类液体储罐(区)的总储量 V/m^3	$1\leqslant V<50$	12
	$50\leqslant V<200$	15
	$200\leqslant V<1\ 000$	20
	$1\ 000\leqslant V<5\ 000$	25
丙类液体储罐(区)的总储量 V/m^3	按 5 m^3 丙类液体等于 1 m^3 甲、乙类液体折算	
煤和焦炭储量 m/t	$100\leqslant m<5\ 000$	6
	$m\geqslant 5\ 000$	8

表 1（续）

名　　称	最小防火间距/m
厂外铁路(中心线)	30
厂内铁路(中心线)	20
厂外道路(路边)	15
厂内主要道路(路边)	10
厂内次要道路(路边)	5
围墙	5

注 1：建筑物之间的防火间距按相邻外墙的最近距离计算。如外墙有凸出的燃烧物件，则应从其凸出部分处缘算起；储罐、变压器的防火间距应从距建筑物最近的外壁算起。

注 2：供氢站与其他建筑物相邻面的外墙均为非燃烧体，且无门、窗、洞及无外露的燃烧体屋檐，其防火间距可按本表减少 25%。

注 3：固定容积可燃气体储罐的总容积，按储罐几何容积(m^3)和设计储存压力(绝对压力，10^5 Pa)的乘积计算，并按本表湿式可燃气体储罐的要求执行。

注 4：固定容积氧气储罐的总容积，按储罐几何容积(m^3)和设计储存压力(绝对压力，10^5 Pa)的乘积计算，并按本表湿式氧气储罐的要求执行。

注 5：液氧储罐的总容积，应将储罐容积按 1 m^3 液氧折合成 800 m^3 标准状态气氧计算，并按本表湿式氧气储罐的要求执行。

注 6：当甲、乙类液体和丙类液体储罐布置在同一储罐区时，其总储量可按 1 m^3 甲、乙类液体相当于 5 m^3 丙类液体折算。

注 7：供氢站与架空电力线的防火间距，不应小于电线杆高度的 1.5 倍。

4.1.2　氢气罐或罐区之间的防火间距，应符合 GB 50177—2005 规定，具体如下：

a)　湿式氢气罐(柜)之间的防火间距，不应小于相邻较大罐的半径；

b)　卧式氢气罐之间的防火间距，不应小于相邻较大罐直径的 2/3；立式罐之间、球形罐之间的防火间距不应小于相邻较大罐的直径；

c)　卧式、立式、球形罐与湿式罐(柜)之间的防火间距不应小于相邻较大罐的直径；

d)　一组卧式、立式或球形罐的总容积不应超过 30 000 m^3。罐组间的防火间距中，卧式氢气罐不应小于相邻较大罐高度的一半；立式、球形罐不应小于相邻较大罐的直径，并不应小于 10 m。

4.1.3　供氢站、氢气罐应为独立的建(构)筑物；宜布置在工厂常年最小频率风向的下风侧，并远离有明火或散发火花的地点；不得布置在人员密集地段和交通要道邻近处；宜设置不燃烧体的实体围墙。

4.1.4　氢气充(灌)装站、供氢站、实瓶间、空瓶间宜布置在厂房的边缘部分。

4.1.5　氢气使用区域应通风良好。保证空气中氢气最高含量不超过 1%(体积)。采用机械通风的建筑物，进风口应设在建筑物下方，排风口设在上方。

4.1.6　建筑物顶内平面应平整，防止氢气在顶部凹处积聚。建筑物顶部或外墙的上部应设气窗或排气孔。排气孔应设在最高处，并朝向安全地带。

4.1.7　氢气有可能积聚处或氢气浓度可能增加处宜设置固定式可燃气体检测报警仪，可燃气体检测报警仪应设在监测点(释放源)上方或厂房顶端，其安装高度宜高出释放源 0.5 m～2 m 且周围留有不小于 0.3 m 的净空，以便对氢气浓度进行监测。可燃气体检测报警仪的有效覆盖水平平面半径，室内宜为 7.5 m，室外宜为 15 m。

4.1.8　氢气灌(充)装站、供氢站、实瓶间、空瓶间周边至少 10 m 内不得有明火。

4.1.9　禁止将氢气系统内的氢气排放在建筑物内部。

4.1.10 氢气储存容器应与氧气、压缩空气、卤素、氧化剂及其他助燃性气瓶隔离存放。

4.1.11 供氢站的耐火等级不应低于二级，应为独立的单层建筑，不得在建筑物的地下室、半地下室设供氢站，并应按 GB 50016 的规定对站内的爆炸危险场所设置泄压设施。当实瓶数量不超过 60 瓶或占地面积不超过 500 m^2 时，可与耐火等级不低于二级的用氢厂房或与耐火等级不低于二级的非明火作业的丁、戊类厂房毗连，但毗连的墙应为无门、窗及洞的防火墙。

4.1.12 供氢站、氢气罐、充（灌）装站和汇流排间应按 GB 50057 和 GB 50058 的要求设置防雷接地设施。防雷装置应每年检测一次。所有防雷防静电接地装置应定期检测接地电阻每年至少检测一次，对爆炸危险环境场所的防雷装置宜每半年检测一次。

4.1.13 供氢站、氢气罐、充（灌）装站、汇流排间和装卸平台地面应做到平整、耐磨、不发火花。

4.1.14 供氢站、充（灌）装站内需要吊装设备或氢气的充（灌）装、采用钢质无缝气瓶集装装置，宜设起吊设施，起吊设施的起吊重量应按吊装件的最大荷重确定；在爆炸危险区域内的起吊设施应采用防爆设施。

4.1.15 充（灌）装站、汇流排间、空瓶和实瓶的布置应符合下列要求：

a) 汇流排间、空瓶和实瓶应分开放置。若空瓶和实瓶储存在封闭或半敞开式建筑物内，汇流排间应通过门洞与空瓶间或实瓶间相通，但各自应有独立的出入口。

b) 当实瓶数量不超过 60 瓶时，空瓶、实瓶和汇流排可布置在同一房间内，但实瓶、空瓶应分开存放，且实瓶与空瓶之间的间距不小于 0.3 m。空（实）瓶与汇流排之间的间距不宜小于 2 m。

c) 汇流排间、空瓶间和实瓶间不应与仪表室、配电室和生活间直接相通，应用无门、窗、洞的防火墙隔开。如需连通，应设双门斗间，门采用自动关闭（如弹簧门），且耐火极限不低于 0.9 h。

d) 空瓶间和实瓶间应有支架，栅栏等防止倒瓶的设施。

e) 汇流排间、空瓶间和实瓶间内通道的净宽应根据气瓶的搬运方式确定，一般不宜小于 1.5 m。

f) 汇流排间应尽量宽敞。汇流排应靠墙布置，并设固定气瓶的框架。

g) 实瓶间应有遮阳措施，防止阳光直射气瓶。

h) 空瓶间和实瓶间宜设气瓶装卸平台。平台的高度应根据气瓶装卸形式确定。平台上的雨篷和支撑应采用阻燃材料。

i) 氢气充（灌）装间不应存放实瓶，空瓶数量不应超过汇流排待充瓶位的数量。

4.1.16 按 GB 2894 的规定在供氢站、氢气罐、充（灌）装站和汇流排间周围设置安全标识。

4.1.17 任何场所的民用轻气球不得使用氢气作为充装气体。

4.2 作业人员

4.2.1 作业人员应经过岗位培训、考试合格后持证上岗。特种作业人员应经过专业培训，持有特种作业资格证，并在有效期内持证上岗。

4.2.2 作业人员上岗时应穿符合 GB 12014 规定的阻燃、防静电工作服和符合 GB 4385 规定的防静电鞋。工作服宜上、下身分开，容易脱卸。严禁在爆炸危险区域穿脱衣服、帽子或类似物。严禁携带火种、非防爆电子设备进入爆炸危险区域。

4.2.3 作业时应使用不产生火花的工具。

4.2.4 严禁在禁火区域内吸烟、使用明火。

4.2.5 作业人员应无色盲、无妨碍操作的疾病和其他生理缺陷，且应避免服用某些药物后影响操作或判断力的作业。

4.3 氢气系统

4.3.1 氢气系统氢气质量应满足其安全使用要求。

4.3.2 氢气系统停运后，应用盲板或其他有效隔离措施隔断与运行设备的联系，应使用符合安全要求的惰性气体（其氧气体积分数不得超过 3%）进行置换吹扫。动火作业应实行安全部门主管书面审批制度。氢气系统动火检修，应保证系统内部和动火区域的氢气体积分数最高含量不超过 0.4%。检修或检验设施应完好可靠，个人防护用品穿戴符合要求。防止明火和其他激发能源进入禁火区域，禁止使用电炉、电钻、火炉、喷灯等一切产生明火、高温的工具与热物体。动火检修应选用不产生火花的工具。置换吹扫应按照第5章执行。

4.3.3 首次使用和大修后的氢气系统应进行耐压、清洗(吹扫)和气密试验，符合要求后方可投入使用。钢质无缝气瓶集装装置组装后应进行气密性试验，其试验压力为气瓶的公称工作压力，应以无泄漏点为合格，试验介质应为氮气或无油空气。

4.3.4 氢气系统中氢气中氧的体积分数不得超过0.5%，氢气系统应设有氧含量小于3%的惰性气体置换吹扫设施。

4.3.5 氢气系统设备运行时，禁止敲击、带压维修和紧固，不得超压。禁止处于负压状态。

4.3.6 氢气系统检修或检验作业应制定作业方案及隔离、置换、通风等安全防护措施，并经过设备、安全等相关部门审批。未经安全部门主管书面审批，作业人员不得擅自维修或拆开氢气设备、管道系统上的安全保护装置。

4.3.7 氢气充(灌)装系统应设置超压泄放用安全阀、氢气回流阀、分组切断阀、吹扫放空阀、压力显示报警仪表，并设有气瓶内余气与氧含量测试仪表、抽真空装置等。

4.3.8 氢气系统可根据工艺需要设置气体过滤装置、在线氢气泄漏报警仪表、在线氢气纯度仪表、在线氢气湿度仪表等。

4.4 设备及管道

4.4.1 氢气设备应严防泄漏，所用的仪表及阀门等零部件密封应确保良好，定期检查，对设备发生氢气泄漏的部位应及时处理。

4.4.2 对氢气设备、管道和阀门等连接点进行漏气检查时，应使用中性肥皂水或携带式可燃气体检测报警仪，禁止使用明火进行漏气检查。携带式可燃气体检测报警仪应定期校验。

4.4.3 爆炸危险区域内电气设备应符合GB 3836.1的要求，防爆等级应为Ⅱ类，C级，T_1组；因需要在爆炸危险区域使用非防爆设备时应采取隔爆措施。

4.4.4 氢气管道应采用无缝金属管道，禁止采用铸铁管道，管道的连接应采用焊接或其他有效防止氢气泄漏的连接方式。管道应采用密封性能好的阀门和附件，管道上的阀门宜采用球阀、截止阀。阀门材料的选择应符合GB 50177—2005中表12.0.3的规定，管道上法兰、垫片的选择应符合GB 50177—2005中表12.0.4的规定。管道之间不宜采用螺纹密封连接，氢气管道与附件连接的密封垫，应采用不锈钢、有色金属、聚四氟乙烯或氟橡胶材料，禁止用生料带或其他绝缘材料作为连接密封手段。

4.4.5 氢气管道应设置分析取样口、吹扫口，其位置应能满足氢气管道内气体取样、吹扫、置换要求；最高点应设置排放管，并在管口处设阻火器；湿氢管道上最低点应设排水装置。

4.4.6 氢气管道宜采用架空敷设，其支架应为非燃烧体。架空管道不应与电缆、导电线路、高温管线敷设在同一支架上。氢气管道与氧气管道、其他可燃气体、可燃液体的管道共架敷设时，氢气管道应与上述管道之间宜用公用工程管道隔开，或保持不小于250 mm的净距。分层敷设时，氢气管道应位于上方。

4.4.7 氢气管道应避免穿过地沟、下水道及铁路汽车道路等，应穿过时应设套管。氢气管道不得穿过生活间、办公室、配电室、仪表室、楼梯间和其他不使用氢气的房间，不宜穿过吊顶、技术(夹)层，应穿过吊顶、技术(夹)层时应采取安全措施。氢气管道穿过墙壁或楼板时应敷设在套管内，套管内的管段不应有焊缝，氢气管道穿越处孔洞应用阻燃材料封堵。

4.4.8 室内氢气管道不应敷设在地沟中或直接埋地，室外地沟敷设的管道，应有防止氢气泄漏、积聚或窜入其他地沟的措施。埋地敷设的氢气管道埋深不宜小于0.7 m。湿氢管道应敷设在冰冻层以下。

4.4.9 在氢气管道与其相连的装置、设备之间应安装止回阀，界区间阀门宜设置有效隔离措施，防止来自装置、设备的外部火焰回火至氢气系统。氢气作焊接、切割、燃料和保护气等使用时，每台(组)用氢设备的支管上应设阻火器。

4.4.10 氢气管道、阀门及水封等出现冻结时，作业人员应使用热水或蒸汽加热进行解冻，且应带面罩进行操作。禁止使用明火烘烤或使用锤子等工具敲击。

4.4.11 室内外架空或埋地敷设的氢气管道和汇流排及其连接的法兰间宜互相跨接和接地。氢气设备与管道上的法兰间的跨接电阻应小于 0.03 Ω。

4.4.12 与氢气相关的所有电气设备应有防静电接地装置，应定期检测接地电阻，每年至少检测一次。

4.4.13 根据 GB 50177—2005 及 SY/T 0019，氢气管道的施工及验收符合下列规定：

a) 接触氢气的表面彻底去除毛刺、焊渣、铁锈和污垢等；

b) 碳钢管的焊接宜采用氩弧焊作底焊；不锈钢应采用氩弧焊；

c) 氢气管道、阀门、管件等在安装过程中及安装后采用严格措施防止焊渣、铁锈及可燃物等进入或遗留在管内；

d) 氢气管道的试验介质和试验压力符合 GB 50177—2005 表 12.0.14 的规定；

e) 氢气管道强度试验合格后，使用不含油的空气或惰性气体，以不小于 20 m/s 的流速进行吹扫，直至出口无铁锈、无尘土及其他污垢为合格。

f) 长距离埋地输送管道设计、安装时宜做电化学保护措施，吹扫前宜做通球处理。电化学保护宜每年检测一次并存档备案。

4.4.14 氢气充(灌)装台宜设两组或两组以上钢质无缝气瓶集装装置，一组供气，一组倒换气瓶。

4.4.15 加氢反应器及其管道因在高温高压环境下使用氢气，加氢反应器及其管道的材质应符合 SH 3059 的要求。加氢反应器运行期间作业人员应严格执行工艺操作规程，确保反应温度和压力平稳，避免出现飞温和超压过程，定期进行安全检查，包括外观检查、定点测壁厚、定时测壁温、腐蚀介质成分分析；开、停工过程前应编制合理的开、停工方案，停工时增加适当的脱氢过程，避免紧急泄压、降温；采取氮气气封、对反应器内壁采取无损检测、内壁宏观检查等方法，重点检查焊缝区、堆焊层及螺栓、螺母、垫圈和容器内外支承结构，必要时采取气密或水压试验等措施以确保加氢反应器的使用安全。

4.4.16 冶金行业退火炉应采用可编程控制器 PLC 和智能调节器对退火全过程实行全自动控制操作，并对加热罩和炉罩内的超温、炉座强对流风机的过流、过载、过热、冷却罩的冷却风机的过流、过载、炉内的气体置换和退火过程中炉内的保护气氛等进行监控。在供给的保护气体符合安全使用条件下，应确保退火炉的密闭性和保护气体供给的连续性及其压力。在退火过程中，退火炉内的气体正常工作压力应保持微正压(绝对压力 105 kPa，略高于一个标准大气压)，应设置压力报警系统。运行期间及开、停工过程应严格执行操作规程，开、停工及检修过程应制定相关的计划或方案，以确保退火炉的使用安全。退火炉应设保护性氢气净化设备。

4.4.17 电厂(站)的氢冷发电机的技术要求可参照《汽轮发电机运行规程》执行。其他技术要求应按电力行业有关规定执行。

4.4.18 按照 GB 7231、GB 2893 和 GB 2894 的规定涂安全色，并设安全标志和标识。

5 置换

5.1 氢气系统被置换的设备、管道等应与系统进行可靠隔绝。

5.2 采用惰性气体置换法应符合下列要求：

a) 惰性气体中氧的体积分数不得超过 3%。

b) 置换应彻底，防止死角末端残留余氢。

c) 氢气系统内氧或氢的含量应至少连续 2 次分析合格，如氢气系统内氧的体积分数小于或等于 0.5%，氢的体积分数小于或等于 0.4%时置换结束。

5.3 采用注水排气法应符合下列要求：

a) 应保证设备、管道内被水注满，所有氢气被全部排出。

b) 水注满在设备顶部最高处溢流口应有水溢出，并持续一段时间。

5.4 钢质无缝气瓶集装装置可采用下列方法置换：

a) 压力置换法。向设备或系统充惰性气体，充气压强不小于 0.2 MPa(表压)，然后放出，重复多次后再用氢气置换多次，然后取样化验，合格后通氢气。也可用惰性气体直接进行置换。

b) 抽空置换法。适用于能够承受负压的设备或系统。该方法先用惰性气体对设备或系统充压至 0.2 MPa (表压)，再抽空排掉设备或系统内气体。重复充气-抽空步骤 2～5 次，然后取样分析，合格后再通氢气。

5.5 若储存容器是底部设置进(排)气管，从底部置换时，每次充入一定量惰性气体后应停留 2 h～3 h 充分混合后排放，至到分析检验合格为止。

5.6 置换吹扫后的气体应通过排放管排放。

6 储存

6.1 氢气储存容器应符合《压力容器安全技术监察规程》。氢气囊不宜做为氢气储存容器。

6.2 氢气储存容器应设置如下安全设施：

6.2.1 应设有安全泄压装置，如安全阀等。

6.2.2 氢气储存容器顶部最高点宜设氢气排放管。

6.2.3 应设压力监测仪表。

6.2.4 应设惰性气体吹扫置换接口。惰性气体和氢气管线连接部位宜设计成两截一放阀或安装“8 字”盲环板。

6.2.5 氢气储存容器底部最低点宜设排污口。

6.2.6 氢气储存容器周围环境温度不应超过 50 ℃，储存场所及周边应设计安装消防水系统。

6.3 氢气瓶(集装瓶)

6.3.1 氢气实瓶和空瓶应分别存放在位于装置边缘的仓间内，并应远离明火或操作温度等于或高于自燃点的设备。

6.3.2 氢气瓶的设计、制造和检验应符合《气瓶安全监察规程》的要求。

6.3.3 氢气瓶体根据 GB 7144 应为淡绿色，20 MPa 气瓶应有淡黄色色环，并用红漆涂有“氢气”字样和充装单位名称。应经常保持漆色和字样鲜明。

6.3.4 多层建筑内使用氢气瓶，除生产特殊需要外，一般宜布置在顶层外墙处。

6.3.5 因生产需要在室内(现场)使用氢气瓶，其数量不得超过 5 瓶，室内(现场)的通风条件符合4.1.5 要求，且布置符合如下要求：

a) 氢气瓶与盛有易燃易爆、可燃物质及氧化性气体的容器和气瓶的间距不应小于 8 m；

b) 与明火或普通电气设备的间距不应小于 10 m；

c) 与空调装置、空气压缩机和通风设备(非防爆)等吸风口的间距不应小于 20 m；

d) 与其他可燃性气体储存地点的间距不应小于 20 m。

6.3.6 氢气瓶瓶体在运输中瓶口应设有瓶帽(有防护罩的气瓶除外)、防震圈(集装气瓶除外)等其他防碰撞措施，以防止损坏阀门。

6.3.7 氢气瓶搬运中应轻拿轻放，不得摔滚，严禁撞击和强烈震动。不得从车上往下滚卸，氢气瓶运输中应严格固定。

6.3.8 储存和使用氢气瓶的场所应通风良好。不得靠近火源、热源及在太阳下暴晒。不得与强酸、强碱及氧化剂等化学品存放在同一库内。氢气瓶与氧气瓶、氯气瓶、氟气瓶等应隔离存放。

6.3.9 氢气瓶使用时应装减压器，减压器接口和管路接口处的螺纹，旋入时应不少于五牙。

6.3.10 氢气瓶使用时应采用 4.1.15 d)规定的方式固定，防止倾倒。气瓶、管路、阀门和接头应固定，不得松动位移，且管路和阀门应有防止碰撞的防护装置。

6.3.11 气瓶嘴冻结时应先将阀门关闭，后用温水解冻。

6.3.12 不得将气瓶内的气体用尽，瓶内至少应保留 0.05 MPa 以上的压力，以防空气进入气瓶。

6.3.13 气瓶阀门如有损坏，应由相关资质单位检修。

6.3.14 开启气瓶阀门时，作业人员应站在阀口的侧后方，缓慢开启气瓶阀门。

6.3.15 根据《气瓶安全监察规程》的规定，氢气瓶应定期(每 3 年)进行检验，气瓶上应有检验钢印及检验色标。

6.3.16 气瓶集装装置应有防止管路和阀门受到碰撞的防护装置；气瓶、管路、阀门和接头应经常维修保养，不得松动移位及泄漏。

6.3.17 氢气瓶集装装置的汇流总管和支管均宜采用优质紫铜管或不锈钢钢管。为保证焊缝的严密性，紫铜管及管件的焊接采用银钎焊，焊接完成后对管道、管件、焊缝进行消除应力及软化退火处理。集装装置的汇流总管和支管使用前应经水压试验合格。

6.3.18 长管拖车的每只钢瓶上应装配安全泄压装置，钢瓶的阀门和安全泄压装置或其保护结构应能够承受本身两倍重量的惯性力。钢瓶长度超过 1.65 m，并且直径超过 244 mm 应在钢瓶两端安装易熔合金加爆破片或单独爆破片式的安全泄压装置，直径为 559 mm 或更大的钢瓶宜在钢瓶两端安装单独爆破片式的安全泄压装置；在充卸装口侧，每台钢瓶封头端设置的阀门应处于常开状。安全泄压装置的排放口应垂直向上，并且对气体的排放无任何阻挡；长管拖车的每只钢瓶应在一端固定，另一端有允许钢瓶热胀冷缩的措施；每只钢瓶应装配单独的瓶阀，从瓶阀上引出的支管应有足够的韧性和挠度，以防止对阀门造成破坏。

6.3.19 长管拖车钢瓶应定期检验，使用前应检查制造和检验日期或符号，不得超量充(灌)装。长管拖车应按 GB 2894 规定设置安全标志，并随车携带氢气安全技术周知卡。长管拖车钢瓶使用时应有防止钢瓶和接头脱落甩动措施，拖车应有防止自行移动的固定措施。长管拖车停放充(灌)装期间应接地。

6.3.20 长管拖车的汇流总管应安装压力表和温度表。钢瓶连接宜采用金属软管，应定期检查。拖车上应配置灭火器。使用时应避免长管拖车上压差大的钢瓶之间通过汇流管间进行均压，防止对长管气瓶产生多次数的交变应力。

6.4 氢气罐

6.4.1 氢气罐应安装放空阀、压力表、安全阀，压力表每半年校验一次，安全阀一般应每年至少校验一次，确保可靠。立式或卧式变压定容积氢气罐安全阀宜设置在容器便于操作位置，且宜安装两台相同泄放量且可并联或切换的安全阀，以确保安全阀检验时不影响罐内的氢气使用。

6.4.2 氢气罐放空阀、安全阀和置换排放管道系统均应设排放管，并应连接装有阻火器或有蒸汽稀释、氮气密封、末端设置火炬燃烧的总排放管。惰性气体吹扫置换接口应参照 6.2.4 要求执行。

6.4.3 氢气罐应采用承载力强的钢筋混凝土基础，其载荷应考虑做水压实验的水容积质量。氢气罐的地面应不低于相邻散发可燃气体、可燃蒸气的甲、乙类生产单元的地面，或设高度不低于 1 m 的实体围墙予以隔离。

6.4.4 氢气罐新安装(出厂已超过一年时间)或大修后应进行压强和气密试验，试验合格后方能使用。压强试验应按最高工作压力 1.5 倍进行水压试验；气密试验应按最高工作压力试验，以无任何泄漏为合格。

6.4.5 罐区应设有防撞围墙或围栏，并设置明显的禁火标志。

6.4.6 氢气罐应安装防雷装置。防雷装置应每年检测一次，并建立设备档案。

6.4.7 氢气罐检修或检验作业应参照 4.3.2、4.3.6 要求执行。进入罐内作业应佩戴氧含量报警仪，同时应有人监护和其他有效的安全防护措施。

6.4.8 氢气罐应有静电接地设施。所有防静电设施应定期检查、维修，并建立设备档案。

6.5 氢气柜

6.5.1 氢气柜在工程验收时应进行试漏检查，防止泄漏。

6.5.2 氢气柜除工程验收时进行试漏检查外，运行过程中也应加强检查，防止水槽壁、套筒及钟罩漏水漏气。

6.5.3 氢气柜钟罩高度位置应有标尺显示高低（储量），每小时检查一次，并设置超高、过低位置报警装置。

6.5.4 氢气柜首次进气或大修后进气前，应将钟罩内的空气全部排净。

6.5.5 导轮导轨应定期加入润滑油，以确保套筒和钟罩升降灵活。

6.5.6 氢气柜水封应保证有足够的水位，防止氢气柜因缺水而逸出气体。寒冷地区应有防止水封结冰的措施。

6.5.7 氢气柜正常使用时应保持一定的氢气量，应防止储气过量或抽空。

6.5.8 氢气柜应安装在避雷保护区域内，应安装安全阀、压力超高自动排放装置等安全设施，并应设置自动切断装置以确保氢气柜泄漏时能自动切断气源。

6.5.9 进出氢气柜的氢气管道上应设置安全水封。

6.5.10 氢气柜宜设置自动水雾喷淋系统。

6.5.11 进入氢气柜检修应排净水封内的水，排水前应打开钟罩顶部的排空阀，其他检修作业可参照氢气罐 6.4.6 的要求。氢气柜静电接地设施可参照氢气罐 6.4.7 的要求。

7 压缩与充（灌）装

7.1 压缩

7.1.1 压缩机应按照 GB 50177—2005 要求设安全防护装置。

7.1.2 使用旋转式压缩机（水环泵）压缩氢气

a) 启动前应检查泵和电机的轴承润滑情况，并确保气源充足方可启动；

b) 水环泵启动前和运行中，应检查气水分离器的水位，不得低于标准线。气水分离器内的积水应定时排放，不得随意开启排水阀。寒冷地区使用水环泵应防止分离器结冰；

c) 启动前应先用惰性气体置换系统内的空气，再用氢气置换惰性气体；

d) 电机启动后，应随时检查气体进出口的压力变化，并及时调整到所需要的压力；

e) 电机、轴承和水环泵应定期检修，润滑部件应定期加润滑剂，确保压缩机各部件的润滑和密封。

7.1.3 使用活塞式压缩机压缩氢气

a) 启动前或大修后，应检查电气设备的绝缘和接线情况，防止短路和因电路接错而造成压缩机的反向旋转；

b) 启动前应用惰性气体吹扫压缩机和管道系统，检验合格后再开氢气阀，关闭惰性气体阀，启动压缩机；

c) 启动前机组应先通入冷却水，并检查润滑油是否纯净，油位是否适当；

d) 应定时检查压缩机所有工艺指标如各级气缸进、排气压力及温度，冷却水和润滑油压力及温度以及轴承温度，不得超过工艺规定值。运行中遇冷却水中断应立即停车；

e) 压缩机各段安全阀应定期校验，安全阀的设定起跳压力宜设定在正常工作压力的1.05～1.1 倍；

f) 压缩机设备故障停车后应将设备隔离，用惰性气体将系统内的氢气置换完全（氢的体积分数小于等于 0.4%）；

g) 不得将氢气排放在室内，应通过排放管排入大气；

h) 压缩机的压力表等安全设备，应半年校验一次；

i) 应确保压缩机曲轴箱密封环材料和安装质量，以防止气体漏入曲轴箱；应每年对密封环进行更换，防止活塞杆与密封环之间因摩擦产生泄漏。此外，宜在曲轴箱填料函回油管中部增设一个小回油管，以防止回油管发生气阻导致气体窜入曲轴箱；

j) 曲轴箱透气帽处宜设置可燃气体报警仪或定期从曲轴箱内取气体样本分析，防止可燃气体浓度达到爆炸极限。

7.1.4 使用膜式压缩机压缩氢气

a) 应设置膜片损坏报警装置及连锁停机；

b) 应设置各级压缩气出口温度高限报警装置；

c) 应设置冷却水温度及流量报警装置；

d) 其他措施可参照活塞式压缩机使用要求。

7.2 充(灌)装

7.2.1 氢气充(灌)装的汇流排数量应根据气源的多少和压缩机的排气能力设置，最少 2 排(组)，每排 8～24 个瓶位。

7.2.2 氢气充(灌)装时应先对气瓶进行确认，严禁氢气瓶与氧气瓶、氯气瓶或其他气瓶混淆。

7.2.3 应采用防错装接头充(灌)装夹具，防止可燃气体和助燃气体混装。

7.2.4 充(灌)装前应严格检查瓶体、阀门等处有无损坏。

7.2.5 充(灌)装时气瓶应用链卡等措施固定，防止倾倒。

7.2.6 应设置充(灌)装超压报警装置，保证气瓶充(灌)装压力不超过气瓶允许的工作压力。

7.2.7 为限制充气速度，同批充(灌)装气瓶数量不得随意减少，也不得在充(灌)装过程中插入空瓶充(灌)装，氢气充气速度不得高于 15 m/s。

7.2.8 氢气与氧气不应在同一充(灌)装台内进行充(灌)装。

7.2.9 充气管道应和其连接部件牢靠连接，与气瓶嘴应紧密连接，防止气体泄漏。

7.2.10 充气导管宜为紫铜管或金属软管。充气导管若为紫铜管，使用前应经过退火处理，每使用三个月应退火一次。使用过程中紫铜管出现起皱现象应及时更换。

7.2.11 充(灌)装时应缓慢开启汇流排阀门，防止气流产生剧烈冲击。在充(灌)装过程中应检查气瓶温度，以判断气瓶进气流量的大小，并可检查气瓶的充(灌)气导管或阀门是否有故障。

7.2.12 空瓶与实瓶应严格分开存放。对不合格或未充(灌)入氢气的气瓶应另设区域放置，并设置醒目标识，防止误装。

7.2.13 经常检查充(灌)装压力，在高压时应特别注意压缩机各级温度和压力是否正常。

7.2.14 气瓶充(灌)装结束应配戴限瓶帽，防震圈(集装气瓶除外)，应在充(灌)装后的气瓶(或集装架)上粘贴符合 GB 16804《气瓶警示标签》和充(灌)装标签。

7.2.15 有下列情况之一的气瓶不应充(灌)装：瓶体漆色、字样模糊、不易识别、无有效标签；安全附件不全(包括瓶帽、胶圈等)或瓶体、阀门有明显损坏；瓶内气体余压低于 0.05 MPa；按规定超过检验年限或钢印标记不清；空瓶未经检验或瓶内气体未经置换和抽空。

8 排放

8.1 氢气排放管应采用金属材料，不得使用塑料管或橡皮管。

8.2 氢气排放管应设阻火器，阻火器应设在管口处。

8.3 氢气排放口垂直设置。当排放含饱和水蒸气的氢气(产生两相流)时，在排放管内应引入一定量的惰性气体或设置静电消除装置，保证排放安全。

8.4 室内排放管的出口应高出屋顶 2 m 以上。室外设备的排放管应高于附近有人员作业的最高设备 2 m 以上。

8.5 排放管应设静电接地，并在避雷保护范围之内。

8.6 排放管应有防止空气回流的措施。

8.7 排放管应有防止雨雪侵入、水气凝集、冻结和外来异物堵塞的措施。

9 消防与紧急情况处理

9.1 氢气发生大量泄漏或积聚时，应采取以下措施：

9.1.1 应及时切断气源，并迅速撤离泄漏污染区人员至上风处。

9.1.2 对泄漏污染区进行通风，对已泄漏的氢气进行稀释，若不能及时切断时，应采用蒸汽进行稀释，防止氢气积聚形成爆炸性气体混合物。

9.1.3 若泄漏发生在室内，宜使用吸风系统或将泄漏的气瓶移至室外，以避免泄漏的氢气四处扩散。

9.2 氢气发生泄漏并着火时应采取以下措施：

9.2.1 应及时切断气源；若不能立即切断气源，不得熄灭正在燃烧的气体，并用水强制冷却着火设备，此外，氢气系统应保持正压状态，防止氢气系统回火发生。

9.2.2 采取措施，防止火灾扩大，如采用大量消防水雾喷射其他引燃物质和相邻设备；如有可能，可将燃烧设备从火场移至空旷处。

9.2.3 氢火焰肉眼不易察觉，消防人员应佩戴自给式呼吸器，穿防静电服进入现场，注意防止外露皮肤烧伤。

9.3 消防安全措施：供氢站应按 GB 50016 规定，在保护范围内设置消火栓，配备水带和水枪，并应根据需要配备干粉、二氧化碳等轻便灭火器材或氮气、蒸汽灭火系统。

9.4 高浓度氢气会使人窒息，应及时将窒息人员移至良好通风处，进行人工呼吸，并迅速就医。

附　录　A
（资料性附录）
氢气的危险特性

A.1　氢气无色、无臭、无味，空气中高浓度氢气易造成缺氧，会使人窒息。氢气比空气轻，相对密度（空气=1）：0.07，氢气泄漏后会迅速向高处扩散；氢气与空气混合容易形成爆炸性混合物。

A.2　氢气极易燃烧，属2.1类易燃气体。氢气点火能量很低，在空气中的最小点火能为0.019 mJ，在氧气中的最小点火能为0.007 mJ，一般撞击、摩擦、不同电位之间的放电、各种爆炸材料的引燃、明火、热气流、高温烟气、雷电感应、电磁辐射等都可点燃氢-空气混合物；氢气燃烧时的火焰没有颜色，肉眼不易察觉。

A.3　氢气在空气中的爆炸范围较宽，为4%～75%（体积分数），在氧气中的爆炸范围为4.5%～95%（体积分数），因此氢气-空气混合物很容易发生爆燃，爆燃产生的热气体迅速膨胀，形成的冲击波会对人员造成伤亡，对周围设备及附近的建筑物造成破坏。

A.4　氢气的化学活性很大，与空气、氧、卤素和强氧化剂能发生剧烈反应，有燃烧爆炸的危险，而金属催化剂如铂和镍等会促进上述反应。

ICS 13.220.01
C 80

中华人民共和国国家标准

GB/T 4968—2008
代替 GB/T 4968—1985

火灾分类

Classification of fires

(ISO 3941:2007,MOD)

2008-11-04 发布 2009-04-01 实施

中华人民共和国国家质量监督检验检疫总局
中国国家标准化管理委员会 发布

前　言

本标准修改采用了 ISO 3941:2007《火灾分类》(英文版)。结合我国国情,在采用 ISO 3941:2007 时,本标准作了如下修改:

——删除了国际标准的前言,重新起草了前言;

——删除了国际标准的引言;

——将国际标准中的"本国际标准"一词改为"本标准";

——不仅根据可燃物的性质定义火灾分类,而且根据可燃物的类型和燃烧特性对火灾进行分类。因此,对国际标准中的范围作了修改;

——根据 GB 50140—2005《建筑灭火器配置设计规范》中的定义,增加了 E 类火灾(带电火灾);

——将国际标准中某些标点符号修改为符合汉语习惯的标点符号。

本标准代替 GB/T 4968—1985《火灾分类》,与 GB/T 4968—1985 相比,本标准主要变化如下:

——不仅根据可燃物的性质定义火灾分类,而且根据可燃物的类型和燃烧特性对火灾进行分类;

——根据 GB 50140—2005《建筑灭火器配置设计规范》中的定义,增加了 E 类火灾(带电火灾);

——根据 ISO 3941:2007 中的定义,增加了 F 类火灾(烹饪器具内的烹饪物火灾);

——按照现行的国家标准编写要求,对 GB/T 4968—1985 的编写格式进行了调整。

本标准由中华人民共和国公安部提出。

本标准由全国消防标准化技术委员会名词术语符号分技术委员会(SAC/TC 113/SC 1)归口。

本标准起草单位:公安部天津消防研究所。

本标准主要起草人:姚松经、郑巍。

本标准所代替标准的历次版本发布情况为:

——GB/T 4968—1985。

火 灾 分 类

1 范围

本标准根据可燃物的类型和燃烧特性将火灾定义为六个不同的类别。

本标准适用于选用灭火器灭火等灭火和防火领域。

2 火灾分类的命名及其定义

下列命名是为了划分不同性质的火灾，并依此简化口头和书面表述。

A类火灾：固体物质火灾。这种物质通常具有有机物性质，一般在燃烧时能产生灼热的余烬。

B类火灾：液体或可熔化的固体物质火灾。

C类火灾：气体火灾。

D类火灾：金属火灾。

E类火灾：带电火灾。物体带电燃烧的火灾。

F类火灾：烹饪器具内的烹饪物（如动植物油脂）火灾。

ICS 29.160.20
K 24

中华人民共和国国家标准

GB/T 4997—2008
代替 GB/T 4997—1993

永磁式低速直流测速发电机通用技术条件

General specification for permanent magnet low speed direct current tachogenerator

2008-06-13 发布 2009-03-01 实施

中华人民共和国国家质量监督检验检疫总局
中国国家标准化管理委员会 发布

前　言

本标准代替 GB/T 4997—1993《永磁式低速直流测速发电机通用技术条件》。

与 GB/T 4997—1993 相比主要变化如下：

——按照 GB/T 1.1—2000《标准化工作导则　第 1 部分：标准的结构和编写规则》的规定，并为了与相关标准协调一致，在条款编排上进行了比较大的调整；

——标准覆盖机座号范围扩大，由 55～320 扩大至 45～750。

本标准的附录 A、附录 B、附录 C、附录 D 为资料性附录。

本标准由中国电器工业协会提出。

本标准由全国微电机标准化技术委员会(SAC/TC 2)归口。

本标准起草单位：成都精密电机厂、西安微电机研究所等。

本标准主要起草人：胡伯承、邹惠斌、赵东虹、周启荣等。

本标准所代替标准的历次版本发布情况为：

——GB 4997—1985；

——GB/T 4997—1993。

永磁式低速直流
测速发电机通用技术条件

1 范围

本标准规定了永磁式低速直流测速发电机的型号和机座号、运行条件、技术要求和试验方法、试验条件、检验规则及交付准备。

本标准适用于永磁式低速直流测速发电机。

本标准应与永磁式低速直流测速发电机(以下简称电机)产品专用技术条件一起使用。

2 规范性引用文件

下列文件中的条款通过本标准的引用而成为本标准的条款。凡是注日期的引用文件,其随后所有的修改单(不包括勘误的内容)或修订版均不适用于本标准,然而,鼓励根据本标准达成协议的各方研究是否可使用这些文件的最新版本。凡是不注日期的引用文件,其最新版本适用于本标准。

GB/T 2828.1 计数抽样检验程序 第1部分:按接收质量限(AQL)检索的逐批检验抽样计划(GB/T 2828.1—2003,ISO 2859-1:1999,IDT)

GB/T 7345 控制电机基本技术要求

GB/T 7346 控制电机基本外形结构型式

GB/T 10405 控制电机型号命名方法

JB/T 8162—1999 控制电机包装技术条件

3 型号和机座号

3.1 型号

电机型号命名应符合 GB/T 10405 的规定,或参照附录 A(资料性附录)由产品专用技术条件规定。

3.2 机座号

本标准电机以分装式为基本安装型式,机座号及相应的机座外径如表1规定。

表1

单位为毫米

机座号	45	55	70	90	130	160	200	250	320	430	560	600	750
分装式电机机座外径	45	55	70	90	130	160	200	250	320	430	560	600	750
组装式电机机座外径	55	70	85	105	150	180	220	270	350	—	—	—	—

4 运行条件

4.1 使用环境条件

电机的使用环境条件应在 GB/T 7345 规定的条件中选取或由产品专用技术条件规定。

4.2 电气原理图

电路图如图1所示。

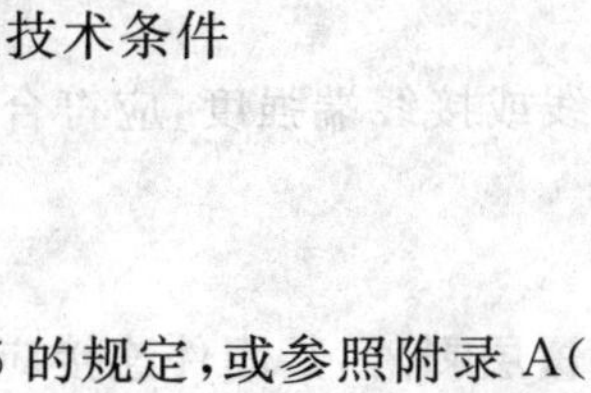

图1

4.3 技术性能参数

电机的技术性能参数由产品专用技术条件规定，55～320 机座号铝镍钴磁钢电机参见附录 B。

5 技术要求和试验方法

5.1 引出线或接线端

5.1.1 技术要求

5.1.1.1 出线方式和标记

出线方式可用引出线、螺纹接线柱或接线片(柱)，引出线的长度应符合产品专用技术条件的规定。正、负极性标记应符合表 2 规定。

表 2

出线方式	正极性标记	负极性标记
引出线	红	黑或白
	黄	蓝
螺纹接线柱	+	—
接线片(柱)	1	2

5.1.1.2 引出线或接线端强度

电机引出线或接线端强度应符合 GB/T 7345 的规定。

5.1.2 试验方法

5.1.2.1 出线方式和标记

目检出线方式和标记，应符合 5.1.1.1 的要求。

5.1.2.2 引出线或接线端强度

按 GB/T 7345 规定的方法检查引出线或接线端强度，应符合 5.1.1.2 的要求。

5.2 外观

5.2.1 技术要求

电机表面不应有锈蚀、碰伤、划痕、涂覆层剥落，紧固件连接应牢固，引出线、螺纹接线柱或接线片应完整无损，颜色和标志应正确，铭牌的字迹和内容应清晰无误，且不能脱落。

5.2.2 试验方法

目检电机外观，应符合 5.2.1 的要求。

5.3 外形和安装尺寸

5.3.1 技术要求

电机的外形和安装尺寸应符合 GB/T 7346 或产品专用技术条件的规定。

铝镍钴磁钢电机的推荐外形及安装尺寸参见附录 C(资料性附录)。

组装式电机的轴伸型式如无特殊要求，一般为光轴伸或平键键槽轴伸。推荐平键键槽轴伸及尺寸参见附录 D(资料性附录)。

5.3.2 试验方法

用能够保证尺寸精度要求的量具检查电机外形及安装尺寸，应符合 5.3.1 的要求。

5.4 径向间隙

5.4.1 技术要求

当有要求时，组装式电机的径向间隙应符合产品专用技术条件规定。

5.4.2 试验方法

将电机牢固地轴向水平安装，千分表的测量头置于轴伸面上，并尽可能靠近轴承位置，施加产品专用技术条件规定的力，沿与轴向垂直的方向加在轴上，先向一个方向，然后向相反方向，观察千分表两次读数之差即为径向间隙，其值应符合 5.4.1 的要求。

5.5 轴向间隙

5.5.1 技术要求

组装式电机的轴向间隙应符合表 3 规定。320 以上机座号组装式电机的轴向间隙应符合产品专用技术条件的规定。

表 3 单位为毫米

机座号	45～70	90～160	200～320
轴向间隙	0.05～0.20	0.10～0.30	0.15～0.40

5.5.2 试验方法

将电机牢固地轴向水平安装，千分表的测量头置于轴伸端面，施加产品专用技术条件规定的力，沿轴向水平方向加在轴上，先向一个方向，然后向相反方向，观察千分表两次读数之差即为轴向间隙，其值应符合 5.5.1 的要求。

5.6 轴伸径向圆跳动

5.6.1 技术要求

130 及以下机座号组装式电机的轴伸径向圆跳动应不大于 0.02 mm；160～320 机座号组装式电机的轴伸径向圆跳动应不大于 0.03 mm。320 以上机座号组装式电机的轴伸径向圆跳动应符合产品专用技术条件的规定。

5.6.2 试验方法

将电机牢固地轴向水平安装，千分表的测量头置于轴伸外圆上离轴伸端面约为轴伸长度的 1/3 处，缓慢地转动电机转轴，在一周内测取其最大值，即为轴伸径向圆跳动，其值应符合 5.6.1 的要求。

5.7 安装配合面的同轴度

5.7.1 技术要求

组装式电机安装配合面的同轴度应符合表 4 规定。320 以上机座号组装式电机安装配合面的同轴度应符合产品专用技术条件的规定。

表 4 单位为毫米

机座号	45～70	90～130	160	200～320
安装配合面的同轴度	≤0.05	≤0.06	≤0.10	≤0.15

5.7.2 试验方法

固定电机转子，将千分表的测量头置于安装配合圆面上，转动电机定子，测取千分表的最大与最小读数之差即为安装配合面的同轴度，其值应符合 5.7.1 的要求。

5.8 安装配合面的垂直度

5.8.1 技术要求

组装式电机安装配合面的垂直度应符合表 5 规定。320 以上机座号组装式电机安装配合面的垂直度应符合产品专用技术条件的规定。

表 5 单位为毫米

机座号	45～70	90～130	160	200～320
安装配合面的垂直度	≤0.06	≤0.10	≤0.15	≤0.20

5.8.2 试验方法

固定电机转子，将千分表的测量头置于定子安装配合端面外缘，转动电机定子，测量一个圆周的跳动量，其最大值即为安装配合端面垂直度，其值应符合 5.8.1 的要求。

5.9 绝缘介电强度

5.9.1 技术要求

电机应能承受表 6 规定的交流、50 Hz 试验电压，应无绝缘击穿或飞弧现象。130 及以下机座号电机的漏电流峰值应不大于 5 mA；160 及以上机座号电机的漏电流峰值应符合产品专用技术条件的规定。重复绝缘介电强度试验时，试验电压值为表 6 规定值的 80%。

表 6

单位为伏特

最大线性工作转速时输出电压值	试验电压(有效值)
60 及以下	500
＞60～110	750
＞110～220	1 000
＞220～380	1 500

5.9.2 试验方法

按 GB/T 7345 规定的方法进行试验，试验结果应符合 5.9.1 的要求。

5.10 绝缘电阻

5.10.1 技术要求

在正常试验大气条件及在产品专用技术条件规定的低温条件下，电枢绕组对机壳或轴孔间的绝缘电阻应不小于 50 MΩ；在产品专用技术条件规定的高温条件下，绝缘电阻应不小于 10 MΩ；在产品专用技术条件规定的湿热条件下，绝缘电阻应不小于 1 MΩ。

5.10.2 试验方法

按 GB/T 7345 规定的方法进行测量，其值应符合 5.10.1 的要求。

5.11 电压极性

5.11.1 技术要求

从刷架端看，当电机转子以逆时针方向旋转时，输出电压极性应符合表 2 规定。

5.11.2 试验方法

电机在不大于最大线性工作转速下运转，其输出电压极性应符合 5.11.1 的要求。

5.12 电枢电阻

5.12.1 技术要求

电枢电阻应符合产品专用技术条件规定，其允差应在规定值的±12.5%范围内。

5.12.2 试验方法

电枢静止在不同位置(至少三处)，用数字万用表或电阻测试仪测量电机两引出线或接线端的电枢电阻，其平均值应符合 5.12.1 的要求。

5.13 励磁静摩擦力矩

5.13.1 技术要求

励磁静摩擦力矩应符合产品专用技术条件规定。

5.13.2 试验方法

在电机轴伸端固定圆盘，根据产品专用技术条件的要求，在圆盘上悬挂相应重物，使转轴以不大于 6 r/min 的速度，从任意位置开始转动而中途不停顿，试验时每个方向至少转三圈。其励磁静摩擦力矩应符合 5.13.1 的要求。

5.14 输出电压不对称度

5.14.1 技术要求

电机输出电压不对称度应不大于 1%。

5.14.2 试验方法

将电机与稳速传动装置同轴联结,并卡住定子,按图2接线,负载电阻和测试仪表内阻的并联电阻不得小于电枢电阻的100倍。驱动稳速传动装置,测量电机在最大线性工作转速时,正、反向输出电压(如图3)。输出电压不对称度由式(1)计算确定,其值应符合5.14.1的要求。

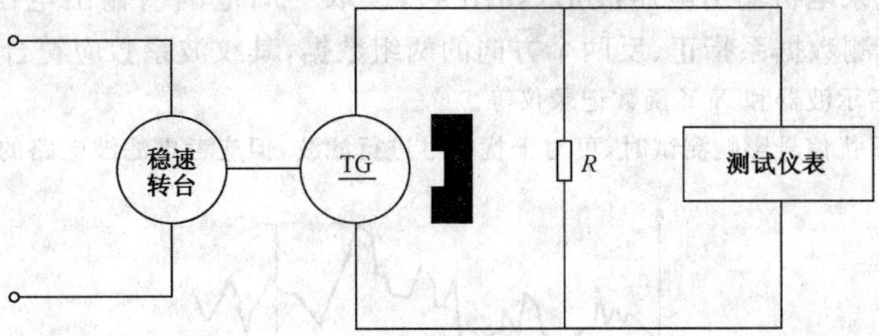

图2

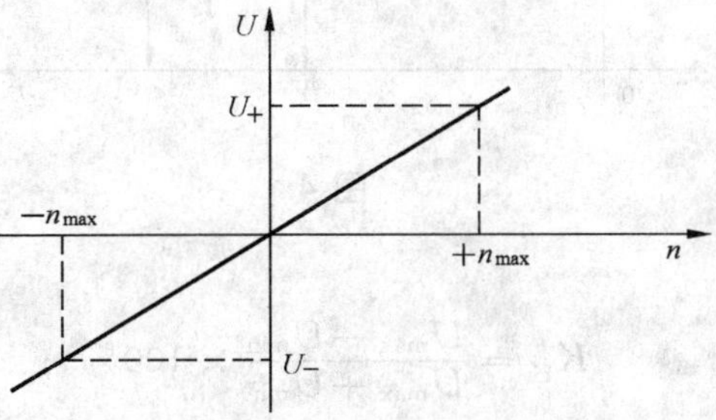

图3

$$K_{nb} = 2 \times \left| \frac{|U_+| - |U_-|}{|U_+| + |U_-|} \right| \times 100\% \quad \cdots\cdots(1)$$

式中:

K_{nb}——输出电压不对称度,%;

U_+——正向最大线性工作转速时输出电压值,单位为伏特(V);

U_-——反向最大线性工作转速时输出电压值,单位为伏特(V)。

5.15 输出斜率

5.15.1 技术要求

电机的输出斜率应符合产品专用技术条件的要求。

5.15.2 试验方法

将电机与稳速传动装置同轴联结,并卡住定子,按图2接线,负载电阻和测试仪表内阻的并联电阻不得小于电枢电阻的100倍。驱动稳速传动装置,使电机在产品专用技术条件规定的转速下运转,测量电机单位转速时的输出电压,以 $V/(r \cdot min^{-1})$ 来表示。其值应符合5.15.1的要求。

5.16 纹波系数

5.16.1 技术要求

纹波系数应不大于表7的规定。320以上机座号电机的纹波系数应符合产品专用技术条件的规定。

表7

机座号	45～70	90	130	160～250	320
纹波系数/%	4	3	2.5	1.5	1

5.16.2 试验方法

将电机与稳速传动装置同轴联结,并卡住定子,按图 2 接线,负载电阻和测试仪表内阻的并联电阻不得小于电枢电阻的 100 倍。驱动稳速传动装置,使最大线性工作转速在 100 r/min 以上的电机在最大线性工作转速的 10%(取整)运转;最大线性工作转速在 100 r/min 以下的电机按专用技术条件规定的转速运转。用波形记录仪记录电机输出电压波形(如图 4),读取一周范围内输出电压最大值和最小值,并按式(2)计算纹波系数,所测数据系指正、反两个方向的两组数据,其纹波系数应符合 5.16.1 的要求。

注 1:波形记录仪包括示波器和 X-Y 函数记录仪等。

注 2:测试时高低频干扰信号影响测试时,可对干扰信号进行滤波,但应考虑滤波电路的截止频率。

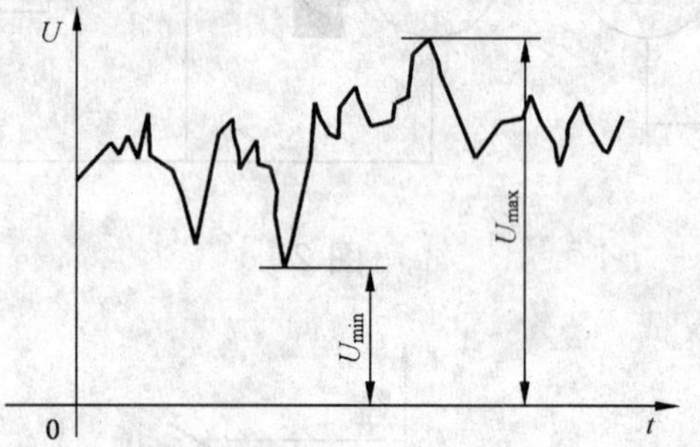

图 4

$$K_U = \frac{U_{max} - U_{min}}{U_{max} + U_{min}} \times 100\% \qquad \cdots\cdots(2)$$

式中:

K_U——纹波系数,%;

U_{max}——输出电压最大值,单位为伏特(V);

U_{min}——输出电压最小值,单位为伏特(V)。

5.17 线性误差

5.17.1 技术要求

线性误差规定为 1%、0.75%、0.5% 三档,具体数值由产品专用技术条件规定。

5.17.2 试验方法

将电机与稳速传动装置同轴联结,并卡住定子,按图 2 接线,负载电阻和测试仪表内阻的并联电阻不得小于电枢电阻的 100 倍。驱动稳速转台,用精度不低于 0.2 级的直流电压表,测取电机最大线性工作转速的 100%、80%、65%、50%、40%、35%、30%、20%、10% 各转速(取整)的输出电压(如图 5)。线性误差由式(3)计算确定,其值应符合 5.17.1 的要求。

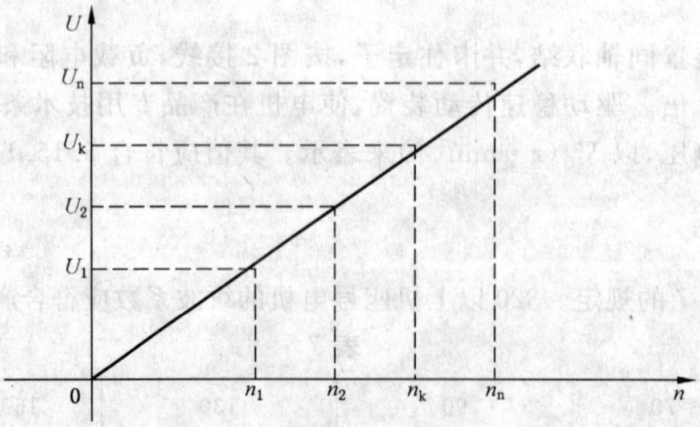

图 5

$$\delta_x = \frac{|U_k - n_k U_a|}{n_k U_a} \times 100\% \quad \cdots\cdots(3)$$

$$U_a = \frac{U_1 + U_2 + \cdots + U_k + \cdots + U_n}{n_1 + n_2 + \cdots + n_k + \cdots + n_n} \times 100\% \quad \cdots\cdots(4)$$

式中：

δ_x——线性误差，%；

U_1——转速 n_1 时输出电压，单位为伏特(V)；

U_2——转速 n_2 时输出电压，单位为伏特(V)；

U_k——转速 n_k 时输出电压，单位为伏特(V)；

U_n——最大线性工作转速 n_n 时输出电压，单位为伏特(V)。

5.18 转子转动惯量

5.18.1 技术要求

转子转动惯量应符合产品专用技术条件的规定。

5.18.2 试验方法

按 GB/T 7345 规定的方法进行检验，其值应符合 5.18.1 的要求。

5.19 质量

5.19.1 技术要求

电机及其附件的质量应符合产品专用技术条件的规定。

5.19.2 试验方法

用相对精度不低于 1% 的衡器，称量电机及其附件的质量，电机及其附件的质量应符合 5.19.1 的规定。

5.20 低温

5.20.1 技术要求

电机应能在产品专用技术条件规定的低温条件下正常工作，试验后，在箱内检查电机的绝缘电阻应符合 5.10.1 的要求，励磁静摩擦力矩应符合 5.13.1 的要求；在箱外检查电机各部件不能有影响其正常工作的裂纹和变形。

5.20.2 试验方法

电机按 GB/T 7345 规定的方法进行低温试验，试验期间电机不运转，在箱内使电机达到稳定非工作温度，之后在箱内测试绝缘电阻。试验后应符合 5.20.1 的要求。

5.21 高温

5.21.1 技术要求

电机应能在产品专用技术条件规定的高温条件下正常工作，试验后，在箱内检查电机的绝缘介电强度和绝缘电阻应分别符合 5.9.1 和 5.10.1 的要求；在箱外检查组装式电机轴承内的油脂不允许有外溢现象。

5.21.2 试验方法

电机按 GB/T 7345 规定的方法进行高温试验，试验期间电机不运转，在箱内使电机达到稳定非工作温度，之后在箱内按复试电压进行绝缘介电强度试验和测量绝缘电阻。试验后应符合 5.21.1 的要求。

5.22 振动

5.22.1 技术要求

除另有规定外，电机应能承受 GB/T 7345 规定的一种振动试验。试验后，电机不应出现零部件松动或损坏，检查输出斜率和纹波系数应符合 5.15.1 和 5.16.1 的要求。

5.22.2 试验方法

除另有规定外，电机按 GB/T 7345 规定的方法进行试验，试验时电机不运转，试验后电机应符合 5.22.1的要求。

5.23 冲击

5.23.1 技术要求

除另有规定外，电机应能承受 GB/T 7345 规定的一种冲击试验。试验后，电机不应出现零部件松动或损坏，检查输出斜率和纹波系数应符合 5.15.1 和 5.16.1 的要求。

5.23.2 试验方法

除另有规定外，电机按 GB/T 7345 规定的方法试验，试验期间电机不运转，试验后电机应符合 5.23.1的要求。

5.24 恒定湿热

5.24.1 技术要求

电机应能承受温度为(40±2)℃，相对湿度为 90%～95%，时间为 2 d 或按产品专用技术条件规定的恒定湿热试验，试验后在箱内测其绝缘电阻应符合 5.10.1 的要求，电机应无明显的外观质量变坏及影响正常工作的锈蚀现象。

5.24.2 试验方法

电机按 GB/T 7345 规定的方法进行试验，试验期间电机不运转，试验后电机应符合 5.24.1 的要求。

5.25 寿命

5.25.1 技术要求

电机在不更换电刷的情况下，在 50%最大线性工作转速下空载运行，45～130 机座号电机应能正常连续工作 500 h；160～320 机座号电机应能正常连续工作 1 000 h；320 以上机座号电机由产品专用技术条件规定。试验后输出斜率及纹波系数应符合 5.15 和 5.16 的要求。

5.25.2 试验方法

电机安装在试验支架上，由电动机拖动到 50%最大线性工作转速下空载运行，其安装位置和试验时间见表 8。每一轴伸位置电机正、反方向旋转时间各为 50%，电机试验时每 8 h 改变一次转向，允许每 100 h 清理一次换向器表面的碳粉；320 以上机座号电机的试验方法由产品专用技术条件规定。试验后电机应符合 5.25.1 的要求。

表 8

机 座 号	安装位置	时间分配/h
45～130	轴伸向上	125
	轴伸向下	125
	轴伸水平	250
160～320	轴伸水平	1 000

5.26 盐雾

5.26.1 技术要求

当有要求时，电机应能承受 16 h 或按产品专用技术条件规定的盐雾腐蚀。试验后，电机应拆开检查，任何部位不能有明显的腐蚀迹象和破坏性变质。

5.26.2 试验方法

组装后的电机按 GB/T 7345 的规定进行试验。试验后应符合 5.26.1 的要求。

6 试验条件

6.1 大气条件

试验的大气条件按 GB/T 7345 规定。

6.2 **电机的安装**

如无特殊规定,试验时电机应轴向水平安装在试验支架上。机座号430以上的电机允许垂直安装。

6.3 **测试仪器仪表精度**

一般稳速转台的稳速精度应不低于0.5%;对于所测的精度要求不低于0.5%的性能指标,稳速传动装置精度应不低于0.1%;其他测试仪表精度均不低于0.5级。

7 检验规则

7.1 **检验分类**

a) 鉴定检验;

b) 质量一致性检验。

7.2 **鉴定检验**

7.2.1 **鉴定检验时机和条件**

当有要求时,鉴定检验应在国家认可的实验室按通用技术条件规定进行。

有下列情况之一时,应进行C组检验:

a) 新产品设计确认前;

b) 已鉴定产品设计或工艺变更时;

c) 已鉴定产品关键原材料、原器件变更时;

d) 产品制造场所改变时。

7.2.2 **样机数量**

从批产品中随机抽取六台样机,其中四台供鉴定检验用,另外两台保存备用。

注:定型批产品数量不足六台时,应全数提交鉴定检验。但供鉴定检验样机数量不得少于两台。

7.2.3 **检验程序**

鉴定检验项目、基本顺序和样机编号由产品专用技术条件参照表9规定进行。

7.2.4 **检验结果的评定**

7.2.4.1 **合格**

鉴定检验用样机的全部项目检验符合要求,则鉴定检验合格。

7.2.4.2 **不合格**

只要有一台样机的任一项目不符合要求,则鉴定检验不合格。

7.2.4.3 **偶然失效**

当鉴定部门确定电机某一不合格项目属于孤立性质的偶然失效时,允许在每次提交的样机中取一台备用样机代替失效样机,并补做失效发生前(包括失效时)的所有项目。然后继续试验,若再有一台样机的任一个项目不符合要求,则鉴定检验不合格。

7.2.4.4 **性能降低**

样机经环境试验后,允许出现不影响其使用的性能降低,性能降低的允许值由产品专用技术条件规定。

7.2.4.5 **环境试验期间和试验后的性能严重降低**

样机在环境试验期间和试验后,出现影响其使用的性能严重降低时,鉴定部门可以采取两种方式:或者认为鉴定不合格,或者当一台样机出现失效时,允许用新的两台样机代替,并补做失效发生前(包括失效时)的所有试验,然后补足原样机数量继续试验,若再有一台样机的任一个项目不合格,则鉴定检验不合格。

7.2.4.6 **同类型产品鉴定检验**

当某一类同机座号的两个及两个以上型号的电机同时提交鉴定检验时,每种型号均应提交四台样机,所有样机应通过质量一致性中的A组检验,然后选取四台有代表性的不同型号的样机进行其余项目的试验。试验结果评定按7.2.3规定。任一台样机的任一项目不合格,则其所有的电机鉴定检验不合格。本检验不允许样机替换。

若鉴定检验合格，则同时提交的所有型号的电机均鉴定合格。

对此后制造的同类同机座电机或对原型号设计更改的电机应进行差异性鉴定检验，差异性鉴定检验合格，则认为该型号电机鉴定检验合格。

7.3 质量一致性检验

质量一致性检验分为A组和C组检验。

a) A组检验是为了证实电机产品是否满足常规质量要求所进行的出厂检验。

b) C组检验是周期性的检验。

7.3.1 A组检验

A组检验项目及基本顺序按表9规定进行。

A组检验可以抽样或逐台进行。抽样按GB/T 2828.1中检验水平Ⅱ，一次抽样方案进行，接收质量限(AQL值)，由使用方和制造方协商选定。

逐台检验中，电机若有一项或一项以上不合格，则该电机为不合格品。

A组检验合格，则除抽样中的不合格电机之外，用户应整批接收。

若A组检验不合格，则整批拒收，由制造商消除缺陷并剔除不合格品后，再次提交A组检验。

注：表9所列项目，由制造商根据电机特点和质量控制要求程度选择使用。所选项目应满足法律法规和用户要求。

表9

序号	检验项目	技术要求和试验方法条款	鉴定检验样机编号	质量一致性检验	
				A组检验	C组检验
1	引出线或接线端标记	5.1.1.1和5.1.2.1	1,2,3,4	√	—
2	引出线或接线端强度	5.1.1.2和5.1.2.2	1,2,3,4	—	√
3	外观	5.2	1,2,3,4	√	—
4	外形和安装尺寸	5.3	1,2,3,4	√	—
5	径向间隙[a,c]	5.4	1,2,3,4	√	—
6	轴向间隙[a]	5.5	1,2,3,4	√	—
7	轴伸径向圆跳动[a]	5.6	1,2,3,4	√	—
8	安装配合面的同轴度[a]	5.7	1,2,3,4	√	—
9	安装配合面的垂直度[a]	5.8	1,2,3,4	√	—
10	绝缘介电强度	5.9	1,2,3,4	√	—
11	绝缘电阻	5.10	1,2,3,4	√	—
12	电压极性	5.11	1,2,3,4	√	—
13	电枢电阻	5.12	1,2,3,4	—	√
14	励磁静摩擦力矩[a]	5.13	1,2,3,4	√	—
15	输出电压不对称度	5.14	1,2,3,4	√	—
16	输出斜率	5.15	1,2,3,4	√	—
17	纹波系数	5.16	1,2,3,4	√	—
18	线性误差	5.17	1,2,3,4	√	—
19	转子转动惯量	5.18	1,2	—	—
20	质量	5.19	1,2	—	—
21	低温	5.20	3,4	—	√
22	高温	5.21	3,4	—	√

表9（续）

序号	检验项目	技术要求和试验方法条款	鉴定检验样机编号	质量一致性检验	
				A组检验	C组检验
23	振动[b,d]	5.22	3,4	—	√
24	冲击[b,d]	5.23	3,4	—	√
25	恒定湿热[c]	5.24	3,4	—	√
26	寿命[c,d]	5.25	1,2	—	√
27	盐雾[c]	5.27	1,2	—	—

注："√"表示进行该项目检验，"—"表示不进行该项目检验。

[a] 分装式电机不检验；
[b] 分装式电机可用部件进行检验；
[c] 当有要求时，需进行检验的项目；
[d] 分装式电机可随整机考核，在试验得出结论前不影响电机鉴定。

7.3.2 **C组检验**

C组检验项目及基本顺序按表9规定进行。

7.3.2.1 **检验时机**

有下列情况之一时，一般应进行C组检验：

a) 相关项目检验；
b) A组检验结果与鉴定检验结果发生较大偏差时；
c) 周期检验。除非另有规定，每两年应至少进行一次；
d) 政府或行业监管产品质量或用户要求时。

7.3.2.2 **检验规则**

C组检验项目及基本顺序按表9规定进行。

C组检验样机从已通过A组检验的产品中抽取，对未作过A组检验的样机应补作A组检验项目的试验，待合格后方能进行C组检验其余项目的试验。

C组检验样机数量及检验结果评定按7.2.1和7.2.3的规定。

若C组检验不合格，由制造商消除不合格原因后，重新进行C组检验。

8 交付准备

8.1 总则

除另有规定外，交付的电机应是通过设计确认后制造的，且A组检验合格的产品。

8.2 包装

电机包装应符合JB/T 8162—1999的规定，制造商应确保产品通过包装能得到有效防护。

8.3 运输

包装的电机在运输过程中应小心轻放，避免碰撞和敲击，严禁与酸碱等腐蚀性物质放在一起。制造商应将通过标识和协议方式将运输条件告知用户承运商。

8.4 储存

电机应储存在环境温度为−10 ℃～35 ℃，相对湿度不大于85%清洁、通风良好的库房内，空气中不得含有腐蚀性气体。储存期分为一年、三年和五年，由制造商规定。制造商应将储存条件和储存期告知用户。

8.5 保证期

保证期系制造商就电机正确储存和使用期限而向用户的承诺。

保证期是从产品出厂之日算起的存放期(包括运输期)与保用期之和。

保用期从电机包装起封开始计算,分为一年和两年半两种。由电机专用技术条件规定。

在正确存放和使用电机的情况下,制造商应保证电机在保用期(不超过保证工作期限)内正常工作。如在保用期内电机因制造质量不良而发生损坏或不能正常工作时,制造商应负责维修或更换。

附 录 A
（资料性附录）
产 品 型 号

A.1 型号命名

电机型号按 GB/T 10405 的规定，由机座号、产品名称代号、性能参数代号、派生代号四部分组成。型号组成如下：

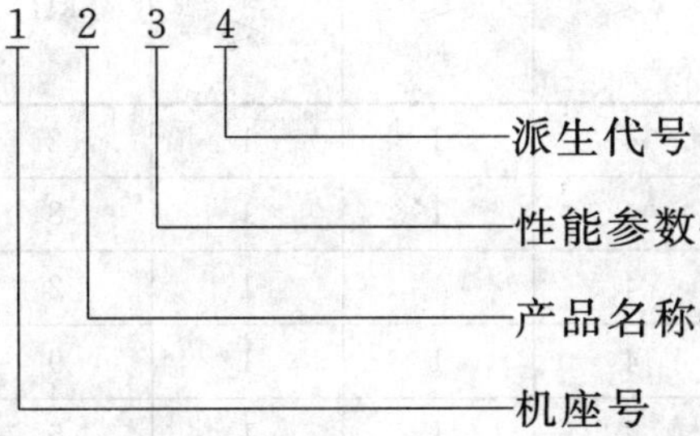

A.2 机座号

机座号以电机机座外圆直径表示(mm)，若外圆直径基本尺寸非整数时，应取整数部分。

A.3 产品名称代号

CYD——永磁式低速直流测速发电机(铝镍钴)；
CYDN——永磁式低速直流测速发电机(钕铁硼)；
CYDX——永磁式低速直流测速发电机(稀土钐钴)。

A.4 性能参数代号

性能参数代号用 01～99 表示。

A.5 派生代号

派生代号用大写汉语拼音字母 A,B……表示，但不得使用 I,O 字母。用-Z 表示组装式电机，其他字母的含义由产品专用技术条件规定。

示例：

55CYDN01-Z 的系指 55 机座号第一个性能参数的钕铁硼永磁式低速直流测速发电机组装式产品。

附 录 B
（资料性附录）
永磁式低速直流测速发电机技术性能参数

表 B.1

序号	型号	输出斜率/V/(r·min⁻¹) ≥	最大线性工作转速/r/min	纹波系数/% ≤	线性误差/% ≤	输出电压不对称度/% ≤	最小负载电阻/kΩ	转子转动惯量/kg·m²×10⁻⁵	励磁静摩擦力矩(组装式)/N·m×10⁻²≤	质量/kg ≤
1	55CYD01	0.01	4 950	4	1	1	2	2.25	2.45	0.18
2	55CYD02	0.02	2 480	4	1	1	8	2.25	2.45	0.18
3	55CYD03	0.02	2 480	4	1	1	2	4.41	2.94	0.35
4	55CYD04	0.04	1 230	4	1	1	9	4.41	2.94	0.35
5	70CYD01	0.05	1 230	4	1	1	6	8.82	3.43	0.35
6	70CYD01	0.1	620	4	1	1	26	8.82	3.43	0.35
7	70CYD03	0.1	620	4	1	1	8	14.7	3.92	0.7
8	70CYD04	0.2	300	4	1	1	32	14.7	3.92	0.7
9	90CYD01	0.1	620	3	1	1	7	32.34	4.41	0.7
10	90CYD02	0.2	300	3	1	1	32	32.34	4.41	0.7
11	90CYD03	0.3	200	3	1	1	20	58.8	4.9	1.4
12	90CYD04	0.4	150	3	1	1	40	58.8	4.9	1.4
13	130CYD01	0.2	400	2.0	1	1	15	127.4	9.8	1.25
14	130CYD02	0.4	200	2.0	1	1	54	127.4	9.8	1.25
15	130CYD03	0.6	130	2.5	1	1	34	225.4	14.7	2.5
16	130CYD04	0.8	100	2.5	1	1	66	225.4	14.7	2.5
17	160CYD01	1	90	1.0	1	1	55	608	19.6	3.5
18	160CYD02	1.5	60	1.0	1	1	140	608	19.6	3.5
19	160CYD03	2	50	1.5	1	1	75	980	24.5	7
20	160CYD04	2.5	40	1.5	1	1	110	980	24.5	7
21	200CYD01	2.5	40	0.85	0.75	1	116	1 274	29.4	5
22	200CYD02	3	30	0.85	0.75	1	165	1 274	29.4	5
23	200CYD03	4	20	1.50	0.75	1	81	1 862	34.3	10
24	200CYD04	6	15	1.50	0.75	1	184	1 862	34.3	10
25	320CYD01	6	20	0.75	0.5	1	122	7 056	39.2	10
26	320CYD02	8	15	0.75	0.5	1	191	7 056	39.2	10
27	320CYD03	12	9	1.00	0.5	1	137	13 720	44.1	20
28	320CYD04	16	8	1.00	0.5	1	234	13 720	44.4	20

附 录 C
（资料性附录）
铝镍钴磁钢电机的推荐外形及安装尺寸

C.1 铝镍钴磁钢分装式电机

以定子外圆及转子轴孔安装，安装型式如图 C.1 和图 C.2 所示，尺寸应符合表 C.1 规定。

图 C.1

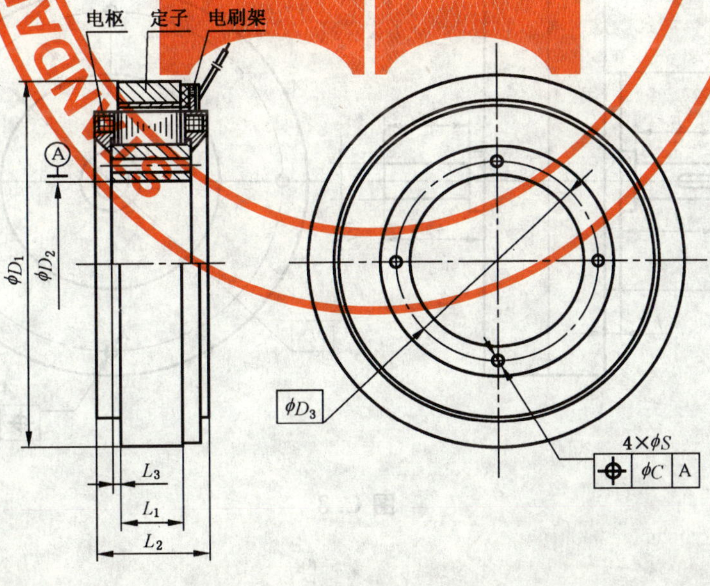

图 C.2

表 C.1

单位为毫米

机座号	D_1		D_2		D_3	S	C	L_1	L_2	L_3	L_4
	基本尺寸	极限偏差	基本尺寸	极限偏差							
55	55	0 −0.019	10	+0.015 0	15	3	0.2	7	19	0.8	—
								12	24		
70	70		16	+0.018 0	22	3	0.4	9.5	24	0.8	—
								17	31		
90	90	0 −0.022	25	+0.021 0	32	3.4	0.4	12	26	1	—
								22	36		
130	130	0 −0.04	60	+0.046 0	70	4.5	0.4	12	28	1	—
								22	38		
160	160	0 −0.04	80	+0.046 0	90	5.5	0.4	22	40	2	—
								42	60		
200	200	0 −0.046	100	+0.054 0	110	5.5	0.4	22	42	—	3.5
								42	62		
320	320	0 −0.057	180	+0.063 0	195	9	0.6	22	50	—	7
								42	70		

C.2 铝镍钴磁钢组装式电机

以端部止口及螺孔安装，安装型式如图 C.3 所示，尺寸应符合表 C.2 规定。

以方形凸缘安装，安装型式如图 C.4 所示，尺寸应符合表 C.3 规定。

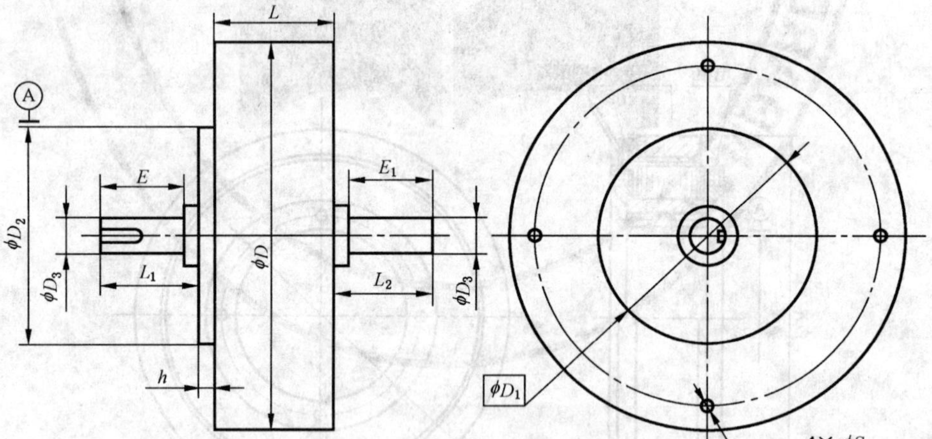

图 C.3

表 C.2

单位为毫米

机座号	D_2 基本尺寸	D_2 极限偏差	D_3 基本尺寸	D_3 极限偏差	D 基本尺寸	D 极限偏差	D_1	h 基本尺寸	h 极限偏差	S	C	L_1	E	L_2	E_1	L 不大于
55	55	0 −0.03	6	−0.010 −0.022	70	0 −0.12	60	2.5	±0.1	3	0.2	18	16	7	6	35
																40
70	70		8	−0.013 −0.028	85	0 −0.14	77	3		4	0.2	22	20	13	12	40
																50
90	90	0 −0.035	9		105		97	3		4	0.2	22	20	13	12	45
																55
130	130	0 −0.04	14	−0.016 −0.034	150	0 −0.16	140	5		5	0.4	32	30	16	15	50
																60
160	160		16		180		170	6		6	0.4	42	40	16	15	70
																90

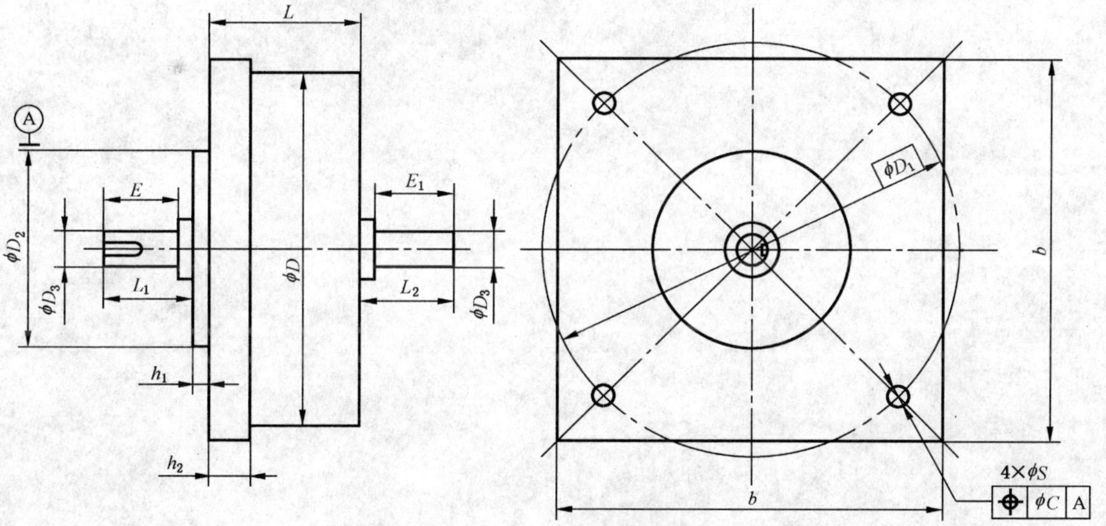

图 C.4

表 C.3 单位为毫米

机座号	D_2		D_3		D		h_1		h_2		D_1	b	S	C	L_1	E	L_2	E_1	L 不大于
	基本尺寸	极限偏差	基本尺寸	极限偏差	基本尺寸	极限偏差	基本尺寸	极限偏差	基本尺寸	极限偏差									
130	130	0 −0.04	14	−0.016 −0.034	150	0 −0.16	5	±0.06	10	±0.1	170	154	9	0.4	32	30	16	15	50 60
160	160		16		180		6		10		200	184	9	0.4	42	40	16	15	70 90
200	200	0 −0.046	20	−0.020 −0.041	220	0 −0.185	7	±0.075	15		250	224	12	0.6	52	50	19	18	75 95
320	320	0 −0.057	30		350	0 −0.23	8		20		380	358	16	0.6	82	380	21	20	85 105

附 录 D
（资料性附录）
铝镍钴磁钢电机的推荐外形及安装尺寸

组装式电机的轴伸型式为平键键槽轴伸。平键键槽轴伸如图 D.1 所示，尺寸应符合表 D.1 规定。

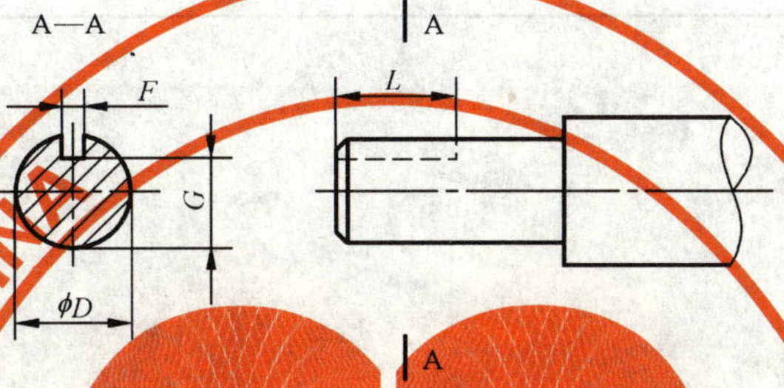

图 D.1

表 D.1

单位为毫米

机座号	轴伸直径 D 基本尺寸	轴伸直径 D 极限偏差	键槽尺寸 F 基本尺寸	键槽尺寸 F 极限偏差	键槽尺寸 G 基本尺寸	键槽尺寸 G 极限偏差	键槽尺寸 L
55	6	−0.010 −0.022	2	−0.004 −0.029	4.8	0 −0.1	10
70	8	−0.013 −0.028	2		6.8		12
90	9		3		7.2		12
130	14	−0.016 −0.034	5	0 −0.030	11		14
160	16				13		16
200	20	−0.020 −0.041	6		16.5		20
320	30		8	0 −0.036	26	0 −0.2	25

注：键的材料采用抗压强度不小于 588 N/mm² 的钢材。

ICS 35.040
L 71

中华人民共和国国家标准

GB 5007.2—2008
代替 GB 5007.2—2001

信息技术 汉字编码字符集(辅助集) 24点阵字型 宋体

Information technology—Chinese ideogram coded character set (auxiliary set)—24-dot matrix font—Song Ti

2008-08-06 发布 2009-07-01 实施

中华人民共和国国家质量监督检验检疫总局
中国国家标准化管理委员会 发布

前　言

GB 5007 的本部分除字表中 1 至 11 区外的全部技术内容为强制性。

GB 5007 分为如下两个部分：

——GB 5007.1《信息技术　汉字编码字符集(基本集)　24 点阵字型　宋体》；

——GB 5007.2《信息技术　汉字编码字符集(辅助集)　24 点阵字型　宋体》。

本部分为 GB 5007 的第 2 部分。

本部分规定的 24 点阵汉字字型是以《第一批异体字整理表》、《简化字总表》、《印刷通用汉字字形表》和《现代汉语通用字表》(见参考文献)为依据，按照现行汉字字形整理原则进行设计。

本部分代替 GB 5007.2—2001。

本部分与 GB 5007.2—2001 相比，主要变化如下：

a)　为了进一步提高字型质量和保证标准间的协调统一，对标准上一版中 1 区的数学符号错误进行了修正；

b)　对 3 区、10 区的字符错误、小写英文字母偏离基准线错误进行了修正；

c)　对 4 区、5 区日文假名/片假名部分字符进行了重新设计；

d)　对上一版本中不正确的汉字字型进行了修正。

本部分的附录 A 和附录 B 是规范性附录。

本部分由中华人民共和国信息产业部提出。

本部分由中国电子技术标准化研究所归口。

本部分起草单位：中国电子技术标准化研究所、第二炮兵装备研究院第四研究所。

本部分起草人：周济萍、翟广臣、代红、熊涛、戴涌、王立建、王啸。

本部分所代替标准的历次版本发布情况为：

——GB 5007.2—2001。

引　言

有关字型数据的授权转让使用事宜，字型标准数据的维护、更新及修订工作，统一由归口单位负责。

地　　址：北京市东城区安定门东大街1号(北京市1101信箱)
邮　　编：100007
电　　话：64007689　84029173
传　　真：64007681
E-mail：daihong@cesi.ac.cn

信息技术　汉字编码字符集(辅助集) 24点阵字型　宋体

1　范围

GB 5007的本部分规定了GB 12345—1990《信息交换用汉字编码字符集　辅助集》中图形字符的24点阵宋体字型。

本部分主要适用于各种电子信息产品、各种数字化产品，也可用于其他有关设备。

2　规范性引用文件

下列文件中的条款通过GB 5007的本部分的引用而成为本部分的条款。凡是注日期的引用文件，其随后所有的修改单(不包括勘误的内容)或修订版均不适用于本部分，然而，鼓励根据本部分达成协议的各方研究是否可使用这些文件的最新版本。凡是不注日期的引用文件，其最新版本适用于本部分。

GB 12345—1990　信息交换用汉字编码字符集　辅助集

3　术语和定义

下列术语和定义适用于本部分。

3.1

字形　glyph

一种可辨认的抽象的图形符号，它不依赖于任何特定的设计。

3.2

字型　font

具有同一基本设计的字形图像的集合，如：宋体。

3.3

点阵字型　dot matrix font

以点的集合来表现图形字符的型(形)。

3.4

字序　character order

图形字符在集合中按一定规则排列的次序。

4　汉字图形字符

根据GB 12345—1990规定，相应提供了：

1区～9区　　外文字母及其他图形字符717个；

16区～55区　　第一级汉字3 755个；

56区～89区　　第二级汉字3 111个。

另外在10区01位至94位补充了94个半角图形字符；11区01位至32位补充了32个汉语拼音的半角字符，见附录A。

本部分共提供图形字符7 709个。

5　标准数据的管理

为加强对电子信息技术产品使用汉字字型标准数据的管理，保证本部分在实施中数据的正确性和一致性，有关字型数据的授权转让使用事宜，字型标准数据的维护、更新及修订工作，统一由归口单位负责。

6 点阵字型的表示方法

6.1 栅格

栅格由若干条等距离的垂直线与水平线相交叉而形成。

本部分规定的是24点阵字型，其栅格是横向24格，纵向24格。每个方格的中心定为点的中心位置。

栅格仅对构成点阵的各点进行定位，24点阵栅格图如图1所示。

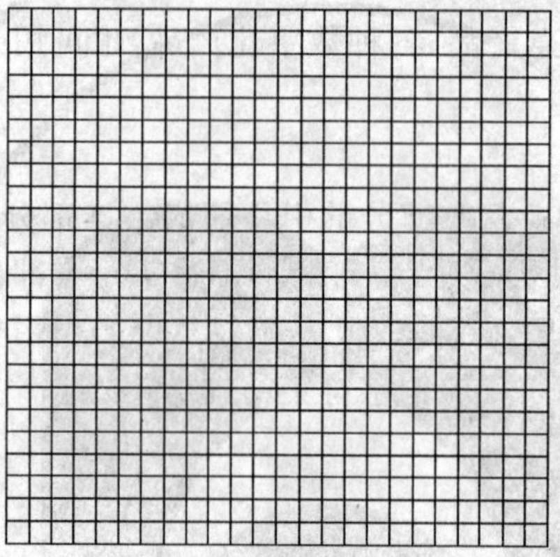

图1 24点阵栅格图

6.2 点

点是构成点阵字型的最小单位，以圆形表示，它是位于各方格内的黑色区域。

6.3 点阵字样

汉字点阵字型的字样，由置于栅格内的若干个点的集合来表示。汉字“永”的24点阵字样如图2所示。

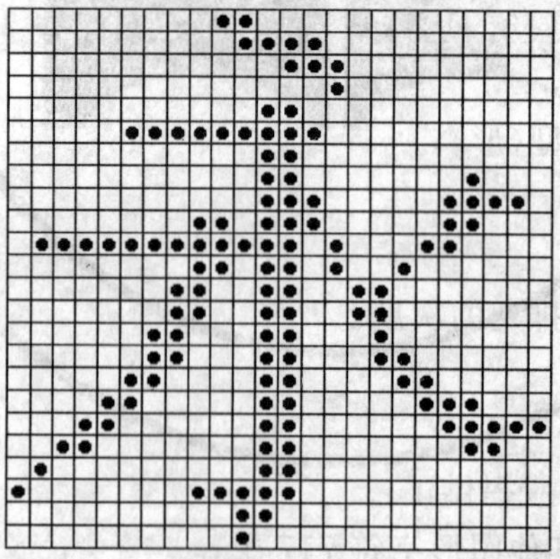

图2 24点阵汉字“永”的字样

6.4 字型数据

24点阵字型数据的表示，见附录B。

6.5 点阵字型表

本部分提供了GB 12345—1990规定的7 577个汉字、图形字符及补充的132个图形字符的24点阵字型。

本部分的点阵字型列表如下：

1区	0	1	2	3	4	5	6	7	8	9	10	11	12	13	14	15	16	17	18	19
010			、	。	・	ˉ	ˇ	¨	〃	々	—	～	‖	…	‘	’	“	”	〔	〕
012	〈	〉	《	》	「	」	『	』	〖	〗	【	】	±	×	÷	∶	∧	∨	∑	∏
014	∪	∩	∈	∷	√	⊥	∥	∠	⌒	⊙	∫	∮	≡	≌	≈	∽	∝	≠	≮	≯
016	≤	≥	∞	∵	∴	♂	♀	°	′	″	℃	＄	¤	￠	£	‰	§	№	☆	★
018	○	●	◎	◇	◆	□	■	△	▲	※	→	←	↑	↓	〓					

2区	0	1	2	3	4	5	6	7	8	9	10	11	12	13	14	15	16	17	18	19
020																		⒈	⒉	⒊
022	⒋	⒌	⒍	⒎	⒏	⒐	⒑	⒒	⒓	⒔	⒕	⒖	⒗	⒘	⒙	⒚	⒛	⑴	⑵	⑶
024	⑷	⑸	⑹	⑺	⑻	⑼	⑽	⑾	⑿	⒀	⒁	⒂	⒃	⒄	⒅	⒆	⒇	①	②	③
026	④	⑤	⑥	⑦	⑧	⑨	⑩			㈠	㈡	㈢	㈣	㈤	㈥	㈦	㈧	㈨	㈩	
028		Ⅰ	Ⅱ	Ⅲ	Ⅳ	Ⅴ	Ⅵ	Ⅶ	Ⅷ	Ⅸ	Ⅹ	Ⅺ	Ⅻ							

3区	0	1	2	3	4	5	6	7	8	9	10	11	12	13	14	15	16	17	18	19
030		！	＂	＃	￥	％	＆	＇	（	）	＊	＋	，	－	．	／	０	１	２	３
032	４	５	６	７	８	９	：	；	＜	＝	＞	？	＠	Ａ	Ｂ	Ｃ	Ｄ	Ｅ	Ｆ	Ｇ
034	Ｈ	Ｉ	Ｊ	Ｋ	Ｌ	Ｍ	Ｎ	Ｏ	Ｐ	Ｑ	Ｒ	Ｓ	Ｔ	Ｕ	Ｖ	Ｗ	Ｘ	Ｙ	Ｚ	［
036	＼	］	＾	＿	｀	ａ	ｂ	ｃ	ｄ	ｅ	ｆ	ｇ	ｈ	ｉ	ｊ	ｋ	ｌ	ｍ	ｎ	ｏ
038	ｐ	ｑ	ｒ	ｓ	ｔ	ｕ	ｖ	ｗ	ｘ	ｙ	ｚ	｛	｜	｝	￣					

4区	0	1	2	3	4	5	6	7	8	9	10	11	12	13	14	15	16	17	18	19
040		ぁ	あ	ぃ	い	ぅ	う	ぇ	え	ぉ	お	か	が	き	ぎ	く	ぐ	け	げ	こ
042	ご	さ	ざ	し	じ	す	ず	せ	ぜ	そ	ぞ	た	だ	ち	ぢ	っ	つ	づ	て	で
044	と	ど	な	に	ぬ	ね	の	は	ば	ぱ	ひ	び	ぴ	ふ	ぶ	ぷ	へ	べ	ぺ	ほ
046	ぼ	ぽ	ま	み	む	め	も	ゃ	や	ゅ	ゆ	ょ	よ	ら	り	る	れ	ろ	ゎ	わ
048	ゐ	ゑ	を	ん																

5区	0	1	2	3	4	5	6	7	8	9	10	11	12	13	14	15	16	17	18	19
050		ァ	ア	ィ	イ	ゥ	ウ	ェ	エ	ォ	オ	カ	ガ	キ	ギ	ク	グ	ケ	ゲ	コ
052	ゴ	サ	ザ	シ	ジ	ス	ズ	セ	ゼ	ソ	ゾ	タ	ダ	チ	ヂ	ッ	ツ	ヅ	テ	デ
054	ト	ド	ナ	ニ	ヌ	ネ	ノ	ハ	バ	パ	ヒ	ビ	ピ	フ	ブ	プ	ヘ	ベ	ペ	ホ
056	ボ	ポ	マ	ミ	ム	メ	モ	ャ	ヤ	ュ	ユ	ョ	ヨ	ラ	リ	ル	レ	ロ	ヮ	ワ
058	ヰ	ヱ	ヲ	ン	ヴ	ヵ	ヶ													

6区	0	1	2	3	4	5	6	7	8	9	10	11	12	13	14	15	16	17	18	19
060		Α	Β	Γ	Δ	Ε	Ζ	Η	Θ	Ι	Κ	Λ	Μ	Ν	Ξ	Ο	Π	Ρ	Σ	Τ
062	Υ	Φ	Χ	Ψ	Ω									α	β	γ	δ	ε	ζ	η
064	θ	ι	κ	λ	μ	ν	ξ	ο	π	ρ	σ	τ	υ	φ	χ	ψ	ω			
066																				
068																				

7区	0	1	2	3	4	5	6	7	8	9	10	11	12	13	14	15	16	17	18	19
070		А	Б	В	Г	Д	Е	Ё	Ж	З	И	Й	К	Л	М	Н	О	П	Р	С
072	Т	У	Ф	Х	Ц	Ч	Ш	Щ	Ъ	Ы	Ь	Э	Ю	Я						
074										а	б	в	г	д	е	ё	ж	з	и	й
076	к	л	м	н	о	п	р	с	т	у	ф	х	ц	ч	ш	щ	ъ	ы	ь	э
078	ю	я																		

8区	0	1	2	3	4	5	6	7	8	9	10	11	12	13	14	15	16	17	18	19
080		ā	á	ǎ	à	ē	é	ě	è	ī	í	ǐ	ì	ō	ó	ǒ	ò	ū	ú	ǔ
082	ù	ǖ	ǘ	ǚ	ǜ	ü	ê	ɑ	ḿ	ń	ň	ǹ	ɡ					ㄅ	ㄆ	ㄇ
084	ㄈ	ㄉ	ㄊ	ㄋ	ㄌ	ㄍ	ㄎ	ㄏ	ㄐ	ㄑ	ㄒ	ㄓ	ㄔ	ㄕ	ㄖ	ㄗ	ㄘ	ㄙ	ㄚ	ㄛ
086	ㄜ	ㄝ	ㄞ	ㄟ	ㄠ	ㄡ	ㄢ	ㄣ	ㄤ	ㄥ	ㄦ	ㄧ	ㄨ	ㄩ						
088																				

9区	0	1	2	3	4	5	6	7	8	9	10	11	12	13	14	15	16	17	18	19
090					─	━	│	┃	┄	┅	┆	┇	┈	┉	┊	┋	┌	┍	┎	┏
092	┐	┑	┒	┓	└	┕	┖	┗	┘	┙	┚	┛	├	┝	┞	┟	┠	┡	┢	┣
094	┤	┥	┦	┧	┨	┩	┪	┫	┬	┭	┮	┯	┰	┱	┲	┳	┴	┵	┶	┷
096	┸	┹	┺	┻	┼	┽	┾	┿	╀	╁	╂	╃	╄	╅	╆	╇	╈	╉	╊	╋
098																				

10区	0	1	2	3	4	5	6	7	8	9	10	11	12	13	14	15	16	17	18	19
100		!	"	#	￥	%	&	'	(	)	*	+	,	-	.	/	0	1	2	3
102	4	5	6	7	8	9	:	;	<	=	>	?	@	A	B	C	D	E	F	G
104	H	I	J	K	L	M	N	O	P	Q	R	S	T	U	V	W	X	Y	Z	[
106	\	]	^	_	`	a	b	c	d	e	f	g	h	i	j	k	l	m	n	o
108	p	q	r	s	t	u	v	w	x	y	z	{	|	}	‾					

11区	0	1	2	3	4	5	6	7	8	9	10	11	12	13	14	15	16	17	18	19
110		ā	á	ǎ	à	ē	é	ě	è	ī	í	ǐ	ì	ō	ó	ǒ	ò	ū	ú	ǔ
112	ù	ǖ	ǘ	ǚ	ǜ	ü	ê	ɑ	ḿ	ń	ň	ǹ	ɡ							
114																				
116																				
118																				

16区	0	1	2	3	4	5	6	7	8	9	10	11	12	13	14	15	16	17	18	19
160		啊	阿	埃	挨	哎	唉	哀	皚	癌	藹	矮	艾	礙	愛	隘	鞍	氨	安	俺
162	按	暗	岸	胺	案	骯	昂	盎	凹	敖	熬	翱	襖	傲	奧	懊	澳	芭	捌	扒
164	叭	吧	笆	八	疤	巴	拔	跋	靶	把	耙	壩	霸	罷	爸	白	柏	百	擺	佰
166	敗	拜	稗	斑	班	搬	扳	般	頒	板	版	扮	拌	伴	瓣	半	辦	絆	邦	幫
168	梆	榜	膀	綁	棒	磅	蚌	鎊	傍	謗	苞	胞	包	褒	剝					

17区	0	1	2	3	4	5	6	7	8	9	10	11	12	13	14	15	16	17	18	19
170		薄	雹	保	堡	飽	寶	抱	報	暴	豹	鮑	爆	杯	碑	悲	卑	北	輩	背
172	貝	鋇	倍	狽	備	憊	焙	被	奔	苯	本	笨	崩	繃	甭	泵	蹦	迸	逼	鼻
174	比	鄙	筆	彼	碧	蓖	蔽	畢	斃	毖	幣	庇	痹	閉	敝	弊	必	辟	壁	臂
176	避	陛	鞭	邊	編	貶	扁	便	變	卞	辨	辯	辮	遍	標	彪	膘	表	鱉	憋
178	別	癟	彬	斌	瀕	濱	賓	擯	兵	冰	柄	丙	秉	餅	炳					

18区	0	1	2	3	4	5	6	7	8	9	10	11	12	13	14	15	16	17	18	19
180		病	并	玻	菠	播	撥	鉢	波	博	勃	搏	鉑	箔	伯	帛	舶	脖	膊	渤
182	泊	駁	捕	卜	哺	補	埠	不	布	步	簿	部	怖	擦	猜	裁	材	才	財	睬
184	踩	采	彩	菜	蔡	餐	參	蠶	殘	慚	慘	燦	蒼	艙	倉	滄	藏	操	糙	槽
186	曹	草	厠	策	側	冊	測	層	蹭	插	叉	茬	茶	查	碴	搽	察	岔	差	詫
188	拆	柴	豺	攙	摻	蟬	饞	讒	纏	鏟	産	闡	顫	昌	猖					

19区	0	1	2	3	4	5	6	7	8	9	10	11	12	13	14	15	16	17	18	19
190		場	嘗	常	長	償	腸	廠	敞	暢	唱	倡	超	抄	鈔	朝	嘲	潮	巢	吵
192	炒	車	扯	撤	掣	徹	澈	郴	臣	辰	塵	晨	忱	沉	陳	趁	襯	撐	稱	城
194	橙	成	呈	乘	程	懲	澄	誠	承	逞	騁	秤	吃	痴	持	匙	池	遲	弛	馳
196	耻	齒	侈	尺	赤	翅	斥	熾	充	衝	蟲	崇	寵	抽	酬	疇	躊	稠	愁	籌
198	仇	綢	瞅	醜	臭	初	出	橱	厨	躇	鋤	雛	滁	除	楚					

20区	0	1	2	3	4	5	6	7	8	9	10	11	12	13	14	15	16	17	18	19
200		礎	儲	矗	搐	觸	處	揣	川	穿	椽	傳	船	喘	串	瘡	窗	幢	床	闖
202	創	吹	炊	捶	錘	垂	春	椿	醇	唇	淳	純	蠢	戳	綽	疵	茨	磁	雌	辭
204	慈	瓷	詞	此	刺	賜	次	聰	葱	囱	匆	從	叢	湊	粗	醋	簇	促	躥	篡
206	竄	摧	崔	催	脆	瘁	粹	淬	翠	村	存	寸	磋	撮	搓	措	挫	錯	搭	達
208	答	瘩	打	大	呆	歹	傣	戴	帶	殆	代	貸	袋	待	逮					

21区	0	1	2	3	4	5	6	7	8	9	10	11	12	13	14	15	16	17	18	19
210		怠	耽	擔	丹	單	鄲	撣	膽	旦	氮	但	憚	淡	誕	彈	蛋	當	擋	黨
212	蕩	檔	刀	搗	蹈	倒	島	禱	導	到	稻	悼	道	盜	德	得	的	蹬	燈	登
214	等	瞪	凳	鄧	堤	低	滴	迪	敵	笛	狄	滌	翟	嫡	抵	底	地	蒂	第	帝
216	弟	遞	締	顛	掂	滇	碘	點	典	靛	墊	電	佃	甸	店	惦	奠	澱	殿	碉
218	叼	雕	凋	刁	掉	吊	釣	調	跌	爹	碟	蝶	迭	諜	疊					

22区	0	1	2	3	4	5	6	7	8	9	10	11	12	13	14	15	16	17	18	19
220		丁	盯	叮	釘	頂	鼎	錠	定	訂	丟	東	冬	董	懂	動	棟	侗	恫	凍
222	洞	兜	抖	鬥	陡	豆	逗	痘	都	督	毒	犢	獨	讀	堵	睹	賭	杜	鍍	肚
224	度	渡	妒	端	短	鍛	段	斷	緞	堆	兑	隊	對	墩	噸	蹲	敦	頓	囤	鈍
226	盾	遁	掇	哆	多	奪	垛	躲	朵	跺	舵	剁	惰	墮	蛾	峨	鵝	俄	額	訛
228	娥	惡	厄	扼	遏	鄂	餓	恩	而	兒	耳	爾	餌	洱	二					

23区	0	1	2	3	4	5	6	7	8	9	10	11	12	13	14	15	16	17	18	19
230		貳	發	罰	筏	伐	乏	閥	法	琺	藩	帆	番	翻	樊	礬	釩	繁	凡	煩
232	反	返	範	販	犯	飯	泛	坊	芳	方	肪	房	防	妨	仿	訪	紡	放	菲	非
234	啡	飛	肥	匪	誹	吠	肺	廢	沸	費	芬	酚	吩	氛	分	紛	墳	焚	汾	粉
236	奮	份	忿	憤	糞	豐	封	楓	蜂	峰	鋒	風	瘋	烽	逢	馮	縫	諷	奉	鳳
238	佛	否	夫	敷	膚	孵	扶	拂	輻	幅	氟	符	伏	俘	服					

24区	0	1	2	3	4	5	6	7	8	9	10	11	12	13	14	15	16	17	18	19
240		浮	涪	福	袱	弗	甫	撫	輔	俯	釜	斧	脯	腑	府	腐	赴	副	覆	賦
242	復	傅	付	阜	父	腹	負	富	訃	附	婦	縛	咐	噶	嘎	該	改	概	鈣	蓋
244	溉	幹	甘	杆	柑	竿	肝	趕	感	秆	敢	贛	岡	剛	鋼	缸	肛	綱	崗	港
246	杠	篙	皋	高	膏	羔	糕	搞	鎬	稿	告	哥	歌	擱	戈	鴿	胳	疙	割	革
248	葛	格	蛤	閣	隔	鉻	個	各	給	根	跟	耕	更	庚	羹					

25区	0	1	2	3	4	5	6	7	8	9	10	11	12	13	14	15	16	17	18	19
250		埂	耿	梗	工	攻	功	恭	龔	供	躬	公	宮	弓	鞏	汞	拱	貢	共	鈎
252	勾	溝	苟	狗	垢	構	購	够	辜	菇	咕	箍	估	沽	孤	姑	鼓	古	蠱	骨
254	谷	股	故	顧	固	雇	刮	瓜	剮	寡	挂	褂	乖	拐	怪	棺	關	官	冠	觀
256	管	館	罐	慣	灌	貫	光	廣	逛	瑰	規	圭	硅	歸	龜	閨	軌	鬼	詭	癸
258	桂	櫃	跪	貴	劊	輥	滚	棍	鍋	郭	國	果	裹	過	哈					

26区	0	1	2	3	4	5	6	7	8	9	10	11	12	13	14	15	16	17	18	19
260		骸	孩	海	氦	亥	害	駭	酣	憨	邯	韓	含	涵	寒	函	喊	罕	翰	撼
262	捍	旱	憾	悍	焊	汗	漢	夯	杭	航	壕	嚎	豪	毫	郝	好	耗	號	浩	呵
264	喝	荷	菏	核	禾	和	何	合	盒	貉	閡	河	涸	赫	褐	鶴	賀	嘿	黑	痕
266	很	狠	恨	哼	亨	横	衡	恒	轟	哄	烘	虹	鴻	洪	宏	弘	紅	喉	侯	猴
268	吼	厚	候	後	呼	乎	忽	瑚	壺	葫	胡	蝴	狐	糊	湖					

27区	0	1	2	3	4	5	6	7	8	9	10	11	12	13	14	15	16	17	18	19
270		弧	虎	唬	護	互	滬	户	花	嘩	華	猾	滑	畫	劃	化	話	槐	徊	懷
272	淮	壞	歡	環	桓	還	緩	换	患	唤	痪	豢	焕	涣	宦	幻	荒	慌	黄	磺
274	蝗	簧	皇	凰	惶	煌	晃	幌	恍	謊	灰	揮	輝	徽	恢	蛔	回	毁	悔	慧
276	卉	惠	晦	賄	穢	會	燴	匯	諱	誨	繪	葷	昏	婚	魂	渾	混	豁	活	伙
278	火	獲	或	惑	霍	貨	禍	擊	圾	基	機	畸	稽	積	箕					

28区	0	1	2	3	4	5	6	7	8	9	10	11	12	13	14	15	16	17	18	19
280		肌	饑	迹	激	譏	鷄	姬	績	緝	吉	極	棘	輯	籍	集	及	急	疾	汲
282	即	嫉	級	擠	幾	脊	己	薊	技	冀	季	伎	祭	劑	悸	濟	寄	寂	計	記
284	既	忌	際	妓	繼	紀	嘉	枷	夾	佳	家	加	莢	頰	賈	甲	鉀	假	稼	價
286	架	駕	嫁	殲	監	堅	尖	箋	間	煎	兼	肩	艱	奸	緘	繭	檢	柬	碱	鹼
288	揀	撿	簡	儉	剪	減	薦	檻	鑒	踐	賤	見	鍵	箭	件					

29区	0	1	2	3	4	5	6	7	8	9	10	11	12	13	14	15	16	17	18	19
290		健	艦	劍	餞	漸	濺	澗	建	僵	姜	將	漿	江	疆	蔣	槳	獎	講	匠
292	醬	降	蕉	椒	礁	焦	膠	交	郊	澆	驕	嬌	嚼	攪	鉸	矯	僥	脚	狡	角
294	餃	繳	絞	剿	教	酵	轎	較	叫	窖	揭	接	皆	秸	街	階	截	劫	節	桔
296	杰	捷	睫	竭	潔	結	解	姐	戒	藉	芥	界	借	介	疥	誡	届	巾	筋	斤
298	金	今	津	襟	緊	錦	僅	謹	進	靳	晉	禁	近	燼	浸					

30区	0	1	2	3	4	5	6	7	8	9	10	11	12	13	14	15	16	17	18	19
300		盡	勁	荆	兢	莖	睛	晶	鯨	京	驚	精	粳	經	井	警	景	頸	静	境
302	敬	鏡	徑	痙	靖	竟	競	净	炯	窘	揪	究	糾	玖	韭	久	灸	九	酒	厩
304	救	舊	臼	舅	咎	就	疚	鞠	拘	狙	疽	居	駒	菊	局	咀	矩	舉	沮	聚
306	拒	據	巨	具	距	踞	鋸	俱	句	懼	炬	劇	捐	鵑	娟	倦	眷	卷	絹	撅
308	攫	抉	掘	倔	爵	覺	决	訣	絶	均	菌	鈞	軍	君	峻					

31区	0	1	2	3	4	5	6	7	8	9	10	11	12	13	14	15	16	17	18	19
310		俊	竣	浚	郡	駿	喀	咖	卡	咯	開	揩	楷	凱	慨	刊	堪	勘	坎	砍
312	看	康	慷	糠	扛	抗	亢	炕	考	拷	烤	靠	坷	苛	柯	棵	磕	顆	科	殼
314	咳	可	渴	克	刻	客	課	肯	啃	墾	懇	坑	吭	空	恐	孔	控	摳	口	扣
316	寇	枯	哭	窟	苦	酷	庫	褲	誇	垮	挎	跨	胯	塊	筷	儈	快	寬	款	匡
318	筐	狂	框	礦	眶	曠	况	虧	盔	巋	窺	葵	奎	魁	傀					

32区	0	1	2	3	4	5	6	7	8	9	10	11	12	13	14	15	16	17	18	19
320		饋	愧	潰	坤	昆	捆	困	括	擴	廓	闊	垃	拉	喇	蠟	臘	辣	啦	萊
322	來	賴	藍	婪	欄	攔	籃	闌	蘭	瀾	讕	攬	覽	懶	纜	爛	濫	琅	榔	狼
324	廊	郎	朗	浪	撈	勞	牢	老	佬	姥	酪	烙	澇	勒	樂	雷	鐳	蕾	磊	累
326	儡	壘	擂	肋	類	泪	棱	楞	冷	厘	梨	犁	黎	籬	狸	離	灕	理	李	裏
328	鯉	禮	莉	荔	吏	栗	麗	厲	勵	礫	歷	利	傈	例	俐					

33区	0	1	2	3	4	5	6	7	8	9	10	11	12	13	14	15	16	17	18	19
330		痢	立	粒	瀝	隸	力	璃	哩	倆	聯	蓮	連	鐮	廉	憐	漣	簾	斂	臉
332	鏈	戀	煉	練	糧	涼	梁	粱	良	兩	輛	量	晾	亮	諒	撩	聊	僚	療	燎
334	寥	遼	潦	了	撂	鐐	廖	料	列	裂	烈	劣	獵	琳	林	磷	霖	臨	鄰	鱗
336	淋	凜	賃	吝	拎	玲	菱	零	齡	鈴	伶	羚	凌	靈	陵	嶺	領	另	令	溜
338	琉	榴	硫	餾	留	劉	瘤	流	柳	六	龍	聾	嚨	籠	窿					

34区	0	1	2	3	4	5	6	7	8	9	10	11	12	13	14	15	16	17	18	19
340		隆	壟	攏	隴	樓	婁	摟	簍	漏	陋	蘆	盧	顱	廬	爐	擄	鹵	虜	魯
342	麓	碌	露	路	賂	鹿	潞	祿	録	陸	戮	驢	呂	鋁	侶	旅	履	屢	縷	慮
344	氯	律	率	濾	緑	巒	攣	孿	灤	卵	亂	掠	略	掄	輪	倫	侖	淪	綸	論
346	蘿	螺	羅	邏	鑼	籮	騾	裸	落	洛	駱	絡	媽	麻	瑪	碼	螞	馬	罵	嘛
348	嗎	埋	買	麥	賣	邁	脉	瞞	饅	蠻	滿	蔓	曼	慢	漫					

35区	0	1	2	3	4	5	6	7	8	9	10	11	12	13	14	15	16	17	18	19
350		謾	芒	茫	盲	氓	忙	莽	猫	茅	錨	毛	矛	鉚	卯	茂	冒	帽	貌	貿
352	麽	玫	枚	梅	酶	霉	煤	没	眉	媒	鎂	每	美	昧	寐	妹	媚	門	悶	們
354	萌	蒙	檬	盟	錳	猛	夢	孟	眯	醚	靡	糜	迷	謎	彌	米	秘	覓	泌	蜜
356	密	冪	棉	眠	綿	冕	免	勉	娩	緬	面	苗	描	瞄	藐	秒	渺	廟	妙	蔑
358	滅	民	抿	皿	敏	憫	閩	明	螟	鳴	銘	名	命	謬	摸					

36区	0	1	2	3	4	5	6	7	8	9	10	11	12	13	14	15	16	17	18	19
360		摹	蘑	模	膜	磨	摩	魔	抹	末	莫	墨	默	沫	漠	寞	陌	謀	牟	某
362	拇	牡	畝	姆	母	墓	暮	幕	募	慕	木	目	睦	牧	穆	拿	哪	吶	鈉	那
364	娜	納	氖	乃	奶	耐	奈	南	男	難	囊	撓	腦	惱	鬧	淖	呢	餒	內	嫩
366	能	妮	霓	倪	泥	尼	擬	你	匿	膩	逆	溺	蔫	拈	年	碾	攆	撚	念	娘
368	釀	鳥	尿	捏	聶	孽	嚙	鑷	鎳	涅	您	檸	獰	凝	寧					

37区	0	1	2	3	4	5	6	7	8	9	10	11	12	13	14	15	16	17	18	19
370		擰	濘	牛	扭	鈕	紐	膿	濃	農	弄	奴	努	怒	女	暖	虐	瘧	挪	懦
372	糯	諾	哦	歐	鷗	毆	藕	嘔	偶	漚	啪	趴	爬	帕	怕	琶	拍	排	牌	徘
374	湃	派	攀	潘	盤	磐	盼	畔	判	叛	乓	龐	旁	耪	胖	拋	咆	刨	炮	袍
376	跑	泡	呸	胚	培	裴	賠	陪	配	佩	沛	噴	盆	砰	抨	烹	澎	彭	蓬	棚
378	硼	篷	膨	朋	鵬	捧	碰	坯	砒	霹	批	披	劈	琵	毗					

38区	0	1	2	3	4	5	6	7	8	9	10	11	12	13	14	15	16	17	18	19
380		啤	脾	疲	皮	匹	痞	僻	屁	譬	篇	偏	片	騙	飄	漂	瓢	票	撇	瞥
382	拼	頻	貧	品	聘	乒	坪	蘋	萍	平	憑	瓶	評	屏	坡	潑	頗	婆	破	魄
384	迫	粕	剖	撲	鋪	僕	莆	葡	菩	蒲	埔	樸	圃	普	浦	譜	曝	瀑	期	欺
386	棲	戚	妻	七	淒	漆	柒	沏	其	棋	奇	歧	畦	崎	臍	齊	旗	祈	祁	騎
388	起	豈	乞	企	啓	契	砌	器	氣	迄	棄	汽	泣	訖	掐					

39区	0	1	2	3	4	5	6	7	8	9	10	11	12	13	14	15	16	17	18	19
390		恰	洽	牽	扦	釬	鉛	千	遷	簽	仟	謙	乾	黔	錢	鉗	前	潛	遣	淺
392	譴	塹	嵌	欠	歉	槍	嗆	腔	羌	墻	薔	强	搶	橇	鍬	敲	悄	橋	瞧	喬
394	僑	巧	鞘	撬	翹	峭	俏	竅	切	茄	且	怯	竊	欽	侵	親	秦	琴	勤	芹
396	擒	禽	寢	沁	青	輕	氫	傾	卿	清	擎	晴	氰	情	頃	請	慶	瓊	窮	秋
398	丘	邱	球	求	囚	酋	泅	趨	區	蛆	曲	軀	屈	驅	渠					

40区	0	1	2	3	4	5	6	7	8	9	10	11	12	13	14	15	16	17	18	19
400		取	娶	齲	趣	去	圈	顴	權	醛	泉	全	痊	拳	犬	券	勸	缺	炔	瘸
402	却	鵲	榷	確	雀	裙	群	然	燃	冉	染	瓤	壤	攘	嚷	讓	饒	擾	繞	惹
404	熱	壬	仁	人	忍	韌	任	認	刃	妊	紉	扔	仍	日	戎	茸	蓉	榮	融	熔
406	溶	容	絨	冗	揉	柔	肉	茹	蠕	儒	孺	如	辱	乳	汝	入	褥	軟	阮	蕊
408	瑞	鋭	閏	潤	若	弱	撒	灑	薩	腮	鰓	塞	賽	三	叁					

41区	0	1	2	3	4	5	6	7	8	9	10	11	12	13	14	15	16	17	18	19
410		傘	散	桑	嗓	喪	搔	騷	掃	嫂	瑟	色	澀	森	僧	莎	砂	殺	刹	沙
412	紗	傻	啥	煞	篩	曬	珊	苫	杉	山	刪	煽	衫	閃	陝	擅	贍	膳	善	汕
414	扇	繕	墒	傷	商	賞	晌	上	尚	裳	梢	捎	稍	燒	芍	勺	韶	少	哨	邵
416	紹	奢	賒	蛇	舌	捨	赦	攝	射	懾	涉	社	設	砷	申	呻	伸	身	深	娠
418	紳	神	沈	審	嬸	甚	腎	慎	滲	聲	生	甥	牲	升	繩					

42区	0	1	2	3	4	5	6	7	8	9	10	11	12	13	14	15	16	17	18	19
420		省	盛	剩	勝	聖	師	失	獅	施	濕	詩	尸	虱	十	石	拾	時	什	食
422	蝕	實	識	史	矢	使	屎	駛	始	式	示	士	世	柿	事	拭	誓	逝	勢	是
424	嗜	噬	適	仕	侍	釋	飾	氏	市	恃	室	視	試	收	手	首	守	壽	授	售
426	受	瘦	獸	蔬	樞	梳	殊	抒	輸	叔	舒	淑	疏	書	贖	孰	熟	薯	暑	曙
428	署	蜀	黍	鼠	屬	術	述	樹	束	戍	豎	墅	庶	數	漱					

43区	0	1	2	3	4	5	6	7	8	9	10	11	12	13	14	15	16	17	18	19
430		恕	刷	耍	摔	衰	甩	帥	栓	拴	霜	雙	爽	誰	水	睡	稅	吮	瞬	順
432	舜	説	碩	朔	爍	斯	撕	嘶	思	私	司	絲	死	肆	寺	嗣	四	伺	似	飼
434	巳	鬆	聳	慫	頌	送	宋	訟	誦	搜	艘	擻	嗽	蘇	酥	俗	素	速	粟	僳
436	塑	溯	宿	訴	肅	酸	蒜	算	雖	隋	隨	綏	髓	碎	歲	穗	遂	隧	祟	孫
438	損	筍	蓑	梭	唆	縮	瑣	索	鎖	所	塌	他	它	她	塔					

44区	0	1	2	3	4	5	6	7	8	9	10	11	12	13	14	15	16	17	18	19
440		獺	撻	蹋	踏	胎	苔	抬	臺	泰	酞	太	態	汰	坍	攤	貪	癱	灘	壇
442	檀	痰	潭	譚	談	坦	毯	袒	碳	探	嘆	炭	湯	塘	搪	堂	棠	膛	唐	糖
444	倘	躺	淌	趟	燙	掏	濤	滔	絛	萄	桃	逃	淘	陶	討	套	特	藤	騰	疼
446	謄	梯	剔	踢	銻	提	題	蹄	啼	體	替	嚏	惕	涕	剃	屜	天	添	填	田
448	甜	恬	舔	腆	挑	條	迢	眺	跳	貼	鐵	帖	廳	聽	烴					

45区	0	1	2	3	4	5	6	7	8	9	10	11	12	13	14	15	16	17	18	19
450		汀	廷	停	亭	庭	挺	艇	通	桐	酮	瞳	同	銅	彤	童	桶	捅	筒	統
452	痛	偷	投	頭	透	凸	禿	突	圖	徒	途	塗	屠	土	吐	兔	湍	團	推	頹
454	腿	蛻	褪	退	吞	屯	臀	拖	托	脱	鴕	陀	馱	駝	橢	妥	拓	唾	挖	哇
456	蛙	窪	娃	瓦	襪	歪	外	豌	彎	灣	玩	頑	丸	烷	完	碗	挽	晚	皖	惋
458	宛	婉	萬	腕	汪	王	亡	枉	網	往	旺	望	忘	妄	威					

46区	0	1	2	3	4	5	6	7	8	9	10	11	12	13	14	15	16	17	18	19
460		巍	微	危	韋	違	桅	圍	唯	惟	爲	濰	維	葦	萎	委	偉	僞	尾	緯
462	未	蔚	味	畏	胃	喂	魏	位	渭	謂	尉	慰	衛	瘟	温	蚊	文	聞	紋	吻
464	穩	紊	問	嗡	翁	瓮	撾	蝸	渦	窩	我	斡	卧	握	沃	巫	嗚	鎢	烏	污
466	誣	屋	無	蕪	梧	吾	吴	毋	武	五	捂	午	舞	伍	侮	塢	戊	霧	晤	物
468	勿	務	悟	誤	昔	熙	析	西	硒	矽	晰	嘻	吸	錫	犧					

47区	0	1	2	3	4	5	6	7	8	9	10	11	12	13	14	15	16	17	18	19
470		稀	息	希	悉	膝	夕	惜	熄	烯	溪	汐	犀	檄	襲	席	習	媳	喜	銑
472	洗	系	隙	戲	細	瞎	蝦	匣	霞	轄	暇	峽	俠	狹	下	廈	夏	嚇	掀	鍁
474	先	仙	鮮	纖	咸	賢	銜	舷	閑	涎	弦	嫌	顯	險	現	獻	縣	腺	餡	羨
476	憲	陷	限	綫	相	厢	鑲	香	箱	襄	湘	鄉	翔	祥	詳	想	響	享	項	巷
478	橡	像	向	象	蕭	硝	霄	削	哮	囂	銷	消	宵	淆	曉					

48区	0	1	2	3	4	5	6	7	8	9	10	11	12	13	14	15	16	17	18	19
480		小	孝	校	肖	嘯	笑	效	楔	些	歇	蝎	鞋	協	挾	携	邪	斜	脅	諧
482	寫	械	卸	蟹	懈	泄	瀉	謝	屑	薪	芯	鋅	欣	辛	新	忻	心	信	釁	星
484	腥	猩	惺	興	刑	型	形	邢	行	醒	幸	杏	性	姓	兄	凶	胸	匈	洶	雄
486	熊	休	修	羞	朽	嗅	銹	秀	袖	綉	墟	戌	需	虚	嘘	須	徐	許	蓄	酗
488	叙	旭	序	畜	恤	絮	婿	緒	續	軒	喧	宣	懸	旋	玄					

49区	0	1	2	3	4	5	6	7	8	9	10	11	12	13	14	15	16	17	18	19
490		選	癬	眩	絢	靴	薛	學	穴	雪	血	勛	熏	循	旬	詢	尋	馴	巡	殉
492	汛	訓	訊	遜	迅	壓	押	鴉	鴨	呀	丫	芽	牙	蚜	崖	衙	涯	雅	啞	亞
494	訝	焉	咽	閹	烟	淹	鹽	嚴	研	蜒	岩	延	言	顔	閻	炎	沿	奄	掩	眼
496	衍	演	艶	堰	燕	厭	硯	雁	唁	彦	焰	宴	諺	驗	殃	央	鴦	秧	楊	揚
498	佯	瘍	羊	洋	陽	氧	仰	癢	養	樣	漾	邀	腰	妖	瑶					

50区	0	1	2	3	4	5	6	7	8	9	10	11	12	13	14	15	16	17	18	19
500		摇	堯	遥	窑	謡	姚	咬	舀	藥	要	耀	椰	噎	耶	爺	野	冶	也	頁
502	掖	業	葉	曳	腋	夜	液	一	壹	醫	揖	銥	依	伊	衣	頤	夷	遺	移	儀
504	胰	疑	沂	宜	姨	彝	椅	蟻	倚	已	乙	矣	以	藝	抑	易	邑	屹	億	役
506	臆	逸	肄	疫	亦	裔	意	毅	憶	義	益	溢	詣	議	誼	譯	异	翼	翌	繹
508	茵	蔭	因	殷	音	陰	姻	吟	銀	淫	寅	飲	尹	引	隱					

51区	0	1	2	3	4	5	6	7	8	9	10	11	12	13	14	15	16	17	18	19
510		印	英	櫻	嬰	鷹	應	纓	瑩	螢	營	熒	蠅	迎	贏	盈	影	穎	硬	映
512	喲	擁	傭	臃	癰	庸	雍	踴	蛹	咏	泳	涌	永	恿	勇	用	幽	優	悠	憂
514	尤	由	郵	鈾	猶	油	游	酉	有	友	右	佑	釉	誘	又	幼	迂	淤	于	盂
516	榆	虞	愚	輿	餘	俞	逾	魚	愉	渝	漁	隅	予	娱	雨	與	嶼	禹	宇	語
518	羽	玉	域	芋	鬱	吁	遇	喻	峪	御	愈	欲	獄	育	譽					

52区	0	1	2	3	4	5	6	7	8	9	10	11	12	13	14	15	16	17	18	19
520		浴	寓	裕	預	豫	馭	鴛	淵	冤	元	垣	袁	原	援	轅	園	員	圓	猿
522	源	緣	遠	苑	願	怨	院	曰	約	越	躍	鑰	岳	粵	月	悅	閱	耘	雲	鄖
524	勻	隕	允	運	蘊	醞	暈	韻	孕	匝	砸	雜	栽	哉	災	宰	載	再	在	咱
526	攢	暫	贊	贓	臟	葬	遭	糟	鑿	藻	棗	早	澡	蚤	躁	噪	造	皂	竈	燥
528	責	擇	則	澤	賊	怎	增	憎	曾	贈	扎	喳	渣	札	軋					

53区	0	1	2	3	4	5	6	7	8	9	10	11	12	13	14	15	16	17	18	19
530		鍘	閘	眨	柵	榨	咋	乍	炸	詐	摘	齋	宅	窄	債	寨	瞻	氈	詹	粘
532	沾	盞	斬	輾	嶄	展	蘸	棧	占	戰	站	湛	綻	樟	章	彰	漳	張	掌	漲
534	杖	丈	帳	賬	仗	脹	瘴	障	招	昭	找	沼	趙	照	罩	兆	肇	召	遮	折
536	哲	蟄	轍	者	鍺	蔗	這	浙	珍	斟	真	甄	砧	臻	貞	針	偵	枕	疹	診
538	震	振	鎮	陣	蒸	掙	睜	徵	猙	爭	怔	整	拯	正	政					

54区	0	1	2	3	4	5	6	7	8	9	10	11	12	13	14	15	16	17	18	19
540		幀	癥	鄭	證	芝	枝	支	吱	蜘	知	肢	脂	汁	之	織	職	直	植	殖
542	執	值	侄	址	指	止	趾	祇	旨	紙	志	摯	擲	至	致	置	幟	峙	制	智
544	秩	稚	質	炙	痔	滯	治	窒	中	盅	忠	鐘	衷	終	種	腫	重	仲	衆	舟
546	周	州	洲	謅	粥	軸	肘	帚	咒	皺	宙	晝	驟	珠	株	蛛	朱	豬	諸	誅
548	逐	竹	燭	煮	拄	矚	囑	主	著	柱	助	蛀	貯	鑄	築					

55区	0	1	2	3	4	5	6	7	8	9	10	11	12	13	14	15	16	17	18	19
550		住	注	祝	駐	抓	爪	拽	專	磚	轉	撰	賺	篆	樁	莊	裝	妝	撞	壯
552	狀	椎	錐	追	贅	墜	綴	諄	準	捉	拙	卓	桌	琢	茁	酌	啄	着	灼	濁
554	茲	咨	資	姿	滋	淄	孜	紫	仔	籽	滓	子	自	漬	字	鬃	棕	踪	宗	綜
556	總	縱	鄒	走	奏	揍	租	足	卒	族	祖	詛	阻	組	鑽	纂	嘴	醉	最	罪
558	尊	遵	昨	左	佐	柞	做	作	坐	座										

56区	0	1	2	3	4	5	6	7	8	9	10	11	12	13	14	15	16	17	18	19
560		亍	丌	兀	丐	廿	卅	丕	亘	丞	鬲	孬	噩	丨	禺	丿	匕	乇	夭	爻
562	卮	氐	囟	胤	馗	毓	睾	鼗	丶	亟	鼐	乜	乩	亓	芈	孛	嗇	嘏	仄	厙
564	厝	厴	厥	厮	靨	贋	匚	叵	匭	匱	匾	賾	卦	卣	刂	刈	刎	剄	刳	劌
566	剴	剌	剞	剡	剜	蒯	剽	劂	劁	劐	劓	冂	罔	亻	仃	仉	仂	仨	仡	仫
568	仞	傴	仳	伢	佤	仵	倀	傖	伉	佇	佞	佧	攸	佚	佝					

57区	0	1	2	3	4	5	6	7	8	9	10	11	12	13	14	15	16	17	18	19
570		佟	佗	伲	伽	佶	佴	侑	侉	侃	侏	佾	佻	儕	佼	儂	侔	儔	儼	儷
572	俅	俚	俁	俜	俑	俟	俸	倩	偌	俳	倬	倏	倮	倭	俾	倜	倌	倥	倨	僨
574	偃	偕	偈	偎	偬	僂	儻	儐	儺	傺	僖	儆	僭	僬	僦	僮	儇	儋	仝	氽
576	佘	僉	俎	龠	汆	糴	兮	巽	黌	馘	囅	夔	勹	匍	訇	匐	鳧	夙	兕	亠
578	兗	亳	袞	袤	褻	臠	裒	稟	嬴	蠃	羸	冫	冱	冽	冼					

58区	0	1	2	3	4	5	6	7	8	9	10	11	12	13	14	15	16	17	18	19
580		凇	冖	冢	冥	訁	訐	訌	訕	謳	詎	訥	詁	訶	詆	詔	詘	詒	誆	誄
582	詿	詰	詼	詵	詬	詮	諍	諢	詡	誚	誥	誑	誒	諏	諑	諉	諛	諗	諂	誶
584	諶	諫	謔	謁	諤	諭	諼	諳	諦	諮	諞	謨	讜	謖	謚	謐	謫	譾	譖	譙
586	譎	讞	譫	讖	卩	巹	阝	阢	阡	阱	阪	阽	阼	陂	陘	陔	陟	隉	陬	陲
588	陴	隈	隍	隗	隰	邗	邛	鄺	邙	鄔	邡	邴	邳	邶	鄴					

59区	0	1	2	3	4	5	6	7	8	9	10	11	12	13	14	15	16	17	18	19
590		邸	邰	郟	郅	邾	鄶	郄	郇	鄆	酈	郢	郜	郗	郛	郫	郯	郾	鄄	鄢
592	鄞	鄣	鄱	鄯	鄹	酃	酆	芻	奐	勱	劬	劭	劾	哿	勐	勖	勰	叟	燮	矍
594	廴	凵	凼	鬯	厶	弁	畚	巰	坌	堊	垡	塾	墼	壅	壑	圩	圬	圪	圳	壙
596	圮	圯	壢	圻	坂	坩	壟	坫	壚	坼	坻	坨	坭	坶	坳	埡	垤	垌	塏	埏
598	垧	堖	垓	垠	埕	塒	堝	塤	埒	垸	埴	埯	埸	埤	埝					

60区	0	1	2	3	4	5	6	7	8	9	10	11	12	13	14	15	16	17	18	19
600		堋	堍	埽	埭	堀	堞	堙	塄	堠	塥	塬	墁	墉	墚	墀	馨	鼙	懿	艹
602	艽	艿	芏	芊	芨	芄	芎	芑	薌	芙	芫	蕓	芾	芰	藶	苊	苣	芘	芷	芮
604	莧	萇	蓯	芩	芴	芡	芪	芟	苄	苧	芤	苡	茉	苷	苤	蘢	茇	苜	苴	苒
606	苘	茌	苻	苓	蔦	茚	茆	塋	煢	苠	苕	茜	荑	蕘	蓽	茈	莒	茼	茴	茱
608	莛	蕎	茯	荏	荇	荃	薈	荀	茗	薺	茭	茺	茳	犖	滎					

61区	0	1	2	3	4	5	6	7	8	9	10	11	12	13	14	15	16	17	18	19
610		蕁	茛	藎	蕒	蓀	葒	葤	莰	荸	蒔	萵	莠	莪	莓	莜	蒞	荼	薟	莩
612	荽	蕕	荻	莘	莞	莨	鶯	蒓	菁	萁	菥	菘	堇	萘	萋	菝	菽	菖	萜	萸
614	萑	萆	菔	菟	萏	萃	菸	菹	菪	菅	菀	縈	菰	菡	葜	葑	葚	葙	葳	蕆
616	蒈	葺	蕢	葸	萼	葆	葩	葶	蔞	蒎	萱	葭	蓁	蓍	蓐	驀	蒽	蓓	蓊	蒿
618	蒺	蘺	蒡	蒹	蒴	蒗	鎣	蕷	蔌	甍	蔸	蓰	蘞	蔟	藺					

62区	0	1	2	3	4	5	6	7	8	9	10	11	12	13	14	15	16	17	18	19
620		蕖	蔻	蓿	蓼	蕙	蕈	蕨	蕤	蕞	蕺	瞢	蕃	蘄	蕻	薤	薨	薇	薏	蕹
622	藪	薜	薅	薹	薷	薰	蘚	藁	藜	藿	蘧	蘅	蘩	蘖	蘼	廾	弈	夼	奩	耷
624	奕	奚	奘	匏	尢	尥	尬	尷	扌	捫	摶	抻	拊	拚	拗	拮	撟	拶	挹	捋
626	捃	掭	揶	捱	捺	掎	摑	捭	掬	掊	捩	掮	摜	揲	揸	揠	撳	揄	揞	揎
628	摒	揆	掾	攄	摁	搋	搛	搠	搌	搦	搡	摞	攖	摭	撖					

63区	0	1	2	3	4	5	6	7	8	9	10	11	12	13	14	15	16	17	18	19
630		摺	攧	擼	撙	攛	擀	擐	擗	擤	擢	攉	攥	攮	弋	忒	甙	弒	卟	叱
632	嘰	叩	叨	叻	吒	吖	吆	呋	嘸	囈	呔	嚦	呃	吡	唄	咼	吣	吲	咂	咔
634	呷	呱	呤	咚	嚀	咄	呶	呦	噝	哐	咭	哂	咴	噠	咧	咦	嘵	嗶	呲	咣
636	噦	咻	咿	哌	噲	哚	嚌	咩	咪	咤	噥	哏	哞	嘜	哧	嘮	哽	唔	哳	嗩
638	唕	唏	唑	唧	唪	嘖	喏	喵	啉	囀	啁	啕	唿	啐	唼					

64区	0	1	2	3	4	5	6	7	8	9	10	11	12	13	14	15	16	17	18	19
640		唷	啖	啵	啶	啷	唳	唰	啜	喋	嗒	喃	喱	喹	喈	喁	喟	啾	嗖	喑
642	啻	嗟	嘍	嚳	喔	喙	嗪	嗷	嗉	嘟	嗑	囁	嗬	嗔	嗦	嗝	嗄	嗯	嗥	嗲
644	噯	嗌	嗍	嗨	嗵	嗤	轡	嘞	嘈	嘌	嘁	嚶	嘣	嗾	嘀	嘧	嘭	噘	嘹	噗
646	嘬	噍	噢	噙	嚕	噌	噔	嚆	噤	噱	噫	噻	噼	嚅	嚓	嚯	囔	囗	囝	囡
648	圇	囫	囹	囿	圄	圊	圉	圜	幃	帙	帔	帑	幬	幘	幗					

65区	0	1	2	3	4	5	6	7	8	9	10	11	12	13	14	15	16	17	18	19
650		帷	幄	幔	幛	幞	幡	岌	屺	岍	岐	嶇	岈	峴	岙	岑	嵐	岜	岵	岢
652	崬	岬	岫	岱	岣	峁	岷	嶧	峒	嶠	峋	崢	嶗	崍	崧	崦	崮	崤	崞	崆
654	崛	嶸	崾	崴	崽	嵬	嵛	嵯	嶁	嵫	嵋	嵊	嵩	嵴	嶂	嶙	嶝	豳	嶷	巔
656	彳	彷	徂	徇	徉	后	徠	徙	徜	徨	徭	征	徼	衢	彡	犭	犰	犴	獷	獁
658	狃	狁	狎	狍	狒	狨	獪	狩	猻	狴	狷	猁	狳	獫	狺					

66区	0	1	2	3	4	5	6	7	8	9	10	11	12	13	14	15	16	17	18	19
660		狻	猗	猓	玀	猊	猞	猝	獼	猢	猹	猥	猬	猸	猱	獐	獍	獗	獠	獬
662	獯	獾	舛	夥	飧	夤	夂	飠	餳	飩	餼	飪	飫	飭	飴	餉	餑	余	餛	餷
664	餿	饃	饈	饉	饊	饌	饢	庀	廡	庋	庖	庥	庠	庹	庵	庾	庳	賡	廒	廑
666	廛	廨	廩	膺	忄	忉	忖	懺	憮	忮	慪	忡	忤	愾	悵	愴	忪	忭	忸	怙
668	怵	怦	怛	怏	怍	怩	怫	怊	懌	怡	慟	懨	惻	愷	恂					

67区	0	1	2	3	4	5	6	7	8	9	10	11	12	13	14	15	16	17	18	19
670		恪	惲	悖	悚	慳	悝	悃	悒	悌	悛	愜	悻	悱	惝	惘	惆	惚	悴	慍
672	憒	愕	愣	惴	愀	愎	愫	慊	慵	憬	憔	憧	憷	懍	懵	忝	隳	閂	閆	闈
674	閎	閔	閌	闥	閭	閫	鬮	閬	閾	閶	鬩	閿	閽	閼	闃	闋	闔	闐	闕	闞
676	丬	爿	戕	氵	汔	汜	汊	灃	沅	沐	沔	沌	汨	汩	汴	汶	沆	溈	泐	泔
678	沭	瀧	瀘	泱	泗	淹	泠	泖	濼	泫	泮	沱	泓	泯	涇					

68区	0	1	2	3	4	5	6	7	8	9	10	11	12	13	14	15	16	17	18	19
680		洹	洧	洌	浹	湞	洇	洄	洙	洎	洫	澮	洮	洵	洚	瀏	滸	潯	洳	涑
682	浯	淶	潿	浞	涓	涔	浜	浠	浼	浣	渚	淇	淅	淞	瀆	涿	淠	澠	淦	淝
684	淙	瀋	涫	淥	涮	渫	湮	湎	湫	溲	湟	溆	湓	湔	渲	渥	湄	灧	溱	溘
686	灄	漭	瀅	溥	溧	溽	溻	溷	潷	溴	滏	溏	滂	溟	潢	瀠	瀟	漤	漕	滹
688	漯	漶	瀲	瀦	漪	漉	漩	澉	澍	澌	潸	潲	潼	潺	瀨					

69区	0	1	2	3	4	5	6	7	8	9	10	11	12	13	14	15	16	17	18	19
690		濉	澧	澹	澶	濂	濡	濮	濞	濠	濯	瀚	瀣	瀛	瀹	瀵	灝	灞	宀	宄
692	宕	宓	宥	宸	甯	騫	搴	寤	寮	褰	寰	蹇	謇	辶	迓	迕	迥	迮	迤	邇
694	迦	逕	迨	逅	逄	逋	邐	逑	逍	逖	逡	逵	逶	逭	逯	遄	遑	遒	遐	遨
696	遘	遢	遛	遲	遴	遽	邂	邈	邃	邋	彐	彗	彖	彘	尻	咫	屐	屙	孱	屣
698	屨	羼	弳	弩	弭	艴	弼	鬻	屮	妁	妃	妍	嫵	嫗	妣					

70区	0	1	2	3	4	5	6	7	8	9	10	11	12	13	14	15	16	17	18	19
700		妗	姊	媯	妞	妤	姒	妲	妯	姍	妾	婭	嬈	姝	孌	姣	姘	姹	娌	娉
702	媧	嫻	娑	娣	娓	婀	婧	婊	婕	娼	婢	嬋	胬	媼	媛	婷	婺	媾	嫫	媲
704	嬡	嬪	媸	嫠	嫣	嬙	嫖	嫦	嫘	嫜	嬉	嬗	嬖	嬲	嬤	孀	尕	尜	孚	孥
706	孳	孑	孓	孢	駔	駟	駙	騶	驛	駑	駘	驍	驊	駢	驪	騏	騍	騅	驂	騭
708	騖	驁	騮	騸	驃	驄	驏	驥	驤	纟	紆	紂	紇	紈	纊					

71区	0	1	2	3	4	5	6	7	8	9	10	11	12	13	14	15	16	17	18	19
710		紜	紕	紓	紺	紲	紱	縐	紼	絀	紿	絝	絎	絳	綆	綃	綈	綾	綺	緋
712	緔	緄	綞	綬	綹	綣	綰	緇	緙	緗	緹	緲	繢	緦	緶	緱	縋	緡	縉	縝
714	縟	縞	縭	縊	縑	繽	縹	縵	縲	繆	繅	纈	繚	繒	韁	繾	繰	繯	纘	幺
716	畿	巛	甾	邕	玎	璣	瑋	玢	玟	珏	珂	瓏	玷	玳	珀	珉	珈	珥	珙	頊
718	琊	珩	珧	珞	璽	琿	璉	琪	瑛	琦	琥	琨	琰	琮	琬					

72区	0	1	2	3	4	5	6	7	8	9	10	11	12	13	14	15	16	17	18	19
720		琛	琚	瑁	瑜	瑗	瑕	瑙	璦	瑭	瑾	璜	瓔	璀	璁	璇	璋	璞	璨	璩
722	璐	璧	瓚	璺	韙	韞	韜	杌	杓	杞	杈	榪	櫪	枇	杪	杳	枘	梘	杵	棖
724	樅	梟	枋	杷	杼	柰	櫛	柘	櫳	柩	枰	櫨	柙	枵	柚	枳	柝	梔	柃	枸
726	柢	櫟	柁	檉	栲	栳	椏	橈	桎	楨	桄	榿	梃	栝	桕	樺	桁	檜	桀	欒
728	桊	桉	栩	梵	梏	桴	桷	梓	桫	欞	楮	棼	櫝	槧	棹					

73区	0	1	2	3	4	5	6	7	8	9	10	11	12	13	14	15	16	17	18	19
730		欏	棰	椋	椁	楗	棣	椐	楱	椹	楠	楂	楝	欖	楫	榀	榘	楸	椴	槌
732	櫬	櫚	槎	櫸	楦	楣	楹	榛	榧	榻	榫	榭	槔	榱	槁	槊	檳	榕	櫧	榍
734	槿	檣	槭	樗	樘	櫫	槲	橄	樾	檠	橐	橛	樵	檎	櫓	樽	樨	橘	櫞	檑
736	檐	檁	檗	檫	猷	獒	歿	殂	殤	殄	殞	殮	殍	殫	殛	殯	殪	軔	軛	軲
738	軻	轤	軹	軼	軫	軤	轢	軺	軾	輊	輇	輅	輒	輦	輞					

74区	0	1	2	3	4	5	6	7	8	9	10	11	12	13	14	15	16	17	18	19
740		輟	輜	輳	轆	轔	軎	戔	戧	戛	戟	戢	戡	戥	戤	戩	臧	甌	瓴	瓿
742	甏	甑	甓	攴	旮	旯	旰	昊	曇	杲	昃	昕	昀	炅	曷	昝	昴	昱	昶	昵
744	耆	晟	曄	晁	晏	暉	晡	晗	晷	暄	暌	曖	暝	暾	曛	曜	曦	曩	貰	賁
746	貺	貽	贄	貲	賅	贐	賑	賚	賕	賡	賧	賻	覘	覬	覡	覿	覦	覯	覲	覷
748	牮	犟	牝	牦	牯	牾	牿	犄	犋	犍	犏	犒	挈	挲	掰					

75区	0	1	2	3	4	5	6	7	8	9	10	11	12	13	14	15	16	17	18	19
750		搿	擘	耄	毪	毳	毽	毿	毹	氅	氌	氆	氍	氕	氘	氙	氚	氡	氬	氤
752	氪	氳	攵	敕	敫	牘	牒	牖	爰	虢	刖	肟	肜	肓	肼	朊	肽	肱	肫	肭
754	肴	肷	朧	腖	胩	臚	胛	胂	胄	胙	胍	胗	朐	胝	脛	胱	胴	胭	膾	脎
756	胲	胼	朕	脒	豚	腡	脞	脬	脘	脲	腈	腌	腓	腴	腙	腚	腱	腠	腩	腼
758	膃	腭	腧	塍	媵	膈	膂	臏	滕	膣	膪	臌	朦	臊	膻					

76区	0	1	2	3	4	5	6	7	8	9	10	11	12	13	14	15	16	17	18	19
760		臁	膦	歟	欷	欹	歃	歆	歙	颮	颯	颶	颼	飆	飈	殳	彀	轂	觳	斐
762	齏	斕	於	旆	旄	旃	旌	旎	旒	旖	煬	煒	炖	熗	炻	烀	炷	炫	炱	燁
764	烊	焐	焓	燜	焯	焱	煳	煜	煨	煅	煲	煊	煸	煺	熘	熳	熵	熨	熠	燠
766	燔	燧	燹	爝	爨	灬	燾	煦	熹	戾	戽	扃	扈	扉	礻	祀	祆	祉	祛	祜
768	祓	祚	禰	祗	祠	禎	祧	祺	禪	禊	禚	禧	禳	忑	忐					

77区	0	1	2	3	4	5	6	7	8	9	10	11	12	13	14	15	16	17	18	19
770		懟	恝	恚	恧	恁	恙	恣	愨	愆	愍	慝	憩	憝	懋	懣	戇	肀	聿	沓
772	澩	淼	磯	矸	碭	砉	硨	砘	砑	斫	砭	碸	砝	砹	礪	礱	砟	砼	砥	砬
774	砣	砩	硎	硭	硤	磽	砦	硐	硇	硌	硪	磧	碓	碚	碇	磣	碡	碣	碲	碹
776	碥	磔	磙	磉	磬	磲	礅	磴	礓	礤	礞	礴	龕	黹	黻	黼	盱	眄	瞘	盹
778	眇	眈	眚	眢	眙	眭	眥	眵	眸	睞	瞼	睇	睃	睚	睨					

78区	0	1	2	3	4	5	6	7	8	9	10	11	12	13	14	15	16	17	18	19
780		睢	睥	睿	瞍	睽	瞀	瞌	瞑	瞟	瞠	瞰	瞵	瞽	町	畀	畎	畋	畈	畛
782	畲	畹	疃	罘	罡	罟	詈	罨	羆	罱	罹	羈	罾	盍	盥	蠲	釒	釓	釔	釙
784	釗	釕	釷	釧	釤	鍆	釵	釹	鈈	鈦	鉅	鈑	鈐	鈁	鈧	鈄	鈥	鈀	鈺	鉦
786	鈷	鈳	鉕	鈽	鈸	鉞	鉬	鉭	鈿	鑠	鈰	鉉	鉈	鉍	鈮	鈹	鐸	銬	銠	鉺
788	銪	鋮	鋏	鐃	鋣	鐺	銱	銦	鎧	銖	鋌	銩	鏵	銓	鉿					

79区	0	1	2	3	4	5	6	7	8	9	10	11	12	13	14	15	16	17	18	19
790		鎩	銚	錚	銫	銃	鐋	銨	銣	鐒	錸	鋱	鏗	鋥	鋰	鋯	鋨	銼	鋝	鋶
792	鐦	鐧	鋃	鋟	鋦	錒	錆	鍩	錛	鍀	錁	錕	錮	鍃	錇	錈	錟	錙	鍥	鍇
794	鍶	鍔	鍤	鎪	鍰	鎄	鏤	鏘	鐨	鎇	鏌	鎘	鐫	鎿	鎦	鎰	鎵	鑌	鏢	鏜
796	鏝	鏍	鏞	鏃	鏇	鏑	鐔	鐝	鏷	鑥	鐓	鑭	鐠	鑹	鏹	鐙	鑊	鐲	鐿	鑔
798	鑣	鍾	矧	矬	雉	秕	秭	秣	秫	稆	嵇	稃	稂	稞	稔					

80区	0	1	2	3	4	5	6	7	8	9	10	11	12	13	14	15	16	17	18	19
800		稹	稷	穡	黏	馥	穰	皈	皎	皓	皙	皤	瓞	瓠	甬	鳩	鳶	鴇	鴆	鴣
802	鶇	鸕	鴝	鴟	鷥	鴯	鷙	鴰	鵂	鸞	鵓	鸝	鵠	鵒	鷴	鵜	鵡	鶓	鵪	鵯
804	鶉	鶘	鶚	鷀	鶥	鶩	鷂	鶼	鸚	鷓	鷚	鷯	鷦	鷲	鷸	鸌	鷺	鸛	疒	疔
806	癤	癘	疝	癧	疣	疳	疴	疸	痄	疱	疰	痃	痂	瘂	痍	痣	癆	痦	痤	癇
808	痧	瘃	痱	痼	痿	瘐	瘀	癉	瘌	瘞	瘊	瘥	瘻	瘕	瘙					

81区	0	1	2	3	4	5	6	7	8	9	10	11	12	13	14	15	16	17	18	19
810		瘛	瘼	瘢	瘠	癀	瘭	瘰	癭	瘵	癃	癮	瘳	癍	癩	癔	癜	癖	癲	癯
812	翊	竦	穸	穹	窀	窆	窈	窕	竇	窠	窬	窨	窶	窳	衤	衩	衲	衽	衿	袂
814	袢	襠	袷	袼	裉	褳	裎	襝	襇	裱	褚	裼	裨	裾	裰	褡	褙	褓	褸	褊
816	襤	褫	褶	襁	襦	襻	疋	胥	皸	皴	矜	耒	耔	耖	耜	耠	耮	耥	耦	耬
818	耩	耨	耱	耋	耵	聃	聆	聹	聒	聵	聱	覃	頇	頎	頏					

82区	0	1	2	3	4	5	6	7	8	9	10	11	12	13	14	15	16	17	18	19
820		頡	頜	潁	頦	頷	顎	顓	顳	顢	顙	顥	顬	顰	虍	虔	虯	蟣	蠆	虺
822	虼	虻	蚨	蚍	蚋	蜆	蚝	蚧	蚣	蚪	蚓	蚩	蚶	蛄	蚵	蠣	蚰	蚺	蚱	蚯
824	蛉	蟶	蚴	蛩	蛺	蟯	蛭	螄	蛐	蜓	蛞	蠐	蛟	蛘	蛑	蜃	蜇	蛸	蜈	蜊
826	蜍	蜉	蜣	蜻	蜞	蜥	蜮	蜚	蜾	蟈	蜴	蜱	蜩	蜷	蜿	螂	蜢	蝽	蠑	蝻
828	蝠	蝰	蝌	蝮	螋	蝓	蝣	螻	蝤	蝙	蝥	螓	螯	蟎	蟒					

83区	0	1	2	3	4	5	6	7	8	9	10	11	12	13	14	15	16	17	18	19
830		蟆	螈	螅	螭	螗	螃	螫	蟥	螬	螵	螳	蟋	蟓	螽	蟑	蟀	蟊	蟛	蟪
832	蟠	蟮	蠖	蠓	蟾	蠊	蠛	蠡	蠹	蠼	缶	罌	罄	罅	舐	竺	竽	笈	篤	笄
834	筧	笊	笫	笏	筇	笸	笪	笙	笮	笱	笠	笥	笤	笳	籩	笞	筘	篳	筅	筵
836	筌	箏	筠	筮	筻	筢	筲	筱	箐	簀	篋	箸	箬	箝	籜	箅	簞	箜	箢	簫
838	箴	簣	篁	篌	篝	篚	篥	篦	篪	簌	篾	篼	簏	籪	簋					

84区 0 1 2 3 4 5 6 7 8 9 10 11 12 13 14 15 16 17 18 19

840 簞 簪 簦 簸 籟 籀 臾 舁 舂 舄 臬 衄 舡 舢 艤 舭 舯 舨 舫

842 舸 艫 舳 舴 舾 艄 艉 艋 艏 艚 艟 艨 衾 裊 袈 裘 裟 襞 羝 羥

844 羧 羯 羰 羲 籼 敉 粑 糲 糶 粞 粢 粲 粼 粽 糝 糇 糌 糍 糈 糅

846 糗 糨 艮 暨 羿 翎 翕 翥 翡 翦 翩 翮 翳 糸 縶 綦 綮 繇 纛 麩

848 麴 赳 趄 趔 趑 趲 赧 赭 豇 豉 酊 酐 酎 酏 酤

85区 0 1 2 3 4 5 6 7 8 9 10 11 12 13 14 15 16 17 18 19

850 酢 酡 酰 酩 酯 釅 釃 酲 酴 酹 醌 醅 醐 醍 醑 醢 醣 醪 醭

852 醮 醯 醵 醴 醺 豕 鹺 躉 跫 踅 蹙 蹩 趵 趿 趼 趺 蹌 跖 跗 跚

854 躒 跎 跏 跛 跆 跬 蹺 蹕 跣 躚 躋 跤 踉 跽 踔 踝 踟 躓 踮 踣

856 躑 踺 蹀 踹 踵 踽 踱 蹉 蹁 蹂 躡 蹣 蹊 躕 蹶 蹼 蹯 蹴 躅 躪

858 躔 躐 躦 躞 豸 貂 貊 貅 貘 貔 斛 觖 觴 觚 觜

86区 0 1 2 3 4 5 6 7 8 9 10 11 12 13 14 15 16 17 18 19

860 觥 觫 觶 訾 謦 靚 雩 靂 雯 霆 霽 霈 霏 霎 霪 靄 霰 霾 齔

862 齟 齙 齠 齜 齦 齬 齪 齷 黽 黿 鼉 隹 隼 雋 雎 雒 瞿 讎 銎 鑾

864 鋈 鏨 鍪 鏊 鎏 鐾 鑫 魷 魴 鮁 鮃 鮎 鱸 穌 鮒 鱟 鮐 鮭 鮚 鮪

866 鮞 鱭 鮫 鯗 鱘 鯁 鱺 鰱 鰹 鰣 鰷 鯀 鯊 鯇 鯽 鯖 鯪 鯫 鯡 鯤

868 鯧 鯝 鯢 鯰 鯛 鯴 鯔 鱝 鰈 鱷 鰍 鰒 鰉 鯿 鰠

87区 0 1 2 3 4 5 6 7 8 9 10 11 12 13 14 15 16 17 18 19

870 鰲 鰭 鰨 鰥 鰩 鰳 鰾 鱈 鰻 鰵 鱅 鱖 鱔 鱒 鱧 靼 鞅 韃 鞽

872 鞔 韉 鞫 鞣 鞲 鞴 骱 骰 骷 鶻 骶 骺 骼 髁 髀 髏 髂 髖 髕 髑

874 魅 魃 魘 魎 魈 魍 魑 饗 饜 餮 饕 饔 髟 髡 髦 髯 髫 髻 髭 髹

876 鬈 鬏 鬢 鬟 鬣 么 麾 縻 麂 麇 麈 麋 麒 鏖 麝 麟 黛 黜 黝 黠

878 黟 黢 黷 黧 黥 黲 黯 鼢 鼬 鼯 鼴 鼷 鼽 鼾 齇

88区	0	1	2	3	4	5	6	7	8	9	10	11	12	13	14	15	16	17	18	19
880		襬	闆	錶	彆	蔔	纔	厂	冲	丑	齣	噹	党	淀	鼕	斗	噁	髮	范	丰
882	複	干	穀	颳	广	閤	鬍	划	迴	彙	穫	飢	几	傢	价	荐	薑	儘	据	捲
884	剋	夸	睏	蜡	腊	纍	里	曆	帘	瞭	滷	囉	黴	濛	懞	矇	瀰	麵	巇	闢
886	苹	凭	扑	仆	朴	韆	籤	縴	鞦	麯	确	舍	术	松	囌	台	颱	檯	罎	涂
888	糰	万	係	繫	鹹	嚮	鬚	葯	叶	郁	禦	籲	愿	云	髒					

89区	0	1	2	3	4	5	6	7	8	9	10	11	12	13	14	15	16	17	18	19
890		症	隻	只	緻	製	种	硃	筑	准										

附　录　A
（规范性附录）
补充的字符

本部分是以 GB 12345—1990《信息交换用汉字编码字符集　辅助集》为依据制定的。根据使用需要，在 GB 12345—1990 修订之前，在本部分中对字符作如下补充和更正。

补充的字符和更正有如下 128 处：

3-71	g 更正为 ɡ。
8-32	g 更正为 ɡ。
10-01 至 10-94	补充 94 个半角图形的字符，其排列顺序与 GB 12345—1990 的表 1“图形字符代码表”中第 3 区一一对应，字形宽度为对应第 3 区字形宽度的 1/2。
11-01 至 11-32	补充汉语拼音 ɑ、e、i、o、u、ü 的四声半角字符和 ê、ɑ、ḿ、ń、ň、ǹ、ɡ 的半角字符，排列顺序与本部分第 8 区 01 位至 32 位的 32 个字符一一对应，字形宽度为相应第 8 区字形宽度的 1/2。

附 录 B
（规范性附录）
24 点阵字型数据

B.1 24 点阵字型数据的表示

本部分中，图形字符的字型可由点阵数据来表示。每个字型的点阵数据为 24×24（横行点数×纵列点数），共 576 个二进制位，占 72 个字节。

B.2 24 点阵字型数据的记录格式

24 点阵字型数据的 72 个字节排列次序是以 0 字节开始至 71 字节结束，均用十六进制表示，每行三字节，记录格式如下：

<table>
<tr><th rowspan="2">行数</th><th colspan="24">列 数</th></tr>
<tr><th>0</th><th>1</th><th>2</th><th>3</th><th>4</th><th>5</th><th>6</th><th>7</th><th>8</th><th>9</th><th>10</th><th>11</th><th>12</th><th>13</th><th>14</th><th>15</th><th>16</th><th>17</th><th>18</th><th>19</th><th>20</th><th>21</th><th>22</th><th>23</th></tr>
<tr><td>0</td><td colspan="8">0 字节</td><td colspan="8">1 字节</td><td colspan="8">2 字节</td></tr>
<tr><td>1
2
⋮
22</td><td colspan="8"></td><td colspan="8"></td><td colspan="8"></td></tr>
<tr><td>23</td><td colspan="8">69 字节</td><td colspan="8">70 字节</td><td colspan="8">71 字节</td></tr>
</table>

B.3 汉字 24 点阵字型数据举例

長 19-04	治 54-46	久 30-35	安 16-18
02 00 00	00 02 00	00 80 00	00 60 00
03 80 00	18 03 80	00 E0 00	00 30 00
03 00 80	0C 03 00	00 C0 00	00 18 00
03 00 E0	06 06 00	01 80 00	10 10 18
03 03 80	04 86 00	01 83 00	1F FF FC
03 07 00	00 8C 40	03 FF 80	30 40 18
03 0C 00	00 88 20	03 07 00	30 70 20
03 18 00	61 10 18	06 06 00	60 60 00
03 20 00	31 20 0C	06 0C 00	00 60 00
03 40 00	19 FF FE	0C 0C 00	00 C0 00
03 00 0C	12 70 06	18 0E 00	00 C0 0C
FF FF FE	02 00 04	10 1A 00	7F FF FE
03 08 00	02 20 30	20 1A 00	01 81 80
03 08 00	04 3F F8	00 33 00	01 81 80
03 04 00	04 30 30	00 31 00	03 03 00
03 04 00	0C 30 30	00 61 80	03 03 00
03 02 00	7C 30 30	00 C0 80	07 86 00

03	03	00	0C	30	30	01	80	C0	00	FC	00
03	09	80	0C	30	30	03	00	60	00	1E	00
03	10	C0	0C	30	30	06	00	70	00	37	80
03	60	70	0C	3F	F0	0C	00	3C	00	E1	E0
03	80	3E	0C	30	30	30	00	1F	03	80	78
07	00	18	04	30	30	40	00	08	0E	00	18
02	00	00	00	20	20	00	00	00	70	00	08

参 考 文 献

《第一批异体字整理表》 中华人民共和国文化部、中国文字改革委员会 1955年12月22日

《简化字总表》 中国文字改革委员会、中华人民共和国文化部、中华人民共和国教育部 1964年3月7日
(1986年10月10日国家语言文字工作委员会重新发表)

《印刷通用汉字字形表》 中华人民共和国文化部、中国文字改革委员会 1965年1月30日

《现代汉语通用字表》 国家语言文字工作委员会、中华人民共和国新闻出版署 1988年3月25日

ICS 67.040
C 53

中华人民共和国国家标准

GB/T 5009.7—2008
代替 GB/T 5009.7—2003

食品中还原糖的测定

Determination of reducing sugar in foods

2008-11-21 发布 2009-03-01 实施

中华人民共和国卫生部
中国国家标准化管理委员会 发布

前　言

本标准代替 GB/T 5009.7—2003《食品中还原糖的测定》。

本标准与 GB/T 5009.7—2003 相比主要修改如下：

——增加了检出限；

——对食品样品的分类重新界定；

——增加了第一法“直接滴定法”的反滴定公式；

——明确计算结果的有效数字。

本标准由中华人民共和国卫生部提出并归口。

本标准起草单位：中国疾病预防控制中心营养与食品安全所、北京市疾病预防控制中心。

本标准主要起草人：杨大进、常迪、赵馨、吴国华、薛颖。

本标准所代替标准的历次版本发布情况为：

—— GB/T 5009.7—1985、GB/T 5009.7—2003。

食品中还原糖的测定

1 范围

本标准规定了食品中还原糖含量的测定方法。

本标准适用于食品中还原糖含量的测定。

当称样量为5.0 g时,直接滴定法的检出限为0.25 g/100 g,高锰酸钾滴定法的检出限为0.5 g/100 g。

第一法 直接滴定法

2 原理

试样经除去蛋白质后,在加热条件下,以亚甲蓝作指示剂,滴定标定过的碱性酒石酸铜溶液(用还原糖标准溶液标定),根据样品液消耗体积计算还原糖含量。

3 试剂

除非另有规定,本方法中所用试剂均为分析纯。

3.1 盐酸(HCl)。

3.2 硫酸铜($CuSO_4 \cdot 5H_2O$)。

3.3 亚甲蓝($C_{16}H_{18}ClN_3S \cdot 3H_2O$):指示剂。

3.4 酒石酸钾钠[$C_4H_4O_6KNa \cdot 4H_2O$]。

3.5 氢氧化钠(NaOH)。

3.6 乙酸锌[$Zn(CH_3COO)_2 \cdot 2H_2O$]。

3.7 冰乙酸($C_2H_4O_2$)。

3.8 亚铁氰化钾[$K_4Fe(CN)_6 \cdot 3H_2O$]。

3.9 葡萄糖($C_6H_{12}O_6$)。

3.10 果糖($C_6H_{12}O_6$)。

3.11 乳糖($C_6H_{12}O_6$)。

3.12 蔗糖($C_{12}H_{22}O_{11}$)。

3.13 碱性酒石酸铜甲液:称取15 g硫酸铜($CuSO_4 \cdot 5H_2O$)及0.05 g亚甲蓝,溶于水中并稀释至1 000 mL。

3.14 碱性酒石酸铜乙液:称取50 g酒石酸钾钠、75 g氢氧化钠,溶于水中,再加入4 g亚铁氰化钾,完全溶解后,用水稀释至1 000 mL,贮存于橡胶塞玻璃瓶内。

3.15 乙酸锌溶液(219 g/L):称取21.9 g乙酸锌,加3 mL冰乙酸,加水溶解并稀释至100 mL。

3.16 亚铁氰化钾溶液(106 g/L):称取10.6 g亚铁氰化钾,加水溶解并稀释至100 mL。

3.17 氢氧化钠溶液(40 g/L):称取4 g氢氧化钠,加水溶解并稀释至100 mL。

3.18 盐酸溶液(1+1):量取50 mL盐酸,加水稀释至100 mL。

3.19 葡萄糖标准溶液:称取1 g(精确至0.000 1 g)经过98 ℃~100 ℃干燥2 h的葡萄糖,加水溶解后加入5 mL盐酸,并以水稀释至1 000 mL。此溶液每毫升相当于1.0 mg葡萄糖。

3.20 果糖标准溶液:称取1 g(精确至0.000 1 g)经过98 ℃~100 ℃干燥2 h的果糖,加水溶解后加入

5 mL 盐酸,并以水稀释至 1 000 mL。此溶液每毫升相当于 1.0 mg 果糖。

3.21 乳糖标准溶液:称取 1 g(精确至 0.000 1 g)经过 96 ℃±2 ℃干燥 2 h 的乳糖,加水溶解后加入 5 mL 盐酸,并以水稀释至 1 000 mL。此溶液每毫升相当于 1.0 mg 乳糖(含水)。

3.22 转化糖标准溶液:准确称取 1.052 6 g 蔗糖,用 100 mL 水溶解,置具塞三角瓶中,加 5 mL 盐酸(1+1),在 68 ℃～70 ℃水浴中加热 15 min,放置至室温,转移至 1 000 mL 容量瓶中并定容至 1 000 mL,每毫升标准溶液相当于 1.0 mg 转化糖。

4 仪器

4.1 酸式滴定管:25 mL。

4.2 可调电炉:带石棉板。

5 分析步骤

5.1 试样处理

5.1.1 一般食品:称取粉碎后的固体试样 2.5 g～5 g 或混匀后的液体试样 5 g～25 g,精确至 0.001 g,置 250 mL 容量瓶中,加 50 mL 水,慢慢加入 5 mL 乙酸锌溶液及 5 mL 亚铁氰化钾溶液,加水至刻度,混匀,静置 30 min,用干燥滤纸过滤,弃去初滤液,取续滤液备用。

5.1.2 酒精性饮料:称取约 100 g 混匀后的试样,精确至 0.01 g,置于蒸发皿中,用氢氧化钠(40 g/L)溶液中和至中性,在水浴上蒸发至原体积的 1/4 后,移入 250 mL 容量瓶中,以下按 5.1.1 自"慢慢加入 5 mL 乙酸锌溶液"起依法操作。

5.1.3 含大量淀粉的食品:称取 10 g～20 g 粉碎后或混匀后的试样,精确至 0.001 g,置 250 mL 容量瓶中,加 200 mL 水,在 45 ℃水浴中加热 1 h,并时时振摇。冷后加水至刻度,混匀,静置、沉淀。吸取 200 mL 上清液置另一 250 mL 容量瓶中,以下按 5.1.1 自"慢慢加入 5 mL 乙酸锌溶液"起依法操作。

5.1.4 碳酸类饮料:称取约 100 g 混匀后的试样,精确至 0.01 g,试样置蒸发皿中,在水浴上微热搅拌除去二氧化碳后,移入 250 mL 容量瓶中,并用水洗涤蒸发皿,洗液并入容量瓶中,再加水至刻度,混匀后,备用。

5.2 标定碱性酒石酸铜溶液

吸取 5.0 mL 碱性酒石酸铜甲液及 5.0 mL 碱性酒石酸铜乙液,置于 150 mL 锥形瓶中,加水 10 mL,加入玻璃珠两粒,从滴定管滴加约 9 mL 葡萄糖或其他还原糖标准溶液,控制在 2 min 内加热至沸,趁热以 1 滴/2 s 的速度继续滴加葡萄糖或其他还原糖标准溶液,直至溶液蓝色刚好褪去为终点,记录消耗葡萄糖或其他还原糖标准溶液的总体积,同时平行操作三份,取其平均值,计算每 10 mL(甲、乙液各 5 mL)碱性酒石酸铜溶液相当于葡萄糖的质量或其他还原糖的质量(mg)[也可以按上述方法标定 4 mL～20 mL 碱性酒石酸铜溶液(甲、乙液各半)来适应试样中还原糖的浓度变化]。

5.3 试样溶液预测

吸取 5.0 mL 碱性酒石酸铜甲液及 5.0 mL 碱性酒石酸铜乙液,置于 150 mL 锥形瓶中,加水 10 mL,加入玻璃珠两粒,控制在 2 min 内加热至沸,保持沸腾以先快后慢的速度,从滴定管中滴加试样溶液,并保持溶液沸腾状态,待溶液颜色变浅时,以 1 滴/2 s 的速度滴定,直至溶液蓝色刚好褪去为终点,记录样液消耗体积。当样液中还原糖浓度过高时,应适当稀释后再进行正式测定,使每次滴定消耗样液的体积控制在与标定碱性酒石酸铜溶液时所消耗的还原糖标准溶液的体积相近,约 10 mL 左右,结果按式(1)计算。当浓度过低时则采取直接加入 10 mL 样品液,免去加水 10 mL,再用还原糖标准溶液滴定至终点,记录消耗的体积与标定时消耗的还原糖标准溶液体积之差相当于 10 mL 样液中所含还原糖的量,结果按式(2)计算。

5.4 试样溶液测定

吸取 5.0 mL 碱性酒石酸铜甲液及 5.0 mL 碱性酒石酸铜乙液，置于 150 mL 锥形瓶中，加水 10 mL，加入玻璃珠两粒，从滴定管滴加比预测体积少 1 mL 的试样溶液至锥形瓶中，使在 2 min 内加热至沸，保持沸腾继续以 1 滴/2s 的速度滴定，直至蓝色刚好褪去为终点，记录样液消耗体积，同法平行操作三份，得出平均消耗体积。

6 结果计算

试样中还原糖的含量(以某种还原糖计)按式(1)进行计算：

$$X = \frac{m_1}{m \times V/250 \times 1\,000} \times 100 \qquad \cdots\cdots(1)$$

式中：

X——试样中还原糖的含量(以某种还原糖计)，单位为克每百克(g/100 g)；

m_1——碱性酒石酸铜溶液(甲、乙液各半)相当于某种还原糖的质量，单位为毫克(mg)；

m——试样质量，单位为克(g)；

V——测定时平均消耗试样溶液体积，单位为毫升(mL)。

当浓度过低时试样中还原糖的含量(以某种还原糖计)按式(2)进行计算：

$$X = \frac{m_2}{m \times 10/250 \times 1\,000} \times 100 \qquad \cdots\cdots(2)$$

式中：

X——试样中还原糖的含量(以某种还原糖计)，单位为克每百克(g/100 g)；

m_2——标定时体积与加入样品后消耗的还原糖标准溶液体积之差相当于某种还原糖的质量，单位为毫克(mg)；

m——试样质量，单位为克(g)。

还原糖含量≥10 g/100 g 时计算结果保留三位有效数字；还原糖含量＜10 g/100 g 时，计算结果保留两位有效数字。

第二法 高锰酸钾滴定法

7 原理

试样经除去蛋白质后，其中还原糖把铜盐还原为氧化亚铜，加硫酸铁后，氧化亚铜被氧化为铜盐，以高锰酸钾溶液滴定氧化作用后生成的亚铁盐，根据高锰酸钾消耗量，计算氧化亚铜含量，再查表得还原糖量。

8 试剂

除非另有规定，本方法中所用试剂均为分析纯。

8.1 硫酸铜($CuSO_4 \cdot 5H_2O$)。

8.2 氢氧化钠(NaOH)。

8.3 酒石酸钾钠($C_4H_4O_6KNa \cdot 4H_2O$)。

8.4 硫酸铁[$Fe_2(SO_4)_3$]。

8.5 盐酸(HCl)。

8.6 碱性酒石酸铜甲液：称取 34.639 g 硫酸铜($CuSO_4 \cdot 5H_2O$)，加适量水溶解，加 0.5 mL 硫酸，再加水稀释至 500 mL，用精制石棉过滤。

8.7 碱性酒石酸铜乙液：称取 173 g 酒石酸钾钠与 50 g 氢氧化钠，加适量水溶解，并稀释至 500 mL，用精制石棉过滤，贮存于橡胶塞玻璃瓶内。

8.8 氢氧化钠溶液(40 g/L)：称取 4 g 氢氧化钠，加水溶解并稀释至 100 mL。

8.9 硫酸铁溶液(50 g/L)：称取 50 g 硫酸铁，加入 200 mL 水溶解后，慢慢加入 100 mL 硫酸，冷后加水稀释至 1 000 mL。

8.10 盐酸(3 mol/L)：量取 30 mL 盐酸，加水稀释至 120 mL。

8.11 高锰酸钾标准溶液[$c(1/5KMnO_4)=0.100\ 0$ mol/L]。

8.12 精制石棉：取石棉先用盐酸(3 mol/L)浸泡 2 d～3 d，用水洗净，再加氢氧化钠液体(400 g/L)浸泡 2 d～3 d，倾去溶液，再用热碱性酒石酸铜乙液浸泡数小时，用水洗净。再以盐酸(3 mol/L)浸泡数小时，以水洗至不呈酸性。然后加水振摇，使成细微的浆状软纤维，用水浸泡并贮存于玻璃瓶中，即可作填充古氏坩埚用。

9 仪器

9.1 25 mL 古氏坩埚或 G4 垂融坩埚。

9.2 真空泵。

10 分析步骤

10.1 试样处理

10.1.1 一般食品：称取粉碎后的固体试样约 2.5 g～5 g 或混匀后的液体试样 25 g～50 g，精确至 0.001 g，置 250 mL 容量瓶中，加水 50 mL，摇匀后加 10 mL 碱性酒石酸铜甲液及 4 mL 氢氧化钠溶液(40 g/L)，加水至刻度，混匀。静置 30 min，用干燥滤纸过滤，弃去初滤液，取续滤液备用。

10.1.2 酒精性饮料：称取约 100 g 混匀后的试样，精确至 0.01 g，置于蒸发皿中，用氢氧化钠溶液(40 g/L)中和至中性，在水浴上蒸发至原体积的 1/4 后，移入 250 mL 容量瓶中。加 50 mL 水，混匀。以下按 10.1.1 自"加 10 mL 碱性酒石酸铜甲液"起依法操作。

10.1.3 含大量淀粉的食品：称取 10 g～20 g 粉碎或混匀后的试样，精确至 0.001 g，置 250 mL 容量瓶中，加 200 mL 水，在 45 ℃水浴中加热 1 h，并时时振摇。冷后加水至刻度，混匀，静置。吸取200 mL上清液置另一 250 mL 容量瓶中，以下按 10.1.1 自"加 10 mL 碱性酒石酸铜甲液"起依法操作。

10.1.4 碳酸类饮料：称取约 100 g 混匀后的试样，精确至 0.01 g，试样置于蒸发皿中，在水浴上除去二氧化碳后，移入 250 mL 容量瓶中，并用水洗涤蒸发皿，洗液并入容量瓶中，再加水至刻度，混匀后，备用。

10.2 测定

吸取 50.00 mL 处理后的试样溶液，于 400 mL 烧杯内，加入 25 mL 碱性酒石酸铜甲液及 25 mL 乙液，于烧杯上盖一表面皿，加热，控制在 4 min 内沸腾，再准确煮沸 2 min，趁热用铺好石棉的古氏坩埚或 G4 垂融坩埚抽滤，并用 60 ℃热水洗涤烧杯及沉淀，至洗液不呈碱性为止。将古氏坩埚或垂融坩埚放回原 400 mL 烧杯中，加 25 mL 硫酸铁溶液及 25 mL 水，用玻棒搅拌使氧化亚铜完全溶解，以高锰酸钾标准溶液[$c(1/5KMnO_4)=0.100\ 0$ mol/L] 滴定至微红色为终点。

同时吸取 50 mL 水，加入与测定试样时相同量的碱性酒石酸铜甲液、乙液、硫酸铁溶液及水，按同一方法做空白试验。

10.3 结果计算

试样中还原糖质量相当于氧化亚铜的质量，按式(3)进行计算。

$$X = (V - V_0) \times c \times 71.54 \quad \cdots\cdots (3)$$

式中：

X——试样中还原糖质量相当于氧化亚铜的质量，单位为毫克(mg)；

V——测定用试样液消耗高锰酸钾标准溶液的体积，单位为毫升(mL)；

V_0——试剂空白消耗高锰酸钾标准溶液的体积，单位为毫升(mL)；

c——高锰酸钾标准溶液的实际浓度，单位为摩尔每升(mol/L)；

71.54——1 mL 1.000 mol/L 高锰酸钾溶液相当于氧化亚铜的质量，单位为毫克(mg)。

根据式中计算所得氧化亚铜质量，查表1，再计算试样中还原糖含量，按式(4)进行计算。

$$X = \frac{m_3}{m_4 \times V/250 \times 1\,000} \times 100 \quad \cdots\cdots (4)$$

式中：

X——试样中还原糖的含量，单位为克每百克(g/100 g)；

m_3——查表得还原糖质量，单位为毫克(mg)；

m_4——试样质量(体积)，单位为克或毫升(g 或 mL)；

V——测定用试样溶液的体积，单位为毫升(mL)；

250——试样处理后的总体积，单位为毫升(mL)。

还原糖含量≥10 g/100 g 时计算结果保留三位有效数字；还原糖含量<10 g/100 g 时，计算结果保留两位有效数字。

表 1　相当于氧化亚铜质量的葡萄糖、果糖、乳糖、转化糖质量表　　单位为毫克

氧化亚铜	葡萄糖	果　糖	乳糖(含水)	转化糖	氧化亚铜	葡萄糖	果　糖	乳糖(含水)	转化糖
11.3	4.6	5.1	7.7	5.2	33.8	14.3	15.8	23.0	15.3
12.4	5.1	5.6	8.5	5.7	34.9	14.8	16.3	23.8	15.8
13.5	5.6	6.1	9.3	6.2	36.0	15.3	16.8	24.5	16.3
14.6	6.0	6.7	10.0	6.7	37.2	15.7	17.4	25.3	16.8
15.8	6.5	7.2	10.8	7.2	38.3	16.2	17.9	26.1	17.3
16.9	7.0	7.7	11.5	7.7	39.4	16.7	18.4	26.8	17.8
18.0	7.5	8.3	12.3	8.2	40.5	17.2	19.0	27.6	18.3
19.1	8.0	8.8	13.1	8.7	41.7	17.7	19.5	28.4	18.9
20.3	8.5	9.3	13.8	9.2	42.8	18.2	20.1	29.1	19.4
21.4	8.9	9.9	14.6	9.7	43.9	18.7	20.6	29.9	19.9
22.5	9.4	10.4	15.4	10.2	45.0	19.2	21.1	30.6	20.4
23.6	9.9	10.9	16.1	10.7	46.2	19.7	21.7	31.4	20.9
24.8	10.4	11.5	16.9	11.2	47.3	20.1	22.2	32.2	21.4
25.9	10.9	12.0	17.7	11.7	48.4	20.6	22.8	32.9	21.9
27.0	11.4	12.5	18.4	12.3	49.5	21.1	23.3	33.7	22.4
28.1	11.9	13.1	19.2	12.8	50.7	21.6	23.8	34.5	22.9
29.3	12.3	13.6	19.9	13.3	51.8	22.1	24.4	35.2	23.5
30.4	12.8	14.2	20.7	13.8	52.9	22.6	24.9	36.0	24.0
31.5	13.3	14.7	21.5	14.3	54.0	23.1	25.4	36.8	24.5
32.6	13.8	15.2	22.2	14.8	55.2	23.6	26.0	37.5	25.0

表 1（续）

单位为毫克

氧化亚铜	葡萄糖	果　糖	乳糖（含水）	转化糖	氧化亚铜	葡萄糖	果　糖	乳糖（含水）	转化糖
56.3	24.1	26.5	38.3	25.5	112.6	49.0	53.8	76.7	51.5
57.4	24.6	27.1	39.1	26.0	113.7	49.5	54.4	77.4	52.0
58.5	25.1	27.6	39.8	26.5	114.8	50.0	54.9	78.2	52.5
59.7	25.6	28.2	40.6	27.0	116.0	50.6	55.5	79.0	53.0
60.8	26.1	28.7	41.4	27.6	117.1	51.1	56.0	79.7	53.6
61.9	26.5	29.2	42.1	28.1	118.2	51.6	56.6	80.5	54.1
63.0	27.0	29.8	42.9	28.6	119.3	52.1	57.1	81.3	54.6
64.2	27.5	30.3	43.7	29.1	120.5	52.6	57.7	82.1	55.2
65.3	28.0	30.9	44.4	29.6	121.6	53.1	58.2	82.8	55.7
66.4	28.5	31.4	45.2	30.1	122.7	53.6	58.8	83.6	56.2
67.6	29.0	31.9	46.0	30.6	123.8	54.1	59.3	84.4	56.7
68.7	29.5	32.5	46.7	31.2	125.0	54.6	59.9	85.1	57.3
69.8	30.0	33.0	47.5	31.7	126.1	55.1	60.4	85.9	57.8
70.9	30.5	33.6	48.3	32.2	127.2	55.6	61.0	86.7	58.3
72.1	31.0	34.1	49.0	32.7	128.3	56.1	61.6	87.4	58.9
73.2	31.5	34.7	49.8	33.2	129.5	56.7	62.1	88.2	59.4
74.3	32.0	35.2	50.6	33.7	130.6	57.2	62.7	89.0	59.9
75.4	32.5	35.8	51.3	34.3	131.7	57.7	63.2	89.8	60.4
76.6	33.0	36.3	52.1	34.8	132.8	58.2	63.8	90.5	61.0
77.7	33.5	36.8	52.9	35.3	134.0	58.7	64.3	91.3	61.5
78.8	34.0	37.4	53.6	35.8	135.1	59.2	64.9	92.1	62.0
79.9	34.5	37.9	54.4	36.3	136.2	59.7	65.4	92.8	62.6
81.1	35.0	38.5	55.2	36.8	137.4	60.2	66.0	93.6	63.1
82.2	35.5	39.0	55.9	37.4	138.5	60.7	66.5	94.4	63.6
83.3	36.0	39.6	56.7	37.9	139.6	61.3	67.1	95.2	64.2
84.4	36.5	40.1	57.5	38.4	140.7	61.8	67.7	95.9	64.7
85.6	37.0	40.7	58.2	38.9	141.9	62.3	68.2	96.7	65.2
86.7	37.5	41.2	59.0	39.4	143.0	62.8	68.8	97.5	65.8
87.8	38.0	41.7	59.8	40.0	144.1	63.3	69.3	98.2	66.3
88.9	38.5	42.3	60.5	40.5	145.2	63.8	69.9	99.0	66.8
90.1	39.0	42.8	61.3	41.0	146.4	64.3	70.4	99.8	67.4
91.2	39.5	43.4	62.1	41.5	147.5	64.9	71.0	100.6	67.9
92.3	40.0	43.9	62.8	42.0	148.6	65.4	71.6	101.3	68.4
93.4	40.5	44.5	63.6	42.6	149.7	65.9	72.1	102.1	69.0
94.6	41.0	45.0	64.4	43.1	150.9	66.4	72.7	102.9	69.5
95.7	41.5	45.6	65.1	43.6	152.0	66.9	73.2	103.6	70.0
96.8	42.0	46.1	65.9	44.1	153.1	67.4	73.8	104.4	70.6
97.9	42.5	46.7	66.7	44.7	154.2	68.0	74.3	105.2	71.1
99.1	43.0	47.2	67.4	45.2	155.4	68.5	74.9	106.0	71.6
100.2	43.5	47.8	68.2	45.7	156.5	69.0	75.5	106.7	72.2
101.3	44.0	48.3	69.0	46.2	157.6	69.5	76.0	107.5	72.7
102.5	44.5	48.9	69.7	46.7	158.7	70.0	76.6	108.3	73.2
103.6	45.0	49.4	70.5	47.3	159.9	70.5	77.1	109.0	73.8
104.7	45.5	50.0	71.3	47.8	161.0	71.1	77.7	109.8	74.3
105.8	46.0	50.5	72.1	48.3	162.1	71.6	78.3	110.6	74.9
107.0	46.5	51.1	72.8	48.8	163.2	72.1	78.8	111.4	75.4
108.1	47.0	51.6	73.6	49.4	164.4	72.6	79.4	112.1	75.9
109.2	47.5	52.2	74.4	49.9	165.5	73.1	80.0	112.9	76.5
110.3	48.0	52.7	75.1	50.4	166.6	73.7	80.5	113.7	77.0
111.5	48.5	53.3	75.9	50.9	167.8	74.2	81.1	114.4	77.6

表 1（续）

单位为毫克

氧化亚铜	葡萄糖	果　糖	乳糖（含水）	转化糖	氧化亚铜	葡萄糖	果　糖	乳糖（含水）	转化糖
168.9	74.7	81.6	115.2	78.1	225.2	101.1	110.0	153.9	105.4
170.0	75.2	82.2	116.0	78.6	226.3	101.6	110.6	154.7	106.0
171.1	75.7	82.8	116.8	79.2	227.4	102.2	111.1	155.5	106.5
172.3	76.3	83.3	117.5	79.7	228.5	102.7	111.7	156.3	107.1
173.4	76.8	83.9	118.3	80.3	229.7	103.2	112.3	157.0	107.6
174.5	77.3	84.4	119.1	80.8	230.8	103.8	112.9	157.8	108.2
175.6	77.8	85.0	119.9	81.3	231.9	104.3	113.4	158.6	108.7
176.8	78.3	85.6	120.6	81.9	233.1	104.8	114.0	159.4	109.3
177.9	78.9	86.1	121.4	82.4	234.2	105.4	114.6	160.2	109.8
179.0	79.4	86.7	122.2	83.0	235.3	105.9	115.2	160.9	110.4
180.1	79.9	87.3	122.9	83.5	236.4	106.5	115.7	161.7	110.9
181.3	80.4	87.8	123.7	84.0	237.6	107.0	116.3	162.5	111.5
182.4	81.0	88.4	124.5	84.6	238.7	107.5	116.9	163.3	112.1
183.5	81.5	89.0	125.3	85.1	239.8	108.1	117.5	164.0	112.6
184.5	82.0	89.5	126.0	85.7	240.9	108.6	118.0	164.8	113.2
185.8	82.5	90.1	126.8	86.2	242.1	109.2	118.6	165.6	113.7
186.9	83.1	90.6	127.6	86.8	243.1	109.7	119.2	166.4	114.3
188.0	83.6	91.2	128.4	87.3	244.3	110.2	119.8	167.1	114.9
189.1	84.1	91.8	129.1	87.8	245.4	110.8	120.3	167.9	115.4
190.3	84.6	92.3	129.9	88.4	246.6	111.3	120.9	168.7	116.0
191.4	85.2	92.9	130.7	88.9	247.7	111.9	121.5	169.5	116.5
192.5	85.7	93.5	131.5	89.5	248.8	112.4	122.1	170.3	117.1
193.6	86.2	94.0	132.2	90.0	249.9	112.9	122.6	171.0	117.6
194.8	86.7	94.6	133.0	90.6	251.1	113.5	123.2	171.8	118.2
195.9	87.3	95.2	133.8	91.1	252.2	114.0	123.8	172.6	118.8
197.0	87.8	95.7	134.6	91.7	253.3	114.6	124.4	173.4	119.3
198.1	88.3	96.3	135.3	92.2	254.4	115.1	125.0	174.2	119.9
199.3	88.9	96.9	136.1	92.8	255.6	115.7	125.5	174.9	120.4
200.4	89.4	97.4	136.9	93.3	256.7	116.2	126.1	175.7	121.0
201.5	89.9	98.0	137.7	93.8	257.8	116.7	126.7	176.5	121.6
202.7	90.4	98.6	138.4	94.4	258.9	117.3	127.3	177.3	122.1
203.8	91.0	99.2	139.2	94.9	260.1	117.8	127.9	178.1	122.7
204.9	91.5	99.7	140.0	95.5	261.2	118.4	128.4	178.8	123.3
206.0	92.0	100.3	140.8	96.0	262.3	118.9	129.0	179.6	123.8
207.2	92.6	100.9	141.5	96.6	263.4	119.5	129.6	180.4	124.4
208.3	93.1	101.4	142.3	97.1	264.6	120.0	130.2	181.2	124.9
209.4	93.6	102.0	143.1	97.7	265.7	120.6	130.8	181.9	125.5
210.5	94.2	102.6	143.9	98.2	266.8	121.1	131.3	182.7	126.1
211.7	94.7	103.1	144.6	98.8	268.0	121.7	131.9	183.5	126.6
212.8	95.2	103.7	145.4	99.3	269.1	122.2	132.5	184.3	127.2
213.9	95.7	104.3	146.2	99.9	270.2	122.7	133.1	185.1	127.8
215.0	96.3	104.8	147.0	100.4	271.3	123.3	133.7	185.8	128.3
216.2	96.8	105.4	147.7	101.0	272.5	123.8	134.2	186.6	128.9
217.3	97.3	106.0	148.5	101.5	273.6	124.4	134.8	187.4	129.5
218.4	97.9	106.6	149.3	102.1	274.7	124.9	135.4	188.2	130.0
219.5	98.4	107.1	150.1	102.6	275.8	125.5	136.0	189.0	130.6
220.7	98.9	107.7	150.8	103.2	277.0	126.0	136.6	189.7	131.2
221.8	99.5	108.3	151.6	103.7	278.1	126.6	137.2	190.5	131.7
222.9	100.0	108.8	152.4	104.3	279.2	127.1	137.7	191.3	132.3
224.0	100.5	109.4	153.2	104.8	280.3	127.7	138.3	192.1	132.9

表 1（续）

单位为毫克

氧化亚铜	葡萄糖	果　糖	乳糖（含水）	转化糖	氧化亚铜	葡萄糖	果　糖	乳糖（含水）	转化糖
281.5	128.2	138.9	192.9	133.4	337.8	156.2	168.4	232.0	162.2
282.6	128.8	139.5	193.6	134.0	338.9	156.8	169.0	232.7	162.8
283.7	129.3	140.1	194.4	134.6	340.0	157.3	169.6	233.5	163.4
284.8	129.9	140.7	195.2	135.1	341.1	157.9	170.2	234.3	164.0
286.0	130.4	141.3	196.0	135.7	342.3	158.5	170.8	235.1	164.5
287.1	131.0	141.8	196.8	136.3	343.4	159.0	171.4	235.9	165.1
288.2	131.6	142.4	197.5	136.8	344.5	159.6	172.0	236.7	165.7
289.3	132.1	143.0	198.3	137.4	345.6	160.2	172.6	237.4	166.3
290.5	132.7	143.6	199.1	138.0	346.8	160.7	173.2	238.2	166.9
291.6	133.2	144.2	199.9	138.6	347.9	161.3	173.8	239.0	167.5
292.7	133.8	144.8	200.7	139.1	349.0	161.9	174.4	239.8	168.0
293.8	134.3	145.4	201.4	139.7	350.1	162.5	175.0	240.6	168.6
295.0	134.9	145.9	202.2	140.3	351.3	163.0	175.6	241.4	169.2
296.1	135.4	146.5	203.0	140.8	352.4	163.6	176.2	242.2	169.8
297.2	136.0	147.1	203.8	141.4	353.5	164.2	176.8	243.0	170.4
298.3	136.5	147.7	204.6	142.0	354.6	164.7	177.4	243.7	171.0
299.5	137.1	148.3	205.3	142.6	355.8	165.3	178.0	244.5	171.6
300.6	137.7	148.9	206.1	143.1	356.9	165.9	178.6	245.3	172.2
301.7	138.2	149.5	206.9	143.7	358.0	166.5	179.2	246.1	172.8
302.9	138.8	150.1	207.7	144.3	359.1	167.0	179.8	246.9	173.3
304.0	139.3	150.6	208.5	144.8	360.3	167.6	180.4	247.7	173.9
305.1	139.9	151.2	209.2	145.4	361.4	168.2	181.0	248.5	174.5
306.2	140.4	151.8	210.0	146.0	362.5	168.8	181.6	249.2	175.1
307.4	141.0	152.4	210.8	146.6	363.6	169.3	182.2	250.0	175.7
308.5	141.6	153.0	211.6	147.1	364.8	169.9	182.8	250.8	176.3
309.6	142.1	153.6	212.4	147.7	365.9	170.5	183.4	251.6	176.9
310.7	142.7	154.2	213.2	148.3	367.0	171.1	184.0	252.4	177.5
311.9	143.2	154.8	214.0	148.9	368.2	171.6	184.6	253.2	178.1
313.0	143.8	155.4	214.7	149.4	369.3	172.2	185.2	253.9	178.7
314.1	144.4	156.0	215.5	150.0	370.4	172.8	185.8	254.7	179.2
315.2	144.9	156.5	216.3	150.6	371.5	173.4	186.4	255.5	179.8
316.4	145.5	157.1	217.1	151.2	372.7	173.9	187.0	256.3	180.4
317.5	146.0	157.7	217.9	151.8	373.8	174.5	187.6	257.1	181.0
318.6	146.6	158.3	218.7	152.3	374.9	175.1	188.2	257.9	181.6
319.7	147.2	158.9	219.4	152.9	376.0	175.7	188.8	258.7	182.2
320.9	147.7	159.5	220.2	153.5	377.2	176.3	189.4	259.4	182.8
322.0	148.3	160.1	221.0	154.1	378.3	176.8	190.1	260.2	183.4
323.1	148.8	160.7	221.8	154.6	379.4	177.4	190.7	261.0	184.0
324.2	149.4	161.3	222.6	155.2	380.5	178.0	191.3	261.8	184.6
325.4	150.0	161.9	223.3	155.8	381.7	178.6	191.9	262.6	185.2
326.5	150.5	162.5	224.1	156.4	382.8	179.2	192.5	263.4	185.8
327.6	151.1	163.1	224.9	157.0	383.9	179.7	193.1	264.2	186.4
328.7	151.7	163.7	225.7	157.5	385.0	180.3	193.7	265.0	187.0
329.9	152.2	164.3	226.5	158.1	386.2	180.9	194.3	265.8	187.6
331.0	152.8	164.9	227.3	158.7	387.3	181.5	194.9	266.6	188.2
332.1	153.4	165.4	228.0	159.3	388.4	182.1	195.5	267.4	188.8
333.3	153.9	166.0	228.8	159.9	389.5	182.7	196.1	268.1	189.4
334.4	154.5	166.6	229.6	160.5	390.7	183.2	196.7	268.9	190.0
335.5	155.1	167.2	230.4	161.0	391.8	183.8	197.3	269.7	190.6
336.6	155.6	167.8	231.2	161.6	392.9	184.4	197.9	270.5	191.2

表 1（续）

单位为毫克

氧化亚铜	葡萄糖	果　糖	乳糖（含水）	转化糖	氧化亚铜	葡萄糖	果　糖	乳糖（含水）	转化糖
394.0	185.0	198.5	271.3	191.8	442.5	210.5	225.1	305.4	217.9
395.2	185.6	199.2	272.1	192.4	443.6	211.1	225.7	306.2	218.5
396.3	186.2	199.8	272.9	193.0	444.7	211.7	226.3	307.0	219.1
397.4	186.8	200.4	273.7	193.6	445.8	212.3	226.9	307.8	219.8
398.5	187.3	201.0	274.4	194.2	447.0	212.9	227.6	308.6	220.4
399.7	187.9	201.6	275.2	194.8	448.1	213.5	228.2	309.4	221.0
400.8	188.5	202.2	276.0	195.4	449.2	214.1	228.8	310.2	221.6
401.9	189.1	202.8	276.8	196.0					
403.1	189.7	203.4	277.6	196.6	450.3	214.7	229.4	311.0	222.2
404.2	190.3	204.0	278.4	197.2	451.5	215.3	230.1	311.8	222.9
					452.6	215.9	230.7	312.6	223.5
405.3	190.9	204.7	279.2	197.8	453.7	216.5	231.3	313.4	224.1
406.4	191.5	205.3	280.0	198.4	454.8	217.1	232.0	314.2	224.7
407.6	192.0	205.9	280.8	199.0	456.0	217.8	232.6	315.0	225.4
408.7	192.6	206.5	281.6	199.6	457.1	218.4	233.2	315.9	226.0
409.8	193.2	207.1	282.4	200.2	458.2	219.0	233.9	316.7	226.6
410.9	193.8	207.7	283.2	200.8	459.3	219.6	234.5	317.5	227.2
412.1	194.4	208.3	284.0	201.4	460.5	220.2	235.1	318.3	227.9
413.2	195.0	209.0	284.8	202.0					
414.3	195.6	209.6	285.6	202.6	461.6	220.8	235.8	319.1	228.5
415.4	196.2	210.2	286.3	203.2	462.7	221.4	236.4	319.9	229.1
					463.8	222.0	237.1	320.7	229.7
416.6	196.8	210.8	287.1	203.8	465.0	222.6	237.7	321.6	230.4
417.7	197.4	211.4	287.9	204.4	466.1	223.3	238.4	322.4	231.0
418.8	198.0	212.0	288.7	205.0	467.2	223.9	239.0	323.2	231.7
419.9	198.5	212.6	289.5	205.7	468.4	224.5	239.7	324.0	232.3
421.1	199.1	213.3	290.3	206.3	469.5	225.1	240.3	324.9	232.9
422.2	199.7	213.9	291.1	206.9	470.6	225.7	241.0	325.7	233.6
423.3	200.3	214.5	291.9	207.5	471.7	226.3	241.6	326.5	234.2
424.4	200.9	215.1	292.7	208.1					
425.6	201.5	215.7	293.5	208.7	472.9	227.0	242.2	327.4	234.8
426.7	202.1	216.3	294.3	209.3	474.0	227.6	242.9	328.2	235.5
					475.1	228.2	243.6	329.1	236.1
427.8	202.7	217.0	295.0	209.9	476.2	228.8	244.3	329.9	236.8
428.9	203.3	217.6	295.8	210.5	477.4	229.5	244.9	330.8	237.5
430.1	203.9	218.2	296.6	211.1	478.5	230.1	245.6	331.7	238.1
431.2	204.5	218.8	297.4	211.8	479.6	230.7	246.3	332.6	238.8
432.3	205.1	219.5	298.2	212.4	480.7	231.4	247.0	333.5	239.5
433.5	205.1	220.1	299.0	213.0	481.9	232.0	247.8	334.4	240.2
434.6	206.3	220.7	299.8	213.6	483.0	232.7	248.5	335.3	240.8
435.7	206.9	221.3	300.6	214.2					
436.8	207.5	221.9	301.4	214.8	484.1	233.3	249.2	336.3	241.5
438.0	208.1	222.6	302.2	215.4	485.2	234.0	250.0	337.3	242.3
					486.4	234.7	250.8	338.3	243.0
439.1	208.7	232.2	303.0	216.0	487.5	235.3	251.6	339.4	243.8
440.2	209.3	223.8	303.8	216.7	488.6	236.1	252.7	340.7	244.7
441.3	209.9	224.4	304.6	217.3	489.7	236.9	253.7	342.0	245.8

11 精密度

在重复性条件下获得的两次独立测定结果的绝对差值不得超过算术平均值的 10%。

ICS 67.040
C 53

中华人民共和国国家标准

GB/T 5009.8—2008
代替 GB/T 5009.8—2003,GB/T 16286—1996

食品中蔗糖的测定

Determination of saccharose in foods

2008-12-03 发布　　2009-03-01 实施

中华人民共和国卫生部
中国国家标准化管理委员会　发布

前　言

本标准代替 GB/T 5009.8—2003《食品中蔗糖的测定》和 GB/T 16286—1996《食品中蔗糖的测定方法　酶-比色法》。

本标准与 GB/T 5009.8—2003 相比主要修改如下：

——增加了高效液相色谱法，作为“第一法”；

——原有的“酸水解法”作为“第二法”；

——删除了规范性引用文件。

本标准由中华人民共和国卫生部提出并归口。

本标准起草单位：中国疾病预防控制中心营养与食品安全所、北京市疾病预防控制中心、吉林省疾病预防控制中心、江苏省疾病预防控制中心、国家乳制品质量监督检验中心。

本标准主要起草人：杨大进、吴国华、薛颖、常迪、赵馨、李青、马永建、姜金斗。

本标准所代替标准的历次版本发布情况为：

——GB/T 5009.8—1985、GB/T 5009.8—2003；

——GB/T 16286—1996。

食品中蔗糖的测定

1 范围

本标准规定了食品中蔗糖含量的测定方法。

本标准适用于食品中蔗糖含量的测定。

“第一法”高效液相色谱法，当称样量为10 g时，检出限为2.0 mg/100 g。

“第二法”酸水解法，当称样量为5 g时，直接滴定法检出限为0.24 g/100 g。

第一法 高效液相色谱法

2 原理

试样经处理后，用高效液相色谱氨基柱(NH_2 柱)分离，用示差折光检测器检测。根据蔗糖的折光指数与浓度成正比，外标单点法定量。

3 试剂

除非另有规定，本方法中所用试剂均为分析纯。实验用水的电导率(25 ℃)为0.01 mS/m。

3.1 硫酸铜 ($CuSO_4 \cdot 5H_2O$)。

3.2 氢氧化钠(NaOH)。

3.3 乙腈(C_2H_3N)：色谱纯。

3.4 蔗糖($C_{12}H_{22}O_{11}$)。

3.5 硫酸铜溶液(70 g/L)：称取7 g硫酸铜，加水溶解并定容至100 mL。

3.6 氢氧化钠溶液(40 g/L)：称取4 g氢氧化钠，加水溶解并定容至100 mL。

3.7 蔗糖标准溶液(10 mg/mL)：准确称取蔗糖标样1 g(精确至0.000 1 g)置100 mL容量瓶内，先加少量水溶解，再加20 mL乙腈，最后用水定容至刻度。

4 仪器

高效液相色谱仪，附示差折光检测器。

5 分析步骤

5.1 样液制备

称取2 g～10 g试样，精确至0.001 g，加30 mL水溶解，移至100 mL容量瓶中，加硫酸铜溶液10 mL，氢氧化钠溶液4 mL，振摇，加水至刻度，静置0.5 h，过滤。取3 mL～7 mL试样液置10 mL容量瓶中，用乙腈定容，通过0.45 μm滤膜过滤，滤液备用。

5.2 高效液相色谱参考条件

参考条件为：

——色谱柱：氨基柱(4.6 mm×250 mm，5 μm)；

——柱温：25 ℃；

——示差检测器检测池池温：40 ℃；

——流动相：乙腈-水(75+25)；

——流速：1.0 mL/min；

——进样量：10 μL。

5.3 **色谱图**

蔗糖色谱图见图 1。

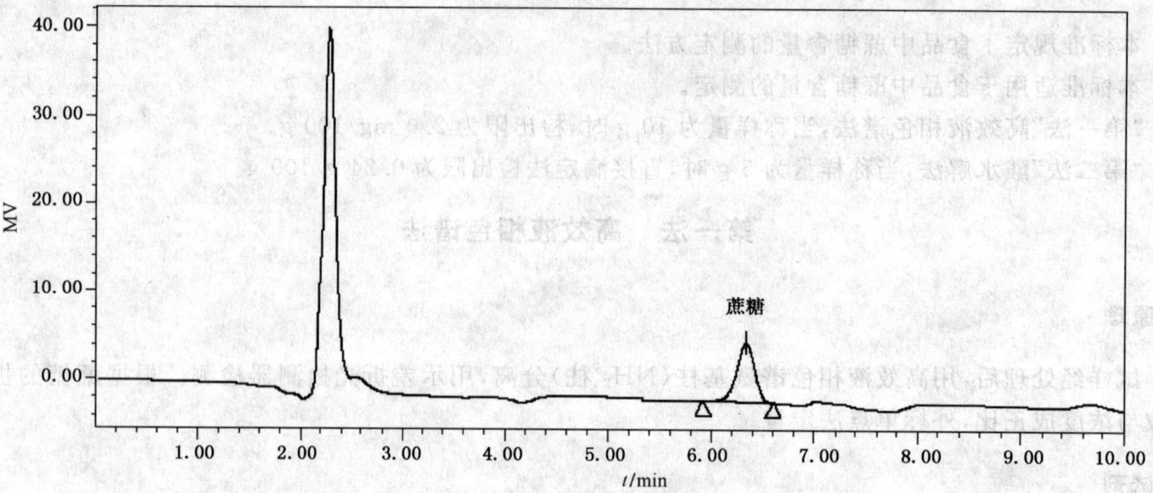

图 1 蔗糖色谱图

6 结果计算

试样中蔗糖含量的计算见式(1)：

$$X=\frac{c\times A}{A'\times(m/100)\times(V/10)\times 1\,000}\times 100 \quad\cdots\cdots(1)$$

式中：

X——试样中蔗糖含量，单位为克每百克(g/100 g)；

c——蔗糖标准溶液浓度，单位为毫克每毫升(mg/mL)；

A——试样中蔗糖的峰面积；

A'——标准蔗糖溶液的峰面积；

m——试样的质量，单位为克(g)；

V——过滤液体积，单位为毫升(mL)。

计算结果保留三位有效数字。

7 精密度

在重复性条件下获得的两次独立测定结果的绝对差值不得超过算术平均值的 10%。

第二法 酸水解法

8 原理

试样经除去蛋白质后，其中蔗糖经盐酸水解转化为还原糖，再按还原糖测定。水解前后还原糖的差值为蔗糖含量。

9 试剂

除非另有规定，本方法中所用试剂均为分析纯。

9.1 氢氧化钠($NaOH$)。

9.2 硫酸铜($CuSO_4 \cdot 5H_2O$)。

9.3 酒石酸钾钠($C_4H_4O_6KNa \cdot 4H_2O$)。

9.4 乙酸锌[$Zn(CH_3COO)_2 \cdot 2H_2O$]。

9.5 亚铁氰化钾[$K_4Fe(CN)_6 \cdot 3H_2O$]。

9.6 甲基红($C_{15}H_{15}N_3O_2$)：指示剂。

9.7 亚甲蓝($C_{16}H_{18}ClN_3S \cdot 3H_2O$)：指示剂。

9.8 盐酸(HCl)。

9.9 冰乙酸($C_2H_4O_2$)。

9.10 葡萄糖($C_6H_{12}O_6$)。

9.11 蔗糖($C_{12}H_{22}O_{11}$)。

9.12 盐酸溶液(1+1)：量取 50 mL 盐酸，缓慢加入 50 mL 水中，冷却后混匀。

9.13 氢氧化钠溶液(200 g/L)：称取 20 g 氢氧化钠加水溶解后，放冷，并定容至 100 mL。

9.14 甲基红指示液(1 g/L)：称取甲基红 0.1 g 用少量乙醇溶解后，定容至 100 mL。

9.15 碱性酒石酸铜甲液：称取 15 g 硫酸铜($CuSO_4 \cdot 5H_2O$)及 0.05 g 亚甲蓝，溶于水中并定容至1 000 mL。

9.16 碱性酒石酸铜乙液：称取 50 g 酒石酸钾钠、75 g 氢氧化钠，溶于水中，再加入 4 g 亚铁氰化钾，完全溶解后，用水定容至 1 000 mL，贮存于橡胶塞玻璃瓶内。

9.17 乙酸锌溶液(219 g/L)：称取 21.9 g 乙酸锌，加 3 mL 冰乙酸，加水溶解并定容至 100 mL。

9.18 亚铁氰化钾溶液(106 g/L)：称取 10.6 g 亚铁氰化钾，加水溶解并定容至 100 mL。

9.19 葡萄糖标准溶液：称取 1 g，(精确至 0.000 1 g)经过 98 ℃～100 ℃干燥 2 h 的葡萄糖，加水溶解后加入 5 mL 盐酸，并以水定容至 1 000 mL。此溶液每毫升相当于 1.0 mg 葡萄糖。

10 仪器

10.1 酸式滴定管：25 mL。

10.2 可调电炉：带石棉板。

11 分析步骤

11.1 试样处理

11.1.1 含蛋白质食品：称取粉碎后的固体试样 2.5 g～5 g(精确至 0.001 g)，混匀后的液体试样 5 g～25 g，置 250 mL 容量瓶中，加 50 mL 水，慢慢加入 5 mL 乙酸锌溶液及 5 mL 亚铁氰化钾溶液，加水至刻度，混匀，静置 30 min，用干燥滤纸过滤，弃去初滤液，取续滤液备用。

11.1.2 含大量淀粉的食品：称取 10 g～20 g 粉碎后或混匀后的试样，精确至 0.001 g，置 250 mL 容量瓶中，加 200 mL 水，在 45 ℃水浴中加热 1 h，并时时振摇。冷后加水至刻度，混匀，静置、沉淀。吸取 200 mL 上清液置另一 250 mL 容量瓶中，以下按 11.1.1 自“慢慢加入 5 mL 乙酸锌溶液”起依法操作。

11.1.3 酒精饮料：称取约 100 g 混匀后的试样，精确至 0.01 g，置于蒸发皿中，用氢氧化钠(40 g/L)溶液中和至中性，在水浴上蒸发至原体积的 1/4 后，移入 250 mL 容量瓶中，以下按 11.1.1 自“慢慢加入 5 mL 乙酸锌溶液”起依法操作。

11.1.4 碳酸类饮料:称取约 100 g 混匀后的试样,精确至 0.01 g,试样置蒸发皿中,在水浴上微热搅拌除去二氧化碳后,移入 250 mL 容量瓶中,并用水洗涤蒸发皿,洗液并入容量瓶中,再加水至刻度,混匀后,备用。

11.2 酸水解

吸取 2 份 50 mL 上述试样处理液,分别置于 100 mL 容量瓶中,其中一份加 5 mL 盐酸(1+1),在 68 ℃～70 ℃水浴中加热 15 min,冷后加两滴甲基红指示液,用氢氧化钠溶液(200 g/L)中和至中性,加水至刻度,混匀。另一份直接加水稀释至 100 mL。

11.3 标定碱性酒石酸铜溶液

吸取 5.0 mL 碱性酒石酸铜甲液及 5.0 mL 碱性酒石酸铜乙液,置于 150 mL 锥形瓶中,加水 10 mL,加入玻璃珠两粒,从滴定管滴加约 9 mL 葡萄糖,控制在 2 min 内加热至沸,趁热以每两秒一滴的速度继续滴加葡萄糖,直至溶液蓝色刚好褪去为终点,记录消耗葡萄糖总体积,同时平行操作三份,取其平均值,计算每 10 mL(甲液、乙液各 5 mL)碱性酒石酸铜溶液相当于葡萄糖的质量(mg)。

注:也可以按上述方法标定 4 mL～20 mL 碱性酒石酸铜溶液(甲乙液各半)来适应试样中还原糖的浓度变化。

11.4 试样溶液预测

吸取 5.0 mL 碱性酒石酸铜甲液及 5.0 mL 碱性酒石酸铜乙液,置于 150 mL 锥形瓶中,加水 10 mL,加入玻璃珠两粒,控制在 2 min 内加热至沸,保持沸腾以先快后慢的速度,从滴定管中滴加试样溶液,并保持溶液沸腾状态,待溶液颜色变浅时,以每两秒一滴的速度滴定,直至溶液蓝色刚好褪去为终点,记录样液消耗体积。当样液中还原糖浓度过高时,应适当稀释后再进行正式测定,使每次滴定消耗样液的体积控制在与标定碱性酒石酸铜溶液时所消耗的还原糖标准溶液的体积相近,约在 10 mL 左右,结果按式(2)计算。

11.5 试样溶液测定

吸取 5.0 mL 碱性酒石酸铜甲液及 5.0 mL 碱性酒石酸铜乙液,置于 150 mL 锥形瓶中,加水 10 mL,加入玻璃珠两粒,从滴定管滴加比预测体积少 1 mL 的试样溶液至锥形瓶中,使在 2 min 内加热至沸,保持沸腾继续以每两秒一滴的速度滴定,直至蓝色刚好褪去为终点,记录样液消耗体积,同法平行操作三份,得出平均消耗体积。

12 结果计算

试样中还原糖的含量(以葡萄糖计)按式(2)进行计算:

$$X = \frac{A}{m \times V/250 \times 1\,000} \times 100 \qquad \cdots\cdots(2)$$

式中:

X——试样中还原糖的含量(以葡萄糖计),单位为克每百克(g/100 g);

A——碱性酒石酸铜溶液(甲液、乙液各半)相当于葡萄糖的质量,单位为毫克(mg);

m——试样质量,单位为克(g);

V——测定时平均消耗试样溶液体积,单位为毫升(mL)。

以葡萄糖为标准滴定溶液时,按式(3)计算试样中蔗糖含量:

$$X = (R_2 - R_1) \times 0.95 \qquad \cdots\cdots(3)$$

式中:

X——试样中蔗糖含量,单位为克每百克(g/100 g);

R_2——水解处理后还原糖含量,单位为克每百克(g/100 g);

R_1——不经水解处理还原糖含量,单位为克每百克(g/100 g);

0.95——还原糖(以葡萄糖计)换算为蔗糖的系数。

蔗糖含量大于或等于 10 g/100 g 时计算结果保留三位有效数字；蔗糖含量小于 10 g/100 g 时，计算结果保留两位有效数字。

13 精密度

在重复性条件下获得的两次独立测定结果的绝对差值不得超过算术平均值的 10%。

ICS 67.040
C 53

中华人民共和国国家标准

GB/T 5009.9—2008
代替 GB/T 5009.9—2003，GB/T 16287—1996

食品中淀粉的测定

Determination of starch in foods

2008-12-03 发布　　2009-03-01 实施

中华人民共和国卫生部
中国国家标准化管理委员会　发布

前　言

本标准代替 GB/T 5009.9—2003《食品中淀粉的测定》和 GB/T 16287—1996《食品中淀粉的测定方法　酶-比色法》。

本标准与 GB/T 5009.9—2003 相比主要修改如下：

——对第二法中试样处理的方式重新进行了分类。

本标准由中华人民共和国卫生部提出并归口。

本标准起草单位：中国疾病预防控制中心营养与食品安全所、北京市疾病预防控制中心。

本标准主要起草人：杨大进、吴国华、薛颖、常迪、赵馨。

本标准所代替标准的历次版本发布情况为：

——GB/T 5009.9—1985、GB/T 5009.9—2003；

——GB/T 16287—1996。

食品中淀粉的测定

1 范围

本标准规定了食品中淀粉的测定方法。

本标准适用于食品中淀粉的测定。

第一法 酶水解法

2 原理

试样经去除脂肪及可溶性糖类后，淀粉用淀粉酶水解成小分子糖，再用盐酸水解成单糖，最后按还原糖测定，并折算成淀粉含量。

3 试剂

除非另有规定，本方法中所用试剂均为分析纯。

3.1 碘(I_2)。

3.2 碘化钾(KI)。

3.3 高峰氏淀粉酶：酶活力大于或等于 1.6 U/mg。

3.4 无水乙醇(C_2H_5OH)。

3.5 石油醚(C_nH_{2n+2})：沸点范围为 60 ℃～90 ℃。

3.6 乙醚($C_8H_9NO_3$)。

3.7 甲苯(C_7H_9)。

3.8 三氯甲烷($CHCl_3$)。

3.9 盐酸(HCl)。

3.10 氢氧化钠(NaOH)。

3.11 硫酸铜($CuSO_4 \cdot 5H_2O$)。

3.12 亚甲蓝($C_{16}H_{18}ClN_3S \cdot 3H_2O$)：指示剂。

3.13 酒石酸钾钠($C_4H_4O_6KNa \cdot 4H_2O$)。

3.14 亚铁氰化钾[$K_4Fe(CN)_6 \cdot 3H_2O$]。

3.15 甲基红($C_{15}H_{15}N_3O_2$)：指示剂。

3.16 葡萄糖($C_6H_{12}O_6$)。

3.17 甲基红指示液(2 g/L)：称取甲基红 0.20 g，用少量乙醇溶解后，并定容至 100 mL。

3.18 盐酸溶液(1＋1)：量取 50 mL 盐酸，与 50 mL 水混合。

3.19 氢氧化钠溶液(200 g/L)：称取 20 g 氢氧化钠，加水溶解并定容至 100 mL。

3.20 碱性酒石酸铜甲液：称取 15 g 硫酸铜($CuSO_4 \cdot 5H_2O$)及 0.050 g 亚甲蓝，溶于水中并定容至1 000 mL。

3.21 碱性酒石酸铜乙液：称取 50 g 酒石酸钾钠、75 g 氢氧化钠，溶于水中，再加入 4 g 亚铁氰化钾，完全溶解后，用水定容至 1 000 mL，贮存于橡胶塞玻璃瓶内。

3.22 葡萄糖标准溶液：称取 1 g(精确至 0.000 1 g)经过 98 ℃～100 ℃干燥 2 h 的葡萄糖，加水溶解后加入 5 mL 盐酸，并以水定容至 1 000 mL。此溶液每毫升相当于 1.0 mg 葡萄糖。

3.23 淀粉酶溶液(5 g/L)：称取淀粉酶(3.3)0.5 g，加 100 mL 水溶解，临用现配；也可加入数滴甲苯或三氯甲烷防止长霉,贮于 4 ℃冰箱中。

3.24 碘溶液:称取 3.6 g 碘化钾溶于 20 mL 水中,加入 1.3 g 碘,溶解后加水定容至 100 mL。

3.25 85%乙醇:取 85 mL 无水乙醇,加水定容至 100 mL 混匀。

4 仪器

水浴锅。

5 分析步骤

5.1 试样处理

5.1.1 易于粉碎的试样:磨碎过 40 目筛,称取 2 g~5g(精确至 0.001 g)。置于放有折叠滤纸的漏斗内,先用 50 mL 石油醚或乙醚分五次洗除脂肪,再用约 150 mL 乙醇(85%)洗去可溶性糖类,滤干乙醇,将残留物移入 250 mL 烧杯内,并用 50 mL 水洗滤纸,洗液并入烧杯内,将烧杯置沸水浴上加热 15 min,使淀粉糊化,放冷至 60 ℃以下,加 20 mL 淀粉酶溶液,在 55 ℃~60 ℃保温 1 h,并时时搅拌。然后取一滴此液加一滴碘溶液,应不显现蓝色,若显蓝色,再加热糊化并加 20 mL 淀粉酶溶液,继续保温,直至加碘不显蓝色为止。加热至沸,冷后移入 250 mL 容量瓶中,并加水至刻度,混匀,过滤,弃去初滤液。取 50 mL 滤液,置于 250 mL 锥形瓶中,加 5 mL 盐酸(1+1),装上回流冷凝器,在沸水浴中回流 1 h,冷后加两滴甲基红指示液,用氢氧化钠溶液(200 g/L)中和至中性,溶液转入 100 mL 容量瓶中,洗涤锥形瓶,洗液并入 100 mL 容量瓶中,加水至刻度,混匀备用。

5.1.2 其他样品:加适量水在组织捣碎机中捣成匀浆(蔬菜、水果需先洗净、晾干、取可食部分),称取相当于原样质量 2.5 g~5 g(精确至 0.001 g)的匀浆,以下按 5.1.1 自"置于放有折叠滤纸的漏斗内"起依法操作。

5.2 测定

5.2.1 标定碱性酒石酸铜溶液

吸取 5.0 mL 碱性酒石酸铜甲液及 5.0 mL 碱性酒石酸铜乙液,置于 150 mL 锥形瓶中,加水 10 mL,加入玻璃珠两粒,从滴定管滴加约 9 mL 葡萄糖,控制在 2 min 内加热至沸,趁沸以每两秒一滴的速度继续滴加葡萄糖,直至溶液蓝色刚好褪去为终点,记录消耗葡萄糖标准溶液的总体积,同时做三份平行,取其平均值,计算每 10 mL(甲液、乙液各 5 mL)碱性酒石酸铜溶液相当于葡萄糖的质量(mg)。

注:也可以按上述方法标定 4 mL~20 mL 碱性酒石酸铜溶液(甲乙液各半)来适应试样中还原糖的浓度变化。

5.2.2 试样溶液预测

吸取 5.0 mL 碱性酒石酸铜甲液及 5.0 mL 碱性酒石酸铜乙液,置于 150 mL 锥形瓶中,加水 10 mL,加入玻璃珠两粒,控制在 2 min 内加热至沸,保持沸腾以先快后慢的速度,从滴定管中滴加试样溶液,并保持溶液沸腾状态,待溶液颜色变浅时,以每两秒一滴的速度滴定,直至溶液蓝色刚好褪去为终点,记录样液消耗体积。当样液中还原糖浓度过高时,应适当稀释后再进行正式测定,使每次滴定消耗样液的体积控制在与标定碱性酒石酸铜溶液时所消耗的还原糖标准溶液的体积相近,约在 10 mL 左右,结果按式(1)计算。

5.2.3 试样溶液测定

吸取 5.0 mL 碱性酒石酸铜甲液及 5.0 mL 碱性酒石酸铜乙液,置于 150 mL 锥形瓶中,加水 10 mL,加入玻璃珠 2 粒,从滴定管滴加比预测体积少 1 mL 的试样溶液至锥形瓶中,使在 2 min 内加热至沸,保持沸腾继续以每两秒一滴的速度滴定,直至蓝色刚好褪去为终点,记录样液消耗体积,同法平行操作三份,得出平均消耗体积。

同时量取 50 mL 水及与试样处理时相同量的淀粉酶溶液,按同一方法做试剂空白试验。

6 结果计算

试样中还原糖的含量(以葡萄糖计)按式(1)进行计算:

$$X = \frac{A}{m \times V/250 \times 1\,000} \times 100 \quad \cdots\cdots(1)$$

式中:

X——试样中还原糖的含量(以葡萄糖计),单位为克每百克(g/100g);

A——碱性酒石酸铜溶液(甲液、乙液各半)相当于葡萄糖的质量,单位为毫克(mg);

m——试样质量,单位为克(g);

V——测定时平均消耗试样溶液体积,单位为毫升(mL)。

试样中淀粉的含量按式(2)进行计算:

$$X = \frac{(A_1 - A_2) \times 0.9}{m \times 50/250 \times V/100 \times 1\,000} \times 100 \quad \cdots\cdots(2)$$

式中:

X——试样中淀粉的含量,单位为克每百克(g/100 g);

A_1——测定用试样中葡萄糖的质量,单位为毫克(mg);

A_2——空白中葡萄糖的质量,单位为毫克(mg);

0.9——以葡萄糖计换算成淀粉的换算系数;

m——称取试样质量,单位为克(g);

V——测定用试样处理液的体积,单位为毫升(mL)。

计算结果保留到小数点后一位。

7 精密度

在重复性条件下获得的两次独立测定结果的绝对差值不得超过算术平均值的10%。

第二法 酸水解法

8 原理

试样经除去脂肪及可溶性糖类后,其中淀粉用酸水解成具有还原性的单糖,然后按还原糖测定,并折算成淀粉。

9 试剂

除非另有规定,本方法中所用试剂均为分析纯。

9.1 氢氧化钠 ($NaOH$)。

9.2 乙酸铅 ($PbC_4H_6O_2 \cdot H_2O$)。

9.3 硫酸钠(Na_2SO_4)。

9.4 石油醚(C_nH_{2n+2}):沸点范围为 60 ℃～90 ℃。

9.5 乙醚($C_8H_9NO_3$)。

9.6 甲基红指示液(2 g/L):称取甲基红 0.20 g,用少量乙醇溶解后,并定容至 100 mL。

9.7 氢氧化钠溶液(400 g/L):称取 40 g 氢氧化钠加水溶解后,放冷,并稀释至 100 mL。

9.8 乙酸铅溶液(200 g/L):称取 20 g 乙酸铅,加水溶解并稀释至 100 mL。

9.9 硫酸钠溶液(100 g/L):称取 10 g 硫酸钠,加水溶解并稀释至 100 mL。

9.10 盐酸溶液(1+1):量取 50 mL 盐酸,与 50 mL 水混合。

9.11 85%乙醇：取 85 mL 无水乙醇，加水定容至 100 mL 混匀。

9.12 精密 pH 试纸：6.8～7.2。

10 仪器

10.1 水浴锅。

10.2 高速组织捣碎机。

10.3 回流装置，并附 250 mL 锥形瓶。

11 分析步骤

11.1 试样处理

11.1.1 易于粉碎的试样：将试样磨碎过 40 目筛，称取 2 g～5 g(精确至 0.001 g)，置于放有慢速滤纸的漏斗中，用 50 mL 石油醚或乙醚分五次洗去试样中脂肪，弃去石油醚或乙醚。用 150 mL 乙醇(85%)分数次洗涤残渣，除去可溶性糖类物质。滤干乙醇溶液，以 100 mL 水洗涤漏斗中残渣并转移至 250 mL 锥形瓶中，加入 30 mL 盐酸(1+1)，接好冷凝管，置沸水浴中回流 2h。回流完毕后，立即冷却。待试样水解液冷却后，加入 2 滴甲基红指示液，先以氢氧化钠溶液(400 g/L)调至黄色，再以盐酸(1+1)校正至水解液刚变红色。若水解液颜色较深，可用精密 pH 试纸测试，使试样水解液的 pH 约为 7。然后加 20 mL 乙酸铅溶液(200 g/L)，摇匀，放置 10 min。再加 20 mL 硫酸钠溶液(100 g/L)，以除去过多的铅。摇匀后将全部溶液及残渣转入 500 mL 容量瓶中，用水洗涤锥形瓶，洗液合并于容量瓶中，加水稀释至刻度。过滤，弃去初滤液 20 mL，滤液供测定用。

11.1.2 其他样品：加适量水在组织捣碎机中捣成匀浆(蔬菜、水果需先洗净、晾干、取可食部分)。称取相当于原样质量 2.5 g～5 g 的匀浆(精确至 0.001 g)，于 250 mL 锥形瓶中，用 50 mL 石油醚或乙醚分五次洗去试样中脂肪，弃去石油醚或乙醚。以下按 11.1.1 自“用 150 mL 乙醇(85%)”起依法操作。

11.2 测定

按 5.2 操作。

12 结果计算

试样中淀粉的含量按式(3)进行计算：

$$X=\frac{(A_1-A_2)\times 0.9}{m\times V/500\times 1\,000}\times 100 \qquad \cdots\cdots(3)$$

式中：

X——试样中淀粉含量，单位为克每百克(g/100 g)；

A_1——测定用试样中水解液还原糖质量，单位为毫克(mg)；

A_2——试剂空白中还原糖的质量，单位为毫克(mg)；

0.9——还原糖(以葡萄糖计)折算成淀粉的换算系数；

m——试样质量，单位为克(g)；

V——测定用试样水解液体积，单位为毫升(mL)；

500——试样液总体积，单位为毫升(mL)。

计算结果保留到小数点后一位。

13 精密度

在重复性条件下获得的两次独立测定结果的绝对差值不得超过算术平均值的10%。

ICS 67.040
C 53

GB

中华人民共和国国家标准

GB/T 5009.19—2008
代替 GB/T 5009.19—2003

食品中有机氯农药多组分残留量的测定

Determination of organochlorine pesticide multiresidues in foods

2008-12-03 发布　　　　2009-03-01 实施

中华人民共和国卫生部
中国国家标准化管理委员会　发布

前　言

本标准代替 GB/T 5009.19—2003《食品中六六六、滴滴涕残留量的测定》。

本标准与 GB/T 5009.19—2003 相比主要修改如下：

——标准名称修改为《食品中有机氯农药多组分残留量的测定》。

——增加了毛细管柱的气相色谱-电子捕获检测器法，作为第一法。该法与 GB/T 5009.19—2003 第一法的检测组分相比，增加了六氯苯，灭蚁灵，七氯及其代谢物环氧七氯，艾氏剂，狄氏剂，异狄氏剂及其裂解产物异狄氏剂醛和光解产物异狄氏剂酮，氯丹异构体顺氯丹、反氯丹及其代谢产物氧氯丹，硫丹异构体 α-硫丹、β-硫丹和硫丹硫酸盐，五氯硝基苯及其代谢产物五氯苯基硫醚和五氯苯胺。本方法除了提供采用凝胶渗透色谱法进行样品提取液的净化方法外，也提供了全自动凝胶渗透色谱系统净化方法，供选择使用。

——原 GB/T 5009.19—2003 的第一法作为本标准的第二法，即填充柱气相色谱-电子捕获检测器法，检测的组分为六六六和滴滴涕的残留量。

——删除原 GB/T 5009.19—2003 的第二法。

本标准的附录 A、附录 B、附录 C 为资料性附录。

本标准由中华人民共和国卫生部提出并归口。

本标准由中华人民共和国卫生部负责解释。

本标准负责起草单位：中国疾病预防控制中心营养与食品安全所。

本标准参加起草单位：北京市疾病预防控制中心、东南大学、浙江省疾病预防控制中心、沈阳市疾病预防控制中心、首都医科大学。

本标准主要起草人：第一法，吴永宁、赵云峰、陈惠京、栾燕、邵兵、王灿楠、任一平、封锦芳；第二法，王绪卿、陈惠京、林媛真。

本标准所代替标准的历次版本发布情况为：

——GB 5009.19—1981、GB 5009.19—1985、GB/T 5009.19—1996、GB/T 5009.19—2003。

食品中有机氯农药多组分残留量的测定

1 范围

本标准第一法规定了食品中六六六(HCH)、滴滴滴(DDD)、六氯苯、灭蚁灵、七氯、氯丹、艾氏剂、狄氏剂、异狄氏剂、硫丹、五氯硝基苯的测定方法。第二法规定了食品中六六六、滴滴涕(DDT)残留量的测定方法。

本标准第一法适用于肉类、蛋类、乳类动物性食品和植物(含油脂)中 α-HCH、六氯苯、β-HCH、γ-HCH、五氯硝基苯、δ-HCH、五氯苯胺、七氯、五氯苯基硫醚、艾氏剂、氧氯丹、环氧七氯、反式氯丹、α-硫丹、顺式氯丹、p,p′-滴滴伊(DDE)、狄氏剂、异狄氏剂、β-硫丹、p,p′-DDD、o,p′-DDT、异狄氏剂醛、硫丹硫酸盐、p,p′-DDT、异狄氏剂酮、灭蚁灵的分析。第二法适用于各类食品中 HCH、DDT 残留量的测定。

第一法测定的检出限随试样基质而不同,参见附录 A。第二法的检出限:取样量 2 g,最终体积为 5 mL,进样体积为 10 μL 时,α-HCH、β-HCH、γ-HCH、δ-HCH 依次为 0.038 μg/kg、0.16 μg/kg、0.047 μg/kg、0.070 μg/kg;p,p′-DDE、o,p′-DDT、p,p′-DDD、p,p′-DDT 依次为 0.23 μg/kg、0.50 μg/kg、1.8 μg/kg、2.1 μg/kg。

第一法 毛细管柱气相色谱-电子捕获检测器法

2 原理

试样中有机氯农药组分经有机溶剂提取、凝胶色谱层析净化,用毛细管柱气相色谱分离,电子捕获检测器检测,以保留时间定性,外标法定量。

3 试剂

3.1 丙酮(CH_3COCH_3):分析纯,重蒸。

3.2 石油醚:沸程 30 ℃~60 ℃,分析纯,重蒸。

3.3 乙酸乙酯($CH_3COOC_2H_5$):分析纯,重蒸。

3.4 环己烷(C_6H_{12}):分析纯,重蒸。

3.5 正己烷(n-C_6H_{14}):分析纯,重蒸。

3.6 氯化钠(NaCl):分析纯。

3.7 无水硫酸钠(Na_2SO_4):分析纯,将无水硫酸钠置干燥箱中,于 120 ℃干燥 4 h,冷却后,密闭保存。

3.8 聚苯乙烯凝胶(Bio-Beads S-X3):200 目~400 目,或同类产品。

3.9 农药标准品:α-六六六(α-HCH)、六氯苯(HCB)、β-六六六(β-HCH)、γ-六六六(γ-HCH)、五氯硝基苯(PCNB)、δ-六六六(δ-HCH)、五氯苯胺(PCA)、七氯(Heptachlor)、五氯苯基硫醚(PCPs)、艾氏剂(Aldrin)、氧氯丹(Oxychlordane)、环氧七氯(Heptachlor epoxide)、反氯丹(*trans*-chlordane)、α-硫丹(α-endosulfan)、顺氯丹(*cis*-chlordane)、p,p′-滴滴伊(p,p′-DDE)、狄氏剂(Dieldrin)、异狄氏剂(Endrin)、β-硫丹(β-endosulfan)、p,p′-滴滴滴(p,p′-DDD)、o,p′-滴滴涕(o,p′-DDT)、异狄氏剂醛(Endrin aldehyde)、硫丹硫酸盐(Endosulfan sulfate)、p,p′-滴滴涕(p,p′-DDT)、异狄氏剂酮(Endrin ketone)、灭蚁灵(Mirex),纯度均应不低于 98%。

3.10 标准溶液的配制：分别准确称取或量取上述农药标准品适量，用少量苯溶解，再用正己烷稀释成一定浓度的标准储备溶液。量取适量标准储备溶液，用正己烷稀释为系列混合标准溶液。

4 仪器

4.1 气相色谱仪（GC）：配有电子捕获检测器（ECD）。

4.2 凝胶净化柱：长 30 cm，内径 2.3 cm～2.5 cm 具活塞玻璃层析柱，柱底垫少许玻璃棉。用洗脱剂乙酸乙酯-环己烷（1＋1）浸泡的凝胶，以湿法装入柱中，柱床高约 26 cm，凝胶始终保持在洗脱剂中。

4.3 全自动凝胶色谱系统：带有固定波长（254 nm）紫外检测器，供选择使用。

4.4 旋转蒸发仪。

4.5 组织匀浆器。

4.6 振荡器。

4.7 氮气浓缩器。

5 分析步骤

5.1 试样制备

蛋品去壳，制成匀浆；肉品去筋后，切成小块，制成肉糜；乳品混匀待用。

5.2 提取与分配

5.2.1 蛋类：称取试样 20 g（精确到 0.01 g）于 200 mL 具塞三角瓶中，加水 5 mL（视试样水分含量加水，使总水量约为 20 g。通常鲜蛋水分含量约 75%，加水 5 mL 即可），再加入 40 mL 丙酮，振摇 30 min 后，加入氯化钠 6 g，充分摇匀，再加入 30 mL 石油醚，振摇 30 min。静置分层后，将有机相全部转移至 100 mL 具塞三角瓶中经无水硫酸钠干燥，并量取 35 mL 于旋转蒸发瓶中，浓缩至约 1 mL，加入 2 mL 乙酸乙酯-环己烷（1＋1）溶液再浓缩，如此重复 3 次，浓缩至约 1 mL，供凝胶色谱层析净化使用，或将浓缩液转移至全自动凝胶渗透色谱系统配套的进样试管中，用乙酸乙酯-环己烷（1＋1）溶液洗涤旋转蒸发瓶数次，将洗涤液合并至试管中，定容至 10 mL。

5.2.2 肉类：称取试样 20 g（精确到 0.01 g），加水 15 mL（视试样水分含量加水，使总水量约 20 g）。加 40 mL 丙酮，振摇 30 min，以下按照 5.2.1 蛋类试样的提取、分配步骤处理。

5.2.3 乳类：称取试样 20 g（精确到 0.01 g），鲜乳不需加水，直接加丙酮提取。以下按照 5.2.1 蛋类试样的提取、分配步骤处理。

5.2.4 大豆油：称取试样 1 g（精确到 0.01 g），直接加入 30 mL 石油醚，振摇 30 min 后，将有机相全部转移至旋转蒸发瓶中，浓缩至约 1 mL，加 2 mL 乙酸乙酯-环己烷（1＋1）溶液再浓缩，如此重复 3 次，浓缩至约 1 mL，供凝胶色谱层析净化使用，或将浓缩液转移至全自动凝胶渗透色谱系统配套的进样试管中，用乙酸乙酯-环己烷（1＋1）溶液洗涤旋转蒸发瓶数次，将洗涤液合并至试管中，定容至 10 mL。

5.2.5 植物类：称取试样匀浆 20 g，加水 5 mL（视其水分含量加水，使总水量约 20 mL），加丙酮 40 mL，振荡 30 min，加氯化钠 6 g，摇匀。加石油醚 30 mL，再振荡 30 min，以下按照 5.2.1 蛋类试样的提取、分配步骤处理。

5.3 净化

选择手动或全自动净化方法的任何一种进行。

5.3.1 手动凝胶色谱柱净化：将试样浓缩液经凝胶柱以乙酸乙酯-环己烷（1＋1）溶液洗脱，弃去 0 mL～35 mL流分，收集 35 mL～70 mL 流分。将其旋转蒸发浓缩至约 1 mL，再经凝胶柱净化收集 35 mL～70 mL流分，蒸发浓缩，用氮气吹除溶剂，用正己烷定容至 1 mL，留待 GC 分析。

5.3.2 全自动凝胶渗透色谱系统净化：试样由 5 mL 试样环注入凝胶渗透色谱（GPC）柱，泵流速 5.0 mL/min，以乙酸乙酯-环己烷（1＋1）溶液洗脱，弃去 0 min～7.5 min 流分，收集 7.5 min～15 min 流分，15 min～20 min 冲洗 GPC 柱。将收集的流分旋转蒸发浓缩至约 1 mL，用氮气吹至近干，用正己烷定容至 1 mL，留待 GC 分析。

5.4 测定

5.4.1 气相色谱参考条件

5.4.1.1 色谱柱：DM-5 石英弹性毛细管柱，长 30 m、内径 0.32 mm、膜厚 0.25 μm；或等效柱。

5.4.1.2 柱温：程序升温

$$90\ ℃(1\ \text{min})\xrightarrow{40\ ℃/\text{min}}170\ ℃\xrightarrow{2.3\ ℃/\text{min}}230\ ℃(17\ \text{min})\xrightarrow{40\ ℃/\text{min}}280\ ℃(5\ \text{min})$$

5.4.1.3 进样口温度：280 ℃。不分流进样，进样量 1 μL。

5.4.1.4 检测器：电子捕获检测器（ECD），温度 300 ℃。

5.4.1.5 载气流速：氮气（N_2），流速 1 mL/min；尾吹，25 mL/min。

5.4.1.6 柱前压：0.5 MPa。

5.4.2 色谱分析

分别吸取 1 μL 混合标准液及试样净化液注入气相色谱仪中，记录色谱图，以保留时间定性，以试样和标准的峰高或峰面积比较定量。

5.4.3 色谱图

色谱图参见附录 B。出峰顺序为：α-六六六、六氯苯、β-六六六、γ-六六六、五氯硝基苯、δ-六六六、五氯苯胺、七氯、五氯苯基硫醚、艾氏剂、氧氯丹、环氧七氯、反氯丹、α-硫丹、顺氯丹、p,p′-滴滴伊、狄氏剂、异狄氏剂、β-硫丹、p,p′-滴滴滴、o,p′-滴滴涕、异狄氏剂醛、硫丹硫酸盐、p,p′-滴滴涕、异狄氏剂酮、灭蚁灵。

6 结果计算

试样中各农药的含量按式(1)进行计算：

$$X=\frac{m_1\times V_1\times f\times 1\ 000}{m\times V_2\times 1\ 000}\qquad\cdots\cdots\cdots\cdots(1)$$

式中：

X——试样中各农药的含量，单位为毫克每千克（mg/kg）；

m_1——被测样液中各农药的含量，单位为纳克（ng）；

V_1——样液进样体积，单位为微升（μL）；

f——稀释因子；

m——试样质量，单位为克（g）；

V_2——样液最后定容体积，单位为毫升（mL）。

计算结果保留两位有效数字。

7 精密度

在重复性条件下获得的两次独立测定结果的绝对差值不得超过算术平均值的 20%，方法测定不确定度参见附录 C。

第二法 填充柱气相色谱-电子捕获检测器法

8 原理

试样中六六六、滴滴涕经提取、净化后用气相色谱法测定，与标准比较定量。电子捕获检测器对于负电极强的化合物具有极高的灵敏度，利用这一特点，可分别测出痕量的六六六、滴滴涕。不同异构体和代谢物可同时分别测定。

出峰顺序：α-HCH、γ-HCH、β-HCH、δ-HCH、p,p′-DDE、o,p′-DDT、p,p′-DDD、p,p′-DDT。

9 试剂

9.1 丙酮(CH_3COCH_3):分析纯,重蒸。

9.2 正己烷(n-C_6H_{14}):分析纯,重蒸。

9.3 石油醚:沸程 30 ℃~60 ℃,分析纯,重蒸。

9.4 苯(C_6H_6):分析纯。

9.5 硫酸(H_2SO_4):优级纯。

9.6 无水硫酸钠(Na_2SO_4):分析纯。

9.7 硫酸钠溶液(20 g/L)。

9.8 农药标准品:六六六(α-HCH、β-HCH、γ-HCH 和 δ-HCH)纯度>99%,滴滴涕(p,p'-DDE、o,p'-DDT、p,p'-DDD 和 p,p'-DDT)纯度>99%。

9.9 农药标准储备液:精密称取 α-HCH、γ-HCH、β-HCH、δ-HCH 、p,p'-DDE、o,p'-DDT、p,p'-DDD 和 p,p'-DDT 各 10 mg,溶于苯中,分别移于 100 mL 容量瓶中,以苯稀释至刻度,混匀,浓度为 100 mg/ L,贮存于冰箱中。

9.10 农药混合标准工作液:分别量取上述各标准储备液于同一容量瓶中,以正己烷稀释至刻度。α-HCH、γ-HCH 和 δ-HCH 的浓度为 0.005 mg/L,β-HCH 和 p,p'-DDE 浓度为 0.01 mg/L,o,p'-DDT 浓度为 0.05 mg/L,p,p'-DDD 浓度为 0.02 mg/L,p,p'-DDT 浓度为 0.1 mg/L。

10 仪器

10.1 气相色谱仪:具电子捕获检测器。

10.2 旋转蒸发器。

10.3 氮气浓缩器。

10.4 匀浆机。

10.5 调速多用振荡器。

10.6 离心机。

10.7 植物样本粉碎机。

11 分析步骤

11.1 试样制备

谷类制成粉末,其制品制成匀浆;蔬菜、水果及其制品制成匀浆;蛋品去壳制成匀浆;肉品去皮、筋后,切成小块,制成肉糜;鲜乳混匀待用;食用油混匀待用。

11.2 提取

11.2.1 称取具有代表性的各类食品样品匀浆 20 g,加水 5 mL(视样品水分含量加水,使总水量约 20 mL),加丙酮 40 mL,振荡 30 min,加氯化钠 6 g,摇匀。加石油醚 30 mL,再振荡 30 min,静置分层。取上清液 35 mL 经无水硫酸钠脱水,于旋转蒸发器中浓缩至近干,以石油醚定容至 5 mL,加浓硫酸 0.5 mL 净化,振摇 0.5 min,于 3 000 r/min 离心 15 min。取上清液进行 GC 分析。

11.2.2 称取具有代表性的 2 g 粉末样品,加石油醚 20 mL,振荡 30 min,过滤,浓缩,定容至 5 mL,加 0.5 mL 浓硫酸净化,振摇 0.5 min,于 3 000 r/min 离心 15 min。取上清液进行 GC 分析。

11.2.3 称取具有代表性的食用油试样 0.5 g,以石油醚溶解于 10 mL 刻度试管中,定容至刻度。加 1.0 mL 浓硫酸净化,振摇 0.5 min,于 3 000 r/min 离心 15 min。取上清液进行 GC 分析。

11.3 气相色谱测定

填充柱气相色谱条件:色谱柱:内径 3 mm,长 2 m 的玻璃柱,内装涂以 1.5% OV-17 和 2% QF-1 混合固定液的 80 目~100 目硅藻土;载气:高纯氮,流速 110 mL/min;柱温:185 ℃;检测器温度:

225 ℃；进样口温度：195 ℃。进样量为 1 μL～10 μL。外标法定量。

11.4 色谱图

8 种农药的色谱图见图 1。

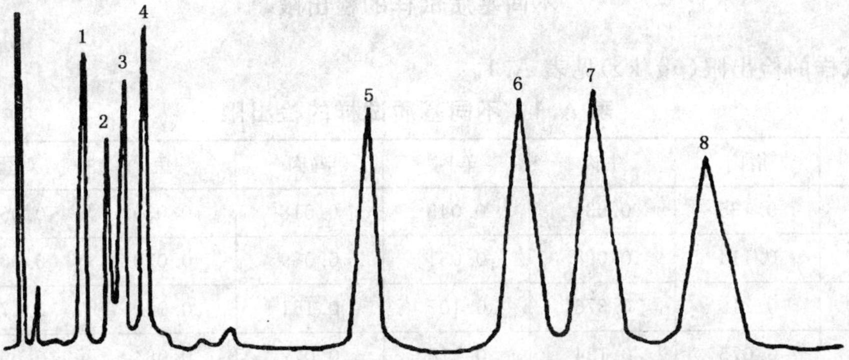

出峰顺序：1、2、3、4 为 α-HCH、β-HCH、γ-HCH、δ-HCH；5、6、7、8 为 p,p'-DDE、o,p'-DDT、p,p'-DDD、p,p'-DDT。

图 1　8 种农药的色谱图

12　结果计算

试样中六六六、滴滴涕及其异构体或代谢物的单一含量按式(2)进行计算：

$$X = \frac{A_1}{A_2} \times \frac{m_1}{m_2} \times \frac{V_1}{V_2} \times \frac{1\ 000}{1\ 000} \quad \cdots\cdots\cdots\cdots (2)$$

式中：

X——试样中六六六、滴滴涕及其异构体或代谢物的单一含量，单位为毫克每千克(mg/kg)；

A_1——被测定试样各组分的峰值(峰高或面积)；

A_2——各农药组分标准的峰值(峰高或面积)；

m_1——单一农药标准溶液的含量，单位为纳克(ng)；

m_2——被测定试样的取样量，单位为克(g)；

V_1——被测定试样的稀释体积，单位为毫升(mL)；

V_2——被测定试样的进样体积，单位为微升(μL)。

13　精密度

在重复性条件下获得的两次独立测定结果的绝对差值不得超过算术平均值的 15%。

附　录　A
（资料性附录）
不同基质试样的检出限

不同基质试样的检出限(μg/kg)见表 A.1。

表 A.1　不同基质试样的检出限

单位为微克每千克

农药	猪肉	牛肉	羊肉	鸡肉	鱼	鸡蛋	植物油
α-六六六	0.135	0.034	0.045	0.018	0.039	0.053	0.097
六氯苯	0.114	0.098	0.051	0.089	0.030	0.060	0.194
β-六六六	0.210	0.376	0.107	0.161	0.179	0.179	0.634
γ-六六六	0.075	0.134	0.118	0.077	0.064	0.096	0.226
五氯硝基苯	0.089	0.160	0.149	0.104	0.040	0.114	0.270
δ-六六六	0.284	0.169	0.045	0.092	0.038	0.161	0.179
五氯苯胺	0.248	0.153	0.055	0.141	0.139	0.291	0.250
七氯	0.125	0.192	0.079	0.134	0.027	0.053	0.247
五氯苯基硫醚	0.083	0.089	0.078	0.050	0.131	0.082	0.151
艾氏剂	0.148	0.095	0.090	0.034	0.138	0.087	0.159
氧氯丹	0.078	0.062	0.256	0.181	0.187	0.126	0.253
环氧七氯	0.058	0.034	0.166	0.042	0.132	0.089	0.088
反氯丹	0.071	0.044	0.051	0.087	0.048	0.094	0.307
α-硫丹	0.088	0.027	0.154	0.140	0.060	0.191	0.382
顺氯丹	0.055	0.039	0.029	0.088	0.040	0.066	0.240
p,p'-滴滴伊	0.136	0.183	0.070	0.046	0.126	0.174	0.345
狄氏剂	0.033	0.025	0.024	0.015	0.050	0.101	0.137
异狄氏剂	0.155	0.185	0.131	0.324	0.101	0.481	0.481
β-硫丹	0.030	0.042	0.200	0.066	0.063	0.080	0.246
p,p'-滴滴滴	0.032	0.165	0.378	0.230	0.211	0.151	0.465
o,p'-滴滴涕	0.029	0.147	0.335	0.138	0.156	0.048	0.412
异狄氏剂醛	0.072	0.051	0.088	0.069	0.078	0.072	0.358
硫丹硫酸盐	0.140	0.183	0.153	0.293	0.200	0.267	0.260
p,p'-滴滴涕	0.138	0.086	0.119	0.168	0.198	0.461	0.481
异狄氏剂酮	0.038	0.061	0.036	0.054	0.041	0.222	0.239
灭蚁灵	0.133	0.145	0.153	0.175	0.167	0.276	0.127

附 录 B
（资料性附录）
有机氯农药混合标准溶液的色谱图

有机氯农药混合标准溶液的色谱图见图 B.1。

出峰顺序：1. α-六六六；2. 六氯苯；3. β-六六六；4. γ-六六六；5. 五氯硝基苯；6. δ-六六六；7. 五氯苯胺；8. 七氯；9. 五氯苯基硫醚；10. 艾氏剂；11. 氧氯丹；12. 环氧七氯；13. 反氯丹；14. α-硫丹；15. 顺氯丹；16. p,p′-滴滴伊；17. 狄氏剂；18. 异狄氏剂；19. β-硫丹；20. p,p′-滴滴滴；21. o,p′-滴滴涕；22. 异狄氏剂醛；23. 硫丹硫酸盐；24. p,p′-滴滴涕；25. 异狄氏剂酮；26. 灭蚁灵。

图 B.1 有机氯农药混合标准溶液的色谱图

附 录 C
（资料性附录）
方法的不确定度

第一法的不确定度见表C.1。

表C.1 以六氯苯和灭蚁灵为目标化合物，采用第一法测定的不确定度结果

农药组分	量值/(μg/kg)	相对标准不确定度	扩展不确定度
六氯苯	15.6	0.0572	0.114
灭蚁灵	20.0	0.036 9	0.077 8

ICS 67.040
C 53

中华人民共和国国家标准

GB/T 5009.33—2008
代替 GB/T 5009.33—2003, GB/T 5413.32—1997, GB/T 15401—1994

食品中亚硝酸盐与硝酸盐的测定

Determination of nitrite and nitrate in foods

2008-12-03 发布　　　　2009-03-01 实施

中华人民共和国卫生部
中国国家标准化管理委员会　发布

前　言

本标准代替GB/T 5009.33—2003《食品中亚硝酸盐与硝酸盐的测定》、GB/T 5413.32—1997《乳粉硝酸盐、亚硝酸盐的测定》以及GB/T 15401—1994《水果、蔬菜及其制品　亚硝酸盐和硝酸盐含量的测定》。

本标准与GB/T 5009.33—2003相比主要修改如下：

——增加了亚硝酸盐和硝酸盐测定的离子色谱方法并作为第一法；

——对盐酸萘乙二胺法的试样前处理条件进行了修订。

本标准由中华人民共和国卫生部提出并归口。

本标准由中华人民共和国卫生部负责解释。

本标准离子色谱法由中国疾病预防控制中心营养与食品安全所负责起草；江苏省疾病预防控制中心、上海市疾病预防控制中心、北京市疾病预防控制中心参加起草。

本标准分光光度法由中国疾病预防控制中心营养与食品安全所负责起草。

本标准示波极谱法由华中师范大学、湖北省食品卫生监督检验所、武汉同济医科大学负责起草。

本标准离子色谱法主要起草人：吴永宁、张磊、赵云峰、周萍萍、马永建、汪国权、邵兵。

本标准所代替标准的历次版本发布情况为：

——GB 5009.33—1985、GB/T 5009.33—1996、GB/T 5009.33—2003；

——GB 5413—1985、GB/T 5413.32—1997；

——GB/T 15401—1994。

食品中亚硝酸盐与硝酸盐的测定

1 范围

本标准规定了食品中亚硝酸盐和硝酸盐的测定方法。

本标准适用于食品中亚硝酸盐和硝酸盐的测定。

离子色谱法中亚硝酸盐和硝酸盐检出限分别为 0.4 mg/kg 和 0.8 mg/kg;分光光度法中亚硝酸盐和硝酸盐检出限分别为 1 mg/kg 和 1.4 mg/kg。

第一法 离子色谱法——亚硝酸盐和硝酸盐的测定

2 原理

试样经沉淀蛋白质、除去脂肪后,采用相应的方法提取和纯化,以氢氧化钾溶液为淋洗液,阴离子交换柱分离,电导检测器检测。以保留时间定性,外标法定量。

3 试剂

3.1 超纯水:电阻率为 18.2 MΩ·cm。

3.2 亚铁氰化钾[$K_4Fe(CN)_6 \cdot 3H_2O$]:分析纯。

3.3 乙酸锌[$Zn(CH_3COO)_2 \cdot 2H_2O$]:分析纯。

3.4 硼酸钠($Na_2B_4O_7 \cdot 10H_2O$):分析纯。

3.5 亚铁氰化钾溶液(106 g/L):称取 106.0 g 亚铁氰化钾用水溶解,并稀释至 1 000 mL。

3.6 乙酸锌溶液(220 g/L):称取 220.0 g 乙酸锌,先加 30 mL 冰乙酸溶解,用水稀释至 1 000 mL。

3.7 饱和硼砂溶液(50g/L):称取 5.0 g 硼酸钠,溶于 100 mL 热水,冷却后备用。

3.8 亚硝酸根离子(NO_2^-)标准溶液(100 mg/L,水基体)。

3.9 硝酸根离子(NO_3^-)标准溶液(1 000 mg/L,水基体)。

3.10 亚硝酸盐(以 NO_2^- 计,下同)和硝酸盐(以 NO_3^- 计,下同)混合标准使用液:准确移取亚硝酸根离子(NO_2^-)和硝酸根离子(NO_3^-)的标准溶液各 1.0 mL 于 100 mL 容量瓶中,用水定容至刻度,此溶液 1 mL 含亚硝酸根离子 1.0 μg 和硝酸根离子 10.0 μg。

4 仪器

4.1 离子色谱仪:包括电导检测器,配有抑制器,高容量阴离子交换柱,25 μL 定量环。

4.2 食物粉碎机。

4.3 超声波清洗器。

4.4 分析天平:感量 0.1 mg 和 1 mg。

4.5 离心机:转速不低于 10 000 r/min,配 5 mL 或 10 mL 离心管。

4.6 0.22 μm 水性滤膜针头滤器。

4.7 净化柱:包括 C_{18} 柱、Ag 柱和 Na 柱或等效柱。

4.8 注射器:1.0 mL、2.5 mL。

所有玻璃器皿使用前均需依次用 2 mol/L 氢氧化钠和水分别浸泡 4 h,然后用水冲洗 3 次～5 次,晾干备用。

5 分析步骤

5.1 试样预处理

5.1.1 新鲜蔬菜、水果:将整棵蔬菜或水果用去离子水洗净,晾干后,取可食部切碎混匀。将切碎的样品用四分法取适量,用组织捣碎机制成匀浆备用。如需加水应记录加水量。

5.1.2 肉类、蛋、水产及其制品:用四分法取适量或取全部,用组织捣碎机制成匀浆备用。

5.1.3 奶粉、豆奶粉、婴儿配方粉等固态乳制品(不包括奶酪):将样品装入能够容纳 2 倍试样体积的带盖样品容器中,通过反复摇晃和颠倒容器使样品充分混匀直到使样品均一化。

5.1.4 酸奶、牛奶、炼乳及其他液体乳制品:通过搅拌或反复摇晃和颠倒容器使样品充分混匀。

5.1.5 奶酪:取适量的样品研磨成均匀的泥浆状。为避免水分损失,研磨过程中应避免产生过多的热量。

5.2 提取

5.2.1 水果、蔬菜、鱼类、肉类、蛋类及其制品等:称取试样匀浆 5 g(精确至 0.001 g),以 80 mL 水洗入 100 mL 容量瓶中,超声提取 30 min,每隔 5 min 振摇一次,保持固相完全分散。于 75 ℃水浴中放置 5 min,用水定容至刻度。溶液经滤纸过滤后,取部分溶液于 10 000 r/min 离心 15 min,上清液备用。

5.2.2 腌鱼类、腌肉类及其他腌制品:称取试样匀浆 2 g(精确至 0.001 g),以 80 mL 水洗入 100 mL 容量瓶中,超声提取 30 min,每 5 min 振摇一次,保持固相完全分散。于 75 ℃水浴中放置 5 min,用水定容至刻度。溶液经滤纸过滤后,取部分溶液于 10 000 r/min 离心 15 min,上清液备用。

5.2.3 牛奶:称取试样 10 g(精确至 0.001 g),置于 100 mL 容量瓶中,加水 80 mL,摇匀,超声 30 min,加入 3%冰乙酸溶液 2 mL,于 4 ℃放置 20 min,放置至室温,用水定容至刻度。溶液经滤纸过滤,取上清液备用。

5.2.4 奶粉:称取试样 2.5 g(精确至 0.001 g),置于 100 mL 容量瓶中,加水 80 mL,摇匀,超声30 min,加入 3%冰乙酸溶液 2 mL,于 4 ℃放置 20 min,放置至室温,用水定容至刻度。溶液经滤纸过滤,取上清液备用。

5.2.5 取上清液约 15 mL 通过 0.22 μm 水性滤膜针头滤器、C_{18} 柱,弃去前面 3 mL(如果氯离子大于 100 mg/L,则需要依次通过针头滤器、C_{18} 柱、Ag 柱和 Na 柱,弃去前面 7 mL),收集后面洗脱液待测。

固相萃取柱使用前需进行活化,如使用 OnGuard Ⅱ RP 柱(1.0 mL)、OnGuard Ⅱ Ag 柱(1.0 mL)和 OnGuard Ⅱ Na 柱(1.0 mL)[1],其活化过程为:OnGuard Ⅱ RP 柱(1.0 mL)使用前依次用 10 mL 甲醇、15 mL 水通过,静置活化 30 min。OnGuard Ⅱ Ag 柱(1.0 mL)和 OnGuard Ⅱ Na 柱(1.0 mL)用 10 mL 水通过,静置活化 30 min。

5.3 参考色谱条件

5.3.1 色谱柱:氢氧化物选择性,可兼容梯度洗脱的高容量阴离子交换柱,如 Dionex IonPac AS11-HC 4 mm×250 mm(带 IonPac AG11-HC 型保护柱 4 mm×50 mm)[1],或性能相当的离子色谱柱。

5.3.2 淋洗液:氢氧化钾溶液,浓度为 6 mmol～70 mmol。洗脱梯度为 6 mmol 30 min,70 mmol 5 min,6 mmol 5 min。

5.3.3 抑制器:连续自动再生膜阴离子抑制器,或等效抑制装置。

5.3.4 检测器:电导检测器,检测池温度 35 ℃。

5.3.5 淋洗液流速:1.0 mL/min。

5.3.6 进样体积:25 μL(可根据样品中被测离子含量进行调整)。

---

1) 给出这一信息是为了方便本标准的使用者,并不表示对该产品的认可,如果其他等效产品具有相同的效果,则可使用这些等效的产品。

5.4 测定

5.4.1 标准曲线

移取亚硝酸盐和硝酸盐混合标准使用液，加水稀释，制成系列标准溶液，含亚硝酸根离子浓度为0.00 mg/L、0.02 mg/L、0.04 mg/L、0.06 mg/L、0.08 mg/L、0.10 mg/L、0.15 mg/L、0.20 mg/L，硝酸根离子浓度为0.0 mg/L、0.2 mg/L、0.4 mg/L、0.6 mg/L、0.8 mg/L、1.0 mg/L、1.5 mg/L、2.0 mg/L的混合标准溶液，从低到高浓度依次进样，得到上述各浓度标准溶液的色谱图。以亚硝酸根离子和硝酸根离子的浓度(mg/L)为横坐标，以峰高(μS)或峰面积为纵坐标，绘制标准曲线，并计算线性回归方程。

5.4.2 样品测定

用1.0 mL注射器分别吸取空白和试样溶液，在相同工作条件下，依次注入离子色谱仪中，记录色谱图。根据保留时间定性，分别测量空白和样品的峰高(μS)或峰面积。

6 结果计算

试样中亚硝酸盐(以 NO_2^- 计)或硝酸盐(以 NO_3^- 计)含量按式(1)计算：

$$X=\frac{(c-c_0)\times V\times f\times 1\,000}{m\times 1\,000} \qquad \cdots\cdots(1)$$

式中：

X——试样中亚硝酸根离子或硝酸根离子的含量，单位为毫克每千克(mg/kg)；

c——测定用试样溶液中的亚硝酸根离子或硝酸根离子浓度，单位为毫克每升(mg/L)；

c_0——试剂空白液中亚硝酸根离子或硝酸根离子的浓度，单位为毫克每升(mg/L)；

V——试样溶液体积，单位为毫升(mL)；

f——试样溶液稀释倍数；

m——试样取样量，单位为克(g)。

计算结果保留三位有效数字。

7 精密度

在重复性条件下获得的两次独立测定结果的绝对差值不得超过算术平均值的10%。

8 典型离子色谱分离图

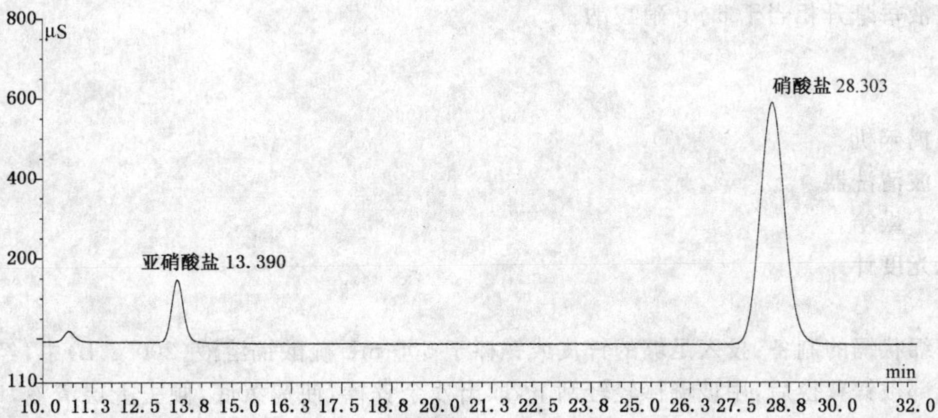

图1 亚硝酸盐和硝酸盐混合标准溶液的色谱图

第二法　分光光度法——亚硝酸盐和硝酸盐的测定

9　原理

试样经沉淀蛋白质、除去脂肪后，在弱酸条件下亚硝酸盐与对氨基苯磺酸重氮化后，再与盐酸萘乙二胺偶合形成紫红色染料，与标准比较定量，测得亚硝酸盐含量。硝酸盐通过镉柱还原成亚硝酸盐，测得亚硝酸盐总量，由总量减去亚硝酸盐含量即得硝酸盐含量。

10　试剂

10.1　水：二级实验室用水或去离子水。

10.2　对氨基苯磺酸（$C_6H_7NO_3S$）：分析纯。

10.3　盐酸萘乙二胺溶液（$C_{12}H_{14}N_2 \cdot 2HCl$）：分析纯。

10.4　亚铁氰化钾溶液（106 g/L）：称取 106.0 g 亚铁氰化钾（3.2），用水溶解，并稀释至 1 000 mL。

10.5　乙酸锌溶液（220 g/L）：称取 220.0 g 乙酸锌（3.3），先加 30 mL 冰乙酸溶解，用水稀释至1 000 mL。

10.6　饱和硼砂溶液（50 g/L）：称取 5.0 g 硼酸钠（3.4），溶于 100 mL 热水中，冷却后备用。

10.7　氨缓冲溶液（pH9.6～9.7）：量取 30 mL 盐酸（ρ=1.19 g/mL），加 100 mL 水，混匀后加 65 mL 氨水（25%），再加水稀释至 1 000 mL，混匀。调节 pH 至 9.6～9.7。

10.8　稀氨缓冲液：量取 50 mL 氨缓冲溶液，加水稀释至 500 mL，混匀。

10.9　盐酸溶液（0.1 mol/L）：吸取 5 mL 盐酸，用水稀释至 600 mL。

10.10　对氨基苯磺酸溶液（4 g/L）：称取 0.4 g 对氨基苯磺酸，溶于 100 mL 20%盐酸中，置棕色瓶中混匀，避光保存。

10.11　盐酸萘乙二胺溶液（2 g/L）：称取 0.2 g 盐酸萘乙二胺，溶解于 100 mL 水中，混匀后，置棕色瓶中，避光保存。

10.12　亚硝酸钠标准溶液：准确称取 0.100 0 g 于 110 ℃～120 ℃干燥恒重的亚硝酸钠，加水溶解移入 500 mL 容量瓶中，加水稀释至刻度，混匀。此溶液每毫升相当于 200 μg 的亚硝酸钠。

10.13　亚硝酸钠标准使用液：临用前，吸取亚硝酸钠标准溶液 5.00 mL，置于 200 mL 容量瓶中，加水稀释至刻度，此溶液每毫升相当于 5.0 μg 亚硝酸钠。

10.14　硝酸钠标准溶液：准确称取 0.123 2 g 于 110 ℃～120 ℃干燥恒重的硝酸钠，加水溶解，移入 500 mL 容量瓶中，并稀释至刻度。此溶液每毫升相当于 200 μg 硝酸钠。

10.15　硝酸钠标准使用液：临用时吸取硝酸钠标准溶液 2.50 mL，置于 100 mL 容量瓶中，加水稀释至刻度。此溶液每毫升相当于 5 μg 硝酸钠。

11　仪器

11.1　组织捣碎机。

11.2　超声波清洗器。

11.3　恒温干燥箱。

11.4　分光光度计。

11.5　镉柱

11.5.1　海绵状镉的制备：投入足够的锌皮或锌棒于 500 mL 硫酸镉溶液（200 g/L）中，经 3 h～4 h，当其中的镉全部被锌置换后，用玻璃棒轻轻刮下，取出残余锌棒，使镉沉底，倾去上层清液，以水用倾泻法多次洗涤，然后移入组织捣碎机中，加 500 mL 水，捣碎约 2 s，用水将金属细粒洗至标准筛上，取20 目～40 目之间的部分。

11.5.2 镉柱的装填:如图2。用水装满镉柱玻璃管,并装入2 cm高的玻璃棉做垫,将玻璃棉压向柱底时,应将其中所包含的空气全部排出,在轻轻敲击下加入海绵状镉至8 cm～10 cm高,上面用1 cm高的玻璃棉覆盖,上置一贮液漏斗,末端要穿过橡皮塞与镉柱玻璃管紧密连接。

单位为毫米

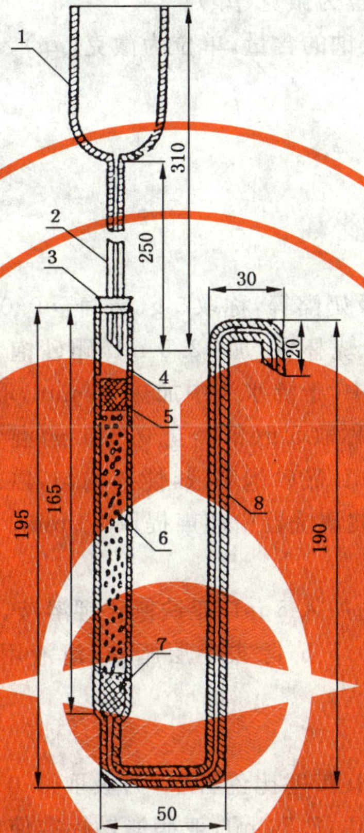

1——贮液漏斗,内径35 mm,外径37 mm;
2——进液毛细管,内径0.4 mm,外径6 mm;
3——橡皮塞;
4——镉柱玻璃管,内径12 mm,外径16 mm;
5、7——玻璃棉;
6——海绵状镉;
8——出液毛细管,内径2 mm,外径8 mm。

图2 镉柱示意图

如无上述镉柱玻璃管时,可以25 mL酸式滴定管代替,但过柱时要注意始终保持液面在镉层之上。

当镉柱填装好后,先用25 mL盐酸(0.1 mol/L)洗涤,再以水洗两次,每次25 mL,镉柱不用时用水封盖,随时都要保持水平面在镉层之上,不得使镉层夹有气泡。

11.5.3 镉柱每次使用完毕后,应先以25 mL盐酸(0.1 mol/L)洗涤,再以水洗两次,每次25 mL,最后用水覆盖镉柱。

11.5.4 镉柱还原效率的测定:吸取20 mL硝酸钠标准使用液,加入5 mL稀氨缓冲液,混匀后注入贮液漏斗,使流经镉柱还原,以原烧杯收集流出液,当贮液漏斗中的样液流完后,再加5 mL水置换柱内留存的样液。取10.0 mL还原后的溶液(相当于10 μg亚硝酸钠)于50 mL比色管中,以下按12.4自"吸取0.00 mL、0.20 mL、0.40 mL、0.60 mL、0.80 mL、1.00 mL……"起依法操作,根据标准曲线计算测得结果,与加入量一致,还原效率应大于98%为符合要求。

11.5.5 结果计算

还原效率按式(2)进行计算:

$$X = \frac{A}{10} \times 100\% \quad \cdots\cdots\cdots\cdots\cdots(2)$$

式中：

X——还原效率，%；

A——测得亚硝酸钠的含量，单位为微克(μg)；

10——测定用溶液相当于亚硝酸钠的含量，单位为微克(μg)。

12 分析步骤

12.1 样品预处理

同5.1。

12.2 提取

12.2.1 蔬菜、水果、肉、水产、蛋类及奶酪等：称取5 g(精确至0.001 g)制成匀浆的试样(如制备过程中加水，应按加水量折算)，置于50 mL烧杯中，加12.5 mL硼砂饱和液，搅拌均匀，以70 ℃左右的水约300 mL将试样洗入500 mL容量瓶中，于沸水浴中加热15 min，取出置冷水浴中冷却，并放置至室温。

12.2.2 乳及乳制品(不包括奶酪)：称取5 g(精确至0.001 g)混匀的样品(牛奶等液态乳可取10 g～20 g)，置于50 mL烧杯中，加12.5 mL硼砂饱和液，搅拌均匀，以50 ℃～60 ℃左右的水约300 mL将试样洗入500 mL容量瓶中，置超声波清洗器中超声提取20 min。

12.3 提取液净化

在上述提取液中，一边转动，一边加入5 mL亚铁氰化钾溶液，摇匀，再加入5 mL乙酸锌溶液，以沉淀蛋白质。加水至刻度，摇匀，放置0.5 h，除去上层脂肪，清液用滤纸过滤，弃去初滤液30 mL，滤液备用。

12.4 亚硝酸盐的测定

吸取40.0 mL上述滤液于50 mL带塞比色管中，另吸取0.00 mL、0.20 mL、0.40 mL、0.60 mL、0.80 mL、1.00 mL、1.50 mL、2.00 mL、2.50 mL亚硝酸钠标准使用液(相当于0.0 μg、1.0 μg、2.0 μg、3.0 μg、4.0 μg、5.0 μg、7.5 μg、10.0 μg、12.5 μg亚硝酸钠)，分别置于50 mL带塞比色管中。于标准管与试样管中分别加入2 mL对氨基苯磺酸溶液(4 g/L)，混匀，静置3 min～5 min后各加入1 mL盐酸萘乙二胺溶液(2 g/L)，加水至刻度，混匀，静置15 min，用2 cm比色杯，以零管调节零点，于波长538 nm处测吸光度，绘制标准曲线比较。同时做试剂空白。

12.5 硝酸盐的测定

12.5.1 镉柱还原

12.5.1.1 先以25 mL稀氨缓冲液冲洗镉柱，流速控制在3 mL/min～5 mL/min(以滴定管代替的可控制在2 mL/min～3 mL/min)。

12.5.1.2 吸取20 mL滤液于50 mL烧杯中，加5 mL氨缓冲溶液，混合后注入贮液漏斗，使流经镉柱还原，以原烧杯收集流出液，当贮液漏斗中的样液流完后，再加5 mL水置换柱内留存的样液。

12.5.1.3 将全部收集液如前再经镉柱还原一次，第二次流出液收集于100 mL容量瓶中，继以水流经镉柱洗涤三次，每次20 mL，洗液一并收集于同一容量瓶中，加水至刻度，混匀。

12.5.2 亚硝酸钠总量的测定

吸取10 mL～20 mL还原后的样液于50 mL比色管中。以下按12.4自"吸取0.00 mL、0.20 mL、0.40 mL、0.60 mL、0.80 mL、1.00 mL……"起依法操作。

13 结果计算

13.1 亚硝酸盐含量计算

亚硝酸盐(以亚硝酸钠计)的含量按式(3)进行计算：

$$X_1 = \frac{A_1 \times 1\,000}{m \times \frac{V_1}{V_0} \times 1\,000} \quad \cdots\cdots\cdots\cdots (3)$$

式中：

X_1——试样中亚硝酸钠的含量，单位为毫克每千克(mg/kg)；

A_1——测定用样液中亚硝酸钠的质量，单位为微克(μg)；

m——试样质量，单位为克(g)；

V_1——测定用样液体积，单位为毫升(mL)；

V_0——试样处理液总体积，单位为毫升(mL)。

计算结果保留两位有效数字。

13.2 硝酸盐含量的计算

硝酸盐(以硝酸钠计)的含量按式(4)进行计算：

$$X_2 = \left(\frac{A_2 \times 1\,000}{m \times \frac{V_2}{V_0} \times \frac{V_4}{V_3} \times 1\,000} - X_1\right) \times 1.232 \quad \cdots\cdots\cdots\cdots (4)$$

式中：

X_2——试样中硝酸钠的含量，单位为毫克每千克(mg/kg)；

A_2——经镉粉还原后测得总亚硝酸钠的质量，单位为微克(μg)；

m——试样的质量，单位为克(g)；

V_2——测总亚硝酸钠的测定用样液体积，单位为毫升(mL)；

V_0——试样处理液总体积，单位为毫升(mL)；

V_4——经镉柱还原后样液的测定用样液体积，单位为毫升(mL)；

V_3——经镉柱还原后样液总体积，单位为毫升(mL)；

X_1——由式(3)计算出的试样中亚硝酸钠的含量，单位为毫克每千克(mg/kg)；

1.232——亚硝酸钠换算成硝酸钠的系数。

计算结果保留两位有效数字。

14 精密度

在重复性条件下获得的两次独立测定结果的绝对差值不得超过算术平均值的10%。

第三法 示波极谱法——亚硝酸盐测定

15 原理

试样经沉淀蛋白质、除去脂肪后，在弱酸性的条件下亚硝酸盐与对氨基苯磺酸重氮化后，在弱碱性条件下再与8-羟基喹啉偶合形成橙色染料，该偶氮染料在汞电极上还原产生电流，电流与亚硝酸盐的浓度呈线性关系，可与标准曲线比较定量。

16 试剂

16.1 乙二胺四乙酸($C_{10}H_{14}N_2O_8Na \cdot 2H_2O$,EDTA)。

16.2 亚铁氰化钾溶液：称取106.0 g亚铁氰化钾(3.2)，用水溶解，并稀释至1 000 mL。

16.3 乙酸锌溶液：称取220.0 g乙酸锌(3.3)，先加30 mL冰乙酸溶解，用水稀释至1 000 mL。

16.4 饱和硼砂溶液：称取5.0 g硼酸钠(3.4)，溶于100 mL热水中，冷却后备用。

16.5 对氨基苯磺酸溶液(8 g/L)：称取2 g对氨基苯磺酸(10.2)，用热水溶解，再加25 mL盐酸(1.0 mol/L)，移至250 mL容量瓶稀释至刻度。

16.6 8-羟基喹啉溶液(1 g/L):称取 0.250 g 8-羟基喹啉,加 4 mL 盐酸(0.1 mol/L)和少量水溶解,移至 250 mL 容量瓶稀释至刻度。

16.7 EDTA 溶液(0.10 mol/L):称取 3.722 g EDTA,加水 30 mL 溶解,转入 100 mL 容量瓶中用水稀释至刻度。

16.8 氨水(5%):吸取 28%的浓氨水 5.00 mL 于 100 mL 容量瓶中,加水稀释至刻度。

16.9 亚硝酸钠标准溶液:准确称取 0.100 0 g 于硅胶干燥器中 24 h 的亚硝酸钠,加水溶解移入 500 mL 容量瓶中,并稀释至刻度,此溶液每毫升相当于 200 μg 亚硝酸钠。

16.10 亚硝酸钠标准使用液:准确吸取亚硝酸钠标准溶液 5.00 mL 于 200 mL 容量瓶中,加水稀释至刻度,此溶液每毫升相当于 5 μg 亚硝酸钠。再取 10.00 mL 该稀释液于 100 mL 容量瓶中,加水稀释至刻度,此溶液每毫升相当于 0.5 μg 亚硝酸钠。

17 仪器

17.1 小型绞肉机。

17.2 示波极谱仪。

18 分析步骤

18.1 试样处理

称取 5.000 g 经绞碎混匀的试样(午餐肉、火腿肠可称 10.00 g~20.00 g),置于 50 mL 烧杯中,加 12.5 mL 硼砂饱和液,搅拌均匀,以 70 ℃的水 300 mL 将试样洗入 500 mL 容量瓶中,于沸水浴中加热 15min 取出后冷却至室温,然后一边转动,一边加入 5 mL 亚铁氰化钾溶液,摇匀,再加入 5 mL 乙酸锌溶液,以沉淀蛋白质。加水至刻度,摇匀,放置 0.5 h,除去上层脂肪,清液用滤纸过滤,弃去初滤液 50 mL,滤液备用。

18.2 测定

吸取 3 mL 上述滤液于 10 mL 容量瓶(或比色管)中,另取 0.00 mL、0.50 mL、1.00 mL、1.50 mL、2.00 mL、2.50 mL、3.00 mL 亚硝酸钠标准溶液(相当于 0.00 μg、0.25 μg、0.50 μg、0.75 μg、1.00 μg、1.25 μg、1.50 μg 亚硝酸钠)于 10 mL 容量瓶(或比色管)中,于标准与试样管中分别加入 0.20 mL EDTA 溶液(0.10mol/L)、1.50 mL 对氨基苯磺酸溶液(8 g/L),混匀,静止 3 min~4 min 后各加入 1.00 mL 8-羟基喹啉溶液(1 g/L)和 0.5 mL 氨水(5%),用水稀释至刻度,混匀,静止 10 min~15 min,将试液全部转入电解池中(10 mL 小烧杯)。在示波极谱仪上采用三电极体系进行测定(滴汞电极为工作电极,饱和甘汞电极为参比电极,铂电极为辅助电极)。

18.3 测定参考条件

原点电位调节在−0.2 V。

倍率为 0.1(可以根据试样中亚硝酸盐含量多少选择合适的倍率。含量高,倍率高,倍率选择在 0.1 以上;反之,倍率选择在 0.1 以下)。

电极开关拨至三电极,导数档。

测量开关拨至阴极。

将三电极插入电解池中,每隔 7 s 仪器自行扫描一次,在荧光屏上记录−0.56 V 左右(允许电位波动 10 mV~20 mV)的极谱波高,绘制标准曲线比较。

19 结果计算

试样中亚硝酸盐(以亚硝酸钠计)的含量按式(5)进行计算:

$$X = \frac{A \times V_1}{m \times V_2} \quad \cdots\cdots (5)$$

式中：

X——试样中亚硝酸钠的含量，单位为毫克每千克(mg/kg)；

A——测定用样液中亚硝酸钠的质量，单位为微克(μg)；

V_1——试样溶液的总体积，单位为毫升(mL)；

m——试样质量，单位为克(g)；

V_2——测定用样液的体积，单位为毫升(mL)。

计算结果保留两位有效数字。

20 精密度

在重复性条件下获得的两次独立测定结果的绝对差值不得超过算术平均值的10%。

ICS 67.040
C 53

中华人民共和国国家标准

GB/T 5009.49—2008
代替 GB/T 5009.49—2003

发酵酒及其配制酒卫生标准的分析方法

Method for analysis of hygienic standard of fermented alcoholic beverages and their integrated alcoholic beverages

2008-11-21 发布　　　　2009-03-01 实施

中华人民共和国卫生部
中国国家标准化管理委员会　发布

前　言

本标准代替 GB/T 5009.49—2003《发酵酒卫生标准的分析方法》。

本标准与 GB/T 5009.49—2003 相比主要修改如下：

——修改了标准的名称；

——修改了标准方法的名称；

——增加了总二氧化硫的测定方法；

——删除了黄曲霉毒素 B_1 的测定；

——删除了 *N*-亚硝胺类(啤酒)的测定；

——删除了着色剂的测定。

本标准由中华人民共和国卫生部提出并归口。

本标准由中华人民共和国卫生部负责解释。

本标准起草单位：中国疾病预防控制中心营养与食品安全所、中国食品发酵工业研究院、辽宁省疾病预防控制中心、黑龙江省疾病预防控制中心、重庆市疾病预防控制中心。

本标准主要起草人：杨大进、常迪、赵馨、康永璞、李敏、肖白曼、赵舰。

本标准所代替标准的历次版本发布情况为：

——GB 5009.49—1985、GB/T 5009.49—1996、GB/T 5009.49—2003。

发酵酒及其配制酒卫生标准的分析方法

1 范围

本标准规定了发酵酒及其配制酒中各项卫生指标的分析方法。

本标准适用于发酵酒及其配制酒中各项卫生指标的分析。

2 规范性引用文件

下列文件中的条款通过本标准的引用而成为本标准的条款。凡是注日期的引用文件，其随后所有的修改单(不包括勘误的内容)或修订版均不适用于本标准，然而，鼓励根据本标准达成协议的各方研究是否可使用这些文件的最新版本。凡是不注日期的引用文件，其最新版本适用于本标准。

GB/T 5009.1—2003 食品卫生检验方法 理化部分 总则

GB/T 5009.12 食品中铅的测定

GB/T 5009.34—2003 食品中亚硫酸盐的测定

GB/T 5009.185 苹果和山楂制品中展青霉素的测定

3 感官检查

应符合相应产品标准的有关规定。

4 理化检验

4.1 总二氧化硫

4.1.1 氧化法

4.1.1.1 原理

在低温条件下，样品中的游离二氧化硫与过量的过氧化氢反应生成硫酸，再用碱标准溶液滴定生成的硫酸，由此可得到样品中游离二氧化硫的含量。在加热条件下，样品中的结合二氧化硫被释放，与过氧化氢发生氧化还原反应，通过用氢氧化钠标准溶液滴定生成的硫酸，可得到样品中结合二氧化硫的含量。将结合二氧化硫与游离二氧化硫测定值相加，即得出样品中总二氧化硫的含量。

4.1.1.2 试剂

4.1.1.2.1 过氧化氢(H_2O_2)：分析纯。

4.1.1.2.2 磷酸(H_3PO_4)：分析纯。

4.1.1.2.3 氢氧化钠(NaOH)：分析纯。

4.1.1.2.4 甲基红($C_{15}H_{15}N_3O_2$)：指示剂。

4.1.1.2.5 次甲基蓝($C_{16}H_{18}ClN_3S \cdot 3H_2O$)：指示剂。

4.1.1.2.6 过氧化氢溶液(0.3%)：吸取 1 mL 30%过氧化氢(开启后存于冰箱)，用水稀释至 100 mL。使用当天配制。

4.1.1.2.7 磷酸溶液(25%)：量取 295 mL 85%磷酸，用水稀释至 1 000 mL。

4.1.1.2.8 氢氧化钠标准滴定溶液[c(NaOH)=0.01 mol/L]：按 GB/T 5009.1—2003 的附录 B 配制与标定。存放在橡胶塞上装有钠石灰管的瓶中，每周重配。

4.1.1.2.9 甲基红-次甲基蓝混合指示液：

溶液Ⅰ：称取 0.1 g 次甲基蓝，溶于乙醇(95%)，用乙醇(95%)稀释至 100 mL。

溶液Ⅱ：称取 0.1 g 甲基红，溶于乙醇(95%)，用乙醇(95%)稀释至 100 mL。

取 50 mL 溶液Ⅰ、100 mL 溶液Ⅱ,混匀。

4.1.1.3 仪器

4.1.1.3.1 二氧化硫测定装置,见图 1。

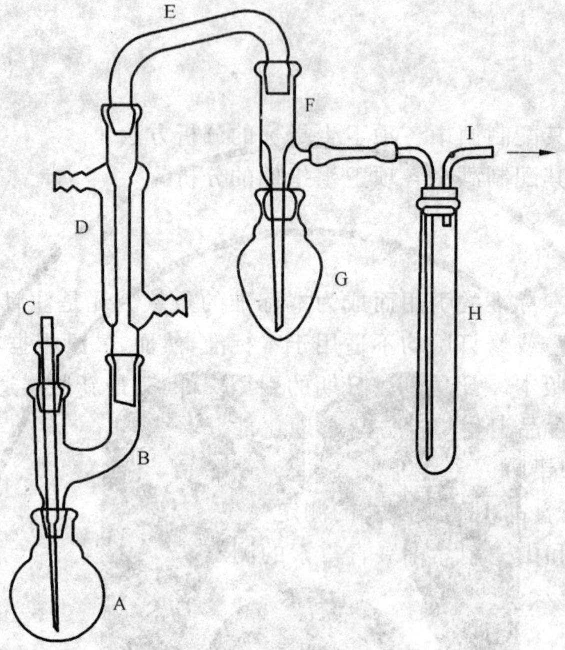

A——短颈球瓶;
B——三通连接管;
C——通气管;
D——直管冷凝管;
E——弯管;
F——真空蒸馏接受管;
G——梨形瓶;
H——气体洗涤器;
I——直角弯管(接真空泵或抽气管)。

图 1 二氧化硫测定装置

4.1.1.3.2 真空泵。

4.1.1.4 分析步骤

4.1.1.4.1 游离二氧化硫的测定

4.1.1.4.1.1 按图 1 所示,将二氧化硫测定装置连接妥当,I 管与真空泵(或抽气管)相接,D 管通入冷却水。取下梨形瓶(G)和气体洗涤器(H),在 G 瓶中加入 20 mL 过氧化氢溶液、H 管中加入 5 mL 过氧化氢溶液,各加 3 滴混合指示液后,溶液立即变为紫色,滴入氢氧化钠标准溶液,使其颜色恰好变为橄榄绿色,然后重新安装妥当,将 A 瓶浸入冰浴中。

4.1.1.4.1.2 吸取 20.00 mL 样品(液温 20 ℃±0.1 ℃),从 C 管上口加入 A 瓶中,随后吸取 10 mL 磷酸溶液(4.1.1.2.7),亦从 C 管上口加入 A 瓶中。

4.1.1.4.1.3 开启真空泵,使抽入空气流量 1 000 mL/min～1 500 mL/min,抽气 10 min。取下 G 瓶,用氢氧化钠标准滴定溶液(4.1.1.2.8)滴定至重现橄榄绿色即为终点,记下消耗的氢氧化钠标准滴定溶液的毫升数。以水代替样品做空白试验,操作同上。一般情况下,H 管中溶液不应变色,如果溶液变为紫色,也需用氢氧化钠标准滴定溶液滴定至橄榄绿色,并将所消耗的氢氧化钠标准滴定溶液的体积与 G 瓶消耗的氢氧化钠标准滴定溶液的体积相加。

4.1.1.4.1.4　结果计算

样品中游离二氧化硫的含量按式(1)计算。

$$X = \frac{c \times (V - V_0) \times 32}{20} \times 1\,000 \quad \cdots\cdots(1)$$

式中：

X——样品中游离二氧化硫的含量，单位为毫克每升(mg/L)；

c——氢氧化钠标准滴定溶液的浓度，单位为摩尔每升(mol/L)；

V——测定样品时消耗的氢氧化钠标准滴定溶液的体积，单位为毫升(mL)；

V_0——空白试验消耗的氢氧化钠标准滴定溶液的体积，单位为毫升(mL)；

32——二氧化硫的摩尔质量的数值，单位为克每摩尔(g/mol)；

20——吸取样品的体积，单位为毫升(mL)。

计算结果保留三位有效数字。

4.1.1.4.1.5　精密度

在重复性条件下获得的两次独立测定结果的绝对差值不得超过算术平均值的10%。

4.1.1.4.2　结合二氧化硫的测定

4.1.1.4.2.1　继4.1.1.4.1测定游离二氧化硫后，将滴定至橄榄绿色的G瓶重新与F管连接。拆除A瓶下的冰浴，用温火小心加热A瓶，使瓶内溶液保持微沸。

4.1.1.4.2.2　开启真空泵，以下操作同4.1.1.4.1.3。

4.1.1.4.2.3　计算

同4.1.1.4.1.4。计算结果为结合二氧化硫含量。

4.1.1.4.3　结果计算

将游离二氧化硫与结合二氧化硫的测定值相加，即为样品中总二氧化硫含量。

4.1.2　直接碘量法

4.1.2.1　原理

在碱性条件下，结合态二氧化硫被解离出来，然后再用碘标准滴定溶液滴定，得到样品中总二氧化硫的含量。

4.1.2.2　试剂

4.1.2.2.1　氢氧化钠溶液(100 g/L)。

4.1.2.2.2　硫酸溶液(1+3)：取1体积浓硫酸缓慢注入3体积水中。

4.1.2.2.3　碘标准滴定溶液$\left[c\left(\frac{1}{2}I_2\right)=0.02\ \text{mol/L}\right]$：称取13 g碘及35 g碘化钾，溶于100 mL水中，稀释至1 000 mL，摇匀，贮存于棕色瓶中。标定后，再准确稀释5倍。

4.1.2.2.4　淀粉指示液(10 g/L)：称取1 g淀粉，加5 mL水使其成糊状，在搅拌下将糊状物加到90 mL沸腾的水中，煮沸1 min～2 min，冷却稀释至100 mL，再加入40 g氯化钠。使用期为两周。

4.1.2.3　分析步骤

吸取25.00 mL氢氧化钠溶液(4.1.2.2.1)于250 mL碘量瓶中，再准确吸取25.00 mL样品(液温20 ℃)，并以吸管尖插入氢氧化钠溶液的方式，加入到碘量瓶中，摇匀，盖塞。静置15 min后，再加入少量碎冰块、1 mL淀粉指示液(4.1.2.2.4)、10 mL硫酸溶液(4.1.2.2.2)，摇匀，用碘标准滴定溶液(4.1.2.2.3)迅速滴定至淡蓝色，30 s内不变即为终点，记下消耗碘标准滴定溶液的体积(V)。

以水代替样品做空白试验，操作同上。

4.1.2.4　结果计算

样品中总二氧化硫的含量按式(2)计算。

$$X = \frac{c \times (V - V_0) \times 32}{25} \times 1\,000 \quad \cdots\cdots(2)$$

式中：

X——样品中总二氧化硫的含量，单位为毫克每升(mg/L)；

c——碘标准滴定溶液的浓度，单位为摩尔每升(mol/L)；

V——测定样品消耗碘标准滴定溶液的体积，单位为毫升(mL)；

V_0——空白试验消耗碘标准滴定溶液的体积，单位为毫升(mL)；

32——二氧化硫的摩尔质量的数值，单位为克每摩尔(g/mol)；

25——吸取样品的体积，单位为毫升(mL)。

计算结果保留三位有效数字。

4.1.2.5　精密度

在重复性条件下获得的两次独立测定结果的绝对差值不得超过算术平均值的10%。

4.1.3　直接蒸馏法

按 GB/T 5009.34—2003 的第二法操作。

4.2　铅

按 GB/T 5009.12 操作。

4.3　展青霉素

按 GB/T 5009.185 操作。

4.4　甲醛

4.4.1　原理

甲醛在过量乙酸铵的存在下，与乙酰丙酮和氨离子生成黄色的 2,6-二甲基-3,5-二乙酰基-1,4-二氢吡啶化合物，在波长 415 nm 处有最大吸收，在一定浓度范围，其吸光度值与甲醛含量成正比，与标准系列比较定量。

4.4.2　试剂

4.4.2.1　乙酰丙酮($C_5H_8O_2$)：分析纯。

4.4.2.2　乙酸铵($C_2H_7NO_2$)：分析纯。

4.4.2.3　乙酸($C_2H_4CO_2$)：分析纯。

4.4.2.4　甲醛(CH_2O)：分析纯。

4.4.2.5　硫代硫酸钠($Na_2S_2O_3 \cdot 5H_2O$)：基准物质。

4.4.2.6　碘(I_2)：分析纯。

4.4.2.7　淀粉($C_6H_{10}O_5$)：指示剂。

4.4.2.8　硫酸(H_2SO_4)：分析纯。

4.4.2.9　氢氧化钠(NaOH)：分析纯。

4.4.2.10　磷酸(H_3PO_4)：分析纯。

4.4.2.11　乙酰丙酮溶液：称取新蒸馏乙酰丙酮 0.4 g 和乙酸铵 25 g、乙酸 3 mL 溶于水中，定容至 200 mL 备用，用时配制。

4.4.2.12　甲醛：36%～38%。

4.4.2.13　硫代硫酸钠标准溶液(0.100 0 mol/L)：见 GB/T 5009.1—2003 的第 B.15 章。

4.4.2.14　碘标准溶液(0.1 mol/L)：见 GB/T 5009.1—2003 的第 B.13 章。

4.4.2.15　淀粉指示剂(5 g/L)：称取 0.5 g 可溶性淀粉，加入 5 mL 水，搅匀后缓缓倾入 100 mL 沸水中，随加随搅拌，煮沸 2 min，放冷，备用。此指示剂应临用时现配。

4.4.2.16　硫酸溶液(1 mol/L)：量取 30 mL 硫酸，缓缓注入适量水中，冷却至室温后用水稀释至 1 000 mL，摇匀。

4.4.2.17　氢氧化钠溶液(1 mol/L)：吸取 56 mL 澄清的氢氧化钠饱和溶液，加适量新煮沸过的冷水至 1 000 mL，摇匀。

4.4.2.18　磷酸溶液(200 g/L):称取 20 g 磷酸,加水稀释至 100 mL,混匀。

4.4.2.19　甲醛标准溶液的配制和标定:吸取 36%～38%甲醛溶液 7.0 mL,加入 1 mol/L 硫酸 0.5 mL,用水稀释至 250 mL,此液为标准溶液。吸取上述标准溶液 10.0 mL 于 100 mL 容量瓶中,加水稀释定容。再吸 10.0 mL 稀释溶液于 250 mL 碘量瓶中,加水 90 mL、0.1 mol/L 碘溶液 20 mL 和 1 mol/L氢氧化钠 15 mL,摇匀,放置 15 min。再加入 1 mol/L 硫酸溶液 20 mL 酸化,用 0.100 0 mol/L 硫代硫酸钠标准溶液滴定至淡黄色,然后加约 5 g/L 淀粉指示剂 1 mL,继续滴定至蓝色褪去即为终点。同时做试剂空白试验。

甲醛标准溶液的浓度按式(3)计算。

$$X = (V_1 - V_2) \times c_1 \times 15 \qquad \cdots\cdots(3)$$

式中:

X——甲醛标准溶液的浓度,单位为毫克每毫升(mg/mL);

V_1——空白试验所消耗的硫代硫酸钠标准溶液的体积,单位为毫升(mL);

V_2——滴定甲醛溶液所消耗的硫代硫酸钠标准溶液的体积,单位为毫升(mL);

c_1——硫代硫酸钠标准溶液的浓度,单位为摩尔每升(mol/L);

15——与 1.000 mol/L 硫代硫酸钠标准溶液 1.0 mL 相当的甲醛的质量,单位为毫克(mg)。

用上述已标定甲醛浓度的溶液,用水配制成含甲醛 1 μg/mL 的甲醛标准使用液。

4.4.3　**仪器**

4.4.3.1　分光光度计。

4.4.3.2　水蒸气蒸馏装置。

4.4.3.3　500 mL 蒸馏瓶。

4.4.4　**分析步骤**

4.4.4.1　**试样处理**

吸取已除去二氧化碳的啤酒 25 mL 移入 500 mL 蒸馏瓶中,加 200 g/L 磷酸溶液 20 mL 于蒸馏瓶,接水蒸气蒸馏装置中蒸馏,收集馏出液于 100 mL 容量瓶中(约 100 mL)冷却后加水稀释至刻度。

4.4.4.2　**测定**

精密吸取 1 μg/mL 的甲醛标准溶液各 0.00 mL、0.50 mL、1.00 mL、2.00 mL 、3.00 mL、4.00 mL、8.00 mL 于 25 mL 比色管中,加水至 10 mL。

吸取样品馏出液 10 mL 移入 25 mL 比色管中。标准系列和样品的比色管中,各加入乙酰丙酮溶液 2 mL,摇匀后在沸水浴中加热 10 min,取出冷却,于分光光度计波长 415 nm 处测定吸光度,绘制标准曲线。从标准曲线上查出试样的含量。

4.4.5　**结果计算**

试样中甲醛的含量按式(4)计算。

$$X = \frac{m}{V} \qquad \cdots\cdots(4)$$

式中:

X——试样中甲醛的含量,单位为毫克每升(mg/L);

m——从标准曲线上查出的相当的甲醛的质量,单位为微克(μg);

V——测定样液中相当的试样体积,单位为毫升(mL)。

计算结果保留两位有效数字。

4.4.6　**精密度**

在重复性条件下获得的两次独立测定结果的绝对差值不得超过算术平均值的 10%。

ICS 67.040
C 53

中华人民共和国国家标准

GB/T 5009.69—2008
代替 GB/T 5009.69—2003

食品罐头内壁环氧酚醛涂料卫生标准的分析方法

Method for analysis of hygienic standard of epoxy phenolic coatings for inner wall of food cans

2008-07-31 发布　　　　2008-11-01 实施

中华人民共和国卫生部
中国国家标准化管理委员会　发布

前　言

本标准代替并废止 GB/T 5009.69—2003《食品罐头内壁环氧酚醛涂料卫生标准的分析方法》。

本标准与 GB/T 5009.69—2003 相比主要修改在于：标准中“7.1　游离酚”的测定增加了第三法，即“7.1.3　示波极谱法”。

本标准由中华人民共和国卫生部提出并归口。

本标准由中国食品发酵工业研究院、上海市食品工业研究所、上海市疾病预防控制中心、河北省唐山市疾病预防控制中心、中国疾病预防控制中心营养与食品安全所负责起草。

示波极谱法的主要起草人：张文德、郭忠、杨大进、商博东、王荫国、刘玉欣。

本标准于 1985 年首次发布，1996 年第一次修订，2003 年第二次修订，本次为第三次修订。

食品罐头内壁环氧酚醛涂料卫生标准的分析方法

1 范围

本标准规定了食品罐头内壁环氧酚醛涂料的各项卫生指标的分析方法。

本标准适用于食品罐头内壁环氧酚醛涂料的各项卫生指标的分析。

2 规范性引用文件

下列文件中的条款通过本标准的引用而成为本标准的条款。凡是注日期的引用文件，其随后所有的修改单(不包括勘误的内容)或修订版均不适用于本标准，然而，鼓励根据本标准达成协议的各方研究是否可使用这些文件的最新版本。凡是不注日期的引用文件，其最新版本适用于本标准。

GB 4805 食品罐头内壁环氧酚醛涂料卫生标准

GB/T 5009.60 食品包装用聚乙烯、聚苯乙烯、聚丙烯成型品卫生标准的分析方法

3 取样方法

3.1 同时出厂的、同规格的若干包涂料铁皮(称为一个货批)，随意地按 20 包称为若干货组，不足 20 包的余数应称作一个货组。

3.2 每货组随意地取一包进行检验。货批不足 20 包时，应抽两包进行检验。

3.3 应在被检验的每一包上、中、下三部位分别随意连续各抽 7 张(共 21 张)，分别注明产品名称、批号、取样日期、货批合格证号，进行涂料铁皮卫生、理化检验和外观检验。在外观检验的试样中留 3 张保存三个月，以备作仲裁分析用。

4 感官检查(包括原材料和成型品)

4.1 涂料膜：呈金黄色，光洁均匀，经模拟液浸泡后，色泽正常，无泛白、脱落现象。

4.2 涂料膜浸泡液：无异色、无异味，不混浊。

应符合 GB 4805 的规定。

5 试样处理

5.1 将涂料铁皮裁成一定尺寸，用肥皂水或洗衣粉在涂层表面刷 5 次；在露铁面(无涂层面)来回刷 10 次，用自来水冲洗 0.5 min，再用蒸馏水清洗 3 次，晾干备用，浸泡液量按涂层面积每平方厘米加 2 mL计算。

5.2 取同批号被测空罐 3 个～4 个，用肥皂水或洗衣粉转刷 5 次，用自来水冲洗 0.5 min，再用蒸馏水清洗 3 次，晾干。加入浸泡液至离罐口 0.6 cm～0.7 cm，盖好罐盖，外加锡纸扎紧，然后保温浸泡，完成浸泡倒入硬质玻璃容器备用。

6 浸泡条件

6.1 水：95 ℃，30 min。

6.2 乙醇(20%)：60 ℃，30 min。

6.3 乙酸(4%)：60 ℃，30 min。

6.4 正己烷：37 ℃，2 h。

以上含水浸泡液以及分析用水不得含酚和氯。一般用活性炭吸附过的蒸馏水(1 000 mL 蒸馏水加入 1 g 色层分析用的活性炭，充分搅拌，10 min 后静止，过滤待用)。

7 理化检验

7.1 游离酚

7.1.1 滴定法

适用于树脂。

7.1.1.1 原理

利用溴与酚结合成三苯酚，剩余的溴与碘化钾作用，析出定量的碘，最后用硫代硫酸钠滴定析出的碘，根据硫代硫酸纳溶液消耗的量，即可计算出酚的含量。

7.1.1.2 试剂

7.1.1.2.1 盐酸。

7.1.1.2.2 三氯甲烷。

7.1.1.2.3 乙醇。

7.1.1.2.4 饱和溴溶液。

7.1.1.2.5 碘化钾溶液(100 g/L)。

7.1.1.2.6 淀粉指示液：称取 0.5 g 可溶性淀粉，加少量水调至糊状，然后倒入 100 mL 沸水中，煮沸片刻，临用时现配。

7.1.1.2.7 溴标准溶液[$c(\frac{1}{2}Br_2)=0.1$ mol/L]。

7.1.1.2.8 硫代硫酸钠标准滴定溶液[$c(Na_2S_2O_3)=0.1$ mol/L]。

7.1.1.3 分析步骤

称取约 1.00 g 树脂或环氧酚醛涂料试样(最好是现生产的)，小心放入蒸馏瓶内，以 20 mL 乙醇溶解(如水溶性树脂用 20 mL 水)，再加入 50 mL 水，然后用水蒸气加热蒸馏出游离酚，馏出溶液收集于 500 mL 容量瓶中，控制在 40 min～50 min 内馏出蒸馏液 300 mL～400 mL，最后取少许新蒸出液样，加 1 滴～2 滴饱和溴水，如无白色沉淀，证明酚已蒸完，即可停止蒸馏，蒸馏液用水稀释至刻度，充分摇匀，备用。

吸取 100 mL 蒸馏液，置于 500 mL 具塞锥形瓶中，加入 25 mL 溴标准溶液(0.1 mol/L)、5 mL 盐酸，在室温下放在暗处 15 min，加入 10 mL 碘化钾(100 g/L)，在暗处放置 10 min，加 1 mL 三氯甲烷，用硫代硫酸钠标准滴定溶液(0.1 mol/L)滴定至淡黄色，加 1 mL 淀粉指示液，继续滴定至蓝色消褪为终点。同时用 20 mL 乙醇加水稀释至 500 mL，然后吸取 100 mL 进行空白试验(如水溶性树脂则以 100 mL 水做空白试验)。

7.1.1.4 结果计算

见式(1)：

$$X=\frac{(V_1-V_2)\times c\times 0.015\,68\times 5}{m}\times 100 \qquad \cdots\cdots(1)$$

式中：

X——试样中游离酚的含量，单位为克每百克(g/100 g)；

V_1——试剂空白滴定消耗硫代硫酸钠标准滴定溶液的体积，单位为毫升(mL)；

V_2——滴定试样消耗硫代硫酸钠标准滴定溶液的体积，单位为毫升(mL)；

c——硫代硫酸钠标准滴定溶液的实际浓度，单位为摩尔每升(mol/L)；

0.015 68——与 1.0 mL 硫代硫酸钠标准滴定溶液[$c(Na_2S_2O_3)=1.000$ mol/L]相当的苯酚的质量，单

位为克(g)；

m——样品质量，单位为克(g)。

计算结果表示到三位有效数字。

7.1.1.5 **精密度**

在重复性条件下获得的两次独立测定结果的绝对差值不得超过算术平均值的5%。

7.1.2 **比色法**

适用于浸泡液的微量游离酚。

7.1.2.1 **原理**

在碱性溶液(pH9～10.5)的条件，酚与4-氨基安替吡啉经铁氰化钾氧化，生成红色的安替吡啉染料，红色的深浅与酚的含量成正比。用有机溶剂萃取，以提高灵敏度，与标准比较定量。

7.1.2.2 **试剂**

7.1.2.2.1 磷酸(1+9)。

7.1.2.2.2 硫代硫酸钠标准溶液[$c(Na_2S_2O_3)=0.025$ mol/L]。

7.1.2.2.3 溴酸钾-溴化钾溶液：准确称取2.78 g经过干燥的溴酸钾，加水溶解，置于1 000 mL容量瓶中，加10 g溴化钾溶解后，以水稀释到刻度。

7.1.2.2.4 盐酸。

7.1.2.2.5 硫酸铜溶液(100 g/L)。

7.1.2.2.6 4-氨基安替吡啉溶液(20 g/L)：贮于冰箱能保存一星期。

7.1.2.2.7 铁氰化钾溶液(80 g/L)。

7.1.2.2.8 缓冲液(pH9.8)：称取20 g氯化铵于100 mL氨水中，盖紧贮于冰箱。

7.1.2.2.9 三氯甲烷。

7.1.2.2.10 碘化钾。

7.1.2.2.11 淀粉指示液：配制同前。

7.1.2.2.12 酚标准溶液：准确称取新蒸182 ℃～184 ℃馏程的苯酚约1 g，溶于水中移入1 000 mL容量瓶，加水稀释至刻度。

7.1.2.2.13 酚标准使用液：吸取10 mL待测定的酚标准溶液，放入250 mL碘量瓶中，加入50 mL水、10 mL溴酸钾-溴化钾溶液，随即加5 mL盐酸，盖好瓶塞，缓缓摇动，静置10 min后加入1 g碘化钾。同时取10 mL，同上步骤做空白试验，用硫代硫酸钠标准滴定溶液(0.025 mol/L)滴定空白和酚标准溶液，当溶液滴至淡黄色后加入2 mL淀粉指示液，继续滴至蓝色消失为终点。

按式(2)计算酚标准溶液中酚的含量：

$$X=\frac{(V_1-V_2)\times c\times 15.68}{V} \quad \cdots\cdots(2)$$

式中：

X——酚标准溶液中酚的含量，单位为毫克每毫升(mg/mL)；

V_1——空白滴定消耗硫代硫酸钠标准滴定溶液的体积，单位为毫升(mL)；

V_2——酚标准溶液滴定消耗硫代硫酸钠标准滴定溶液的体积，单位为毫升(mL)；

c——硫代硫酸钠标准滴定溶液的实际浓度，单位为摩尔每升(mol/L)；

15.68——与1.00 mL硫代硫酸钠[$c(Na_2S_2O_3)=1.000$ mol/L]标准滴定溶液相当的酚的质量，单位为毫克(mg)；

V——标定用酚标准使用液体积，单位为毫升(mL)。

根据上述计算的含量，将酚标准溶液稀释至1 mg/mL，临用时吸取10 mL，置于1 000 mL容量瓶中，加水稀释至刻度，使此溶液每毫升相当于10 μg苯酚。再吸取此溶液10 mL，置于100 mL容量瓶中，加水稀释至刻度，此溶液每毫升相当于 1.0 μg 苯酚。

7.1.2.3 仪器

可见分光光度计。

7.1.2.4 分析步骤

7.1.2.4.1 标准曲线制备

吸取 0、2.0、4.0、8.0、12.0、16.0、20.0、30.0 mL 苯酚标准使用液（相当于 0、2.0、4.0、8.0、12.0、16.0、20.0、30.0 μg 苯酚），分别置于 250 mL 分液漏斗中，各加入无酚水至 200 mL，各分别加入 1 mL 缓冲液、1 mL 4-氨基安替吡啉溶液（20 g/L）、1 mL 铁氰化钾溶液（80 g/L），每加入一种试剂，要充分摇匀，放置 10 min，各加入 10 mL 三氯甲烷，振摇 2 min，静止分层后将三氯甲烷层经无水硫酸钠过滤于具塞比色管中，用 2 cm 比色杯以零管调节零点，于波长 460 nm 处测吸光度，绘制标准曲线。

7.1.2.4.2 测定

量取 250 mL 样品水浸泡混合液，置于 500 mL 全磨口蒸馏瓶中，加入 5 mL 硫酸铜溶液（100 g/L），用磷酸（1+9）调节 pH 在 4 以下[亦可用两滴甲基橙指示液（1 g/L）调至溶液为橙红色]加入少量玻璃珠进行蒸馏，在 200 mL 或 250 mL 容量瓶中预先放入 5 mL 氢氧化钠溶液（4 g/L），接收管插入氢氧化钠溶液液面下接收蒸馏液，收集馏液至 200 mL。同时用 250 mL 无酚水按上法进行蒸馏，做试剂空白试验。

将上述全部样品蒸馏液及试剂空白蒸馏液分别置于 250 mL 分液漏斗中，以下按 7.1.2.4.1 自"各分别加入 1 mL 缓冲液……"起，依法操作，与标准曲线比较定量。

7.1.2.5 结果计算

见式（3）：

$$X = \frac{(m_1 - m_2) \times 1\,000}{V \times 1\,000} \quad \cdots\cdots\cdots\cdots (3)$$

式中：

X——试样浸泡液中游离酚的含量，单位为毫克每升（mg/L）；

m_1——测定试样浸泡液中游离酚的质量，单位为微克（μg）；

m_2——试剂空白中酚的含量，单位为微克（μg）；

V——测定用浸泡液的体积，单位为毫升（mL）。

空罐浸泡液游离酚含量换算成 2 mL/cm² 浸泡液游离酚的含量见式（4）：

$$X_1 = X \times \frac{V}{S \times 2} \quad \cdots\cdots\cdots\cdots (4)$$

式中：

X_1——测定试样水浸液中换算后的游离酚含量，单位为毫克每升（mg/L）；

X——试样浸泡液中游离酚的含量，单位为毫克每升（mg/L）；

V——每个空罐模拟液的体积，单位为毫升（mL）；

S——每个空罐内面总面积，单位为平方厘米（cm²）。

计算结果保留两位有效数字。

7.1.2.6 精密度

在重复性条件下获得的两次独立测定结果的绝对差值不得超过算术平均值的 10%。

7.1.3 示波极谱法

适用于食品容器漆酚涂料、食品罐头内壁脱模涂料、水基改性环氧易拉罐内壁涂料、食品罐头内壁环氧酚醛涂料、食品容器及包装材料用聚碳酸酯树脂、食品容器、包装材料用聚碳酸酯成型品。最低检出限为 0.02 μg，取试样为 5 mL 时，最低检出浓度为 0.004 mg/L。标准曲线的线性范围为 0.004 mg/L～0.10 mg/L。

7.1.3.1 **原理**

在加热条件下，游离苯酚与亚硝酸钠发生亚硝化反应生成亚硝基酚化合物，在滴汞电极上产生灵敏的极谱催化波，于电位－0.47 V处，波高与苯酚的浓度在一定范围内呈良好的线性关系。试样的波高与苯酚标准曲线的波高比较而进行定量。

试样中Zn^{2+}、Fe^{3+}、As^{3+}、Pb^{2+}、Cu^{2+}等均干扰酚的测定。试样经蒸馏，大部分干扰物均可以消除。

共存的10 000 μg丙酮；800 μg乙醇、邻苯二甲酸酯类、乙醛；200 μg甲醇、三乙醇胺、乙酸乙酯、乙酸丁酯、乙腈、二甲基甲酰胺、丙三醇；20 μg甲醛、异丁醇、异戊醇；10 μg双酚A均对苯酚测定无干扰。在该底液中，对苯二酚、苯三酚与亚硝酸钠不起波，故无干扰。

7.1.3.2 **试剂**

本法所用试剂均为分析纯。纯水不含酚，纯水的电导率(25 ℃)≤0.10 mS/m。无酚蒸馏水的制备方法如下：

于水中加入氢氧化钠至pH12以上，进行蒸馏，在碱性溶液中酚形成酚钠不被蒸出。

7.1.3.2.1 纯汞：分析纯(滴汞电极使用)。

7.1.3.2.2 磷酸(H_3PO_4)溶液(1+9)。

7.1.3.2.3 硫酸铜($CuSO_4 \cdot 5H_2O$)溶液(100g/L)。

7.1.3.2.4 氢氧化钠(NaOH)溶液(4g/L)。

7.1.3.2.5 硫代硫酸钠标准溶液[$c(Na_2S_2O_3)=0.025\ 0$ mol/L]。

7.1.3.2.6 溴酸钾[$c(1/6KBrO_3)=0.100\ 0$ mol/L]-溴化钾(10 g/L)溶液：准确称取2.78 g经过干燥的溴酸钾($KBrO_3$)，加水溶解，置于1 000 mL容量瓶中，加10 g溴化钾(KBr)溶解后，以水稀释至刻度。

7.1.3.2.7 盐酸(HCl)。

7.1.3.2.8 碘化钾(KI)。

7.1.3.2.9 淀粉指示液(5 g/L)：称取0.5 g可溶性淀粉，加少量水调成糊状，然后倒入100 mL沸水中，煮沸片刻，临用时现配。

7.1.3.2.10 酚(C_6H_5OH)标准溶液

7.1.3.2.10.1 酚标准储备溶液(1 mg/mL)：准确称取新蒸182 ℃～184 ℃馏程的无色苯酚约1 g，溶于水中移入1 000 mL容量瓶中，加水稀释至刻度。标定后保存于冰箱中。

酚标准储备液的标定：吸取10.00 mL酚标准储备溶液，放入250 mL碘量瓶中，加入50 mL水、10.00 mL溴酸钾-溴化钾溶液，随即加5 mL盐酸，盖好瓶塞，缓缓摇动，静置10 min后加入1 g碘化钾，盖严瓶塞，摇匀。于暗处放置5 min，用硫代硫酸钠标准溶液(0.025 0 mol/L)滴定至淡黄色后加入2 mL淀粉指示剂，继续滴定至蓝色消失为终点。同时取10 mL水，同上步骤做空白滴定。

按式(5)计算酚标准溶液中酚的含量：

$$X=\frac{(V_1-V_2)\times c\times 15.68}{V} \qquad \cdots\cdots(5)$$

式中：

X——酚标准溶液中酚的含量，单位为毫克每毫升(mg/mL)；

V_1——空白滴定消耗硫代硫酸钠标准溶液的体积，单位为毫升(mL)；

V_2——酚储备溶液滴定消耗硫代硫酸钠标准溶液的体积，单位为毫升(mL)；

c——硫代硫酸钠标准滴定溶液的浓度，单位为摩尔每升(mol/L)；

15.68——与1.00 mL硫代硫酸钠[$c(Na_2S_2O_3)=1.000$ mol/L]标准滴定溶液相当的酚的质量，单位为毫克(mg)；

V——标定用酚标准储备液体积，单位为毫升(mL)。

7.1.3.2.10.2 酚标准使用溶液(0.20 μg/mL)：临用时将酚标准储备溶液用纯水稀释成1.00 mL含10.0 μg苯酚。再吸取此溶液5.00 mL，用纯水定容至250 mL，此溶液1.00 mL含有0.20 μg苯酚。

7.1.3.2.11　亚硝酸钠溶液(2 mol/L):称取 138.0 g 亚硝酸钠($NaNO_2$),加水溶解至 1 000 mL。

7.1.3.3　**仪器**

7.1.3.3.1　示波极谱仪。

7.1.3.3.2　三电极体系:滴汞电极、饱和氯化钾甘汞电极和铂电极。

7.1.3.3.3　电热恒温水浴箱:温度为 100 ℃±0.5 ℃。

7.1.3.3.4　10 mL 容量瓶。

7.1.3.4　**分析步骤**

7.1.3.4.1　**试样浸泡条件**

食品容器漆酚涂料:蒸馏水,95 ℃,30 min。

食品罐头内壁脱模涂料:蒸馏水,95 ℃,30 min。

水基改性环氧易拉罐内壁涂料:蒸馏水,95 ℃,30 min。

食品罐头内壁环氧酚醛涂料:蒸馏水,95 ℃,30 min。

食品容器、包装材料用聚碳酸酯成型品:蒸馏水,95 ℃,6 h。

食品容器及包装材料用聚碳酸酯树脂:蒸馏水回流,6 h。

以上浸泡液按接触面积每平方厘米加 2 mL,在容器中则加入浸泡液至 2/3～4/5 容积为准。

7.1.3.4.2　**标准曲线的制备**

精密吸取 0.00、0.50、1.00、2.00、3.00、4.00、5.00 mL 酚标准使用液(相当于 0.00、0.10、0.20、0.40、0.60、0.80、1.00 μg 苯酚)分别置于 10 mL 容量瓶内。加 3 mL 2 mol/L 亚硝酸钠溶液,加水至刻度,盖塞,混匀。放入 100 ℃水浴中,即刻准确计时 60 min,取出,立即放入冷水中冷却终止反应,待温度至室温后,全部溶液移入电解池(15 mL 烧杯)中,起始电位－0.20 V 进行线性扫描,读取电位－0.47 V处二阶导数的波高值。以苯酚浓度为横坐标、波高值为纵坐标,绘制成标准曲线或计算回归方程。

7.1.3.4.3　**测定**

吸取 50 mL 试样水浸泡混合液,置于 250 mL 全磨口蒸馏瓶中,加 1 mL 硫酸铜溶液(100 g/L),用磷酸(1＋9)调节 pH4 以下[两滴甲基橙指示液(1 g/L),调至溶液为橙红色],加少量玻璃珠进行蒸馏,在 50 mL 容量瓶中预先放入 1 mL 氢氧化钠溶液(4 g/L),接收管须插入氢氧化钠溶液液面下接收蒸馏液,收集馏液约 45 mL,停止蒸馏,加水至刻度,混匀。同时用 50 mL 无酚水按上法蒸馏,做试剂空白试验。

准确吸取 1.00 mL～5.00 mL 试样蒸馏液及试剂空白蒸馏液,分别置于 10 mL 容量瓶中,以下按 5.2 自"加 3 mL 2 mol/L 亚硝酸钠溶液……"起依次操作。试样波高值与标准曲线比较或代入方程求出苯酚的含量。

7.1.3.4.4　**注意事项**

建议在通风良好的条件下进行。为了防止意外,移取汞时应在盛有水的大搪瓷盘中进行。因不慎洒落台面或地面,立即用特制的吸管或银汞捕集器收集,然后用硫磺粉清扫。

7.1.3.5　**结果计算**

试样水浸泡液中游离酚的含量按式(6)计算:

$$X = \frac{(m_1 - m_0) \times 1\ 000}{V \times 1\ 000} \quad \cdots\cdots(6)$$

式中:

X——试样水浸泡液中游离酚的含量,单位为毫克每升(mg/L);

m_1——测定时所取试样蒸馏液中游离酚的质量,单位为微克(μg);

m_0——测定时所取试样空白蒸馏液中游离酚的质量,单位为微克(μg);

V——测定时所取试样蒸馏液的体积,单位为毫升(mL)。

空罐浸泡液游离酚含量换算成 2 mL/cm² 浸泡液游离酚含量的计算见式(7)：

$$X_1 = X \times \frac{V}{S \times 2} \qquad \cdots\cdots\cdots\cdots\cdots\cdots(7)$$

式中：

X_1——测定试样水浸泡液中换算后的游离酚的含量，单位为毫克每升(mg/L)；

X——试样浸泡液中游离酚的含量，单位为毫克每升(mg/L)；

V——每个空罐模拟液的体积，单位为毫升(mL)；

S——每个空罐内面总面积，单位为平方厘米(cm²)。

计算结果保留两位有效数字。

7.1.3.6 **精密度**

在重复性条件下获得的两次独立测定结果的绝对差值不得超过算术平均值的 10%。

7.2 游离甲醛

7.2.1 **原理**

甲醛与变色酸在硫酸溶液中呈紫色化合物，其颜色的深浅与甲醛含量成正比，与标准比较定量。

7.2.2 **试剂**

7.2.2.1 盐酸。

7.2.2.2 盐酸(1+1)。

7.2.2.3 氢氧化钠溶液(4 g/L)。

7.2.2.4 氢氧化钠溶液(40 g/L)。

7.2.2.5 硫酸(1+35)。

7.2.2.6 硫酸(1+359)。

7.2.2.7 淀粉溶液(10 g/L)：配制同前。

7.2.2.8 碘标准滴定溶液[$c(1/2I_2)$=0.1 mol/L]。

7.2.2.9 硫代硫酸钠标准滴定溶液[$c(Na_2S_2O_3)$=0.1 mol/L]。

7.2.2.10 变色酸溶液：称取 0.5 g 变色酸，溶于少许水中，移入 10 mL 容量瓶中，加水至刻度，溶解后过滤。取 5 mL 放入 100 mL 容量瓶中，慢慢加硫酸至刻度，冷却后缓缓摇匀。

7.2.2.11 甲醛标准溶液：吸取 10 mL 甲醛(38%～40%)于 500 mL 容量瓶中，加入 0.5 mL 硫酸(1+35)，加水稀释至刻度，混匀。吸取 5 mL，置于 250 mL 碘量瓶中，加 40 mL 碘标准溶液(0.1 mol/L)、15 mL 氢氧化钠溶液(40 g/L)，摇匀，放置 10 min，加 3 mL 盐酸(1+1)[或 20 mL 硫酸(1+35)]酸化，再放置 10 min～15 min，加入 100 mL 水，摇匀，用硫代硫酸钠标准滴定溶液(0.1 mol/L)滴定至草黄色，加入 1 mL 淀粉指示液继续滴定至蓝色消失为终点，同时做试剂空白试验。

甲醛标准溶液的浓度按式(8)计算：

$$c_1 = \frac{(V_1 - V_2) \times c \times 15}{5} \qquad \cdots\cdots\cdots\cdots\cdots\cdots(8)$$

式中：

c_1——甲醛标准溶液的浓度，单位为毫克每毫升(mg/mL)；

V_1——试剂空白滴定消耗硫代硫酸钠标准滴定溶液的体积，单位为毫升(mL)；

V_2——试样滴定消耗硫代硫酸钠标准滴定溶液的体积，单位为毫升(mL)；

c——硫代硫酸钠标准滴定溶液的实际浓度，单位为摩尔每升(mol/L)；

15——与 1.0 mL 碘标准滴定溶液[$c(1/2I_2)$]=1.000 mol/L]相当的甲醛质量，单位为毫克(mg)；

5——标定用甲醛标准溶液的体积，单位为毫升(mL)。

7.2.2.12 甲醛标准使用液：根据上述计算的含量，将甲醛标准溶液稀释至每毫升相当于 1.0 μg 甲醛。

7.2.3 仪器

可见分光光度计。

7.2.4 分析步骤

7.2.4.1 标准曲线制备

吸取 0、2.0、4.0、8.0、12.0、16.0、20.0、30.0 mL 甲醛标准使用液(相当于 0、2.0、4.0、8.0、12.0、16.0、20.0、30.0 μg 甲醛)，分别置于 200 mL 容量瓶中各加水至刻度，摇匀。各吸取 10 mL，分别放入 25 mL 具塞比色管中，各加入 10 mL 变色酸溶液，显色，待冷却至室温，用 2 cm 比色杯，以零管调节零点，于波长 575 nm 处测吸光度，绘制标准曲线。

7.2.4.2 测定

量取 250 mL 水浸泡混合液，置于 500 mL 全磨口蒸馏瓶中，加入 5 mL 硫酸(1+35)，加少量瓷珠进行蒸馏，在 200 mL 或 250 mL 容量瓶中预先加入 5 mL 硫酸(1+359)为接收瓶，接收管插入硫酸液面下接收蒸馏液，收集馏出液至 200 mL。同时用 250 mL 水按上法进行蒸馏，做试剂空白试验。如果浸泡液澄清可不需要蒸馏。

吸取上述 10 mL 样品蒸馏液及试剂空白蒸馏液于 25 mL 具塞比色管中，各加入 10 mL 变色酸溶液显色，冷却到室温，按 7.2.4.1 进行比色。

7.2.4.3 结果计算

见式(9)：

$$X = \frac{(m_1 - m_2) \times 1\,000}{250 \times 1\,000} \quad \cdots\cdots\cdots\cdots (9)$$

式中：

X——试样水浸泡液中甲醛的含量，单位为毫克每升(mg/L)；

m_1——测定用试样浸泡液甲醛的质量，单位为微克(μg)；

m_2——试剂空白中甲醛的质量，单位为微克(μg)；

250——蒸馏用浸泡液体积，单位为毫升(mL)。

空罐浸泡液甲醛含量换成 2 mL/cm^2 浸泡液甲醛含量同 7.1.2.5。

计算结果保留三位有效数字。

7.2.4.4 精密度

在重复性条件下获得的两次独立测定结果的绝对差值不得超过算术平均值的 10%。

7.3 高锰酸钾消耗量

按 GB/T 5009.60 操作。

7.4 蒸发残渣

7.4.1 分析步骤

取各种浸泡液 200 mL，分别置于预先在 105 ℃～110 ℃干燥至恒量的蒸发皿或浓缩瓶中，在沸水浴上蒸干后移至 105 ℃恒温烘箱干燥 2 h，取出，置干燥器冷却后称量，同时取 200 mL 试剂浸泡液做一试剂空白试验。

7.4.2 结果计算

见式(10)：

$$X = \frac{(m_1 - m_2) \times 1\,000}{V} \times 1\,000 \quad \cdots\cdots\cdots\cdots (10)$$

式中：

X——试样浸泡液的蒸发残渣，单位为毫克每升(mg/L)；

m_1——测定用试样浸泡液蒸发残渣质量，单位为克(g)；

m_2——试剂空白溶液蒸发残渣质量，单位为克(g)；

V——测定用试样浸泡液的体积，单位为毫升(mL)。

空罐浸泡液蒸发残渣换算同 7.1.2.5。

计算结果保留三位有效数字。

7.4.3 精密度

在重复性条件下获得的两次独立测定结果的绝对差值不得超过算术平均值的 10%。

ICS 67.040
C 53

中华人民共和国国家标准

GB/T 5009.88—2008
代替 GB/T 5009.88—2003

食品中膳食纤维的测定

Determination of dietary fiber in foods

2008-12-03 发布 2009-03-01 实施

中华人民共和国卫生部
中国国家标准化管理委员会 发布

前　言

本标准第一法对应于美国官方分析化学师协会 AOAC 991.43《食品中总的、可溶性及不溶性膳食纤维的酶　重量测定法》(2000 年第 17 版)，一致性程度为修改采用。

本标准第一法与 AOAC 991.43 相比主要修改如下：

——修改了在加入淀粉葡萄糖苷酶前用 0.561 mol/L 盐酸(HCl)调 pH 值，将调 pH 值用的酸改为 3 mol/L 乙酸(HAC)；

——修改了调 pH 值为 4.5 时，将 pH 计改用以 0.4 g/L 溴甲酚绿为外指示剂。

本标准代替 GB/T 5009.88—2003《食品中不溶性膳食纤维的测定》。

本标准与 GB/T 5009.88—2003 相比主要修改如下：

——增加了食品中总的、可溶性和不溶性膳食纤维的测定。

本标准附录 A 为规范性附录。

本标准由中华人民共和国卫生部提出并归口。

本标准总的、可溶性和不溶性膳食纤维的测定方法起草单位：中国疾病预防控制中心营养与食品安全所、北京市营养源研究所、北京市疾病预防控制中心营养与食品卫生所、四川大学华西公共卫生学院、北京出入境检验检疫局食品安全检测中心、山西省农科院农产品综合利用研究所、新疆医科大学公共卫生学院；不溶性膳食纤维的测定方法由中国疾病预防控制中心营养与食品安全所负责起草。

本标准总的、可溶性和不溶性膳食纤维的测定方法主要起草人：杨月欣、杨晓莉、唐华澄、刘泰然、阴文娅、王莉莉、栗红瑜、于亚鹭、薛颖、边立华；不溶性膳食纤维的测定方法主要起草人：赵忠林、王光亚、杨晓莉。

本标准所代替标准的历次版本发布情况为：

——GB/T 12394—1990、GB/T 5009.88—2003。

食品中膳食纤维的测定

1 范围

本标准规定了食品中总的、可溶性和不溶性膳食纤维的测定方法和植物性食品中不溶性膳食纤维的测定方法。

本标准适用于植物类食品及其制品中总的、可溶性和不溶性膳食纤维的测定及各类植物性食品和含有植物性食品的混合食品中不溶性膳食纤维的测定。

总的、可溶性和不溶性膳食纤维的测定及不溶性膳食纤维的测定方法的检出限均为 0.1 mg。

2 规范性引用文件

下列文件中的条款通过本标准的引用而成为本标准的条款。凡是注日期的引用文件，其随后所有的修改单(不包括勘误的内容)或修订版均不适用于本标准，然而，鼓励根据本标准达成协议的各方研究是否可使用这些文件的最新版本。凡是不注日期的引用文件，其最新版本适用于本标准。

GB/T 5009.4 食品中灰分的测定

GB/T 5009.5 食品中蛋白质的测定

3 术语和定义

下列术语和定义适用于本标准。

3.1

膳食纤维 dietary fiber

植物的可食部分，不能被人体小肠消化吸收，对人体有健康意义，聚合度(degree of polymerization)≥3 的碳水化合物和木质素，包括纤维素、半纤维素、果胶、菊粉等。

4 总的、可溶性和不溶性膳食纤维的测定

4.1 原理

取干燥试样，经 α-淀粉酶、蛋白酶和葡萄糖苷酶酶解消化，去除蛋白质和淀粉，酶解后样液用乙醇沉淀、过滤，残渣用乙醇和丙酮洗涤，干燥后物质称重即为总膳食纤维(total dietary fiber，TDF)残渣；另取试样经上述三种酶酶解后直接过滤，残渣用热水洗涤，经干燥后称重，即得不溶性膳食纤维(insoluble dietary fiber，IDF)残渣；滤液用 4 倍体积的 95%乙醇沉淀、过滤、干燥后称重，得可溶性膳食纤维(soluble dietary fiber，SDF)残渣。以上所得残渣干燥称重后，分别测定蛋白质和灰分。总膳食纤维(TDF)、不溶性膳食纤维(IDF)和可溶性膳食纤维(SDF)的残渣扣除蛋白质、灰分和空白即可计算出试样中总的、不溶性和可溶性膳食纤维的含量。

本方法测定的总膳食纤维(total dietary fiber)是指不能被 α-淀粉酶、蛋白酶和葡萄糖苷酶酶解消化的碳水化合物聚合物，包括纤维素、半纤维素、木质素、果胶、部分回生淀粉、果聚糖及美拉德反应产物等；一些小分子(聚合度 3～12)的可溶性膳食纤维，如低聚果糖、低聚半乳糖、多聚葡萄糖(polydextrose)、抗性麦芽糊精和抗性淀粉等，由于能部分或全部溶解在乙醇溶液中，本方法不能够准确测量。

4.2 试剂和材料

除特殊说明外，本标准中实验室用水为二级水，电导率(25 ℃)≤0.10 mS/m，试剂为分析纯。

4.2.1 95%乙醇(CH_3CH_2OH)：分析纯。

4.2.1.1 85%乙醇溶液(CH_3CH_2OH)：取 895 mL 95%乙醇置 1 L 容量瓶中，用水稀释至刻度，混匀。

4.2.1.2 78%乙醇溶液(CH_3CH_2OH):取 821 mL 95%乙醇置 1 L 容量瓶中,用水稀释至刻度,混匀。

4.2.2 热稳定 α-淀粉酶溶液:于 0 ℃~5 ℃冰箱储存,酶的活性测定及判定标准见附录 A。

4.2.3 蛋白酶:用 MES-TRIS 缓冲液(4.2.9)配成浓度为 50 mg/mL 的蛋白酶溶液,现用现配,于 0 ℃~5 ℃储存。

4.2.4 淀粉葡萄糖苷酶溶液:于 0 ℃~5 ℃储存。

4.2.5 酸洗硅藻土:取 200 g 硅藻土于 600 mL 的 2 mol/L 盐酸中,浸泡过夜,过滤,用蒸馏水洗至滤液为中性,置于 525 ℃±5 ℃马福炉中灼烧灰分后备用。

4.2.6 重铬酸钾洗液:100 g 重铬酸钾($K_2Cr_2O_7$),用 200 mL 蒸馏水溶解,加入 1 800 mL 浓硫酸混合。

4.2.7 MES:2-(*N*-吗啉代)乙烷磺酸($C_6H_{13}NO_4S \cdot H_2O$)。

4.2.8 TRIS:三羟甲基氨基甲烷($C_4H_{11}NO_3$)。

4.2.9 0.05 mol/L MES-TRIS 缓冲液:称取 19.52 g MES 和 12.2 g TRIS,用 1.7 L 蒸馏水溶解,用 6 mol/L 氢氧化钠调 pH 至 8.2,加水稀释至 2 L。

注:一定要根据温度调 pH,24 ℃时调 pH 为 8.2;20 ℃时调 pH 为 8.3;28 ℃时调 pH 为 8.1;20 ℃和 28 ℃之间的偏差,用内插法校正。

4.2.10 3 mol/L 乙酸(HAC)溶液:取 172 mL 乙酸,加入 700 mL 水,混匀后用水定容至 1 L。

4.2.11 0.4 g/L 溴甲酚绿($C_{21}H_{14}O_5Br_4S$)溶液:称取 0.1 g 溴甲酚绿于研钵中,加 1.4 mL 0.1 mol/L 氢氧化钠研磨,加少许水继续研磨,直至完全溶解,用水稀释至 250 mL。

4.2.12 石油醚:沸程 30 ℃~60 ℃。

4.2.13 丙酮(CH_3COCH_3)。

4.3 仪器

4.3.1 高型无导流口烧杯:400 mL 或 600 mL。

4.3.2 坩埚:具粗面烧结玻璃板,孔径 40 μm~60 μm(国产型号为 G2 坩埚)。坩埚预处理:坩埚在马福炉中 525 ℃灰化 6 h,炉温降至 130 ℃以下取出,于洗液中室温浸泡 2 h,分别用水和蒸馏水冲洗干净,最后用 15 mL 丙酮冲洗后风干。加入约 1.0 g 硅藻土,130 ℃烘至恒重。取出坩埚,在干燥器中冷却约 1 h,称重,记录坩埚加硅藻土质量,精确到 0.1 mg。

4.3.3 真空装置:真空泵或有调节装置的抽吸器。

4.3.4 振荡水浴:有自动"计时-停止"功能的计时器,控温范围 60 ℃±2 ℃~98 ℃±2 ℃。

4.3.5 分析天平:灵敏度为 0.1 mg。

4.3.6 马福炉:能控温 525 ℃±5 ℃。

4.3.7 烘箱:105 ℃,130 ℃±3 ℃。

4.3.8 干燥器:二氧化硅或同等的干燥剂。干燥剂每两周 130 ℃烘干过夜一次。

4.3.9 pH 计:具有温度补偿功能,用 pH4.0、7.0 和 10.0 标准缓冲液校正。

4.4 分析步骤

4.4.1 样品制备

样品处理时若脂肪含量未知,膳食纤维测定前应先脱脂,脱脂步骤见 4.4.1.3。

4.4.1.1 将样品混匀后,70 ℃真空干燥过夜,然后置干燥器中冷却,干样粉碎后过 0.3 mm~0.5 mm 筛。

4.4.1.2 若样品不能受热,则采取冷冻干燥后再粉碎过筛。

4.4.1.3 若样品中脂肪含量>10%,正常的粉碎困难,可用石油醚脱脂,每次每克试样用 25 mL 石油醚,连续 3 次,然后再干燥粉碎。要记录由石油醚造成的试样损失,最后在计算膳食纤维含量时进行校正。

4.4.1.4 若样品糖含量高,测定前要先进行脱糖处理。按每克试样加 85%乙醇 10 mL 处理样品 2 次～3 次,40 ℃下干燥过夜。

粉碎过筛后的干样存放于干燥器中待测。

4.4.2 试样酶解

每次分析试样要同时做 2 个试剂空白。

4.4.2.1 准确称取双份样品(m_1 和 m_2)1.000 0 g±0.002 0 g,把称好的试样置于 400 mL 或 600 mL 高脚烧杯中,加入 pH 8.2 的 MES-TRIS 缓冲液 40 mL,用磁力搅拌直至试样完全分散在缓冲液中(避免形成团块,试样和酶不能充分接触)。

4.4.2.2 热稳定 α-淀粉酶酶解:加 50 μL 热稳定 α-淀粉酶溶液缓慢搅拌,然后用铝箔将烧杯盖住,置于 95 ℃～100 ℃的恒温振荡水浴中持续振摇,当温度升至 95 ℃开始计时,通常总反应时间 35 min。

4.4.2.3 冷却:将烧杯从水浴中移出,冷却至 60 ℃,打开铝箔盖,用刮勺将烧杯内壁的环状物以及烧杯底部的胶状物刮下,用 10 mL 蒸馏水冲洗烧杯壁和刮勺。

4.4.2.4 蛋白酶酶解:在每个烧杯中各加入(50 mg/mL)蛋白酶溶液 100 μL,盖上铝箔,继续水浴振摇,水温达 60 ℃时开始计时,在 60 ℃± 1 ℃条件下反应 30 min。

4.4.2.5 pH 值测定:30 min 后,打开铝箔盖,边搅拌边加入 3 mol/L 乙酸溶液 5 mL。溶液 60 ℃时,调 pH 约 4.5(以 0.4 g/L 溴甲酚绿为外指示剂)。

注:一定要在 60 ℃时调 pH,温度低于 60 ℃ pH 升高。每次都要检测空白的 pH,若所测值超出要求范围,同时也要检查酶解液的 pH 是否合适。

4.4.2.6 淀粉葡萄糖苷酶酶解:边搅拌边加入 100 μL 淀粉葡萄糖苷酶溶液,盖上铝箔,持续振摇,水温到 60 ℃时开始计时,在 60 ℃±1 ℃条件下反应 30 min。

4.4.3 测定

4.4.3.1 总膳食纤维的测定

4.4.3.1.1 沉淀:在每份试样中,加入预热至 60 ℃的 95%乙醇 225 mL(预热以后的体积),乙醇与样液的体积比为 4∶1,取出烧杯,盖上铝箔,室温下沉淀 1 h。

4.4.3.1.2 过滤:用 78%乙醇 15 mL 将称重过的坩埚中的硅藻土润湿并铺平,抽滤去除乙醇溶液,使坩埚中硅藻土在烧结玻璃滤板上形成平面。乙醇沉淀处理后的样品酶解液倒入坩埚中过滤,用刮勺和 78%乙醇将所有残渣转至坩埚中。

4.4.3.1.3 洗涤:分别用 78%乙醇、95%乙醇和丙酮 15 mL 洗涤残渣各 2 次,抽滤去除洗涤液后,将坩埚连同残渣在 105 ℃烘干过夜。将坩埚置干燥器中冷却 1 h,称重(包括坩埚、膳食纤维残渣和硅藻土),精确至 0.1 mg。减去坩埚和硅藻土的干重,计算残渣质量。

4.4.3.1.4 蛋白质和灰分的测定:称重后的试样残渣,分别按 GB/T 5009.5 的规定测定氮(N),以 N×6.25 为换算系数,计算蛋白质质量;按 GB/T 5009.4 测定灰分,即在 525 ℃灰化 5 h,于干燥器中冷却,精确称量坩埚总质量(精确至 0.1 mg),减去坩埚和硅藻土质量,计算灰分质量。

4.4.3.2 不溶性膳食纤维测定

4.4.3.2.1 按 4.4.2.1 称取试样,按 4.4.2 进行酶解,将酶解液转移至坩埚中过滤。过滤前用 3 mL 水润湿硅藻土并铺平,抽去水分使坩埚中的硅藻土在烧结玻璃滤板上形成平面。

4.4.3.2.2 过滤洗涤:试样酶解液全部转移至坩埚中过滤,残渣用 70 ℃热蒸馏水 10 mL 洗涤 2 次,合并滤液,转移至另一 600 mL 高脚烧杯中,备测可溶性膳食纤维(见 4.4.3.3)。残渣分别用 78%乙醇、95%乙醇和丙酮 15 mL 各洗涤 2 次,抽滤去除洗涤液,并按 4.4.3.1.3 洗涤干燥称重,记录残渣质量。

4.4.3.2.3 按 4.4.3.1.4 测定蛋白质和灰分。

4.4.3.3 可溶性膳食纤维测定

4.4.3.3.1 计算滤液体积:将不溶性膳食纤维过滤后的滤液收集到 600 mL 高型烧杯中,通过称"烧杯+滤液"总质量、扣除烧杯质量的方法估算滤液的体积。

4.4.3.3.2 沉淀：滤液加入4倍体积预热至60 ℃的95%乙醇，室温下沉淀1 h。以下测定按总膳食纤维步骤4.4.3.1.2至4.4.3.1.4进行。

4.5 结果计算

空白的质量按式(1)计算：

$$m_B = \frac{m_{BR_1} + m_{BR_2}}{2} - m_{P_B} - m_{A_B} \quad \cdots\cdots(1)$$

式中：

m_B——空白的质量，单位为毫克(mg)；

m_{BR_1}和m_{BR_2}——双份空白测定的残渣质量，单位为毫克(mg)；

m_{P_B}——残渣中蛋白质质量，单位为毫克(mg)；

m_{A_B}——残渣中灰分质量，单位为毫克(mg)。

膳食纤维的含量按式(2)计算：

$$X = \frac{[(m_{R_1} + m_{R_2})/2] - m_P - m_A - m_B}{(m_1 + m_2)/2} \times 100 \quad \cdots\cdots(2)$$

式中：

X——膳食纤维的含量，单位为克每百克(g/100 g)；

m_{R_1}和m_{R_2}——双份试样残渣的质量，单位为毫克(mg)；

m_P——试样残渣中蛋白质的质量，单位为毫克(mg)；

m_A——试样残渣中灰分的质量，单位为毫克(mg)；

m_B——空白的质量，单位为毫克(mg)；

m_1和m_2——试样的质量，单位为毫克(mg)。

计算结果保留到小数点后两位。

总膳食纤维(TDF)、不溶性膳食纤维(IDF)、可溶性膳食纤维(SDF)均用式(2)计算。

4.6 精密度

在重复性条件下获得的两次独立测定结果的绝对差值不得超过算术平均值的10%。

5 不溶性膳食纤维的测定

5.1 原理

在中性洗涤剂的消化作用下，试样中的糖、淀粉、蛋白质、果胶等物质被溶解除去，不能消化的残渣为不溶性膳食纤维，主要包括纤维素、半纤维素、木质素、角质和二氧化硅等，还包括不溶性灰分。

5.2 试剂

5.2.1 无水硫酸钠。

5.2.2 石油醚：沸程30 ℃～60 ℃。

5.2.3 丙酮。

5.2.4 甲苯。

5.2.5 中性洗涤剂溶液：将18.61 g EDTA二钠盐和6.81 g四硼酸钠(含$10H_2O$)置于烧杯中，加水约150 mL，加热使之溶解，将30 g月桂基硫酸钠(化学纯)和10 mL乙二醇独乙醚(化学纯)溶于约700 mL热水中，合并上述两种溶液，再将4.56 g无水磷酸氢二钠溶于150 mL热水中，再并入上述溶液中，用磷酸调节上述混合液至pH6.9～7.1，最后加水至1 000 mL。

5.2.6 磷酸盐缓冲液：由38.7 mL 0.1 mol/L磷酸氢二钠和61.3 mL 0.1 mol/L磷酸二氢钠混合而成，pH为7.0。

5.2.7　2.5%α-淀粉酶溶液：称取 2.5 g α-淀粉酶(美国 Sigma 公司,VI-A 型,产品号 6880[1])溶于 100 mL、pH 值 7.0 的磷酸盐缓冲溶液中,离心、过滤,滤过的酶液备用。

5.2.8　耐热玻璃棉(耐热 130 ℃,美国 Corning 玻璃厂出品,PYREX 牌[1]。其他牌号也可,但要耐热并不易折断的玻璃棉)。

5.3　**仪器**

5.3.1　实验室常用设备。

5.3.2　烘箱:110 ℃～130 ℃。

5.3.3　恒温箱:37 ℃±2 ℃。

5.3.4　纤维测定仪。

5.3.5　如没有纤维测定仪,可由下列部件组成。

5.3.5.1　电热板:带控温装置。

5.3.5.2　高型无嘴烧杯:600 mL。

5.3.5.3　坩埚式耐热玻璃滤器:容量 60 mL,孔径 40 μm～6 μm。

5.3.5.4　回流冷凝装置。

5.3.5.5　抽滤装置:由抽滤瓶、抽滤垫及水泵组成。

5.4　**分析步骤**

5.4.1　**试样的处理**

5.4.1.1　粮食:试样用水洗 3 次,置 60 ℃烘箱中烘去表面水分,磨粉,过 20 目～30 目筛(1 mm),储于塑料瓶内,放一小包樟脑精,盖紧瓶塞保存,备用。

5.4.1.2　蔬菜及其他植物性食品:取其可食部分,用水冲洗 3 次后,用纱布吸去水滴,切碎,取混合均匀的样品于 60 ℃烘干,称量并计算水分含量,磨粉;过 20 目～30 目筛,备用。或鲜试样用纱布吸取水滴,打碎、混合均匀后备用。

5.4.2　**测定**

5.4.2.1　准确称取试样 0.5 g～1.00 g,置高型无嘴烧杯中,若试样脂肪含量超过 10%,需先去除脂肪,例如 1.00 g 试样,用石油醚(30 ℃～60 ℃)提取 3 次,每次 10 mL。

5.4.2.2　加 100 mL 中性洗涤剂溶液,再加 0.5 g 无水亚硫酸钠。

5.4.2.3　电炉加热,5 min～10 min 内使其煮沸,移至电热板上,保持微沸 1 h。

5.4.2.4　于耐热玻璃滤器中,铺 1 g～3 g 玻璃棉,移至烘箱内,110 ℃烘 4 h,取出置干燥器中冷至室温,称量,得 m_1(准确至小数点后四位)。

5.4.2.5　将煮沸后试样趁热倒入滤器,用水泵抽滤。用 500 mL 热水(90 ℃～100 ℃),分数次洗烧杯及滤器,抽滤至干。洗净滤器下部的液体和泡沫,塞上橡皮塞。

5.4.2.6　于滤器中加酶液体,液面需覆盖纤维,用细针挤压掉其中气泡,加数滴甲苯,上盖表玻皿,37 ℃ 恒温箱中过夜。

5.4.2.7　取出滤器,除去底部塞子,抽滤去酶液,并用 300 mL 热水分数次洗去残留酶液,用碘液检查是否有淀粉残留,如有残留,继续加酶水解,如淀粉已除尽,抽干,再以丙酮洗 2 次。

5.4.2.8　将滤器置烘箱中,110 ℃烘 4 h,取出,置干燥器中,冷至室温,称量,得 m_2(准确至小数点后四位)。

5.5　**结果计算**

$$X = \frac{m_2 - m_1}{m} \times 100 \quad \cdots\cdots(3)$$

---

1)　给出这一信息是为了方便本标准的使用者,并不表示对该产品的认可。如果其他等效产品具有相同的效果,则可使用这些等效产品。

式中：

X——试样中不溶性膳食纤维的含量，%；

m_2——滤器加玻璃棉及试样中纤维的质量，单位为克(g)；

m_1——滤器加玻璃棉的质量，单位为克(g)；

m——样品的质量，单位为克(g)。

计算结果保留到小数点后两位。

5.6 精密度

在重复性条件下获得的两次独立测定结果的绝对差值不得超过算术平均值的 10%。

附 录 A
（规范性附录）
淀粉酶、蛋白酶、淀粉葡萄糖苷酶的活性要求、测定方法及判定标准

A.1 活性要求及测定方法

A.1.1 酶活性测定

A.1.1.1 淀粉酶活性测定

淀粉为底物，以 *Nelson/Somogyi* 还原糖测试淀粉酶活性（U/mL）：10 000+1 000（1 个酶活力单位定义为：40 ℃，pH6.5 时，每分钟释放 1 μmol 还原糖所需要的酶量）。

以对硝基苯基麦芽糖为底物测试淀粉酶活性（Ceralpha）（U/mL）：3 000+300（1 个酶活力单位定义为：40 ℃，pH6.5 时，每分钟释放 1 μmol 对硝基苯基所需要的酶量）。

A.1.1.2 蛋白酶活性测定

酪蛋白测试蛋白酶活性：300 U/mL～400 U/mL[1 个酶活力单位定义为：40 ℃，pH8.0 时，每分钟从可溶性酪蛋白中水解出（并溶于三氯乙酸）1 μmol 酪氨酸所需要的酶量]；或 7 U/mg～15 U/mg[1 个酶活力单位定义为：37 ℃，pH7.5 时，每分钟从酪蛋白中水解得到一定量的酪氨酸（相当于 1.0 μmol 酪氨酸在显色反应中所引起的颜色变化，显色用 Folin-Ciocalteau 试剂）时所需要的酶量]。

偶氮-酪蛋白测试蛋白酶活性（U/mL）：300～400[1 内肽酶活力单位定义为：40 ℃，pH8.0 时，每分钟从可溶性酪蛋白中水解出（并溶于三氯乙酸）1 μmol 酪氨酸所需要的酶量]。

A.1.1.3 淀粉葡萄糖苷酶活性测定

淀粉/葡萄糖氧化酶-过氧化物酶法测试淀粉葡萄糖苷酶活性（U/mL）：2 000～3 300[1 个酶活力单位定义为：40 ℃，pH4.5 时，每分钟释放 1 μmol 葡萄糖所需要的酶量]。

对-硝基苯基-β-麦芽糖苷（PNPBM）法测试淀粉葡萄糖苷酶活性（U/mL）：130～200[1 个酶活力单位定义（1 PNP 单位）为：40 ℃时，有过量的 β-葡萄糖苷酶存在下，每分钟从对-硝基苯基-β-麦芽糖苷释放 1 μmol 对-硝基苯基所需要的酶量]。

A.1.2 干扰酶

市售热稳定 α-淀粉酶、蛋白酶一般不易受到其他酶的干扰，蛋白酶制备时可能会混入极低含量的 β-葡聚糖酶，但不会影响总膳食纤维测定。本法中淀粉葡萄糖苷酶易受污染，是活性易受干扰的酶。淀粉葡萄糖苷酶的主要污染物为内纤维素酶，能够导致燕麦或大麦中 β-葡聚糖内部混合键解聚。淀粉葡萄糖苷酶是否受内纤维素酶的污染很容易检测。

A.2 判定标准

当酶的生产批次改变或最长使用间隔超过 6 个月时，应按表 A.1 所列标准物进行校准，以确保所使用的酶达到预期的活性，不受其他酶的干扰。

表 A.1 酶活性测定标准

标准	测试活性	标准质量/g	预期回收率/%
柑橘果胶	果胶酶	0.1～0.2	95～100
阿拉伯半乳聚糖	半纤维素酶	0.1～0.2	95～100
β-葡聚糖	β-葡聚糖酶	0.1～0.2	95～100

表 A.1（续）

标准	测试活性	标准质量/g	预期回收率/%
小麦淀粉	α-淀粉酶＋淀粉葡萄糖苷酶	1.0	0～1
玉米淀粉	α-淀粉酶＋淀粉葡萄糖苷酶	1.0	0～1
酪蛋白	蛋白酶	0.3	0～1

ICS 67.040
C 53

中华人民共和国国家标准

GB/T 5009.118—2008
代替 GB/T 5009.118—2003

谷物中 T-2 毒素的测定

Determination of T-2 toxin in cereals

2008-11-21 发布 2009-03-01 实施

中华人民共和国卫生部
中国国家标准化管理委员会 发布

前　言

本标准代替 GB/T 5009.118—2003《小麦中 T-2 毒素的酶联免疫吸附测定(ELISA)》。

本标准与 GB/T 5009.118—2003 相比主要修改如下：

——修改了标准的中文名称，标准的中文名称改为"谷物中 T-2 毒素的测定"；

——增加了高效液相色谱法作为第一法。

本标准由中华人民共和国卫生部提出并归口。

本标准由中华人民共和国卫生部负责解释。

本标准负责起草单位：中华人民共和国辽宁出入境检验检疫局、中国疾病预防控制中心营养与食品安全所。

本标准参加起草单位：北京中检维康技术有限公司。

本标准主要起草人：隋凯、李军、卫锋、肖珊珊、杨春光、戚应春、阳传和、罗雪云、计融。

本标准所代替标准的历次版本发布情况为：

——GB/T 14933—1994、GB/T 5009.118—2003。

谷物中T-2毒素的测定

1 范围

本标准规定了谷物中T-2毒素的测定方法。

本标准适用于谷物及其制品中T-2毒素的测定。

本标准的第一法检出限为10 μg/kg,第二法和第三法的检出限为1 μg/kg。

第一法 高效液相色谱测定法

2 原理

试样中的T-2毒素用甲醇-水提取后,提取液经免疫亲和柱净化,浓缩、衍生、定容后,用配有荧光检测器的液相色谱仪进行测定,外标法定量。

3 试剂和材料

除另有规定外,所用试剂均为分析纯,水为蒸馏水或相当纯度的去离子水。

3.1 甲醇(CH_3OH):HPLC级。

3.2 乙腈(CH_3CN):HPLC级。

3.3 甲苯($C_6H_5CH_3$):HPLC级。

3.4 甲醇-水(8+2):取80 mL甲醇,加20 mL水。

3.5 4-二甲基氨基吡啶(DMAP)溶液:准确称取0.032 5 g于100 mL容量瓶中,用甲苯稀释至刻度。

3.6 1-氰酸蒽(1-anthroylnitrile,1-AN)溶液:准确称取0.030 0 g于100 mL容量瓶中,用甲苯稀释至刻度。

3.7 T-2毒素(T-2 toxin)标准品:纯度≥98%。

3.8 T-2毒素标准溶液:准确称取适量的T-2毒素标准品,用乙腈配成浓度为0.5 mg/mL的标准储备液,−20 ℃冰箱中避光保存。使用前用乙腈稀释成适当浓度的标准工作液。

3.9 T-2毒素免疫亲和柱。

3.10 玻璃纤维滤纸。

4 仪器和设备

4.1 液相色谱仪配有荧光检测器。

4.2 粉碎机。

4.3 高速均质器。

4.4 氮吹仪。

4.5 离心机。

4.6 涡旋混合仪。

4.7 空气压力泵。

4.8 玻璃注射器:20 mL。

4.9 天平:感量0.000 1 g。

5 分析步骤

5.1 提取

称取试样 50 g(精确到 0.01 g)于 500 mL 玻璃混合杯中,加入 100 mL 甲醇-水(8+2),高速均质 2 min 后,3 000 r/min 离心 5 min,上清液经定量滤纸过滤,移取 10.0 mL 滤液并加入 40.0 mL 水稀释混匀,以玻璃纤维滤纸过滤,至滤液澄清后,进行免疫亲和柱净化操作。

5.2 净化

将免疫亲和柱连接于 20 mL 玻璃注射器下。准确移取 10.0 mL(相当于 1.0 g 样品[1])的 5.1 提取滤液注入玻璃注射器中,将空气压力泵与玻璃注射器连接,调节压力使溶液以 1 mL/min 流速缓慢通过免疫亲和柱,直至有部分空气通过柱体。以 10 mL 水淋洗柱子 1 次,弃去全部流出液,并使部分空气通过柱体。加入 1.5 mL 甲醇(3.1)洗脱,流速为 1 mL/min,收集洗脱液于玻璃试管中, 50 ℃以下氮气吹干,待衍生。

5.3 衍生

于 5.2 净化后的样品中,分别加入 50 μL 4-二甲基氨基吡啶(DMAP)溶液和 50 μL 1-氰酸蒽(1-AN)溶液,涡旋混合 1 min,于 50 ℃±2 ℃恒温水浴中反应 15 min,在冰水中冷却 10 min。50 ℃以下氮气吹干后。用 1.0 mL 的流动相[5.4.1b)]溶解,供液相色谱测定。

5.4 测定

5.4.1 液相色谱条件

a) 色谱柱:C_{18} 柱,4.6×150 mm(内径),粒度 5 μm,或相当者;

b) 流动相:乙腈-水(80+20);

c) 流速:1.0 mL/min;

d) 检测波长:激发波长 381 nm,发射波长 470 nm;

e) 进样量:20 μL;

f) 柱温:室温。

5.4.2 色谱测定

根据样液中 T-2 毒素衍生物含量情况,选定浓度相近的标准工作溶液。标准工作溶液和样液中 T-2毒素衍生物响应值均应在仪器检测线性范围内。对标准工作溶液和样液等体积参插进样进行测定。在上述色谱条件下,T-2 毒素衍生物的保留时间约为 9.8 min。T-2 毒素衍生物的标准色谱图见图 1。

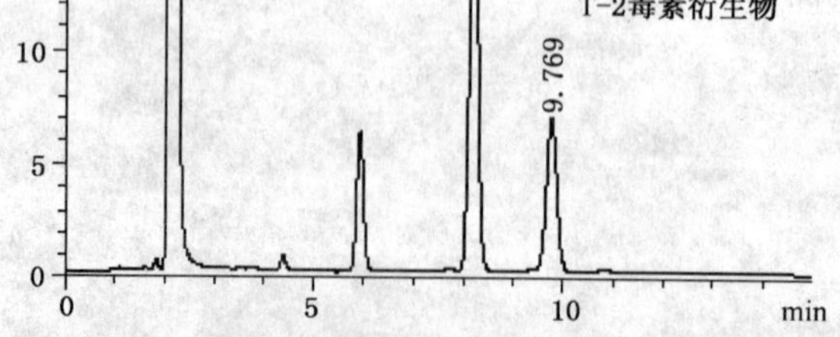

图 1 T-2 毒素衍生物的标准色谱图

1) 对于玉米赤霉烯酮含量较高的样品,可将提取滤液进行适当稀释,以保证玉米赤霉烯酮的含量不超过免疫亲和柱的最大毒素负荷量。

5.5 **空白试验**

除不加试样外,均按上述步骤进行。

5.6 **结果计算**

用外标法按式(1)计算试样中 T-2 毒素衍生物的含量,计算结果需将空白值扣除:

$$X = \frac{1\,000 \times (A - A_0) \times c \times V}{1\,000 \times A_S \times m} \quad \cdots\cdots\cdots\cdots(1)$$

式中:

X——试样中 T-2 毒素衍生物的含量,单位为微克每千克(μg /kg);

A——样液中 T-2 毒素衍生物的峰面积;

A_0——空白样液中 T-2 毒素衍生物的峰面积;

c——标准工作溶液中 T-2 毒素衍生物的浓度,单位为微克每毫升(μg/mL);

V——样液最终定容体积,单位为毫升(mL);

A_S——标准工作溶液中 T-2 毒素衍生物的峰面积;

m——最终样液所代表的试样量,单位为克(g)。

6 精密度

在重复性条件下获得的两次独立测定结果的绝对差值不得超过算术平均值的 15%。

第二法 间接法

7 原理

将已知抗原吸附在固相载体表面,洗除未吸附抗原,加入一定量抗体与待测试样(含有抗原)提取液的混合液,竞争温育后,在固相载体表面形成抗原-抗体复合物。洗除多余抗体成分,然后加入酶标记的抗球蛋白的第二抗体结合物,与吸附在固体表面的抗原-抗体复合物相结合,再加入酶的底物。在酶的催化作用下,底物发生降解反应,产生有色产物,通过酶标检测仪,测出酶底物的降解量,从而推知被测试样中的抗原量。

8 试剂

8.1 甲醇。

8.2 石油醚。

8.3 三氯甲烷。

8.4 无水乙醇。

8.5 乙酸乙酯。

8.6 二甲基甲酰胺。

8.7 四甲基联苯胺(TMB)。

8.8 吐温-20。

8.9 30%过氧化氢(30% H_2O_2)。

8.10 抗体:杂交瘤细胞系 1D7 产生的抗 T-2 毒素的特异性单克隆抗体。

8.11 抗原:T-2 毒素与载体蛋白-牛血清白蛋白(BSA)的结合物。

8.12 免抗鼠免疫球蛋白与辣根过氧化酶的结合物(酶标二抗)。

8.13 ELISA 缓冲液系统。

8.13.1 包被缓冲液为 pH9.6 的碳酸盐缓冲液,称取 1.59 g 碳酸钠(Na_2CO_3)、2.93 g 碳酸氢钠($NaHCO_3$),加水稀释至 1 000 mL。

8.13.2 洗液为含 0.05%吐温-20 的 pH7.4 的磷酸盐缓冲液(简称为 PBS-T)。配制方法为:

称取 0.2 g 磷酸二氢钾(KH_2PO_4)、2.9 g 磷酸氢二钠($Na_2HPO_4 \cdot 12H_2O$)、8.0 g 氯化钠(NaCl)、0.2 g 氯化钾(KCl)、0.5 mL 吐温-20,加水至 1 000 mL。

8.13.3 底物缓冲液为 pH5.0 的磷酸-柠檬酸缓冲液,配制方法为:

0.1 mol/L 柠檬酸($C_6H_8O_7 \cdot H_2O$),即称取柠檬酸 19.2 g,加水至 1 000 mL,为甲液;

0.2 mol/L 磷酸氢二钠(Na_2HPO_4),即称取磷酸氢二钠 71.7 g,加水至 1 000 mL,为乙液;

取甲液 24.3 mL,乙液 25.7 mL,加水至 100 mL,即可。

8.13.4 底物溶液:取 50 μL TMB(10 mg TMB 溶于 1 mL 二甲基甲酰胺中)溶液+10 mL 底物缓冲液+10 μL 30%过氧化氢,混匀。

8.14 T-2 毒素标准溶液:用甲醇配成 1 mg/mL T-2 毒素贮备液,-20 ℃冰箱贮存。于检测当天,精密吸取贮备液,用 20%甲醇的 PBS(配制方法同 PBS-T,不加吐温-20 即可)稀释成制备标准曲线的所需浓度。

9 仪器

所有玻璃器皿均用硫酸洗液浸泡,用自来水、蒸馏水冲洗。

9.1 酶标检测仪。

9.2 酶标板(40 孔或 96 孔)。

9.3 电动振荡器。

9.4 电热恒温水浴锅。

9.5 具 0.2 mL 尾管的 10 mL 小浓缩瓶。

10 分析步骤

10.1 提取

称取 20 g 粉碎并通过 20 目筛的试样,置 200 mL 具塞锥形烧瓶中,加 8 mL 水和 100 mL 三氯甲烷-无水乙醇(4+1),密塞,振荡 1 h,通过滤纸过滤,取 25 mL 滤液于蒸发皿中,置 90 ℃水浴上通风挥干。用 50 mL 石油醚分次溶解蒸发皿中残渣,洗入 250 mL 分液漏斗中,再用 20 mL 甲醇-水(4+1)分次洗涤,转入同一分液漏斗中,振摇 1.5 min,静置约 15 min,收下层甲醇-水提取液过层析柱净化(层析柱的装备;在层析柱下端与小管相连结处塞约 0.1 g 脱脂棉,尽量塞紧,先装入 0.5 g 中性氧化铝,敲平表面,再加入 0.4 g 活性碳,敲紧)。

将过柱后的洗脱液倒入蒸发皿中,并于水浴锅上浓缩至干,趁热加 3 mL 乙酸乙酯,加热至沸,挥干,再重复一次,最后加 3 mL 乙酸乙酯,冷至室温后转入浓缩瓶中。用适量乙酸乙酯洗涤蒸发皿,并入浓缩瓶中,将浓缩瓶置 95 ℃水浴锅上,挥干冷却后,用含 20%甲醇的 PBS 定容,供 ELISA 检测之用。

10.2 ELISA 检测

10.2.1 用 T-2-BSA(4 μg/mL)包被酶标板,每孔 100 μL,4 ℃过夜。

10.2.2 酶标板用 PBS-T 洗 3 次,每次 3 min 后,加入不同浓度的 T-2 标准溶液(制作标准曲线)或试样提取液(检测试样中的毒素含量)与抗体溶液的混合液(1+1,每孔 100 μL,该混合液应于使用的前一天配好,4 ℃过夜备用),置 37 ℃ 1 h。

10.2.3 酶标板洗 3 次,每次 3 min 后,加入酶标二抗,每孔 100 μL,37 ℃ 1.5 h。

10.2.4 同上述洗涤后,加入底物溶液,每孔 100 μL,37 ℃ 30 min。

10.2.5 用 1 mol/L 硫酸溶液终止反应,每孔 50 μL,于 450 nm 处测定吸光度值。

11 结果计算

按式(2)计算:

$$c = m_1 \times \frac{V_1}{V_2} \times D \times \frac{1}{m} \quad \cdots\cdots(2)$$

式中：

c——T-2 浓度，单位为纳克每克(ng/g)；

m_1——酶标板上所测得的 T-2 毒素的量，根据标准曲线求得，单位为纳克(ng)；

V_1——试样提取液的体积，单位为毫升(mL)；

V_2——滴加样液的体积，单位为毫升(mL)；

D——样液的总稀释倍数；

m——试样质量，单位为克(g)。

12 精密度

在重复性条件下获得的两次独立测定结果的绝对差值不得超过算术平均值的 20%。

第三法 直接法

13 原理

将已知抗原吸附在固相载体表面，洗除未吸附的抗原，加入一定量的酶标记抗体与试样(含有抗原)提取液的混合液，竞争温育后，在固相载体表面形成抗原-抗体-酶复合物。洗除多余部分，加入酶的底物。在酶的催化作用下，底物发生降解反应，产生有色物质，通过酶标检测仪，测出酶底物的降解量，从而推知被测试样中的抗原量。

14 试剂

14.1 甲醇。

14.2 石油醚。

14.3 三氯甲烷。

14.4 无水乙醇。

14.5 乙酸乙酯。

14.6 二甲基甲酰胺。

14.7 四甲基联苯胺(TMB)。

14.8 吐温-20。

14.9 30%过氧化氢(30% H_2O_2)。

14.10 抗 T-2 毒素单克隆抗体与辣根过氧化酶结合物。

14.11 抗原：T-2 毒素与载体蛋白-牛血清白蛋白的结合物(T-2-BSA)。

14.12 ELISA 缓冲液系统。

14.12.1 包被缓冲液为 pH9.6 的碳酸盐缓冲液，称取 1.59 g 碳酸钠(Na_2CO_3)、2.93 g 碳酸氢钠($NaHCO_3$)，加水稀释至 1 000 mL。

14.12.2 洗液为含 0.05%吐温-20 的 pH7.4 的磷酸盐缓冲液(简称为 PBS-T)，配制方法为：

称取 0.2 g 磷酸二氢钾(KH_2PO_4)、2.9 g 磷酸氢二钠($Na_2HPO_4 \cdot 12H_2O$)、8.0 g 氯化钠(NaCl)、0.2 g 氯化钾(KCl)、0.5 mL 吐温-20，加水至 1 000 mL。

15 仪器

所有玻璃器皿均用硫酸洗液浸泡，用自来水、蒸馏水冲洗。

15.1 酶标检测仪。

15.2 酶标板(40 孔或 96 孔)。

15.3 电动振摇器。

15.4 电热恒温水浴锅。

15.5 具 0.2 mL 尾管的 10 mL 小浓缩瓶。

16 分析步骤

16.1 提取

称取 20 g 粉碎并通过 20 目筛的试样，置 200 mL 具塞锥形烧瓶中，加 8 mL 水和 100 mL 三氯甲烷-无水乙醇(4+1)，密塞，振荡 1 h，通过滤纸过滤，取 25 mL 滤液于蒸发皿中，置 90 ℃水浴上通风挥干。用 50 mL 石油醚分次溶解蒸发皿中残渣，洗入 250 mL 分液漏斗中，再用 20 mL 甲醇-水(4+1)分次洗涤，转入同一分液漏斗中，振摇 1.5 min，静置约 15 min，收下层甲醇-水提取液过层析柱净化(层析柱的装备：在层析柱下端与小管相连结处塞约 0.1 g 脱脂棉，尽量塞紧，先装入 0.5 g 中性氧化铝，敲平表面，再加入 0.4 g 活性碳，敲紧)。

将过柱后的洗脱液倒入蒸发皿中，并于水浴锅上浓缩至干，趁热加 3 mL 乙酸乙酯，加热至沸，挥干，再重复一次，最后加 3 mL 乙酸乙酯，冷至室温后转入浓缩瓶中。用适量乙酸乙酯洗涤蒸发皿，并入浓缩瓶中。将浓缩瓶置 95 ℃水浴锅上，挥干冷却后，用含 20%甲醇的 PBS 定容，供 ELISA 检测之用。

16.2 ELISA 检测

16.2.1 用 T-2-BSA(4 μg/mL)包被酶标板，每孔 100 μL，4 ℃过夜。

16.2.2 酶标板用 PBS-T 洗 3 次，每次 3 min 后，加入不同浓度的 T-2 标准溶液(制作标准曲线)或试样提取液(检测试样毒素含量)与抗体-酶结合物溶液(1+100)的混合液(1+1，每孔 100 μL，该混合液应于使用的前一天配好，4 ℃过夜备用)，置 37 ℃ 1.5 h。

16.2.3 酶标板洗 3 次，每次 3 min 后，加入底物溶液。每孔 100 μL，37 ℃ 30 min。

16.2.4 用 1 mol/L 硫酸溶液终止反应，每孔 50 μL，于 450 nm 处测定吸光度值。

17 结果计算

按式(3)计算：

$$c = m_1 \times \frac{V_1}{V_2} \times D \times \frac{1}{m} \qquad \cdots\cdots(3)$$

式中：

c——T-2 浓度，单位为纳克每克(ng/g)；

m_1——酶标板上所测得的 T-2 毒素的量，根据标准曲线求得，单位为纳克(ng)；

V_1——试样提取液的体积，单位为毫升(mL)；

V_2——滴加样液的体积，单位为毫升(mL)；

D——样液的总稀释倍数；

m——试样质量，单位为克(g)。

ICS 67.040
C 53

中华人民共和国国家标准

GB/T 5009.146—2008
代替 GB/T 5009.146—2003

植物性食品中有机氯和拟除虫菊酯类农药多种残留量的测定

Determination of organochlorines and pyrethroid pesticide multiresidues in vegetable foods

2008-12-03 发布　　　　2009-03-01 实施

中华人民共和国卫生部
中国国家标准化管理委员会　发布

前　言

本标准代替 GB/T 5009.146—2003《植物性食品中有机氯和拟除虫菊酯类农药多种残留的测定》。

本标准与 GB/T 5009.146—2003 相比主要修改如下：

——增加了果蔬中 40 种有机氯和拟除虫菊酯类农药残留量的测定和浓缩果汁中 40 种有机氯农药和拟除虫菊酯农药残留量的测定。

本标准附录 A 为规范性附录，附录 B、附录 C、附录 D、附录 E、附录 F 为资料性附录。

本标准由中华人民共和国卫生部提出并归口。

本标准由中华人民共和国卫生部负责解释。

本标准植物性食品中 16 种有机氯和拟除虫菊酯农药残留量测定的起草单位：中国疾病预防控制中心营养与食品安全所、北京市疾病预防控制中心、河南省疾病预防控制中心、农业部谷物品质监督检测中心；果蔬中 40 种有机氯和拟除虫菊酯农药残留量测定的起草单位：中华人民共和国吉林出入境检验检疫局、中国检验检疫科学研究院；浓缩果汁中 40 种有机氯农药和拟除虫菊酯农药残留量测定的起草单位：中华人民共和国湖北出入境检验检疫局。

本标准植物性食品中 16 种有机氯和拟除虫菊酯农药残留量测定的主要起草人：张临夏、祝孝、沈在忠、张莹、杨大进、方从容；果蔬中 40 种有机氯和拟除虫菊酯农药残留量测定的主要起草人：王明泰、牟峻、赵庆松、储晓刚、商明磊、邹明强、陈明岩、董奥；浓缩果汁中 40 种有机氯农药和拟除虫菊酯农药残留量测定的主要起草人：胡小钟、李晶、黄鑫、倪澜荪、林雁飞、王鹏。

本标准所代替标准的历次版本发布情况为：

——GB/T 17332—1998、GB/T 5009.146—2003。

植物性食品中有机氯和拟除虫菊酯类农药多种残留量的测定

1 范围

本标准规定了粮食、蔬菜中16种有机氯和拟除虫菊酯农药残留量的测定方法(16种农药见表1);水果和蔬菜中40种有机氯和拟除虫菊酯农药残留量的测定方法(40种农药见表A.1);浓缩果汁中40种有机氯农药和拟除虫菊酯农药残留量的测定方法(40种农药参见附录B)。

本标准适用于粮食、蔬菜中16种有机氯和拟除虫菊酯农药残留量的测定;西兰花、茼蒿、大葱、芹菜、番茄、黄瓜、菠菜、柑橘、苹果、草莓中40种有机氯和拟除虫菊酯农药残留量的测定;浓缩果汁中40种有机氯农药和拟除虫菊酯农药残留量的测定。

粮食、蔬菜中16种有机氯和拟除虫菊酯农药残留量测定方法的检出限见表2;果蔬中40种有机氯和拟除虫菊酯农药残留量测定方法的定量限参见表C.1;浓缩果汁中40种有机氯农药和拟除虫菊酯农药残留量测定方法的检出限和定量限参见表B.2。

2 粮食、蔬菜中16种有机氯和拟除虫菊酯农药残留量的测定

2.1 原理

试样中有机氯和拟除虫菊酯农药用有机溶剂提取,经液液分配及层析净化除去干扰物质,用电子捕获检测器检测,根据色谱峰的保留时间定性,外标法定量。

2.2 试剂和材料

除非另有说明,在分析中仅使用确定为分析纯的试剂和蒸馏水或相当纯度的水。

2.2.1 石油醚:沸程60 ℃～90 ℃,重蒸。

2.2.2 苯:重蒸。

2.2.3 丙酮:重蒸。

2.2.4 乙酸乙酯:重蒸。

2.2.5 无水硫酸钠。

2.2.6 弗罗里硅土:层析用,于620 ℃灼烧4 h后备用,用前140 ℃烘2 h,趁热加5%水灭活。

2.2.7 农药标准品:见表1。

表1 16种农药标准品

中文名称	英文名称	纯度
α-六六六	α-HCH	≥99%
β-六六六	β-HCH	≥99%
γ-六六六	γ-HCH	≥99%
δ-六六六	δ-HCH	≥99%
p,p'-滴滴涕	p,p'-DDT	≥99%
p,p'-滴滴滴	p,p'-DDD	≥99%
p,p'-滴滴伊	p,p'-DDE	≥99%
o,p'-滴滴涕	o,p'-DDT	≥99%

表 1（续）

中文名称	英文名称	纯度
七氯	Heptachlor	≥99％
艾氏剂	Aldrin	≥99％
甲氰菊酯	Fenpropathrin	≥99％
氯氟氰菊酯	Cyhalothrin	≥99％
氯菊酯	Permethrin	≥99％
氯氰菊酯	Cypermethrin	≥99％
氰戊菊酯	Fenvalerate	≥99％
溴氰菊酯	Deltamethrin	≥99％

2.2.8 标准溶液：分别准确称取表 1 中的标准品，用苯溶解并配成 1 mg/mL 的储备液，使用时用石油醚稀释配成单品种的标准使用液。再根据各农药品种在仪器上的响应情况，吸取不同量的标准储备液，用石油醚稀释成混合标准使用液。

2.3 仪器和设备

2.3.1 气相色谱仪：附电子捕获检测器（ECD）。

2.3.2 电动振荡器。

2.3.3 组织捣碎机。

2.3.4 旋转蒸发仪。

2.3.5 过滤器具：布氏漏斗（直径 80 mm）、抽滤瓶（20 mL）。

2.3.6 具塞三角瓶：100 mL。

2.3.7 分液漏斗：250 mL。

2.3.8 层析柱。

2.4 试样制备

取粮食试样经粮食粉碎机粉碎，过 20 目筛制成粮食试样。取蔬菜试样擦净，去掉非可食部分后备用。

2.5 分析步骤

2.5.1 提取

2.5.1.1 粮食试样：称取 10 g 粮食试样，置于 100 mL 具塞三角瓶中，加入 20 mL 石油醚，于振荡器上振摇 0.5 h。

2.5.1.2 蔬菜试样：称取 20 g 蔬菜试样。置于组织捣碎杯中，加入 30 mL 丙酮和 30 mL 石油醚，于捣碎机上捣碎 2 min，捣碎液经抽滤，滤液移入 250 mL 分液漏斗中，加入 100 mL 2％硫酸钠水溶液，充分摇匀，静置分层，将下层溶液转移到另一 250 mL 分液漏斗中，用 2×20 mL 石油醚萃取，合并三次萃取的石油醚层，过无水硫酸钠层，于旋转蒸发仪上浓缩至 10 mL。

2.5.2 净化

2.5.2.1 层析柱的制备：玻璃层析柱中先加入 1 cm 高无水硫酸钠，再加入 5 g 5％水脱活弗罗里硅土，最后加入 1 cm 高无水硫酸钠，轻轻敲实，用 20 mL 石油醚淋洗净化柱，弃去淋洗液，柱面要留有少量液体。

2.5.2.2 净化与浓缩：准确吸取试样提取液 2 mL，加入已淋洗过的净化柱中，用 100 mL 石油醚-乙酸乙酯（95＋5）洗脱，收集洗脱液于蒸馏瓶中，于旋转蒸发仪上浓缩近干，用少量石油醚多次溶解残渣于刻度离心管中，最终定容至 1.0 mL，供气相色谱分析。

2.5.3 测定

2.5.3.1 气相色谱参考条件

2.5.3.1.1 色谱柱：石英弹性毛细管柱，0.25 mm（内径）×15 m，内涂有 OV—101 固定液。

2.5.3.1.2　气体流速：氮气 40 mL/min，尾吹气 60 mL/min，分流比 1∶50。

2.5.3.1.3　温度：柱温自 180 ℃升至 230 ℃保持 30 min；检测器、进样口温度 250 ℃。

2.5.3.2　色谱分析

吸收 1 μL 试样液注入气相色谱仪，记录色谱峰的保留时间和峰高。再吸取 1 μL 混合标准使用液进样，记录色谱峰的保留时间和峰高。根据组分在色谱上的出峰时间与标准组分比较定性；用外标法与标准组分比较定量。

2.5.3.3　色谱图

见图 1。

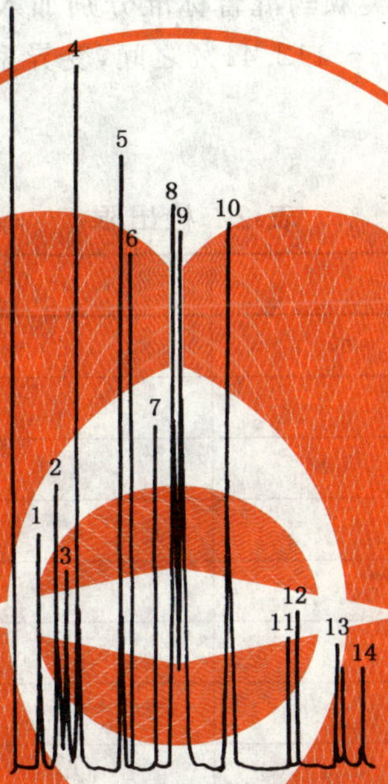

1——α-六六六；
2——β-六六六；
3——γ-六六六；
4——δ-六六六；
5——七氯；
6——艾氏剂；
7——p,p'-滴滴伊；
8——o,p'-滴滴涕；
9——p,p'-滴滴滴；
10——p,p'-滴滴涕；
11——三氟氯氰菊酯（功夫）；
12——二氯苯醚菊酯；
13——氰戊菊酯；
14——溴氰菊酯。

图 1　有机氯和拟除虫菊酯标液色谱图

2.6　结果计算

按式(1)计算。

$$X = \frac{h_i \times m_{si} \times V_2}{h_{si} \times V_1 \times m} \times K \quad \cdots\cdots\cdots\cdots(1)$$

式中：

X——试样中农药的含量，单位为毫克每千克(mg/kg)；

h_i——试样中 i 组分农药峰高,单位为毫米(mm);

m_{si}——标准样品中 i 组分农药的含量,单位为纳克(ng);

V_2——最后定容体积,单位为毫升(mL);

h_{si}——标准样品中 i 组分农药峰高,单位为毫米(mm);

V_1——试样进样体积,单位为微升(μL);

m——试样的质量,单位为克(g);

K——稀释倍数。

2.7 精密度和准确度

将10种有机氯和6种拟除虫菊酯类农药混合标准分别加入到面粉、黄瓜、油菜中进行方法的精密度和准确度试验,添加回收率在81.71%～112.41%之间,变异系数在2.48%～10.05%之间。

2.8 检出限

检出限见表2。

表2 检出限

农药名称	检出限/(μg/kg)
α-六六六	0.1
β-六六六	0.2
γ-六六六	0.6
δ-六六六	0.6
七氯	0.8
艾氏剂	0.8
p,p'-滴滴伊	0.8
o,p'-滴滴涕	1.0
p,p'-滴滴滴	1.0
p,p'-滴滴涕	1.0
氯氟氰菊酯	0.8
氯菊酯	16
氰戊菊酯	3.0
溴氰菊酯	1.6

3 果蔬中40种有机氯和拟除虫菊酯农药残留量的测定

3.1 原理

试样中用水-丙酮均质提取,经二氯甲烷液-液分配,以凝胶色谱柱净化,再经活性炭固相柱净化,洗脱液浓缩并溶解定容后,供气相色谱-质谱(GC-MS)测定和确证,外标法定量。

3.2 试剂和材料

除另有规定外,所用试剂均为分析纯,水为二级水(电导率$_{25℃}$≤0.10 mS/m)。

3.2.1 丙酮(C_3H_6O):残留级。

3.2.2 二氯甲烷(CH_2Cl_2):残留级。

3.2.3 乙酸乙酯($C_4H_8O_2$):残留级。

3.2.4 环己烷(*Cyclo*-C_6H_{14}):残留级。

3.2.5 正己烷(*n*-C_6H_{14}):残留级。

3.2.6 甲醇(CH_4O):残留级。

3.2.7 苯(C_6H_6):残留级。

3.2.8 氯化钠(NaCl):优级纯。

3.2.9 无水硫酸钠(Na_2SO_4):650 ℃灼烧 4 h,贮于密封容器中备用。

3.2.10 氯化钠水溶液:20 g/L。

3.2.11 活性炭固相萃取柱(pesticarb):0.5 g,或相当者,使用前用 5 mL 正己烷预淋洗。

3.2.12 40 种农药标准品:纯度均≥93.5%,见表 A.1。

3.2.13 标准溶液

3.2.13.1 标准储备液:分别准确称取适量的每种农药标准品,用丙酮或相应溶剂(见表 A.1)配制成浓度为 500 μg/mL～1 000 μg/mL 的标准储备液。该溶液可在 0 ℃～4 ℃冰箱中保存 3 个月。

3.2.13.2 标准中间工作液:分别准确移取一定体积的各农药标准储备液,可根据需要用丙酮稀释成适用浓度的混合标准中间工作液。该溶液可在 0 ℃～4 ℃冰箱中保存 6 个月。

3.2.13.3 混合标准工作液:准确移取一定体积的混合标准中间工作液,可根据需要用正己烷稀释成适用浓度的混合标准工作液。该溶液可在 0 ℃～4 ℃冰箱中保存 1 个月。

3.3 仪器和设备

3.3.1 气相色谱-质谱仪,配有电子轰击源(EI)。

3.3.2 凝胶色谱仪:配有馏分收集器。

3.3.3 食品捣碎机。

3.3.4 均质器。

3.3.5 旋转蒸发器。

3.3.6 氮吹仪。

3.3.7 漩涡混合器。

3.3.8 无水硫酸钠柱:7.5 cm×1.5 cm(内径),内装 5 cm 高无水硫酸钠。

3.3.9 具塞锥形瓶:250 mL。

3.3.10 分液漏斗:250 mL。

3.3.11 浓缩瓶:50 mL、250 mL。

3.3.12 移液器:1 000 μL、100 μL、10 μL。

3.4 试样制备与保存

3.4.1 试样制备

抽取水果或蔬菜样品 500 g,或去壳、去籽、去皮、去茎、去根、去冠(不可用水洗涤),将其可食用部分切碎后,依次用食品捣碎机将样品加工成浆状。混匀,均分成两份作为试样,分装入洁净的盛样袋内,密闭,标明标记。

3.4.2 试样保存

将试样于 0 ℃～4 ℃保存。

注:在抽样及制样的操作过程中,应防止样品受到污染或发生残留物含量的变化。

3.5 测定步骤

3.5.1 提取

称取约 25 g(精确至 0.1 g)试样于 250 mL 具塞锥形瓶中,加入 20 mL 水,混摇后放置 1 h。然后加入 100 mL 丙酮,高速均质提取 3 min。将提取液抽滤于 250 mL 浓缩瓶中。残渣再用 50 mL 丙酮重复提取一次,合并滤液,于 40 ℃水浴中旋转浓缩至约 20 mL。将浓缩提取液转移至 250 mL 分液漏斗中。

在上述分液漏斗中,加入 100 mL 氯化钠水溶液和 100 mL 二氯甲烷,振摇 3 min,静置分层,收集二氯甲烷相。水相再用 2×50 mL 二氯甲烷重复提取两次,合并二氯甲烷相。经无水硫酸钠柱脱水,收集于 250 mL 浓缩瓶中,于 40 ℃水浴中旋转浓缩至近干,加入 5 mL 乙酸乙酯-环己烷(1+1)以溶解残渣,并用0.45 μm滤膜过滤，待净化。

3.5.2 净化

3.5.2.1 凝胶色谱净化(GPC)

3.5.2.1.1 凝胶色谱条件

a) 净化柱：700 mm×25 mm，Bio Beads S-X3[1)]，或相当者。

b) 流动相：乙酸乙酯-环己烷(1+1)。

c) 流速：5.0 mL/min。

d) 样品定量环：5.0 mL。

e) 预淋洗体积：50 mL。

f) 洗脱体积：210 mL。

g) 收集体积：105 mL～185 mL。

3.5.2.1.2 凝胶色谱净化步骤

将5 mL待净化液按3.5.2.1.1规定的条件进行净化，合并馏分收集器中的收集液于250 mL浓缩瓶中，于40 ℃水浴中旋转浓缩至近干，加入2 mL正己烷以溶解残渣，待净化。

3.5.2.2 固相萃取净化(SPE)

将2 mL溶解液倾入已预淋洗后的活性炭固相萃取柱中，用30 mL正己烷-乙酸乙酯(3+2)进行洗脱。收集全部洗脱液于50 mL浓缩瓶中，于40 ℃水浴中旋转浓缩至干。用乙酸乙酯溶解并定容至2.0 mL，供气相色谱-质谱测定。

3.5.3 气相色谱-质谱测定

3.5.3.1 气相色谱-质谱条件

a) 色谱柱：30 m×0.25 mm(内径)，膜厚0.25 μm，DB-5 MS石英毛细管柱，或相当者。

b) 色谱柱温度：50 ℃(2 min) $\xrightarrow{10\ ℃/min}$ 180 ℃(1 min) $\xrightarrow{3\ ℃/min}$ 270 ℃(14 min)。

c) 进样口温度：280 ℃。

d) 色谱-质谱接口温度：280 ℃。

e) 载气：氦气，纯度≥99.999%，1.2 mL/min。

f) 进样量：1 μL。

g) 进样方式：无分流进样，1.5 min后开阀。

h) 电离方式：EI。

i) 电离能量：70 eV。

j) 测定方式：选择离子监测方式。

k) 溶剂延迟：5 min。

l) 选择监测离子(m/z)：每种农药分别选择1个定量离子、2个～3个定性(阳性确证)离子。选择监测离子时间设定参数参见表D.1；每种农药的定量离子和定性离子参见附录C中表C.1。

3.5.3.2 定量测定

根据样液中被测农药含量，选定浓度相近的标准工作溶液。标准工作溶液和待测样液中农药的响应值均应在仪器检测的线性范围内。对混合标准溶液与样液等体积分组分时段参插进样测定，外标法定量。在上述气相色谱-质谱条件下，各标准物质的保留时间参见表C.1，气相色谱-质谱选择离子色谱图参见图E.1。

3.5.3.3 定性测定

对混合标准溶液及样液按上述规定的条件进行测定时，如果样液与混合标准溶液的选择离子图中，

---

1) 给出这一信息是为了方便本标准的使用者，并不表示对该产品的认可。如果其他等效产品具有相同的效果，则可使用这些等效的产品。

在相同保留时间有峰出现，则根据定性选择离子的种类及其丰度比对其进行阳性确证。各种农药的选择离子的种类及其丰度比参见表 C.1。

3.6 结果计算

按式(2)计算试样中每种农药残留含量：

$$X_i = \frac{A_i \times c_i \times V}{A_{is} \times m} \quad \cdots\cdots(2)$$

式中：

X_i——试样中农药 i 残留量，单位为微克每克(μg/g)；

A_i——样液中农药 i 的峰面积(或峰高)；

c_i——标准工作液中农药 i 的浓度，单位为微克每毫升(μg/mL)；

V——样液最终定容体积，单位为毫升(mL)；

A_{is}——标准工作液中农药 i 的峰面积(或峰高)；

m——最终样液的试样质量，单位为克(g)。

3.7 精密度

本方法对 40 种有机氯和拟除虫菊酯农药在 0.1 mg/kg～5.0 mg/kg 浓度水平，添加回收率和精密度参见表 C.1。

4 浓缩果汁中 40 种有机氯农药和拟除虫菊酯农药残留量的测定

4.1 原理

将试样用水稀释后与适合的固相基质(硅藻土)混合均匀，转入到层析柱中，用适当的有机溶剂(正己烷-二氯甲烷混合溶剂)淋洗，极性物质被吸附于固相基质(硅藻土)上，农药则被有机溶剂(正己烷-二氯甲烷混合溶剂)淋洗下来。淋洗液浓缩定容后，供气质联用仪检测。

4.2 试剂和材料

除另有说明外，水为一级水，电导率$_{25\ ℃}$≤0.01 mS/m。

4.2.1 正己烷(C_6H_{14})农残级。

4.2.2 丙酮(C_3H_6O)农残级。

4.2.3 甲醇 (CH_4O)农残级。

4.2.4 二氯甲烷 (CH_2Cl_2)农残级。

4.2.5 硅藻土：Merck Extrelut®[2)]，货号 1.15092.1000。

4.2.6 农药标准物质：中英文名称参见附录 B，纯度≥96%。

4.2.7 农药标准溶液：分别准确称取适量农药标准品，用丙酮为溶剂，分别配制成 1 mg/mL 标准储备液。储备液留存于－25 ℃冰箱中，可使用一年。工作液根据农药检出限配成不同的混合标准液，保存于 4 ℃冰箱中，可使用 20 d。

4.2.8 基质混合标准工作溶液：混合标准工作溶液用样品空白溶液配成不同浓度的基质混合标准工作液，用于做标准工作曲线。基质混合标准工作溶液应现用现配。

4.3 仪器和设备

4.3.1 气相色谱-质谱联用仪：配电子轰击源。

4.3.2 电子天平：感量 0.1 mg、0.01 g。

4.3.3 旋转蒸发器：水浴 40 ℃。

4.3.4 鸡心瓶：250 mL。

2) 给出这一信息是为了方便本标准的使用者，并不表示对该产品的认可。如果其他等效产品具有相同的效果，则可使用这些等效的产品。

4.3.5 移液器:1 mL。

4.3.6 样品瓶:2 mL,带旋盖。

4.3.7 全玻璃层析柱:15 mm 内径,320 mm 长,下具玻璃活塞。

4.4 测定步骤

4.4.1 提取与净化

准确称取 5 g(精确至 0.01 g)浓缩果汁样品于 250 mL 烧杯中,加入等量蒸馏水充分混匀后,再加入 20 g 硅藻土,用玻棒将硅藻土和果汁充分搅匀。然后将其转至全玻璃层析柱中,用一根软棒状物轻轻敲打柱身,使硅藻土填充均匀。从柱顶加入 80 mL 正己烷-二氯甲烷(1+1)混合溶剂进行淋洗,流速控制在 5 mL/min,另以 40 mL 正己烷-二氯甲烷(1+1)分 3 次洗烧杯,洗液也加到柱上,最后再从柱顶加入 40 mL 正己烷淋洗液,所有流出液均收集于一个 250 mL 的鸡心瓶中。将鸡心瓶置于旋转蒸发器中,40 ℃水浴中将收集液浓缩至近干,最后用正己烷-二氯甲烷(1+1)准确定容至 1 mL,转移至 2 mL 样品瓶中,供气相色谱-质谱仪检测。

4.4.2 气相色谱-质谱条件

4.4.2.1 色谱柱 DB-5 MS 的色谱条件

4.4.2.1.1 色谱柱:DB-5 MS,30 m 长,0.25 mm 内径,0.25 μm 膜厚。

4.4.2.1.2 升温程序:初始温度 120 ℃,保持 1 min,以 8 ℃/min 的速率,升温至 280 ℃,保持 6 min。

4.4.2.1.3 载气:高纯氦气,流量 1.0 mL/min。

4.4.2.2 色谱柱 DB-1701 的色谱条件

4.4.2.2.1 色谱柱:DB-1701 型毛细管气相色谱柱(14%氰丙苯基-86%甲基聚硅氧烷),30 m 长,0.32 mm 内径,0.25 μm 膜厚。

4.4.2.2.2 柱温程序:初始温度 60 ℃,保持 1 min,以 25 ℃/min 的速率,升温至 160 ℃,继续以 5 ℃/min 的速率,升温至 250 ℃;再以 10 ℃/min 的速率升温至 300 ℃,保持 10 min。

4.4.2.2.3 载气:高纯氦气,流量 1.5 mL/min。

4.4.2.3 进样口温度:250 ℃。

4.4.2.4 进样量:1 μL。

4.4.2.5 进样方式:脉冲无分流进样,设置 1 min 后自动分流。

4.4.2.6 电离方式:电子轰击,70 eV。

4.4.2.7 离子源温度:230 ℃。

4.4.2.8 色谱-质谱接口温度:280 ℃。

4.4.2.9 质谱检测方式:选择离子监测(SIM),条件参见表 3 和表 B.1。

表 3 选择离子监测质谱条件

序号	时间/min	监测的离子(m/z)	离子数	驻留时间/ms	每秒扫描次数
1	9.00	181,183,217,219	4	50	3.77
2	10.50	109,181,202,214,217,219,237,249,264,266,268,295	12	10	3.28
3	11.30	100,109,181,217,219,237,264,266,268,272,337	11	10	3.57
4	13.00	111,115,139,185,251,261,263,293,387	9	20	3.13
5	14.50	176,195,210,241,246,265,318,339	8	10	4.88
6	15.70	79,176,210,246,263,318,345,380	8	10	4.88
7	16.35	111,139,165,195,199,235,237,243,250,251,253,263,339,345,347	15	10	2.63
8	17.30	123,143,165,171,199,235,237,272,387,422	10	10	3.92

表 3（续）

序号	时间/min	监测的离子(m/z)	离子数	驻留时间/ms	每秒扫描次数
9	18.55	123,164,165,166,181,182,208,227,228,265,274,281,315,317,349	15	10	2.63
10	19.30	111,123,159,183,229,350,356	7	10	5.56
11	19.90	141,181,197,208	4	50	3.77
12	20.50	127,163,183,184	4	50	3.77
13	21.70	107,135,163,165,199,206,209,226,376	9	10	4.35
14	23.50	125,167,181,209,225,250,281,419	8	10	4.88
15	25.00	152,181,209,253	4	50	3.77

4.4.2.10 溶剂延迟：6.5 min。

4.4.3 气相色谱-质谱测定

基质混合标准工作溶液(4.2.8)和样液等体积交替进样，根据提取离子峰或选择离子色谱峰面积用外标法定量。如果样液与标准溶液的总离子流图中，在相同保留时间有峰出现，则根据表 B.1 中定性离子对其确证。

根据上述分析条件(4.4.2)对基质混合标准工作溶液进行分析，所得农药的总离子流色谱图参见图 F.1。

4.4.4 空白试验

除用水代替试样外，均按上述步骤进行。

4.5 结果计算

按式(3)计算试样中农药残留的含量：

$$X = \frac{(A_i - A_0) \times c_s \times V \times 1\,000}{A_s \times m \times 1\,000} \quad \cdots\cdots(3)$$

式中：

X——试样中的残留农药的浓度，单位为毫克每千克(mg/kg)；

A_i——样液中的该农药的色谱峰面积；

A_0——空白样品的色谱峰面积；

c_s——标准工作液中的农药浓度，单位为微克每毫升(μg/mL)；

V——样液最终定容体积，单位为毫升(mL)；

A_s——标准工作液中农药的色谱峰面积；

m——最终样液所代表的试样质量，单位为克(g)。

4.6 精密度

在重复性条件下获得的两次独立测定结果的绝对差值不得超过算术平均值的 20%。

附　录　A
（规范性附录）
果蔬中 40 种农药种类及配制溶剂表

果蔬中 40 种农药种类及配制溶剂见表 A.1。

表 A.1　果蔬中 40 种农药种类及配制溶剂表

序号	中文名称	英文名称	CAS 号	化学分子式	溶剂
1	四氯硝基苯	Tecnazene	000117-18-0	$C_6HCl_4NO_2$	乙醇
2	氟乐灵	Trifluralin	001582-09-8	$C_{13}H_{16}F_3N_3O_4$	丙酮
3	α-六六六	α-BHC	000319-84-6	$C_6H_6Cl_6$	丙酮
4	六氯苯	Hexachlorobenzene	000118-74-1	C_6Cl_6	丙酮
5	β-六六六	β-BHC	000319-85-7	$C_6H_6Cl_6$	丙酮
6	林丹	Lindane	000058-89-9	$C_6H_6Cl_6$	丙酮
7	五氯硝基苯	Pentachloronitrobenzene	000082-68-8	$C_6Cl_5NO_2$	丙酮
8	δ-六六六	δ-BHC	000319-86-8	$C_6H_6Cl_6$	丙酮
9	七氟菊酯	Tefluthrin	079538-32-2	$C_{17}H_{14}ClF_7O_2$	丙酮
10	七氯	Heptachlor	000076-44-8	$C_{10}H_5Cl_7$	丙酮
11	艾氏剂	Aldrin	000309-00-2	$C_{12}H_8Cl_6$	丙酮
12	异艾氏剂	Isodrin	000465-73-6	$C_{12}H_8Cl_6$	丙酮
13	环氧七氯	Heptachlore epoxide	001024-57-3	$C_{10}H_5Cl_7O$	丙酮
14	反丙烯除虫菊酯	Bioallethrin	000584-79-2	$C_{19}H_{26}O_3$	丙酮
15	*o*,*p*'-滴滴伊	*o*,*p*'-DDE	003424-82-6	$C_{14}H_8Cl_4$	丙酮
16	α-硫丹	Endosulfan (α-isomer)	000959-98-8	$C_9H_6Cl_6O_3S$	丙酮
17	狄氏剂	Dieldran	000060-57-1	$C_{12}H_8Cl_6O$	丙酮
18	*p*,*p*'-滴滴伊	*p*,*p*'-DDE	000072-55-9	$C_{14}H_8Cl_4$	丙酮
19	*o*,*p*'-滴滴滴	*o*,*p*'-DDD	000053-19-0	$C_{14}H_{10}Cl_4$	丙酮
20	苯氧菊酯	Kresoxim methyl	143390-89-0	$C_{18}H_{19}NO_4$	丙酮
21	β-硫丹	Endosulfan (β-isomer)	033213-65-9	$C_9H_6Cl_6O_3S$	丙酮
22	*p*,*p*'-滴滴滴	*p*,*p*'-DDD	000072-54-8	$C_{14}H_{10}Cl_4$	丙酮
23	顺式-灭虫菊酯	Resmethrin	010453-86-8	$C_{12}H_{26}O_3$	丙酮
24	反式-灭虫菊酯	Bioresmethrin	028434-01-7	$C_{12}H_{26}O_3$	丙酮
25	异狄氏剂(酮)	Endrin ketone	053494-70-5	$C_{12}H_8Cl_6O$	丙酮
26	胺菊酯	Tetramethirn	007696-12-0	$C_{19}H_{25}NO_4$	丙酮
27	联苯菊酯	Bifenthrin	082657-04-3	$C_{23}H_{22}ClF_3O_2$	丙酮
28	甲氰菊酯	Fenpropathion	064257-84-7	$C_{22}H_{23}NO_3$	丙酮
29	苯醚菊酯	Phenothrin	026002-80-2	$C_{23}H_{26}O_3$	丙酮
30	灭蚁灵	Mirex	002385-85-5	$C_{10}Cl_{12}$	丙酮

表 A.1（续）

序号	中文名称	英文名称	CAS 号	化学分子式	溶剂
31	氯氟氰菊酯	Cyhalothrin(lambda)	068085-85-8	$C_{23}H_{19}ClF_3NO_3$	正己烷
32	氟丙菊酯	Acrinathrin	103833-18-7	$C_{26}H_{21}F_6NO_5$	正己烷
33	氯菊酯	Permethrin	052645-53-1	$C_{21}H_{20}Cl_2O_3$	丙酮
34	氟氯氰菊酯	Cyfluthrin	068359-37-5	$C_{22}H_{18}Cl_2FNO_3$	丙酮
35	氯氰菊酯	Cypermethin	052315-07-8	$C_{22}H_{19}Cl_2NO_3$	正己烷
36	氟氯戊菊酯	Flucythrinate	070124-77-5	$C_{26}H_{23}F_2NO_4$	正己烷
37	氰戊菊酯	Fenvalerate	051630-58-1	$C_{25}H_{22}ClNO_3$	丙酮
38	氟胺氰菊酯	Fluvalinate-tau	102851-06-9	$C_{26}H_{22}ClF_3N_2O_3$	丙酮
39	四溴菊酯	Tralomethrin	066841-25-6	$C_{22}H_{19}Br_4NO_3$	丙酮
40	溴氰菊酯	Deltamethrin	052918-63-5	$C_{22}H_{19}Br_2NO_3$	丙酮

附 录 B
（资料性附录）
浓缩果汁中 40 种农药标准工作溶液中各农药的保留时间、定量离子、定性离子及其丰度比、定量限和检出限

B.1 浓缩果汁中 40 种农药标准工作溶液中各农药的保留时间、定量离子、定性离子及其丰度比见表 B.1。

表 B.1 浓缩果汁中 40 种农药标准工作溶液中各农药的保留时间、定量离子、定性离子及其丰度比

序号	中文名称	英文名称	DB-1701 保留时间/min	DB-5 MS 保留时间/min	定量离子、定性离子及其丰度比(m/z)		
1	甲体六六六	α-HCH	11.22	10.04	181[a](100)	219(96)	217(76)
2	乙体六六六	β-HCH	14.99	10.75	219[a](100)	181(96)	217(80)
3	五氯酚	Pentachlorophenol	11.60	10.81	266[a](100)	268(62)	264(62)
4	林丹	Lindane	12.46	10.90	181[a](100)	219(94)	217(70)
5	五氯硝基苯	Quintozene	11.62	11.02	237[a](100)	295(77)	249(73)
6	丁体六六六	δ-HCH	14.98	11.52	219[a](100)	181(96)	217(76)
7	百菌清	Chlorothalonil	14.72	11.63	266[a](100)	264(77)	268(49)
8	七氯	Heptachlor	13.07	12.68	272[a](100)	100(72)	237(33)
9	艾氏剂	Aldrin	13.89	13.54	263[a](100)	261(64)	293(42)
10	三氯杀螨醇	Dicofol	15.60	13.76	139[a](100)	111(30)	251(6)
11	氧氯丹	Oxychlordane	11.53	14.34	387[a](82)	115(100)	185(59)
12	o,p'-滴滴伊	o,p'-DDE	16.78	15.19	246[a](100)	318(42)	176(21)
13	硫丹 I	α-Endosulfan	13.07	15.37	241[a](100)	195(99)	265(71)
14	p,p'-滴滴伊	p,p'-DDE	17.90	15.94	246[a](100)	318(92)	176(28)
15	狄氏剂	Dieldrin	18.36	15.99	79[a](100)	263(42)	345(15)
16	异狄氏剂	Endrin	19.04	16.49	263[a](100)	243(42)	345(26)
17	乙酯杀螨醇	Chlorobenzilate	20.12	16.69	251[a](100)	253(66)	139(54)

表 B.1（续）

序号	中文名称	英文名称	DB-1701 保留时间/min	DB-5 MS 保留时间/min	定量离子、定性离子及其丰度比(m/z)		
18	硫丹Ⅱ	β-Endosulfan	20.74	16.71	195[a](100)	237(75)	339(43)
19	p,p'-滴滴滴	p,p'-DDD	19.44	16.91	235[a](100)	237(65)	165(32)
20	o,p'-滴滴涕	o,p'-DDT	20.62	16.99	235[a](100)	237(64)	165(30)
21	异狄试剂醛	Endrin aldehyde	20.53	17.12	345[a](100)	347(65)	250(59)
22	硫丹硫酸酯	Endosulfan sulfate	21.36	17.45	272[a](100)	387(86)	422(21)
23	p,p'-滴滴涕	p,p'-DDT	21.16	17.55	235[a](100)	237(64)	165(29)
24	生物苄呋菊酯	Bioresmethrin	21.47	18.31	123[a](100)	171(64)	143(36)
25	胺菊酯	Tetramethrin	23.63 23.83	18.80 18.95	164[a](100) 164[a](100)	123(26) 165(59)	165(12) 123(28)
26	甲氧滴滴涕	Methoxychlor	22.57	18.97	181[a](100)	165(27)	166(23)
27	异狄试剂酮	Endrin ketone	23.08	18.99	317[a](100)	315(66)	281(51)
28	联苯菊酯	Bifenthrin	23.40	19.07	227[a](100)	228(17)	274(3)
29	甲氰菊酯	Fenpropathion	23.81	19.11	181[a](100)	265(56)	208(39)
30	苯醚菊酯	Phenothrin	23.19 23.37	19.43 19.55	183[a](81) 183[a](68)	123(100) 123(100)	350(6) 350(6)
31	三氯杀螨砜	Tetradifon	24.91	19.52	159[a](100)	356(72)	229(65)
32	高效氯氟氰菊酯	λ-cyhalothrin	25.29 25.66	20.19	181[a](100)	197(87)	208(59)
33	氯菊酯	Permethrin	25.63 25.93	21.07 21.24	183[a](100) 183[a](100)	163(19) 163(25)	184(15) 184(15)
34	氟氯氰菊酯	Cyfluthrin	27.44 27.67 27.72 27.84	21.85 21.98 22.12 22.17	163[a](100) 163[a](100) 163[a](100) 163[a](100)	206(39) 206(51) 206(56) 206(55)	199(30) 199(39) 226(56) 226(42)

表 B.1（续）

序号	中文名称	英文名称	DB-1701 保留时间/min	DB-5 MS 保留时间/min	定量离子、定性离子及其丰度比(m/z)		
35	氯氰菊酯	Cypermethrin	28.31 28.60	22.59 22.66	163[a](100) 163[a](100)	165(65) 165(65)	209(35) 209(25)
36	醚菊酯	Etofenprox	27.13	22.79	163[a](100)	135(11)	107(6)
37	氰戊菊酯	Fenvalerate	28.80	23.91	167[a](100)	125(83)	225(56)
38	S-氰戊菊酯	Esfenvalerate	29.11	24.30	167[a](100)	125(82)	225(55)
39	氟胺氰菊酯	Taufluvalinate	28.01	24.31 24.44	250[a](100) 250[a](100)	181(62) 281(18)	281(17) 181(16)
40	溴氰菊酯	Deltamethrin	30.49	25.48	253[a](100)	181(82)	209(34)

注：括号内的数值为离子的相对丰度。

[a] 为定量离子。

B.2 浓缩果汁中 40 种农药的定量限和检出限见表 B.2。

表 B.2　浓缩果汁中 40 种农药的定量限和检出限

序号	中文名称	英文名称	定量限/(mg/kg)	检出限/(mg/kg)
1	甲体六六六	α-HCH	0.01	0.005
2	乙体六六六	β-HCH	0.01	0.005
3	五氯酚	Pentachlorophenol	0.01	0.005
4	林丹	Lindane	0.01	0.005
5	五氯硝基苯	Quintozene	0.025	0.012 5
6	丁体六六六	δ-HCH	0.01	0.005
7	百菌清	Chlorothalonil	0.01	0.005
8	七氯	Heptachlor	0.01	0.005
9	艾氏剂	Aldrin	0.01	0.005

表 B.2（续）

序号	中文名称	英文名称	定量限/(mg/kg)	检出限/(mg/kg)
10	三氯杀螨醇	Dicofol	0.01	0.005
11	氧氯丹	Oxychlordane	0.01	0.005
12	*o*,*p*'-滴滴伊	*o*,*p*'-DDE	0.01	0.005
13	硫丹Ⅰ	α-Endosulfan	0.01	0.005
14	*p*,*p*'-滴滴伊	*p*,*p*'-DDE	0.01	0.005
15	狄氏剂	Dieldrin	0.01	0.005
16	异狄氏剂	Endrin	0.01	0.005
17	乙酯杀螨醇	Chlorobenzilate	0.01	0.005
18	硫丹Ⅱ	β-Endosulfan	0.01	0.005
19	*p*,*p*'-滴滴滴	*p*,*p*'-DDD	0.01	0.005
20	*o*,*p*'-滴滴涕	*o*,*p*'-DDT	0.01	0.005
21	异狄试剂醛	Endrin aldehyde	0.025	0.012 5
22	硫丹硫酸酯	Endosulfan sulfate	0.025	0.012 5
23	*p*,*p*'-滴滴涕	*p*,*p*'-DDT	0.01	0.005
24	生物苄呋菊酯	Bioresmethrin	0.01	0.005
25	胺菊酯	Tetramethrin	0.01	0.005
26	甲氧滴滴涕	Methoxychlor	0.01	0.005
27	异狄试剂酮	Endrin ketone	0.025	0.012 5
28	联苯菊酯	Bifenthrin	0.01	0.005
29	甲氰菊酯	Fenpropathion	0.025	0.012 5
30	苯醚菊酯	Phenothrin	0.01	0.005
31	三氯杀螨砜	Tetradifon	0.01	0.005
32	高效氯氟氰菊酯	λ-cyhalothrin	0.025	0.012 5

表 B.2（续）

序号	中文名称	英文名称	定量限/(mg/kg)	检出限/(mg/kg)
33	氯菊酯	Permethrin	0.025	0.012 5
34	氟氯氰菊酯	Cyfluthrin	0.01	0.005
35	氯氰菊酯	Cypermethrin	0.025	0.012 5
36	醚菊酯	Etofenprox	0.01	0.005
37	氰戊菊酯	Fenvalerate	0.025	0.012 5
38	S-氰戊菊酯	Esfenvalerate	0.025	0.012 5
39	氟胺氰菊酯	Taufluvalinate	0.025	0.012 5
40	溴氰菊酯	Deltamethrin	0.025	0.012 5

附 录 C

（资料性附录）

果蔬中 40 种农药的保留时间、定量和定性选择离子、线性范围、回收率范围、精密度范围及定量限

果蔬中 40 种农药的保留时间、定量和定性选择离子、线性范围、回收率范围、精密度范围及定量限见表 C.1。

表 C.1　果蔬中 40 种农药的保留时间、定量和定性选择离子、线性范围、回收率范围、精密度范围及定量限(LOQ)

序号	农药名称	出峰顺序	保留时间/min	特征碎片离子			线性范围/(μg/mL)	线性相关系数	回收率范围/%	精密度范围/%	定量限/(μg/g)
				定量	定性	丰度比					
1	四氯硝基苯	1	15.24	261	203、215、231	78：100：84：21	0.125～6.25	0.996 6	70.0～111.0	5.10～19.08	0.01
2	氟乐灵	2	16.15	306	264、335	100：74：9	0.125～6.25	0.999 5	72.3～109.1	4.55～18.85	0.05
3	α-六六六	3	16.54	219	183、221、254	100：99：48：5	0.125～6.25	0.998 7	73.1～115.5	7.52～19.78	0.01
4	六氯苯	4	16.76	284	286、282、249	100：78：53：27	0.125～6.25	0.996 9	71.4～109.2	5.36～19.34	0.01
5	β-六六六	5	17.34	219	181、183、217	75：99：100：55	0.125～6.25	0.999 0	70.7～110.4	7.46～18.82	0.01
6	林丹	6	17.52	183	219、254、221	100：48：15：48	0.125～6.25	0.999 1	70.5～113.5	6.29～20.65	0.05
7	五氯硝基苯	7	17.69	295	237、249、265	90：100：88：39	0.125～6.25	0.998 7	71.4～112.8	7.09～19.08	0.02
8	δ-六六六	8	18.31	219	217、181、254	98：78：100：10	0.125～6.25	0.997 9	70.6～108.7	6.37～17.50	0.01
9	七氟菊酯	9	18.57	177	197、161、199	100：27：4：9	0.125～6.25	0.995 9	70.0～110.4	6.41～17.30	0.05
10	七氯	10	19.98	272	237、337、372	100：39：29：12	0.125～6.25	0.998 5	74.6～112.4	5.86～18.87	0.01
11	艾氏剂	11	21.30	263	265、293、329	100：67：39：9	0.125～6.25	0.998 3	70.5～111.7	6.73～19.84	0.02
12	异艾氏剂	12	23.25	329	255、220	89：89：100	0.125～6.25	0.999 0	73.1～108.9	7.32～18.68	0.02
13	环氧七氯	13	23.95	353	317、388、263	100：8：9：15	0.125～6.25	0.999 1	71.6～114.9	6.16～18.93	0.02
14	反丙烯除虫菊酯	14	24.29	123	136、107、124	100：24：23：11	0.125～6.25	0.997 2	70.5～110.1	5.39～16.85	0.02
15	o,p'-滴滴伊	15	24.42	246	318、176、248	100：38：23：66	0.125～6.25	0.997 5	72.3～112.2	5.30～19.43	0.02
16	α-硫丹	16	24.60	241	265、339、323	100：69：50：41	0.125～6.25	0.997 0	75.0～114.7	6.71～20.05	0.05
17	狄氏剂	17	25.82	263	277、380、345	100：79：38：37	0.125～6.25	0.999 3	70.9～109.9	7.93～19.07	0.02

表 C.1（续）

序号	农药名称	出峰顺序	保留时间/min	特征碎片离子			线性范围/(μg/mL)	线性相关系数	回收率范围/%	精密度范围/%	定量限/(μg/g)
				定量	定性	丰度比					
18	p,p'-滴滴伊	18	25.94	318	316、246、248	86∶67∶100∶66	0.125～6.25	0.998 9	71.5～113.3	5.51～18.97	0.02
19	o,p'-滴滴滴	19	26.32	235	237、199、165	100∶65∶12∶38	0.125～6.25	0.998 9	70.1～117.8	5.86～19.70	0.02
20	苯氧菊酯	20	26.90	116	206、131	100∶70∶56	0.125～6.25	0.997 1	73.6～111.7	4.48～17.09	0.05
21	β-硫丹	21	27.31	241	265、339、323	100∶6∶55∶16	0.125～6.25	0.998 5	68.3～109.2	4.36～18.94	0.05
22	p,p'-滴滴滴	22	27.99	235	237、199、165	100∶65∶12∶38	0.125～6.25	0.996 7	78.1～119.6	7.48～19.53	0.02
23	顺式-灭虫菊酯	23	31.30	171	143、338	100∶65∶10	0.125～6.25	0.994 4	70.1～116.5	7.54～17.14	0.05
24	反式-灭虫菊酯	24	31.60	171	143、338	100∶65∶10	0.125～6.25	0.997 8	73.6～111.4	5.65～17.76	0.05
25	异狄氏剂(酮)	25	32.25	317	345、281、309	100∶24∶34∶9	0.125～6.25	0.998 7	70.4～106.7	6.07～18.61	0.02
26	胺菊酯Ⅰ	26	32.65	164	135、165	100∶5∶100	0.125～6.25	0.995 5	78.5～122.4	7.11～17.44	0.05
	胺菊酯Ⅱ	27	33.09	164	135、165	100∶4∶11					
27	联苯菊酯	28	33.17	181	165、166、182	100∶26∶27∶16	0.365～18.75	0.997 6	71.5～109.8	5.23～22.78	0.05
28	甲氰菊酯	29	33.42	265	181、349、334	41∶100∶11∶4	0.125～6.25	0.999 1	73.5～113.9	7.52～17.52	0.05
29	苯醚菊酯Ⅰ	30	34.21	123	183、350、168	100∶83∶7∶9	0.125～6.25	0.998 3	78.4～124.0	4.90～16.82	0.05
	苯醚菊酯Ⅱ	31	34.55	123	183、350、168	100∶69∶6∶7					
30	灭蚁灵	32	35.02	272	237、274	100∶50∶80	0.125～6.25	0.999 2	71.7～108.9	6.35～17.96	0.05
31	氯氟氰菊酯	33	36.29	181	197、141	100∶80∶22	0.125～6.25	0.998 1	80.1～116.6	5.58～21.54	0.02
32	氟丙菊酯	34	37.10	181	289、247、208	100∶39∶14∶63	0.125～6.25	0.997 6	71.1～111.1	5.33～11.74	0.05
33	氯菊酯Ⅰ	35	38.20	183	184、255、165	100∶15∶2∶20	0.125～6.25	0.997 7	75.3～119.4	6.06～17.07	0.02
	氯菊酯Ⅱ	36	38.62	183	184、255、165	100∶15∶2∶17					
34	氟氯氰菊酯Ⅰ	37	40.16	199	225、181、157	100∶6∶4∶4	0.125～6.25	0.996 0	77.7～119.4	7.49～21.22	0.10
	氟氯氰菊酯Ⅱ	38	40.48	199	225、181、157	100∶6∶3∶4					
	氟氯氰菊酯Ⅲ	39	40.69	199	225、181、157	100∶5∶3∶4					
	氟氯氰菊酯Ⅳ	40	40.84	199	225、181、157	100∶6∶4∶5					

表 C.1（续）

序号	农药名称	出峰顺序	保留时间/min	特征碎片离子			线性范围/（μg/mL）	线性相关系数	回收率范围/%	精密度范围/%	定量限/（μg/g）
				定量	定性	丰度比					
35	氯氰菊酯Ⅰ	41	41.05	181	152、180	100∶16∶19	0.125～6.25	0.998 0	73.1～115.5	7.63～20.43	0.10
	氯氰菊酯Ⅱ	42	41.39	181	152、180	100∶16∶19					
	氯氰菊酯Ⅲ	43	41.60	181	152、180	100∶17∶20					
	氯氰菊酯Ⅳ	44	41.80	181	152、180	100∶17∶19					
36	氟氯戊菊酯Ⅰ	45	41.83	199	157、225	100∶62∶19	0.125～6.25	0.996 6	68.0～115.2	6.11～16.46	0.05
	氟氯戊菊酯Ⅱ	46	42.44	199	157、225	100∶65∶20					
37	氰戊菊酯Ⅰ	47	43.77	167	225、152、209	100∶49∶54∶18	0.125～6.25	0.995 9	72.4～117.4	7.76～17.81	0.02
	氰戊菊酯Ⅱ	48	44.43	167	225、152、209	100∶51∶48∶28					
38	氟胺氰菊酯Ⅰ	49	44.59	250	252、181、502	100∶34∶20∶10	0.125～6.25	0.997 7	71.2～115.2	6.61～20.46	0.05
	氟胺氰菊酯Ⅱ	50	44.83	250	252、181、502	100∶33∶20∶10					
39	四溴菊酯	51	46.08	181	172、174、152	100∶28∶26∶15	0.125～6.25	0.998 2	73.5～109.2	5.30～20.01	0.05
40	溴氰菊酯	52	46.1	181	172、174、209	100∶33∶32∶86	0.125～6.25	0.999 1	69.8～106.5	4.04～15.56	0.05

附　录　D
（资料性附录）
果蔬中40种农药残留量测定的选择监测离子时间设定参数表

果蔬中40种农药残留量测定的选择监测离子时间设定参数见表D.1。

表D.1　果蔬中40种农药残留量测定的选择监测离子时间设定参数表

序号	时间/min	选择离子	驻留时间/ms
1	10.00	261、306、219、284、295、177	100
2	19.00	272、263、353、373、123、246、241	40
3	25.20	263、318、235、116、241、235	100
4	29.00	171、317、164、181、349、123、281	80
5	35.00	181、183	300
6	39.00	199、181	300
7	43.00	167、250、181、209	150

附　录　E
（资料性附录）
果蔬中 40 种农药标准物气相色谱-质谱选择离子色谱图

果蔬中 40 种农药标准物气相色谱-质谱选择离子色谱图见图 E.1。

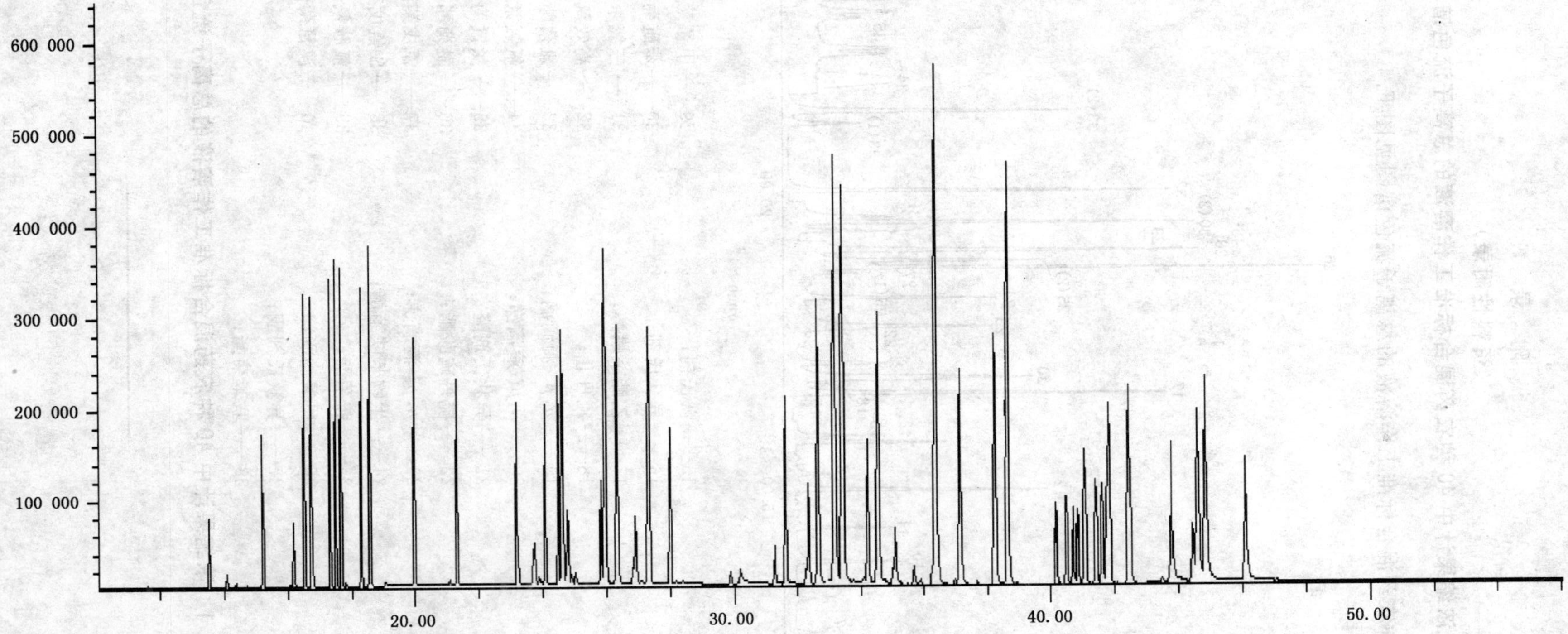

图 E.1　果蔬中 40 种农药标准物气相色谱-质谱选择离子色谱图

附 录 F
（资料性附录）
浓缩果汁中40种农药混合标准工作溶液的总离子流色谱图

浓缩果汁中40种农药混合标准工作溶液的总离子流色谱图见图F.1。

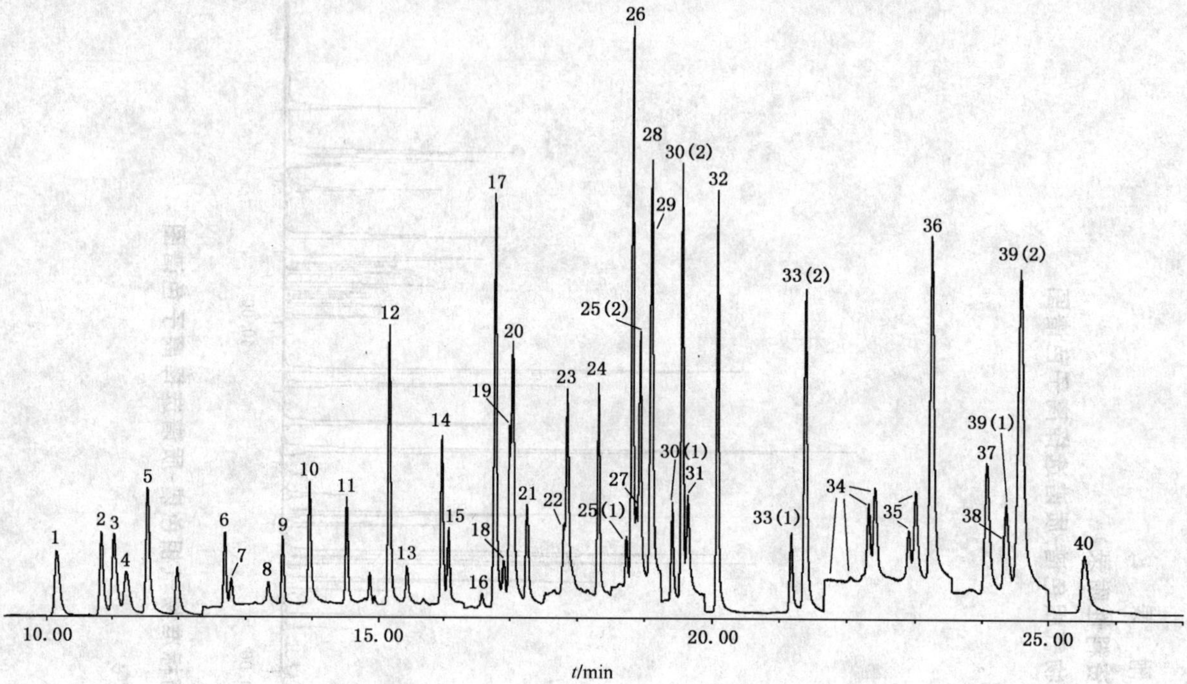

1——甲体六六六；
2——乙体六六六；
3——五氯酚；
4——林丹；
5——五氯硝基苯；
6——丁体六六六；
7——百菌清；
8——七氯；
9——艾氏剂；
10——三氯杀螨醇；
11——氧氯丹；
12——*o*,*p*'-滴滴伊；
13——硫丹Ⅰ；
14——*p*,*p*'-滴滴伊；
15——狄氏剂；
16——异狄氏剂；
17——乙酯杀螨醇；
18——硫丹Ⅱ；
19——*p*,*p*'-滴滴滴；
20——*o*,*p*'-滴滴涕；
21——异狄氏剂醛；
22——硫丹硫酸酯；
23——*p*,*p*'-滴滴涕；
24——生物苄呋菊酯；
25——胺菊酯；
26——甲氧滴滴涕；
27——异狄氏剂酮；
28——联苯菊酯；
29——甲氰菊酯；
30——苯醚菊酯；
31——三氯杀螨砜；
32——高效氯氟氰菊酯；
33——氯菊酯；
34——氟氯氰菊酯；
35——氯氰菊酯；
36——醚菊酯；
37——氰戊菊酯；
38——S-氰戊菊酯；
39——氟胺氰菊酯；
40——溴氰菊酯。

图F.1 浓缩果汁中40种农药混合标准工作溶液的总离子流色谱图

ICS 67.040
C 53

中华人民共和国国家标准

GB/T 5009.162—2008
代替 GB/T 5009.162—2003

动物性食品中有机氯农药和拟除虫菊酯农药多组分残留量的测定

Determination of organochlorine pesticide and pyrethroid pesticide multiresidues in animal original foods

2008-12-03 发布　　　　2009-03-01 实施

中华人民共和国卫生部
中国国家标准化管理委员会　发布

前言

本标准代替GB/T 5009.162—2003《动物性食品中有机氯农药和拟除虫菊酯农药多组分残留量的测定》。

本标准与GB/T 5009.162—2003相比主要修改如下：

——将GB/T 5009.162—2003方法作为本标准的第二法。

——增加以稳定性同位素六氯苯和灭蚁灵为内标的气相色谱-质谱法(GC-MS)作为阳性样品的确证方法(第一法)，且增加六氯苯，灭蚁灵，氯丹的异构体顺氯丹、反氯丹及其代谢产物氧氯丹，硫丹的异构体α-硫丹、β-硫丹和硫丹硫酸盐，异狄氏剂及其裂解产物异狄氏剂醛和光解产物异狄氏剂酮，五氯硝基苯及其代谢产物五氯苯基硫醚和五氯苯胺，丙烯菊酯，杀螨蟥及甲氰菊酯组分的检测。

——提供全自动凝胶渗透色谱系统进行净化的方法，供选择使用。

本标准的附录A、附录B、附录C为资料性附录。

本标准由中华人民共和国卫生部提出并归口。

本标准由中华人民共和国卫生部负责解释。

本标准负责起草单位：中国疾病预防控制中心营养与食品安全所。

本标准主要起草人：第一法，吴永宁、王绪卿、赵云峰、陈惠京、杨欣、杨大进；第二法，王绪卿、陈惠京、林媛真。

本标准所代替标准的历次版本发布情况为：

——GB/T 5009.162—2003。

动物性食品中有机氯农药和拟除虫菊酯农药多组分残留量的测定

1 范围

本标准第一法规定了动物性食品中六六六、滴滴涕、六氯苯、七氯、环氧七氯、氯丹、艾氏剂、狄氏剂、异狄氏剂、灭蚁灵、五氯硝基苯、硫丹、除螨酯、丙烯菊酯、杀螨蟥、杀螨酯、胺菊酯、甲氰菊酯、氯菊酯、氯氰菊酯、氰戊菊酯、溴氰菊酯的气相色谱-质谱(GC-MS)测定方法。

本标准第二法规定了动物性食品中六六六、滴滴涕、五氯硝基苯、七氯、环氧七氯、艾氏剂、狄氏剂、除螨酯、杀螨酯、胺菊酯、氯菊酯、氯氰菊酯、α-氰戊菊酯、溴氰菊酯的气相色谱-电子捕获器(GC-ECD)测定方法。

本标准第一法适用于肉类、蛋类、乳类食品及油脂(含植物油)中α-六六六、六氯苯、β-六六六、γ-六六六、五氯硝基苯、δ-六六六、五氯苯胺、七氯、五氯苯基硫醚、艾氏剂、氧氯丹、环氧七氯、反氯丹、α-硫丹、顺氯丹、p,p′-滴滴伊、狄氏剂、异狄氏剂、β-硫丹、p,p′-滴滴滴、o,p′-滴滴涕、异狄氏剂醛、硫丹硫酸盐、p,p′-滴滴涕、异狄氏剂酮、灭蚁灵、除螨酯、丙烯菊酯、杀螨蟥、杀螨酯、胺菊酯、甲氰菊酯、氯菊酯、氯氰菊酯、氰戊菊酯、溴氰菊酯的确证分析。

本标准第二法适用于肉类、蛋类及乳类动物性食品中α-六六六、β-六六六、γ-六六六、δ-六六六、五氯硝基苯、七氯、环氧七氯、艾氏剂、狄氏剂、除螨酯、杀螨酯、p,p′-滴滴伊、p,p′-滴滴滴、o,p′-滴滴涕、p,p′-滴滴涕、胺菊酯、氯菊酯、氯氰菊酯、α-氰戊菊酯、溴氰菊酯等20种常用有机氯农药和拟除虫菊酯农药残留量分析。

本标准第一法的各种农药检出限(μg/kg)为:α-六六六 0.20;六氯苯 0.20;β-六六六 0.20;γ-六六六 0.20;五氯硝基苯 0.50;δ-六六六 0.20;五氯苯胺 0.50;七氯 0.50;五氯苯基硫醚 0.50;艾氏剂0.50;氧氯丹 0.20;环氧七氯 0.50;反氯丹 0.20;α-硫丹 0.50;顺氯丹 0.20;p,p′-滴滴伊 0.20;狄氏剂 0.20;异狄氏剂 0.50;β-硫丹 0.50;p,p′-滴滴滴 0.20;o,p′-滴滴涕 0.20;异狄氏剂醛 0.50;硫丹硫酸盐 0.50;p,p′-滴滴涕 0.20;异狄氏剂酮 0.50;灭蚁灵 0.20;除螨酯 0.50;丙烯菊酯 0.50;杀螨蟥 0.50;杀螨酯 0.50; 胺菊酯 1.00;甲氰菊酯 1.00;氯菊酯 1.00;氯氰菊酯 2.00;氰戊菊酯 2.00;溴氰菊酯 2.00。

本标准第二法的各种农药检出限(μg/kg)为:α-六六六 0.25;β-六六六 0.50;γ-六六六 0.25;δ-六六六 0.25;五氯硝基苯 0.25;七氯 0.50;环氧七氯 0.50;艾氏剂 0.25;狄氏剂 0.50;除螨酯 1.25;杀螨酯 1.25; p,p′-滴滴涕 0.50;o,p′-滴滴涕 0.50;p,p′-滴滴伊 0.60;p,p′-滴滴滴 0.75;胺菊酯 12.50;氯菊酯 7.50;氯氰菊酯 2.00;α-氰戊菊酯 2.50;溴氰菊酯 2.50。

第一法 气相色谱-质谱法

2 原理

在均匀的试样溶液中定量加入^{13}C-六氯苯和^{13}C-灭蚁灵稳定性同位素内标,经有机溶剂振荡提取、凝胶色谱层析净化,采用选择离子监测的气相色谱-质谱法(GC-MS)测定,以内标法定量。

3 试剂

3.1 丙酮(CH_3COCH_3):分析纯,重蒸。

3.2 石油醚:沸程 30 ℃～60 ℃,分析纯,重蒸。

3.3 乙酸乙酯($CH_3COOC_2H_5$):分析纯,重蒸。

3.4 环己烷(C_6H_{12}):分析纯,重蒸。

3.5 正己烷(n-C_6H_{14}):分析纯,重蒸。

3.6 氯化钠(NaCl):分析纯。

3.7 无水硫酸钠(Na_2SO_4):分析纯,将无水硫酸钠置于干燥箱中,于 120 ℃干燥 4 h,冷却后,密闭保存。

3.8 凝胶:Bio-Beads S-X3 200 目～400 目。

3.9 农药标准品:见表 1。

表 1 农药标准品

序号	农药组分	英文名称	农药纯度
有机氯农药			
1	α-六六六	α- benzenehexachloride (α- HCH)	>99%
2	六氯苯	Hexachlorobenzene(HCB)	> 99%
3	β-六六六	β-benzenehexachloride(β-HCH)	>99%
4	γ-六六六	γ-benzenehexachloride(γ-HCH)	>99%
5	五氯硝基苯	Pentachloronitrobenzene(PCNB)	>99%
6	δ-六六六	δ-benzenehexachloride(δ-HCH)	>99%
7	五氯苯胺	Pentachloraniline(PCA)	>99%
8	七氯	Heptachlor(HEPT)	>99%
9	五氯苯基硫醚	Pentachlorophenyl sulfide (PCPs)	>99%
10	艾氏剂	Aldrin(ALD)	>99%
11	氧氯丹	Oxychlordane	>99%
12	环氧七氯	Heptachlor epoxide(HCE)	>99%
13	反氯丹	*trans*-chlordane	>99%
14	α-硫丹	α-endosulfan	>99%
15	顺氯丹	*cis*-chlordane	>99%
16	*p*,*p*′-滴滴伊	*p*,*p*′-DDE	>99%
17	狄氏剂	Dieldrin(DIE)	>99%
18	异狄氏剂	Endrin	>99%
19	β-硫丹	β-endosulfan	>99%
20	*p*,*p*′-滴滴滴	*p*,*p*′-DDD	>99%
21	*o*,*p*′-滴滴涕	*o*,*p*′-DDT	>99%
22	异狄氏剂醛	Endrin aldehyde	>99%
23	硫丹硫酸盐	Endosulfan sulfate	>99%
24	*p*,*p*′-滴滴涕	*p*,*p*′-DDT	>99%
25	异狄氏剂酮	Endrin ketone	>99%
26	灭蚁灵	Mirex	>99%

表 1（续）

序号	农药组分	英文名称	农药纯度
拟除虫菊酯			
27	除螨酯	Fenson	>99%
28	丙烯菊酯	Allethrin	>99%
29	杀螨蟥	2,4-dichlorophenyl benzensulfonate	>99%
30	杀螨酯	Ovex	>99%
31	胺菊酯	Tetramethrin	>99%
32	甲氰菊酯	Fenpropathrin	>99%
33	氯菊酯	Permethrin	>99%
34	氯氰菊酯	Cypermethrin	>99%
35	氰戊菊酯	Fenralerate	>99%
36	溴氰菊酯	Deltamenthrin	>99%
同位素内标			
37	$^{13}C_6$-六氯苯	$^{13}C_6$-hexachlorobenzene($^{13}C_6$-HCB)	>99%
38	$^{13}C_{10}$-灭蚁灵	$^{13}C_{10}$-mirex ($^{13}C_{13}$-mirex)	>99%

3.10 标准溶液：分别准确称取上述农药标准品适量，用少量苯溶解，再用正己烷稀释成一定浓度的标准储备溶液。量取适量标准储备溶液，用正己烷稀释为系列混合标准溶液。

3.11 内标溶液：将浓度为 1 000 mg/L、体积为 1 mL 的 $^{13}C_6$-六氯苯和 $^{13}C_{10}$-灭蚁灵稳定性同位素内标溶液转移至容量瓶中，分别用正己烷定容至 10.00 mL，配制成 100 mg/L 的标准储备液，−20 ℃冰箱保存。取此标准储备液 0.6 mL，分别用正己烷定容至 10.00 mL，配制成 6.0 mg/L 的标准工作液。

4 仪器

4.1 气相色谱-质谱联用仪(GC-MS)。

4.2 凝胶净化柱：长 30 cm，内径 2.3 cm～2.5 cm 具活塞玻璃层析柱，柱底垫少许玻璃棉。用洗脱剂乙酸乙酯-环己烷(1+1)浸泡的凝胶，以湿法装入柱中，柱高约 26 cm，使凝胶始终保持在洗脱剂中。

4.3 全自动凝胶色谱系统，带有固定波长(254 nm)紫外检测器，供选择使用。

4.4 旋转蒸发仪。

4.5 组织匀浆器。

4.6 振荡器。

4.7 氮气浓缩器。

5 分析步骤

5.1 试样制备

蛋品去壳，制成匀浆；肉品去筋后，切成小块，制成肉糜；乳品混匀待用。

5.2 提取与分配

5.2.1 蛋类：称取试样 20 g(精确到 0.01 g)，置于 200 mL 具塞三角瓶中，加水 5 mL(视试样水分含量加水，使总含水量约 20 g。通常鲜蛋水分含量约 75%，加水 5 mL 即可)，加入 $^{13}C_6$-六氯苯(6 mg/ L)和

$^{13}C_{10}$-灭蚁灵（6 mg/ L）各 5 μL，加入 40 mL 丙酮，振摇 30 min 后，加入氯化钠 6 g，充分摇匀，再加入 30 mL 石油醚，振摇 30 min。静置分层后，将有机相全部转移至 100 mL 具塞三角瓶中经无水硫酸钠干燥，并量取 35 mL 于旋转蒸发瓶中，浓缩至约 1 mL，加 2 mL 乙酸乙酯-环己烷（1+1）溶液再浓缩，如此重复 3 次，浓缩至约 1 mL，供凝胶色谱层析净化使用，或将浓缩液转移至全自动凝胶渗透色谱系统配套的进样试管中，用乙酸乙酯-环己烷（1+1）溶液洗涤旋转蒸发瓶数次，将洗涤液合并至试管中，定容至 10 mL。

5.2.2 肉类：称取试样 20 g（精确到 0.01 g），加水 6 mL（视试样水分含量加水，使总含水量约为 20 g。通常鲜肉水分含量约 70%，加水 6 mL 即可），加入 $^{13}C_{6}$-六氯苯（6 mg/ L）和 $^{13}C_{10}$-灭蚁灵（6 mg/ L）各 5 μL，再加入 40 mL 丙酮，振摇 30 min。其余操作与 5.2.1 从“加入氯化钠 6 g”开始的蛋类操作相同，按照执行。

5.2.3 乳类：称取试样 20 g（精确到 0.01 g。鲜乳不需加水，直接加丙酮提取），加入 $^{13}C_{6}$-六氯苯（6 mg/ L）和 $^{13}C_{10}$-灭蚁灵（6 mg/ L）各 5 μL，再加入 40 mL 丙酮，振摇 30 min。其余操作与 5.2.1 从“加入氯化钠 6 g”开始的蛋类操作相同，按照执行。

5.2.4 油脂：称取 1 g（精确到 0.01 g），加 $^{13}C_{6}$-六氯苯（6 mg/ L）和 $^{13}C_{10}$-灭蚁灵（6 mg/ L）各 5 μL，加入 30 mL 石油醚振摇 30 min 后，将有机相全部转移至旋转蒸发瓶中，浓缩至约 1 mL，加入 2 mL 乙酸乙酯-环己烷（1+1）溶液再浓缩，如此重复 3 次，浓缩至约 1 mL，供凝胶色谱层析净化使用，或将浓缩液转移至全自动凝胶渗透色谱系统配套的进样试管中，用乙酸乙酯-环己烷（1+1）溶液洗涤旋转蒸发瓶数次，将洗涤液合并至试管中，定容至 10 mL。

5.3 净化

选择手动或全自动净化方法的任何一种进行。

5.3.1 手动凝胶色谱柱净化：将试样浓缩液经凝胶柱以乙酸乙酯-环己烷（1+1）溶液洗脱，弃去 0 mL～35 mL 流分，收集 35 mL～70 mL 流分。将其旋转蒸发浓缩至约 1 mL，再重复上述步骤，收集 35 mL～70 mL 流分，蒸发浓缩，用氮气吹除溶剂，再用正己烷定容至 1 mL，留待 GC-MS 分析。

5.3.2 全自动凝胶渗透色谱系统（GPC）净化：试样由 5 mL 试样环注入 GPC 柱，泵流速 5.0 mL/min，用乙酸乙酯-环己烷（1+1）溶液洗脱，时间程序为：弃去 0 min～7.5 min 流分，收集 7.5 min～15 min 流分，15 min～20 min 冲洗 GPC 柱。将收集的流分旋转蒸发浓缩至约 1 mL，用氮气吹至近干，以正己烷定容至 1 mL，留待 GC-MS 分析。

5.4 测定

5.4.1 气相色谱参考条件

5.4.1.1 色谱柱：CP-sil 8 毛细管柱或等效柱，柱长 30 m，膜厚 0.25 μm，内径 0.25 mm。

5.4.1.2 进样口温度：230 ℃。

5.4.1.3 柱温程序：初始温度 50 ℃，保持 1 min，以 30 ℃/min 升至 150 ℃，再以 5 ℃/min 升至185 ℃，然后以 10 ℃/min 升至 280 ℃，保持 10 min。

5.4.1.4 进样方式：不分流进样，不分流阀关闭时间 1 min。

5.4.1.5 进样量：1 μL。

5.4.1.6 载气：使用高纯氦气（纯度＞99.999%），柱前压为 41.4 kPa（相当于 6 psi）。

5.4.2 质谱参数

5.4.2.1 离子化方式：电子轰击源（EI），能量为 70 eV。

5.4.2.2 离子检测方式：选择离子监测（SIM），各组分选择的特征离子参见附录 A。

5.4.2.3 离子源温度：250 ℃。

5.4.2.4 接口温度：285 ℃。

5.4.2.5　分析器电压：450 V。

5.4.2.6　扫描质量范围：50 u～450 u。

5.4.2.7　溶剂延迟：9 min。

5.4.2.8　扫描速度：每秒扫描 1 次。

5.4.3　**测定**

吸取试样溶液 1 μL 进样，记录色谱图(参见附录 B)及各目标化合物和内标的峰面积，计算目标化合物与相应内标的峰面积比。

6　结果计算

试样中各农药组分的含量按式(1)进行计算：

$$X = \frac{A \times f}{m} \quad \cdots\cdots(1)$$

式中：

X——试样中各农药组分的含量，单位为微克每千克(μg/kg)；

A——试样色谱峰与内标色谱峰的峰面积比值对应的目标化合物质量，单位为纳克(ng)；

f——试样溶液的稀释因子；

m——试样的取样量，单位为克(g)。

计算结果保留三位有效数字。

7　精密度

在重复性条件下获得的两次独立测定结果的绝对差值不得超过算术平均值的 20%，方法测定不确定度参见附录 C。

第二法　气相色谱-电子捕获检测器法(GC-ECD)

8　原理

样品经提取、净化、浓缩、定容，用毛细管柱气相色谱分离，电子捕获检测器检测，以保留时间定性，外标法定量。出峰顺序：α-HCH、β-HCH、γ-HCH、五氯硝基苯、δ-HCH、七氯、艾氏剂、除螨酯、环氧七氯、杀螨酯、狄氏剂、p,p′-DDE、p,p′-DDD、o,p′-DDT、p,p′-DDT、胺菊酯、氯菊酯、氯氰菊酯、α-氰戊菊酯、溴氰菊酯。

9　试剂

9.1　丙酮：重蒸。

9.2　二氯甲烷：重蒸。

9.3　乙酸乙酯：重蒸。

9.4　环己烷：重蒸。

9.5　正己烷：重蒸。

9.6　石油醚：沸程 30 ℃～60 ℃，分析纯，重蒸。

9.7　氯化钠。

9.8　无水硫酸钠。

9.9　凝胶：Bio-Beads S-X3 200 目～400 目。

9.10　农药标准品：见表 2。

表 2　农药标准品一览表

序号	农药组分	英文名称	纯度
1	α-六六六	α-HCH	>99%
2	β-六六六	β-HCH	>99%
3	γ-六六六	γ-HCH	>99%
4	δ-六六六	δ-HCH	>99%
5	p,p′-滴滴涕	p,p′-DDT	>99%
6	o,p′-滴滴涕	o,p′-DDT	>99%
7	p,p′-滴滴伊	p,p′-DDE	>99%
8	p,p′-滴滴滴	p,p′-DDD	>99%
9	五氯硝基苯	Quintozene	>99%
10	七氯	Heptachlor	>99%
11	环氧七氯	Heptachlor epoxide	>99%
12	艾氏剂	Aldrin	>99%
13	狄氏剂	Dieldrin	>99%
14	除螨酯	Fenson	>99%
15	杀螨酯	Chlorfenson	>99%
16	胺菊酯	Phthalthrin	>99%
17	氯菊酯	Permethrin	>99%
18	氯氰菊酯	Cypermethrin	>99%
19	α-氰戊菊酯	α-fenvalerate	>99%
20	溴氰菊酯	Deltamethrin	>99%

9.11　标准溶液：分别准确称取表 2 中标准品，用少量苯溶解，再以正己烷稀释成一定浓度的储备液。根据各农药在仪器上的响应情况，以正己烷配制混合标准应用液。

10　仪器

10.1　气相色谱仪：具电子捕获检测器，毛细管色谱柱。

10.2　旋转蒸发仪。

10.3　凝胶净化柱：长 30 cm、内径 2.5 cm 具活塞玻璃层析柱，柱底垫少许玻璃棉。用洗脱剂乙酸乙酯-环己烷（1+1）浸泡的凝胶以湿法装入柱中，柱高约 26 cm，使凝胶始终保持在洗脱液中。

11　分析步骤

11.1　试样制备

蛋品去壳，制成匀浆；肉品去筋后，切成小块，制成肉糜；乳品混匀待用。

11.2　提取与分配

11.2.1　称取蛋类样品 20 g（精确至 0.01 g），于 100 mL 具塞三角瓶中，加水 5 mL（视样品水分含量加水，使总水量约 20 g。通常鲜蛋水分含量约 75%，加水 5 mL 即可），加 40 mL 丙酮，振摇 30 min，加氯化钠 6 g，充分摇匀，再加 30 mL 石油醚，振摇 30 min。取 35 mL 上清液，经无水硫酸钠滤于旋转蒸发瓶中，浓缩至约 1 mL，加 2 mL 乙酸乙酯-环己烷（1+1）溶液再浓缩，如此重复 3 次，浓缩至约 1 mL。

11.2.2　称取肉类样品 20 g（精确至 0.01 g），加水 6 mL（视样品水分含量加水，使总水量约 20 g。通常鲜肉水分含量约 70%，加水 6 mL 即可），以下按照 11.2.1 蛋类样品的提取、分配步骤处理。

11.2.3　称取乳类样品 20 g(精确至 0.01 g。鲜乳不需加水,直接加丙酮提取),以下按照 11.2.1 蛋类样品的提取、分配步骤处理。

11.3　净化

将此浓缩液经凝胶柱以乙酸乙酯-环己烷(1+1)溶液洗脱,弃去 0 mL～35 mL 流分,收集 35 mL～70 mL 流分。将其旋转蒸发浓缩至约 1 mL,再经凝胶柱净化收集 35 mL～70 mL 流分,蒸发浓缩,用氮气吹除溶剂,以石油醚定容至 1 mL,留待 GC 分析。

11.4　测定

11.4.1　气相色谱参考条件

11.4.1.1　色谱柱:涂以 O V-101 0.25 μm, 30 m×0.32 mm(内径)石英弹性毛细管柱。

11.4.1.2　柱温:程序升温

$$60\ ℃(1\ min)\xrightarrow{40\ ℃/min}170\ ℃\xrightarrow{2\ ℃/min}235\ ℃\xrightarrow{40\ ℃/min}280\ ℃(10\ min)。$$

11.4.1.3　进样口温度:270 ℃。

11.4.1.4　检测器:电子捕获检测器(ECD),300 ℃。

11.4.1.5　载气流速:氮气(N_2)1 mL/min,尾吹 50 mL/min。

11.4.2　色谱分析

分别量取 1 L 混合标准液及试样净化液注入气相色谱仪中,以保留时间定性,以试样和标准的峰高或峰面积比较定量。

11.4.3　色谱图

见图 1。

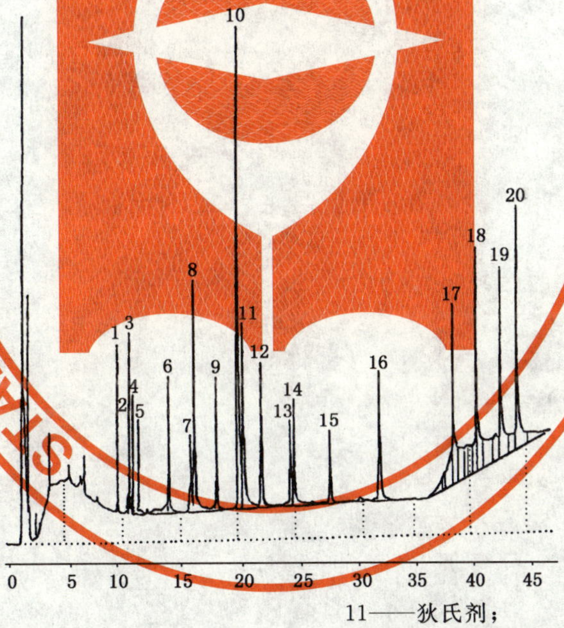

1——α-六六六;
2——β-六六六;
3——γ-六六六;
4——五氯硝基苯;
5——δ-六六六;
6——七氯;
7——艾氏剂;
8——除螨酯;
9——环氧七氯;
10——杀螨酯磺;
11——狄氏剂;
12——p,p′-滴滴伊;
13——p,p′-滴滴滴;
14——o,p′-滴滴涕;
15——p,p′-滴滴涕;
16——胺菊酯;
17——氯菊酯;
18——氯氰菊酯;
19——α-氰戊菊酯;
20——溴氰菊酯。

图 1　色谱图

12 结果计算

试样中各农药的含量按式(2)进行计算：

$$X = \frac{m_1 \times V_2 \times 1\,000}{m \times V_1 \times 1\,000} \qquad \cdots\cdots(2)$$

式中：

X——样品中各农药的含量，单位为毫克每千克(mg/kg)；

m_1——被测样液中各农药的含量，单位为纳克(ng)；

V_2——样液最后定容体积，单位为毫升(mL)；

m——试样质量，单位为克(g)；

V_1——样液进样体积，单位为微升(μL)。

计算结果保留两位有效数字。

13 精密度

在重复性条件下获得的两次独立测定结果的绝对差值不得超过算术平均值的15%。

附 录 A
（资料性附录）
第一法（GC-MS）中各目标化合物时间窗口及定量离子

第一法（GC-MS）中各目标化合物时间窗口及定量离子，见表 A.1。

表 A.1 第一法（GC-MS）中各目标化合物时间窗口及定量离子

离子通道	农药组分	时间窗口/min	定量离子（m/z）
1	α-六六六 β-六六六 γ-六六六 δ-六六六	9.0～12.9	181、183
2	六氯苯	9.0～12.9	284、282
3	$^{13}C_6$-六氯苯	9.0～12.9	290、292
4	五氯硝基苯	9.0～12.9	295、293
5	五氯苯胺	9.0～12.9	265、267
6	七氯 五氯苯基硫醚 艾氏剂	12.9～14.5	272、274 296、298 263、265
7	除螨酯	14.5～15.0	77、141
8	氧氯丹 环氧七氯	15.0～15.7	185、187 353、351
9	丙烯菊酯	15.0～15.7	136、123
10	反式氯丹 顺式氯丹	15.7～17.1	373、375
11	α-硫丹	15.7～17.1	195、197
12	杀螨蟥	15.7～17.1	141、77
13	杀螨酯 p,p'-DDE	15.7～17.1	175、111 316、318
14	狄氏剂	15.7～17.1	263、265
15	异狄氏剂 β-硫丹 异狄氏剂醛	17.1～19.0	317、315 195、193 345、347
16	p,p'-DDD o,p'-DDT p,p'-DDT	17.1～19.0	235、237
17	硫丹硫酸酯	17.1～19.0	272、274
18	异狄氏剂酮	19.0～20.1	317、319

表 A.1(续)

离子通道	农药组分	时间窗口/min	定量离子(m/z)
19	胺菊酯	19.0～20.1	164、123
20	甲氰菊酯	19.0～20.1	181、97
21	灭蚁灵	20.1～21.1	272、274
22	$^{13}C_{10}$-灭蚁灵	20.1～21.1	277、279
23	氯菊酯	21.1～22.1	183、163
24	氯氰菊酯	22.1～23.1	181、163
25	氰戊菊酯	23.1～24.8	167、125
26	溴氰菊酯	24.8～26.5	181、253

附 录 B
（资料性附录）
色 谱 图

第一法（GC-MS）测定的混合标准溶液全扫描总离子流图及选择离子扫描的质量色谱图，见图 B.1 和图 B.2。

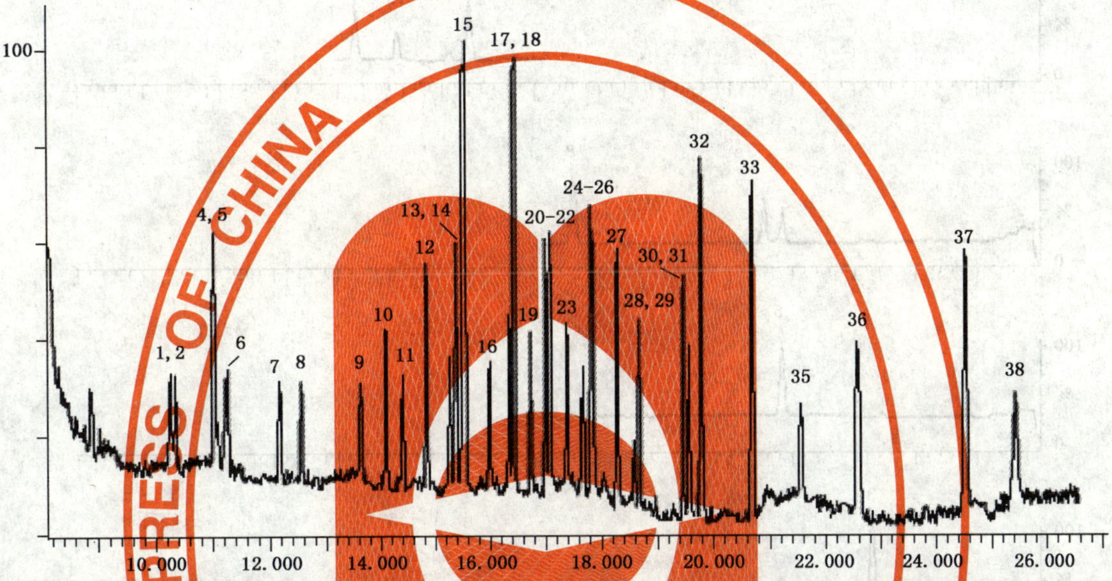

出峰顺序：α-六六六、六氯苯、$^{13}C_6$-六氯苯、β-六六六、五氯硝基苯、γ-六六六、δ-六六六、五氯苯胺、七氯、五氯苯基硫醚、艾氏剂、除螨酯、氧氯丹、环氧七氯、丙烯菊酯、反式氯丹、顺式氯丹、α-硫丹、杀螨蟥、杀螨酯、p,p'-DDE、狄氏剂、异氏试剂、β-硫丹、p,p'-DDD、o,p'-DDT、异狄氏剂醛、硫丹硫酸酯、p,p'-DDT、异狄氏剂酮、胺菊酯、甲氰菊酯、灭蚁灵、$^{13}C_{10}$-灭蚁灵、氯菊酯、氯氰菊酯、氰戊菊酯、溴氰菊酯。

图 B.1 第一法（GC-MS）测定的混合标准溶液全扫描总离子流图

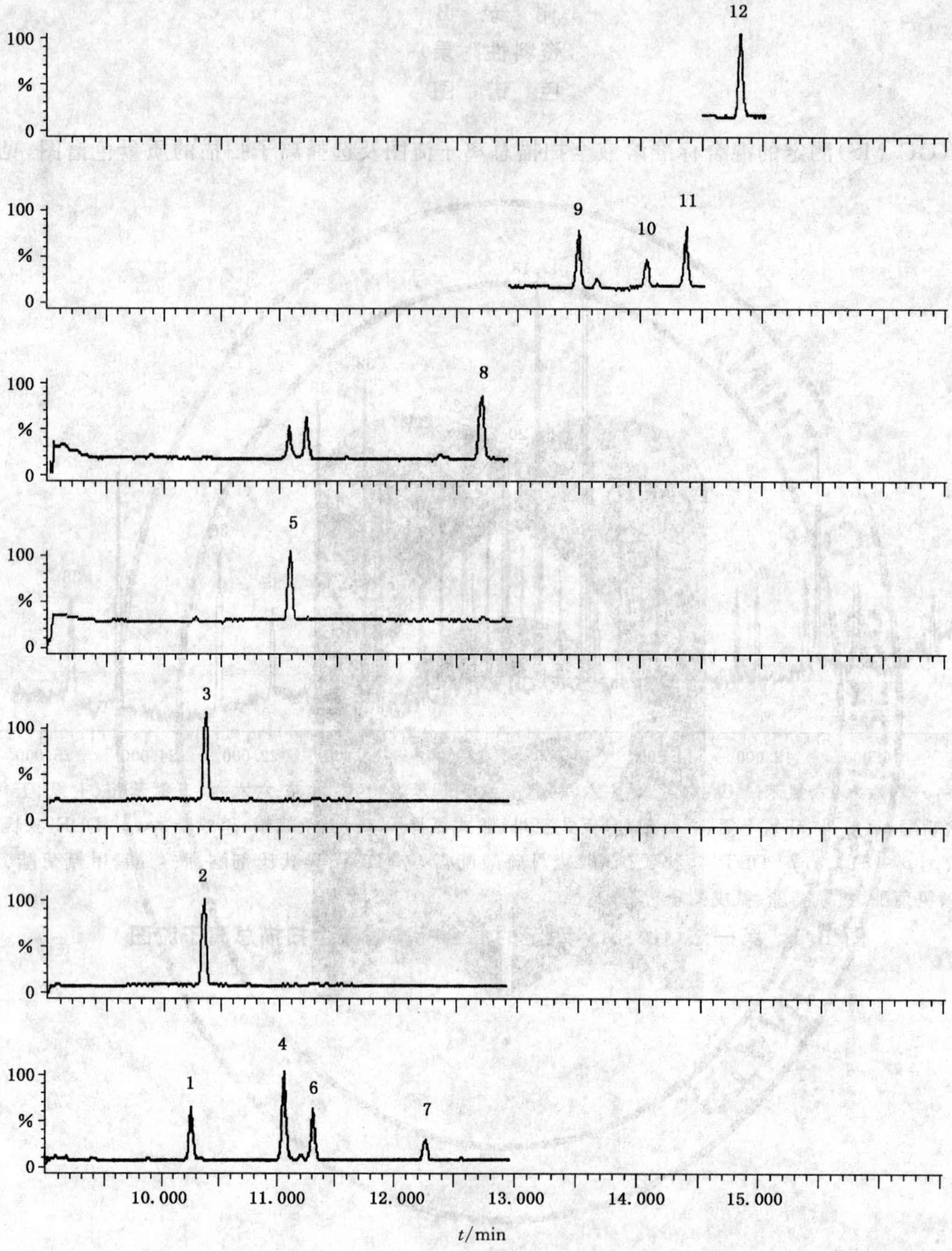

图 B.2 混合标准溶液的 SIM 扫描的质量色谱图

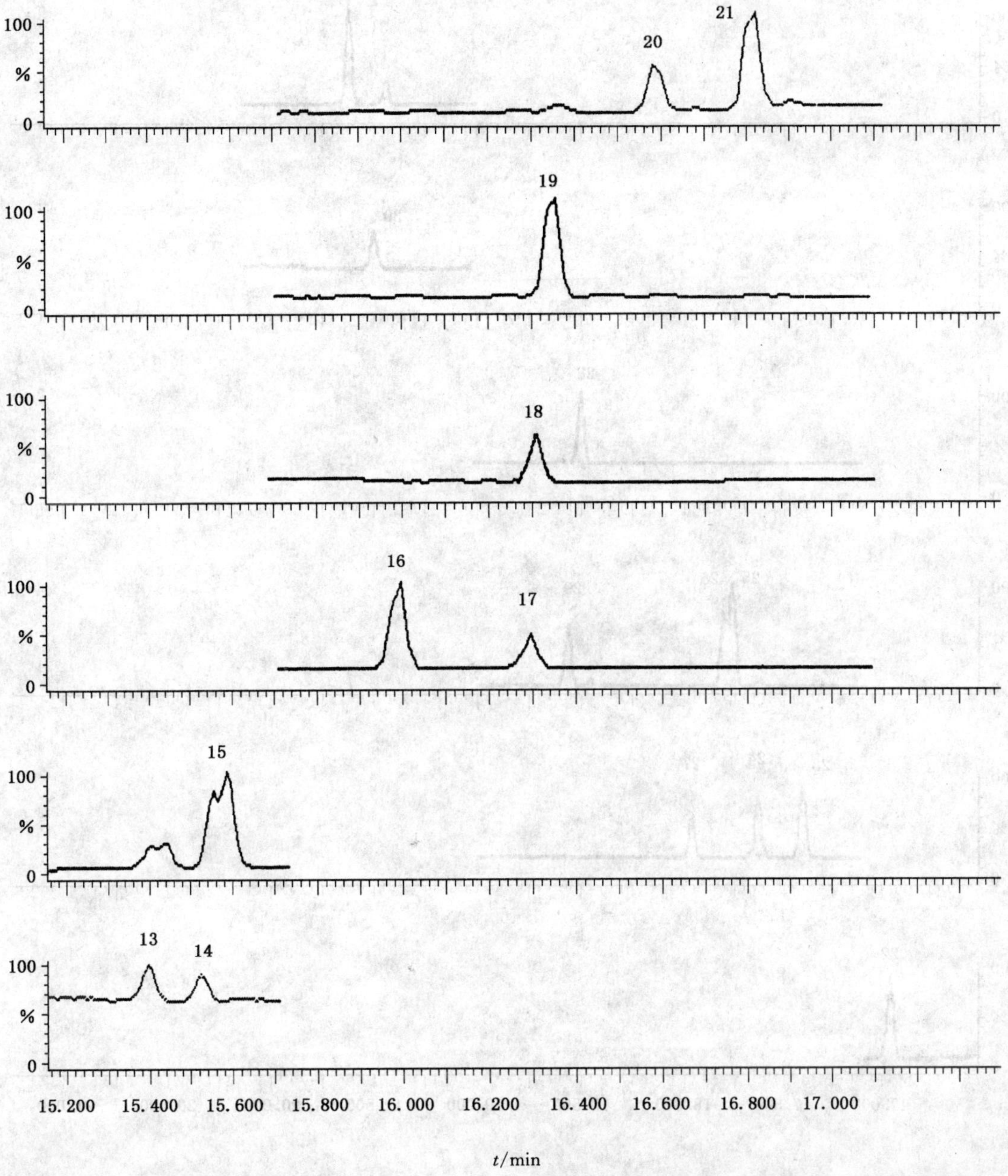

21
20
19
18
16
17
15
13
14
100
%
0
15.200
15.400
15.600
15.800
16.000
16.200
16.400
16.600
16.800
17.000
t/min

图 B.2（续）

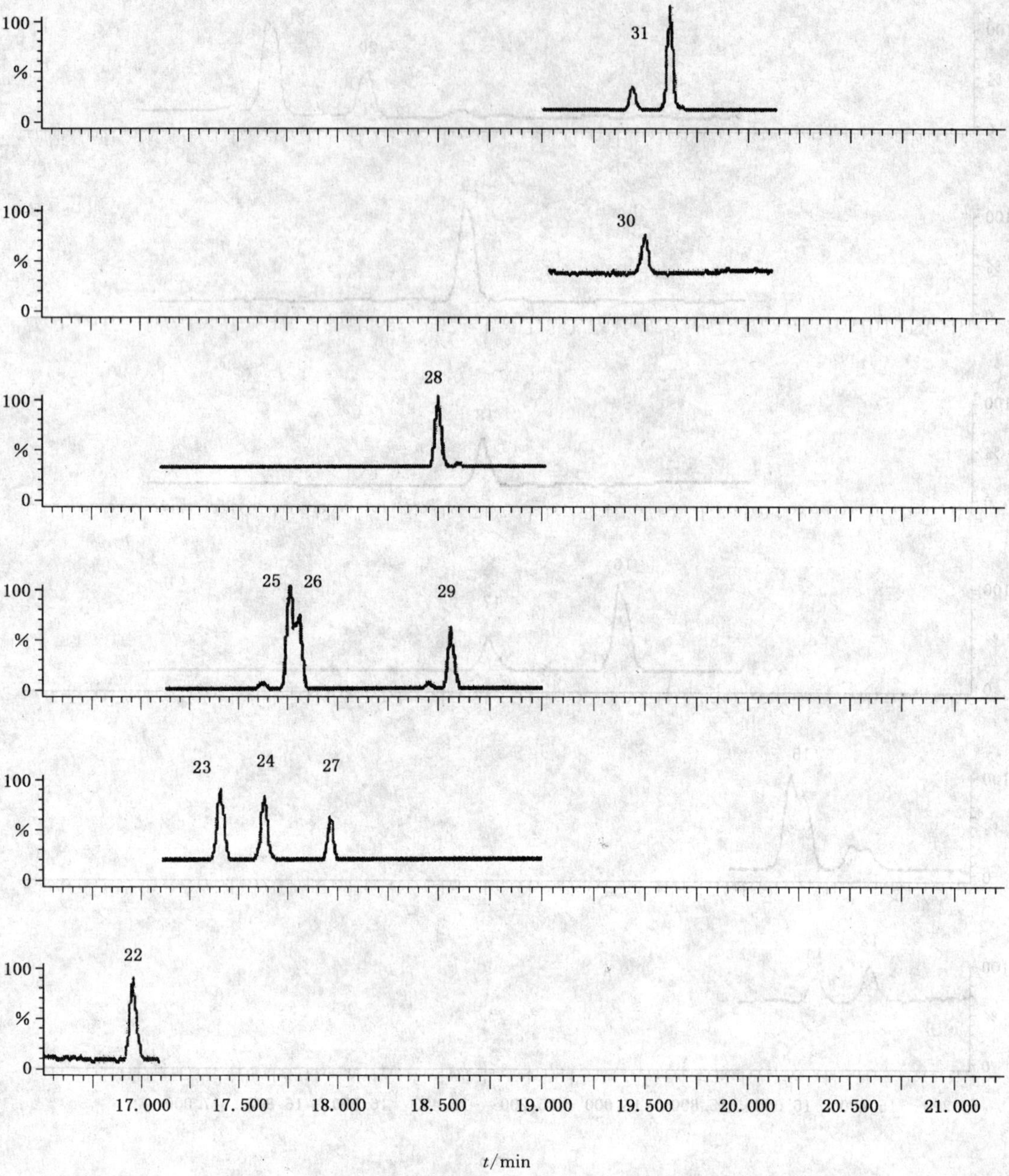
31
30
28
25
26
29
23
24
27
22
100
%
0
17.000
17.500
18.000
18.500
19.000
19.500
20.000
20.500
21.000
t/min

图 B.2（续）

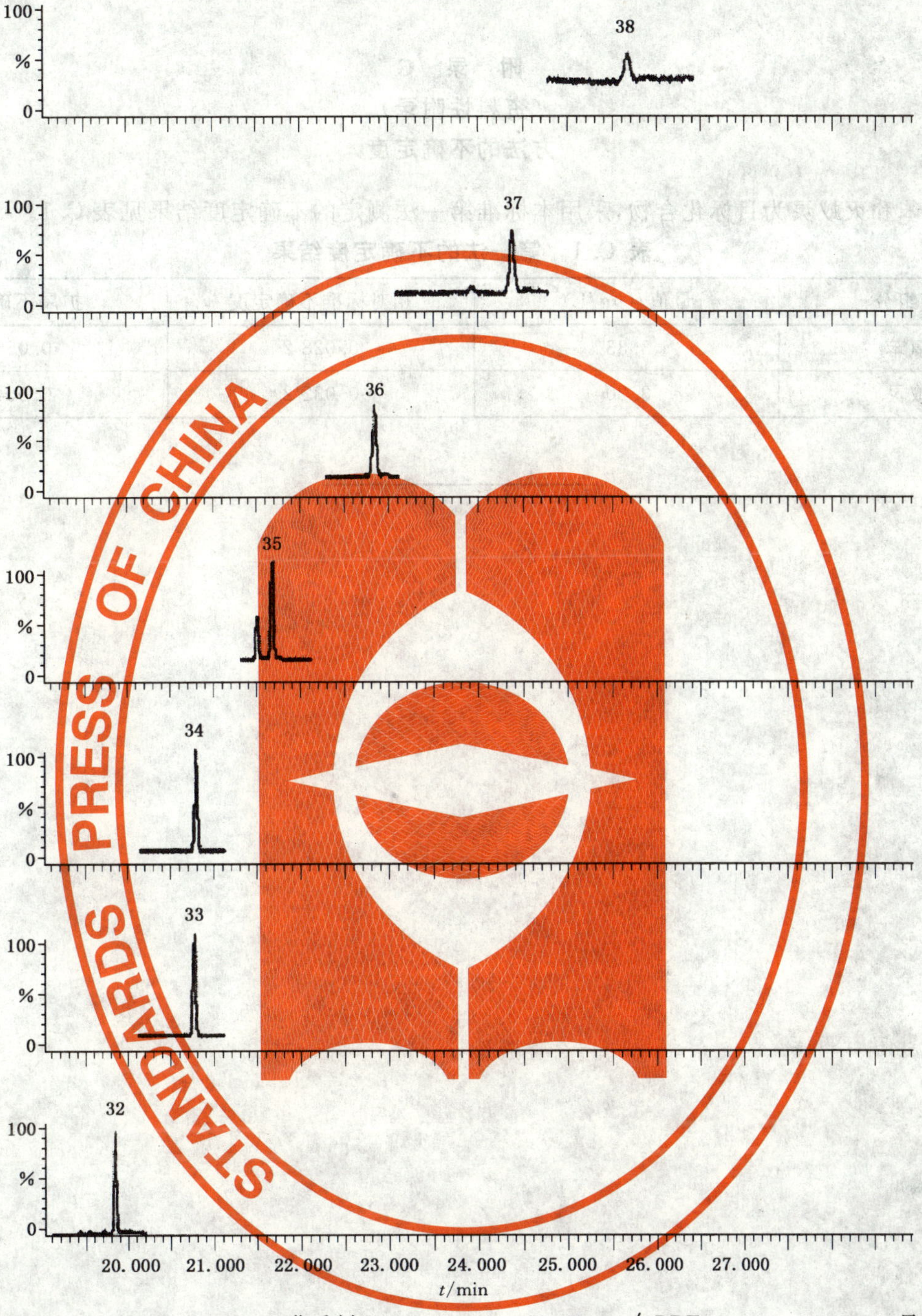

1——α-六六六；
2——六氯苯；
3——$^{13}C_6$-六氯苯；
4——β-六六六；
5——五氯硝基苯；
6——γ-六六六；
7——δ-六六六；
8——五氯苯胺；
9——七氯；
10——五氯苯基硫醚；
11——艾氏剂；
12——除螨酯；
13——氧氯丹；
14——环氧七氯；
15——丙烯菊酯；
16——反式氯丹；
17——顺式氯丹；
18——α-硫丹；
19——杀螨螨；
20——杀螨酯；
21——p,p′-DDE；
22——狄氏剂；
23——异氏试剂；
24——β-硫丹；
25——p,p′-DDD；
26——o,p′-DDT；
27——异狄氏剂醛；
28——硫丹硫酸酯；
29——p,p′-DDT；
30——异狄氏剂酮；
31——胺菊酯；
32——甲氰菊酯；
33——灭蚁灵；
34——$^{13}C_{10}$-灭蚁灵；
35——氯菊酯；
36——氯氰菊酯；
37——氰戊菊酯；
38——溴氰菊酯。

图 B.2（续）

附 录 C
（资料性附录）
方法的不确定度

以六氯苯和灭蚁灵为目标化合物，采用本标准第一法测定的不确定度结果见表 C.1。

表 C.1 第一法的不确定度结果

农药组分	量值/(μg/L)	相对标准不确定度	扩展不确定度
六氯苯	3.33	0.028 2	0.056 4
灭蚁灵	3.20	0.032 2	0.064 4

ICS 67.040
C 53

中华人民共和国国家标准

GB/T 5009.207—2008

糙米中50种有机磷农药残留量的测定

Determination of 50 organophosphorus pesticides residues in unpolished rice

2008-11-21 发布　　　　2009-03-01 实施

中华人民共和国卫生部
中国国家标准化管理委员会　发布

前　言

本标准的附录 A、附录 B 为资料性附录。

本标准由中华人民共和国卫生部提出并归口。

本标准由中华人民共和国卫生部负责解释。

本标准起草单位:中华人民共和国江苏出入境检验检疫局、中国检验检疫科学研究院。

本标准主要起草人:沈崇钰、储晓刚、徐锦忠、沈伟健、吴斌、赵增运、陈惠兰、蒋原。

糙米中50种有机磷农药残留量的测定

1 范围

本标准规定了糙米中50种有机磷农药残留量的测定方法。

本标准适用于糙米中50种有机磷农药残留量的测定。

50种有机磷农药在糙米中除氧化乐果、甲基乙拌磷、砜吸磷、溴硫磷、甲基吡噁磷的检出限为0.01 mg/kg外，其余有机磷农药的检出限均为0.005 mg/kg。回收率参见附录A。

2 规范性引用文件

下列文件中的条款通过本标准的引用而成为本标准的条款。凡是注日期的引用文件，其随后所有的修改单(不包括勘误的内容)或修订版均不适用于本标准，然而，鼓励根据本标准达成协议的各方研究是否可使用这些文件的最新版本。凡是不注日期的引用文件，其最新版本适用于本标准。

GB/T 6682 分析实验室用水规格和试验方法(GB/T 6682—2008，ISO 3696:1987，MOD)

3 原理

样品经乙酸乙酯提取，凝胶渗透色谱净化后，用气相色谱-氮磷检测器检测。

4 试剂和材料

除非另有规定，本标准中所用试剂均为分析纯。实验用水应符合GB/T 6682中二级水的规定。

4.1 正己烷(C_6H_{14})：色谱纯。

4.2 乙酸乙酯($C_4H_8O_2$)：重蒸馏。

4.3 二氯甲烷(CH_2Cl_2)：重蒸馏。

4.4 环己烷($C_{12}H_{24}$)：重蒸馏。

4.5 无水硫酸钠(Na_2SO_4)：650 ℃灼烧4 h，冷却后储于密封容器中备用。

4.6 标准品：敌敌畏、速灭磷、氧乐果、甲基内吸磷、灭线磷、二溴磷、久效磷、甲拌磷、甲基乙拌磷、乐果、特丁硫磷、乙拌磷、乙嘧硫磷、除线磷、甲基对硫磷、皮蝇磷、砜吸磷、杀螟硫磷、甲基嘧啶磷、马拉硫磷、毒死蜱、水胺硫磷、毒壤磷、溴硫磷、嘧啶磷、硫环磷、地安磷、毒虫畏、灭蚜磷、杀扑磷、乙基溴硫磷、完灭硫磷、杀虫畏、灭菌磷、碘硫磷、丙环磷、丙溴磷、乙硫磷、硫丙磷、甲基吡噁磷、敌瘟磷、亚胺硫磷、苯硫磷、保棉磷、溴苯磷、吡菌磷、吡唑硫磷、蝇毒磷、敌杀磷、双硫磷。

4.6.1 标准储备液Ⅰ(500 μg/mL)：准确称取敌敌畏、速灭磷、氧乐果、甲基内吸磷、灭线磷、二溴磷、久效磷、甲拌磷、甲基乙拌磷、乐果、特丁硫磷、乙拌磷、乙嘧硫磷、除线磷、甲基对硫磷、皮蝇磷、砜吸磷、杀螟硫磷、甲基嘧啶磷、马拉硫磷、毒死蜱、水胺硫磷、毒壤磷、溴硫磷、嘧啶磷、硫环磷、地安磷、毒虫畏、灭蚜磷、杀扑磷、乙基溴硫磷、完灭硫磷、杀虫畏、灭菌磷、碘硫磷、丙环磷、丙溴磷、乙硫磷、硫丙磷、甲基吡噁磷、敌瘟磷、亚胺硫磷、苯硫磷、保棉磷、溴苯磷、吡菌磷、吡唑硫磷、蝇毒磷、敌杀磷、双硫磷各50.0 mg，分别用正己烷溶解并定容至100 mL。

4.6.2 农药混标储备液：取0.2 mL储备液Ⅰ(4.6.1)，用正己烷定容至100 mL。

4.6.3 农药混标工作液Ⅰ：取5.0 mL农药混标储备液(4.6.2)，用正己烷稀释至10 mL。

4.6.4 农药混标工作液Ⅱ：取2.5 mL农药混标储备液(4.6.2)，用正己烷稀释至10 mL。

4.6.5 农药混标工作液Ⅲ：取1.5 mL农药混标储备液(4.6.2)，用正己烷稀释至10 mL。

4.6.6 农药混标工作液Ⅳ：取1.0 mL农药混标储备液(4.6.2)，用正己烷稀释至10 mL。

4.6.7 农药混标工作液Ⅵ:取0.75 mL农药混标储备液(4.6.2),用正己烷稀释至10 mL。

4.6.8 农药混标工作液Ⅶ:取0.5 mL农药混标储备液(4.6.2),用正己烷稀释至10 mL。

4.6.9 农药混标工作液Ⅷ:取0.2 mL农药混标储备液(4.6.2),用正己烷稀释至10 mL。

4.6.10 农药混标工作液Ⅸ:取0.1 mL农药混标储备液(4.6.2),用正己烷稀释至10 mL。

4.6.11 农药混标工作液Ⅹ:取0.08 mL农药混标储备液(4.6.2),用正己烷稀释至10 mL。

5 仪器

5.1 气相色谱仪:具有氮磷检测器。

5.2 凝胶渗透色谱仪:具有紫外检测器。

5.3 均质机。

5.4 旋转蒸发仪。

5.5 植物粉碎机。

6 试样的制备

取糙米样品,用植物粉碎机粉碎,全部过40目筛。

7 测定步骤

7.1 提取

7.1.1 称取10 g(精确至0.01 g)40目的糙米样品放入200 mL离心管中。加入40 mL乙酸乙酯和2 g无水硫酸钠,均质3次,每次各1 min,用10 mL乙酸乙酯冲洗均质头。在4 ℃下离心(2 500 r/min),取上清液于梨形瓶中。残渣再加入40 mL乙酸乙酯,重复上述均质和离心过程。

7.1.2 将梨形瓶置于35 ℃水浴中,旋转蒸发至约0.5 mL,用环己烷-二氯甲烷流动相定容至6 mL,过0.45 μm有机系滤膜。

7.2 净化

7.2.1 取5 mL提取液过GPC,收集12 min～25 min的馏分85 mL,在35 ℃下用旋转蒸发仪浓缩淋洗液至约0.5 mL。用正己烷定容至1 mL,制成备用样液,待下一步气相色谱分离检测。

7.2.2 凝胶渗透色谱条件:

a) 流动相:环己烷-二氯甲烷(50+50);

b) 流速:5 mL/min;

c) 紫外检测波长:254 nm;

d) 凝胶柱填料:Envirogel GPC凝胶[1)](50 g),柱子规格:19 mm×300 mm,填料粒径:40目。

7.3 气相色谱条件

7.3.1 HP-5熔融石英毛细管柱:30 m×0.32 mm内径,涂层厚度:0.25 μm。

7.3.2 柱温:程序升温:70 ℃(保持2 min)15 ℃/min升至150 ℃,3 ℃/min升至185 ℃,2 ℃/min升至210 ℃,10 ℃/min升至280 ℃(保持10 min)。

7.3.3 进样口温度:250 ℃。

7.3.4 检测器:氮磷检测器(NPD),温度300 ℃。

7.3.5 氢气流速:3.0 mL/min,空气流速:60 mL/min;

载气(≥99.999%)流速:9.0 mL/min。

7.3.6 进样模式:不分流进样。

---

1) 给出这一信息是为了方便本标准的使用者,并不表示对该产品的认可。如果其他等效产品具有相同的效果,则可使用这些等效的产品。

7.4 测定

7.4.1 标准曲线的绘制:分别取农药混标工作液Ⅰ、Ⅱ、Ⅲ、Ⅳ、Ⅴ、Ⅵ、Ⅶ、Ⅷ、Ⅸ、Ⅹ,得到浓度范围在 0.08 μg/mL~31.6 μg/mL 标准工作系列,分别取 2 μL 标准溶液进 GC-NPD 进行分离测定。每个浓度平行测定 3 次,以色谱峰面积的平均值对浓度作线性回归,得到外标曲线。

7.4.2 样品测定:取 2 μL 样液(7.2.1)进气相色谱分离测定(色谱图参见附录 B),以保留时间定性,标准曲线定量。

7.5 平行试验

按以上步骤,对同一试样进行平行试验测定。

7.6 空白试验

除不称取试样外,均按上述步骤进行。

8 结果计算

试样中 50 种有机磷农药的含量按式(1)进行计算:

$$X = \frac{6 \times A_i \times c_i \times V}{5 \times A_{si} \times m} \qquad \cdots\cdots (1)$$

式中:

X——试样中有机磷农药含量,单位为毫克每千克(mg/kg);

A_i——样液中各有机磷农药的峰面积(i=1 号~50 号有机磷农药);

c_i——标准工作溶液中各有机磷农药的浓度,单位为毫克每升(mg/L)(i=1 号~50 号有机磷农药);

V——最终样液的定容体积,单位为毫升(mL);

A_{si}——标准工作溶液中各有机磷农药峰面积(i=1 号~50 号有机磷农药);

m——样品质量,单位为克(g)。

9 精密度

在重复性条件下获得的两次独立测定结果的绝对差值不得超过算术平均值的 20%。

附 录 A
（资料性附录）
糙米中50种有机磷添加回收试验数据统计表

糙米中50种有机磷添加回收试验数据统计表见表A.1。

表 A.1 糙米中50种有机磷添加回收试验数据统计表

农 药	浓度/(mg/kg)	平均回收率/%	相对标准偏差 CV/%
敌敌畏 (dichlorvos)	0.191 1	118.1	17.3
	0.065 5	117.2	11.6
	0.021 8	107.2	5.2
速灭磷 (mevinphos)	0.413 0	100.0	19.0
	0.141 6	99.2	17.5
	0.047 2	90.5	8.0
氧乐果 (omethoate)	0.478 8	83.3	19.3
	0.164 2	98.5	13.1
	0.054 7	135.0	8.9
甲基内吸磷 (demeton-s-methyl)	0.184 8	91.3	13.5
	0.063 4	90.8	7.4
	0.021 1	90.4	3.7
灭线磷 (ethoprophos)	0.187 6	89.4	15.5
	0.064 3	89.9	8.6
	0.021 4	86.2	4.5
二溴磷 (bromchlophos or naled)	0.359 8	64.0	11.5
	0.123 4	55.4	5.7
	0.041 1	75.3	6.2
久效磷 (monocrotophos)	0.231 7	82.7	18.0
	0.079 4	92.5	11.1
	0.026 5	107.3	7.6
甲拌磷 (phorate)	0.190 4	98.3	19.2
	0.065 3	111.0	10.9
	0.021 8	122.2	5.5
甲基乙拌磷 (thiometon)	1.106 0	97.6	14.4
	0.379 2	106.4	23.7
	0.126 4	89.1	13.7
乐果 (dimethoate)	0.182 0	83.4	18.9
	0.062 4	95.1	13.1
	0.020 8	109.5	6.3

表 A.1（续）

农　药	浓度/(mg/kg)	平均回收率/%	相对标准偏差 CV/%
特丁硫磷 (terbufos)	0.252 0	89.2	18.6
	0.086 4	94.3	11.8
	0.028 8	96.8	4.9
乙拌磷 (disulfoton)	0.171 5	91.3	15.4
	0.058 8	94.5	7.9
	0.019 6	92.3	3.1
乙嘧硫磷 (etrimfos)	0.087 5	84.8	10.5
	0.030 0	91.1	5.4
	0.010 0	111.6	2.1
除线磷 (dichlofenthion)	0.189 0	85.1	13.4
	0.064 8	86.2	7.5
	0.021 6	88.9	2.8
甲基对硫磷 (parathion-methyl)	0.191 1	88.3	18.8
	0.065 5	91.7	8.6
	0.021 8	96.5	4.8
皮蝇磷 (fenchlorphos)	0.217 7	93.1	14.7
	0.074 6	91.9	8.0
	0.024 9	96.3	4.5
砜吸磷 (demeto-s-methyl-sulfon)	0.441 0	87.6	19.0
	0.151 2	97.5	17.7
	0.050 4	116.6	10.3
杀螟硫磷 (fenitrothion)	0.198 8	86.9	14.1
	0.068 2	90.8	7.7
	0.022 7	98.4	4.0
甲基嘧啶磷 (pirimiphos-methyl)	0.179 2	90.5	16.4
	0.061 4	93.9	8.9
	0.020 5	96.7	4.6
马拉硫磷 (malathion)	0.186 2	88.5	13.4
	0.063 8	91.4	6.7
	0.021 3	98.0	4.1
毒死蜱 (chlorpyriphos)	0.188 3	89.2	13.9
	0.064 6	89.1	6.7
	0.021 5	95.5	4.2

表 A.1（续）

农　药	浓度/(mg/kg)	平均回收率/%	相对标准偏差 CV/%
水胺硫磷 (isocarbophos)	0.212 1	79.3	19.3
	0.072 7	82.8	10.9
	0.024 2	94.1	6.2
毒壤磷 (trichloronate)	0.221 2	101.4	17.7
	0.075 8	106.4	15.1
	0.025 3	100.2	4.8
溴硫磷 (broumaphos)	0.386 4	91.9	18.2
	0.132 5	98.4	12.8
	0.044 2	101.8	7.4
嘧啶磷 (pirimiphos-ethyl)	0.192 5	86.3	16.7
	0.066 0	91.1	10.5
	0.022 0	101.6	4.9
硫环磷 (phosfolan)	0.179 2	68.4	8.6
	0.061 4	78.1	5.8
	0.020 5	97.6	3.4
地安磷 (mephosfolan)	0.187 6	76.2	14.6
	0.064 3	85.4	7.8
	0.021 4	97.5	3.4
毒虫畏 (chlorfenvinphos)	0.319 2	98.1	14.7
	0.109 4	100.6	8.8
	0.036 5	100.7	4.0
灭蚜磷 (mecarbam)	0.157 5	91.2	15.1
	0.054 0	96.9	8.6
	0.018 0	96.8	4.2
杀扑磷 (methidathion)	0.190 4	78.2	16.6
	0.065 3	86.2	14.9
	0.021 8	101.2	4.5
乙基溴硫磷 (bromophos-ethyl)	0.198 8	85.6	12.2
	0.068 2	91.6	15.2
	0.022 7	105.8	3.5
完灭硫磷 (vamidothion)	0.365 4	70.5	19.1
	0.125 3	79.3	15.4
	0.041 8	95.9	8.5

表 A.1（续）

农　药	浓度/(mg/kg)	平均回收率/%	相对标准偏差 CV/%
杀虫畏 (tetrachlorvinphos)	0.194 6	95.9	20.1
	0.066 7	95.2	12.3
	0.022 2	97.0	6.3
灭菌磷 (ditalimfos)	0.169 4	87.5	15.5
	0.058 1	92.1	8.9
	0.019 4	94.1	4.7
碘硫磷 (iodofenphos)	0.291 2	81.3	15.2
	0.099 8	83.9	8.8
	0.033 3	94.1	4.0
丙环磷 (prothiofos)	0.238 7	86.4	18.5
	0.081 8	93.7	18.6
	0.027 3	92.5	4.8
丙溴磷 (profenofos)	0.393 4	89.6	16.9
	0.134 9	98.1	14.4
	0.045 0	82.9	7.0
乙硫磷 (ethion)	0.187 6	89.4	19.8
	0.064 3	92.0	11.0
	0.021 4	82.3	6.6
硫丙磷 (sulprophos)	0.240 8	79.6	15.0
	0.082 6	80.5	6.7
	0.027 5	82.1	4.1
甲基吡噁磷 (azamethiphos)	0.373 8	68.1	18.7
	0.128 2	65.3	13.7
	0.042 7	64.9	5.7
敌瘟磷 (edifenphos)	0.193 9	85.2	16.7
	0.066 5	87.8	11.3
	0.022 2	71.7	4.0
亚胺硫磷 (phosmet)	0.190 4	66.8	6.3
	0.065 3	66.7	2.7
	0.021 8	63.9	4.4
苯硫磷 (EPN)	0.178 5	66.9	12.8
	0.061 2	66.4	4.5
	0.020 4	58.7	4.0

表 A.1（续）

农　药	浓度/(mg/kg)	平均回收率/%	相对标准偏差 CV/%
保棉磷 (azinphos-methyl)	0.182 0	55.9	5.9
	0.062 4	56.7	2.4
	0.020 8	62.8	1.7
溴苯磷 (leptophos)	0.173 6	73.6	10.4
	0.059 5	72.9	3.8
	0.019 8	61.8	3.0
吡菌磷 (pyrazophos)	0.221 2	62.4	13.3
	0.075 8	60.8	5.1
	0.025 3	52.2	4.3
吡唑硫磷 (pyradofos)	0.178 2	61	9.8
	0.061 1	61.7	4.2
	0.020 4	53.3	2.9
蝇毒磷 (coumaphos)	0.189 7	55.2	8.0
	0.065 0	54.3	6.4
	0.021 7	53.3	3.2
敌杀磷 (dioxanthion)	0.288 4	62.1	11.2
	0.098 8	60.2	6.1
	0.033 0	44.2	3.9
双硫磷 (temephos)	0.280 7	55.3	16.4
	0.096 2	54.0	6.2
	0.032 1	47.1	4.9

附 录 B
（资料性附录）
标准溶液、添加回收色谱图

标准溶液、添加回收气相色谱图见图 B.1～图 B.8。

图 B.1 50 种有机磷农药标准色谱图(全图)

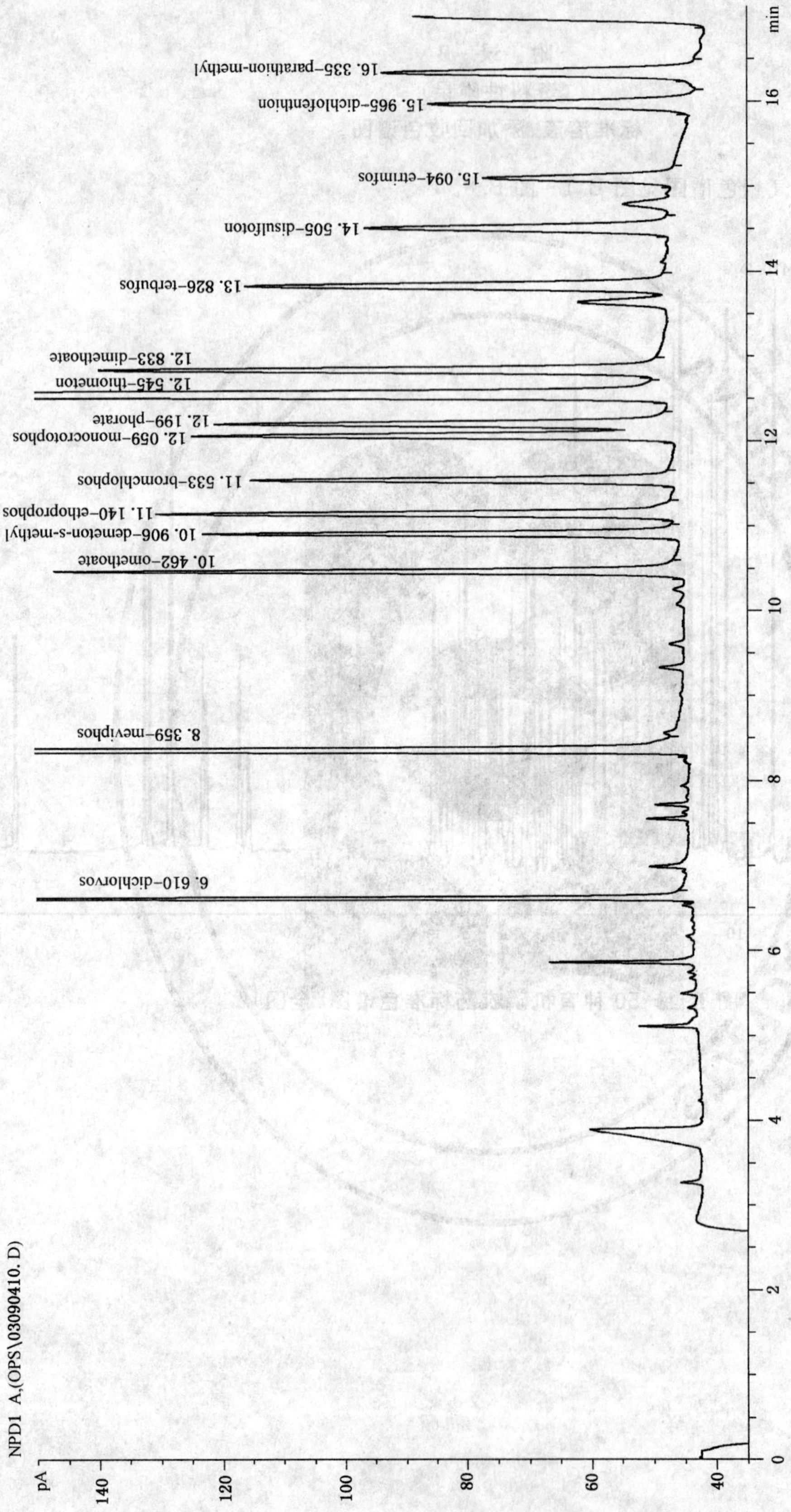

图 B.2 50 种有机磷农药标准色谱图(局部图 1)

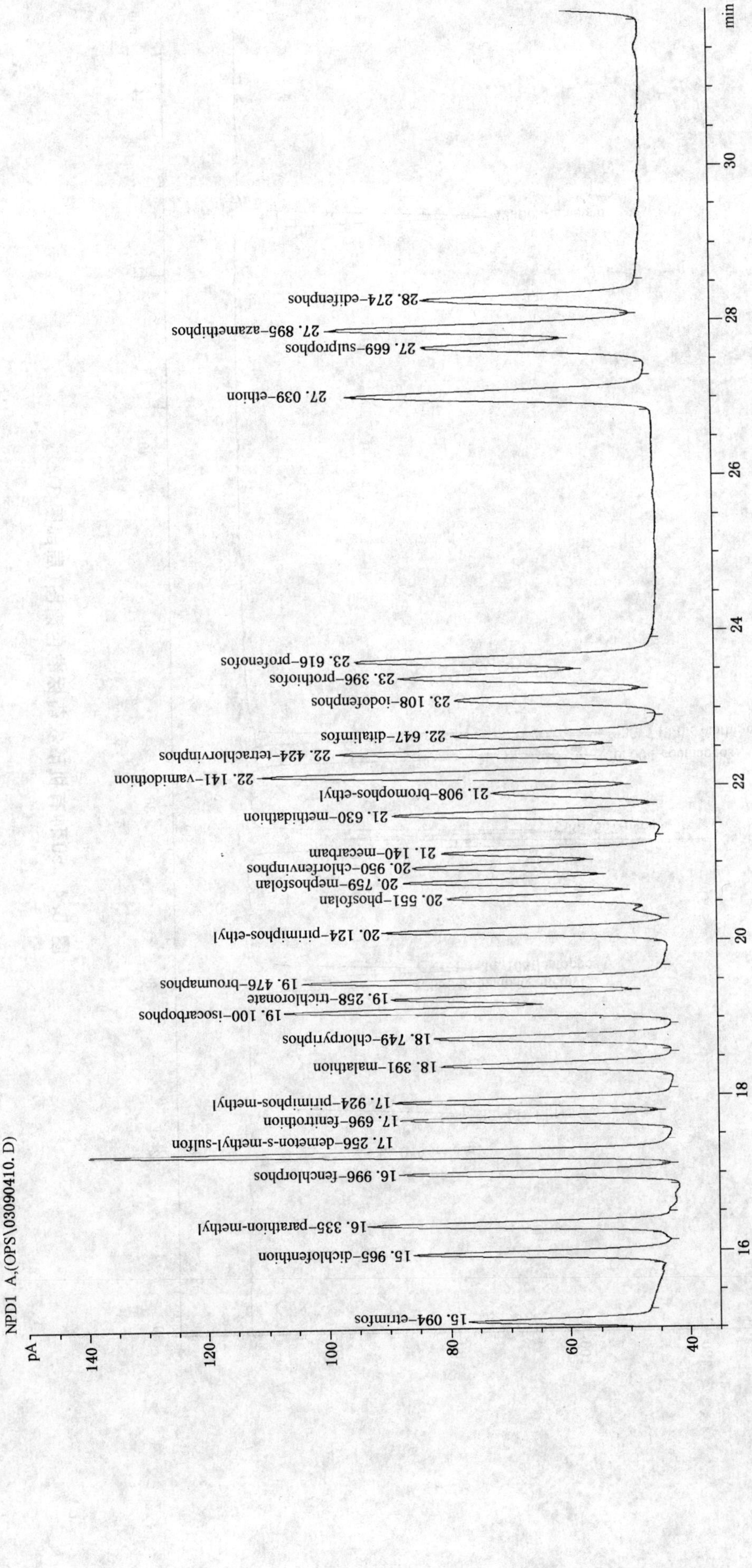

图 B.3　50种有机磷农药标准色谱图(局部图2)

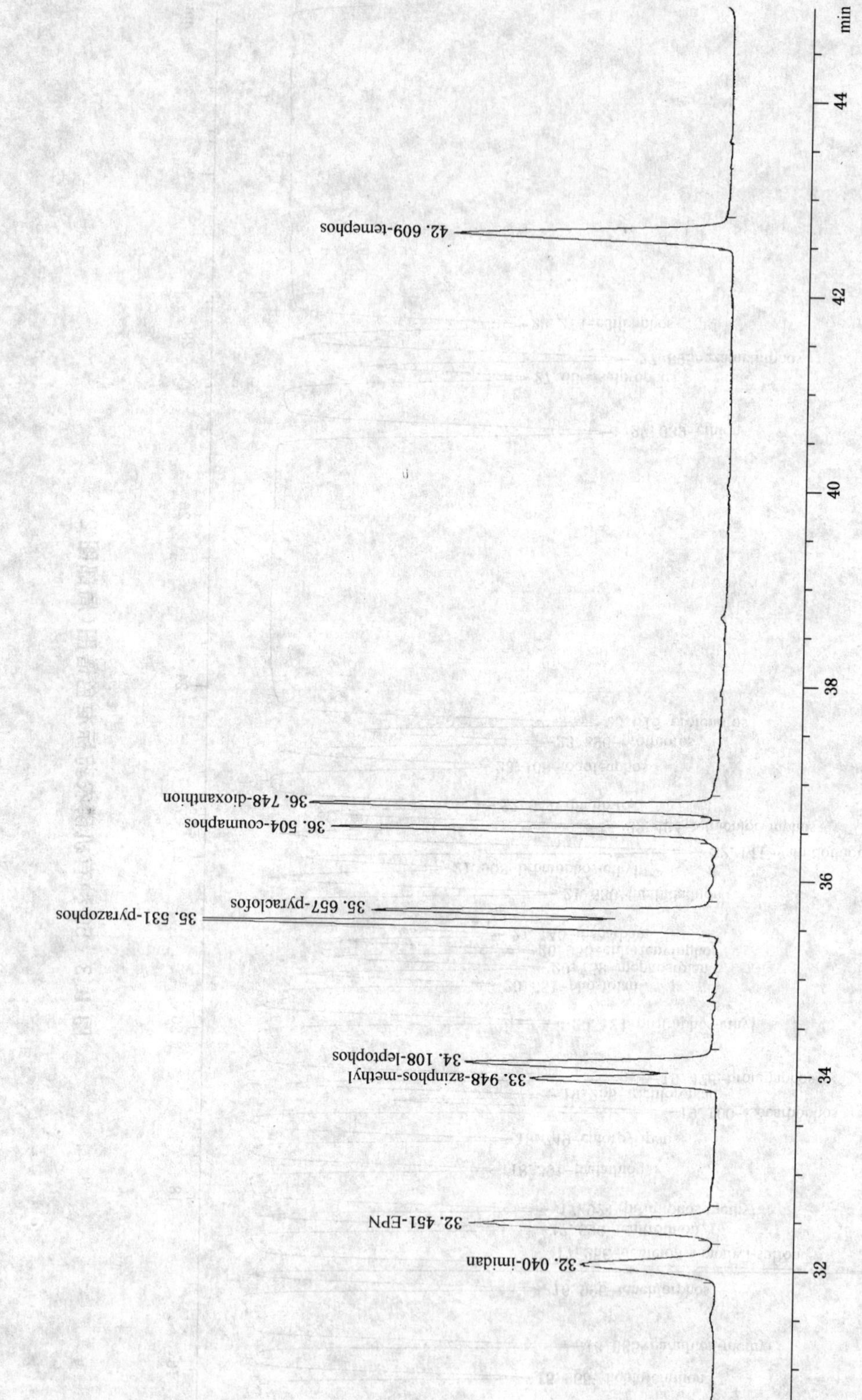

图 B.4　50 种有机磷农药标准色谱图(局部图 3)

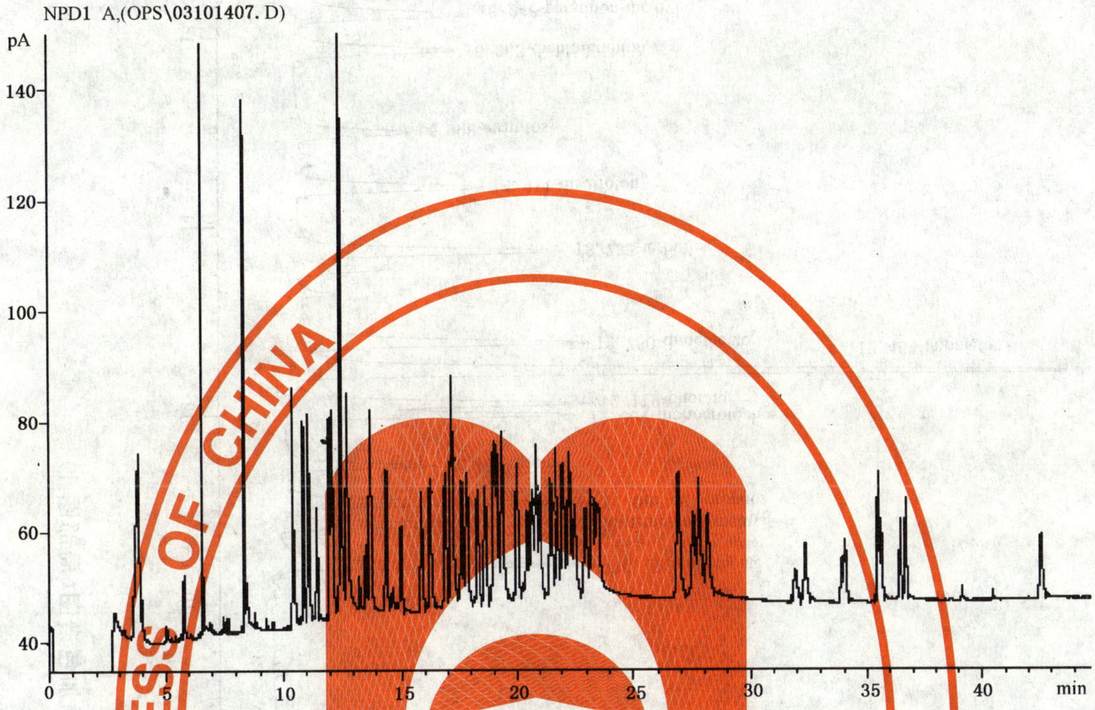

图 B.5 50种有机磷农药添加色谱图

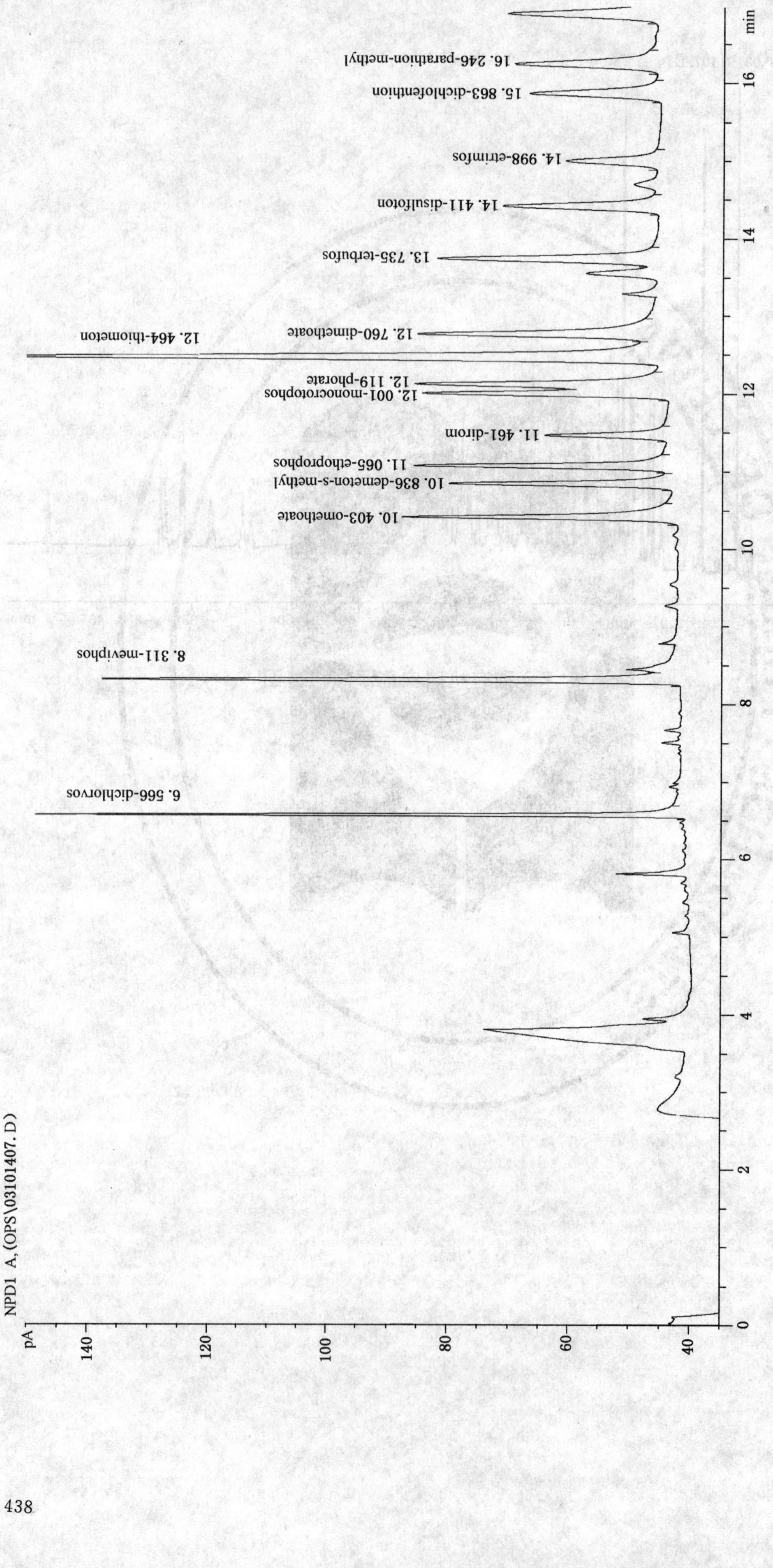

图 B.6 糙米中 50 种有机磷农药添加色谱图(局部图 1)

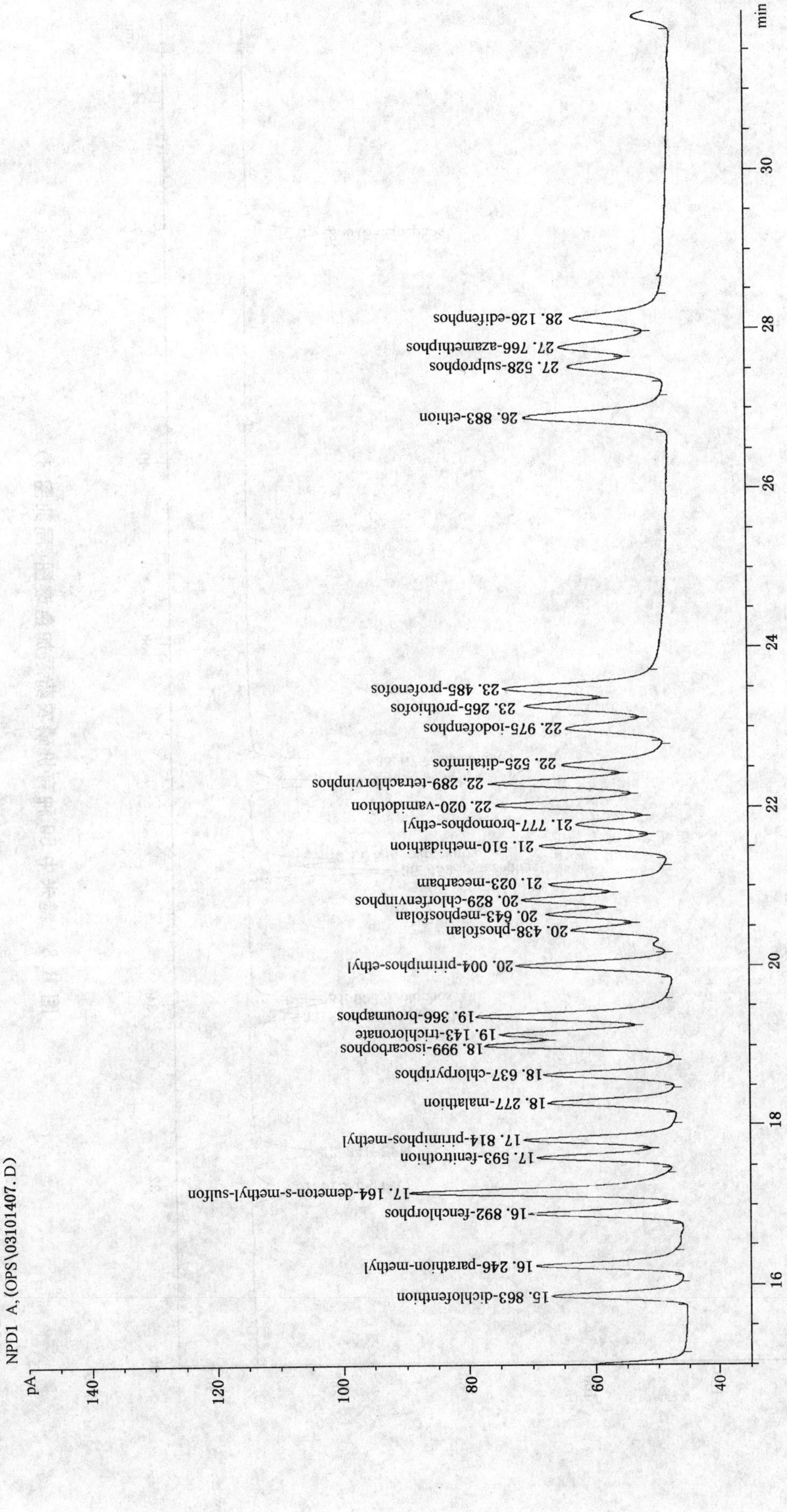

图 B.7 糙米中 50 种有机磷农药添加色谱图(局部图 2)

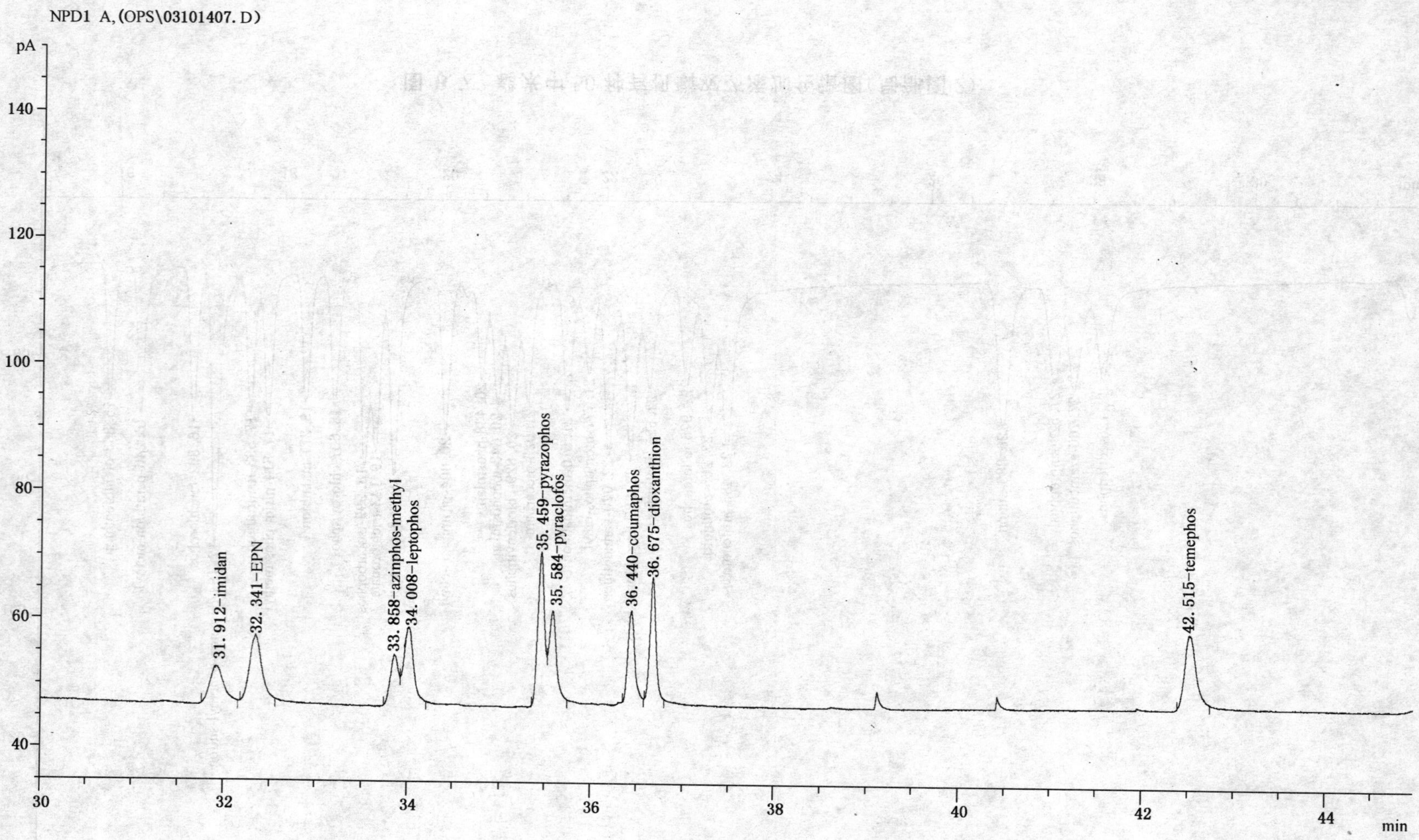

图 B.8 糙米中50种有机磷农药添加色谱图(局部图3)

ICS 67.040
C 53

中华人民共和国国家标准

GB/T 5009.208—2008

食品中生物胺含量的测定

Determination of biogenic amine in foods

2008-11-21 发布　　　　2009-03-01 实施

中华人民共和国卫生部
中国国家标准化管理委员会　发布

前　言

本标准的附录 A 为资料性附录。

本标准由中华人民共和国卫生部提出并归口。

本标准由中华人民共和国卫生部负责解释。

本标准起草单位：中国疾病预防控制中心营养与食品安全所。

本标准参加起草单位：北京市疾病预防控制中心、烟台大学、河南省药品检验所。

本标准主要起草人：吴永宁、赵云峰、李志军、吕斌、李敬光、张磊、邵兵、苗虹。

食品中生物胺含量的测定

1 范围

本标准规定了食品中色胺、β-苯乙胺、腐胺、尸胺、组胺、酪胺、亚精胺和精胺含量的测定方法。

本标准适用于酒类(葡萄酒、啤酒、黄酒等)、调味品(醋、酱油等)、水产品(鱼类及其制品、虾类及其制品)、肉类及乳制品中生物胺的测定。

本标准定量限:

a) 酒类、醋等调味品:色胺 3 μg/kg、β-苯乙胺 10 μg/kg、腐胺 3 μg/kg、尸胺 7 μg/kg、组胺 10 μg/kg、酪胺 10 μg/kg、亚精胺 5 μg/kg、精胺 7 μg/kg。

b) 水产品、肉类、乳制品及以豆类为原料的调味品:色胺 15 μg/kg、β-苯乙胺 40 μg/kg、腐胺 15 μg/kg、尸胺 35 μg/kg、组胺 50 μg/kg、酪胺 25 μg/kg、亚精胺 25 μg/kg、精胺 35 μg/kg。

2 原理

以1,7-二氨基庚烷为内标,以5%三氯乙酸为提取溶液,振摇提取,以正己烷去除脂肪,经过三氯甲烷-正丁醇(1+1)液液萃取净化后,以丹磺酰氯为衍生剂,60℃衍生 30 min,采用高效液相色谱的 C_{18} 柱分离,紫外检测器检测,内标法定量。

3 试剂和材料

除非另有规定,本标准中所用试剂均为分析纯。

3.1 甲醇(CH_4O):色谱纯。

3.2 丙酮(C_3H_6O):色谱纯。

3.3 乙醚($C_4H_{10}O$):重蒸。

3.4 正丁醇($C_4H_{10}O$)。

3.5 三氯甲烷($CHCl_3$)。

3.6 正己烷(C_6H_{14}):色谱纯。

3.7 谷氨酸钠($C_5H_8NNaO_4$)。

3.8 碳酸氢钠($NaHCO_3$)。

3.9 氯化钠(NaCl)。

3.10 氢氧化钠(NaOH)。

3.11 盐酸(HCl)。

3.12 三氯乙酸($C_2HCl_3O_2$)。

3.13 组胺盐酸盐(histamine dihydrochloride,$C_5H_9N_3 \cdot 2HCl$)标准品(纯度> 99%,计算时应折算掉盐酸盐,$C_5H_9N_3 / C_5H_9N_3 \cdot 2HCl = 155/184$)。

3.14 β-苯乙胺(β-phenylethylamine,$C_8H_{11}N$)标准品(纯度> 98%)。

3.15 酪胺盐酸盐(tyramine hydrochloride,$C_8H_{12}ClNO$)标准品(纯度>99%,计算时应折算掉盐酸盐,$C_8H_{11}NO / C_8H_{11}NO \cdot HCl = 137/174$)。

3.16 腐胺(putrescine,$C_4H_{12}N_2$)标准品(纯度>98%)。

3.17 尸胺(cadaverine,$C_5H_{14}N_2$)标准品(纯度> 98%)。

3.18 色胺(tryptamine hydrochloride,$C_{10}H_{12}N_2$)标准品(纯度>99%)。

3.19 亚精胺(spermidine,$C_7H_{19}N_3$)标准品(纯度> 97%)。

3.20 精胺(spermine,$C_{10}H_{26}N_4$)标准品(纯度>97 %)。

3.21 1,7 二氨基庚烷(1,7-diaminoheptane,$C_7H_{18}N_2$)内标标准品(纯度>98%)。

3.22 丹磺酰氯(dansyl chloride,$C_{12}H_{12}ClNO_2S$)标准品(纯度>95%)。

3.23 生物胺标准储备溶液的配制:准确称取各种生物胺标准品适量,分别置于 10 mL 容量瓶中,用 0.1 mol/L盐酸溶液稀释至刻度,混匀,配制成浓度为 1 000 mg/L(以各种生物胺单体计)的标准储备溶液,置 4 ℃冰箱储存。

3.24 生物胺标准混合使用液的配制:分别吸取 1.00 mL 各生物胺单组分标准储备溶液,置于同一个 10 mL 容量瓶中,用 0.1 mol/L 盐酸稀释至刻度,混匀,配制成生物胺标准混合使用液(100 mg/L)。

3.25 生物胺标准系列溶液配制:吸取 0.10 mL、0.25 mL、0.50 mL、1.00 mL、1.50 mL、2.50 mL、5.00 mL生物胺标准混合使用液(100 mg/L),分别置于 10 mL 容量瓶中,用 0.1 mol/L 盐酸溶液稀释至刻度,混匀,使浓度分别为 1.00 mg/L、2.50 mg/L、5.00 mg/L、10.0 mg/L、15.0 mg/L、25.0 mg/L、50.0 mg/L。

3.26 内标标准储备溶液的配制:准确称取内标物质适量,置于 10 mL 容量瓶中,用 0.1 mol/L 盐酸溶液稀释至刻度,混匀,配制成浓度为 1 000 mg/L 的内标标准储备溶液,置 4 ℃冰箱储存。

3.27 内标标准使用液的配制:吸取 1.00 mL 内标标准储备溶液,置 10 mL 容量瓶中,用 0.1 mol/L 盐酸稀释至刻度,混匀,作为内标使用液(100 mg/L),置 4 ℃冰箱储存。

3.28 丹磺酰氯衍生剂溶液的配制:准确称取丹磺酰氯适量,以丙酮为溶剂配制成浓度为 0.01 mg/L 的衍生剂标准使用液(10 mg/mL 丙酮溶液),置 4 ℃冰箱储存。

4 仪器

4.1 高效液相色谱仪(HPLC),配紫外检测器。

4.2 离心机。

4.3 旋涡混合器。

4.4 恒温箱。

4.5 氮气浓缩器。

4.6 电子天平。

4.7 酸度计。

4.8 超纯水器。

4.9 0.22 μm 滤膜针头滤器。

5 分析步骤

5.1 试样制备

5.1.1 试样提取

5.1.1.1 水产品、肉类、乳制品及以豆类为原料的调味品

准确称取已经绞碎或匀浆后的水产品、肉类、乳制品或以豆类为原料的调味品 10.00 g,置 100 mL 具塞锥形瓶中,加入 20 mL 5%三氯乙酸溶液和 2.0 mL(100 mg/L)内标使用液,混匀,振荡提取 60 min,转移至 50 mL 离心管中,3 600 r/min 离心 10 min,取上清液,置 50 mL 容量瓶中,连续提取两次,合并上清液,用 5%三氯乙酸稀释至刻度,滤纸过滤,待净化。

5.1.1.2 酒类、醋及醋饮料

量取含酒类、醋或醋饮料 10.00 mL,加入 0.2 mL(100 mg/L)内标使用液,采用 5.1.2.2 方法直接萃取。

5.1.2 试样净化

5.1.2.1 除脂肪:移取上述试样提取液 10.00 mL,置 25 mL 具塞试管中,加入 10 mL 正己烷,涡旋振

荡 5 min，弃去上层有机相，重复进行两次。

5.1.2.2　萃取：将上述除脂肪后溶液加入适量氯化钠使溶液饱和。准确移取上述饱和后的试样提取液 5.00 mL，置于 15 mL 离心管中，用 0.1 mol/L 氢氧化钠溶液调节 pH 至 12.0。加入 5.0 mL 的正丁醇-三氯甲烷（1+1）混合溶液，涡旋振荡 5 min，3 600 r/min 离心 10 min，吸取上层有机相，再重复萃取两次，最后一步萃取用分液漏斗分离，合并萃取液，混匀，取 3.0 mL 萃取液并加入 0.2 mL 1 mol/L 盐酸，混合后 40 ℃水浴下氮气吹干，加入 1.0 mL 0.1 mol/L 盐酸使残留物溶解，待衍生。

5.2　生物胺的衍生

取上述待衍生的试样溶液 0.50 mL 置 10 mL 具塞试管中，加入 1.5 mL 饱和碳酸氢钠溶液、1.0 mL丹磺酰氯衍生溶液，振荡使混匀。置 60 ℃培养箱中反应 30 min，中间振荡两次，取出，分别加入 100 μL 谷氨酸钠（50 mg/mL 饱和碳酸氢钠溶液），振荡混匀，60 ℃保温 15 min。取出，每个试管中加入 1 mL 超纯水，在 40 ℃水浴下用氮气除去丙酮。加入 3 mL 乙醚，振荡 2 min，静置分层后，吸取出上层有机相（乙醚层），重复萃取两次，合并乙醚萃取液，氮气吹干。加入 1.0 mL 甲醇使残留物溶解，振荡混匀，0.22 μm 滤膜针头滤器过滤，滤液待测。

分别移取 0.50 mL 生物胺标准系列溶液，分别置 10 mL 具塞试管中，依次加入 20 μL（100 mg/L）内标使用液，加入 1.5 mL 饱和碳酸氢钠溶液、1.0 mL 丹磺酰氯衍生溶液，振荡使混匀。自“置 60 ℃培养箱中……”，以下操作同试样的衍生步骤。

5.3　液相色谱参考条件

色谱柱为 C_{18} 柱（150 mm×4.6 mm 内径，5 μm），紫外检测波长 254 nm，进样量 20 μL，柱温 30 ℃，流动相 A 为甲醇溶液，B 为超纯水，流速：1.5 mL/min。梯度洗脱程序见表 1。

表 1　梯度洗脱程序表

组成	时间/min								
	0	7	14	20	27	30	35	36	45
流动相 A	55	65	70	70	90	100	100	55	55
流动相 B	45	35	30	30	10	0	0	45	45

5.4　测定

分别吸取上述标准系列和试样的衍生溶液注入高效液相色谱仪中，测定，记录色谱图，色谱图参见附录 A。

6　结果计算

计算各生物胺和内标的峰面积比，以标准系列溶液的质量（μg）为纵坐标，以各生物胺和内标的峰面积比为横坐标，绘制标准曲线，按式（1）计算试样中生物胺含量。

$$\rho = \frac{m_1 \times f}{m} \qquad \cdots\cdots(1)$$

式中：

ρ——试样中生物胺的含量，单位为毫克每千克或毫克每升（mg/kg 或 mg/L）；

m_1——试样中各生物胺色谱峰与内标色谱峰的峰面积比值对应的生物胺质量，单位为微克（μg）；

f——试样稀释倍数；

m——取样量，单位为克或毫升（g 或 mL）。

计算结果保留三位有效数字。

7　精密度

在重复性条件下获得的两次独立测定结果的绝对差值不得超过算术平均值的 10%。

附 录 A
（资料性附录）
生物胺及内标标准溶液衍生物的 HPLC 色谱图

8 种生物胺及内标标准溶液衍生物的 HPLC 色谱图见图 A.1。

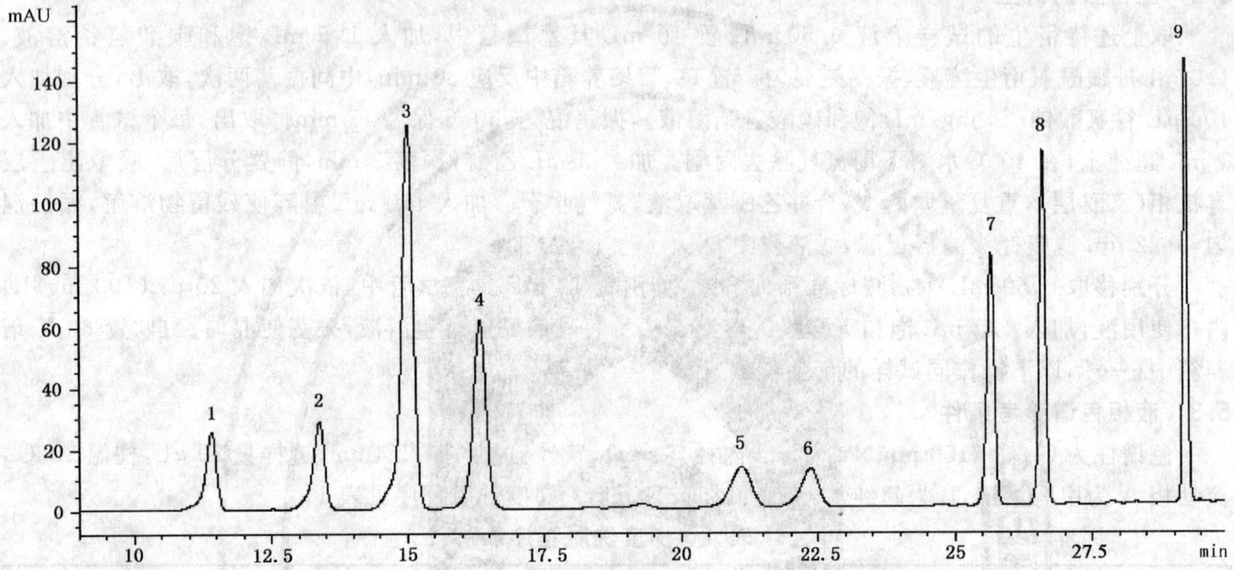

1——色胺；
2——β-苯乙胺；
3——腐胺；
4——尸胺；
5——组胺；
6——1,7 二氨基庚烷(内标)；
7——酪胺；
8——亚精胺；
9——精胺。

图 A.1 8 种生物胺及内标标准溶液衍生物的色谱图

ICS 67.040
C 53

中华人民共和国国家标准

GB/T 5009.209—2008

谷物中玉米赤霉烯酮的测定

Determination of zearalenone in cereals

2008-11-21 发布　　2009-03-01 实施

中华人民共和国卫生部
中国国家标准化管理委员会　发布

前言

本标准由中华人民共和国卫生部提出并归口。

本标准由中华人民共和国卫生部负责解释。

本标准由中华人民共和国辽宁出入境检验检疫局、中国疾病预防控制中心营养与食品安全所负责起草,北京中检维康技术有限公司参加起草。

本标准主要起草人:隋凯、李凤琴、李军、罗雪云、李莉、孙兴权。

谷物中玉米赤霉烯酮的测定

1 范围

本标准规定了谷物中玉米赤霉烯酮的测定方法。

本标准适用于谷物(玉米、小麦等)中玉米赤霉烯酮的测定。

本标准方法检出限为 5 μg/kg。

2 原理

试样中的玉米赤霉烯酮用乙腈-水提取后,提取液经免疫亲和柱净化、浓缩后,用配有荧光检测器的液相色谱仪进行测定,外标法定量。

3 试剂和材料

除另有规定外,所用试剂均为分析纯,水为蒸馏水或相当纯度的去离子水。

3.1 甲醇(CH_3OH):HPLC 级。

3.2 乙腈(CH_3CN):HPLC 级。

3.3 乙腈-水(9+1):取 90 mL 乙腈加 10 mL 水。

3.4 氯化钠(NaCl)。

3.5 玉米赤霉烯酮免疫亲和柱。

3.6 玻璃纤维滤纸。

3.7 玉米赤霉烯酮(zearalenone)标准品:纯度≥98%。

3.8 玉米赤霉烯酮标准溶液:准确称取适量的玉米赤霉烯酮标准品,用乙腈配成浓度为 0.1 mg/mL 的标准储备液,-20 ℃冰箱中避光保存。使用前用流动相稀释成适当浓度的标准工作液。

4 仪器和设备

4.1 液相色谱仪配有荧光检测器。

4.2 粉碎机。

4.3 高速均质器。

4.4 氮吹仪。

4.5 空气压力泵。

4.6 玻璃注射器:20 mL。

4.7 天平:感量 0.000 1 g。

5 分析步骤

5.1 提取

称取 40 g 粉碎试样(精确到 0.01 g)置于 250 mL 具塞锥形瓶中,加入 4 g 氯化钠和 100 mL 乙腈-水(9+1),以均质器高速搅拌提取 2 min,通过折叠快速定性滤纸过滤,移取 10.0 mL 滤液并加入 40.0 mL 水稀释混匀,经玻璃纤维滤纸过滤 1 次~2 次,至滤液澄清后进行免疫亲和柱净化操作。

5.2 净化

将免疫亲和柱连接于 20 mL 玻璃注射器下。准确移取 10.0 mL(相当于 0.8 g 样品[1])5.1 的提取滤液,注入玻璃注射器中,将空气压力泵与玻璃注射器连接,调节压力使溶液以 1 滴/s～2 滴/s 的流速缓慢通过免疫亲和柱,直至有部分空气通过柱体。以 5 mL 水淋洗柱子 1 次,弃去全部流出液,并使部分空气通过柱体。准确加入 1.5 mL 甲醇(3.1)洗脱,流速为 1 mL/min,收集洗脱液于玻璃试管中,于 55 ℃以下氮气吹干后,用 1.0 mL 流动相[5.3.1 b)]溶解残渣,供液相色谱测定。

5.3 测定

5.3.1 液相色谱条件

a) 色谱柱:C_{18}柱,150 mm×4.6 mm(内径),粒度 4 μm,或相当者;

b) 流动相:乙腈-水-甲醇(46+46+8);

c) 流速:1.0 mL/min;

d) 检测波长:激发波长 274 nm,发射波长 440 nm;

e) 进样量:100 μL;

f) 柱温:室温。

5.3.2 色谱测定

分别取样液和标准溶液各 100 μL 注入高效液相色谱仪进行测定,以保留时间定性,峰面积定量。在上述色谱条件下,玉米赤霉烯酮的保留时间约为 3.4 min。玉米赤霉烯酮标准溶液色谱图见图 1。

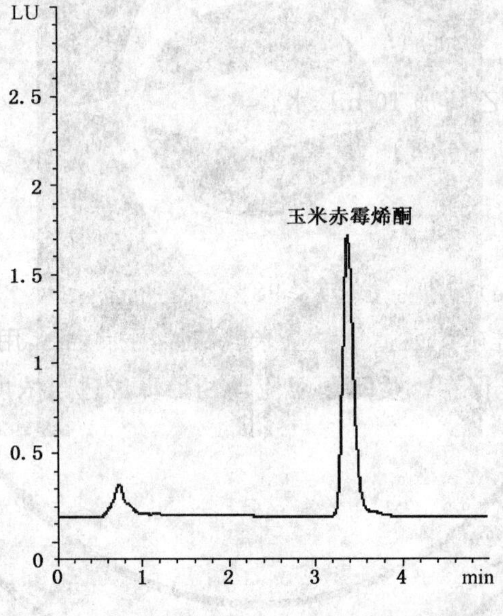

图 1 玉米赤霉烯酮标准品的液相色谱图

5.4 空白试验

除不加试样外,均按上述步骤进行。

5.5 结果计算

按外标法计算试样中玉米赤霉烯酮的含量,计算结果需将空白值扣除。见式(1):

$$X=\frac{1\,000\times(A-A_0)\times c\times V}{1\,000\times A_S\times m} \qquad \cdots\cdots(1)$$

式中:

X——试样中玉米赤霉烯酮的含量,单位为微克每千克(μg/kg);

1) 对于玉米赤霉烯酮含量较高的样品,可将提取滤液进行适当稀释,以保证玉米赤霉烯酮的含量不超过免疫亲和柱的最大毒素负荷量。

A——样液中玉米赤霉烯酮的峰面积；

A_0——空白样液中玉米赤霉烯酮的峰面积；

c——标准工作溶液中玉米赤霉烯酮的浓度，单位为微克每毫升（μg/mL）；

V——样液最终定容体积，单位为毫升（mL）；

m——最终样液所代表的试样量，单位为克（g）；

A_S——标准工作溶液中玉米赤霉烯酮的峰面积。

6 精密度

在重复性条件下获得的两次独立测定结果的绝对差值不得超过算术平均值的15%。

ICS 67.040
C 53

中华人民共和国国家标准

GB/T 5009.210—2008

食品中泛酸的测定

Determination of pantothenic acid in foods

2008-11-21 发布 2009-03-01 实施

中华人民共和国卫生部
中国国家标准化管理委员会 发布

前　言

本标准修改采用国际分析家学会(AOAC INTERNATIONAL)中 AOAC 945.74《维生素预混料中泛酸的测定》(Pantothenic acid in vitamin preparations)。

本标准与 AOAC 945.74 相比主要差异为:

——修改了试样提取步骤;

——增加了试样酶解处理;

——扩大了适用范围。

本标准的附录 A 为资料性附录。

本标准由中华人民共和国卫生部提出并归口。

本标准由中华人民共和国卫生部负责解释。

本标准起草单位:中国疾病预防控制中心营养与食品安全所、辽宁省疾病预防控制中心、浙江省医学科学院、北京市营养源研究所。

本标准主要起草人:王竹、杨晶明、张旭、马景宏、唐靓、唐华澄、王克诚。

食品中泛酸的测定

1 范围

本标准规定了食品中泛酸的测定方法。

本标准适用于食品中泛酸的测定。

本标准的检出限:食品,当称样量为 5 g 时,检出限为 250 μg/100 g;营养素补充剂等,当称样量为 1 g 时,检出限为 200 μg/100 g。

2 规范性引用文件

下列文件中的条款通过本标准的引用而成为本标准的条款。凡是注日期的引用文件,其随后所有的修改单(不包括勘误的内容)或修订版均不适用于本标准,然而,鼓励根据本标准达成协议的各方研究是否可使用这些文件的最新版本。凡是不注日期的引用文件,其最新版本适用于本标准。

GB/T 6682　分析实验室用水规格和试验方法(GB/T 6682—2008,ISO 3696:1987,MOD)

3 原理

泛酸是植物乳杆菌 *Lactobacillus plantarum*(ATCC 8014)生长所必需的营养素,在一定控制条件下,植物乳杆菌的生长响应与培养基中泛酸含量呈线性关系。用比浊法测定试样液中细菌增殖后的混浊度,通过与标准曲线相比较计算出试样中泛酸的含量。

4 试剂

除另有说明外,所用试剂均为分析纯,实验用水为 GB/T 6682 规定的二级水。

4.1 冰乙酸($C_2H_4O_2$)。

4.2 三水合乙酸钠($C_2H_3O_2Na \cdot 3H_2O$)。

4.3 氢氧化钠(NaOH)。

4.4 盐酸(HCl)。

4.5 三羟甲基氨基甲烷[Tri (hydroxymethyl) aminomethane,$C_4H_{11}NO_3$]。

4.6 碳酸氢钾($KHCO_3$)。

4.7 碳酸钠(Na_2CO_3)。

4.8 磷酸氢二钾(K_2HPO_4)。

4.9 磷酸二氢钾($KH_2PO_4 \cdot 3H_2O$)。

4.10 硫酸镁($MgSO_4 \cdot 7H_2O$)。

4.11 氯化钠(NaCl)。

4.12 硫酸亚铁($FeSO_4 \cdot 7H_2O$)。

4.13 硫酸锰($MnSO_4 \cdot H_2O$)。

4.14 无水乙醇(C_2H_6O)。

4.15 Dowex 1X8[1),200 目～400 目。

---

1) 由 Fluck 公司提供的产品的商品名。给出这一信息是为了方便本标准的使用者,并不表示对该产品的认可。如果其他等效产品具有相同的效果,则可使用这些等效的产品。

4.16 碱性磷酸酶(alkaline phosphatase)[2]。

4.17 鸽子肝脏丙酮提取物(liver acetone powder)[2]。

4.18 D-泛酸钙($C_{18}H_{32}CaN_2O_{10}$):纯度>98%。

4.19 葡萄糖($C_6H_{12}O_6$)。

4.20 蛋白胨(peptone)。

4.21 酵母提取物(yeast extract)。

4.22 琼脂。

4.23 甲苯(C_7H_8)。

4.24 溴麝香草酚蓝($C_{27}H_{28}Br_2O_5S$):指示剂。

4.25 溴甲酚绿($C_{21}H_{14}Br_4O_5S$):指示剂。

4.26 乙酸溶液(0.2 mol/L):吸取 11.8 mL 冰乙酸(4.1),加水稀释至 1 000 mL。

4.27 乙酸钠溶液(0.2 mol/L):称取 27.2 g 三水合乙酸钠(4.2),加水溶解并稀释至 1 000 mL。

4.28 氢氧化钠溶液(1 mol/L):称取 4.0 g 氢氧化钠(4.3),加水溶解并稀释至 100 mL。

4.29 氢氧化钠溶液(0.1 mol/L):称取 0.4 g 氢氧化钠(4.3),加水溶解并稀释至 100 mL。

4.30 盐酸溶液(1 mol/L):吸取 83 mL 盐酸(4.4),用水稀释至 1 000 mL。

4.31 Tris 缓冲液:称取 121 g 三羟甲基氨基甲烷(4.5)溶于 500 mL 水中,用冰乙酸(4.1)调 pH 至 8.0~8.3,加水至 1 000 mL,贮存于 2 ℃~4 ℃冰箱中,可保存两周。

4.32 生理盐水:称取 9 g 氯化钠(4.11)溶于 1 000 mL 水中。临用前,取生理盐水分装于 2 支~4 支试管中,每支约加 10 mL,塞好棉塞,于 121 ℃高压灭菌 10 min 后备用。

4.33 乙醇溶液(1+4):量取 200 mL 无水乙醇(4.14)与 800 mL 水混匀。

4.34 碳酸钠溶液(0.08 mol/L):称取 0.85 g 碳酸钠(4.7),加水溶解并稀释至 100 mL。

4.35 碱性磷酸酶溶液:称取 2 g 碱性磷酸酶(4.16)加水溶解并稀释至 100 mL。临用现配,用前 2 ℃~4 ℃冰箱冷藏。

4.36 碳酸氢钠溶液(0.02 mol/L):称取 1 g 碳酸氢钾(4.6),加水溶解并稀释至 500 mL。混匀。

4.37 活化 Dowex 1X8:称取 100 g Dowex 1X8(4.15)于锥形瓶中,加入 1 L 盐酸溶液(4.30) 于振荡器上充分振摇 10 min,用铺有滤纸的布氏漏斗过滤。再加入 1 L 盐酸溶液重复振摇、过滤。加入 1 L 水振摇 10 min,过滤,用水洗涤 Dowex 1X8 10 次。逐滴加入 Tris 缓冲液(4.31)调节 Dowex 1X8 pH 至8.0。2 ℃~4 ℃冰箱保存,两天内用完。

4.38 鸽子肝脏提取液:配制此试剂前一天将所用容器放入 2 ℃~4 ℃冰箱中冷藏过夜。

4.38.1 称取 30 g 鸽子肝脏丙酮提取物(4.17)放入冷的研钵中,冰浴条件下分两次加入 300 mL 碳酸氢钾溶液(4.36)研磨至匀浆,转入预冷的具塞离心管中,盖好塞后充分振摇,−20 ℃ 冷冻 10 min 后以 3 000 r/min 离心 5 min,将上清液转至 500 mL 预冷的广口瓶中。

4.38.2 加 150 g 活化 Dowex 1X8(4.37),放入冰浴中振摇 5 min,将混合液倒入离心管中,3 000 r/min 离心 5 min。将上清液移入另一 500 mL 预冷的广口瓶中,−20 ℃冷冻 10 min。

4.38.3 重复 4.38.2 步骤操作一次。将上清液分装于具塞试管中(每管大约 3 mL),−20 ℃冷冻保存。用前化冻并保存于 2 ℃~ 4 ℃冰箱内直至用时。

4.39 泛酸标准储备液(40.0 μg/mL):精确称取 43.5 mg 预干燥至恒重的 D-泛酸钙(4.18)于 1 000 mL 容量瓶中,用约 500 mL 水溶解,加入 10 mL 乙酸溶液(4.26),100 mL 乙酸钠溶液(4.27),用水定容至刻度。加入 3 滴~5 滴甲苯(4.23)于 2 ℃~4 ℃冰箱中贮存两年。

---

2) 由 Sigma 公司提供的产品。给出这一信息是为了方便本标准的使用者,并不表示对该产品的认可。如果其他等效产品具有相同的效果,则可使用这些等效的产品。

4.40　泛酸标准中间液(1.00 μg/mL):准确吸取 25.0 mL 泛酸标准储备液(4.39)置于 1 000 mL 容量瓶中,加入 10 mL 乙酸溶液(4.26),100 mL 乙酸钠溶液(4.27),用水定容至刻度。加入 3 滴~5 滴甲苯(4.23)于 2 ℃~4 ℃冰箱中贮存一年。

4.41　泛酸标准工作液(0.020 μg/mL):准确吸取 2.00 mL 泛酸标准中间液(4.40)置于 100 mL 容量瓶中,用水定容至刻度。此标准工作液现用现配。

4.42　溴麝香草酚蓝溶液:称取 0.1 g 溴麝香草酚蓝(4.24)于研钵中,加 1.6 mL 0.1 mol/L 氢氧化钠溶液(4.29)研磨,加少许水继续研磨至完全溶解,用水稀释至 250 mL。此指示剂变色终点为草绿色(pH 6.8)。

4.43　溴甲酚绿溶液:称取 0.1 g 溴甲酚绿(4.25)于小研钵中,加 1.4 mL 0.1 mol/L 氢氧化钠溶液研磨(4.29),加少许水继续研磨,直至完全溶解,用水稀释至 250 mL。此指示剂变色终点为草绿色(pH 4.5)。

4.44　甲盐溶液:分别称取 25 g 磷酸氢二钾(4.8)和 25 g 磷酸二氢钾(4.9),加水溶解并稀释至 500 mL。加入 3 滴~5 滴甲苯,2 ℃~4 ℃冰箱可保存一年。

4.45　乙盐溶液:分别称取 10 g 硫酸镁(4.10)、0.5 g 氯化钠(4.11)、0.5 g 硫酸亚铁(4.12)和 0.5 g 硫酸锰(4.13),加水溶解并稀释至 500 mL。加 5 滴盐酸(4.4),2 ℃~ 4 ℃冰箱保存一年。

4.46　基础培养液:可按附录 A 配制泛酸测定用基础培养液。也可直接由试剂公司购买泛酸培养基干粉(pantothenate medium)[3],用前根据需要量按说明书配制,效力相当。

4.47　菌种储备用琼脂培养基:按表 1 各成分用量称取或吸取后,加水至 100 mL,沸水浴加热至琼脂完全溶化。趁热以溴麝香草酚蓝为外指示剂,用 1 mol/L 盐酸溶液(4.30)调节指示剂呈草绿色(pH 6.8),如过量用 1 mol/L 氢氧化钠溶液(4.28)回调 pH 至 6.8。尽快分装于试管中,每管 3 mL~5 mL,视试管内径粗细而定,液面高度不得低于 2 cm。塞上棉塞,121 ℃高压灭菌 10 min,取出后直立放置,待冷却后于冰箱内保存。

表 1　菌种储备用培养基配制一览表

试剂	用量
葡萄糖	1.0 g
蛋白胨	0.8 g
酵母提取物	0.2 g
三水合乙酸钠	1.7 g
甲盐溶液	0.2 mL
乙盐溶液	0.2 mL
琼脂	1.2 g

5　仪器和设备

5.1　天平:感量 0.1 mg。

5.2　电热恒温培养箱:37 ℃±1 ℃。

5.3　压力蒸汽消毒器。

5.4　旋涡混匀器。

5.5　离心机。

3)　由 Difco 公司提供的产品。给出这一信息是为了方便本标准的使用者,并不表示对该产品的认可。如果其他等效产品具有相同的效果,则可使用这些等效的产品。

5.6 振荡器。

5.7 接种针和接种环。

5.8 pH 计：精度±0.01。

5.9 分光光度计。

5.10 超净工作台。

6 菌种的制备与保存

6.1 菌种：植物乳杆菌 *Lactobacillus plantarum*（ATCC 8014）。

6.2 储备菌种的制备：将植物乳杆菌 *Lactobacillus plantarum*（ATCC 8014）菌种接种于菌种储备用琼脂培养基（4.47）中，在 37 ℃±1 ℃恒温箱中培养 16 h～24 h，取出后放入 2 ℃～4 ℃冰箱中保存。至少每隔 7 d 传种一次。保存数周以上的储备菌种，不能立即用作接种液制备，需在使用前每天接种一次，连续传代 2 次～3 次后方可使用，以增加细菌活力，提高细菌的灵敏度。

6.3 接种液的制备：试验前一天，取 2 mL 泛酸标准工作液和 3 mL 基础培养液混合，分装于两支 10 mL 离心管中，塞好棉塞，于 121 ℃高压灭菌 10 min 后即为种子培养液。将培养 16 h～24 h 的植物乳杆菌 *Lactobacillus plantarum*（ATCC 8014）储备菌种转种至两支种子培养液中，于 37 ℃±1 ℃恒温培养箱中培养 16 h～20 h。取出后 3 000 r/min 离心 10 min，弃上清液，用已灭菌的生理盐水淋洗两次，3 000 r/min 离心 10 min，弃上清液。再加入 3 mL 灭菌生理盐水，混匀后立即使用。

7 测定步骤

所有操作均需避光进行。

7.1 试样提取

7.1.1 食品（包括各类食品及以食物为基质的营养强化食品和保健食品）

7.1.1.1 水解：准确称取适量试样至 100 mL 锥形瓶中（精确至 0.001 g），使泛酸含量大致在 50 μg～200 μg。一般固体试样称取 2 g～5 g；液体试样称取 5 g～10 g；营养强化或保健食品试样称取 0.3 g～2 g。加 10 mL Tris 缓冲液（4.31）、30 mL 水，混匀。于 121 ℃高压条件下水解 15 min。冷却至室温，转移至 100 mL 容量瓶中，用水定容至刻度（V_1），过滤。

7.1.1.2 酶解：吸取 1.0 mL 水解液（V_2）于 25 mL 具塞刻度试管底部，在冰浴条件下，分别小心加入预冷的 0.1 mL 碳酸氢钠溶液（4.35）、0.4 mL 碱性磷酸酶溶液、0.2 mL 鸽子肝脏提取液和 0.4 mL 水。分别小心混匀每个试管，避免混合物粘附于试管壁，加 1 滴甲苯，37 ℃±1 ℃温箱中培养过夜（4 h 以上）。加水至 20 mL，以溴甲酚绿溶液为外指示剂，用冰乙酸调节 pH 至 4.5，加水定容至 25.0 mL（V_3），过滤。

7.1.1.3 调节 pH 值：吸取适量的澄清酶解液（2.0 mL～10.0 mL，V_4）于 25 mL 具塞刻度试管中，以溴麝香草酚蓝溶液为外指示剂，用 0.1 mol/L 氢氧化钠溶液（4.29）调节 pH 至 6.8，用水定容至 25.0 mL（V_5）。根据试样中泛酸含量必要时用水对试样提取液进行稀释（f），使稀释后试样提取液中泛酸浓度在 0.02 μg/mL～0.03 μg/mL 范围内。

7.1.1.4 酶空白液：另取一试管分别加入 1.0 mL Tris 缓冲液、0.1 mL 碳酸氢钠溶液、0.4 mL 碱性磷酸酶溶液、0.2 mL 鸽子肝脏提取液和 0.4 mL 水，混匀后于 37 ℃±1 ℃温箱中培养过夜。以溴麝香草酚蓝为外指示剂，用 0.1 mol/L 氢氧化钠溶液调节 pH 至 6.8，加水定容至 25.0 mL，即为酶空白液。

7.1.2 营养素补充剂、强化剂、维生素预混料等

固体准确称取 0.300 g～1.000 g，液体准确吸取 3.0 mL～10.0 mL，转入 100 mL 锥形瓶中，加入乙醇溶液（1+4）80 mL，振摇提取过夜（4 h 以上至试样完全溶解），用水定容至 100 mL（V_1）。根据试样中泛酸含量用水对进行适当稀释（f），使稀释后试样提取液中泛酸浓度在 0.02 μg/mL～0.03 μg/mL 范围内。

7.2 测定管制备

7.2.1 试样管和酶空白管:取四支试管,分别加入 1.0 mL、2.0 mL、3.0 mL、4.0 mL 试样酶解液(V_6)或酶空白液(V_0),补水至体积为 5.0 mL,再加入 5.0 mL 基础培养液(4.46),混匀。

7.2.2 标准系列管:分别吸取泛酸标准工作液 0.0 mL、1.0 mL、2.0 mL、3.0 mL、4.0 mL、5.0 mL 于试管中,相当于标准系列管中泛酸含量为 0.0 μg、0.020 μg、0.040 μg、0.060 μg、0.080 μg、0.100 μg 泛酸。加水至 5.0 mL,再加入 5.0 mL 基础培养液(4.46),混匀。为保证标准曲线的线性关系,至少应制备两套标准系列管,绘制标准曲线时,以每点的均值计算。

7.3 培养

7.3.1 灭菌:将所有测定管塞好棉塞,于 121 ℃高压灭菌 10 min。

7.3.2 接种和培养:待试管冷却至室温后,在无菌操作条件下,每管接种一滴接种液。置于 37 ℃±1 ℃恒温培养箱中培养 16 h~20 h,直至达到最大混浊度,即再培养 2 h 透光率变化不超过 2%。另准备一支标准管(含 0.0 μg 泛酸)不接种作为对照。

7.4 测定

将培养好的试样管、酶空白管、标准系列管用旋涡混匀器混匀。用厚度为 1 cm 比色杯，在 640 nm 处,以未接种的标准管调节透光率为 100%,然后依次测定标准系列管、试样管和酶空白管的透光率。如果接种后标准系列管中的 0 管透光率在 90%以下,或与未接种的标准管相比标准系列管透光率最大变化量在 40 %以下时,说明有杂菌或不明来源的泛酸混入,需重做实验。

7.5 结果计算

以标准系列管泛酸含量为横坐标、透光率为纵坐标,绘制标准曲线。从标准曲线查得试样管和酶空白管中泛酸的相应含量,如果每个试样的四支试样管中有两支以上泛酸含量在 0.02 μg~0.1 μg 范围内,则可继续进行结果计算,否则需重新取样测定。

食品试样首先按式(1)计算酶空白液中泛酸含量,然后按式(2)计算试样中泛酸含量。

$$m = \frac{m_0 \times 25}{V_0} \quad \cdots\cdots\cdots\cdots (1)$$

式中:

m——酶空白液中泛酸含量,单位为微克(μg);

m_0——从标准曲线上查得酶空白管中泛酸含量,单位为微克(μg);

25——酶空白液总体积,单位为毫升(mL);

V_0——制备酶空白管时吸取的酶空白液体积,单位为毫升(mL)。

$$X = \frac{\left(\frac{m_1}{V_6} \times \frac{V_5}{V_4} \times V_3 \times f - m\right) \times V_1}{m_2 \times V_2} \times \frac{100}{1\,000} \quad \cdots\cdots\cdots\cdots (2)$$

式中:

X——试样中泛酸含量,单位为毫克每百克(mg/100 g);

m_1——从标准曲线上查得试样管中泛酸含量,单位为微克(μg);

V_6——制备试样管时吸取的试样稀释液体积,单位为毫升(mL);

V_5——试样稀释液的定容体积,单位为毫升(mL);

V_4——试样稀释时吸取的酶解液体积,单位为毫升(mL);

V_3——试样酶解液的定容体积,单位为毫升(mL);

f——试样稀释倍数;

m——酶空白液中泛酸含量,单位为微克(μg);

V_1——试样水解液的定容体积,单位为毫升(mL);

m_2——试样质量,单位为克(g);

V_2——试样酶解时吸取的水解液体积,单位为毫升(mL);

$\frac{100}{1\,000}$——由微克每克(μg/g)换算为毫克每百克(mg/100 g)的系数。

营养素补充剂、强化剂、维生素预混料等试样按式(3)计算泛酸含量。

$$X=\frac{m_1 \times V_1 \times f}{m_2 \times V_6} \times \frac{100}{1\,000} \qquad \cdots\cdots(3)$$

式中：

X——试样中泛酸含量，单位为毫克每百克(mg/100 g)；

m_1——从标准曲线上查得试样管中泛酸含量，单位为微克(μg)；

V_1——试样水解液的定容体积，单位为毫升(mL)；

f——试样稀释倍数；

m_2——试样质量，单位为克(g)；

V_6——制备试样管时吸取的试样稀释液体积，单位为毫升(mL)；

$\frac{100}{1\,000}$——由微克每克(μg/g)换算为毫克每百克(mg/100 g)的系数。

8 精密度

在重复性条件下获得的两次独立测定结果的绝对差值不得超过算术平均值的15%。

附 录 A
（资料性附录）
泛酸测定用基础培养液的配制方法

A.1 试剂

A.1.1 不含维生素的酪蛋白(vitamin free casein)。

A.1.2 盐酸(HCl)。

A.1.3 盐酸溶液:3 mol/L,1 mol/L。

A.1.4 氢氧化钠($NaOH$)溶液:10 mol/L,1 mol/L。

A.1.5 活性炭。

A.1.6 硫酸腺嘌呤($C_{10}H_{10}N_{10} \cdot H_2SO_4$)。

A.1.7 盐酸鸟嘌呤($C_5H_5N_5O_5 \cdot HCl$)。

A.1.8 尿嘧啶($C_4H_4N_2O_2$)。

A.1.9 L-胱氨酸($C_6H_{12}N_2O_4S_2$)。

A.1.10 L-色氨酸或 DL-色氨酸($C_{11}H_{12}N_2O_2$)。

A.1.11 核黄素($C_{17}H_{20}N_4O_6$)。

A.1.12 盐酸硫胺素($C_{12}H_{17}ClN_4OS \cdot HCl$)。

A.1.13 生物素($C_{10}H_{16}N_2O_3S$)。

A.1.14 乙酸($C_2H_4O_2$)溶液:0.02 mol/L。

A.1.15 对氨基苯甲酸($C_7H_7NO_2$)。

A.1.16 尼克酸($C_6H_5NO_2$)。

A.1.17 盐酸吡哆醇($C_8H_{11}NO_3 \cdot HCl$)。

A.1.18 无水乙醇(C_2H_6O)。

A.1.19 乙醇溶液(1+3)。

A.1.20 聚山梨酯-80(吐温-80)。

A.1.21 无水葡萄糖($C_6H_{12}O_6$)。

A.1.22 三水合乙酸钠($C_2H_3O_2Na \cdot 3H_2O$)。

A.1.23 甲苯(C_7H_8)。

A.1.24 溴酚蓝($C_{19}H_{10}Br_4O_5S$)溶液:称取 0.1 g 溴酚蓝,用少量无水乙醇(A.1.18)溶解后,用乙醇稀释至 100 mL。此指示剂变色终点为草绿色(pH 3.5)。

A.1.25 溴麝香草酚蓝($C_{27}H_{28}Br_2O_5S$)溶液:按 4.42 配制。

A.1.26 酸解酪蛋白液:称取 50 g 不含维生素的酪蛋白(A.1.1)于 500 mL 烧杯中,加 200 mL 3 mol/L盐酸溶液(A.1.3),于 121 ℃高压水解 6 h。将水解物转移至蒸发皿内,在沸水浴上蒸发至膏状。加 200 mL 水使之溶解后再蒸发至膏状,如此反复 3 次,以除去盐酸。以溴酚蓝溶液作外指示剂,用 10 mol/L 氢氧化钠溶液(A.1.4)调节 pH 值至指示剂颜色转为草绿色(pH 3.5)。加 20 g 活性炭(A.1.5),振摇约 20 min,过滤。重复活性炭处理直至滤液呈淡黄色或无色。滤液加水稀释至 1 000 mL,加 1 mL~3 mL 甲苯(A.1.23),置 2 ℃~4 ℃冰箱中可保存一年。

注:每次蒸发时不可蒸干或焦糊,以避免所含营养素破坏。

A.1.27 腺嘌呤-鸟嘌呤-尿嘧啶溶液:分别称取硫酸腺嘌呤(A.1.6)、盐酸鸟嘌呤(A.1.7)和尿嘧啶(A.1.8)各 0.1 g 于 250 mL 烧杯中,加 75 mL 水和 2 mL 盐酸(A.1.2),加热使其完全溶解后冷却。若有沉淀产生,再加盐酸数滴,加热,如此反复直至冷却后无沉淀产生为止。用水稀释至 100 mL,加

3 滴～5 滴甲苯，贮存于棕色试剂瓶中，置 2 ℃～4 ℃冰箱中可保存一年。

A.1.28 胱氨酸-色氨酸溶液：分别称取 4 g L-胱氨酸（A.1.9）和 1 g L-色氨酸或 2 g DL-色氨酸（A.1.10）于 800 mL 水中，加热至 70 ℃～80 ℃，逐滴加入 3 mol/L 盐酸溶液（A.1.3），不断搅拌，直至完全溶解为止。冷却至室温后加水稀释至 1 000 mL。加 3 滴～5 滴甲苯，贮存于棕色试剂瓶中，于 2 ℃～4 ℃冰箱中可保存一年。

A.1.29 维生素液Ⅰ：分别称取 20 mg 核黄素（A.1.11）和 10 mg 盐酸硫胺素（A.1.12），加入 1.0 mL 生物素溶液（40 μg/mL），用 0.02 mol/L 乙酸溶液（A.1.14）溶解并定容至 1 000 mL。加入 3 滴～5 滴甲苯，贮存于棕色试剂瓶中，2 ℃～4 ℃冰箱可保存一年。

A.1.30 维生素液Ⅱ：分别称取 10 mg 对氨基苯甲酸（A.1.15）、50 mg 尼克酸（A.1.16）和 40 mg 盐酸吡哆醇（A.1.17），溶于 1 000 mL 乙醇溶液（A.1.19）中。加入 3 滴～5 滴甲苯，贮存于棕色试剂瓶中，2 ℃～4 ℃冰箱可保存一年。

A.1.31 聚山梨酯-80 溶液：将 25 g 聚山梨酯-80（A.1.20）用乙醇（A.1.18）溶解并稀释至 250 mL。2 ℃～4 ℃冰箱可保存一年。

A.1.32 甲盐溶液：按 4.44 配制。

A.1.33 乙盐溶液：按 4.45 配制。

A.2 基础培养液

配制 250 mL 基础培养液，按表 A.1 各成分用量吸取液体试剂，混合后加水 150 mL，依次加入固体试剂，煮沸搅拌 2 min。以溴麝香草酚蓝溶液为外指示剂，用 10 mol/L 或 1 mol/L 氢氧化钠溶液调节基础培养液 pH 值直至指示剂变为草绿色（pH 6.8）；如果指示剂变蓝说明加入的氢氧化钠溶液过量，以 1 mol/L 盐酸溶液回调指示剂至草绿色。加入乙盐溶液 5 mL，用水补至 250 mL。2 ℃～4 ℃冰箱内可保存 7 d。配制时可根据基础培养液用量按比例增减。

表 A.1 泛酸测定用基础培养液配制一览表

<table>
<tr><th colspan="2">试剂</th><th>用量</th><th colspan="2">试剂</th><th>用量</th></tr>
<tr><td rowspan="5">液体试剂</td><td>酸解酪蛋白液</td><td>25 mL</td><td rowspan="2">液体试剂</td><td>聚山梨酯-80 溶液</td><td>0.25 mL</td></tr>
<tr><td>腺嘌呤-鸟嘌呤-尿嘧啶溶液</td><td>5.0 mL</td><td>甲盐溶液</td><td>5.0 mL</td></tr>
<tr><td>维生素溶液Ⅰ</td><td>5.0 mL</td><td rowspan="3">固体试剂</td><td rowspan="2">无水葡萄糖</td><td rowspan="2">10 g</td></tr>
<tr><td>维生素溶液Ⅱ</td><td>5.0 mL</td></tr>
<tr><td>胱氨酸-色氨酸溶液</td><td>25 mL</td><td>三水合乙酸钠</td><td>8.3 g</td></tr>
</table>

ICS 67.040
C 53

中华人民共和国国家标准

GB/T 5009.211—2008

食品中叶酸的测定

Determination of folates in foods

2008-11-21 发布　　2009-03-01 实施

中华人民共和国卫生部
中国国家标准化管理委员会　发布

前　言

本标准修改采用国际分析家学会(AOAC INTERNATIONAL)中 AOAC 944.12《维生素预混料中叶酸的测定》(Folic acid in vitamin preparations)。

本标准与 AOAC 944.12 相比主要差异为:

——增加了普通食品试样提取步骤;

——扩大了适用范围。

本标准的附录 A 和附录 B 为资料性附录。

本标准由中华人民共和国卫生部提出并归口。

本标准由中华人民共和国卫生部负责解释。

本标准起草单位:中国疾病预防控制中心营养与食品安全所、辽宁省疾病预防控制中心、浙江省医学科学院、北京市营养源研究所。

本标准主要起草人:王竹、杨晶明、张旭、马景宏、唐靓、李跃中、王克诚。

食品中叶酸的测定

1 范围

本标准规定了食品中叶酸的测定方法。

本标准适用于食品中叶酸的测定。

本标准的检出限：普通食品，当称样量为 5 g 时，检出限为 2 μg/100 g；营养素补充剂、强化剂及预混料，当称样量为 1 g 时，检出限为 2 μg/100 g。

2 规范性引用文件

下列文件中的条款通过本标准的引用而成为本标准的条款。凡是注日期的引用文件，其随后所有的修改单(不包括勘误的内容)或修订版均不适用于本标准，然而，鼓励根据本标准达成协议的各方研究是否可使用这些文件的最新版本。凡是不注日期的引用文件，其最新版本适用于本标准。

GB/T 6682　分析实验室用水规格和试验方法(GB/T 6682—2008，ISO 3696:1987，MOD)

3 原理

叶酸是细菌生长所必需的营养素，在一定控制条件下，细菌的生长响应与培养基中叶酸含量呈线性关系。用比浊法测定试样液中细菌增殖后的混浊度，通过与标准曲线相比较计算出试样中叶酸的含量。

4 试剂

除另有说明外，所用试剂均为分析纯，实验用水为 GB/T 6682 规定的二级水。

4.1 甲苯(C_7H_8)。

4.2 磷酸钠($Na_3PO_4 \cdot 12H_2O$)。

4.3 磷酸氢二钠($Na_2HPO_4 \cdot 7H_2O$)。

4.4 抗坏血酸($C_6H_8O_6$)。

4.5 无水乙醇(C_2H_6O)。

4.6 氢氧化钠(NaOH)。

4.7 盐酸(HCl)。

4.8 鸡胰酶(chicken pancrease)[1)]。

4.9 木瓜蛋白酶(papain)[2)]。

4.10 淀粉酶(taka-diastase)[2)]。

4.11 叶酸($C_{19}H_{19}N_7O_6$)：纯度>98%。

4.12 葡萄糖($C_6H_{12}O_6$)。

4.13 蛋白胨(peptone)。

4.14 酵母提取物(yeast extract)。

---

1) 由 Difco 公司提供的产品。给出这一信息是为了方便本标准的使用者，并不表示对该产品的认可。如果其他等效产品具有相同的效果，则可使用这些等效的产品。

2) 由 Sigma 公司提供的产品。给出这一信息是为了方便本标准的使用者，并不表示对该产品的认可。如果其他等效产品具有相同的效果，则可使用这些等效的产品。

4.15 琼脂。

4.16 磷酸氢二钾(K_2HPO_4)。

4.17 磷酸二氢钾($KH_2PO_4 \cdot 3H_2O$)。

4.18 硫酸镁($MgSO_4 \cdot 7H_2O$)。

4.19 氯化钠(NaCl)。

4.20 硫酸亚铁($FeSO_4 \cdot 7H_2O$)。

4.21 硫酸锰($MnSO_4 \cdot H_2O$)。

4.22 溴麝香草酚蓝($C_{27}H_{28}Br_2O_5S$):指示剂。

4.23 磷酸缓冲液(0.05 mol/L,pH 6.8):分别称取 4.35 g 磷酸钠(4.2)和 10.39 g 磷酸氢二钠(4.3),用水溶解至 1 L。临用前按大约 5 g/L 的比例加入抗坏血酸(4.4),使 pH 值为 6.8。

4.24 乙醇溶液(1+4):量取 200 mL 乙醇(4.5)与 800 mL 水混匀。

4.25 氢氧化钠乙醇溶液(0.01 mol/L):称取 0.4 g 氢氧化钠(4.6)用乙醇溶液(1+4)(4.24)溶解并稀释至 1 000 mL。

4.26 氢氧化钠溶液(1 mol/L):称取 4 g 氢氧化钠(4.6),加水溶解并稀释至 100 mL。

4.27 盐酸溶液(1 mol/L):吸取 8.4 mL 盐酸(4.7),用水稀释至 100 mL。

4.28 鸡胰酶液:称取 100 mg 鸡胰酶(4.8),加入 20 mL 磷酸缓冲液(4.23),研磨至匀浆。现用现配。

4.29 蛋白酶-淀粉酶液:分别称取 200 mg 木瓜蛋白酶(4.9)和淀粉酶(4.10),加入 20 mL 磷酸缓冲液(4.23)研磨至匀浆。现用现配。

4.30 叶酸标准储备液(20.0 μg/mL):精确称取 20.0 mg 叶酸(4.11)置于 1 L 容量瓶中,用氢氧化钠乙醇溶液(4.25)溶解并定容至刻度。储存于棕色瓶中,2 ℃～4 ℃冰箱保存两年。当叶酸(4.11)纯度不够或储存时间超过半年以上时,需按附录 A 进行浓度标定后再使用。

4.31 叶酸标准中间液(20.0 ng/mL):准确吸取 1.00 mL 叶酸标准储备液(4.30)置于 1 L 容量瓶中,用氢氧化钠乙醇溶液(4.25)稀释并定容至刻度,混匀后储存于棕色瓶中 2 ℃～4 ℃冰箱保存一年。

4.32 叶酸标准工作液(0.200 ng/mL):临用前吸取 1.00 mL 叶酸标准中间液(4.31),置于 100 mL 容量瓶中,用水稀释定容至刻度。临用前现配。

4.33 甲盐溶液:分别称取 25 g 磷酸氢二钾(4.16)和 25 g 磷酸二氢钾(4.17),加水溶解并稀释至 500 mL。加入 3 滴～5 滴甲苯,2 ℃～ 4 ℃冰箱可保存一年。

4.34 乙盐溶液:分别称取 10 g 硫酸镁(4.18)、0.5 g 氯化钠(4.19)、0.5 g 硫酸亚铁(4.20)和 0.5 g 硫酸锰(4.21),加水溶解并稀释至 500 mL。加 5 滴盐酸(4.7),2 ℃～ 4 ℃冰箱保存一年。

4.35 溴麝香草酚蓝溶液:称取 0.1 g 溴麝香草酚蓝(4.22)于研钵中,加 1.6 mL 0.1 mol/L 氢氧化钠溶液研磨,加少许水继续研磨至完全溶解,用水稀释至 250 mL。此指示剂变色终点为草绿色(pH 6.8)。

4.36 基础培养液:可按附录 B 配制叶酸测定用基础培养液,也可直接由试剂公司购买叶酸测定培养基干粉(folic acid casein medium)[3],用前根据需要量按说明书配制。效力相当。

4.37 菌种储备用琼脂培养基:按表 1 各成分用量称取或吸取混合后,加水至 100 mL,沸水浴加热至琼脂完全溶化。趁热以溴麝香草酚蓝为外指示剂,用 1 mol/L 盐酸溶液(4.27)调节 pH 至指示剂呈草绿色,如过量用 1 mol/L 氢氧化钠溶液(4.26)回调 pH 至 6.8。尽快分装于试管中,每管 3 mL～5 mL,视试管内径粗细而定,液面高度不得低于 2 cm。塞上棉塞,121 ℃高压灭菌 10 min,取出后直立放置,待冷却后于冰箱内保存。

---

3) 由 Difco 公司提供的产品商品名。给出这一信息是为了方便本标准的使用者,并不表示对该产品的认可。如果其他等效产品具有相同的效果,则可使用这些等效的产品。

表1 菌种储备用琼脂培养基配制一览表

试 剂	用 量
葡萄糖	1.0 g
蛋白胨	0.8 g
酵母提取物干粉	0.2 g
三水合乙酸钠	1.7 g
甲盐溶液	0.2 mL
乙盐溶液	0.2 mL
琼脂	1.2 g

5 仪器和设备

5.1 天平:感量 0.1 mg。

5.2 电热恒温培养箱:37 ℃±1 ℃。

5.3 压力蒸汽消毒器。

5.4 旋涡混匀器。

5.5 离心机。

5.6 接种针和接种环。

5.7 pH 计:精度±0.01。

5.8 分光光度计。

5.9 超净台。

6 菌种的制备与保存

6.1 菌种:干酪乳杆菌 *Lactobacillus casei*(ATCC 7469)。

6.2 储备菌种的制备:将干酪乳杆菌菌种转接至菌种储备用琼脂培养基(4.37)中,在 37 ℃±1 ℃恒温培养箱中培养 16 h~24 h。取出后放入 2 ℃~4 ℃冰箱中保存,至少每隔 7 d 传种一次。保存数周以上的储备菌种,不能立即用作接种液制备,需在使用前每天接种一次,连续传代 2 次~3 次后方可使用,以增加细菌活力,提高细菌的灵敏度。

6.3 接种液的制备:试验前一天,取 1 mL 叶酸标准工作液和 10 mL 基础培养液混匀,分装至四支 5 mL离心管中,塞上棉塞,于 121 ℃高压灭菌 15 min 后即为种子培养液。冷却后用接种环将培养了 16 h~24 h的干酪乳杆菌储备菌种转种至两支种子培养液中,于 37 ℃±1 ℃恒温培养箱中培养 16 h~20 h。取出后将种子培养液混悬,无菌操作下吸取 0.2 mL 转种至另两支已消毒的种子培养液中,于 37 ℃±1 ℃再培养 6 h。振荡混匀,制成菌种混悬液,立即使用。

7 测定步骤

所有操作均需避光进行。

7.1 试样提取

7.1.1 普通食品:准确称取适量试样(约含 0.2 μg~2 μg 叶酸),精确至 0.001 g。一般谷薯类、肉类、鱼类、乳类、果蔬、藻类 2 g~5 g;蛋类、豆类、坚果类、饲料等 1 g ~3 g;内脏 0.2 g~1 g;半流质或流质 5 g~10 g。转入 100 mL 锥形瓶中,加 30 mL 磷酸缓冲液(4.23),振摇后于 121 ℃高压水解 15 min,取出冷却至室温。加入 1 mL 鸡胰酶液(4.28),如试样中含有蛋白质、淀粉需另加入 1 mL 蛋白酶-淀粉酶液(4.29)。加入 3 滴~5 滴甲苯,充分混合,置于 37 ℃ ± 1 ℃恒温培养箱内酶解 16 h~20 h。取出,转入 100 mL 容量瓶,加水定容至刻度,过滤。另取一支 25 mL 刻度试管,加入 15 mL 磷酸缓冲液,1 mL 鸡胰酶液和(或)1 mL 蛋白酶-淀粉酶液,混合,同试样一起温育后,加水定容至 25.0 mL 后过滤,此为酶空白液。

7.1.2 营养素补充剂、强化剂及预混料:准确称取 0.1 g～0.5 g 试样,精确至 0.001 g,转入 100 mL 容量瓶中,加入 80 mL 氢氧化钠乙醇溶液(4.25)振摇提取过夜(4 h 以上),用水定容至刻度。

7.2 稀释

如有必要,用水对试样提取液进行适当稀释,使稀释后试样提取液中叶酸含量在 0.2 ng/mL～0.4 ng/mL 范围内。

7.3 测定管制备

7.3.1 试样管和酶空白管:取三支试管,分别加入试样提取液或酶空白液 0.5 mL、1.0 mL、2.0 mL,补水至 5.0 mL,加入 5.0 mL 基础培养液(4.36),混匀。

7.3.2 标准系列管:取试管分别加入叶酸标准工作液 0.00 mL、0.25 mL、0.50 mL、1.00 mL、1.50 mL、2.00 mL、2.50 mL、3.00 mL、4.00 mL 和 5.00 mL,加水至 5.00 mL,相当于标准系列管中叶酸含量为 0.00 ng、0.05 ng、0.10 ng、0.20 ng、0.30 ng、0.40 ng、0.50 ng、0.60 ng、0.80 ng、1.00 ng。加 5.0 mL 基础培养液(4.36),混匀。为保证标准曲线的线性关系,至少应制备两套标准系列管,绘制标准曲线时,以每点的均值计算。

7.4 培养

7.4.1 灭菌:将所有测定管塞好棉塞,于 121 ℃高压灭菌 15 min。

7.4.2 接种和培养:快速冷却试管至室温,在无菌操作条件下,每管接种一滴菌种混悬液。置于 37 ℃±1 ℃恒温培养箱中培养 20 h～40 h,直至获得最大混浊度,即再培养 2 h,透光率变化不超过 2%。另准备一支标准管(含 0.0 ng 叶酸)不接种作为对照。

7.5 测定

将培养好的试样管、酶空白管、标准系列管用旋涡混匀器混匀。用厚度为 1 cm 比色杯,于 540 nm 处,以未接种的标准管调节透光率为 100%,然后依次测定标准系列管、试样管和酶空白管的透光率。如果接种后标准系列管中的 0 管透光率在 90%以下,或与未接种的标准管相比标准系列管透光率最大变化量在 40%以下时,说明有杂菌或不明来源的叶酸混入,需重做实验。

7.6 结果计算

以标准系列管叶酸含量为横坐标、透光率为纵坐标,绘制标准曲线。从标准曲线查得试样管或酶空白管中叶酸的相应含量,如果每个试样的三支试样管中有两支叶酸含量落在 0.20 ng～1.0 ng 范围内则可继续按式(1)、式(2)进行结果计算,否则需重新取样测定。

酶空白液中叶酸含量按式(1)计算:

$$m_1 = \frac{m_2 \times 25}{V_0} \qquad \cdots\cdots(1)$$

式中:

m_1——鸡胰酶液或(和)蛋白酶-淀粉酶液中叶酸含量,单位为纳克(ng);

m_2——从标准曲线上查得酶空白管中叶酸含量,单位为纳克(ng);

25——酶空白液总体积,单位为毫升(mL);

V_0——制备酶空白管时吸取的酶空白液体积,单位为毫升(mL)。

试样中叶酸含量按式(2)计算:

$$X = \frac{\frac{m_3}{V_1} \times V_2 \times f - m_1}{m} \times \frac{100}{1\,000} \qquad \cdots\cdots(2)$$

式中:

X——试样中叶酸含量,单位为微克每百克(μg/100 g);

m_3——从标准曲线上查得试样管中叶酸含量，单位为纳克(ng)；

V_1——制备试样管时吸取的试样液体积，单位为毫升(mL)；

V_2——试样提取液定容体积，单位为毫升(mL)；

f——试样液稀释倍数；

m_1——鸡胰酶液或(和)蛋白酶-淀粉酶液中叶酸含量，单位为纳克(ng)；

m——试样质量，单位为克(g)；

$\frac{100}{1\,000}$——由纳克每克(ng/g)换算为微克每百克(μg/100 g)的系数。

注：营养素补充剂、强化剂及预混料等试样提取步骤中因无酶解处理，故无需计算酶空白液中叶酸含量，即式(2)中 $m_1=0$。

8 精密度

在重复性条件下获得的两次独立测定结果的绝对差值不得超过算术平均值的15%。

附 录 A
（资料性附录）
叶酸标准储备液浓度的测定

A.1 测定

准确吸取 1.0 mL 标准储备液至 10 mL 容量瓶中，用氢氧化钠溶液（0.1 mol/L）定容至刻度。以氢氧化钠溶液（0.1 mol/L）调零点，比色杯厚度 1 cm，波长 256 nm，用紫外分光光度计测定三次吸光度值，取平均值。

A.2 计算

按式（A.1）计算标准储备液叶酸浓度。

$$c=\frac{\overline{A}}{E}\times M\times 10\times 10^{3} \qquad \cdots\cdots\text{(A.1)}$$

式中：

c——标准储备液中叶酸浓度，单位为微克每毫升（μg/mL）；

$\overline{A}$——平均吸光度值；

E——摩尔消光系数，24 500；

M——叶酸相对分子质量，441.42；

10——稀释倍数；

10^{3}——由克每升换算为微克每毫升的换算系数。

附 录 B
（资料性附录）
叶酸测定用基础培养液的配制方法

B.1 试剂

B.1.1 无水乙醇（C_2H_6O）。

B.1.2 不含维生素的酪蛋白（vitamin free casein）。

B.1.3 碳酸氢钠（$NaHCO_3$）。

B.1.4 碳酸氢钠（$NaHCO_3$）溶液：0.1 mol/L。

B.1.5 盐酸（HCl）。

B.1.6 盐酸溶液：3 mol/L，1 mol/L。

B.1.7 氢氧化钠（NaOH）溶液：10 mol/L，1 mol/L。

B.1.8 胰酶（pancreatin）。

B.1.9 甲苯。

B.1.10 硅藻土。

B.1.11 冰乙酸（$C_2H_4O_2$）。

B.1.12 乙酸溶液：0.02 mol/L。

B.1.13 活性炭。

B.1.14 硫酸腺嘌呤（$C_{10}H_{10}N_{10} \cdot H_2SO_4$）。

B.1.15 盐酸鸟嘌呤（$C_5H_5N_5O_5 \cdot HCl$）

B.1.16 尿嘧啶（$C_4H_4N_2O_2$）。

B.1.17 黄嘌呤（$C_5H_4N_4O_2$）。

B.1.18 氨水（NH_5O）。

B.1.19 三水合乙酸钠（$C_2H_3O_2Na \cdot 3H_2O$）。

B.1.20 核黄素（$C_{17}H_{20}N_4O_6$）。

B.1.21 生物素（$C_{10}H_{16}N_2O_3S$）。

B.1.22 对氨基苯甲酸（$C_7H_7NO_2$）。

B.1.23 盐酸吡哆醇（$C_8H_{11}NO_3 \cdot HCl$）。

B.1.24 盐酸硫胺素（$C_{12}H_{17}ClN_4OS \cdot HCl$）。

B.1.25 泛酸钙（$C_{18}H_{32}CaN_2O_{10}$）。

B.1.26 尼克酸（$C_6H_5NO_2$）。

B.1.27 聚山梨酯-80（吐温-80）。

B.1.28 还原型谷胱甘肽（$C_{10}H_{17}N_3O_6S$）

B.1.29 L-天冬氨酸（$C_4H_7NO_4$）。

B.1.30 L-色氨酸（$C_{11}H_{12}N_2O_2$）。

B.1.31 L-盐酸半胱氨酸（$C_3H_7NO_2S \cdot HCl$）。

B.1.32 无水葡萄糖（$C_6H_{12}O_6$）。

B.1.33 溴麝香草酚蓝（$C_{27}H_{28}Br_2O_5S$）溶液：按 4.35 配制。

B.1.34 溴酚蓝（$C_{19}H_{10}Br_4O_5S$）溶液：0.1 g/100 mL，无水乙醇（B.1.1）配制。此指示剂变色终点为草绿色（pH 3.5）。

B.1.35 酪蛋白液：可按下列任一种方法制备。

B.1.35.1 酶解酪蛋白液：称取 60 g 不含维生素的酪蛋白(B.1.2)至 1 L 烧杯中，慢慢加入 1 L 碳酸氢钠溶液(B.1.4)，以防止结块，用 10 mol/L 氢氧化钠溶液(B.1.7)调节 pH 值至 8.0。加入 300 mg 胰酶(B.1.8)，搅拌 20 min，使胰酶充分混匀。加入 2.5 mL 甲苯(B.1.9)，置 37 ℃±1 ℃恒温培养箱中酶解 48 h～72 h。从恒温培养箱中取出酪蛋白酶解液，于 121 ℃高压 30 min 以终止反应，冷却至室温。加入 10 g 硅藻土(B.1.10)，搅拌均匀，用布氏漏斗过滤，滤液用约 60 mL 冰乙酸(B.1.11)调节 pH 值至3.7。称取 12 g 活性炭(B.1.13)，加入滤液中准确搅拌 10 min，用铺有 10 g 硅藻土的布氏漏斗过滤，滤液从“称取 12 g 活性炭……”开始重复操作两次。最终滤液用水稀释至 1 200 mL。取 10 mL 酶解酪蛋白液于平皿中 150 ℃烘干至恒重，如固体含量＜40 mg/mL，则弃除酪蛋白液，重新制备。制备好的酪蛋白液加 1 mL～3 mL 甲苯(B.1.9)，2 ℃～4 ℃冰箱冷藏保存一年。

B.1.35.2 酸解酪蛋白液：称取 50 g 不含维生素的酪蛋白(B.1.2)于 500 mL 烧杯中，加 200 mL 盐酸溶液(B.1.6)，于 121 ℃高压水解 6 h。将水解物转移至蒸发皿内，在沸水浴上蒸发至膏状。加 200 mL 水使之溶解后再蒸发至膏状，如此反复三次，以除去盐酸。以溴酚蓝(B.1.34)作外指示剂，用 10 mol/L 氢氧化钠(B.1.7)调节 pH 值至指示剂颜色转为草绿色(pH 3.5)。加 20 g 活性炭(B.1.13)，振摇约 20 min，过滤。重复活性炭处理直至滤液呈淡黄色或无色。滤液加水稀释至 1 000 mL，加 1 mL～3 mL 甲苯，置 2 ℃～4 ℃冰箱中保存一年。

注：每次蒸发时不可蒸干或焦糊，以避免所含营养素破坏。

B.1.36 腺嘌呤-鸟嘌呤-尿嘧啶溶液。分别称取硫酸腺嘌呤(B.1.14)、盐酸鸟嘌呤(B.1.15)以及尿嘧啶(B.1.16)各 0.1 g 于 250 mL 烧杯中，加 75 mL 水和 2 mL 盐酸(B.1.5)，加热使其完全溶解后冷却。若有沉淀产生，再加盐酸数滴，加热，如此反复直至冷却后无沉淀产生为止，加水至 100 mL。加 3 滴～5 滴甲苯，贮存于棕色试剂瓶中，置 2 ℃～4 ℃于冰箱中可保存一年。

B.1.37 黄嘌呤($C_5H_4N_4O_2$)溶液：称取 0.4 g 黄嘌呤(B.1.17)，加 10 mL 氨水(B.1.18)，加热溶解，加水至 100 mL。加 3 滴～5 滴甲苯，贮存于棕色试剂瓶中，2 ℃～4 ℃冰箱保存一年。

B.1.38 乙酸缓冲液(1.6 mol/L，pH 4.5)：称取 63 g 三水合乙酸钠(B.1.19)，用 200 mL 水溶解，加大约 20 mL 冰乙酸(B.1.11)，调节 pH 至 4.5，混合后，用水稀释至 500 mL。

B.1.39 维生素液：称取 100 mg 核黄素(B.1.20)用 400 mL 乙酸缓冲液(B.1.38)溶解。取 25 mg 碳酸氢钠(B.1.3)溶解于 500 mL 水中，加入 2 mg 生物素(B.1.21)、200 mg 对氨基苯甲酸(B.1.22)、400 mg盐酸吡哆醇(B.1.23)、40 mg 盐酸硫胺素(B.1.24)、80 mg 泛酸钙(B.1.25)、80 mg 尼克酸(B.1.26)溶解。将上述溶液混合，加水至 1 000 mL。加入 3 滴～5 滴甲苯，贮存于棕色试剂瓶中，2 ℃～4 ℃冰箱保存一年。

B.1.40 聚山梨酯-80(吐温-80)溶液：将 10 g 聚山梨酯-80(B.1.27)溶于无水乙醇(B.1.1)中并稀释至 100 mL，2 ℃～4 ℃冰箱保存。

B.1.41 还原型谷胱甘肽($C_{10}H_{17}N_3O_6S$)溶液：称取 0.1 g 还原型谷胱甘肽(B.1.28)，加 100 mL 水溶解，贮于棕色瓶中，2 ℃～4 ℃冰箱保存。

B.1.42 甲盐溶液：按 4.33 配制。

B.1.43 乙盐溶液：按 4.34 配制。

B.2 基础培养液

配制 250 mL 基础培养液，按表 B.1 吸取液体试剂，混合后加水 150 mL，依次加入固体试剂，煮沸搅拌 2 min。以溴麝香草酚蓝为外指示剂，用 1 mol/L 氢氧化钠溶液调节基础培养液 pH 值，直至指示剂变为草绿色(pH 6.8)；如果指示剂变蓝说明加入的氢氧化钠溶液过量，以 1 mol/L 盐酸溶液回调 pH 值至 6.8。加入乙盐溶液 5 mL，用磷酸缓冲液(4.23)补至 250 mL。2 ℃～4 ℃冰箱内可保存 7 d。配制时可根据基础培养液用量按比例增减。

表 B.1 叶酸测定用基础培养液配制一览表

试剂		用量	试剂		用量
液体试剂	酪蛋白液	50 mL	固体试剂	L-天冬氨酸	0.15 g
	腺嘌呤-鸟嘌呤-尿嘧啶溶液	5.0 mL		L-盐酸半胱氨酸	0.10 g
	黄嘌呤溶液	1.25 mL		L-色氨酸	0.10 g
	维生素液Ⅰ	2.5 mL		无水葡萄糖	10 g
	聚山梨酯-80溶液	0.25 mL		三水合乙酸钠	10 g
	甲盐溶液	5.0 mL			
	还原型谷胱甘肽溶液	1.25 mL			

ICS 67.040
C 53

中华人民共和国国家标准

GB/T 5009.212—2008

贝类中腹泻性贝类毒素的测定

Determination of diarrhetic shellfish poison in shellfish

2008-11-21 发布 2009-03-01 实施

中华人民共和国卫生部
中国国家标准化管理委员会 发布

前　言

本标准修改采用日本厚生省环乳第37号通知《腹泻性贝类毒素检验方法》。

本标准与日本厚生省方法相比主要差异为：

——增加了“规范性引用文件”、“术语和定义”；

——增加了“仪器和设备”；

——对“试样保存与制备”、“试剂和材料”进行了修改；

——在“结果判断及表述”规范了结果表述方式。

本标准由中华人民共和国卫生部提出并归口。

本标准由中华人民共和国卫生部负责解释。

本标准起草单位：中华人民共和国辽宁出入境检验检疫局、中华人民共和国云南出入境检验检疫局。

本标准主要起草人：曹际娟、王秋艳、于杰、于兵、黄大亮、孙哲平、宋惠君、郑惠芳、丁健、薛忠良、徐维加、郑秋月。

贝类中腹泻性贝类毒素的测定

1 范围

本标准规定了贝类及其制品中腹泻性贝类毒素的测定方法。

本标准适用于贝类及其制品中腹泻性贝类毒素的测定。

2 规范性引用文件

下列文件中的条款通过本标准的引用而成为本标准的条款。凡是注日期的引用文件，其随后所有的修改单(不包括勘误的内容)或修订版均不适用于本标准，然而，鼓励根据本标准达成协议的各方研究是否可使用这些文件的最新版本。凡是不注日期的引用文件，其最新版本适用于本标准。

GB/T 6682 分析实验室用水规格和试验方法(GB/T 6682—2008,ISO 3696:1987,MOD)

GB 14925 实验动物 环境及设施

3 术语和定义

下列术语和定义适用于本标准。

3.1

腹泻性贝类毒素 diarrhetic shellfish poinson;DSP

以大田软海绵酸(okadaic acid,OA)及其衍生物为代表、摄食后可产生以腹泻为主要特征的存在于贝类体内的海洋生物毒性物质的总称。

3.2

鼠单位 mouse unit;MU

对体重为16 g～20 g的三只雄性ICR小鼠腹腔各注射1 mL贝类毒素提取液后，使两只或三只小鼠在24 h内死亡的最低毒素量定义为一个鼠单位。

4 原理

用丙酮提取贝类中DSP毒素，经乙醚分配后，经减压蒸干，再以含1%吐温-60的生理盐水为分散介质，制备DSP-1%吐温-60生理盐水混悬液，将该混悬液注射入小鼠腹腔，观察小鼠存活情况，计算其毒力。

5 试剂和材料

除非另有规定，本标准所用试剂均为分析纯，水为符合GB/T 6682规定的一级水。

5.1 丙酮(C_3H_6O)。

5.2 无水乙醚($C_4H_{10}O$)。

5.3 1%吐温-60的生理盐水：称取1.0 g吐温-60 ($C_{64}H_{126}O_{26}$)，溶于生理盐水(0.85%氯化钠)中，并定容至100.0 mL。

6 仪器和设备

6.1 旋转蒸发器。

6.2 圆底烧瓶：500 mL、250 mL、100 mL、50 mL。

6.3 均质器。

6.4 布氏漏斗。

6.5 天平:感量 0.1 g。

6.6 带塞刻度试管:15 mL,具 0.2 mL 刻度。

6.7 分液漏斗。

6.8 冰箱。

6.9 一次性注射器:1 mL。

6.10 小白鼠:体重为 16 g～20 g 的健康 ICR 品系雄性小鼠。

7 试样保存和制备

7.1 样品的保存

7.1.1 样品应有充分的代表性。去壳贝肉、带壳贝类或罐装贝类样品等,均应采取足够的数量并使贝肉达 400 g 以上。

7.1.2 不能及时送检的样品,除可常温保存的样品外,应将样品置于合成树脂袋内冷冻送检。如为带壳样品,应按 7.2 的方法开壳,去除水分后冷冻送检。

7.2 样品的制备

7.2.1 生鲜带壳样品的前处理

用清水彻底洗净贝类外壳,切断闭壳肌,开壳,用清水淋洗内部去除泥沙及其他异物,取出贝肉。严禁以加热或药物方法开壳。注意不要破坏闭壳肌以外的组织,尤其是中肠腺(又称消化盲囊,组织呈暗绿色或褐绿色)。

将去壳贝肉放在孔径约 2 mm 的金属筛网上,沥水 5 min,按 7.2.3 制备检样。

7.2.2 冷冻样品的前处理

在室温下使冷冻样品融化呈半冷冻状态。带壳冷冻的样品按 7.2.1 方法清洗、开壳、淋洗取肉,此时的贝肉仍呈冷冻状态,除去贝肉外部附着的冰片,用吸水纸轻轻抹去水分后,按 7.2.3 制备检样;事先已去除水分的冷冻去壳样品,室温融化后,按 7.2.3 制备检样。

7.2.3 检样制备

对于可以切取中肠腺的贝类(扇贝、贻贝及牡蛎等),称量 200 g 贝肉后,仔细切取全部中肠腺,将中肠腺称重后作为检样备用,注意不要使中肠腺内容物污染制样工具;不便切取中肠腺的贝类样品,称量 200 g 贝肉后,可将全部贝肉细切后混合,作为检样。

8 检验步骤

8.1 试样提取

8.1.1 将检样置于均质杯中,加三倍量丙酮后均质 2 min 以上。如为小均质杯,可分两次操作。

8.1.2 将均质好的物质倒入布氏漏斗中抽滤,收集滤液。

8.1.3 对残渣分别用残渣两倍量的丙酮再清洗两次,滤液与 8.1.2 滤液合并。

8.1.4 将滤液移入 500 mL 的圆底烧瓶中,56 ℃±1 ℃下,减压浓缩去除丙酮直至在液体表面分离出油状物。

8.1.5 用 100 mL～200 mL 乙醚溶解油状物,倒入分液漏斗内,再用少量的乙醚清洗圆底烧瓶,合并倒入分液漏斗内,以少量的水洗下粘壁部分,轻轻振荡(不能生成乳浊液),静置分层后去除水层(下层)。

8.1.6 用相当乙醚半量的蒸馏水洗乙醚层两次,再将乙醚层移入 250 mL 或 500 mL 的圆底烧瓶中,于 35 ℃±1 ℃减压浓缩去除乙醚。

8.1.7 用少量乙醚将浓缩物移入 50 mL 或 100 mL 圆底烧瓶中,再次减压浓缩去除乙醚。

8.1.8 以 1%吐温-60 的生理盐水将全部浓缩物在刻度试管中稀释到 10 mL,充分振摇,制成均匀 DSP-1%吐温-60 生理盐水混悬液。此时 1 mL 溶液中相当于含有 20 g 贝肉,以此悬浮液作为试验原液进行动物实验。

8.1.9 以试验原液注射小鼠，24 h内两只或三只小鼠死亡时，需将试验原液进一步稀释，再注射小鼠。稀释前，应先振荡使试液成均匀悬浮液，再取其部分以1%吐温-60生理盐水稀释。

8.2 小白鼠试验

8.2.1 选择16 g～20 g健康ICR雄性小鼠六只，随机分为实验组和空白对照组（1%吐温-60生理盐水）两组，每组三只。

8.2.2 待测液（试验原液或其稀释液）混匀后。分别取1 mL待测液或1%吐温-60生理盐水腹腔注射动物。注射过程中若有一滴以上提取液溢出，须将该只小鼠丢弃，并重新注射一只小鼠。记录注射完毕至小鼠停止呼吸死亡的时间，未死亡的应连续观察24 h。

8.2.3 观察时限24 h内，在空白对照组小鼠正常的情况下，实验组若出现两只或三只小鼠死亡，则应按表1进行最小染毒量动物实验或最大稀释度实验。

表1 注射量与毒力的关系

试验液	注射量/mL	检样量[a]/g	毒力/(MU/g)
原液	1.0	20	0.05
原液	0.5	10	0.1
4倍稀释液	1.0	5	0.2
4倍稀释液	0.5	2.5	0.4
16倍稀释液	1.0	1.25	0.8
16倍稀释液	0.5	0.625	1.6

[a] 以中肠腺为检样时，相当于含有中肠腺的去壳肉量。

8.2.4 注意事项：腹泻性贝类毒素是一类剧毒的混合物，为避免腹泻性贝类毒素对健康的危害，实验过程自始至终应戴手套操作。橡胶手套、玻璃制品等用过的器材应在5%的次氯酸钠溶液中浸泡1 h以上，方可清洗或丢弃。同样，废弃的提取液等也应以上述溶液浸泡后处理。小鼠尸体应按GB 14925要求焚烧处理，其排放物应达到污物焚烧排放规定要求。

9 结果计算和表述

9.1 观察时限24 h内，在空白对照组小鼠正常的情况下，若实验组无小鼠死亡或仅有一只小鼠死亡，则报告受检样品中DSP毒力为：<0.05 MU/g。

9.2 观察时限24 h内，在空白对照组小鼠正常的情况下，若实验组有两只或三只小鼠死亡，则按8.2.3进行动物实验，并根据表1计算待检样品中DSP毒力，报告该样品的毒力为：××× MU/g。

ICS 67.040
C 53

中华人民共和国国家标准

GB/T 5009.213—2008

贝类中麻痹性贝类毒素的测定

Determination of paralytic shellfish poison in shellfish

2008-11-21 发布　　　　2009-03-01 实施

中华人民共和国卫生部
中国国家标准化管理委员会　发布

前 言

本标准修改采用国际分析家协会(AOAC)官方方法 AOAC 958.08《麻痹性贝类毒素生物检测法》(Paralytic shellfish poison biological method)。

本标准与 AOAC 方法相比主要差异为:

——增加了"规范性引用文件"、"术语和定义";

——增加了"仪器和设备";

——对"试样制备与保存"、"试剂和材料"进行了修改;

——在"结果判断及表述"中增加了鼠单位毒力表示方法。

本标准的附录 A、附录 B 为规范性附录。

本标准由中华人民共和国卫生部提出并归口。

本标准由中华人民共和国卫生部负责解释。

本标准起草单位:中华人民共和国辽宁出入境检验检疫局、中华人民共和国云南出入境检验检疫局。

本标准主要起草人:曹际娟、王秋艳、麻丽丹、高世光、于兵、孙哲平、于杰、黄大亮、郑惠芳、李天顺、赵昕、郑秋月。

贝类中麻痹性贝类毒素的测定

1 范围

本标准规定了贝类及其制品中麻痹性贝类毒素的测定方法。

本标准适用于贝类及其制品中麻痹性贝类毒素的测定。

2 规范性引用文件

下列文件中的条款通过本标准的引用而成为本标准的条款。凡是注日期的引用文件，其随后所有的修改单(不包括勘误的内容)或修订版均不适用于本标准，然而，鼓励根据本标准达成协议的各方研究是否可使用这些文件的最新版本。凡是不注日期的引用文件，其最新版本适用于本标准。

GB/T 6682 分析实验室用水规格和试验方法

GB 14925 实验动物 环境及设施

3 术语和定义

下列术语和定义适用于本标准。

3.1

麻痹性贝类毒素 paralytic shellfish poison;PSP

以石房蛤毒素(saxitoxin,STX)为代表，摄食后可产生麻痹作用的存在于贝类体内的海洋生物毒性物质的总称。

3.2

鼠单位 mouse unit;MU

对体重为 20 g 的 ICR 雄性小鼠腹腔注射 1 mL 麻痹性贝类毒素提取液，使其在 15 min 内死亡所需的最小毒素量。

4 原理

本标准采用鼠单位法对 PSP 予以定量。以石房蛤毒素作为标准，将鼠单位换算成毒素的微克数。根据小鼠注射贝类提取液后的死亡时间，查出鼠单位，并按小鼠体重，校正鼠单位(corrected mouse unit,CMU)，计算确定每 100 g 贝肉内的 PSP 微克数。所测定结果代表存在于贝肉内各种化学结构的 PSP 毒素总量。

5 试剂和材料

除非另有规定，本标准所用试剂均为分析纯，水为符合 GB/T 6682 规定的一级水。

5.1 盐酸溶液(0.18 mol/L)：将 15 mL 浓盐酸(HCl)用蒸馏水稀释至 1 L。

5.2 盐酸溶液(5 mol/L)：将 41.7 mL 浓盐酸用蒸馏水稀释至 100 mL。

5.3 氢氧化钠溶液(0.1 mol/L)：将 4.0 g 氢氧化钠(NaOH)溶于 1 L 蒸馏水中。

5.4 石房蛤毒素(saxitoxin，$C_{10}H_{17}N_7O_4 \cdot 2HCl$)标准溶液(100 μg/mL)：用蒸馏水配制 20%(体积分数)的乙醇溶液，用 5 mol/L 盐酸调节 pH 到 2.0～4.0 之间，用上述溶液配制石房蛤毒素。

5.5 小鼠：体重为 19 g～21 g 的健康 ICR 系雄性小鼠，可通过查表 B.1 得到小鼠体重校正系数。

5.6 蒸馏水(pH 3.0)：用盐酸调 pH 至 3.0。

6 仪器和设备

6.1 均质器。

6.2 电炉。

6.3 天平：感量 0.1 g，0.000 01 g。

6.4 离心机。

6.5 pH 计或 pH 试纸。

6.6 秒表。

6.7 玻璃器皿：烧杯、量筒、容量瓶、移液管、搅拌棒等。

6.8 一次性注射器：1 mL。

6.9 冰箱。

7 试样制备和保存

7.1 试样制备

分析样品要有充分的代表性，应从足量（一般应 2 kg 以上）的混合样品中挑选良好的贝类去壳，用于分析的去壳肉量应达 200 g 以上。

不能及时送检的新鲜贝类，按 7.1.1 或 7.1.2 方法将贝肉分离，将沥水后的 200 g 贝肉放入 0.18 mol/L、200 mL 的盐酸溶液中，置 4 ℃冷藏保存，备检。

7.1.1 牡蛎、蛤及贻贝

用清水将贝壳外表彻底洗净，切断闭壳肌，开壳，用蒸馏水淋洗内部去除泥沙及其他异物。将闭壳肌和连接在胶合部的组织分开，仔细取出贝肉，切勿割破贝体。严禁加热或用麻醉剂开壳。收集约 200 g肉分散置于筛子中沥水 5 min（不要使肉堆积），检出碎壳等杂物，将贝肉粉碎备用。

7.1.2 扇贝

取可食部分用作检测，过程同 7.1.1。

7.1.3 冷冻贝类

在室温下，使冷冻的样品（带壳或脱壳的）自然融化，按 7.1.1 方法开壳、淋洗、取肉、粉碎、备用。

7.1.4 贝类罐头

将罐内所有内容物（肉及液体）倒入均质器中充分均质。如果是大罐，将贝肉沥水并收集沥下的液体分别称重并存放固形物和汤汁，将固形物和汤汁按原罐装比例混合，均质后备用。

7.1.5 用酸保存的贝肉

沥去酸液，分别存放贝肉及酸液，备用。

7.1.6 贝肉干制品

干制品可于等体积 0.18 mol/L 盐酸溶液中浸泡 24 h～48 h（4 ℃冷藏），按 7.1.4 方法沥干，分别存放贝肉和酸液备用。

7.2 试样保存

送检样品应尽可能及时检验，如不能及时检测，可取 200 g 样品按 7.1 方法处理，加入 200 mL 0.18 mol/L 盐酸溶液，置 4 ℃冷藏保存。

8 检验步骤

8.1 PSP 标准品对照试验

8.1.1 PSP 标准工作液的配制

用移液管取 1 mL 浓度为 100 μg/mL 的石房蛤毒素标准液于 100 mL 容量瓶中，加入蒸馏水（5.6）并定容，pH 在 2.0～4.0 之间。该溶液为 1 μg/mL 石房蛤毒素标准液，该标准液可在 3℃～4℃下稳定数周。

用10 mL、15 mL、20 mL、25 mL和30 mL的蒸馏水(5.6)分别稀释1 μg/mL的石房蛤毒素标准液10 mL,配制成系列浓度的标准稀释液。

8.1.2 **中位数死亡时间的标准液选择**

取按8.1.1配制的系列浓度的标准稀释液各1 mL,腹腔注射小鼠数只,选择中位数死亡时间为5 min~7 min的浓度剂量。如某浓度稀释液已达到要求,还需以1 mL蒸馏水(5.6)的增减量进行补充稀释试验。例如:用25 mL蒸馏水(5.6)稀释的10 mL标准液在5 min~7 min杀死小鼠,还需进行24 mL+10 mL和26 mL+10mL稀释度的试验。

每只小鼠试验前称重,以10只小鼠为一组,用中位数死亡时间在5 min~7 min范围内的两个浓度含量的标准稀释液注射小鼠,测定并记录每只小鼠腹腔注射完毕至停止呼吸的所需死亡时间。

8.1.3 **毒素转换系数(conversion factor,CF)的计算**

8.1.3.1 **小鼠中位数死亡时间的选择**

计算所选择浓度的标准稀释液受试组中位数死亡时间。弃去中位数死亡时间小于5 min或大于7 min的受试组;选择中位数死亡时间在5 min~7 min的受试组,该受试组中可有个别小鼠的死亡时间小于5 min或大于7 min。

8.1.3.2 **校正鼠单位(CMU)的计算**

对于所选定的中位数死亡时间为5 min~7 min的受试组,根据附录A查得组中每只小鼠死亡时间所对应的鼠单位(MU),再根据附录B查得组中每只小鼠质量所对应的质量校正系数,同一只小鼠的质量校正系数与鼠单位相乘得该只受试小鼠的校正鼠单位(CMU)。

8.1.3.3 **转换系数(CF)的计算**

对于选定的受试组,用该受试组所选稀释液每毫升实际毒素含量的微克数(以石房蛤毒素为例计算),除以受试组中每只小鼠的CMU值,得到单只小鼠的毒素转换系数(CF),计算见式(1),再计算每组10只小鼠的平均CF值,即为组内毒素转换系数。

$$CF = \frac{c}{CMU} \quad \cdots\cdots (1)$$

式中:

CF——转换系数;

c——每毫升STX实际毒素含量,单位为微克每毫升(μg /mL);

CMU——校正鼠单位。

8.1.3.4 **组间毒素转换系数(CF)的计算**

取不同受试组组内毒素转换系数的平均值,即为组间毒素转换系数。以组间毒素转换系数进行9.2中检测样品的毒力计算。

8.1.3.5 **CF值定期检查**

如PSP检测间隔时间较长,每次测定时要用适当的标准稀释液注射5只小鼠,重新测定CF值。如果一周有几次检测,则用中位数死亡时间5 min~7 min的标准稀释液每周检查一次,测得的CF值应在原测定CF值的±20%范围内。若结果不符,用同样的标准稀释液另外注射5只小鼠,综合先前注射的5只小鼠结果,算出CF值。并用同样的标准稀释液注射第二组10只小鼠,将第二组求出的CF值和第一组的CF值进行平均,即为一个新的CF值。

重复检查的CF值通常在原结果的±20%之内,若经常发现有较大偏差,在进行常规检测前应调查该方法中是否存在未控制或未意识到的可变因素。

8.2 **试样提取**

8.2.1 取100 g按7.1.1、7.1.2、7.1.3或7.1.4处理的样品于800 mL烧杯中,加0.18 mol/L盐酸溶液100 mL充分搅拌,均质,调整pH在2.0~4.0范围内;按7.1.5或7.1.6及7.2处理的样品,取

100 g 贝肉，加入相应的酸液 100 mL，调 pH 为 2.0～4.0 后均质。必要时，可逐滴加入 5 mol/L 盐酸溶液或 0.1 mol/L 氢氧化钠溶液调整 pH，加碱时速度要慢，同时需不断搅拌，防止局部碱化破坏毒素。

8.2.2 将混合物加热，并文火煮沸 5 min，冷却至室温，将混合物移至量筒中并稀释至 200 mL，调节 pH 至 2.0～4.0(pH 值切勿＞4.5)。

8.2.3 将混合物倒回烧杯，搅拌均匀，自然沉降至上清液呈半透明状，不堵塞注射针头即可，必要时将混合物或上清液以 3 000 r/min 离心 5 min，或用滤纸过滤。收集上清液备用。

8.3 小鼠试验

8.3.1 取 19.0 g～21.0 g 健康 ICR 雄性小鼠 6 只，称重并记录质量。随机分为实验组和空白对照组(0.18 mol/L 盐酸)两组，每组三只。

8.3.2 对每只试验小鼠腹腔注射 1 mL 提取液或空白对照液。注射过程中若有一滴以上提取液溢出，须将该只小鼠丢弃，并重新注射一只小鼠。

8.3.3 记录注射完毕时间，仔细观察并记录小鼠停止呼吸时的死亡时间(到小鼠呼出最后一口气止)。

8.3.4 若注射样品原液后，一只或两只小鼠的死亡时间大于 7 min，则需再注射至少三只小鼠以确定样品的毒力。

8.3.5 若小鼠的死亡时间小于 5 min，则要稀释样品提取液后，再注射另一组小鼠(三只)，直至得到 5 min～7 min 的死亡时间；稀释提取液时，要逐滴加入 0.18 mol/L 盐酸溶液，调节 pH 至 2.0～4.0。

8.3.6 注意事项：

为避免毒素的危害，应戴手套进行检验操作。移液管等用过的器材应在 5％的次氯酸钠溶液中浸泡 1 h 以上，以使毒素分解。同样，废弃的提取液等也应以 5％次氯酸溶液处理。小鼠尸体应按 GB 14925 要求焚烧处理，其排放物应达到污物焚烧排放规定的要求。

9 结果的计算与判断

9.1 待测样品校正鼠单位(CMU)的确定

根据待测样品的小鼠死亡时间，在附录 A 中查出相应的鼠单位数 MU；根据小鼠的质量，在附录 B 中查出其对应的质量校正系数。同一只小鼠的鼠单位与质量校正系数相乘，即得该只小鼠的 CMU。选取检测样品受试组中三只小鼠 CMU 的中位数，即为该样品受试组的中位数 CMU，以此值进行 9.2 的计算。

9.2 毒素毒力的计算与结果表述

9.2.1 PSP 毒力的计算与结果表述

9.2.1.1 PSP 毒力的计算

每 100 g 样品中 PSP 的含量按式(2)计算。

$$X = CMU_1 \times CF \times DF \times 200 \qquad \cdots\cdots(2)$$

式中：

X——每 100 g 样品中 PSP 的含量，单位为微克每百克(μg /100 g)；

CMU_1——检测样品受试组小鼠的中位数校正鼠单位；

CF——毒素转换系数；

DF——稀释倍数；

200——表示样品提取液定容的体积，单位为毫升(mL)(提示：8.2.2 操作中该定容体积为 200 mL)。

9.2.1.2 PSP 毒力的结果表述

若空白对照组小鼠正常，则报告待测样品中 PSP 毒素含量为：××× μg /100 g。

9.2.2 MU 毒力的计算与结果判断

9.2.2.1 MU 毒力的计算

对于取得麻痹性贝类毒素标准品有困难的实验室，可按式(3)，使用鼠单位 MU 对检验结果进行计算。

$$Y = CMU_1 \times DF \times 200 \quad \cdots\cdots (3)$$

式中：

Y——每 100 g 样品的 MU 值，单位为鼠单位每百克(MU /100 g)；

CMU_1——检测样品受试组小鼠的中位数校正鼠单位；

DF——稀释倍数；

200——表示样品提取液定容的体积，单位为毫升(mL)(提示：8.2.2 操作中该定容体积为 200 mL)。

注：检验结果的仲裁以 9.2.1 为准。

9.2.2.2 **MU 毒力的判断与结果表述**

在空白对照组小鼠正常的情况下进行如下判断和表述：

若小鼠的死亡时间大于 60 min，则待测样品的鼠单位即相当小于 0.875 MU/g。

若实验组中位数死亡时间小于 5 min，则应对样品提取液进行稀释，再选取三只小鼠进行试验，直至得到中位数死亡时间为 5 min～7 min 为止，根据最后的稀释液实验结果计算样品的鼠单位毒力，报告该样品的鼠单位为：××× MU/100 g。

若实验组中位数死亡时间大于 7 min，则直接计算确定样品鼠单位毒力，报告该样品的鼠单位为：××× MU/100 g。

若实验组中所有小鼠在观察 15 min 内均不死亡，则也可报告该样品的鼠单位小于 400 MU/100 g。

附　录　A
（规范性附录）
麻痹性贝类毒素死亡时间-鼠单位的关系

麻痹性贝类毒素死亡时间-鼠单位的关系见表 A.1。

表 A.1　麻痹性贝类毒素死亡时间-鼠单位的关系

时间	鼠单位/MU	时间	鼠单位/MU
1′00″	100	4′20″	2.26
1′10″	66.2	4′25″	2.21
1′15″	38.3	4′30″	2.16
1′20″	26.4	4′35″	2.12
1′25″	20.7	4′40″	2.08
1′30″	16.5	4′45″	2.04
1′35″	13.9	4′50″	2.00
1′40″	11.9	4′55″	1.96
1′45″	10.4	5′00″	1.92
1′50″	9.33	5′05″	1.89
1′55″	8.42	5′10″	1.86
2′00″	7.67	5′15″	1.83
2′05″	7.04	5′20″	1.80
2′10″	6.52	5′30″	1.74
2′15″	6.06	5′40″	1.69
2′20″	5.66	5′45″	1.67
2′25″	5.32	5′50″	1.64
2′30″	5.00	6′00″	1.60
2′35″	4.73	6′15″	1.54
2′40″	4.48	6′30″	1.48
2′45″	4.26	6′45″	1.43
2′50″	4.06	7′00″	1.39
2′55″	3.88	7′15″	1.35
3′00″	3.70	7′30″	1.31
3′05″	3.57	7′45″	1.28
3′10″	3.43	8′00″	1.25
3′15″	3.31	8′15″	1.22
3′20″	3.19	8′30″	1.20
3′25″	3.08	8′45″	1.18
3′30″	2.98	9′00″	1.16
3′35″	2.88	9′30″	1.13
3′40″	2.79	10′00″	1.11
3′45″	2.71	10′30″	1.09
3′50″	2.63	11′00″	1.075
3′55″	2.56	11′30″	1.06
4′00″	2.50	12′00″	1.05
4′05″	2.44	13′00″	1.03
4′10″	2.38	14′00″	1.015
4′15″	2.32	15′00″	1.000

表 A.1（续）

时间	鼠单位/MU	时间	鼠单位/MU
16′00″	0.99	23′00″	0.942
17′00″	0.98	24′00″	0.937
18′00″	0.972	25′00″	0.934
19′00″	0.965	30′00″	0.917
20′00″	0.96	40′00″	0.898
21′00″	0.954	60′00″	0.875
22′00″	0.948		

附　录　B
（规范性附录）
小鼠体重校正表

小鼠体重校正系数见表B.1。

表B.1　小鼠体重校正表

小鼠体重/g	校正系数
10	0.50
10.5	0.53
11	0.56
11.5	0.59
12	0.62
12.5	0.65
13	0.675
13.5	0.70
14	0.73
14.5	0.76
15	0.785
15.5	0.81
16	0.84
16.5	0.86
17	0.88
17.5	0.905
18	0.93
18.5	0.95
19	0.97
19.5	0.985
20	1.000
20.5	1.015
21	1.03
21.5	1.04
22	1.05
22.5	1.06
23	1.07

ICS 67.040
C 53

中华人民共和国国家标准

GB/T 5009.215—2008

食品中有机锡含量的测定

Determination of organotins in foods

2008-12-03 发布　　　　2009-03-01 实施

中华人民共和国卫生部
中国国家标准化管理委员会　发布

前言

根据《中华人民共和国食品卫生法》制定本标准。

本标准的附录A、附录B为资料性附录。

本标准由中华人民共和国卫生部提出并归口。

本标准由中华人民共和国卫生部负责解释。

本标准负责起草单位：中国疾病预防控制中心营养与食品安全所、中国科学院生态环境研究中心。

本标准参加起草单位：中国检验检疫科学研究院、首都医科大学、烟台大学、福建省疾病预防控制中心、北京疾病预防控制中心。

本标准主要起草人：吴永宁、赵云峰、江桂斌、赵孔祥、凌云、封锦芳、付武胜、李志军、邵兵。

食品中有机锡含量的测定

1 范围

本标准规定了气相色谱-脉冲火焰光度检测器检测食品中有机锡含量的方法。

本标准适用于鱼类、贝类、葡萄酒和酱油等样品中二甲基锡、三甲基锡、一丁基锡、二丁基锡、三丁基锡、一苯基锡、二苯基锡、三苯基锡的测定。

本标准测定食品样品的定量限(μg/kg)为:二甲基锡 0.5、三甲基锡 1.2、一丁基锡 1.5、二丁基锡 0.5、三丁基锡 0.6、一苯基锡 1.7、二苯基锡 0.8、三苯基锡 0.8。方法的检测限及定量限与所使用仪器的灵敏度、取样量以及干扰水平等多种因素有关。

2 原理

本标准分别以一甲基锡为单取代有机锡的内标,三丙基锡为二、三取代有机锡的内标,采用内标法定量。在试样中定量加入一甲基锡和三丙基锡内标,超声辅助有机锡析出,有机溶剂萃取,提取后的样品溶液经凝胶渗透色谱净化、戊基格林试剂衍生、衍生化产物再经弗罗里硅土(Florisil)净化,采用气相色谱-脉冲火焰光度检测器(GC-PFPD)测定。

3 试剂

3.1 正己烷(n-C_6H_{14}):分析纯,重蒸。

3.2 四氢呋喃($CH_2CH_2OCH_2CH_2$):分析纯,重蒸。

3.3 乙酸乙酯($CH_3COOC_2H_5$):分析纯,重蒸。

3.4 环己烷(C_6H_{12}):分析纯,重蒸。

3.5 甲醇(CH_3OH):分析纯。

3.6 乙醚($C_2H_5OC_2H_5$):分析纯,重蒸。

3.7 溴代正戊烷(n-$C_5H_{12}Br$):分析纯,重蒸。

3.8 无水硫酸钠(Na_2SO_4):将无水硫酸钠置干燥箱中,于 120 ℃干燥 4 h,冷却后,密闭保存。

3.9 氯化钠(NaCl):分析纯。

3.10 浓硫酸(H_2SO_4):优级纯。

3.11 浓盐酸(HCl):优级纯。

3.12 氢溴酸(HBr):分析纯。

3.13 乙二胺四乙酸钠(EDTANa):分析纯。

3.14 金属钠(Na):分析纯。

3.15 镁条(Mg):分析纯。

3.16 环庚三烯酚酮(tropolone):分析纯,98%。

3.17 0.03%环庚三烯酚酮-正己烷溶液:量取正己烷 100 mL,加入 0.03 g 环庚三烯酚酮混匀。

3.18 20%氯化钠溶液:称取氯化钠 100 g,加入去离子水 400 mL,摇匀。

3.19 饱和氯化钠溶液:在 100 mL 去离子水中加入过量氯化钠,水浴使溶解,恢复室温后要求有结晶析出。

3.20 甲醇-水(4+1)溶液:取甲醇适量,制备甲醇-水(4+1)溶液,并根据每 1 mL 甲醇加 1 μL 盐酸的要求,加入盐酸,制得含盐酸的甲醇-水(4+1)溶液。

3.21 弗罗里硅土(Florisil):60 目~100 目,120 ℃烘烤 12 h。

3.22 聚苯乙烯凝胶(bio-beads S-X3):100 目～200 目,或同类产品。

3.23 有机锡标准品及其标准溶液:见表 1。除二甲基锡纯度为 95%外,其他标准品纯度均大于 97%。

表 1 有机锡标准溶液的制备

组分		储备溶液的浓度/(μg/L)		中间溶液的浓度(以 Sn 计)/(ng/L)	工作溶液的浓度(以 Sn 计)/(ng/L)
中文名称	英文缩写	含有机锡	以 Sn 计		
三甲基锡	TMT	4.071	2.425	24.25	1.00
二甲基锡	DMT	9.599	5.186	51.86	1.00
三丁基锡	TBT	29.108	10.614	106.14	1.00
二丁基锡	DBT	17.266	6.745	67.45	1.00
一丁基锡	MBT	71.048	29.884	29.88	1.00
一苯基锡	MPhT	33.516	13.165	13.16	1.00
二苯基锡	DPhT	19.208	6.635	66.35	1.00
三苯基锡	TPhT	12.193	1.502	15.02	1.00
一甲基锡	MMT	11.438	5.665	56.65	1.00
三丙基锡	TPrT	19.551	8.188	81.88	1.00

3.24 内标:一甲基锡和三丙基锡,纯度大于 98%。

3.25 有机锡标准储备溶液:准确称取有机锡的标准品适量,置于 10 mL 容量瓶中,加入 3.20 溶液,并稀释至刻度,于－20 ℃冰箱保存。

3.26 内标标准储备溶液:准确称取内标适量,置于 10 mL 容量瓶中,加入 3.20 溶液,并稀释至刻度,于－20 ℃冰箱保存。

3.27 有机锡标准及内标中间溶液:量取有机锡标准或内标储备溶液适量,用 3.20 溶液稀释 100 倍,浓度见表 1,于－20 ℃冰箱保存。

3.28 有机锡标准及内标工作溶液:量取有机锡标准或内标中间溶液适量,置于 10 mL 容量瓶中,加入 3.20 溶液,并稀释至刻度,浓度见表 1,于－20 ℃冰箱保存。

4 仪器

4.1 气相色谱仪(GC):配脉冲火焰光度检测器(PFPD),硫滤光片。

4.2 色谱柱:DB-1 毛细管柱或等效柱,30 m×0.25 mm×0.25 μm。

4.3 组织匀浆器。

4.4 振荡器。

4.5 超声波清洗器。

4.6 旋转蒸发仪。

4.7 氮气浓缩器。

4.8 三口瓶、分液漏斗和加热回流装置。

4.9 加热磁力搅拌装置。

4.10 玻璃层析柱。

4.11 分析天平。

4.12 电加热套。

5 分析步骤

5.1 戊基格林试剂的合成

5.1.1 乙醚重蒸与除水：在 60 ℃下，采用全玻璃蒸馏装置重蒸两次。

在蒸馏的乙醚中，加入光洁金属钠片，至不再产生明显气泡后，放置 1 h～2 h，继续加入金属钠片，保存备用。

5.1.2 溴代正戊烷的重蒸：量取溴代正戊烷 100 mL，置于蒸馏瓶中，在 140 ℃下，采用全玻璃蒸馏装置重蒸两次，馏分避光收集。

5.1.3 镁屑的制备：取镁条，刮去表面氧化膜，用剪刀剪成约 0.3 mm 的碎屑。

5.1.4 戊基溴化镁合成：称取镁屑 10 g，置于 500 mL 三口瓶中，加入重蒸乙醚 100 mL，加入搅拌子。在搅拌下，滴加重蒸溴代正戊烷 60 mL 和重蒸乙醚 50 mL 的混合溶液。当反应发生后，停止搅拌。当反应速度减缓后，继续滴加上述溴代正戊烷和乙醚的混和溶液，并搅拌。调节滴加速度，使反应瓶中的乙醚保持微沸状态。当反应缓慢时，开始加热，保持反应发生，继续加热回流至反应完全，得到戊基溴化镁约 200 mL，溶液呈灰黑色混浊状态，浓度约为 2 mol/L。将合成的戊基溴化镁分装至棕色小瓶中，封口，干燥器内保存。

5.2 试样制备

鱼去皮及刺，制成肉糜；贝类试样取可食组织制成匀浆；葡萄酒和酱油试样混和均匀。鱼、贝类试样制成匀浆后，可采用冷冻干燥，制得冻干粉末，置－20 ℃以下低温保存。

5.3 试样提取

5.3.1 贝类试样：准确称取试样适量，加入 20%氯化钠溶液 5 mL，摇匀，加入内标工作溶液 50 μL，加入氢溴酸-四氢呋喃(1＋20)15 mL，超声 5 min。

5.3.2 鱼类试样：准确称取试样适量，加入乙二胺四乙酸钠 0.15 g 和 20%氯化钠溶液 5 mL，摇匀，加入内标工作溶液 50 μL，加入氢溴酸-四氢呋喃(1＋20)15 mL，超声 5 min。

如果为湿样，则加入饱和氯化钠溶液 1 mL，其他步骤同上。

5.3.3 葡萄酒等液体试样：量取试样 10 mL，加入氯化钠 2 g，摇匀，加入内标工作溶液 50 μL，加入氢溴酸-四氢呋喃(1＋20)15 mL，超声 5 min。

5.3.4 在试样溶液中加入含 0.03%环庚三烯酚酮的正己烷 25 mL，振荡萃取 40 min，离心 10 min(3 000 r/min)，静置分层，吸取有机相转移至茄形瓶中。在残渣中加入正己烷 10 mL，再振摇萃取 10 min，离心 10 min(3 000 r/min)，静置分层，吸取有机相，合并至茄形瓶中，旋转蒸发浓缩至近干。

5.4 凝胶渗透色谱净化

5.4.1 凝胶柱的装填：取 bio-beads S-X3 凝胶，用四氢呋喃-乙酸乙酯(1＋1)溶液浸泡过夜。用玻璃棉封堵内径为 1.7 cm～1.8 cm 的玻璃层析柱底端，湿法加入浸泡好的凝胶，凝胶自然沉降，稳定后柱长约为 15 cm。

5.4.2 净化：在试样提取液的浓缩残渣中加入四氢呋喃-乙酸乙酯(1＋1)溶液 1 mL，将此溶液全部转移至层析柱上，用 1 mL 四氢呋喃-乙酸乙酯(1＋1)溶液洗涤茄形瓶。待层析柱中试样溶液的液面降至接近凝胶时，将洗液转移至柱上。用四氢呋喃-乙酸乙酯(1＋1) 溶液洗脱，弃去 0 mL～18 mL 流分，收集 18 mL～33 mL 流分，收集流出体积 15 mL。

5.5 戊基溴化镁格林试剂衍生

将上述收集的净化溶液旋转蒸发浓缩至近干，加入环己烷 10 mL，继续旋转蒸发浓缩至约 1 mL，转移至 10 mL 离心管中，用环己烷洗涤茄形瓶，合并在离心管中，并定容至 2 mL。用 1 mL 注射器加取上述合成的戊基溴化镁格林试剂 0.8 mL，旋涡振摇混匀，超声反应 15 min 后，逐滴加入 0.5 mol/L 硫酸约 3 mL，振摇，终止衍生反应，旋涡振摇，静置使上层溶液澄清。

5.6 弗罗里硅土(Florisil)柱净化

5.6.1 层析柱装填:用玻璃棉封堵玻璃柱底端后,从底部到顶端依次装入活化弗罗里硅土(Florisil) 1.5 g、无水硫酸钠 2 g,用正己烷 10 mL 预淋洗。

5.6.2 净化:将上述衍生溶液的上层有机相全部转移至弗罗里硅土柱上,当柱中溶液的液面降至无水硫酸钠层时,用正己烷洗脱,收集洗脱液 5 mL,在氮气流下浓缩至约 1 mL 后,转移至另一根填以1.5 g 弗罗里硅土(Florisil)和 2 g 无水硫酸钠的层析柱上,用正己烷-甲苯(5+1)溶液 10 mL 预淋洗,用正己烷-甲苯(5+1)溶液洗脱,收集 10 mL 流分。

5.7 浓缩

在氮气流下,将 5.6.2 净化的试样溶液浓缩至 1 mL,转移到进样小瓶中,待 GC 测定。

5.8 标准系列溶液的制备

准确称取空白基质适量,加入 5 mL 20%氯化钠溶液,分别加入有机锡混合标准工作溶液 0 μL、10 μL、30 μL、50 μL、100 μL、200 μL、400 μL 及内标工作溶液 50 μL,按试样提取与净化过程要求同步操作。

6 测定

6.1 气相色谱参考条件

6.1.1 色谱柱:DB-1 柱(或等效柱),柱长 30 m,膜厚 0.25 μm,内径 0.25 mm。

6.1.2 采用不分流方式,进样口温度 280 ℃。

6.1.3 柱温程序:开始温度为 50 ℃,保持 1 min;以 10 ℃/min 升温至 120 ℃;5 ℃/min 升温至 200 ℃;10 ℃/min 升温至 280 ℃,保持 5 min。

6.1.4 载气为高纯氮气(纯度>99.999%)。

6.1.5 脉冲火焰光度检测器参考条件

6.1.5.1 模式:硫滤光片。

6.1.5.2 温度:350 ℃。

6.1.5.3 燃气和助燃气流速:空气$_1$ 21 mL/min,氢气 22 mL/min,空气$_2$ 11 mL/min。

6.1.5.4 光电倍增管电压:550 V。

6.1.5.5 门槛时间:4 ms;门延迟时间:5 ms,激发电压 100 mV。

6.2 色谱分析

吸取标准溶液和试样溶液各 1 μL 进样,记录色谱图(参见附录 A),以保留时间定性。

7 结果计算

计算目标化合物与内标的峰面积或峰高比,以标准系列溶液中目标有机锡的进样量(ng)与对应的目标有机锡与内标的峰面积或峰高比绘制线性曲线,根据线性曲线计算试样中有机锡含量,计算公式见式(1):

$$X = \frac{A \times f}{m} \qquad \cdots\cdots\cdots\cdots(1)$$

式中:

X——试样中目标有机锡含量(以 Sn 计),单位为微克每千克(μg/kg)或微克每升(μg/L);

A——试样色谱峰与内标色谱峰的峰高比值对应的目标有机锡质量(以 Sn 计),单位为纳克(ng);

f——试样稀释因子;

m——试样的取样量,单位为克(g)或毫升(mL)。

计算结果保留三位有效数字。

8 精密度

在重复性条件下获得的两次独立测定结果的绝对差值不得超过算术平均值的 20%，方法测定不确定度参见附录 B。

附 录 A
（资料性附录）
色 谱 图

溶剂空白色谱图、混合标准溶液色谱图、实际试样（白蛤）色谱图分别见图A.1、图A.2、图A.3。

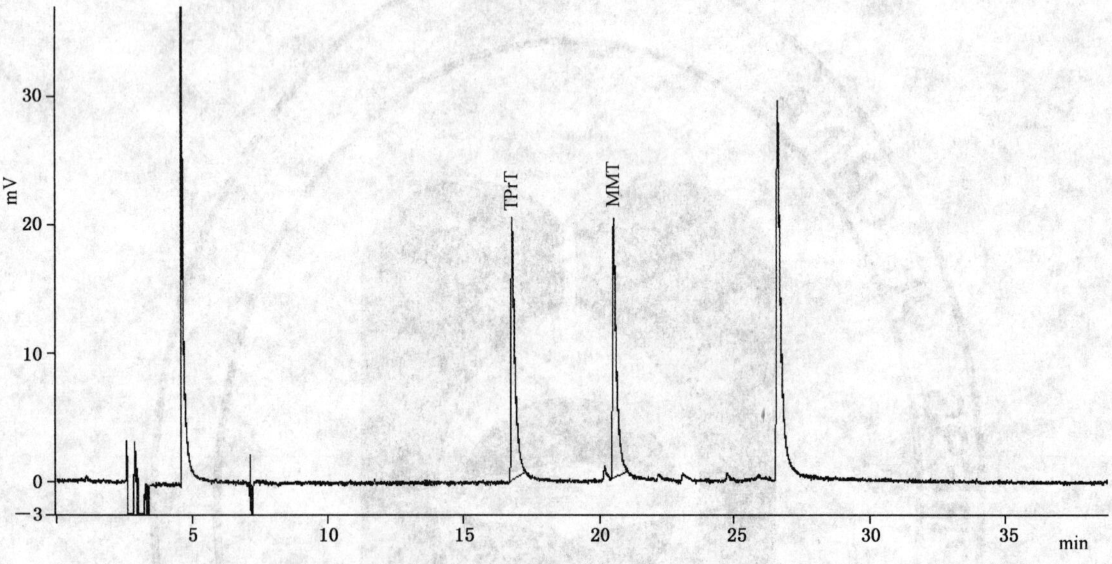

图 A.1 溶剂空白色谱图

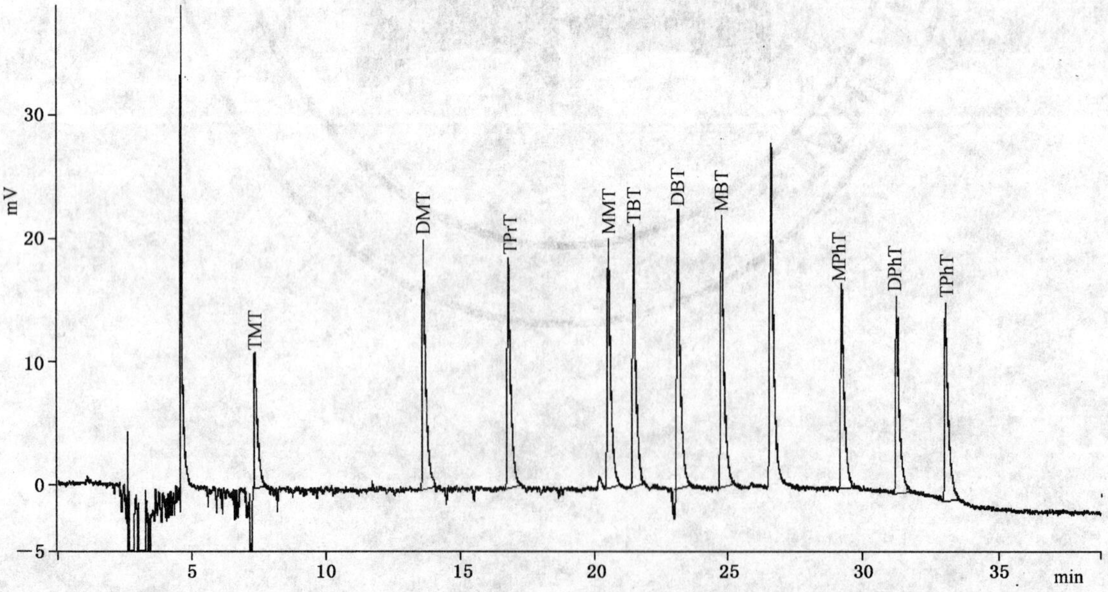

注：各化合物浓度以Sn计，为50 μg/L。

图 A.2 混合标准溶液的色谱图

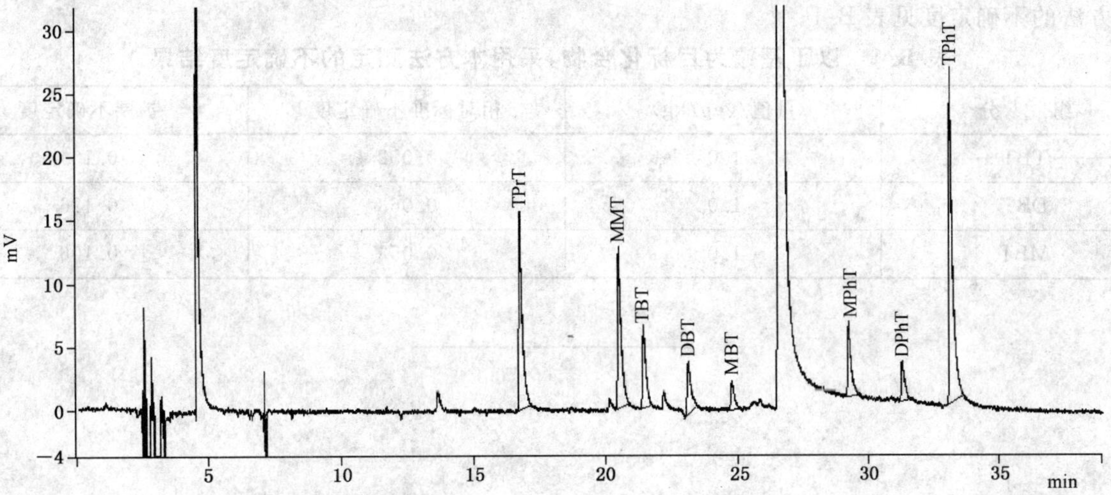

图 A.3 实际试样(白蛤)色谱图

附　录　B
（资料性附录）
方法的不确定度

方法的不确定度见表 B.1。

表 B.1　以丁基锡为目标化合物，采用本方法测定的不确定度结果

组　　分	量值/(μg/kg)	相对标准不确定度	扩展不确定度
TBT	1.0	0.052	0.104
DBT	1.0	0.063	0.126
MBT	1.0	0.053	0.106

ICS 67.040
C 53

GB

中华人民共和国国家标准

GB/T 5009.218—2008

水果和蔬菜中多种农药残留量的测定

Determination of multi pesticide residues in fruits and vegetables

2008-12-03 发布　　2009-03-01 实施

中华人民共和国卫生部
中国国家标准化管理委员会　发布

前　言

本标准的附录A、附录B为规范性附录，附录C、附录D、附录E、附录F、附录G、附录H、附录I为资料性附录。

本标准由中华人民共和国卫生部提出并归口。

本标准由中华人民共和国卫生部负责解释。

本标准水果和蔬菜中211种农药残留量的测定由中华人民共和国吉林出入境检验检疫局、中华人民共和国天津出入境检验检疫局、中华人民共和国辽宁出入境检验检疫局、中华人民共和国山西出入境检验检疫局负责起草；水果和蔬菜中107种农药残留量的测定由中华人民共和国天津出入境检验检疫局、中华人民共和国吉林出入境检验检疫局、中华人民共和国辽宁出入境检验检疫局负责起草。

本标准水果和蔬菜中211种农药残留量的测定主要起草人：牟峻、王明泰、邹明强、许泓、吴剑、赵庆松、卫锋、傅英文、韩大川；水果和蔬菜中107种农药残留量的测定主要起草人：许泓、林安清、唐丹舟、牟峻、古珑、卫锋、邹明强、穆乃强。

水果和蔬菜中多种农药残留量的测定

1 范围

本标准规定了水果和蔬菜中211种农药残留量的测定方法(见表A.1和表A.2),以及水果和蔬菜中107种农药残留量的测定方法(见表B.1)。

本标准适用于菠菜、大葱、番茄、柑橘、苹果中211种农药残留量的测定和苹果、梨、白菜、萝卜、藕、大葱、菠菜、洋葱中107种农药残留量的测定。

水果和蔬菜中211种农药残留量测定方法的定量限(LOQ)参见表C.1和表C.2,水果和蔬菜中107种农药残留量测定方法的定量限(LOQ)参见表D.1。

2 水果和蔬菜中211种农药残留量的测定

2.1 原理

试样中用水-丙酮均质提取,经二氯甲烷液-液分配,以凝胶色谱柱净化,再经活性炭固相柱净化,洗脱液浓缩并溶解定容后,供气相色谱-质谱(GC-MS)测定和确证,外标法定量。

2.2 试剂和材料

除另有规定外,所用试剂均为分析纯,水为二级水,电导率$_{25\ ℃}$≤0.10 mS/m。

2.2.1 丙酮(C_3H_6O):残留级。

2.2.2 二氯甲烷(CH_2Cl_2):残留级。

2.2.3 乙酸乙酯($C_4H_8O_2$):残留级。

2.2.4 环己烷(*Cyclo*-C_6H_{14}):残留级。

2.2.5 正己烷(*n*-C_6H_{14}):残留级。

2.2.6 甲醇(CH_4O):残留级。

2.2.7 苯(C_6H_6):残留级。

2.2.8 氯化钠(NaCl):优级纯。

2.2.9 无水硫酸钠(Na_2SO_4):650 ℃灼烧4 h,贮于密封容器中备用。

2.2.10 氯化钠水溶液:20 g/L。

2.2.11 活性炭固相萃取柱(pesticarb):0.5 g,或相当者,使用前用5 mL正己烷预淋洗。

2.2.12 211种农药标准品:纯度均≥93.5%,见表A.1和表A.2。

2.2.13 标准溶液

2.2.13.1 标准储备液:分别准确称取适量的每种农药标准品,用丙酮或相应溶剂(见表A.1和表A.2)配制成浓度为500 μg/mL~1 000 μg/mL的标准储备液。该溶液可在0 ℃~4 ℃冰箱中保存12个月。

2.2.13.2 标准中间工作液:根据农药的性质及其在色谱保留时间的不同,将211种农药分成A、B两组,分别准确移取一定体积的各农药标准储备液,可根据需要用丙酮稀释成适用浓度的A组混合标准中间工作液和B组混合标准中间工作液。该溶液可在0 ℃~4 ℃冰箱中保存6个月。

2.2.13.3 混合标准工作液:准确移取一定体积的A组混合标准中间工作液和B组混合标准中间工作液,可根据需要用正己烷稀释成适用浓度的A组混合标准工作液和B组混合标准工作液。该溶液可在0 ℃~4 ℃冰箱中保存1个月。

2.3 仪器和设备

2.3.1 气相色谱-质谱仪:配有电子轰击源(EI)。

2.3.2 凝胶色谱仪:配有馏分收集器。

2.3.3 食品捣碎机。

2.3.4 均质器。

2.3.5 旋转蒸发器。

2.3.6 氮吹仪。

2.3.7 漩涡混合器。

2.3.8 无水硫酸钠柱:7.5 cm×1.5 cm(内径),内装 5 cm 高无水硫酸钠。

2.3.9 具塞锥形瓶:250 mL。

2.3.10 分液漏斗:250 mL。

2.3.11 浓缩瓶:50 mL、250 mL。

2.3.12 移液器:1 000 μL、100 μL、10 μL。

2.4 试样制备与保存

2.4.1 试样制备

取水果或蔬菜样品 500 g,或去壳、去籽、去皮、去茎、去根、去冠(不可用水洗涤),将其可食用部分切碎后,依次用食品捣碎机将样品加工成浆状。混匀,均分成两份作为试样,分装入洁净的盛样袋内,密闭,标明标记。

2.4.2 试样保存

将试样于 0 ℃～4 ℃保存。

注:在抽样及制样的操作过程中,应防止样品受到污染或发生残留物含量的变化。

2.5 测定步骤

2.5.1 提取

称取约 25 g(精确至 0.1 g)试样于 250 mL 具塞锥形瓶中,加入 20 mL 水,混摇后放置 1 h。然后加入 100 mL 丙酮,高速均质提取 3 min。将提取液抽滤于 250 mL 浓缩瓶中。残渣再用 50 mL 丙酮重复提取一次,合并滤液,于 40 ℃水浴中旋转浓缩至约 20 mL。将浓缩提取液转移至 250 mL 分液漏斗中。

在上述分液漏斗中,加入 100 mL 氯化钠水溶液和 100 mL 二氯甲烷,振摇 3 min,静置分层,收集二氯甲烷相。水相再用 2×50 mL 二氯甲烷重复提取两次,合并二氯甲烷相。经无水硫酸钠柱(2.3.8)脱水,收集于 250 mL 浓缩瓶中,于 40 ℃水浴中旋转浓缩至近干,加入 5 mL 乙酸乙酯-环己烷(1+1)以溶解残渣,并用 0.45 μm 滤膜过滤,待净化。

2.5.2 净化

2.5.2.1 凝胶色谱净化(GPC)

2.5.2.1.1 凝胶色谱条件

a) 净化柱:700 mm×25 mm,Bio Beads S-X3[1)],或相当者。

b) 流动相:乙酸乙酯-环己烷(1+1)。

c) 流速:5.0 mL/min。

d) 样品定量环:5.0 mL。

e) 预淋洗体积:50 mL。

f) 洗脱体积:210 mL。

g) 收集体积:105 mL～185 mL。

2.5.2.1.2 凝胶色谱净化步骤

将 5 mL 待净化液按 2.5.2.1.1 规定的条件进行净化,合并馏分收集器中的收集液于 250 mL 浓缩

1) 给出这一信息是为了方便本标准的使用者,并不表示对该产品的认可。如果其他等效产品具有相同的效果,则可使用这些等效的产品。

瓶中，于 40 ℃水浴中旋转浓缩至近干，加入 2 mL 正己烷以溶解残渣，待净化。

2.5.2.2 **固相萃取净化(SPE)**

将 2 mL 溶解液倾入已预淋洗后的活性炭固相萃取柱中，用 30 mL 乙酸乙酯-正己烷(2+3)进行洗脱。收集全部洗脱液于 50 mL 浓缩瓶中，于 40 ℃水浴中旋转浓缩至干。用乙酸乙酯溶解并定容至 2.0 mL，供气相色谱-质谱测定。

2.5.3 **气相色谱-质谱测定**

2.5.3.1 **气相色谱-质谱条件**

a) 色谱柱：30 m×0.25 mm(内径)，膜厚 0.25 μm，DB-5 MS 石英毛细管柱，或相当者。

b) 色谱柱温度：$50\ ℃(2\ \text{min}) \xrightarrow{10\ ℃/\text{min}} 180\ ℃(1\ \text{min}) \xrightarrow{3\ ℃/\text{min}} 270\ ℃(14\ \text{min})$。

c) 进样口温度：280 ℃。

d) 色谱-质谱接口温度：280 ℃。

e) 载气：氦气，纯度≥99.999%，1.2 mL/min。

f) 进样量：1 μL。

g) 进样方式：无分流进样，1.5 min 后开阀。

h) 电离方式：EI。

i) 电离能量：70 eV。

j) 测定方式：选择离子监测方式。

k) 溶剂延迟：5 min。

l) 选择监测离子(m/z)：将 211 种农药分成 A、B 两组，每种农药分别选择 1 个定量离子，2 个～3 个定性(阳性确证)离子。两组选择监测离子时间设定参数参见表 E.1 和表 E.2，每种农药的定量离子和定性离子参见表 C.1 和表 C.2。

2.5.3.2 **定量测定**

根据样液中被测农药含量，选定浓度相近的标准工作溶液。标准工作溶液和待测样液中农药的响应值均应在仪器检测的线性范围内。对混合标准溶液与样液等体积分组分时段参插进样测定。外标法定量。在上述气相色谱-质谱条件下，各标准物质的保留时间参见表 C.1 和表 C.2，气相色谱-质谱选择离子色谱图参见图 F.1 和图 F.2。

2.5.3.3 **定性测定**

对混合标准溶液及样液按上述规定的条件进行测定时，如果样液与混合标准溶液的选择离子图中，在相同保留时间有峰出现，则根据定性选择离子的种类及其丰度比对其进行阳性确证。各种农药的选择离子的种类及其丰度比参见表 C.1 和表 C.2。

2.6 **结果计算**

按式(1)计算试样中每种农药残留含量：

$$X_i = \frac{A_i \times c_i \times V}{A_{is} \times m} \qquad \cdots\cdots(1)$$

式中：

X_i——试样中农药 i 残留量，单位为微克每克(μg/g)；

A_i——样液中农药 i 的峰面积(或峰高)；

c_i——标准工作液中农药 i 的浓度，单位为微克每毫升(μg/mL)；

V——样液最终定容体积，单位为毫升(mL)；

A_{is}——标准工作液中农药 i 的峰面积(或峰高)；

m——最终样液代表的试样质量，单位为克(g)。

2.7 **精密度**

本方法对 211 种农药在 0.1 mg/kg～5.0 mg/kg 浓度水平，添加回收率和精密度参见表 C.1 和表 C.2。

3 水果和蔬菜中107种农药残留量的测定

3.1 原理

试样中农药用有机溶剂提取，再经液液分配除去干扰物质，用气相色谱-质谱仪测定，当被测组分不能满足分离条件时，更换不同极性色谱柱加以分离，内标法定量。

3.2 试剂和材料

除另有规定外，所用试剂均为分析纯，水为二级水，电导率$_{25\ ℃}$≤0.10 mS/m。

3.2.1 丙酮(C_3H_6O)：重蒸馏。

3.2.2 石油醚：30 ℃～60 ℃，重蒸馏。

3.2.3 正己烷(n-C_6H_{14})：重蒸馏。

3.2.4 苯(C_6H_6)。

3.2.5 二氯甲烷(CH_2Cl_2)：重蒸馏。

3.2.6 甲醇(CH_4O)。

3.2.7 氯化钠(NaCl)。

3.2.8 无水硫酸钠(Na_2SO_4)：在550 ℃灼烧4 h，置入干燥器中冷却，备用。

3.2.9 农药标准品：107农药标准品纯度均≥91%，见表B.1。

3.2.10 内标标准物质：内吸磷，纯度≥98%；乙基谷硫磷，纯度≥98%。

3.2.11 农药标准溶液：分别准确称取附录B中每种农药的标准品，见表B.1的溶剂选择，用丙酮、苯、二氯甲烷、甲醇或正己烷分别配制成浓度为1 mg/mL的标准储备液。再根据需要用丙酮配制成不同浓度的混合标准工作溶液。标准储备液保存于4 ℃冰箱中，可使用一年；混合标准工作溶液保存于4 ℃冰箱中，可使用一个月。

3.2.12 内标标准溶液：分别准确称取内吸磷和乙基谷硫磷标准品，用丙酮配制成1 mg/mL的混合内标储备液，根据需要再稀释成合适浓度的内标工作液。

3.3 仪器和设备

3.3.1 气相色谱-质谱联用仪：带有电子轰击离子源(EI)。

3.3.2 快速漩流浓缩仪：配有冷却循环水机。

3.3.3 组织捣碎机。

3.3.4 高速均质器：8 000 r/min～24 000 r/min。

3.3.5 离心机：3 000 r/min。

3.4 测定步骤

3.4.1 制样

取约200 g蔬菜、水果试样，经组织捣碎机破碎成浆状。

3.4.2 提取

称取10.0 g混匀的试样，于100 mL离心管中，加入25 mL丙酮，定量加入内标工作溶液，高速均质2 min，于3 000 r/min下离心5 min，将上清液经垫有滤纸的漏斗移至250 mL分液漏斗中。于离心管中再加入25 mL丙酮，高速均质2 min，在3 000 r/min下离心5 min，上清液经过滤合并至分液漏斗中。

3.4.3 净化

上述分液漏斗中加入20 mL石油醚、20 mL二氯甲烷，用力振摇1 min，将下层水相转移至另一只分液漏斗中，上层有机相移至具塞三角瓶中；向装有水相的分液漏斗中加入2 g氯化钠，用力振摇至氯化钠基本溶解，加入2×20 mL二氯甲烷，用力振摇1 min，将下层有机相合并于三角瓶中。向三角瓶中加入约15 g无水硫酸钠，静置约30 min。

将脱水后提取液经垫有滤纸的漏斗转移至快速漩流浓缩仪的浓缩瓶中，用2×20 mL二氯甲烷洗涤硫酸钠，一并转移至浓缩瓶中。设定快速漩流浓缩仪水浴温度为30 ℃、扇叶旋转速度为4 000 r/min，冷凝套内循环水温度控制在5 ℃～10 ℃之间，在此条件下浓缩至1 mL，供气相色谱-质谱分析。

3.4.4 气相色谱-质谱测定

3.4.4.1 气相色谱测定条件

a) 色谱柱：石英毛细管柱DB-5MS，柱长25 m，内径0.25 mm，涂膜厚度0.25 μm。
   石英毛细管柱DB-35MS，柱长25 m，内径0.25 mm，涂膜厚度0.25 μm。
   石英毛细管柱DB-1701，柱长25 m，内径0.25 mm，涂膜厚度0.25 μm。
   柱与进样口汽化室之间接1 m长的预柱。

b) 载气：氦气，纯度≥99.999%。

c) 载气流速：1 mL/min。

d) 柱温：初始温度为50 ℃，以20 ℃/min程序升温至120 ℃，再以3 ℃/min程序升温至280 ℃，保持15 min。

e) 进样量：2 μL。

f) 进样方式：不分流进样，1 min后打开分流阀。

g) 进样口温度：260 ℃。

3.4.4.2 质谱测定条件

a) 接口温度：250 ℃。

b) 电离方式：EI。

c) 电子能量：70 eV。

d) 离子源温度：200 ℃。

e) 检测电压（光电倍增器）：350 V（检测时可根据灵敏度作调整）。

f) 扫描范围：全扫描检测质量范围为50 u～550 u，扫描速度0.45 s。

g) 选择离子检测：根据被测物的保留时间，在对应的时间窗内设定特征离子，107种农药所选择的筛选和定性离子参见表D.1。

h) 扫描速度：0.1 s。

i) 溶剂延时：5 min。

3.4.4.3 气相色谱-质谱测定

根据上述测定条件，首先注入含内标的被测农药混合标准品溶液，其浓度约为2 μg/mL，确定内标和被测农药的保留时间（RT值），并设置或校准被测农药检测离子的时间窗。为保证有足够的检测灵敏度，改善在一次分析时对不能较好分离物质的检测，设定两个保留时间窗扫描程序，在每一个时间窗内少放几个选择离子，将在色谱柱上不能分离的被测物分别编入两个不同的扫描程序内，每个样品进两次，进行两次分析。当被测组分不能满足分离条件时，更换不同极性色谱柱加以分离。107种农药在三种不同色谱柱上的保留时间和比保留时间参见表G.1，总离子流图参见图H.1～图H.3。

3.4.5 空白试验

除添加试样外，均按上述步骤进行。

3.5 结果计算

每一种农药残留量选择其基峰离子的质量色谱图，6 min～34 min内被测农药以内吸磷为内标，34 min～64 min内被测农药以乙基谷硫磷为内标，按式（2）分别计算：

$$X = \frac{H \times H'_i \times c' \times m_i}{H_i \times H' \times c'_i \times m} \quad \cdots\cdots(2)$$

式中：

X——样品中每一种被测农药残留量，单位为毫克每千克（mg/kg）；

H——样品中被测农药选择离子的峰高或峰面积；

H_i'——标准溶液中内标物选择离子的峰高或峰面积；

c'——标准溶液中农药的浓度，单位为微克每毫升(μg/mL)；

m_i——样品中添加内标物的质量，单位为微克(μg)；

H_i——标准溶液中农药选择离子的峰高或峰面积；

H'——样品中内标物选择离子的峰高或峰面积；

c'_i——标准溶液中内标物质的浓度，单位为微克每毫升(μg/mL)；

m——样品的质量，单位为克(g)。

3.6 回收率和精密度

本方法回收率和精密度参见附录I。

附　录　A
（规范性附录）
水果和蔬菜中211种农药种类和分组及配制溶剂表

A.1　A组　水果和蔬菜中118种农药种类及配制溶剂见表A.1。

表A.1　A组　水果和蔬菜中118种农药种类及配制溶剂表

序号	农药名称	英文名称	CAS号	化学分子式	溶剂
1	敌敌畏	Dichlorvos	000062-73-7	$C_4H_7Cl_2O_4P$	丙酮
2	克百威	Carbofuran	001563-66-2	$C_{12}H_{15}NO_3$	甲醇
3	丙草丹	EPTC	000759-94-4	$C_9H_{19}NOS$	丙酮
4	速灭磷	Mevinphos	007786-34-7	$C_7H_{13}O_6P$	丙酮
5	灭草敌	Vernolate	001929-77-7	$C_{10}H_{21}NOS$	甲醇
6	克草敌	Pebulate	001114-71-2	$C_{10}H_{21}NOS$	甲醇
7	甲萘威	Carbaryl	000063-25-2	$C_{12}H_{11}NO_2$	丙酮
8	禾草特	Molinate	002212-67-1	$C_9H_{17}NOS$	丙酮
9	异丙威	Isoprocarb	002631-40-5	$C_{11}H_{15}NO_2$	甲醇
10	仲丁威	Fenobucarb	003766-81-2	$C_{12}H_{17}NO_2$	甲醇
11	残杀威	Propoxur	000114-26-1	$C_{11}H_{15}NO_3$	甲醇
12	甲基内吸磷	Demeton methyl	000919-86-8	$C_6H_{15}O_3PS_2$	丙酮
13	苯敌草	Phenmedipham	013684-56-5	$C_{16}H_{16}N_2O_4$	丙酮
14	氯苯胺灵	Chlorpropham	000101-21-3	$C_{10}H_{12}ClNO_2$	苯
15	百治磷	Dicrotophos	000141-66-2	$C_8H_{16}NO_5P$	苯
16	戊菌隆	Pencycuron	066063-05-6	$C_{19}H_{21}ClN_2O$	丙酮
17	甲拌磷	Phorate	000298-02-2	$C_7H_{17}O_2PS_3$	丙酮
18	甲基乙拌磷	Thiometon	000640-15-3	$C_6H_{15}O_2PS_3$	丙酮
19	氯硝胺	Dicloran	000099-30-9	$C_6H_4Cl_2N_2O_2$	丙酮
20	西玛津	Simazine	000122-34-9	$C_7H_{12}ClN_5$	二氯甲烷
21	丙硫克百威	Benfuracarb	082560-54-1	$C_{20}H_{30}N_2O_5S$	甲醇
22	噻节因	Dimethipin	055290-64-7	$C_6H_{10}O_4S_2$	丙酮
23	异恶草酮	Clomazone	081777-89-1	$C_{12}H_{14}ClNO_2$	丙酮
24	林丹	Lindane	000058-89-9	$C_6H_6Cl_6$	丙酮
25	五氯硝基苯	Pentachloronitrobenzene	000082-68-8	$C_6Cl_5NO_2$	丙酮
26	胺丙畏	Propetamphos	031218-83-4	$C_{10}H_{20}NO_4PS$	丙酮
27	拿草特	Propyzamide	023950-58-5	$C_{12}H_{11}Cl_2NO$	丙酮
28	磷胺Ⅰ	Phosphamidon Ⅰ	013171-21-6	$C_{10}H_{19}ClNO_5P$	丙酮
29	乙拌磷	Disulfoton	000298-04-4	$C_8H_{19}O_2PS_3$	丙酮
30	敌乐胺	Dinitramine	029091-05-2	$C_{11}H_{13}F_3N_4O_4$	丙酮

表 A.1(续)

序号	农药名称	英文名称	CAS 号	化学分子式	溶剂
31	七氟菊酯	Tefluthrin	079538-32-2	$C_{17}H_{14}ClF_7O_2$	丙酮
32	乙嘧硫磷	Etrimfos	038260-54-7	$C_{10}H_{17}N_2O_4PS$	丙酮
33	溴烯杀	Bromocyclen	018181-80-1	$C_8H_5BrCl_6$	丙酮
34	敌稗	Propanil	000709-98-8	$C_9H_9Cl_2NO$	丙酮
35	磷胺Ⅱ	PhosphamidonⅡ	013171-21-6	$C_{10}H_{19}ClNO_5P$	丙酮
36	乙草胺	Acetochlor	034256-82-1	$C_{14}H_{20}ClNO_2$	丙酮
37	甲基对硫磷	Parathion-methyl	000298-00-0	$C_8H_{10}NO_5PS$	丙酮
38	甲基立枯磷	Tolclofos-methyl	057018-04-9	$C_9H_{11}Cl_2O_3PS$	丙酮
39	甲草胺	Alachlor	015972-60-8	$C_{14}H_{20}ClNO_2$	丙酮
40	溴灭净	Ametryn	000834-12-8	$C_9H_{17}N_5S$	丙酮
41	扑草净	Prometryn	007287-19-6	$C_{10}H_{19}N_5S$	丙酮
42	甲霜灵	Metalaxyl	057837-19-1	$C_{15}H_{21}NO_4$	丙酮
43	皮蝇磷	Fenchlorphos	000299-84-3	$C_8H_8Cl_3O_3PS$	丙酮
44	特丁净	Terbutryne	000886-50-0	$C_{10}H_{19}N_5S$	二氯甲烷
45	灭虫威	Methiocarb	002032-65-7	$C_{11}H_{15}NO_2S$	丙酮
46	蔬草灭	Pentanochlor	002307-68-8	$C_{13}H_{18}ClNO$	丙酮
47	禾草丹	Thiobencarb	028249-77-6	$C_{12}H_{16}ClNOS$	丙酮
48	马拉硫磷	Malathion	000121-75-5	$C_{10}H_{19}O_6PS_2$	丙酮
49	乙霉威	Diethofencarb	087130-20-9	$C_{14}H_{21}NO_4$	丙酮
50	甲基毒虫畏	Dimethylvinphos	002274-67-1	$C_{10}H_{10}Cl_3O_4P$	丙酮
51	毒死蜱	Chlorpyrifos	002921-88-2	$C_9H_{11}Cl_3NO_3PS$	丙酮
52	水胺硫磷	Isocarbophos	024353-61-5	$C_{11}H_{16}NO_4PS$	丙酮
53	灭草松	Bentazone	025057-89-0	$C_{10}H_{12}N_2O_3S$	丙酮
54	甲基溴硫磷	Bromophos	002104-96-3	$C_8H_8BrCl_2O_3PS$	丙酮
55	乙基嘧啶磷	Pirimiphos ethyl	023505-41-1	$C_{13}H_{24}N_3O_3PS$	丙酮
56	敌菌灵	Anilazine	000101-05-3	$C_9H_5Cl_3N_4$	丙酮
57	戊菌唑	Penconazole	066246-88-6	$C_{13}H_{15}Cl_2N_3$	丙酮
58	噻菌灵	Thiabendazole	000148-79-8	$C_{10}H_7N_3S$	丙酮
59	毒虫畏	Chlorfenvinphos	000470-90-6	$C_{12}H_{14}Cl_3O_4P$	丙酮
60	三唑醇	Triadimenol	055219-65-3	$C_{14}H_{18}ClN_3O_2$	丙酮
61	喹硫磷	Quinalphos	013593-03-8	$C_{12}H_{15}N_2O_3PS$	丙酮
62	反丙烯除虫菊酯	Bioallethrin	000584-79-2	$C_{19}H_{26}O_3$	丙酮
63	氯杀螨	Chlorbenside	000303-17-3	$C_{13}H_{10}Cl_2S$	丙酮
64	灭螨猛	Oxythioquinox	002439-01-2	$C_{10}H_6N_2OS_2$	丙酮
65	抗倒胺	Inabenfide	082211-24-3	$C_{19}H_{15}ClN_2O_2$	丙酮

表 A.1（续）

序号	农药名称	英文名称	CAS 号	化学分子式	溶剂
66	杀扑磷	Methidathion	000950-37-8	$C_6H_{11}N_2O_4PS_3$	丙酮
67	o,p′-滴滴伊	o,p′-DDE	003424-82-6	$C_{14}H_8Cl_4$	丙酮
68	α-硫丹	Endosulfan (α-isomer)	000959-98-8	$C_9H_6Cl_6O_3S$	丙酮
69	杀虫畏	Tetrachlorvinphos	000961-11-5	$C_{10}H_9Cl_4O_4P$	丙酮
70	定虫隆	Chlorfluazuron	071422-67-8	$C_{20}H_9Cl_3F_5N_3O_3$	丙酮
71	碘硫磷	Iodofenphos	018181-70-9	$C_8H_8Cl_2IO_3PS$	丙酮
72	灭线磷	Phenamiphos	022224-92-6	$C_{13}H_{22}NO_3PS$	丙酮
73	氟酰胺	Flutolanil	066332-96-5	$C_{17}H_{16}F_3NO_2$	丙酮
74	丙溴磷	Profenofos	041198-08-7	$C_{11}H_{15}BrClO_3PS$	丙酮
75	狄氏剂	Dieldran	000060-57-1	$C_{12}H_8Cl_6O$	丙酮
76	p,p′-滴滴伊	p,p′-DDE	000072-55-9	$C_{14}H_8Cl_4$	丙酮
77	丙草胺	Pretilachlor	051218-49-6	$C_{17}H_{26}ClNO_2$	丙酮
78	萎锈灵	Carboxin	005234-68-4	$C_{12}H_{13}NO_2S$	丙酮
79	o,p′-滴滴滴	o,p′-DDD	000053-19-0	$C_{14}H_{10}Cl_4$	丙酮
80	噻嗪酮	Buprofezin	069327-76-0	$C_{16}H_{23}N_3OS$	丙酮
81	氟硅唑	Flusilazole	085509-19-9	$C_{16}H_{15}F_2N_3Si$	丙酮
82	苯氧菊酯	Kresoxim methyl	143390-89-0	$C_{18}H_{19}NO_4$	丙酮
83	环丙唑醇	Cyproconazole	113096-99-4	$C_{15}H_{18}ClN_3O$	丙酮
84	乐杀螨	Binapacryl	000485-31-4	$C_{15}H_{18}N_2O_6$	丙酮
85	β-硫丹	Endosulfan(β-isomer)	033213-65-9	$C_9H_6Cl_6O_3S$	丙酮
86	p,p′-滴滴滴	p,p′-DDD	000072-54-8	$C_{14}H_{10}Cl_4$	丙酮
87	恶霜灵	Oxadixyl	077732-09-3	$C_{14}H_{18}N_2O_4$	丙酮
88	甲基吡恶磷	Azamethiphos	035575-96-3	$C_9H_{10}ClN_2O_5PS$	丙酮
89	三硫磷	Carbophenothion	000786-19-6	$C_{11}H_{16}ClO_2PS_3$	丙酮
90	敌瘟磷	Edifenphos	017109-49-8	$C_{14}H_{15}O_2PS_2$	丙酮
91	氟菌唑	Triflumizole	068694-11-1	$C_{15}H_{15}ClF_3N_3O$	丙酮
92	环嗪酮	Hexazinone	051235-04-2	$C_{12}H_{20}N_4O_2$	丙酮
93	克螨特	Propargite	002312-35-8	$C_{19}H_{26}O_4S$	丙酮
94	顺式-灭虫菊酯	Resmethrin	010453-86-8	$C_{12}H_{26}O_3$	丙酮
95	反式-灭虫菊酯	Bioresmethrin	028434-01-7	$C_{12}H_{26}O_3$	丙酮
96	异狄氏剂(酮)	Endrin ketone	053494-70-5	$C_{12}H_8Cl_6O$	丙酮
97	异菌脲	Iprodione	036734-19-7	$C_7H_{11}ClN_4$	丙酮
98	溴螨酯	Bromopropylate	018181-80-1	$C_{17}H_{16}Br_2O_3$	丙酮
99	苯硫磷	EPN	002104-64-5	$C_{14}H_{14}NO_4PS$	丙酮
100	甲氰菊酯	Fenpropathion	064257-84-7	$C_{22}H_{23}NO_3$	丙酮

表 A.1（续）

序号	农药名称	英文名称	CAS 号	化学分子式	溶剂
101	吡螨胺	Tebufenpyrad	119168-77-3	$C_{18}H_{24}ClN_3O$	丙酮
102	三氯杀螨砜	Tetradifon	000116-29-0	$C_{12}H_6Cl_4O_2S$	丙酮
103	保棉磷	Azinphos methyl	000086-50-0	$C_{10}H_{12}N_3O_3PS_2$	丙酮
104	伏杀硫磷	Phosalone	002310-17-0	$C_{12}H_{15}ClNO_4PS_2$	丙酮
105	灭蚁灵	Mirex	002385-85-5	$C_{10}Cl_{12}$	丙酮
106	虫酰肼	Tebufenozide	112410-23-8	$C_{22}H_{28}N_2O_2$	丙酮
107	氯氟氰菊酯	Cyhalothrin(lambda)	068085-85-8	$C_{23}H_{19}ClF_3NO_3$	正己烷
108	吡菌磷	Pyrazophos	013457-18-6	$C_{14}H_{20}N_3O_5PS$	丙酮
109	氟丙菊酯	Acrinathrin	103833-18-7	$C_{26}H_{21}F_6NO_5$	正己烷
110	联苯三唑醇	Bitertanol	055179-31-2	$C_{20}H_{23}N_3O_2$	丙酮
111	哒螨灵	Pyridaben	096489-71-3	$C_{19}H_{25}ClN_2OS$	丙酮
112	丙氯灵	Prochloraz	067747-09-5	$C_{15}H_{16}Cl_3N_3O_2$	丙酮
113	氟氯氰菊酯	Cyfluthrin	068359-37-5	$C_{22}H_{18}Cl_2FNO_3$	丙酮
114	氯氰菊酯	Cypermethin	052315-07-8	$C_{22}H_{19}Cl_2NO_3$	正己烷
115	氟氯戊菊酯	Flucythrinate	070124-77-5	$C_{26}H_{23}F_2NO_4$	正己烷
116	氰戊菊酯	Fenvalerate	051630-58-1	$C_{25}H_{22}ClNO_3$	丙酮
117	苯醚甲环唑	Difenoconazole	119446-68-3	$C_{19}H_{17}Cl_2N_3O_3$	丙酮
118	四溴菊酯	Tralomethrin	066841-25-6	$C_{22}H_{19}Br_4NO_3$	丙酮

A.2 B组 水果和蔬菜中93种农药种类及配制溶剂见表A.2。

表 A.2 B组 水果和蔬菜中93种农药种类及配制溶剂表

序号	农药名称	英文名称	CAS 号	化学分子式	溶剂
1	甲胺磷	Methamidophos	010265-92-6	$C_2H_8NO_2PS$	丙酮
2	恶虫威	Bendiocarb	022781-23-3	$C_{11}H_{13}NO_4$	丙酮
3	丁草敌	Butylate	002008-41-5	$C_{11}H_{23}NOS$	丙酮
4	乙酰甲胺磷	Acephate	030560-19-1	$C_4H_{10}NO_3PS$	丙酮
5	苯胺灵	Propham	000122-42-9	$C_{10}H_{13}NO_2$	丙酮
6	特普	TEPP	000107-49-3	$C_8H_{20}O_7P_2$	丙酮
7	氧乐果	Omethoate	001113-02-6	$C_5H_{12}NO_4PS$	丙酮
8	四氯硝基苯	Tecnazene	000117-18-0	$C_6HCl_4NO_2$	乙醇
9	毒草胺	Propachlor	001918-16-7	$C_{11}H_{14}ClNO$	丙酮
10	百草敌	Dicamba	001918-00-9	$C_8H_6Cl_2O_3$	丙酮
11	二溴磷	Naled	000300-76-5	$C_4H_7Br_2Cl_2O_4P$	丙酮
12	久效磷	Monocrotophos	006923-22-4	$C_7H_{14}NO_5P$	丙酮
13	氟乐灵	Trifluralin	001582-09-8	$C_{13}H_{16}F_3N_3O_4$	丙酮
14	α-六六六	α-BHC	000319-84-6	$C_6H_6Cl_6$	丙酮

表 A.2（续）

序号	农药名称	英文名称	CAS 号	化学分子式	溶剂
15	六氯苯	Hexachlorobenzene	000118-74-1	C_6Cl_6	丙酮
16	乐果	Dimethoate	000060-51-5	$C_5H_{12}NO_3PS_2$	丙酮
17	氯草灵	Chlorbufam	001967-16-4	$C_{11}H_{10}ClNO_2$	丙酮
18	莠去津	Atrazine	001912-24-9	$C_8H_{14}ClN_5$	丙酮
19	扑灭津	Propazine	000139-40-2	$C_9H_{16}ClN_5$	丙酮
20	敌杀磷	Dioxathion	000078-34-2	$C_{12}H_{26}O_6P_2S_4$	丙酮
21	特丁磷	Terbufos	013071-79-9	$C_9H_{21}O_2PS_3$	丙酮
22	地虫硫磷	Fonofos	000944-22-9	$C_{10}H_{15}OPS_2$	丙酮
23	二嗪磷	Diazinon	000333-41-5	$C_{12}H_{21}N_2O_3PS$	丙酮
24	δ-六六六	δ-BHC	000319-86-8	$C_6H_6Cl_6$	丙酮
25	特草定	Terbacil	005902-51-2	$C_9H_{13}ClN_2O_2$	甲醇
26	百菌清	Chlorothalonil	001897-45-6	$C_8Cl_4N_2$	丙酮
27	野麦畏	Tri-allate	002303-17-5	$C_{10}H_{16}Cl_3NOS$	丙酮
28	苯虫威	Ethiofencarb	029973-13-5	$C_{11}H_{15}NO_2S$	甲醇
29	除线磷	Dichlofenthion	000097-17-6	$C_{10}H_{13}Cl_2O_3PS$	丙酮
30	赛克津	Metribuzin	021087-64-9	$C_8H_{14}N_4OS$	丙酮
31	乙烯菌核利	Vinclozlin	050471-44-8	$C_{12}H_9Cl_2NO_3$	丙酮
32	甲基毒死蜱	Chlorpyrifos methyl	005598-13-0	$C_7H_7Cl_3NO_3PS$	丙酮
33	七氯	Heptachlor	000076-44-8	$C_{10}H_5Cl_7$	丙酮
34	乙基对氧磷	Paraoxon	000311-45-5	$C_{10}H_{14}NO_6P$	丙酮
35	砜吸磷	Oxydemeton-methyl	000301-12-2	$C_6H_{15}O_4PS_2$	丙酮
36	杀螟硫磷	Fenitrothion	000122-14-5	$C_9H_{12}NO_5PS$	丙酮
37	甲基嘧啶磷	Pirimiphos methyl	029232-93-7	$C_{11}H_{20}N_3O_3PS$	丙酮
38	抑菌磷	Dichlofluanid	001085-98-9	$C_9H_{11}Cl_2FN_2O_2S_2$	丙酮
39	艾氏剂	Aldrin	000309-00-2	$C_{12}H_8Cl_6$	丙酮
40	异丙甲草胺	Metolachlor	051218-45-2	$C_{15}H_{22}ClNO_2$	丙酮
41	倍硫磷	Fenthion	000055-38-9	$C_{10}H_{15}O_3PS_2$	丙酮
42	三氯杀螨醇	Dicofol	000115-32-2	$C_{14}H_9Cl_5O$	丙酮
43	对硫磷	Parathion	000056-38-2	$C_{10}H_{14}NO_5PS$	丙酮
44	三唑酮	Triadimefon	043121-43-3	$C_{14}H_{16}ClN_3O_2$	二氯甲烷
45	毒壤磷	Trichloronate	000327-98-0	$C_{10}H_{12}Cl_3O_2PS$	丙酮
46	异艾氏剂	Isodrin	000465-73-6	$C_{12}H_8Cl_6$	丙酮
47	胺硝草	Pendimethalin	040487-42-1	$C_{13}H_{19}N_3O_4$	丙酮
48	环氧七氯	Heptachlore epoxide	001024-57-3	$C_{10}H_5Cl_7O$	丙酮
49	棉胺磷	Phosfolan	000947-02-4	$C_7H_{14}NO_3PS_2$	丙酮

表 A.2(续)

序号	农药名称	英文名称	CAS号	化学分子式	溶剂
50	地安磷	Mephosfolan	000950-10-7	$C_8H_{16}NO_3PS_2$	丙酮
51	丙胺磷	Isofenphos	025311-71-1	$C_{15}H_{24}NO_4PS$	丙酮
52	灭蚜磷	Mecarbam	002595-54-2	$C_{10}H_{20}NO_5PS_2$	丙酮
53	稻丰散	Phenthoate	002597-03-7	$C_{12}H_{17}O_4PS_2$	丙酮
54	丁草胺	Butachlor	023184-66-9	$C_{17}H_{26}ClNO_2$	丙酮
55	敌草胺	Napropamide	015299-99-7	$C_{17}H_{21}NO_2$	丙酮
56	丙硫磷	Prothiofos	034643-46-4	$C_{11}H_{15}Cl_2O_2PS_2$	丙酮
57	脱叶磷	Tributyl phosphororeithioate	000078-48-8	$C_{12}H_{27}OPS_3$	丙酮
58	恶草酮	Oxydiazon	019666-30-9	$C_{15}H_{18}Cl_2N_2O_3$	丙酮
59	腈菌唑	Myclobutanil	088671-89-0	$C_{15}H_{17}ClN_4$	丙酮
60	杀螨特	Aramite	000140-57-8	$C_{15}H_{23}ClO_4S$	丙酮
61	噻呋酰胺	Thifluzamide	—	$C_{13}H_6Br_2F_6N_2O_2S$	丙酮
62	除草醚	Nitrofen	001836-75-5	$C_{12}H_7Cl_2NO_3$	丙酮
63	环唑醇	Cyproconazole	113096-99-4	$C_{15}H_{18}ClN_3O$	丙酮
64	氯苯胺灵	Chlorobenzilate	000510-15-6	$C_{16}H_{14}Cl_2O_2$	丙酮
65	丰索磷	Fensulfothion	000115-90-2	$C_{11}H_{17}O_4PS_2$	丙酮
66	*o*,*p*′-滴滴涕	*o*,*p*′-DDT	000789-02-6	$C_{14}H_9Cl_5$	丙酮
67	三唑磷	Triazophos	024017-47-8	$C_{12}H_{16}N_3O_3PS$	丙酮
68	伐灭磷	Famphur	000052-85-7	$C_{10}H_{16}NO_5PS_2$	丙酮
69	苯霜灵	Benalaxyl	071626-11-4	$C_{20}H_{23}NO_3$	丙酮
70	环草定	Lenacil	002164-08-1	$C_{13}H_{18}N_2O_2$	丙酮
71	丙环唑	Propiconazole	060207-90-1	$C_{15}H_{17}Cl_2N_3O_2$	丙酮
72	吡氟酰草胺	Diflufenican	083164-33-4	$C_{19}H_{11}F_5N_2O_2$	丙酮
73	增效醚	Piperonyl butoxide	000051-03-6	$C_{19}H_{30}O_5$	丙酮
74	吡氟氯禾灵	Haloxyfop methyl	072619-32-0	$C_{16}H_{13}ClF_3NO_4$	丙酮
75	亚胺硫磷	Phosmet	000732-11-6	$C_{11}H_{12}NO_4PS_2$	丙酮
76	胺菊酯	Tetramethirn	007696-12-0	$C_{19}H_{25}NO_4$	丙酮
77	联苯菊酯	Bifenthrin	082657-04-3	$C_{23}H_{22}ClF_3O_2$	丙酮
78	苯醚菊酯	Phenothrin	026002-80-2	$C_{23}H_{26}O_3$	丙酮
79	呋线威	Furathiocarb	065907-30-4	$C_{18}H_{26}N_2O_5S$	丙酮
80	溴苯磷	Leptophos	021609-90-5	$C_{13}H_{10}BrCl_2O_2PS$	丙酮
81	苯噻酰草胺	Mefenacet	073250-68-7	$C_{16}H_{14}N_2O_2S$	丙酮
82	异嘧菌醇	Fenarimol	060168-88-9	$C_{17}H_{12}Cl_2N_2O$	丙酮
83	益棉磷	Azinphos-ethyl	002642-71-9	$C_{12}H_{16}N_3O_3PS_2$	丙酮

表 A.2（续）

序号	农药名称	英文名称	CAS号	化学分子式	溶剂
84	吡唑硫磷	Pyraclofos	077458-01-6	$C_{14}H_{18}ClN_2O_3PS$	丙酮
85	噻草酮	Cycloxydim	010120-50-2	$C_{17}H_{27}NO_3S$	丙酮
86	氯菊酯	Permethrin	052645-53-1	$C_{21}H_{20}Cl_2O_3$	丙酮
87	蝇毒磷	Coumaphos	000056-72-4	$C_{14}H_{16}ClO_5PS$	丙酮
88	禾草克	Quizalofop-ethyl	076578-14-8	$C_{19}H_{17}ClN_2O_4$	丙酮
89	醚菊酯	Ethofenprox	080844-07-1	$C_{25}H_{28}O_2$	丙酮
90	氟啶草酮	Fluridone	059756-60-4	$C_{19}H_{14}F_3NO$	丙酮
91	哒草特	Pyridate	055512-33-9	$C_{19}H_{23}ClN_2O_2S$	丙酮
92	氟胺氰菊酯	Fluvalinate-tau	102851-06-9	$C_{26}H_{22}ClF_3N_2O_3$	丙酮
93	溴氰菊酯	Deltamethrin	052918-63-5	$C_{22}H_{19}Br_2NO_3$	丙酮

附　录　B
（规范性附录）
水果和蔬菜中107种农药种类及配制溶剂

水果和蔬菜中107种农药种类及配制溶剂见表B.1。

表B.1　水果和蔬菜中107种农药种类及配制溶剂表

序号	中文名称	英文名称	纯度/%	溶剂	序号	中文名称	英文名称	纯度/%	溶剂
1	乙酰甲胺磷	Acephate	98	丙酮	31	滴滴涕	o,p'-DDT	98.5	丙酮
2	甲草胺	Alachlor	98.5	丙酮	32	滴滴涕	p,p'-DDT	97.8	丙酮
3	艾氏剂	Aldrin	98	丙酮	33	溴氰菊酯	Deltamethrin	99	丙酮
4	恶虫威	Bendiocarb	98	丙酮	34	甲基内吸磷	Demeton-methyl	99	甲醇＋丙酮
5	苯达松	Bentazone	98	丙酮	35	二嗪磷	Diazinon	99	丙酮
6	甲-六六六	α-BHC	99	丙酮	36	苯氟磺胺	Dichlofluanid	97.5	丙酮
7	乙-六六六	β-BHC	98	丙酮	37	敌敌畏	Dichlorvos	99	丙酮
8	林丹	Lindane(γ-BHC)	98	丙酮	38	三氯杀螨醇	Dicofol	98	丙酮
9	丁-六六六	δ-BHC	99	丙酮	39	狄氏剂	Dieldrin	98	丙酮
10	甲羧除草醚	Bifenox	99.2	丙酮	40	敌粉威	Diethofencarb	99	丙酮
11	双苯三唑醇	Bitertanol	98.5	丙酮	41	恶醚唑	Difenoconazole	99	丙酮
12	仲丁威	Bpmc	98	丙酮	42	敌莠氟芬	Diflufenican	99.5	丙酮
13	丁胺磷	Butamifos	97.5	丙酮	43	噻节因	Dimethipin	98.5	丙酮
14	丁草特	Butylate	96	丙酮	44	乐果	Dimethoate	99	丙酮
15	敌菌丹	Captafol	97	丙酮	45	甲基毒虫畏	Dimethylvinphos	99	丙酮
16	克菌丹	Captan	99	丙酮	46	敌瘟磷	Edifenphos	97	丙酮
17	甲萘威	Carbaryl	98.5	丙酮	47	异狄氏剂	Endrin	98	丙酮
18	灭螨猛	Chinomethionat	99	苯＋丙酮	48	苯硫磷	EPN	99	丙酮
19	毒虫畏	Chlorfenvinphos	98	丙酮	49	丙草丹	EPTC	96.5	丙酮
20	乙酯杀螨醇	Chlorobenzilate	99	丙酮	50	乙硫苯威	Ethiofencarb	98	丙酮
21	氯苯胺灵	Chlorpropham	98	丙酮	51	乙硫磷	Ethion	96	丙酮
22	毒死蜱	Chlorpyrifos	99.2	丙酮	52	丙线磷	Ethoprophos	99	丙酮
23	瓜菊酯Ⅰ	CinerinⅠ	90	丙酮	53	乙嘧硫磷	Etrimfos	98	丙酮
24	瓜菊酯Ⅱ	CinerinⅡ	95.5	丙酮	54	氯苯嘧啶醇	Fenarimol	99	丙酮
25	噻草酮	Cycloxydim	91	丙酮	55	杀螟硫磷	Fenitrothion	98.5	丙酮
26	氟氯氰菊酯	Cyfluthrin	99.5	丙酮	56	丰索磷	Fensulfothion	98	丙酮
27	灭百可	Cypermethrin	91	丙酮	57	倍硫磷	Fenthion	95.5	丙酮
28	环唑醇	Cyproconazole	99.5	丙酮	58	氰戊菊酯	Fenvalerate	99	丙酮
29	滴滴滴	DDD	99	丙酮	59	氟硅唑	Flusilazole	99.5	丙酮
30	滴滴伊	DDE	98	丙酮	60	氟酰胺	Flutolanil	98	丙酮

表 B.1（续）

序号	中文名称	英文名称	纯度/%	溶剂	序号	中文名称	英文名称	纯度/%	溶剂
61	氟胺氰菊酯	Fluvalinate	85	丙酮	85	稻丰散	Phenthoate	98.5	丙酮
62	灭菌丹	Folpet	98	丙酮	86	甲拌磷	Phorate	94.5	丙酮
63	七氯	Heptachlor	98	丙酮	87	抗蚜威	Pirimicarb	99.5	丙酮
64	益灭菌唑	Imazalil	97.5	丙酮	88	虫螨磷	Pirimiphos-methyl	99.5	丙酮
65	异菌脲	Iprodione	99	丙酮	89	丙氯灵	Prochloraz	97	丙酮
66	稻土磷	Isofenphos	92	丙酮	90	氧环三宝	Propiconazle	98.4	丙酮
67	异丙威	Isoprocarb	98	丙酮	91	除虫菊酯Ⅰ	PyrethrinⅠ	87.0	丙酮
68	茉莉菊酯Ⅰ	JasmolinⅠ	97	丙酮	92	除虫菊酯Ⅱ	PyrethrinⅡ	87.0	丙酮
69	茉莉菊酯Ⅱ	JasmolinⅡ	98	丙酮	93	啶斑肟	Pyrfenox	97.5	丙酮
70	马拉硫磷	Malathion	99.5	丙酮	94	达螨酮	Pyridaben	98	丙酮
71	甲胺磷	Methamidophos	98	甲醇+丙酮	95	喹禾灵	Quizalofop-ethyl	99	丙酮
72	杀扑磷	Methidathion	99	丙酮	96	稀禾啶	Sethoxydim	92	丙酮
73	灭梭威	Methiocarb	99	丙酮	97	立克莠	Tebuconazole	98	丙酮
74	异丙甲草胺	Metolachlor	98	丙酮	98	特氯啶	Terbacil	98	丙酮
75	嗪草酮	Metribuzin	99	丙酮	99	叔丁硫磷	Terbufos	98	丙酮
76	灭克落	Myclobutanil	98.5	丙酮	100	杀草丹	Thiobencarb	98	丙酮
77	杀线威	Oxamyl	98	丙酮	101	二甲硫吸磷	Thiometon	91.0	丙酮
78	多效唑	Paclobutrazol	99.5	丙酮	102	甲基托氯磷	Tolclofos-methyl	98	丙酮
79	对硫磷	Parathion	99	丙酮	103	三唑醇	Triadimenol	98	二氯甲烷+正己烷
80	甲基对硫磷	Parathion-methyl	98.5	丙酮					
81	五氯硝基苯	PCNB	97.5	丙酮	104	敌百虫	Trichlorfon	97.5	丙酮
82	配那唑	Penconazole	99.5	丙酮	105	特富灵	Triflumizole	99	丙酮
83	二甲戊乐灵	Pendimethalin	99	丙酮	106	三氟草灵	Trifluralin	99	丙酮
84	氯菊酯	Permethrin	95.5	丙酮	107	蚜灭多	Vamidothion	97	丙酮

附 录 C
（资料性附录）
水果和蔬菜中 211 种农药的保留时间、定量和定性选择离子、线性范围、回收率范围、精密度范围及定量限

C.1 A组 水果和蔬菜中 118 种农药的保留时间、定量和定性选择离子、线性范围、回收率范围、精密度范围及定量限见表 C.1。

表 C.1 A组 水果和蔬菜中 118 种农药的保留时间、定量和定性选择离子、线性范围、回收率范围、精密度范围及定量限(LOQ)

序号	农药名称	出峰顺序	保留时间/min	特征碎片离子			线性范围/(μg/mL)	线性相关系数	回收率范围/%	精密度范围/%	定量限/(μg/g)
				定量	定性	丰度比					
1	敌敌畏	1	10.76	109	185、220、187	100∶45∶9∶15	0.125～6.25	0.999 1	71.2～108.2	5.19～20.41	0.01
2	克百威	2	11.45	164	149、131、221	100∶77∶27∶5	0.365～18.75	0.993 4	57.2～88.6	5.88～18.01	0.10
3	丙草丹	3	12.25	128	132、189、160	100∶30∶24∶9	0.125～6.25	0.997 6	59.0～78.0	5.27～10.66	0.04
4	速灭磷	4	13.22	127	192、193、164	100∶34∶9∶10	0.25～12.5	0.998 9	75.2～111.0	4.05～14.32	0.05
5	灭草敌	5	13.43	128	146、203、161	100∶19∶8∶12	0.25～12.5	0.997 9	62.7～82.5	4.57～11.28	0.01
6	克草敌	6	13.60	128	161、203、132	100∶17∶16∶14	0.25～12.5	0.995 4	62.9～82.0	4.47～9.81	0.02
7	甲萘威	7	14.20	144	145、201、115	100∶12∶5∶48	0.365～18.75	0.992 5	57.2～89.2	4.73～19.40	0.10
8	禾草特	8	14.55	126	187、158、127	100∶10∶8∶10	0.125～6.25	0.995 4	71.0～110.9	8.73～18.89	0.02
9	异丙威	9	14.59	121	136、137、122	100∶26∶5∶9	0.125～6.25	0.999 2	71.8～110.4	4.95～18.04	0.02
10	仲丁威	10	15.44	121	150、107、122	100∶5∶8∶9	0.125～6.25	0.998 8	71.9～110.0	8.67～17.52	0.02
11	残杀威	11	15.5	110	152、111	100∶17∶7	0.125～6.25	0.993 4	71.0～110.2	6.86～18.24	0.05
12	甲基内吸磷	12	15.59	142	109、143、230	76∶100∶39∶10	0.365～18.75	0.997 6	82.7～127.5	7.20～20.47	0.05
13	苯敌草	13	15.95	167	135、122、136	100∶64∶40∶11	0.125～6.25	0.998 7	58.0～78.0	4.50～10.44	0.02
14	氯苯胺灵	14	16.00	213	171、154、215	100∶61∶60∶32	0.125～6.25	0.999 5	71.5～110.3	8.51～18.64	0.05
15	百治磷	15	16.36	237	193、192、127	69∶100∶46∶77	0.125～6.25	0.998 1	72.0～109.8	7.09～13.25	0.05
16	戊菌隆	16	16.50	209	180、182、166	26∶100∶29∶20	0.125～6.25	0.999 2	71.0～109.5	9.40～20.38	0.05
17	甲拌磷	17	16.65	260	121、131、153	65∶100∶8∶22	0.125～6.25	0.999 0	71.8～109.0	7.16～14.14	0.05

表 C.1（续）

序号	农药名称	出峰顺序	保留时间/min	特征碎片离子			线性范围/(μg/mL)	线性相关系数	回收率范围/%	精密度范围/%	定量限/(μg/g)
				定量	定性	丰度比					
18	甲基乙拌磷	18	16.96	246	158、185、217	100∶64∶32∶16	0.5～25.0	0.997 6	58.0～77.3	6.26～10.36	0.20
19	氯硝胺	19	17.11	206	176、160、208	100∶89∶50∶64	0.125～6.25	0.997 1	71.0～110.4	8.42～17.00	0.05
20	西玛津	20	17.35	201	186、173、203	100∶64∶46∶33	0.5～25.0	0.997 2	71.6～118.8	9.64～15.80	0.20
21	丙硫克百威	21	17.44	164	149、131、221	100∶56∶15∶7	0.125～6.25	0.996 6	71.0～110.2	5.88～14.97	0.02
22	噻节因	22	17.46	118	210、103、124	100∶23∶24∶45	0.5～25.0	0.995 4	76.4～111.0	5.80～14.97	0.20
23	异恶草酮	23	17.62	204	138、205、127	100∶6∶39∶14	0.125～6.25	0.999 1	81.0～110.1	5.65～18.62	0.02
24	林丹	24	17.80	183	219、254、221	100∶48∶15∶48	0.125～6.25	0.999 0	72.2～104.4	9.13～16.88	0.01
25	五氯硝基苯	25	17.91	295	237、249、265	90∶100∶88∶39	0.125～6.25	0.998 7	81.2～110.2	4.32～20.46	0.05
26	胺丙畏	26	18.03	236	194、138、222	31∶49∶100∶24	0.125～6.25	0.997 6	72.0～109.3	6.79～14.69	0.05
27	拿草特	27	18.09	255	240、254、257	100∶47∶90∶65	0.125～6.25	0.998 7	72.0～107.3	8.83～18.39	0.05
28	磷胺Ⅰ	28	18.47	264	227、193、265	100∶22∶23∶15	0.5～25.0	0.998 9	71.0～111.0	6.93～18.16	0.10
29	乙拌磷	29	18.53	274	186、153、142	75∶90∶95∶100	0.125～6.25	0.999 2	73.1～109.3	8.99～19.22	0.02
30	敌乐胺	30	18.71	305	261、322、307	100∶27∶6∶37	0.125～6.25	0.999 1	72.1～106.5	8.56～16.32	0.05
31	七氟菊酯	31	18.84	177	197、161、199	100∶27∶4∶9	0.125～6.25	0.999 4	83.2～109.5	6.77～16.54	0.02
32	乙嘧硫磷	32	18.95	292	277、263、229	100∶33∶11∶8	0.125～6.25	0.996 5	73.3～110.6	6.34～19.75	0.05
33	溴烯杀	33	19.10	359	357、394、272	100∶99∶15∶37	0.125～6.25	0.998 8	74.0～105.1	7.23～20.26	0.05
34	敌稗	34	19.67	161	217、163	100∶21∶64	0.365～18.75	0.999 0	72.7～127.7	6.56～14.76	0.20
35	磷胺Ⅱ	35	19.84	264	227、193、265	100∶16∶18∶12	0.365～18.75	0.995 4	7.31～108.2	5.78～18.37	0.10
36	乙草胺	36	20.04	223	234、269、224	100∶39∶17∶49	0.365～18.75	0.997 1	72.4～110.8	9.99～17.71	0.10
37	甲基对硫磷	37	20.06	263	233、246、200	100∶10∶8∶9	0.365～18.75	0.996 7	71.0～111.0	5.90～15.11	0.10
38	甲基立枯磷	38	20.26	265	267、250、266	100∶37∶11∶11	0.125～6.25	0.998 9	72.8～110.8	7.21～19.02	0.02
39	甲草胺	39	20.36	188	237、269	100∶32∶12	0.125～6.25	0.999 0	73.1～109.6	8.14～20.74	0.01

表 C.1（续）

序号	农药名称	出峰顺序	保留时间/min	特征碎片离子			线性范围/(μg/mL)	线性相关系数	回收率范围/%	精密度范围/%	定量限/(μg/g)
				定量	定性	丰度比					
40	溴灭净	40	20.45	227	212、185、170	100：58：20：28	0.125～6.25	0.999 3	71.1～110.8	8.27～20.47	0.05
41	扑草净	41	20.61	241	184、226	100：71：55	0.125～6.25	0.997 7	80.7～108.3	9.65～17.29	0.05
42	甲霜灵	42	20.62	206	249、234	100：61：43	0.125～6.25	0.998 5	73.2～110.8	5.22～14.21	0.02
43	皮蝇磷	43	20.64	285	287、289	100：73：16	0.125～6.25	0.999 5	81.5～108.5	6.45～20.31	0.01
44	特丁净	44	21.12	226	241、185、170	100：63：72：52	0.125～6.25	0.997 8	74.9～110.4	7.58～15.40	0.05
45	灭虫威	45	21.20	168	153、109、225	100：63：18：12	0.365～18.75	0.995 9	72.2～127.3	4.45～18.59	0.10
46	蔬草灭	46	21.34	239	197、143、241	50：34：100：14	0.125～6.25	0.996 6	72.2～110.8	6.34～15.67	0.10
47	禾草丹	47	21.64	100	257、259、125	100：24：9：27	0.125～6.25	0.995 4	85.7～110.9	7.54～18.70	0.02
48	马拉硫磷	48	21.72	173	158、143、256	100：41：20：9	0.125～6.25	0.999 1	71.1～110.2	5.59～17.53	0.05
49	乙霉威	49	21.97	267	225、196、168	100：91：63：66	0.125～6.25	0.999 0	71.0～117.7	7.60～19.53	0.05
50	甲基毒虫畏	50	22.06	295	297、204、170	100：65：9：7	0.125～6.25	0.997 6	71.8～111.9	6.49～19.42	0.05
51	毒死蜱	51	22.12	316	258、286、314	100：92：64：2	0.125～6.25	0.998 7	71.7～109.4	8.55～14.47	0.01
52	水胺硫磷	52	22.50	136	230、289	100：63：62	0.625～31.25	0.998 9	70.8～116.7	9.71～18.45	0.20
53	灭草松	53	22.65	198	225、240、182	100：25：6：25	0.125～6.25	0.999 2	71.1～102.2	6.82～17.37	0.05
54	甲基溴硫磷	54	22.81	331	329、213、316	100：73：6：5	0.125～6.25	0.999 1	85.7～110.7	6.93～17.24	0.02
55	乙基嘧啶磷	55	23.21	333	318、304、290	100：99：73：26	0.125～6.25	0.999 4	71.1～104.2	7.57～24.56	0.02
56	敌菌灵	56	23.50	239	241、178、274	100：65：36：10	0.125～6.25	0.996 5	71.0～107.7	6.23～22.79	0.02
57	戊菌唑	57	23.53	248	250、161、213	100：33：55：10	0.125～6.25	0.998 8	78.8～101.9	6.03～17.22	0.02
58	噻菌灵	58	23.53	174	202、175	100：22：14	0.125～6.25	0.999 0	56.1～79.3	6.11～16.32	0.02
59	毒虫畏	59	24.02	267	323、295、269	100：68：25：65	0.125～6.25	0.995 4	77.8～106.7	8.11～19.11	0.02
60	三唑醇	60	24.06	112	168、130	100：63：19	0.125～6.25	0.997 1	52.9～78.3	5.32～21.45	0.05
61	喹硫磷	61	24.09	298	146、157	22：100：64	0.125～6.25	0.996 7	71.8～114.9	7.02～16.99	0.01

表 C.1（续）

序号	农药名称	出峰顺序	保留时间/min	特征碎片离子			线性范围/(μg/mL)	线性相关系数	回收率范围/%	精密度范围/%	定量限/(μg/g)
				定量	定性	丰度比					
62	反丙烯除虫菊酯	62	24.20	123	136、107、124	100∶24∶23∶11	0.125～6.25	0.998 9	75.7～109.1	7.45～19.36	0.02
63	氯杀螨	63	24.31	268	270、143、272	100∶70∶23∶14	0.125～6.25	0.999 0	70.8～116.9	5.00～24.19	0.10
64	灭螨猛	64	24.41	234	206、174、148	87∶100∶24∶25	0.125～6.25	0.999 3	77.2～116.1	7.33～19.01	0.05
65	抗倒胺	65	24.53	191	278、235、221	100∶38∶40∶50	0.125～6.25	0.997 7	80.8～104.3	6.66～17.32	0.10
66	杀扑磷	66	24.71	145	157、302、146	100∶2∶4∶6	0.365～18.75	0.998 5	72.9～115.4	5.45～14.39	0.05
67	o,p'-滴滴伊	67	24.86	246	318、176、248	100∶38∶23∶66	0.125～6.25	0.999 5	72.2～99.3	8.77～16.99	0.02
68	α-硫丹	68	25.05	241	265、339、323	100∶69∶50∶41	0.125～6.25	0.997 8	75.2～109.1	5.87～21.01	0.05
69	杀虫畏	69	25.26	329	331、333、240	100∶98∶32∶9	0.125～6.25	0.995 9	85.7～120.4	7.56～16.66	0.05
70	定虫隆	70	25.77	321	323、356	100∶66∶8	0.5～25.0	0.999 1	54.7～79.8	6.01～19.76	0.50
71	碘硫磷	71	25.94	303	288、260	100∶28∶44	0.365～18.75	0.996 6	71.0～107.6	6.57～18.61	0.20
72	灭线磷	72	25.95	377	379、250、362	100∶38∶5∶4	0.125～6.25	0.998 9	71.8～111.7	7.22～16.33	0.01
73	氟酰胺	73	26.13	173	145、323、281	100∶41∶51∶5	0.5～25.0	0.996 7	71.7～109.8	7.45～17.44	0.20
74	丙溴磷	74	26.28	339	374、297	100∶51∶40	0.125～6.25	0.999 0	70.8～116.7	8.58～20.04	0.05
75	狄氏剂	75	26.28	263	277、380、345	100∶79∶38∶37	0.125～6.25	0.997 6	71.3～99.4	6.45～19.95	0.10
76	p,p'-滴滴伊	76	26.41	318	316、246、248	86∶67∶100∶66	0.125～6.25	0.994 5	85.6～113.0	7.34～14.76	0.02
77	丙草胺	77	26.50	162	238、262、225	100∶68∶24∶21	0.125～6.25	0.996 7	71.7～104.1	4.22～16.33	0.10
78	萎锈灵	78	26.73	143	235、144、115	100∶54∶10∶9	0.365～18.75	0.997 8	81.8～107.5	6.45～18.24	0.20
79	o,p'-滴滴滴	79	26.81	235	237、165、199	100∶64∶41∶16	0.125～6.25	0.994 9	78.2～101.6	4.58～17.26	0.02
80	噻嗪酮	80	27.02	105	172、305、249	100∶55∶22∶12	0.125～6.25	0.995 0	71.3～109.3	5.45～20.28	0.02
81	氯硅唑	81	27.04	233	206、315、300	100∶33∶11∶5	0.125～6.25	0.997 9	77.6～106.2	5.34～18.54	0.05
82	苯氧菊酯	82	27.33	116	206、131	100∶70∶56	0.125～6.25	0.998 7	73.5～107.9	7.45～24.45	0.05
83	环丙唑醇	83	27.49	222	224、223	100∶34∶12	0.125～6.25	0.998 6	81.5～114.8	8.58～22.67	0.01

表 C.1(续)

序号	农药名称	出峰顺序	保留时间/min	特征碎片离子			线性范围/(μg/mL)	线性相关系数	回收率范围/%	精密度范围/%	定量限/(μg/g)
				定量	定性	丰度比					
84	乐杀螨	84	27.80	83	210、84、245	100∶3∶5∶8	0.125～6.25	0.999 1	75.4～109.2	5.45～16.76	0.05
85	β-硫丹	85	27.83	241	265、339、323	100∶6∶55∶16	0.125～6.25	0.999 2	70.4～116.1	4.34～19.77	0.05
86	p,p′-滴滴滴	86	28.50	235	237、199、165	100∶65∶12∶38	0.125～6.25	0.998 2	76.2～116.2	5.45～17.34	0.02
87	恶霜灵	87	28.77	163	233、278、250	100∶24∶14∶12	0.125～6.25	0.999 3	72.8～104.2	4.76～15.22	0.05
88	甲基吡恶磷	88	29.61	326	215、217、324	100∶2∶3∶2	0.365～18.75	0.997 8	80.9～115.3	6.39～19.08	0.20
89	三硫磷	89	29.84	157	342、296	100∶44∶6	0.125～6.25	0.993 8	80.2～99.4	7.29～19.56	0.10
90	敌瘟磷	90	30.00	310	173、201、218	57∶100∶58∶28	0.125～6.25	0.997 9	77.2～109.5	6.39～20.05	0.05
91	氟菌唑	91	30.29	312	330、340、376	100∶36∶70∶36	0.125～6.25	0.998 9	81.7～120.5	5.49～20.44	0.05
92	环嗪酮	92	31.02	171	252、128、172	100∶4∶13∶8	0.125～6.25	0.999 0	72.1～105.6	8.45～20.66	0.05
93	克螨特	94	31.55	135	350、173	100∶8∶23	0.5～25.0	0.995 9	73.0～107.2	5.46～16.42	0.50
94	顺式-灭虫菊酯	95	31.75	171	143、338	100∶65∶10	0.125～6.25	0.998 1	73.8～111.1	7.47～18.89	0.05
95	反式-灭虫菊酯	96	32.10	171	143、338	100∶65∶10	0.125～6.25	0.998 4	74.7～109.1	6.67～23.39	0.05
96	异狄氏剂(酮)	97	32.30	317	345、281、309	100∶24∶34∶9	0.125～6.25	0.997 9	80.8～116.5	6.92～21.40	0.02
97	异菌脲	98	32.85	314	316、245、271	100∶64∶19∶9	0.125～6.25	0.997 0	77.3～103.5	7.75～17.48	0.05
98	溴螨酯	99	33.12	341	183、339、343	100∶42∶52∶49	0.125～6.25	0.999 1	80.6～113.8	5.36～18.07	0.02
99	苯硫磷	100	33.19	157	169、323、185	100∶47∶21∶92	0.125～6.25	0.998 6	79.7～104.0	7.12～18.03	0.02
100	甲氰菊酯	101	33.95	265	181、349、334	41∶100∶11∶4	0.125～6.25	0.998 5	78.8～107.9	5.89～19.17	0.02
101	吡螨胺	102	34.10	318	333、276、298	100∶77∶45∶7	0.125～6.25	0.996 3	76.2～121.9	6.99～18.16	0.02
102	三氯杀螨砜	103	34.53	356	227、229、159	100∶99∶100∶159	0.125～6.25	0.999 0	74.3～109.3	4.50～18.39	0.02
103	保棉磷	104	34.96	160	132、77、161	100∶80∶73∶11	0.365～18.75	0.998 1	73.6～106.3	4.30～16.26	0.10
104	伏杀硫磷	105	35.10	182	367、154、369	100∶14∶21∶14	0.125～6.25	0.998 8	73.5～117.9	7.02～19.25	0.10
105	灭蚜灵	106	35.13	272	237、274	100∶50∶80	0.125～6.25	0.999 2	81.5～114.8	8.03～19.61	0.02

表 C.1(续)

序号	农药名称	出峰顺序	保留时间/min	特征碎片离子			线性范围/(μg/mL)	线性相关系数	回收率范围/%	精密度范围/%	定量限/(μg/g)
				定量	定性	丰度比					
106	双苯酰肼	107	36.16	278	207、193	100∶34∶56	0.125～6.25	0.999 1	75.4～109.2	6.07～17.89	0.10
107	氯氟氰菊酯	108	36.80	181	197、141	100∶80∶22	0.125～6.25	0.996 9	70.4～116.1	4.88～17.99	0.02
108	吡菌磷	109	37.28	221	232、373	100∶36∶22	0.125～6.25	0.997 7	77.3～109.2	7.12～17.78	0.05
109	氟丙菊酯	110	37.61	181	289、247、208	100∶39∶14∶63	0.125～6.25	0.997 1	58.9～81.4	4.98～17.34	0.05
110	联苯三唑醇	111	38.24	170	112、141、152	100∶11∶13∶9	0.5～25.0	0.995 2	73.6～107.8	6.50～17.28	0.30
111	哒螨灵	112	38.92	147	117、364、309	100∶12∶9∶9	0.125～6.25	0.995 0	81.6～114.7	5.99～18.23	0.02
112	丙氯灵	113	39.38	180	308、266、310	100∶52∶19∶49	0.125～6.25	0.996 7	75.5～109.5	8.77～17.54	0.05
113	氟氯氰菊酯Ⅰ	114	40.64	199	225、181、157	100∶6∶4∶4	0.125～6.25	0.995 2	79.1～112.5	7.98～19.44	0.05
	氟氯氰菊酯Ⅱ	115	40.97	199	225、181、157	100∶6∶3∶4					
	氟氯氰菊酯Ⅲ	116	41.18	199	225、181、157	100∶5∶3∶4					
	氟氯氰菊酯Ⅳ	117	41.33	199	225、181、157	100∶6∶4∶5					
114	氯氰菊酯Ⅰ	118	41.56	181	152、180	100∶16∶19	0.125～6.25	0.997 9	78.1～113.4	7.33～18.21	0.05
	氯氰菊酯Ⅱ	119	41.96	181	152、180	100∶16∶19					
	氯氰菊酯Ⅲ	120	42.10	181	152、180	100∶17∶20					
	氯氰菊酯Ⅳ	121	42.25	181	152、180	100∶17∶19					
115	氟氯戊菊酯Ⅰ	122	42.30	199	157、225	100∶62∶19	0.125～6.25	0.997 5	82.3～118.4	7.98～19.00	0.05
	氟氯戊菊酯Ⅱ	123	42.93	199	157、225	100∶65∶20					
116	氰戊菊酯Ⅰ	124	44.29	167	225、152、209	100∶49∶54∶18	0.125～6.25	0.998 9	81.6～117.3	8.01～18.45	0.02
	氰戊菊酯Ⅱ	125	44.95	167	225、152、209	100∶51∶48∶28					
117	苯醚甲环唑Ⅰ	126	45.44	323	265、325、267	100∶87∶67∶59	0.125～6.25	0.998 1	73.7～104.2	6.57～18.02	0.02
	苯醚甲环唑Ⅱ	127	45.64	323	265、325、267	100∶88∶68∶60					
118	四溴菊酯	128	46.60	181	172、174、152	100∶28∶26∶15	0.125～6.25	0.999 2	73.8～114.5	4.99～18.45	0.05

C.2 B组 水果和蔬菜中93种农药的保留时间、定量和定性选择离子、线性范围、回收率范围、精密度范围及定量限见表C.2。

表C.2 B组 水果和蔬菜中93种农药的保留时间、定量和定性选择离子、线性范围、回收率范围、精密度范围及定量限(LOQ)

序号	农药名称	出峰顺序	保留时间/min	特征碎片离子			线性范围/(μg/mL)	线性相关系数	回收率范围/%	精密度范围/%	定量限/(μg/g)
				定量	定性	丰度比					
1	甲胺磷	1	10.41	94	111、126、141	100：10：10：72	0.365～18.75	0.995 4	57.0～89.9	6.44～20.47	0.10
2	恶虫威	2	11.08	151	166、126、108	100：77：64：8	0.365～18.75	0.998 9	58.0～87.7	7.64～19.10	0.05
3	丁草敌	3	13.22	156	146、217、188	89：100：22：6	0.125～6.25	0.998 7	58.0～77.7	4.79～12.32	0.01
4	乙酰甲胺磷	4	13.34	136	125、181、183	100：37：2：15	0.5～25.0	0.998 0	71.0～116.4	7.10～15.76	0.05
5	苯胺灵	5	13.55	179	137、120、119	100：70：47：17	0.125～6.25	0.999 1	70.0～111.4	6.30～17.76	0.05
6	特普	6	14.97	263	235、246、219	100：69：10：16	0.5～25.0	0.997 8	70.2～117.2	8.82～20.46	0.10
7	氧乐果	7	15.26	156	110、126、141	100：84：13：11	0.5～25.0	0.995 6	70.8～112.3	8.80～17.47	0.10
8	四氯硝基苯	8	15.40	261	203、215、231	78：100：84：21	0.125～6.25	0.999 4	78.0～110.4	6.88～16.37	0.05
9	毒草胺	9	15.50	120	176、211、196	100：39：8：11	0.125～6.25	0.996 5	70.0～110.3	4.76～14.93	0.02
10	百草敌	10	15.94	220	203、173、222	77：38：100：19	0.5～25.0	0.998 6	70.6～110.8	8.78～17.82	0.20
11	二溴磷	11	16.12	301	145、185、220	11：75：100：19	0.365～18.75	0.998 1	72.0～126.7	13.89～23.03	0.05
12	久效磷	12	16.36	127	192、109、223	100：2：37：47	0.365～18.75	0.996 2	60.2～79.0	4.83～15.84	0.10
13	氟乐灵	13	16.4	306	264、335	100：74：9	0.125～6.25	0.997 2	69.0～111.4	7.73～14.87	0.05
14	α-六六六	14	16.77	219	183、221、254	100：99：48：5	0.125～6.25	0.999 2	82.0～110.9	6.25～17.17	0.01
15	六氯苯	15	17.00	284	286、282、249	100：78：53：27	0.125～6.25	0.999 1	82.3～111.3	4.81～15.07	0.02
16	乐果	16	17.16	229	143、157、171	100：94：36：19	0.125～6.25	0.994 5	71.3～111.2	7.95～15.29	0.05
17	氯草灵	17	17.48	223	153、171、164	100：53：53：78	0.125～6.25	0.996 1	69.7～106.3	8.67～17.57	0.05
18	莠去津	18	17.57	200	215、173、202	100：60：26：32	0.125～6.25	0.997 7	73.9～109.8	7.95～14.92	0.02
19	扑灭津	19	17.70	214	229、172、187	100：70：47：27	0.125～6.25	0.996 6	70.4～111.6	8.16～15.72	0.02
20	敌杀磷	20	17.85	270	197、169、153	100：38：18：36	0.125～6.25	0.997 4	71.2～110.1	7.13～16.63	0.05
21	特丁磷	21	18.01	231	153、288、186	100：25：11：14	0.125～6.25	0.997 1	70.4～111.3	9.76～18.30	0.05

表 C.2（续）

序号	农药名称	出峰顺序	保留时间/min	特征碎片离子			线性范围/(μg/mL)	线性相关系数	回收率范围/%	精密度范围/%	定量限/(μg/g)
				定量	定性	丰度比					
22	地虫硫磷	22	18.09	246	137,174,202	100 : 83 : 11 : 7	0.125～6.25	0.998 3	72.0～110.7	6.53～18.08	0.05
23	二嗪磷	23	18.45	304	179,137,276	52 : 100 : 96 : 25	0.125～6.25	0.994 1	71.2～107.2	7.09～12.21	0.02
24	δ-六六六	24	18.61	219	217,181,254	98 : 78 : 100 : 10	0.125～6.25	0.997 2	82.1～101.3	7.46～14.60	0.01
25	特草定	25	18.71	161	160,163,117	100 : 73 : 33 : 36	0.125～6.25	0.995 4	70.4～117.6	7.41～22.86	0.04
26	百菌清	26	18.77	266	264,268,229	100 : 78 : 49 : 11	0.125～6.25	0.998 1	72.3～108.2	8.12～13.64	0.02
27	野麦畏	27	18.86	268	270,143,145	100 : 69 : 28 : 27	0.125～6.25	0.997 1	70.2～112.0	8.74～20.47	0.02
28	苯虫威	28	19.36	107	168,139,225	100 : 35 : 4 : 3	0.125～6.25	0.999 6	71.1～96.1	6.45～16.08	0.02
29	除线磷	29	19.76	279	223,251,281	100 : 80 : 39 : 38	0.125～6.25	0.997 6	70.4～111.9	7.21～17.33	0.02
30	赛克津	30	20.06	198	199,144,214	100 : 16 : 4 : 68	0.125～6.25	0.997 7	70.7～110.8	7.62～17.65	0.02
31	乙烯菌核利	31	20.06	285	212,198,287	96 : 100 : 89 : 62	0.125～6.25	0.999 1	73.0～124.9	5.14～18.33	0.02
32	甲基毒死蜱	32	20.07	286	288,197	100 : 73 : 6	0.125～6.25	0.998 5	70.4～111.5	4.85～14.88	0.01
33	七氯	33	20.31	272	237,337,372	100 : 39 : 29 : 12	0.125～6.25	0.998 8	83.2～104.9	4.19～15.68	0.01
34	乙基对氧磷	34	20.66	275	220,247,232	100 : 68 : 75 : 56	0.365～18.75	0.996 9	77.1～109.2	6.76～23.91	0.05
35	砜吸磷	35	20.91	169	109,125,142	100 : 54 : 30 : 10	0.365～18.75	0.997 2	75.6～111.7	10.54～23.25	0.05
36	杀螟硫磷	36	21.23	277	260,247,214	100 : 60 : 7 : 8	0.125～6.25	0.999 1	78.6～107.0	6.94～19.22	0.05
37	甲基嘧啶磷	37	21.36	290	276,305,262	100 : 80 : 75 : 25	0.125～6.25	0.995 5	74.1～98.5	6.10～15.35	0.02
38	抑菌磷	38	21.52	224	226,167,332	95 : 65 : 100 : 14	0.125～6.25	0.998 9	72.1～103.5	6.46～16.23	0.05
39	艾氏剂	39	21.69	263	265,293,329	100 : 67 : 39 : 9	0.125～6.25	0.998 5	77.8～109.1	6.83～15.53	0.02
40	异丙甲草胺	40	21.95	238	162,240,211	61 : 100 : 20 : 10	0.125～6.25	0.998 2	75.2～118.6	9.54～18.54	0.01
41	倍硫磷	41	22.05	278	169,153,263	100 : 15 : 9 : 6	0.125～6.25	0.998 0	76.8～116.2	6.31～15.88	0.02
42	三氯杀螨醇	42	22.17	139	141,250,291	100 : 26 : 20 : 16	0.125～6.25	0.999 2	76.5～107.2	5.28～15.70	0.02
43	对硫磷	43	22.19	291	186,235,218	100 : 14 : 14 : 8	0.125～6.25	0.998 3	71.5～114.1	5.26～15.16	0.02

表 C.2（续）

序号	农药名称	出峰顺序	保留时间/min	特征碎片离子			线性范围/(μg/mL)	线性相关系数	回收率范围/%	精密度范围/%	定量限/(μg/g)
				定量	定性	丰度比					
44	三唑酮	44	22.30	208	210、181、293	100∶33∶33∶8	0.125～6.25	0.997 2	75.6～106.9	5.14～17.82	0.05
45	毒壤磷	45	22.65	269	109、271、297	49∶100∶50∶82	0.125～6.25	0.997 8	71.9～107.1	6.99～17.66	0.05
46	异艾氏剂	46	22.90	329	255、220	89∶89∶100	0.125～6.25	0.998 2	80.4～109.2	5.63～17.51	0.10
47	胺硝草	47	23.55	252	220、281、192	100∶5∶13∶8	0.125～6.25	0.997 6	74.1～116.9	8.42～12.91	0.05
48	环氧七氯	48	23.75	353	355、351	100∶80∶54	0.125～6.25	0.999 1	80.3～101.5	6.40～17.77	0.05
49	棉胺磷	49	23.78	255	227、196	100∶26∶7	0.125～6.25	0.999 2	75.2～100.1	9.66～19.62	0.05
50	地安磷	50	24.02	196	227、269、168	100∶57∶18∶58	0.125～6.25	0.998 1	73.4～112.5	5.65～17.54	0.10
51	丙胺磷	51	24.05	213	255、185、245	100∶42∶42∶16	0.125～6.25	0.996 5	72.7～108.5	4.61～19.56	0.02
52	灭蚜磷	52	24.15	329	296、226、206	100∶53∶44∶38	0.125～6.25	0.996 4	72.0～105.9	5.38～18.02	0.05
53	稻丰散	53	24.19	274	246、320、275	100∶25∶6∶14	0.125～6.25	0.996 9	78.9～105.7	11.79～17.33	0.05
54	丁草胺	54	25.55	237	276、224、311	100∶36∶50∶26	0.125～6.25	0.998 9	73.6～119.1	7.32～14.47	0.02
55	敌草胺	55	25.86	271	171、128、272	69∶28∶100∶14	0.125～6.25	0.998 6	78.9～107.2	5.55～20.50	0.05
56	丙硫磷	56	26.16	309	267、239、281	100∶90∶30∶11	0.125～6.25	0.998 5	73.6～107.4	8.44～16.20	0.01
57	脱叶磷	57	26.43	314	258、226、202	17∶43∶45∶100	0.365～18.75	0.998 2	78.6～103.6	9.43～17.09	0.05
58	恶草酮	58	26.86	344	304、302、258	47∶45∶36∶100	0.125～6.25	0.998 1	73.9～108.6	4.93～19.79	0.05
59	腈菌唑	59	26.92	288	245、206、179	12∶16∶23∶100	0.125～6.25	0.996 9	78.9～109.4	6.11～18.30	0.02
60	杀螨特	60	27.03	334	319、321、336	57∶100∶39∶22	0.125～6.25	0.998 6	75.5～98.0	7.01～22.73	0.10
61	噻呋酰胺	61	27.38	194	166、125	100∶64∶26	0.125～6.25	0.998 3	70.3～107.4	8.71～17.32	0.01
62	除草醚	62	27.42	283	253、202、139	100∶39∶54∶43	0.125～6.25	0.999 1	61.4～78.9	4.36～11.98	0.05
63	环唑醇	63	27.44	222	224、223	100∶36∶15	0.125～6.25	0.999 2	63.9～81.0	5.84～11.46	0.01
64	氯苯胺灵	64	28.10	251	253、308	100∶65∶1	0.125～6.25	0.997 9	77.4～115.6	7.74～19.58	0.02
65	丰索磷	65	28.33	308	292、293、265	8∶100∶35∶5	0.365～18.75	0.997 9	71.6～106.9	6.89～20.55	0.05

表 C.2（续）

序号	农药名称	出峰顺序	保留时间/min	特征碎片离子			线性范围/(μg/mL)	线性相关系数	回收率范围/%	精密度范围/%	定量限/(μg/g)
				定量	定性	丰度比					
66	o,p′-滴滴涕	66	28.63	235	237、165	100∶65∶37	0.125～6.25	0.996 9	78.4～106.6	7.34～16.69	0.02
67	三唑磷	67	29.6	257	285、313	100∶80∶42	0.365～18.75	0.997 7	73.3～106.3	6.40～18.37	0.10
68	伐灭磷	68	29.87	218	217、282、202	100∶22∶6∶7	0.125～6.25	0.997 0	77.5～111.2	9.87～19.15	0.20
69	苯霜灵	69	30.02	206	234、325、266	100∶45∶30∶45	0.125～6.25	0.999 0	72.2～109.5	7.98～17.14	0.05
70	环草定	70	30.23	153	136、234、154	100∶6∶2∶9	0.5～25.0	0.998 1	70.3～107.6	7.76～20.63	0.20
71	丙环唑Ⅰ	71	30.29	259	261、191、173	100∶65∶29∶96	0.365～18.75	0.997 6	72.2～105.9	8.63～22.69	0.05
	丙环唑Ⅱ	72	30.59	259	261、191、173	100∶65∶29∶96					
72	吡氟酰草胺	73	31.78	266	394、267、246	100∶26∶15∶9	0.125～6.25	0.998 7	72.1～100.3	4.52～15.70	0.02
73	增效醚	74	31.96	176	177、149、338、3	100∶33∶17∶6	0.125～6.25	0.998 1	70.0～107.4	7.62～21.29	0.02
74	吡氟氯禾灵	75	32.35	316	302、288、272	89∶100∶79∶21	0.125～6.25	0.994 5	69.9～103.8	7.96～19.02	0.05
75	亚胺硫磷	76	32.87	160	161、317、192	100∶11∶5∶2	0.5～25.0	0.992 1	81.4～116.5	9.27～19.41	0.10
76	胺菊酯Ⅰ	77	33.17	164	135、163、165	100∶5∶1∶100	0.125～6.25	0.996 5	76.7～113.1	10.80～19.19	0.02
	胺菊酯Ⅱ	78	33.67	164	13、163、165	100∶4∶1∶11					
77	联苯菊酯	79	33.70	181	165、166、182	100∶26∶27∶16	0.365～18.75	0.996 5	78.5～108.2	12.36～20.86	0.02
78	苯醚菊酯Ⅰ	80	34.70	123	183、350、168	100∶83∶7∶9	0.125～6.25	0.993 3	73.9～115.7	6.76～15.81	0.20
	苯醚菊酯Ⅱ	81	35.06	123	183、350、168	100∶69∶6∶7					
79	呋线威	82	35.14	382	329、194	100∶3∶372	0.365～18.75	0.997 6	70.7～101.5	8.36～19.40	0.10
80	溴苯磷	83	35.19	377	213、171	100∶6∶122	0.125～6.25	0.996 3	76.9～103.6	6.03～14.36	0.05
81	苯噻酰草胺	84	35.68	192	298、136、148	100∶6∶22∶18	0.125～6.25	0.999 3	71.7～106.8	7.66～17.17	0.10
82	异嘧菌醇	85	36.46	330	295、251、332	58∶23∶100∶38	0.5～25.0	0.999 1	72.4～116.7	10.52～17.52	0.50
83	益棉磷	86	36.93	160	105、132	86∶33∶100	0.125～6.25	0.998 8	69.9～99.6	6.74～16.52	0.05
84	吡唑硫磷	87	37.55	318	290、194	100∶10∶161	0.125～6.25	0.997 9	72.7～105.1	6.40～16.26	0.05

表 C.2（续）

序号	农药名称	出峰顺序	保留时间/min	特征碎片离子 定量	定性	丰度比	线性范围/(μg/mL)	线性相关系数	回收率范围/%	精密度范围/%	定量限/(μg/g)
85	噻草酮	88	37.80	279	251、178	100：55：117	0.125～6.25	0.999 0	77.7～116.0	5.85～19.50	0.05
86	氯菊酯Ⅰ	89	38.69	183	184、255、165	100：15：2：20	0.125～6.25	0.995 5	72.1～111.5	4.93～19.61	0.02
	氯菊酯Ⅱ	90	39.13	183	184、255、165	100：15：2：17					
87	蝇毒磷	91	39.17	362	226、334、364	100：47：16：19	0.125～6.25	0.998 7	70.2～111.8	7.01～15.32	0.05
88	禾草克	92	41.88	372	299、244、272	91：100：33：15	0.125～6.25	0.997 8	73.0～110.8	8.4～19.71	0.02
89	醚菊酯	93	42.45	163	376、183、164	100：5：7：12	0.125～6.25	0.997 3	70.1～109.8	8.26～18.18	0.02
90	氟啶草酮	94	43.45	328	329、330、310	100：48：8：3	0.125～6.25	0.999 0	70.2～110.6	8.23～15.79	0.02
91	哒草特	95	43.80	207	205、283、350	100：73：17：7	0.125～6.25	0.998 7	60.2～87.6	6.77～16.30	0.03
92	氟胺氰菊酯Ⅰ	96	45.11	250	252、181、502	100：34：20：10	0.125～6.25	0.994 5	73.2～110.4	6.26～15.10	0.05
	氟胺氰菊酯Ⅱ	97	45.35	250	252、181、502	100：33：20：10					
93	溴氰菊酯	98	46.7	181	172、174、209	100：33：32：86	0.125～6.25	0.998 9	69.1～109.0	4.45～17.04	0.10

附 录 D
（资料性附录）
EI 选择离子方式初筛、鉴定水果和蔬菜中 107 种被测农药的鉴别离子及定量限

EI 选择离子方式初筛、鉴定水果和蔬菜中 107 种被测农药的鉴别离子及定量限见表 D.1。

表 D.1 用 EI 选择离子方式初筛、鉴定水果和蔬菜中 107 种被测农药的鉴别离子及定量限

序号	中文名称	英文名称	鉴别离子 (m/z)	定量限(LOQ)/(mg/kg)
1	乙酰甲胺磷	Acephate	94、136[a]、183、142	0.02
2	甲草胺	Alachlor	160[a]、188、237、269	0.01
3	艾氏剂	Aldrin	261、263[a]、265、293、327	0.01
4	恶虫威	Bendiocarb	126、151[a]、166、223	0.01
5	苯达松	Bentazone	119[a]、161、198、240	0.02
6	甲-六六六	α-BHC	181[a]、183、185、219、254	0.01
7	乙-六六六	β-BHC	109[a]、181、183、185	0.01
8	林丹	Lindane (γ-BHC)	181[a]、183、185、219、290	0.01
9	丁-六六六	δ-BHC	181[a]、183、185、219、254	0.01
10	甲羧除草醚	Bifenox	173、310、341[a]、343	0.01
11	双苯三唑醇	Bitertanol	112、141、170[a]、337	0.01
12	仲丁威	BPMC	107、121[a]、150、207	0.1
13	丁胺磷	Butamifos	200、232、258、286[a]	0.01
14	丁草特	Butylate	57[a]、146、156、174、217	0.01
15	敌菌丹	Captafol	79[a]、149、183、313、349	0.1
16	克菌丹	Captan	79[a]、149、264、299	0.1
17	甲萘威	Carbaryl	115、116、144[a]、201	0.01
18	灭螨猛	Chinomethionat	116、174、206、234[a]	0.01
19	毒虫畏	Chlorfenvinphos	267[a]、269、323、358	0.01
20	乙酯杀螨醇	Chlorobenzilate	111、139、251[a]、253、255	0.1
21	氯苯胺灵	Chlorpropham	127[a]、129、171、213	0.01
22	毒死蜱	Chlorpyrifos	197[a]、199、201、314、351	0.01
23	瓜菊酯Ⅰ	CinerinⅠ	123[a]、150、168、316	0.2
24	瓜菊酯Ⅱ	CinerinⅡ	107[a]、121、167、360	0.2
25	噻草酮	Cycloxydim	178[a]、179、251、279	0.01
26	氟氯氰菊酯	Cyfluthrin	163[a]、165、199、206、226	0.02
27	灭百可	Cypermethrin	163[a]、181、209、415	0.02

表 D.1（续）

序号	中文名称	英文名称	鉴别离子（m/z）	定量限(LOQ)/(mg/kg)
28	环唑醇	Cyproconazole	125、139[a]、141、222	0.01
29	滴滴滴	DDD	165、235[a]、237、284	0.05
30	滴滴伊	DDE	246[a]、248、250、281、318	0.05
31	滴滴涕	*o,p'*-DDT	165、235[a]、237、354	0.05
32	滴滴涕	*p,p'*-DDT	165、235[a]、237、354	0.05
33	溴氰菊酯	Deltamethrin	172、181[a]、253、209	0.01
34	甲基内吸磷	Demeton-methyl	88[a]、109、142、230	0.02
35	二嗪磷	Diazinon	137、179[a]、199、304	0.01
36	苯氟磺胺	Dichlofluanid	123[a]、224、226、228、332	0.01
37	敌敌畏	Dichlorvos	79、109[a]、185、220	0.1
38	三氯杀螨醇	Dicofol	139[a]、141、251、253	0.1
39	狄氏剂	Dieldrin	79[a]、263、277、345、380	0.005
40	敌粉威	Diethofencarb	124[a]、196、225、267	0.01
41	恶醚唑	Difenoconazole	265[a]、267、269、323	0.01
42	敌莠氟芬	Diflufenican	218、246、266[a]、394	0.01
43	噻节因	Dimethipin	54[a]、118、124	0.01
44	乐果	Dimethoate	87[a]、125、172、229	0.01
45	甲基毒虫畏	Dimethylvinphos	109[a]、295、297、299	0.01
46	敌瘟磷	Edifenphos	109[a]、173、201、310	0.1
47	异狄氏剂	Endrin	81[a]、、263、281、345	0.02
48	苯硫磷	EPN	157[a]、169、185、323	0.01
49	丙草丹	EPTC	86、128[a]、131、189	0.01
50	乙硫苯威	Ethiofencarb	77、107[a]、168、225	0.01
51	乙硫磷	Ethion	125、153、231[a]、384	0.01
52	丙线磷	Ethoprophos	126、158[a]、200、242	0.01
53	乙嘧硫磷	Etrimfos	153、168、181[a]、292	0.01
54	氯苯嘧啶醇	Fenarimol	139[a]、219、251、330	0.01
55	杀螟硫磷	Fenitrothion	109、125、260、277[a]	0.01
56	丰索磷	Fensulfothion	125、141、293[a]、308	0.02
57	倍硫磷	Fenthion	125、153、169、278[a]	0.01
58	氰戊菊酯	Fenvalerate	125、167[a]、169、419	0.01

表 D.1（续）

序号	中文名称	英文名称	鉴别离子（m/z）	定量限(LOQ)/(mg/kg)
59	氟硅唑	Flusilazole	206、220、233[a]、315	0.02
60	氟酰胺	Flutolanil	145、173[a]、281、323	0.02
61	氟胺氰菊酯	Fluvalinate	181、250[a]、252、502	0.01
62	灭菌丹	Folpet	104、260[a]、262、295、297	0.5
63	七氯	Heptachlor	100[a]、270、272、274、372	0.01
64	益灭菌唑	Imazalil	41[a]、159、173、175、215	0.1
65	异菌脲	Iprodione	187[a]、189、244、314	0.01
66	稻土磷	Isofenphos	58[a]、213、255、345	0.01
67	异丙威	Isoprocarb	121[a]、136、178、193	0.1
68	茉莉菊酯Ⅰ	JasmolinⅠ	123[a]、164、256、330	0.02
69	茉莉菊酯Ⅱ	JasmolinⅡ	107、163[a]、167、374	0.2
70	马拉硫磷	Malathion	125、158、173[a]、330	0.01
71	甲胺磷	Methamidophos	94[a]、110、126、141	0.01
72	杀扑磷	Methidathion	85[a]、125、145、302	0.01
73	灭梭威	Methiocarb	109、153、168[a]、225	0.005
74	异丙甲草胺	Metolachlor	146、162[a]、238、240	0.01
75	嗪草酮	Metribuzin	103、144、198[a]、214	0.01
76	灭克落	Myclobutanil	150、179[a]、181、288	0.01
77	杀线威	Oxamyl	72[a]、115、145、162	0.02
78	多效唑	Paclobutrazol	125、138、167、236[a]	0.01
79	对硫磷	Parathion	109、137、155、291[a]	0.01
80	甲基对硫磷	Parathion-methyl	109[a]、125、200、263	0.005
81	五氯硝基苯	PCNB	237[a]、249、293、295	0.005
82	配那唑	Penconazole	159、161[a]、248、250、251	0.01
83	二甲戊乐灵	Pendimethalin	162、252[a]、253、281	0.01
84	氯菊酯	Permethrin	163、183[a]、255、390	0.01
85	稻丰散	Phenthoate	125、246、274[a]、320	0.01
86	甲拌磷	Phorate	75[a]、121、231、260	0.01
87	抗蚜威	Pirimicarb	72、166[a]、238、239	0.01
88	虫螨磷	Pirimiphos-methyl	233、276、290[a]、305	0.01
89	丙氯灵	Prochloraz	70[a]、180、308、310	0.01

表 D.1(续)

序号	中文名称	英文名称	鉴别离子 (m/z)	定量限(LOQ)/(mg/kg)
90	氧环三宝	Propiconazle	173[a]、175、259、261	0.01
91	除虫菊酯Ⅰ	PyrethrinⅠ	123[a]、133、162、328	0.2
92	除虫菊酯Ⅱ	PyrethrinⅡ	133[a]、160、167、372	0.2
93	啶斑肟	Pyrfenox	187、262[a]、264、294	0.01
94	达螨酮	Pyridaben	132、147[a]、309、364	0.01
95	喹禾灵	Quizalofop-ethyl	163、299[a]、301、372	0.01
96	稀禾啶	Sethoxydim	149、178[a]、191、219	0.01
97	立克莠	Tebuconazole	125[a]、127、163、250	0.01
98	特氯啶	Terbacil	161[a]、162、164、216	0.01
99	叔丁硫磷	Terbufos	103、153、231[a]、288	0.01
100	杀草丹	Thiobencarb	100[a]、125、127、257	0.01
101	二甲硫吸磷	Thiometon	88[a]、125、169、246	0.01
102	甲基托氯磷	Tolclofos-methyl	125、265[a]、267、269	0.01
103	三唑醇	Triadimenol	112[a]、128、130、168	0.02
104	敌百虫	Trichlorfon	79[a]、109、145、221	0.05
105	特富灵	Triflumizole	73[a]、206、278、287、345	0.1
106	三氟草灵	Trifluralin	264、290、306[a]、335	0.01
107	蚜灭多	Vamidothion	87[a]、109、145、287	0.01

[a] 为基峰。

附　录　E
（资料性附录）
水果和蔬菜中 211 种农药的选择监测离子时间设定参数表

E.1　A 组　水果和蔬菜中 118 种农药的选择监测离子时间设定参数见表 E.1。

表 E.1　A 组　水果和蔬菜中 118 种农药的选择监测离子时间设定参数表

序号	时间/min	选择离子	驻留时间/ms
1	8.00	109、131、149、164、185、187、220、221	80
2	11.80	127、128、132、146、160、161、164、189、192、193、203	50
3	13.90	115、121、122、126、127、136、137、144、145、158、187、201	50
4	15.00	107、109、110、111、121、122、135、136、142、143、151、152、154、167、171、213、215、230	20
5	16.20	121、127、153、158、160、166、176、180、182、185、192、193、206、208、209、213、214、217、231、237、246、260、270	15
6	17.25	103、118、124、127、131、138、149、160、164、173、176、183、186、201、203、204、205、206、208、210、219、221、222、237、249、254、265、295	10
7	18.00	138、142、153、186、193、194、222、227、236、237、240、249、254、255、257、261、264、265、274、295、305、307、322	20
8	18.80	161、163、177、193、197、199、217、223、224、227、229、234、261、263、264、265、269、272、277、292、305、307、322、357、359、394	10
9	20.00	170、185、188、200、212、223、224、227、233、234、237、246、250、263、265、266、267、269	15
10	20.50	109、143、153、168、170、184、185、197、206、212、225、226、227、234、239、241、249、285、287、289	20
11	21.45	100、125、143、158、168、170、173、190、196、197、204、205、207、225、231、239、241、256、257、258、259、267、286、295、297、316	10
12	22.32	136、161、174、175、178、182、198、201、202、213、225、230、239、240、241、248、250、274、289、290、304、316、318、329、331、333	10
13	23.85	107、112、123、124、130、136、143、146、148、157、168、174、191、206、221、234、235、267、268、269、270、272、278、295、298、323	10
14	24.60	145、146、156、157、176、184、191、215、221、227、235、240、241、246、248、265、278、302、318、321、323、329、331、333、339、356	10
15	25.80	145、173、217、246、248、250、260、263、277、281、288、297、303、316、318、321、323、337、339、345、356、362、374、377、379、380	10
16	26.45	105、115、116、131、143、144、162、165、172、199、206、225、233、235、237、238、246、248、249、262、300、305、315、316、318	10

表 E.1（续）

序号	时间/min	选择离子	驻留时间/ms
17	27.40	27.4、83、84、116、131、163、165、199、206、210、222、223、224、233、235、237、241、245、250、263、265、278、317、323、339、345	10
18	28.95	153、157、163、173、199、201、210、215、217、218、227、231、233、250、278、296、310、312、324、326、330、340、342、376、384	10
19	30.70	128、135、171、172、173、245、252、288、323、350	50
20	31.65	135、143、171、281、309、317、338、345、350	50
21	32.60	157、169、183、185、245、271、314、316、323、339、341、343	40
22	33.60	159、181、227、229、265、276、298、318、333、334、349、356	40
23	34.80	77、132、154、160、161、182、193、207、237、272、274、278、367、369	40
24	36.50	141、181、193、197、207、237、272、274、278	60
25	37.00	112、117、141、147、152、170、180、266、308、309、310、364	50
26	38.50	112、117、141、147、152、170、180、266、308、309、310、364	40
27	40.00	152、157、180、181、199、225	90
28	42.60	152、157、167、199、209、225	100
29	45.20	152、172、174、181、265、267、323、325	100

E.2 B组　水果和蔬菜中93种农药的选择监测离子时间设定参数见表E.2。

表 E.2　B组　水果和蔬菜中93种农药的选择监测离子时间设定参数表

序号	时间/min	选择离子	驻留时间/ms
1	8.00	94、111、126、141	150
2	10.80	108、126、151、166	150
3	12.00	115、119、120、125、131、136、137、145、146、156、162、179、181、183、188、217	25
4	13.80	110、120、126、141、156、176、196、203、211、215、219、231、235、246、261、263	25
5	15.80	109、127、143、145、157、171、173、183、185、192、203、219、220、221、222、223、229、249、264、282、284、286、301、306、335	10
6	17.36	137、153、164、169、171、172、173、174、181、187、197、200、202、214、215、217、219、223、229、231、246、254、270、288	10
7	18.30	107、117、137、139、143、145、160、161、163、168、179、181、217、219、223、225、229、251、254、264、266、268、270、276、279、281、304	10
8	19.8	144、197、198、199、212、214、220、223、232、237、247、251、272、275、279、281、285、286、287、288、337、372	10

表 E.2（续）

序号	时间/min	选择离子	驻留时间/ms
9	20.80	109、125、142、153、162、167、169、211、214、224、226、238、240、247、260、262、263、265、276、277、278、290、293、305、329、332	10
10	22.06	139、141、153、169、181、186、196、208、210、218、230、235、250、251、263、269、278、291、293、297、299、329、364	15
11	22.30	168、185、192、206、210、213、220、226、227、245、246、252、255、269、274、275、281、296、320、329、351、353、355	10
12	24.20	73、109、142、145、153、167、169、191、207、212、219、236、238、246、255、274、275、278、283、285、287、303、320、331、345、357、359	10
13	24.21	128、171、224、237、271、272、276、311	70
14	26.00	98、104、113、179、202、206、226、239、245、258、267、281、288、302、304、309、314、319、321、334、336、344	15
15	27.20	125、139、166、194、202、222、223、224、253、283	50
16	27.60	165、202、206、217、218、234、235、237、250、251、253、257、265、266、282、285、292、293、298、308、313、325	15
17	30.10	79、136、149、151、153、154、163、173、176、177、183、191、206、207、234、246、250、252、259、261、266、267、311、325、338、394	10
18	32.15	272、288、302、316	150
19	32.60	135、149、160、161、163、164、165、166、181、182、292、281、311、317、323、341	25
20	34.20	123、136、148、168、171、183、192、194、213、281、298、311、329、341、350、377、382	25
21	36.00	132、160、178、194、251、279、290、295、318、330、332	40
22	38.00	165、183、184、226、255、334、362、364	70
23	41.60	163、164、183、244、272、299、372、376	70
24	43.00	205、207、283、310、328、329、330、350	70
25	44.50	172、174、181、209、250、252、502	70

附　录　F
（资料性附录）
水果和蔬菜中 211 种农药标准物气相色谱-质谱选择离子色谱图

水果和蔬菜中 211 种农药标准物气相色谱-质谱选择离子色谱图见图 F.1～图 F.2。

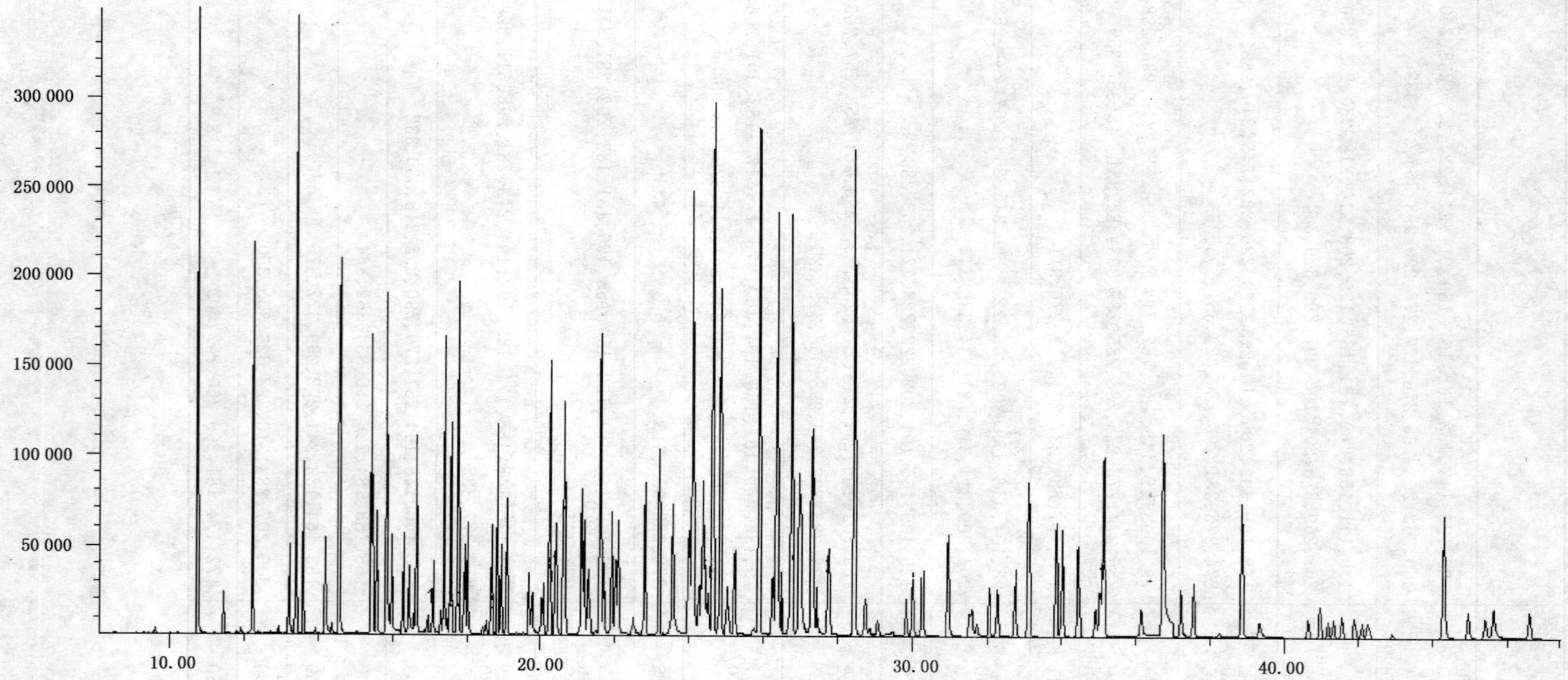

图 F.1　水果和蔬菜中 118 种农药标准物的气相色谱-质谱选择离子色谱图

图 F.2 水果和蔬菜中 93 种农药标准物的气相色谱-质谱选择离子色谱图

附 录 G
（资料性附录）
水果和蔬菜中 107 种农药在色谱柱上的保留时间和比保留值

水果和蔬菜中 107 种农药在色谱柱上的保留时间和比保留值见表 G.1。

表 G.1 水果和蔬菜中 107 种农药在 DB-35MS、DB-5MS 及 DB-1701 色谱柱上的保留时间(t_R)和比保留值(r)

序号	中文名称	英文名称	DB-35MS 色谱柱		DB-5MS 色谱柱		DB-1701 色谱柱	
			t_R/min	r	t_R/min	r	t_R/min	r
1	敌敌畏	Dichlorvos	8.353	0.25	7.052	0.24	10.608	0.30
2	甲胺磷	Methamidophos	9.784	0.30	7.097	0.25	13.258	0.37
3	丙草丹	EPTC	10.013	0.30	9.049	0.31	11.432	0.32
4	丁草特	Butylate	11.288	0.34	11.226	0.39	13.154	0.37
5	杀线威	Oxamyl	13.062	0.39	14.685	0.51	24.101	0.67
6	敌百虫	Trichlorfon	15.722	0.47	12.336	0.43	19.664	0.55
7	乙酰甲胺磷	Acephate	16.657	0.50	11.978	0.42	21.881	0.61
8	异丙威	Isoprocarb	17.657	0.53	14.428	0.50	20.788	0.58
9	三氟草灵	Trifluralin	18.933	0.57	18.666	0.65	23.937	0.67
10	仲丁威	Bpmc	19.786	0.60	16.584	0.57	22.921	0.64
11	丙线磷	Ethoprophos	20.337	0.61	17.474	0.61	22.144	0.62
12	氯苯胺灵	Chlorpropham	20.768	0.63	18.336	0.64	24.239	0.68
13	甲基内吸磷	Demeton-methyl	21.227	0.64	16.997	0.59	23.256	0.65
14	甲拌磷	Phorate	22.3	0.67	19.263	0.67	23.826	0.67
15	甲-六六六	α-BHC	23.163	0.70	19.272	0.67	24.829	0.69
16	二甲硫吸磷	Thiometon	23.741	0.72	19.923	0.69	25.124	0.70
17	恶虫威	Bendiocarb	24.072	0.73	18.822	0.65	25.42	0.71
18	叔丁硫磷	Terbufos	24.411	0.74	21.951	0.76	26.261	0.73
19	五氯硝基苯	PCNB	25.182	0.76	20.924	0.73	25.62	0.72
20	二嗪磷	Diazinon	25.283	0.76	22.685	0.79	26.831	0.75
21	林丹	Lindane(γ-BHC)	25.833	0.78	21.107	0.73	27.514	0.77
22	乐果	Dimethoate	26.677	0.80	20.483	0.71	30.427	0.85
23	乙嘧硫磷	Etrimfos	26.677	0.80	23.632	0.82	28.068	0.78
24	七氯	Heptachlor	28.09	0.85	25.749	0.89	28.612	0.80
25	乙-六六六	β-BHC	28.09	0.85	21.345	0.74	32.711	0.91
26	抗蚜威	Pirimicarb	29.173	0.88	24.162	0.84	29.974	0.84
27	特氯啶	Terbacil	29.283	0.88	23.731	0.82	34.195	0.95
28	甲草胺	Alachlor	29.402	0.89	25.768	0.89	31.829	0.89

表 G.1（续）

序号	中文名称	英文名称	DB-35MS 色谱柱		DB-5MS 色谱柱		DB-1701 色谱柱	
			t_R/min	r	t_R/min	r	t_R/min	r
29	丁-六六六	δ-BHC	29.778	0.90	23.437	0.81	33.928	0.95
30	乙硫苯威	Ethiofencarb	29.925	0.90	24.529	0.85	32.287	0.90
31	噻节因	Dimethipin	29.998	0.91	21.272	0.74	32.919	0.92
32	艾氏剂	Aldrin	30.035	0.91	27.905	0.97	30.207	0.84
33	甲基托氯磷	Tolclofos-methyl	30.485	0.92	25.658	0.89	31.21	0.87
34	甲基对硫磷	Parathion-methyl	30.843	0.93	25.712	0.89	33.251	0.93
35	虫螨磷	Pirimiphos-methyl	30.999	0.94	27.355	0.95	32.193	0.90
36	嗪草酮	Metribuzin	31.1	0.94	25.428	0.88	32.649	0.91
37	异丙甲草胺	Metolachlor	31.595	0.95	28.089	0.97	33.963	0.95
38	毒死蜱	Chlorpyrifos	32.21	0.97	28.327	0.98	33.115	0.92
39	甲萘威	Carbaryl	32.274	0.97	26.218	0.91	34.584	0.97
40	杀螟硫磷	Fenitrothion	32.329	0.98	27.355	0.95	34.643	0.97
41	马拉硫磷	Malathion	32.384	0.98	28.19	0.98	34.575	0.97
42	杀草丹	Thiobencarb	32.439	0.98	28.355	0.98	32.689	0.91
43	苯氟磺胺	Dichlofluanid	32.458	0.98	27.566	0.96	34.643	0.97
44	敌粉威	Diethofencarb	32.504	0.98	28.952	1.00	37.251	1.04
45	灭梭威	Methiocarb	32.724	0.99	27.529	0.95	34.376	0.96
46	对硫磷	Parathion	33.146	1.00	28.85	1.00	35.818	1.00
47	倍硫磷	Fenthion	33.558	1.01	28.63	0.99	34.195	0.95
48	三氯杀螨醇	Dicofol	33.659	1.02	29.116	1.01	33.679	0.94
49	甲基毒虫畏	Dimethylrinphos	33.696	1.02	28.511	0.99	35.122	0.98
50	二甲戊乐灵	Pendimethalin	34.384	1.04	30.337	1.05	35.946	1.00
51	稻土磷	Isofenphos	34.65	1.05	31.107	1.08	36.94	1.03
52	特富灵	Triflumizole	34.889	1.05	32.007	1.11	39.176	1.09
53	配那唑	Penconazole	35.109	1.06	30.768	1.07	37.396	1.04
54	毒虫畏	Chlorfenvinphos	35.66	1.08	31.217	1.08	37.235	1.04
55	三唑醇	Triadimenol	35.816	1.08	31.924	1.11	39.408	1.10
56	稻丰散	Phenthoate	36.357	1.10	31.42	1.09	37.286	1.04
57	苯达松	Bentazone	36.825	1.11	30.475	1.06	42.262	1.18
58	多效唑	Paclobutrazol	37.027	1.12	32.786	1.14	40.838	1.14
59	啶斑肟	Pyrfenox	37.109	1.12	30.997	1.07	35.585	0.99
60	瓜菊酯Ⅰ	CinerinⅠ	37.622	1.14	35.603	1.23	39.589	1.11
61	克菌丹	Captan	37.868	1.14	31.217	1.08	38.899	1.09
62	灭螨猛	Chinomethionat	37.916	1.14	31.988	1.11	36.399	1.02

表 G.1（续）

序号	中文名称	英文名称	DB-35MS 色谱柱		DB-5MS 色谱柱		DB-1701 色谱柱	
			t_R/min	r	t_R/min	r	t_R/min	r
63	丁胺磷	Butamifos	37.971	1.15	33.41	1.16	40.458	1.13
64	滴滴滴	DDD	38.146	1.15	34.41	1.19	37.876	1.06
65	狄氏剂	Dieldrin	38.209	1.15	34.3	1.19	38.543	1.08
66	灭菌丹	Folpet	38.219	1.15	31.594	1.10	38.319	1.07
67	杀扑磷	Methidathion	38.43	1.16	32.144	1.11	39.279	1.10
68	氟酰胺	Flutolanil	38.504	1.16	34.19	1.19	42.8	1.19
69	益灭菌唑	Imazalil	39.1	1.18	34.062	1.18	40.958	1.14
70	茉莉菊酯Ⅰ	JasmolinⅠ	39.668	1.20	37.842	1.31	41.654	1.16
71	氟硅唑	Flusilazole	39.825	1.20	35.108	1.22	42.69	1.19
72	蚜灭多	Vamidothion	40.009	1.21	33.043	1.15	43.204	1.21
73	异狄氏剂	Endrin	40.118	1.21	35.52	1.23	39.743	1.11
74	乙酯杀螨醇	Chlorobenzilate	40.302	1.22	36.613	1.27	41.8	1.17
75	除虫菊酯Ⅰ	PyrethrinⅠ	40.558	1.22	38.099	1.32	42.477	1.19
76	灭克落	Myclobutanil	40.715	1.23	34.97	1.21	44.338	1.24
77	环唑醇	Cyproconazole	40.852	1.23	35.778	1.24	44.204	1.23
78	滴滴涕	*o*,*p*′-DDT	41.036	1.24	36.988	1.28	40.543	1.13
79	滴滴涕	*p*,*p*′-DDT	41.036	1.24	36.988	1.28	40.543	1.13
80	乙硫磷	Ethion	41.724	1.26	37.245	1.29	43.076	1.20
81	丰索磷	Fensulfothion	43.277	1.31	32.009	1.11	45.515	1.27
82	滴滴伊	DDE	43.531	1.31	39.209	1.36	43.542	1.22
83	氧环三宝	Propiconazle	43.843	1.32	39.007	1.35	45.146	1.26
84	敌莠氟芬	Diflufenican	44.348	1.34	40.778	1.41	46.279	1.29
85	立克莠	Tebuconazole	44.863	1.35	40.181	1.39	48.154	1.34
86	敌瘟磷	Edifenphos	45.219	1.36	38.732	1.34	45.027	1.26
87	稀禾啶	Sethoxydim	46.146	1.39	40.447	1.40	48.928	1.37
88	异菌脲	Iprodione	47.247	1.43	42.08	1.46	49.761	1.39
89	敌菌丹	Captafol	47.522	1.43	40.447	1.40	48.449	1.35
90	苯硫磷	EPN	48.046	1.45	42.3	1.47	49.21	1.37
91	瓜菊酯Ⅱ	CinerinⅡ	48.411	1.46	44.943	1.56	50.377	1.41
92	甲羧除草醚	Bifenox	49.385	1.49	43.475	1.51	50.478	1.41
93	茉莉菊酯Ⅱ	JasmolinⅡ	50.173	1.51	46.934	1.63	52.159	1.46
94	除虫菊酯Ⅱ	PyrethrinⅡ	50.952	1.54	47.127	1.63	52.873	1.48
95	氯苯嘧啶醇	Fenarimol	51.981	1.57	45.879	1.59	52.556	1.47
96	氯菊酯	Permethrin	52.541	1.59	48.328	1.68	51.962	1.45

表 G.1（续）

序号	中文名称	英文名称	DB-35MS 色谱柱		DB-5MS 色谱柱		DB-1701 色谱柱	
			t_R/min	r	t_R/min	r	t_R/min	r
97	双苯三唑醇	Bitertanol	53.275	1.61	48.237	1.67	54.593	1.52
98	达螨酮	Pyridaben	53.468	1.61	48.631	1.69	53.347	1.49
99	丙氯灵	Prochloraz	54.193	1.63	48.778	1.69	56.562	1.58
100	氟氯氰菊酯	Cyfluthrin	54.936	1.66	50.64	1.76	57.147	1.60
101	噻草酮	Cycloxydim	55.358	1.67	47.613	1.65	56.826	1.59
102	灭百可	Cypermethrin	55.835	1.68	51.237	1.78	57.436	1.60
103	喹禾灵	Quizalofop-ethyl	57.22	1.73	51.64	1.79	56.334	1.57
104	氟胺氰菊酯	Fluvalinate	58.193	1.76	54.861	1.90	62.506	1.75
105	氰戊菊酯	Fenvalerate	59.367	1.79	53.989	1.87	60.131	1.68
106	恶醚唑	Difenoconazole	63.211	1.91	55.503	1.92	63.005	1.76
107	溴氰菊酯	Deltamethrin	63.394	1.91	56.438	1.96	63.915	1.78

附　录　H
（资料性附录）
水果和蔬菜中 107 种农药在不同极性色谱柱上的总离子流图

水果和蔬菜中 107 种农药在不同极性色谱柱上的总离子流图见图 H.1～图 H.3。

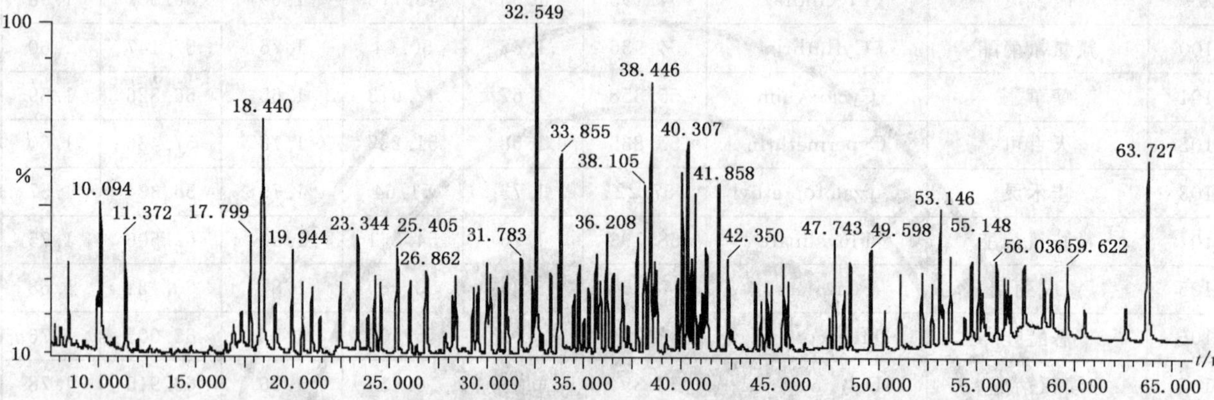

图 H.1　水果和蔬菜中 107 种农药标准品在 DB-35MS 的总离子流图

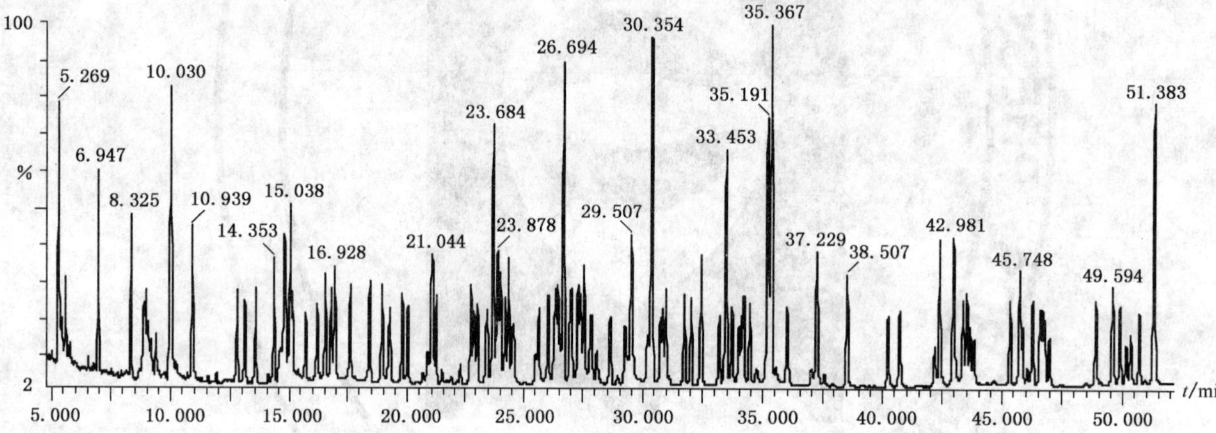

图 H.2　水果和蔬菜中 107 种农药标准品在 DB-5MS 的总离子流图

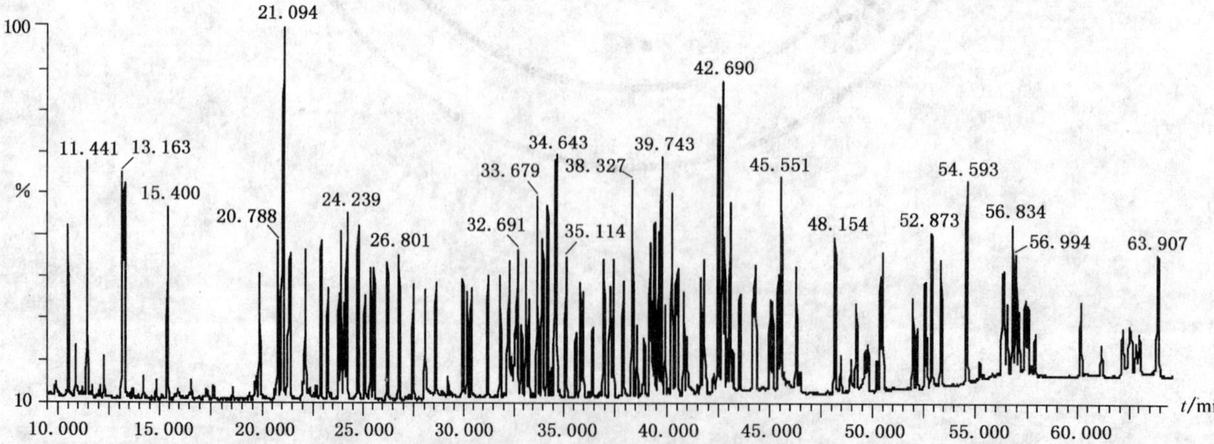

图 H.3　水果和蔬菜中 107 种农药标准品在 DB-1701 的总离子流图

附 录 I
(资料性附录)
水果和蔬菜中107种农药的3个浓度水平测得的回收率和精密度

水果和蔬菜中107种农药的3个浓度水平测得的回收率和精密度见表I.1。

表I.1 水果和蔬菜中107种农药的3个浓度水平测得的回收率和精密度

序号	中文名称	英文名称	添加水平 0.01 mg/kg		添加水平 0.1 mg/kg		添加水平 1.0 mg/kg	
			回收率/%	相对标准偏差(RSD)/%	回收率/%	相对标准偏差(RSD)/%	回收率/%	相对标准偏差(RSD)/%
1	乙酰甲胺磷	Acephate	—[e]	—[e]	71.4	10.42	73.5	9.925
2	甲草胺	Alachlor	75.2	16.65	80.5	11.16	104.8	10.47
3	艾氏剂	Aldrin	72.3	13.95	78.4	13.32	97.1	9.631
4	恶虫威	Bendiocarb	70.9	16.91	88.1	9.971	109.7	10.43
5	苯达松	Bentazone	—[e]	—[e]	70.2[c]	15.94	103.4	9.022
6	甲-六六六	α-BHC	104.4	16.22	105.7	6.852	100.7	1.622
7	乙-六六六	β-BHC	105.8	14.95	96.6	9.569	97.7	4.95
8	林丹	Lindane(γ-BHC)	79.1	15.45	97.7	5.986	85.9	5.453
9	丁-六六六	δ-BHC	100.1	14.45	82.4	8.445	110.0	11.97
10	甲羧除草醚	Bifenox	91	14.23	89.1	12.41	104.4	4.234
11	双苯三唑醇	Bitertanol	87.5	16.52	80.5	12.71	107.9	2.371
12	仲丁威	BPMC	—[e]	—[e]	95.1	19.24	102.4	2.924
13	丁胺磷	Butamifos	75.1	16.74	92.4	7.469	98.3	4.671
14	丁草特	Butylate	72.9	17.95	85.2	13.17	95.3	3.175
15	敌菌丹	Captafol	—[e]	—[e]	78.2	17.22	76.3	4.722
16	克菌丹	Captan	—[e]	—[e]	70.1	3.106	71.3	3.106
17	甲萘威	Carbaryl	99.6	11.77	90.9	9.737	98.0	5.717
18	灭螨猛	Chinomethionat	75.5	18.61	89.3	8.613	98.1	6.823
19	毒虫畏	Chlorfenvinphos	96.6	13.77	90.2	9.712	97.7	3.797
20	乙酯杀螨醇	Chlorobenzilate	—[e]	—[e]	79.9	11.80	100.6	3.338
21	氯苯胺灵	Chlorpropham	75.4	19.34	78.7	13.37	106.8	2.374
22	毒死蜱	Chlorpyrifos	71.8	14.52	88.9	7.224	103.5	4.572
23	瓜菊酯Ⅰ	Cinerin Ⅰ	—[e]	—[e]	79.1[c]	12.99	106.4	4.229
24	瓜菊酯Ⅱ	Cinerin Ⅱ	—[e]	—[e]	80.9[c]	6.626	106.9	2.126
25	噻草酮	Cycloxydim	100.6	18.98	94.1	9.870	103.9	7.898
26	氟氯氰菊酯	Cyfluthrin	104.3	12.04	98.2	6.425	106.9	2.604

表 I.1（续）

序号	中文名称	英文名称	添加水平 0.01 mg/kg		添加水平 0.1 mg/kg		添加水平 1.0 mg/kg	
			回收率/%	相对标准偏差(RSD)/%	回收率/%	相对标准偏差(RSD)/%	回收率/%	相对标准偏差(RSD)/%
27	灭百可	Cypermethrin	104.5[a]	12.18	92.5	8.928	108.3	10.77
28	环唑醇	Cyproconazole	78.1[a]	18.63	79.1	8.673	100.4	2.186
29	滴滴滴	DDD	70.0[b]	19.91	79.6	14.97	97.1	11.19
30	滴滴伊	DDE	100.2[b]	14.32	98.9	8.281	99.1	4.328
31	滴滴涕	*o*,*p*′-DDT	70.3[b]	19.01	96.5	14.96	96.8	11.82
32	滴滴涕	*p*,*p*′-DDT	70.4[b]	18.22	93.6	13.25	106.0	3.425
33	溴氰菊酯	Deltamethrin	72.2[b]	14.85	84.8	12.48	93.8	2.485
34	甲基内吸磷	Demeton-methyl	101.5[a]	9.672	99.6	9.727	97.2	6.971
35	二嗪磷	Diazinon	71.8	14.61	84.3	12.13	88.3	4.621
36	苯氟磺胺	Dichlofluanid	78.9	12.24	89.5	10.22	106.5	2.024
37	敌敌畏	Dichlorvos	—[e]	—[e]	110.0	13.92	108.6	11.01
38	三氯杀螨醇	Dicofol	—[e]	—[e]	70.8	9.098	70.0	6.886
39	狄氏剂	Dieldrin	81.7	15.02	108.1	8.222	109.5	5.082
40	敌粉威	Diethofencarb	78.9	16.24	85.1	6.204	103.1	3.624
41	恶醚唑	Difenoconazole	83.2	9.919	107.5	8.905	110.0	3.199
42	敌莠氟芬	Diflufenican	80.4	12.31	89.7	11.77	92.5	2.311
43	噻节因	Dimethipin	89.9	19.41	100.8	14.91	101.0	15.75
44	乐果	Dimethoate	79.4	13.72	79.1	12.00	104.9	3.472
45	甲基毒虫畏	Dimethylrinphos	78.1	7.033	83.1	10.47	100.2	8.781
46	敌瘟磷	Edifenphos	—[e]	—[e]	88.3	7.765	105.8	2.677
47	异狄氏剂	Endrin	90.2[a]	12.43	87.9	13.63	89.6	2.343
48	苯硫磷	EPN	102.5	12.15	89.1	5.967	87.5	2.215
49	丙草丹	EPTC	73.9	16.35	77.9	6.352	101.5	3.523
50	乙硫苯威	Ethiofencarb	95.7	12.11	95.2	11.01	105.1	2.111
51	乙硫磷	Ethion	96.9	9.263	89.9	6.325	106.8	5.263
52	丙线磷	Ethoprophos	72.2	12.72	83.9	12.20	110.0	7.218
53	乙嘧硫磷	Etrimfos	90.8	18.19	97.7	9.537	99.1	3.557
54	氯苯嘧啶醇	Fenarimol	70.1	20.00	80.2	10.26	94.6	5.643
55	杀螟硫磷	Fenitrothion	75.5	15.84	93.1	9.175	102.4	3.915
56	丰索磷	Fensulfothion	81.7[a]	15.22	87.2	12.02	109.8	1.522
57	倍硫磷	Fenthion	76.6	13.31	80.6	11.59	102.2	1.331

表 I.1（续）

序号	中文名称	英文名称	添加水平 0.01 mg/kg		添加水平 0.1 mg/kg		添加水平 1.0 mg/kg	
			回收率/%	相对标准偏差(RSD)/%	回收率/%	相对标准偏差(RSD)/%	回收率/%	相对标准偏差(RSD)/%
58	氰戊菊酯	Fenvalerate	97.6	5.948	98.6	4.832	106.3	3.548
59	氟硅唑	Flusilazole	92.5[a]	4.189	95.1	8.909	106.4	4.189
60	氟酰胺	Flutolanil	75.1[a]	12.04	80.2	10.34	74.9	2.043
61	氟胺氰菊酯	Fluvalinate	89.8	12.957	90.5	9.326	100.3	2.957
62	灭菌丹	Folpet	—[e]	—[e]	79.1[d]	6.941	107.9	2.369
63	七氯	Heptachlor	100[a]	11.52	95.1	5.273	107.5	1.152
64	益灭菌唑	Imazalil	—[e]	—[e]	78.1	5.102	108.0	5.710
65	异菌脲	Iprodione	85.2	8.844	84.2	8.491	103.3	8.844
66	稻土磷	Isofenphos	100.6	9.331	101.2	3.316	103.5	3.310
67	异丙威	Isoprocarb	—[e]	—[e]	73.4	4.537	110.0	9.768
68	茉莉菊酯Ⅰ	Jasmolin Ⅰ	87.8[a]	12.03	93.1	6.33	108.9	2.633
69	茉莉菊酯Ⅱ	Jasmolin Ⅱ	—[e]	—[e]	84.9[c]	7.227	105.1	1.172
70	马拉硫磷	Malathion	82.8[a]	13.82	89.9	8.129	107.8	7.634
71	甲胺磷	Methamidophos	92.4[b]	8.424	99.7	4.274	70.6	5.539
72	杀扑磷	Methidathion	78.9	12.36	89.9	6.348	109.0	2.136
73	灭梭威	Methiocarb	83.5	12.26	98.7	7.750	110.0	2.726
74	异丙甲草胺	Metolachlor	70.7	20.00	85.0	12.32	104.2	2.024
75	嗪草酮	Metribuzin	71.1	16.81	90.1	6.181	97.1	16.44
76	灭克落	Myclobutanil	75.8	13.93	83.0	9.264	88.8	3.293
77	杀线威	Oxamyl	102.5[b]	9.142	100.2	4.325	97.6	7.584
78	多效唑	Paclobutrazol	107.8	9.989	90.0	8.860	105.8	11.64
79	对硫磷	Parathion	105.0	11.11	99.8	7.426	100.0	1.711
80	甲基对硫磷	Parathion-methyl	96.6	17.12	90.9	7.521	97.3	1.712
81	五氯硝基苯	PCNB	72.3	15.47	84.6	10.84	85.4	5.407
82	配那唑	Penconazole	77.1	12.32	84.9	11.07	106.3	2.312
83	二甲戊乐灵	Pendimethalin	71.1	11.06	89.6	10.10	98.2	9.897
84	氯菊酯	Permethrin	82.7	13.82	90.2	9.723	102.3	3.821
85	稻丰散	Phenthoate	70.2	18.69	71.9	10.62	92.6	3.048
86	甲拌磷	Phorate	77.9	12.44	87.9	9.085	103.2	7.325
87	抗蚜威	Pirimicarb	88.9	12.55	90.4	6.523	108.3	2.545
88	虫螨磷	Pirimiphos-methyl	72.4	16.15	90.8	8.648	100.8	6.983

表 I.1(续)

序号	中文名称	英文名称	添加水平 0.01 mg/kg		添加水平 0.1 mg/kg		添加水平 1.0 mg/kg	
			回收率/%	相对标准偏差(RSD)/%	回收率/%	相对标准偏差(RSD)/%	回收率/%	相对标准偏差(RSD)/%
89	丙氯灵	Prochloraz	85.5	12.62	87.3	10.79	98.4	8.829
90	氧环三宝	Propiconazle	71.8	14.35	91.1	11.81	110.0	4.035
91	除虫菊酯Ⅰ	PyrethrinⅠ	—[e]	—[e]	88.5[c]	15.51	99.4	1.594
92	除虫菊酯Ⅱ	PyrethrinⅡ	—[e]	—[e]	86.1[c]	4.159	101.2	2.551
93	啶斑肟	Pyrfenox	100.8	6.775	94.9	9.714	102.3	10.37
94	达螨酮	Pyridaben	105.1	13.24	90.2	8.826	106.5	3.246
95	喹禾灵	Quizalofop-ethyl	70.1	12.78	87.4	5.128	107.7	11.35
96	稀禾啶	Sethoxydim	77.4	9.596	91.0	4.595	110.0	12.06
97	立克莠	Tebuconazole	84.6	9.043	91.9	3.904	106.8	10.87
98	特氯啶	Terbacil	107	14.61	100.1	4.619	110.0	10.01
99	叔丁硫磷	Terbufos	96.3	6.112	90.7	6.925	84.8	1.611
100	杀草丹	Thiobencarb	110.0	11.44	92.6	7.972	97.0	1.494
101	二甲硫吸磷	Thiometon	77.6	13.29	85.7	11.21	101.7	11.99
102	甲基托氯磷	Tolclofos-methyl	83.3	16.47	96.5	4.673	102.5	9.867
103	三唑醇	Triadimenol	70.3[a]	17.34	83.4	12.86	109.3	10.24
104	敌百虫	Trichlorfon	86.8[b]	7.955	79.9	12.02	82.5	4.755
105	特富灵	Triflumizole	—[e]	—[e]	87.5	10.44	110.0	7.786
106	三氟草灵	Trifluralin	95.9	13.71	96.0	11.68	100.6	5.371
107	蚜灭多	Vamidothion	106.2	8.278	100.9	10.25	109.5	3.878

a 添加浓度为 0.02 mg/kg。

b 添加浓度为 0.05 mg/kg。

c 添加浓度为 0.2 mg/kg。

d 添加浓度为 0.5 mg/kg。

e 标"—"为方法检出限高于此水平。

ICS 67.040
C 53

中华人民共和国国家标准

GB/T 5009.219—2008

粮谷中矮壮素残留量的测定

Determination of the residues of chlorcholine chloride in cereals

2008-12-03 发布　　2009-03-01 实施

中华人民共和国卫生部
中国国家标准化管理委员会　发布

前　言

本标准附录 A 为资料性附录。

本标准由中华人民共和国卫生部提出并归口。

本标准由中华人民共和国卫生部负责解释。

本标准起草单位：中国检验检疫科学研究院、中华人民共和国烟台出入境检验检疫局。

本标准主要起草人：李立、隋涛、王洪来、孙军、王洪兵、储晓刚。

粮谷中矮壮素残留量的测定

1 范围

本标准规定了粮谷中矮壮素残留量的测定方法。

本标准适用于玉米、荞麦中矮壮素残留量的测定。

本标准对玉米、荞麦中矮壮素残留的检出限为 0.01 mg/kg，线性范围为 0.005 mg/L～1.00 mg/L。

2 原理

根据矮壮素的溶解性用甲醇提取试样，提取液经氧化铝柱净化，与苯硫钠反应生成衍生物后，用配有质量选择检测器的气相色谱仪(GC-MSD)测定，外标法定量。

3 试剂和材料

除非另有说明，所有试剂均为分析纯，水为一级水(电导率$_{25℃}$≤0.01 mS/m)。

3.1 无水硫酸钠(Na_2SO_4)：于 650 ℃灼烧 4 h，冷却后贮于干燥器中备用。

3.2 中性氧化铝(Al_2O_3)：650 ℃灼烧 4 h，贮于密封容器中，使用前在 130 ℃下烘 2 h，贮于干燥器内冷却备用。

3.3 苯硫钠(C_6H_5SNa)。

3.4 甲醇(CH_4O)。

3.5 2-丁酮(C_4H_8O)。

3.6 6 mg/mL 苯硫钠的 2-丁酮溶液：称取 0.6 g 苯硫钠于具塞三角瓶中，加入 100 mL 经无水硫酸钠脱水的 2-丁酮。

3.7 矮壮素($C_5H_{13}NCl_2$)标准品：纯度>98.0%，CAS 为 999-81-5。

3.8 矮壮素标准溶液：准确称取适量的矮壮素标准品，精确至 0.000 1 g，用甲醇配制成浓度为 100 mg/L 的标准储备液，根据需要再用甲醇稀释成适当浓度的标准溶液，保存于 4 ℃冰箱中，可使用 90 d。

4 仪器

4.1 气相色谱-质谱联用仪：配有电子轰击离子源(EI 源)。

4.2 超声波提取器。

4.3 中性氧化铝柱：12.5 cm×1.5 cm(内径)，具砂芯，柱内装 3 cm 高的中性氧化铝。

4.4 离心管：5 mL，具磨口塞。

4.5 旋转蒸发器。

5 分析步骤

5.1 提取

称取粉碎并通过 2.0 mm 圆孔筛的试样 20 g(精确至 0.01 g)于 250 mL 具塞锥形瓶中，加入 60 mL 甲醇，于超声波提取器上提取 20 min，提取液经 2 g 无水硫酸钠过滤。分别 2 次用 20 mL 甲醇洗具塞锥形瓶和无水硫酸钠,合并滤液。

5.2 净化

上述提取液注入氧化铝柱(4.3),收集全部流出液。分别 2 次用 10 mL 甲醇洗柱,合并流出液,于旋转蒸发器上蒸发至近干,用甲醇转移至 5 mL 离心管中,用氮气吹干备用。

5.3 衍生化

在氮气保护下将 2 mL 6 mg/mL 苯硫钠的 2-丁酮溶液加入上述离心管(5.2)中,于 80 ℃水浴上反应 30 min,冷却至室温,经 0.45 μm 滤膜过滤供色谱测定。

5.4 标准工作液的制备

准确吸取适量的标准溶液至具塞离心管中,氮气吹干,在氮气保护下,将 2 mL 6 mg/mL 苯硫钠的 2-丁酮溶液加入上述离心管中,于 80 ℃水浴上反应 30 min,冷却至室温,经 0.45 μm 滤膜过滤供色谱测定。

5.5 色谱分析

5.5.1 气相色谱-质谱条件

a) 毛细管色谱柱:30 m×0.25 mm(内径)×0.25 μm(膜厚),HP-5 MS 柱。
b) 进样口温度:250 ℃。
c) 检测器温度:280 ℃。
d) 柱温:50 ℃(2 min)$\xrightarrow{20\ ℃/\mathrm{min}}$230 ℃(9 min)。
e) 载气:氦气,纯度≥99.999%,1 mL/min。
f) 进样量:1 μL。
g) 电离方式:EI。
h) 电离能量:70eV。
i) 选择监测离子(m/z):91、109、124。
j) 测定方式:选择离子监测方式。
k) 进样方式:无分流进样,1.5 min 后开阀。

5.5.2 气相色谱-质谱测定

根据样液中被测物含量情况,选定浓度相近的标准工作溶液,按 5.5.1 条件进行色谱分析。标准工作液和待测样液中矮壮素的响应值均应在仪器线性范围内。对标准工作液与样液等体积进样测定。在上述气相色谱-质谱条件下,矮壮素保留时间约为 6.4 min。矮壮素标准品衍生物的气相色谱-质谱图参见图 A.1、图 A.2。

5.5.3 空白试验

除不加试样外,均按上述测定步骤进行。

6 结果计算

试样中矮壮素含量按式(1)计算:

$$X = \frac{A \times V \times c}{A_S \times m} \quad \cdots\cdots(1)$$

式中:

X——试样中矮壮素含量,单位为毫克每千克(mg/kg);
A——样液中矮壮素衍生物的峰面积;
V——最终样液的体积,单位为毫升(mL);
c——标准溶液中矮壮素的浓度,单位为毫克每升(mg/L);
A_S——标准工作液中矮壮素衍生物的峰面积;
m——最终样液相当的试样量,单位为克(g)。

注:计算结果需扣除空白值。

计算结果保留到小数点后两位。

7 精密度

在重复性条件下获得的两次独立测定结果的绝对差值不得超过算术平均值的10%。

附　录　A
（资料性附录）
矮壮素标准品衍生物的气相色谱-质谱图

矮壮素标准品衍生物的气相色谱-质谱图见图 A.1～图 A.2。

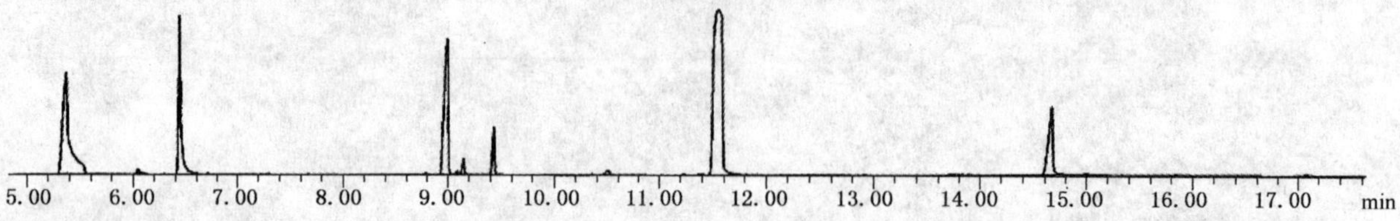

图 A.1　矮壮素标准品衍生物的选择离子色谱图

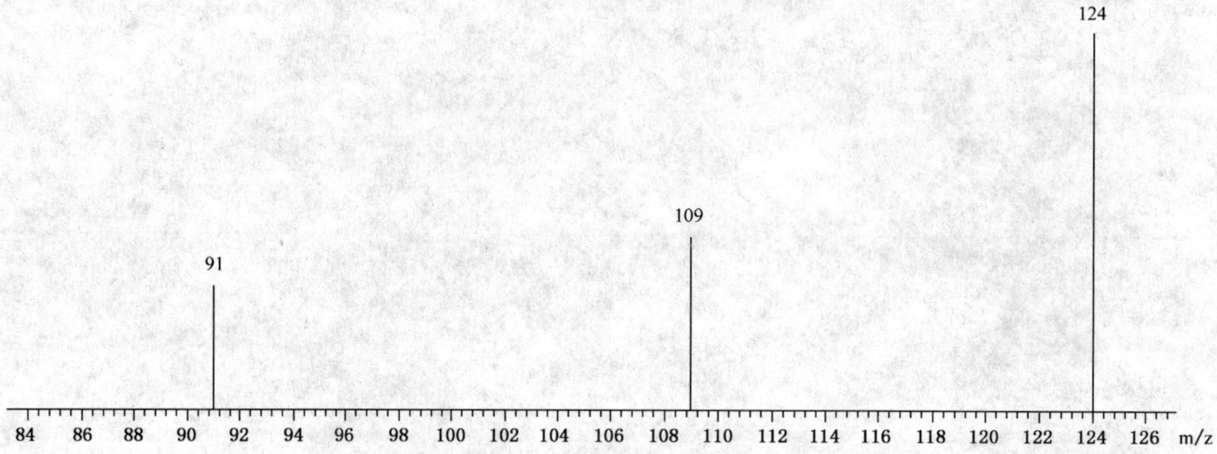

图 A.2　矮壮素标准品衍生物的选择离子质谱图

ICS 67.040
C 53

中华人民共和国国家标准

GB/T 5009.220—2008

粮谷中敌菌灵残留量的测定

Determination of the residues of anilazine in cereals

2008-12-03 发布　　2009-03-01 实施

中华人民共和国卫生部
中国国家标准化管理委员会　发布

前 言

本标准参考了《日本食品中农药残留限量及检验方法》和 AOAC 988.04《农药制剂中的敌菌灵》，本标准与上述方法的一致性程度为非等效。

本标准附录 A、附录 B 为资料性附录。

本标准由中华人民共和国卫生部提出并归口。

本标准由中华人民共和国卫生部负责解释。

本标准起草单位：中国检验检疫科学研究院、中华人民共和国烟台出入境检验检疫局。

本标准主要起草人：李立、隋涛、曹鹏、张化海、王洪兵、储晓刚。

粮谷中敌菌灵残留量的测定

1 范围

本标准规定了粮谷中敌菌灵残留量的测定方法。

本标准适用于玉米、大米中敌菌灵残留量的测定。

本标准在玉米、大米中检出限为 0.002 mg/kg,线性范围为 0.010 mg/L～0.200 mg/L。

第一法 气相色谱法

2 原理

根据敌菌灵的溶解性用乙腈提取试样,提取液经二氯甲烷反提取,旋转蒸干后以正己烷溶解,用配有电子俘获检测器的气相色谱仪(GC-ECD)测定,外标法定量。

3 试剂和材料

除非另有说明,所用试剂均应为分析纯,水为一级水(电导率$_{25\ ℃}$≤0.01 mS/m)。

3.1 乙腈(CH_3CN)。

3.2 二氯甲烷(CH_2Cl_2)。

3.3 正己烷(C_6H_{14})。

3.4 饱和氯化钠溶液。

3.5 无水硫酸钠(Na_2SO_4):于 650 ℃灼烧 4 h,冷却后贮于干燥器中备用。

3.6 敌菌灵标准品($C_6H_2Cl_3O$):纯度≥99%。

3.7 敌菌灵标准溶液:准确称取适量的敌菌灵标准品,精确至 0.000 1 g,用少量丙酮溶解,用正己烷定容成浓度为 1.0 mg/mL 的标准储备液,再根据需要用正己烷稀释成适当的不同浓度的标准工作溶液,保存于 4 ℃冰箱中,可使用 90 d。

4 仪器

4.1 气相色谱仪:配有电子捕获检测器(ECD)。

4.2 旋转蒸发器。

4.3 振荡器。

4.4 分液漏斗:500 mL。

5 分析步骤

5.1 提取净化

称取粉碎并通过 2.0 mm 圆孔筛的试样 10 g(精确至 0.1 g),置于 250 mL 锥形瓶中,加入 70 mL 乙腈,在振荡器上振荡 30 min,过滤,分别用 20 mL、15 mL 乙腈清洗锥形瓶,过滤。合并滤液至装有 300 mL 水及 25 mL 饱和氯化钠溶液的 500 mL 分液漏斗中,用二氯甲烷提取 3 次(每次用量 40 mL),合并二氯甲烷溶液,过装有 2 g 无水硫酸钠的玻璃柱,收集流出液,于 30 ℃旋转蒸发至干,用正己烷溶解残渣并定容至 1.0 mL,此溶液供气相色谱测定。

5.2 色谱分析

5.2.1 色谱参考条件

a) 毛细管色谱柱:DB 1701,30 m×0.32 mm(内径)×0.25 μm(膜厚)。

b) 进样口温度:260 ℃。

c) 检测器温度:300 ℃。

d) 柱温:100 ℃(0.5 min)$\xrightarrow{15\ ℃/min}$200 ℃$\xrightarrow{30\ ℃/min}$230 ℃(5 min)。

e) 载气:氮气,纯度≥99.99%。

f) 进样量:1 μL。

5.2.2 色谱测定

根据样液中被测物含量情况,选定浓度相近的标准工作溶液,按5.2.1条件进行色谱分析,标准工作液和待测样液中敌菌灵的响应值均应在仪器的线性范围内,敌菌灵标准物的气相色谱图参见图A.1。

如果测试的样品较多,应使标准工作液和样品溶液穿插进样。

5.2.3 空白试验

除不加试样外,均按上述测定步骤进行。

6 结果计算

试样中敌菌灵含量按式(1)计算:

$$X = \frac{A \times c \times V}{A_s \times m} \quad \cdots\cdots(1)$$

式中:

X——试样中敌菌灵含量,单位为毫克每千克(mg/kg);

A——样液中敌菌灵的峰面积(或峰高);

c——标准工作液中敌菌灵的浓度,单位为微克每毫升(μg/mL);

V——样液定容体积,单位为毫升(mL);

A_s——标准工作液中敌菌灵的峰面积(或峰高);

m——样品质量,单位为克(g)。

计算结果保留到小数点后两位。

7 精密度

在重复性条件下获得的两次独立测定结果的绝对差值不得超过算术平均值的10%。

第二法 气相色谱-质谱法

8 原理

根据敌菌灵的溶解性用乙腈提取试样,提取液经二氯甲烷反提取,旋转蒸干后以正己烷溶解,用配有质量选择检测器的气相色谱仪(GC-MSD)测定,外标法定量,采用选择离子检测进行确证。

9 试剂和材料

除另有规定外,所有试剂应为分析纯,水为一级水(电导率$_{25\ ℃}$≤0.01 mS/m)。

9.1 乙腈(CH_3CN)。

9.2 二氯甲烷(CH_2Cl_2)。

9.3 正己烷(C_6H_{14})。

9.4 饱和氯化钠溶液。

9.5　无水硫酸钠(Na_2SO_4):于 650 ℃灼烧 4 h,冷却后贮于干燥器中备用。

9.6　敌菌灵标准品($C_6H_2Cl_3O$):纯度≥99%。

9.7　敌菌灵标准溶液:准确称取适量的敌菌灵标准品,精确至 0.000 1 g,用少量丙酮溶解,用正己烷定容成浓度为 1.0 mg/mL 的标准储备液,再根据需要用正己烷稀释成适当的不同浓度的标准工作溶液,保存于 4 ℃冰箱中,可使用 90 d。

10　仪器

10.1　气相色谱-质谱联用仪:配有电子轰击离子源(EI 源)。

10.2　旋转蒸发器。

10.3　振荡器。

10.4　分液漏斗:500 mL。

11　分析步骤

11.1　提取净化

称取粉碎并通过 2.0 mm 圆孔筛的试样 10 g,精确至 0.1 g,置于 250 mL 锥形瓶中,加入 70 mL 乙腈,在振荡器上振荡 30 min,过滤,分别用 20 mL、15 mL 乙腈清洗锥形瓶,过滤。合并滤液至装有 300 mL 水及 25 mL 饱和氯化钠溶液的 500 mL 分液漏斗中。用二氯甲烷提取 3 次(每次用量 40 mL),合并二氯甲烷溶液,过装有 2 g 无水硫酸钠的玻璃柱,收集流出液,于 30 ℃旋转蒸发至干,用正己烷溶解残渣并定容到 1.0 mL,此溶液供气相色谱-质谱测定。

11.2　色谱分析

11.2.1　色谱-质谱条件

a)　色谱柱:30 m×0.25 mm(内径)×0.25 μm(膜厚),HP-5 石英毛细管柱。

b)　柱温:50 ℃(2 min)$\xrightarrow{20\ ℃/min}$230 ℃(9 min)。

c)　进样口温度:250 ℃。

d)　色谱-质谱接口温度:280 ℃。

e)　载气:氦气,纯度≥99.999%,1 mL/min。

f)　电离方式:EI。

g)　电离能量:70 eV。

h)　测定方式:选择离子监测方式。

i)　选择监测离子(m/z):178、239、241。

j)　进样方式:无分流进样,1.5 min 后开阀。

k)　进样量:1 μL。

11.2.2　气相色谱-质谱测定及阳性结果确证

根据样液中被测物含量情况,选择浓度相近的标准工作溶液,标准工作溶液和待测样液中敌菌灵的响应值均应在仪器检测的线性范围内。对标准工作溶液与样液等体积穿插进样测定。在上述气相色谱-质谱条件下,敌菌灵的保留时间约为 13.2 min。如果样液与标准工作溶液的选择离子色谱图中,在相同保留时间有色谱峰出现,则根据选择离子 m/z 178、239、241 (其丰度比 30∶100∶67)对其确证。敌菌灵标准物的气相色谱-质谱图参见图 B.1 和图 B.2。

11.2.3　空白试验

除不加试样外,均按上述测定步骤进行。

12　结果计算

试样中敌菌灵含量按式(2)计算:

$$X = \frac{A \times c \times V}{A_s \times m} \quad \cdots\cdots(2)$$

式中：

X——试样中敌菌灵含量，单位为毫克每千克(mg/kg)；

A——样液中敌菌灵的峰面积(或峰高)；

c——标准工作液中敌菌灵的浓度，单位为微克每毫升(μg/mL)；

V——样液定容体积，单位为毫升(mL)；

A_s——标准工作液中敌菌灵峰面积(或峰高)；

m——样品质量，单位为克(g)。

计算结果保留小数点后两位。

13 精密度

在重复性条件下获得的两次独立测定结果的绝对差值不得超过算术平均值的 10 %。

附 录 A
（资料性附录）
敌菌灵标准物气相色谱图

敌菌灵标准物的气相色谱图见图 A.1。

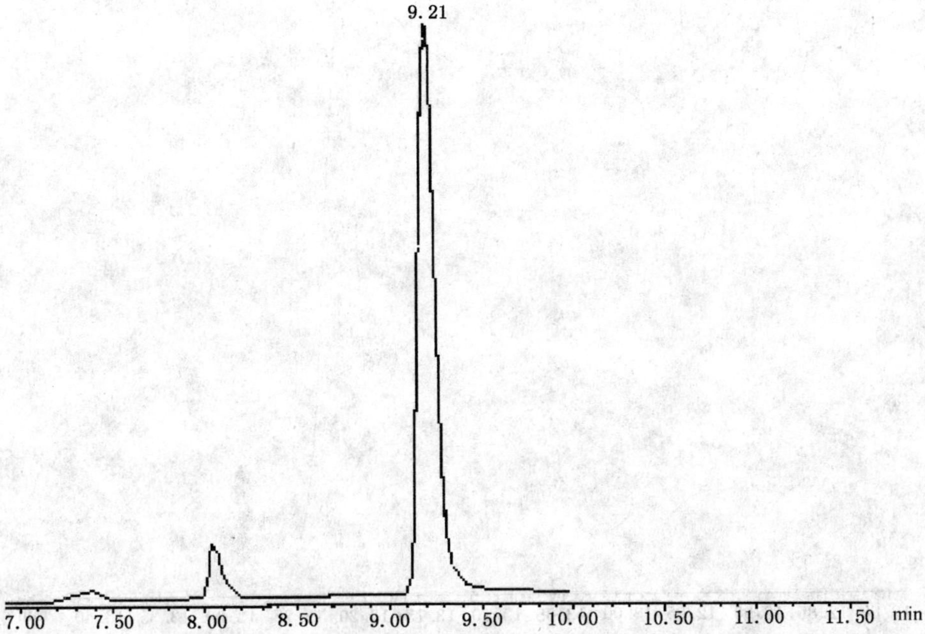

图 A.1 敌菌灵标准物气相色谱图

附　录　B
（资料性附录）
敌菌灵标准物气相色谱-质谱图

敌菌灵标准物的气相色谱-质谱图见图 B.1～图 B.2。

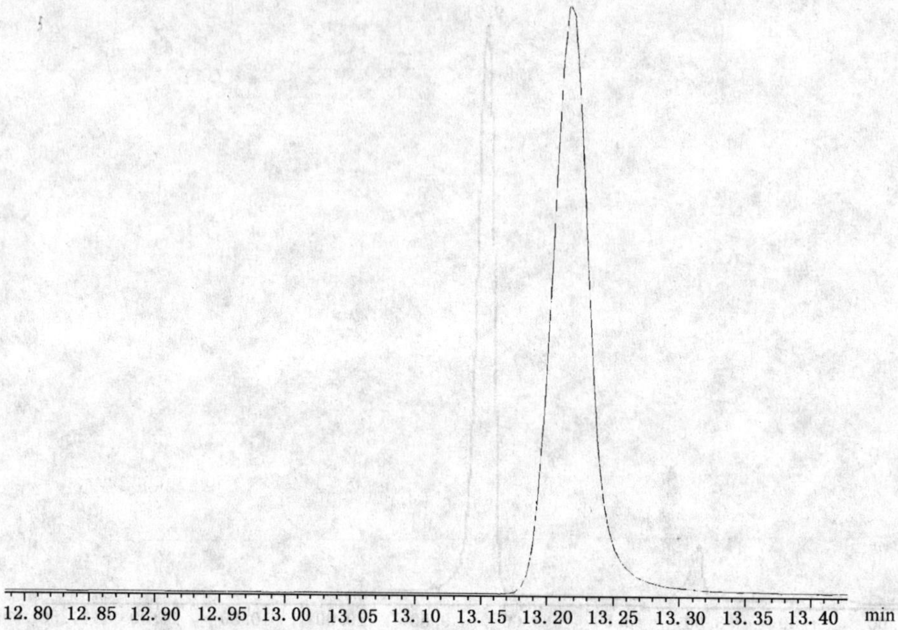

图 B.1　敌菌灵标准物的选择离子色谱图

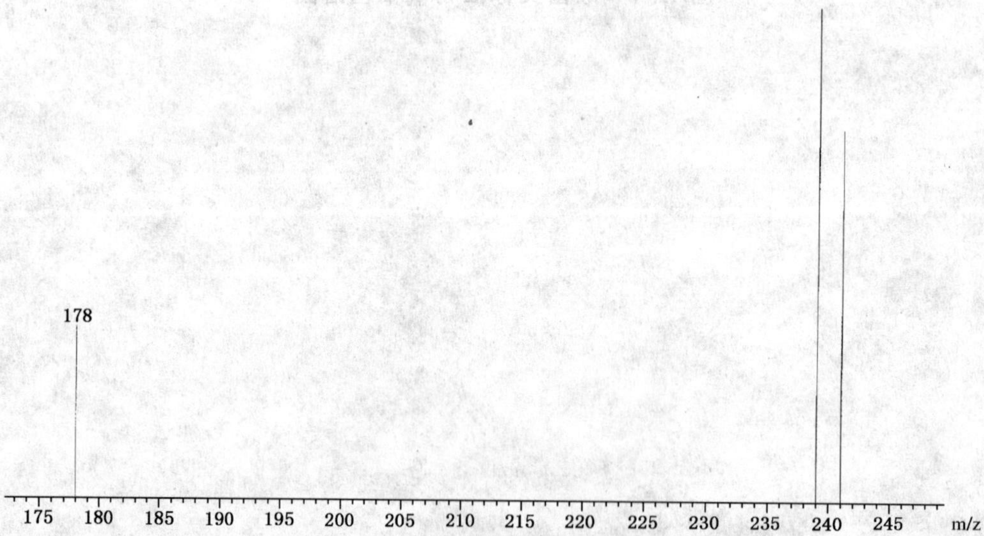

图 B.2　敌菌灵标准物的选择离子质谱图

ICS 67.040
C 53

中华人民共和国国家标准

GB/T 5009.221—2008

粮谷中敌草快残留量的测定

Determination of the residues of diquat in cereals

2008-12-03 发布　　2009-03-01 实施

中华人民共和国卫生部
中国国家标准化管理委员会 发布

前言

本标准附录A为资料性附录。

本标准由中华人民共和国卫生部提出并归口。

本标准由中华人民共和国卫生部负责解释。

本标准起草单位：中华人民共和国烟台出入境检验检疫局。

本标准主要起草人：李立、隋涛、张化海、王洪来、王洪兵、储晓刚。

粮谷中敌草快残留量的测定

1 范围

本标准规定了粮谷中敌草快残留量的测定方法。

本标准适用于玉米、大麦中敌草快残留量的测定。

本标准的检出限为 0.005 mg/kg,线性范围为 0.001 mg/L～0.100 mg/L。

2 原理

根据敌草快的溶解性及稳定性,用 95%乙醇提取敌草快,与硼氢化钠反应后,用三氯甲烷萃取,除去三氯甲烷,以正己烷定容,气相色谱-质谱检测器测定,外标法定量,采用选择离子检测进行确证和定量。

3 试剂和材料

除另有规定外,所有试剂应为分析纯(有机溶剂需重蒸馏),水为一级水(电导率$_{25℃}$≤0.01 mS/m)。

3.1 正己烷(C_6H_{14})。

3.2 三氯甲烷($CHCl_3$)。

3.3 硼氢化钠($NaBH_4$)。

3.4 盐酸溶液:2 mol/L。

3.5 氢氧化钠溶液:5 mol/L。

3.6 无水硫酸钠(Na_2SO_4):经 650 ℃灼烧 4 h 后置于干燥器中。

3.7 95%乙醇溶液。

3.8 敌草快二溴盐标准品:纯度≥99%,CAS 为 6385-62-2。

3.9 敌草快标准溶液:准确称取适量敌草快二溴盐标准品,精确至 0.000 1 g,以 1 mL 水溶解后用 95%乙醇溶液配制成浓度为 100 μg/mL 的标准储备液,根据需要再配成适用浓度的标准工作溶液,保存于 4 ℃冰箱中,可使用 90 d。

4 仪器

4.1 气相色谱-质谱联用仪:配(EI 源)。

4.2 旋转蒸发器。

4.3 涡旋混合器。

4.4 平底烧瓶:100 mL。

4.5 平底烧瓶:50 mL。

4.6 分液漏斗:125 mL。

4.7 高速分散均质机。

5 分析步骤

5.1 提取净化

称取磨碎混匀(过 2.0 mm 圆孔筛)试样 5 g(精确至 0.01 g)于 100 mL 平底烧瓶中,加入 30 mL 95%乙醇溶液,均质 3 min。加入 50 mg 硼氢化钠,振荡 40 min 后加入 4 mL 盐酸(2 mol/L)溶液,以 5 mL 95%乙醇溶液冲洗烧瓶并抽滤两次。合并滤液于 35 ℃水浴旋转蒸发除去乙醇,残留水层移入

125 mL 分液漏斗，再以 2×5 mL 水冲洗烧瓶，洗液并入分液漏斗，用每次 30 mL 三氯甲烷多次萃取至三氯甲烷层无色并弃去三氯甲烷层，水层加入 2 mL 氢氧化钠溶液(5 mol/L)，以 20 mL 三氯甲烷萃取后将三氯甲烷层放入已预先加入 3 滴 2 mol/L 盐酸的 50 mL 平底烧瓶中，小心摇匀后于旋转蒸发器上蒸除三氯甲烷。再以 20 mL 三氯甲烷萃取并将三氯甲烷层放入上述已预先加入 3 滴 2 mol/L 盐酸的 50 mL 平底烧瓶中，小心摇匀后于旋转蒸发器上蒸除三氯甲烷。再以 2 mL 水仔细冲洗烧瓶内壁，准确加入 2 mL 正己烷和 3 滴氢氧化钠溶液(5 mol/L)，振荡提取 1 min 静置分层后，取正己烷层加入适量无水硫酸钠，供 GC-MS 测定。标准溶液的制备过程与以上步骤相同(无须均质)。

5.2 色谱测定

5.2.1 色谱参考条件

a) 色谱柱：30 m×0.25 mm(内径)×0.25 μm(膜厚)，HP-5MS 柱或相当者。

b) 色谱柱温度：60 ℃(2min) $\xrightarrow{20\ ℃/min}$ 230 ℃(3 min)。

c) 进样口温度：250 ℃。

d) 载气：氦气，纯度≥99.999%，2 mL/min。

e) 色谱-质谱接口温度：280 ℃。

f) 电离方式：EI。

g) 电离能量：70 eV。

h) 测定方式：选择离子检测方式。

i) 选择监测离子(m/z)：108、135、189、190。

j) 进样方式：无分流进样，1.5 min 后开阀。

k) 进样量：1 μL。

5.2.2 气相色谱-质谱测定及阳性结果确证

根据样液中被测物含量情况，选择浓度相近标准溶液，标准工作溶液和待测样液中敌草快的响应值均应在仪器检测的线性范围内。对标准工作溶液与样液等体积进样测定。在上述气相色谱-质谱条件下，敌草快保留时间约为 6.8 min。如果样液与标准工作溶液的选择离子色谱图中，在相同保留时间有色谱峰出现，则根据选择离子(m/z) 108 、135、189 、190(丰度比约为 100 ∶ 33 ∶ 23 ∶ 55)对其确证。敌草快标准物的气相色谱-质谱图参见图 A.1 和图 A.2。

5.2.3 空白试验

除不加试样外，均按上述测定步骤进行。

6 结果计算

试样中敌草快含量按式(1)计算：

$$X = \frac{A \times c \times V}{A_s \times m} \qquad \cdots\cdots(1)$$

式中：

X——试样中敌草快含量，单位为毫克每千克(mg/kg)；

A——样液中敌草快的峰面积(或峰高)；

c——标准工作液中敌草快的浓度，单位为微克每毫升(μg/mL)；

V——样液最终定容体积，单位为毫升(mL)；

A_s——标准工作液中敌草快峰面积(或峰高)；

m——最终样液代表的试样量，单位为克(g)。

计算结果保留到小数点后两位。

7 精密度

在重复性条件下获得的两次独立测定结果的绝对差值不得超过算术平均值的 10%。

附 录 A
（资料性附录）
敌草快标准物气相色谱-质谱图

敌草快标准物气相色谱-质谱图见图 A.1～图 A.2。

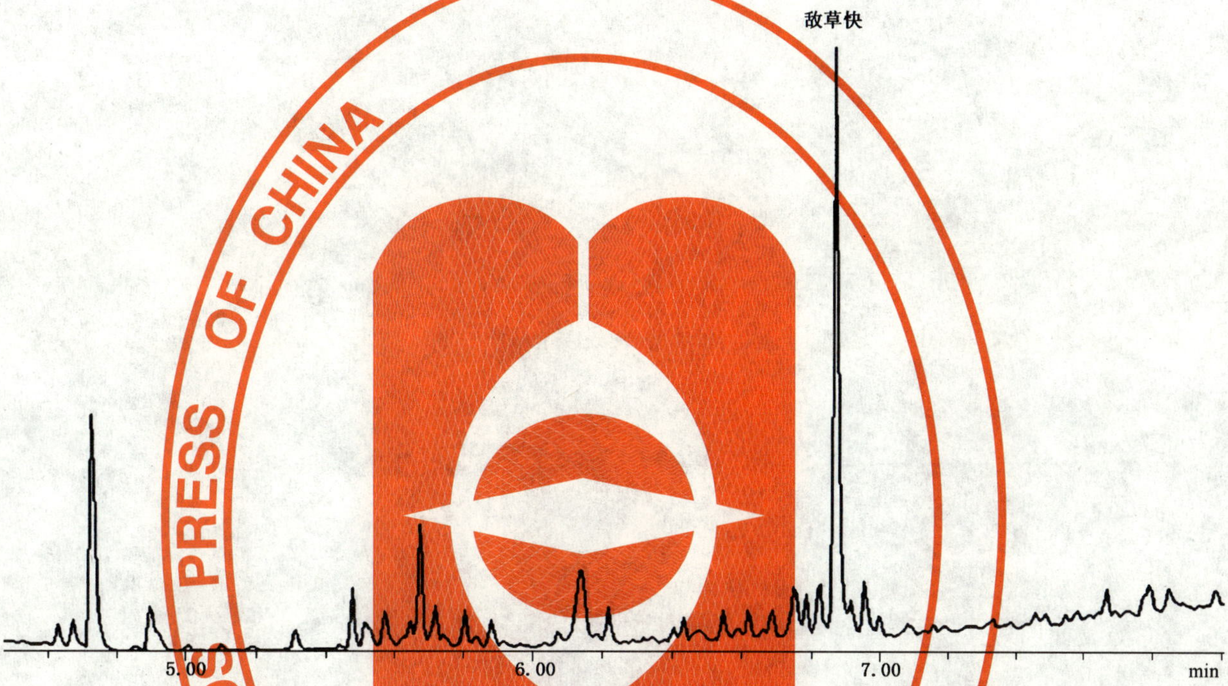

图 A.1 敌草快标准物的选择离子色谱图

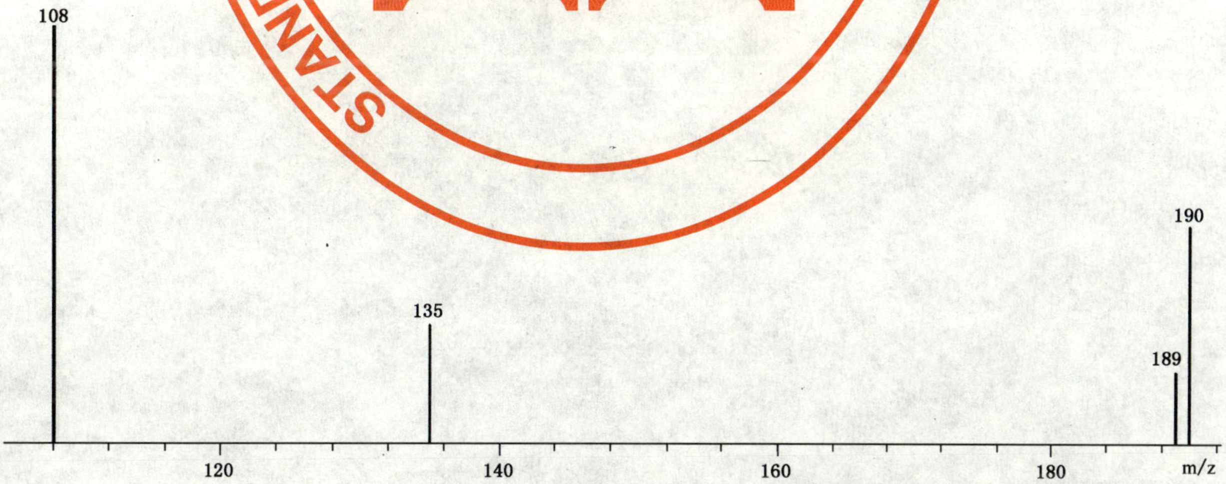

图 A.2 敌草快标准物的选择离子质谱图

ICS 67.040
C 53

中华人民共和国国家标准

GB/T 5009.222—2008

红曲类产品中桔青霉素的测定

Determination of citrinin in *Monascus* products

2008-12-03 发布 2009-03-01 实施

中华人民共和国卫生部
中国国家标准化管理委员会 发布

前　言

本标准的附录 A 、附录 B 为资料性附录。

本标准由中华人民共和国卫生部提出并归口。

本标准起草单位:中国疾病预防控制中心营养与食品安全所、江南大学。

本标准主要起草人:李凤琴、许赣荣、李玉伟、陈蕴。

红曲类产品中桔青霉素的测定

1 范围

本标准规定了红曲类产品中桔青霉素的测定方法。

本标准适用于红曲米、红曲红(固态、液态)、红曲发酵液和用红曲菌生产的保健食品中桔青霉素的测定。

本标准对液态样品中桔青霉素的定量限为 50 μg/L,对固态样品中桔青霉素的定量限为 1 mg/kg。

2 原理

液态红曲类样品经乙醇提取、离心、过滤后经高效液相色谱仪(HPLC)分析;固态红曲类样品经甲苯-乙酸乙酯-甲酸提取、超声波萃取、离心、过滤后经 HPLC 分析,外标法定量。

3 试剂

除非另有规定,本标准中所用试剂均为分析纯。

3.1 桔青霉素($C_{13}H_{14}O_5$)标准品:纯度>99%。

3.2 乙腈(CH_3CN):色谱纯。

3.3 磷酸(H_3PO_4):色谱纯。

3.4 甲醇(CH_3OH):色谱纯。

3.5 甲苯($C_6H_5CH_3$)。

3.6 乙酸乙酯($C_4H_8O_2$)。

3.7 甲酸(CH_2O_2)。

3.8 超纯水(H_2O):电阻率≥18.3 MΩ/cm。

3.9 无水乙醇(C_2H_6O):色谱纯。

3.10 复合萃取剂(TEF):甲苯-乙酸乙酯-甲酸(7+3+1),配制方法是将 7 份体积的甲苯(3.5)、3 份体积乙酸乙酯(3.6)和 1 份体积的甲酸(3.7)混合而成。

3.11 桔青霉素标准溶液:准确称取 0.005 0 g 的桔青霉素标准品(3.1)于 100 mL 容量瓶中,用甲醇溶解并定容,制成 50 mg/L 的桔青霉素标准储备液。取一定量的储备液用甲醇稀释 10 倍,制成 5 mg/L 的标准工作液。储备液和工作液密封后 4 ℃冰箱避光保存,工作液现用现配。工作液从冰箱取出后应于室温下至少放置 10 min,涡旋混匀后方可使用。将标准储备液用甲醇系列稀释后,配成质量浓度为 0.1 mg/L、0.25 mg/L、1 mg/L、5 mg/L、10 mg/L 的标准工作溶液用于制作标准曲线。

4 仪器和设备

4.1 配有荧光检测器的高效液相色谱系统。

4.2 超声波细胞破碎仪。

4.3 电子天平(感量 0.000 1 g)。

4.4 pH 计(精度 0.01)。

4.5 匀浆器。

4.6 离心机。

4.7 旋转蒸发仪。

4.8 微孔有机滤膜(孔径 0.45 μm)。

4.9　数显恒温水浴锅(温度精度±1 ℃)。

4.10　涡旋混匀器。

4.11　磁力搅拌器。

5　分析步骤

5.1　样品提取

5.1.1　液态红曲样品

将带有菌丝体的液态发酵红曲样品匀浆后用吸量管吸取 10 mL(液态红曲红样品直接取样 10 mL),置于 50 mL 具塞试管中,加入 20 mL 无水乙醇,60 ℃水浴加热 1 h(期间不断振摇),冷却至室温后转入塑料离心管中,3 000 r/min 离心 15 min,上清液经 0.45 μm 滤膜过滤后进行 HPLC 分析。

5.1.2　固态红曲制品

用电子天平(4.3)准确称取一定量固态红曲样品(色素用红曲米为 2 g,用红曲菌生产的保健食品为 3 g,酿酒用曲为 3 g)于 50 mL 具塞比色管中,加入 20 mL TEF 溶液(3.10),超声提取 10 min(强度 40%,工作 5 s,间隔 5 s),3 000 r/min 离心 20 min,上清液转入 50 mL 具塞试管中,残渣用 15 mL TEF 溶液(3.10)同上述步骤再提取两次,合并三次提取上清液于 50 mL 具塞比色管中,40 ℃真空浓缩(4.7)至干后加入 30 mL 甲醇溶解,经微孔有机滤膜(4.8)过滤后进行 HPLC 分析。

准确称取 1 g 粉状红曲红或红曲黄色素样品,在磁力搅拌下缓缓加到盛有 20 mL TEF 溶液(3.10)的烧杯中,继续搅拌 30 min 后,3 000 r/min 离心 20 min,以下按固态红曲样品同样的方法自"上清液转入 50 mL 具塞试管中"起,依法操作。

5.2　测定

5.2.1　液相色谱分析条件

色谱柱:C_{18} 色谱柱(150 mm×4.6 mm,粒度 5 μm);

柱温:28 ℃;

流动相:乙腈(3.2)+水(3.8)=35+65,水用色谱纯磷酸(3.3)调 pH 至 2.5;

流速:1.0 mL/min;

检测器:荧光检测器,激发波长 331 nm,发射波长 500 nm;

进样量:20 μL。

5.2.2　色谱分析

分别将 20 μL 不同质量浓度(0.1 mg/L、0.25 mg/L、1 mg/L、5 mg/L、10 mg/L)的桔青霉素标准溶液(3.11)及制备后的样品溶液(5.1)注入液相色谱仪中,以保留时间定性,以桔青霉素质量浓度与相对应的峰面积绘制工作曲线,获得线性回归方程及相关系数,以此计算样品中的桔青霉素含量。

由于 HPLC 分析中采用了荧光检测器,样品中的杂质对桔青霉素的出峰基本无干扰,因此一般情况下无需确证,必要时用液相色谱-质谱进行确证,条件如下:

a)　毛细管电压:3.78 kV;

b)　锥孔电压:30 V;

c)　射频透镜电压:0.5 V;

d)　萃取锥孔电压:5 V;

e)　离子源温度:100 ℃;

f)　脱溶剂气温度:250 ℃;

g)　脱溶剂气流量:320 L/h;

h)　电子倍增电压:650 V;

i)　相对分子质量范围:100～500。

桔青霉素的液相色谱图参见附录 A,质谱图参见附录 B。

6 结果计算

6.1 固态样品中桔青霉素的含量按式(1)计算：

$$c_1 = \frac{c \times V}{m} \quad \cdots\cdots\cdots\cdots (1)$$

式中：

c_1——样品中桔青霉素含量，单位为毫克每千克(mg/kg)；

c——仪器检测的质量浓度，单位为毫克每升(mg/L)；

V——最终定容体积，单位为毫升(mL)；

m——样品质量，单位为克(g)。

6.2 液态红曲样品中桔青霉素的浓度按式(2)计算：

$$c_2 = c \times \frac{V_2}{V_1} \quad \cdots\cdots\cdots\cdots (2)$$

式中：

c_2——液态样品中桔青霉素浓度，单位为毫克每升(mg/L)；

c——仪器检测的质量浓度，单位为毫克每升(mg/L)；

V_2——样品定容体积，单位为毫升(mL)；

V_1——移取的样品体积，单位为毫升(mL)。

计算结果保留两位有效数字。

7 精密度

在重复性条件下获得的两次独立测定结果的绝对差值不得超过算术平均值的10%。

附 录 A
(资料性附录)
桔青霉素的液相色谱图

A.1 桔青霉素标准液相色谱图见图 A.1。

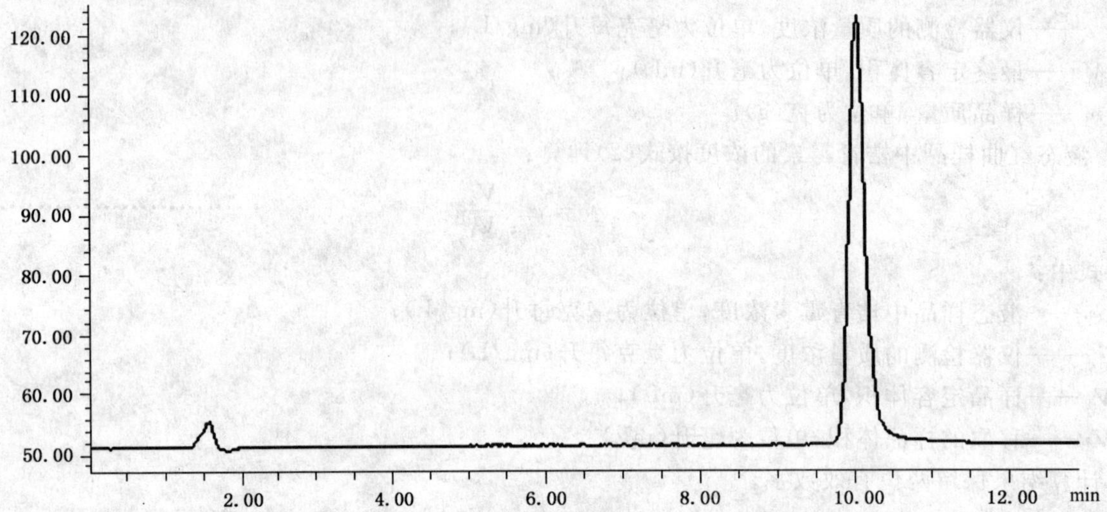

注：标准溶液浓度为 2.5 mg/L，注射 10 μL，相当于 25 ng，保留时间约为 10.00 min。

图 A.1 桔青霉素标准液相色谱图

A.2 红曲样品中桔青霉素液相色谱图见图 A.2。

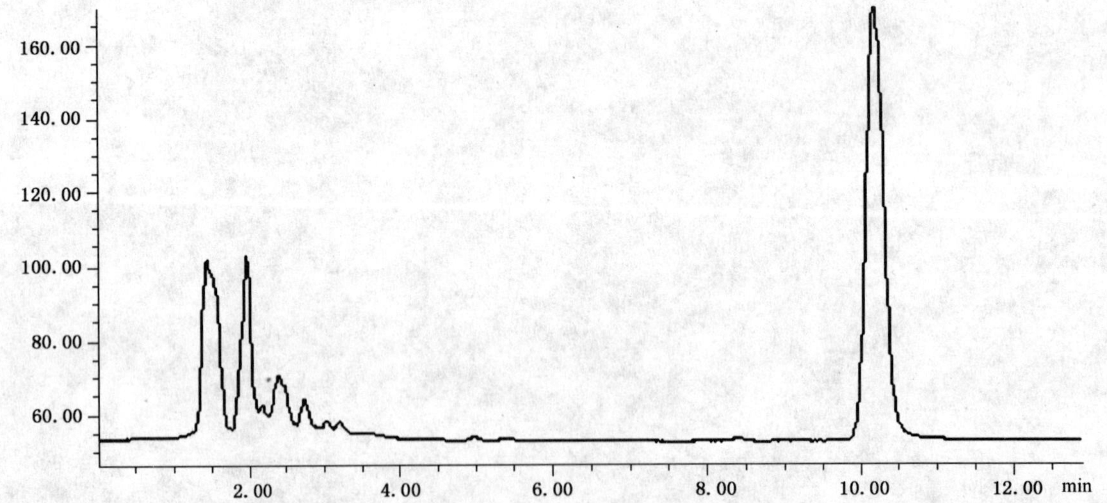

图 A.2 红曲样品中桔青霉素液相色谱图

附　录　B
（资料性附录）
桔青霉素质谱图

B.1　桔青霉素标准质谱图见图 B.1。

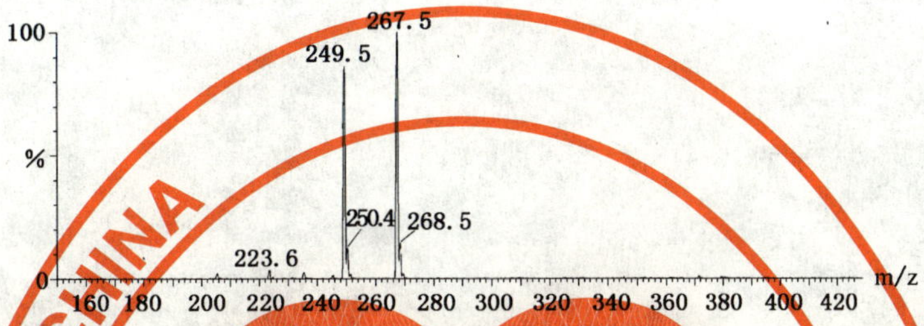

注：桔青霉素相对分子质量为 250。

图 B.1　桔青霉素标准质谱图

B.2　红曲样品中桔青霉素质谱图见图 B.2。

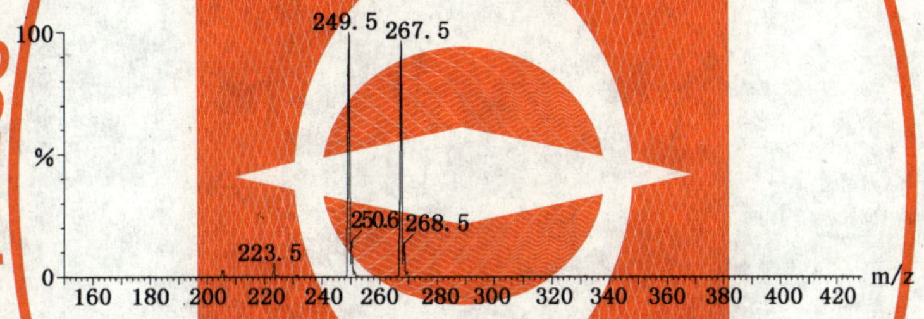

图 B.2　红曲样品中桔青霉素质谱图

ICS 29.060.20
K 13

中华人民共和国国家标准

GB/T 5013.1—2008/IEC 60245-1:2003
代替 GB 5013.1—1997

额定电压 450/750V 及以下橡皮绝缘电缆 第 1 部分：一般要求

Rubber insulated cables of rated voltages up to and including 450/750 V—Part 1: General requirements

(IEC 60245-1:2003,IDT)

2008-01-22 发布　　2008-09-01 实施

中华人民共和国国家质量监督检验检疫总局
中国国家标准化管理委员会　发布

前　言

GB/T 5013《额定电压450/750 V及以下橡皮绝缘电缆》分为八个部分：

——第1部分：一般要求；

——第2部分：试验方法；

——第3部分：耐热硅橡胶绝缘电缆；

——第4部分：软线和软电缆；

——第5部分：电梯电缆；

——第6部分：电焊机电缆；

——第7部分：耐热乙烯-乙酸乙烯酯橡皮绝缘电缆；

——第8部分：特软电线。

本部分为GB/T 5013的第1部分。本部分等同采用IEC 60245-1:2003《额定电压450/750 V及以下橡皮绝缘电缆　第1部分：一般要求》(英文版)。

为便于使用，GB/T 5013的本部分做了下列编辑性修改：

——用小数点“.”代替作为小数点的逗号“,”；

——删除国际标准的前言；

——增加了资料性附录C；

——删除了第4章中的“NOTE The colour scheme is under consideration.”；

——删除了参考文献。

本部分从实施之日起代替GB 5013.1—1997。

本部分与GB 5013.1—1997相比主要变化如下：

——表1中1.2.1中IE4绝缘老化规定应带导体，1.3“氧弹老化后性能”省略，对IE4绝缘增加4“耐臭氧试验”；

——定义中增加2.1.5“乙丙橡胶混合物或其他相当的合成弹性体”和2.1.6“交联聚氯乙烯”；

——删除了3.2；3.1.2改为3.2，3.1.3改为3.3；

——3.3.1中标志距离改为“550 mm”和“275 mm”；

——5.2.1中取消了“普通橡皮混合物绝缘的电缆——IE1型”，增加了“乙丙橡皮混合物或其相当材料绝缘的电缆——IE4型”和“XP1型(交联聚氯乙烯)”；

——5.5.1中增加了“SX1型(交联聚氯乙烯)”；

——附录A中“特殊用途软电缆”增加了86、87、88、89四个型号；

——附录C中型号对照表取消了51，同时对型号的编制进行了规范。

本部分的附录A和附录B为规范性附录，附录C为资料性附录。

本部分由中国电器工业协会提出。

本部分由全国电线电缆标准化技术委员会归口。

本部分负责起草单位：上海电缆研究所。

本部分主要起草人：金标义、刘旌平、曲文波。

本部分所代替标准的历次版本发布情况为：GB 5013.1—1985，GB 5013.1—1997。

额定电压450/750V及以下橡皮绝缘电缆 第1部分:一般要求

1 概述

1.1 范围

GB/T 5013的本部分适用于额定电压U_0/U为450/750 V及以下,硫化橡皮绝缘和护套(若有)的硬和软电缆,用于交流额定电压不超过450/750 V的动力装置。

注:对某些型号的软电缆可使用术语"软线"。

各种型号的电缆在GB/T 5013.3、GB/T 5013.4等部分中规定,电缆的型号表示法见附录A。

GB/T 5013的第1至第8部分规定的试验方法见GB/T 5013.2、GB/T 18380.1及GB/T 2951的相关部分。

1.2 规范性引用文件

下列文件中的条款通过GB/T 5013的本部分的引用而成为本部分的条款。凡是注日期的引用文件,其随后所有的修改单(不包括勘误的内容)或修订版均不适用于本部分,然而,鼓励根据本部分达成协议的各方研究是否可使用这些文件的最新版本。凡是不注日期的引用文件,其最新版本适用于本部分。

GB/T 2951.1—1997 电缆绝缘和护套材料通用试验方法 第1部分:通用试验方法 第1节:厚度和外形尺寸测量——机械性能试验(idt IEC 60811-1-1:1993)

GB/T 2951.2—1997 电缆绝缘和护套材料通用试验方法 第1部分:通用试验方法 第2节:热老化试验方法(idt IEC 60811-1-2:1985)

GB/T 2951.4—1997 电缆绝缘和护套材料通用试验方法 第1部分:通用试验方法 第4节:低温试验方法(idt IEC 60811-1-4:1985)

GB/T 2951.5—1997 电缆绝缘和护套材料通用试验方法 第2部分:弹性体混合料专用试验方法 第1节:耐臭氧试验——热延伸试验——浸矿物油试验(idt IEC 60811-2-1:1986)

GB/T 2951.6—1997 电缆绝缘和护套材料通用试验方法 第3部分:聚氯乙烯混合料专用试验方法 第1节:高温压力试验——抗开裂试验(IEC 60811-3-1:1985,IDT)

GB/T 3956 电缆的导体(GB/T 3956—1997,idt IEC 60228:1978)

GB/T 5013.2—2008 额定电压450/750 V及以下橡皮绝缘电缆 第2部分:试验方法(IEC 60245-2:1998,IDT)

GB/T 5013.3 额定电压450/750 V及以下橡皮绝缘电缆 第3部分:耐热硅橡胶绝缘电缆(GB/T 5013.3—2008,IEC 60245-3:1994,IDT)

GB/T 5013.4 额定电压450/750 V及以下橡皮绝缘电缆 第4部分:软线和软电缆(GB/T 5013.4—2008,IEC 60245-4:2004,IDT)

GB/T 5013.7—2008 额定电压450/750 V及以下橡皮绝缘电缆 第7部分:耐热乙烯-乙酸乙烯酯橡皮绝缘电缆(IEC 60245-7:1994,IDT)

GB/T 18380.1 电缆在火焰条件下的燃烧试验 第1部分:单根绝缘电线或电缆的垂直燃烧试验方法(GB/T 18380.1—2001,IEC 60332-1:1993,IDT)

2 术语和定义

下列术语和定义适用于GB/T 5013的各个部分。

2.1 绝缘和护套材料的定义

2.1.1

混合物的型号 type of compound

混合物按照规定的试验所测得的性能进行分类。

注：型号与混合物组分没有直接关系。

2.1.2

橡皮混合物 rubber compound

橡皮混合物是经过适当选择、配比、加工和硫化，它的特有组分为橡胶和/或合成弹性体混合物。

注：硫化是指绝缘和/或护套挤好后的下一道加工，目的是为了使弹性体永久交联。

2.1.3

氯丁胶混合物（PCP）或其他相当的合成弹性体 polychloroprene compound（PCP）or other equivalent synthetic elastomer

硫化混合物的弹性体为氯丁橡胶或其他性能类似于PCP的相当的合成弹性体。

2.1.4

乙烯-乙酸乙烯酯橡皮混合物或其他相当的合成弹性体 ethylene - vinyl acetate rubber compound（EVA）or other equivalent synthetic elastomer

交联混合物的弹性体为乙烯-乙酸乙烯酯或其他性能类似于EVA的相当的合成弹性体。

2.1.5

乙丙橡胶混合物或其他相当的合成弹性体 ethylene - propylene rubber compound（EPR）or other equivalent synthetic elastomer

交联混合物的弹性体为乙丙橡胶或其他性能类似于EPR的相当的合成弹性体。

2.1.6

交联聚氯乙烯 cross-linked polyvinyl chloride（XLPVC）

适当的选择、配比和加工的、含有适当交联剂的PVC材料混合物，其交联后能达到后续详细规范中的性能要求。

2.2 试验的定义

2.2.1

型式试验（符号T） type tests

型式试验是指按一般商业原则，GB/T 5013规定的一种型号电缆在供货前进行的试验，以证明电缆具有良好的性能，能满足规定的使用要求。

注：型式试验的本质是一旦进行这些试验后，不必重复进行，除非电缆材料或设计的改变会影响电缆性能。

2.2.2

抽样试验（符号S） sample tests

在成品电缆试样上或取自成品电缆的元件上进行的试验，以证明成品电缆产品符合设计规范。

2.3

额定电压 rated voltages

电缆的额定电压是电缆设计和进行电性能试验用的基准电压。

注1：额定电压用 U_0/U 表示，单位为V：

U_0 为任一绝缘导体和“地”（电缆的金属护层或周围介质）之间的电压有效值。

U 为多芯电缆或单芯电缆系统中任何两相导体之间的电压有效值。

在交流系统中，电缆的额定电压应至少等于使用电缆的系统的标称电压。这个条件对 U_0 和 U 值均适用。

在直流系统中，该系统的标称电压应不大于电缆额定电压的1.5倍。

注2：系统的工作电压允许长时间地超过该系统标称电压的10%。如果电缆额定电压至少等于系统的标称电压，则该电缆能在高于额定电压10%的工作电压下使用。

3 标志

3.1 产地标志和电缆识别

电缆应具有制造标志,该标志可以是标志线或是制造厂名或商标的重复标志。

标志可以油墨印字或压印凸字在绝缘或护套上,或者油墨印字在刮胶带或标志隔离带上。

3.1.1 标志的连续性

一个标志的末端与下一个标志的始端之间的距离应不超过:

——如果标志在电缆的外护套上,为 550 mm;

——如果标志在无护套电缆绝缘上,为 275 mm;

——如果标志在有护套电缆绝缘上,为 275 mm;

——如果标志在有护套电缆包带上,为 275 mm。

3.2 耐擦性

油墨印字标志应耐擦。应按 GB/T 5013.2—2008 中 1.8 规定的试验检查是否符合要求。

3.3 清晰度

所有标志应字迹清楚。

标志线的颜色应容易识别或易于辨认,必要时,可用汽油或其他合适的溶剂擦干净。

4 绝缘线芯识别

每根绝缘线芯应按下述规定识别:

——五芯及以下电缆用颜色识别,见 4.1;

——五芯以上电缆用颜色或数字识别,见 4.1 和 4.2。

4.1 绝缘线芯的颜色识别

4.1.1 一般要求

电缆绝缘线芯应采用着色绝缘或其他适合的方法进行识别。

除绿/黄组合色外,电缆的每一线芯应只用一种颜色。

任何多芯电缆均不应使用红色、灰色、白色以及不是组合色用的绿色和黄色。

4.1.2 颜色色谱

优先选用的色谱如下:

单芯电缆:无优先选用色谱;

两芯电缆:无优先选用色谱;

三芯电缆:绿/黄色、浅蓝色、棕色,或是浅蓝色、黑色、棕色;

四芯电缆:绿/黄色、浅蓝色、黑色、棕色,或是浅蓝色、黑色、棕色、黑色或棕色;

五芯电缆:绿/黄色、浅蓝色、黑色、棕色、黑色或棕色,或是浅蓝色、黑色、棕色、黑色或棕色、黑色或棕色;

大于五芯电缆:在外层,一芯是绿/黄色,一芯是浅蓝色,其他线芯是同一种颜色,但不是绿色、黄色、浅蓝色或棕色;在其他层,一芯是棕色,其他线芯是同一种颜色,但不是绿色、黄色、浅蓝色或棕色,或者在外层,一芯是浅蓝色,一芯是棕色,而其他线芯是同一种颜色,但不是绿色、黄色、浅蓝色或棕色;在其他层,一芯是棕色,而其他线芯是同一种颜色,但不是绿色、黄色、浅蓝色或棕色。

各种颜色应能清楚地识别并耐擦。应按 GB/T 5013.2—2008 中 1.8 规定的试验方法检验。

4.1.3 绿/黄组合色

绿/黄组合色线芯的颜色分布应符合下列条件:

对于每一段长 15 mm 的绝缘线芯，其中一种颜色应至少覆盖绝缘线芯表面的 30%，且不大于 70%，而另一种颜色则覆盖绝缘线芯的其余部分。

注：关于使用绿/黄组合色和浅蓝色的情况说明：当按上述规定绿/黄组合色时，表示专门用作识别连接接地或类似保护用途的绝缘线芯。浅蓝色用作识别连接中性线的绝缘线芯，如果没有中性线，则浅蓝色可用于识别除接地或保护导体以外的任一绝缘线芯。

4.2 绝缘线芯的数字识别

4.2.1 一般要求

线芯的绝缘应是同一种颜色，并按数序排列，但绿/黄色线芯(若有)除外。

如果有绿/黄色绝缘线芯，则应符合 4.1.3 的要求，并且应放在外层。

数字编号应从内层以数字 1 开始。

数字应用阿拉伯数字印在绝缘线芯的外表面上。数字颜色相同并与绝缘颜色有明显反差，数字应字迹清晰。

4.2.2 标志的优先排列方法

数字标志应沿着绝缘线芯以相等的间隔重复出现，相邻两个完整的数字标志应彼此颠倒。

当标志是由一个数字组成时，则破折号应放置在数字的下面。如果标志是由两个数字组成时，则一个数字排在另一个数字的下面，同时在底下的数字下面放破折号。相邻两个完整的数字标志之间的距离 d 应不超过 50 mm。

标志的排列如图 1 所示：

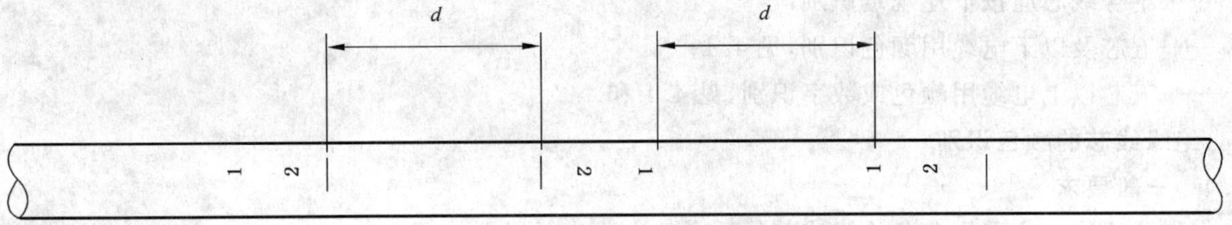

图 1 数字标志的排列

4.2.3 耐擦性

数字标志应耐擦，应按 GB/T 5013.2—2008 中 1.8 规定的试验检查是否符合要求。

5 电缆结构的一般要求

5.1 导体

5.1.1 材料

导体应是退火铜线。除非在产品标准中(GB/T 5013.3、GB/T 5013.4 等)另有规定，导体中各单线可以是不镀锡或是镀锡的铜线。镀锡铜线应覆盖一层有效的锡层。

5.1.2 结构

除非在有关产品标准中另有规定，导体中单线的最大直径应符合 GB/T 3956 的要求。

各种型号电缆使用的导体类型详见产品标准(GB/T 5013.3、GB/T 5013.4 等)。

5.1.3 导体和绝缘之间的隔离层

在不镀锡导体或镀锡导体和绝缘之间可以任选放置一层由合适材料组成的隔离带。

5.1.4 结构检查

通过检验和测量来检查结构，应符合 5.1.1 和 5.1.2 以及 GB/T 3956 的要求。

5.1.5 电阻

除非在有关产品标准(GB/T 5013.3、GB/T 5013.4 等)中另作规定,在 20℃时每芯导体电阻应符合 GB/T 3956 对各种导体规定的要求。

应按 GB/T 5013.2—2008 中 2.1 规定的试验方法检查是否符合要求。

5.2 绝缘

5.2.1 材料

绝缘应是按产品标准(GB/T 5013.3、GB/T 5013.4 等)中的每种型号电缆规定的硫化橡皮混合物。

硅橡胶绝缘的电缆——IE2 型。

乙烯-乙酸乙烯酯橡皮混合物或相当材料绝缘的电缆——IE3 型。

乙丙橡皮混合物或其相当材料绝缘的电缆——IE4 型。

这些混合物的试验要求见表 1 规定。

注:对 GB/T 5013.8 中型号为 XP1 某些电缆绝缘,其试验要求见相应产品标准。

由上述任何一种绝缘混合物作绝缘并包括在产品标准(GB/T 5013.3、GB/T 5013.4 等)中的电缆,其最高工作温度见相应的产品标准。

5.2.2 包覆导体

绝缘应紧密地包覆在导体或隔离层上。在产品标准(GB/T 5013.3、GB/T 5013.4 等)中所列每一种型号的电缆,不论包覆绝缘是单层或多层,也不论是否绕包刮胶带均应如此。绝缘应能剥离,而又不损伤绝缘、导体、或镀锡层或金属镀层(若有)。通过检验和手工测量以检查是否符合要求。

5.2.3 厚度

绝缘厚度的平均值应不小于产品标准(GB/T 5013.3、GB/T 5013.4 等)的表格中列出的每一种型号和规格电缆的规定值。但是,在任一点的厚度可小于规定值,只要不小于规定值的 90%－0.1 mm。应按 GB/T 5013.2—2008 中 1.9 规定的试验方法检查是否符合要求。

5.2.4 老化前后的机械性能

在正常使用的温度范围内,绝缘应具有足够的机械强度和弹性。

应按表 1 规定的试验检查是否符合要求。适用的试验方法和试验要求见表 1 规定。

表 1 硫化橡皮绝缘非电性试验要求

序号	试验项目	单位	混合物型号			试验方法	
			IE2	IE3	IE4	GB/T	条文号
1	抗张强度和断裂伸长率					2951.1—1997	9.1
1.1	交货状态原始性能						
1.1.1	抗张强度原始值						
	——最小中间值	N/mm²	5.0	6.5	5.0		
1.1.2	断裂伸长率原始值						
	——最小中间值	%	150	200	200		
1.2	空气烘箱老化后的性能					2951.1—1997 和 2951.2—1997	9.1 8.1
1.2.1	老化条件[a,b]						
	——温度	℃	200±2	150±2	100±2		
	——处理时间	h	10×24	7×24	7×24		
1.2.2	老化后抗张强度						
	——最小中间值	N/mm²	4.0	—	4.2		

表 1（续）

序号	试验项目	单位	混合物型号			试验方法	
			IE2	IE3	IE4	GB/T	条文号
	——最大变化率[c]	%	—	±30	±25		
1.2.3	老化后断裂伸长率						
	——最小中间值	%	120	—	200		
	——最大变化率[c]	%	—	±30	±25		
1.3	省略						
1.4	空气弹老化后的性能					2951.2—1997	8.2
1.4.1	老化条件[a]						
	——温度	℃	—	150±3	127±2		
	——处理时间	h	—	7×24	40		
1.4.2	老化后抗张强度						
	——最小中间值	N/mm^2	—	6.0	—		
	——最大变化率[c]	%	—	—	±30		
1.4.3	老化后断裂伸长率						
	——最大变化率[c]	%	—	−30[d]	±30		
2	热延伸试验					2951.5—1997	第9章
2.1	试验条件						
	——温度	℃	200±3	200±3	200±3		
	——处理时间	min	15	15	15		
	——机械应力	N/mm^2	0.20	0.20	0.20		
2.2	试验结果						
	——载荷下的伸长率，最大值	%	175	100	100		
	——冷却后的伸长率，最大值	%	25	25	25		
3	高温压力试验			见 GB/T 2951.6		2951.6—1997	第8章
3.1	试验条件						
	——由刀片施加的压力		—	8.1.4	—		
	——载荷下的加热时间		—	8.1.5	—		
	——温度	℃	—	150±2	—		
3.2	试验结果						
	——压痕深度中间值，最大值	%	—	50	—		
4	耐臭氧试验					2951.5—1997	第8章
4.1	试验条件						
	——试验温度	℃	—	—	25±2		
	——试验时间	h	—	—	24		
	——臭氧浓度	%	—	—	0.025～0.030		
4.2	试验结果				无裂纹		

a IE4 绝缘应带导体或取走不超过 30% 的铜丝进行老化。

b 除非产品标准中另有规定，橡皮混合物的老化不采用强迫鼓风烘箱。仲裁试验时，必须采用自然通风老化箱。

c 变化率：老化后中间值与老化前中间值之差与老化前中间值之比，以百分比表示。

d 不规定正偏差。

5.3 填充

5.3.1 材料

除非在产品标准(GB/T 5013.3、GB/T 5013.4 等)中另有规定,填充物应由下列一种组成或由下列材料组合而成:

——硫化或非硫化橡皮混合物;或

——天然或合成纤维;或

——纸。

填充物的组分与绝缘和/或护套之间不应产生有害的相互作用。

5.3.2 包覆

对每种型号电缆,产品标准(GB/T 5013.3、GB/T 5013.4 等)中规定了是否有填充物或是否由护套嵌入线芯之间而形成填充(见 5.5.2)。填充物应填满绝缘线芯之间的空隙以形成实际上圆形的成缆线芯。填充物应能剥离而不损伤绝缘线芯。成缆线芯和填充物可以用薄膜或带子扎在一起。

5.4 纺纤编织

5.4.1 材料

纺纤编织层用的纱应是产品标准(GB/T 5013.3、GB/T 5013.4 等)中每种型号电缆要求的材料。在产品标准中规定有编织层时,编织用纱可以是天然材料(棉纱、经处理的棉纱、丝)或者是合成材料(人造丝、聚酰胺等)或者也可以是玻璃纤维或相当材料制成的细丝。

5.4.2 包覆

编织应均匀,没有结头或间隙。为了防止磨损由玻璃纤维丝制成的编织层,应采用合适的材料进行处理。

5.5 护套

5.5.1 材料

护套材料应是按产品标准(GB/T 5013.3、GB/T 5013.4 等)中的每种型号电缆规定的一种硫化橡皮混合物。

橡皮混合物护套电缆——SE3 型。

氯丁混合物或其他相当的合成弹性体护套电缆——SE4 型。

这些混合物的试验要求见表 2 规定。

注:GB/T 5013.8 中的一些电缆,其型号为 SX1 的护套材料的要求见产品标准。

5.5.2 包覆

在产品标准(GB/T 5013.3、GB/T 5013.4 等)中规定的每种型号电缆的保护护套应由单层或双层(内层或护套和外层或护套)组成。

5.5.2.1 单层护套

护套应单层包覆:

——单芯电缆,包覆在绝缘线芯上;

——多芯电缆,包覆在成缆线芯和填充物上。

多芯电缆的护套应能剥离而不损伤成缆线芯。

在护套下面可以绕包一层带子或薄膜。

在某些情况下,在产品标准(GB/T 5013.3、GB/T 5013.4 等)中指明护套可嵌入成缆线芯之间的间隙而形成填充(见 5.3.2)。

5.5.2.2 双层护套

内层

内护套应按 5.5.2.1 的规定挤包。在内护套外面可绕包一层刮胶带或相当的带子。

对于厚度不超过 0.5 mm 的包带或隔离层(若有),可包括在内护套的厚度测量值内,只要包带粘合内护套。

外层

外层或护套应包覆在内护套或包带的外面。它可以粘着内护层或包带，也可以不粘着。

如果外护层粘着内护层，则应与内护层能明显地区别开来；如果不粘着，则应容易与内护层分离。

5.5.3 厚度

护套厚度的平均值应不小于产品标准(GB/T 5013.3、GB/T 5013.4 等)的表格中列出的每种型号和规格电缆的规定值。

除另有规定，在任一点的厚度可小于规定值，只要不小于规定值的 85%－0.1 mm。

应按 GB/T 5013.2—2008 中 1.10 规定的试验方法检查是否符合标准要求。

注：在附录 B 中给出了 GB/T 5013.4 中的 60245 IEC 53、60245 IEC 57、60245 IEC 66 三种型号电缆的护套厚度计算方法。

5.5.4 老化前后的机械性能

在正常使用温度范围内，护套应具有足够的机械强度和弹性。

应按表 2 规定的试验检查是否符合要求。

适用的试验方法和试验要求见表 2 规定。

表 2 硫化橡皮护套非电性试验要求

序　号	试验项目	单　位	混合物型号		试验方法	
			SE3	SE4	GB/T	条文号
1	抗张强度和断裂伸长率				2951.1—1997	9.2
1.1	交货状态原始性能					
1.1.1	抗张强度原始值					
	——最小中间值	N/mm²	7.0	10.0		
1.1.2	断裂伸长率原始值					
	——最小中间值	%	300	300		
1.2	空气烘箱老化后的性能				2951.2—1997	8.1.3.1
1.2.1	老化条件					
	——温度	℃	70±2	70±2		
	——处理时间	h	10×24	10×24		
1.2.2	老化后抗张强度					
	——最小中间值	N/mm²	—	—		
	——最大变化率[a]	%	±20	－15[b]		
1.2.3	老化后断裂伸长率					
	——最小中间值	%	250	250		
	——最大变化率[a]	%	±20	－25[b]		
1.3	浸矿物油后机械性能				2951.5—1997	10
1.3.1	试验条件					
	——油温	℃	—	100±2		
	——浸油时间	h	—	24		
1.3.2	浸油后抗张强度					
	——最大变化率[a]	%	—	±40		
1.3.3	浸油后断裂伸长率					
	——最大变化率[a]	%	—	±40		
2	热延伸试验				2951.5—1997	9
2.1	试验条件					
	——温度	℃	200±3	200±3		
	——处理时间	min	15	15		
	——机械应力	N/mm²	0.20	0.20		

表 2（续）

序　号	试验项目	单　位	混合物型号		试验方法	
			SE3	SE4	GB/T	条文号
2.2	试验结果					
	——载荷下的伸长率，最大值	%	175	175		
	——冷却后的伸长率，最大值	%	25	25		
3	低温弯曲试验				2951.4—1997	8.2
3.1	试验条件					
	——温度	℃	—	−35±2		
	——施加低温时间		—	见 GB/T 2951.4—1997 中 8.2.3		
3.2	试验结果			无裂纹		
4	低温拉伸试验				2951.4—1997	8.4
4.1	试验条件					
	——温度	℃	—	−35±2		
	——施加低温时间		—	见 GB/T 2951.4—1997 中 8.4.4		
4.2	试验结果					
	——未断裂时的伸长率，最小值	%	—	30		

a　变化率：老化后中间值与老化前中间值之差与老化前中间值之比，以百分比表示。

b　不规定正偏差。

5.6　成品电缆试验

5.6.1　电气性能

电缆应有足够的介电强度和绝缘电阻。

应按表 3 规定的试验检查是否符合要求。

试验方法和试验要求见表 3 规定。

5.6.2　外形尺寸

电缆的平均外形尺寸应在产品标准(GB/T 5013.3、GB/T 5013.4 等)各表中所规定的范围内。

圆形护套电缆在同一横截面上测得任意两点外径之差（椭圆度）应不超过所规定平均外径上限的 15%。

应按 GB/T 5013.2—2008 中 1.11 规定的试验方法检查是否符合标准要求。

表 3　硫化橡皮绝缘电缆电性试验要求

序　号	试验项目	单　位	电缆额定电压			试验方法	
			300/300 V	300/500 V	450/750 V	GB/T	条文号
1	导体电阻测量					5013.2—2008	2.1
1.1	试验结果最大值		见 GB/T 3956 和产品标准(GB/T 5013.3、GB/T 5013.4 等)				
2	成品电缆电压试验					5013.2—2008	2.2
2.1	试验条件：						
	——试样最小长度	m	10	10	10		
	——浸水最少时间	h	1	1	1		
	——水温	℃	20±5	20±5	20±5		
2.2	试验电压(交流)	V	2 000	2 000	2 500		

表 3(续)

序 号	试验项目	单位	电缆额定电压			试验方法	
			300/300 V	300/500 V	450/750 V	GB/T	条文号
2.3	每次最少施加电压时间	min	5	5	5		
2.4	试验结果			不发生击穿			
3	绝缘线芯电压试验					5013.2—2008	2.3
3.1	试验条件:						
	——试样长度	m	5	5	5		
	——浸水最少时间	h	1	1	1		
	——水温	℃	20±5	20±5	20±5		
3.2	按规定的绝缘厚度施加电压(交流)						
	——0.6 mm 及以下	V	1 500	1 500	—		
	——0.6 mm 以上	V	2 000	2 000	2 500		
3.3	每次最少施加电压时间	min	5	5	5		
3.4	试验结果			不发生击穿			
4	90℃以上绝缘电阻测量[a]					5013.2—2008	2.4
4.1	试验条件						
	——试验温度	℃	—	110	110		
4.2	试验结果		—	GB/T 5013.7—2008 中表 1 和表 3			

[a] 只适用于 GB/T 5013.7 乙烯-乙酸乙烯酯橡皮绝缘电缆。

5.6.3 软电缆的机械强度

软电缆应能经受在正常使用时所引起的弯曲和其他机械应力。

当在产品标准(GB/T 5013.3、GB/T 5013.4 等)中有规定时,应按 GB/T 5013.2—2008 中第 3 章规定的试验方法检查是否符合要求。

5.6.3.1 软电缆的曲挠试验

见 GB/T 5013.2—2008 中 3.1。

导体标称截面超过 4 mm^2 的软电缆和所有单芯电缆不进行该项试验。

在试验期间经 15 000 次往复运动,即 30 000 次单程运动后应既不发生电流断路,也不发生导体之间的短路。

试验后,应剥去三芯或三芯以上电缆的护套(若有)。然后应按 GB/T 5013.2—2008 中 2.2 或 2.3 的适用条款规定,对电缆或绝缘线芯进行电压试验,但试验电压不超过 2 000 V。

5.6.3.2 静态曲挠试验

见 GB/T 5013.2—2008 中 3.2。

两次测量 l' 的平均值(见 GB/T 5013.2—2008 中图 2),对于电焊机电缆应不超过表 4 的规定值,对于电梯电缆应不超过表 5 的规定值。

5.6.3.3 耐磨试验

见 GB/T 5013.2—2008 中 3.3。

经 20 000 次单程运动后,安装的试样绝缘的显露部分总长度应不大于 10 mm。

试验后,安装的试样应按 GB/T 5013.2—2008 中 2.2 进行电压试验。

表 4 电焊机电缆静态曲挠试验要求

标称截面积/mm²	最大距离 l'/cm
16	45
25	45
35	50
50	50
70	55
95	60

表 5 电梯电缆静态曲挠试验要求

电缆类型	芯 数	最大距离 l'/cm
编织电梯电缆	12 芯及以下	70
	16 和 18 芯	90
	大于 18 芯	125
硫化橡皮和氯丁或相当的合成弹性体橡套电梯电缆	12 芯及以下	115
	16 和 18 芯	125
	大于 18 芯	150

5.6.3.4 电梯电缆中心垫芯的抗张强度

见 GB/T 5013.2—2008 中 3.4。

在试验过程中,中心垫芯或中心承力芯应不断裂。

5.6.3.5 电梯电缆不延燃试验

见 GB/T 5013.2—2008 中第 5 章。

电缆应符合 GB/T 18380.1 的要求,此外,在试验过程中线芯之间应不发生短路。

5.6.3.6 纺纤编织层的耐热试验

见 GB/T 5013.2—2008 中第 6 章。

如果编织层或其任何组件在试验时不熔化、不炭化,则认为试验合格。

6 电缆使用导则

正在考虑中。

附 录 A
（规范性附录）
型号表示法

GB/T 5013 所包括的各种电缆的型号用两位数字表示，放在 IEC 60245 标准号后面。第一位数字表示电缆的基本分类；第二位数字表示在基本分类中的特定型式。

分类和型号如下：

0—固定布线用无护套电缆

03—导体最高温度 180℃耐热硅橡胶绝缘电缆(60245 IEC 03)

04—导体最高温度 110℃，750 V 硬导体、耐热乙烯-乙酸乙烯酯橡皮绝缘单芯无护套电缆(60245 IEC 04)

05—导体最高温度 110℃，750 V 软导体、耐热乙烯-乙酸乙烯酯橡皮绝缘单芯无护套电缆(60245 IEC 05)

06—导体最高温度 110℃，500 V 硬导体、耐热乙烯-乙酸乙烯酯橡皮或其他相当的合成弹性体绝缘单芯无护套电缆(60245 IEC 06)

07—导体最高温度 110℃，500 V 软导体、耐热乙烯-乙酸乙烯酯橡皮或其他相当的合成弹性体绝缘单芯无护套电缆(60245 IEC 07)

5—一般用途软电缆

53—普通强度橡套软线(60245 IEC 53)

57—普通氯丁或其他相当的合成弹性体橡套软线(60245 IEC 57)

58—装饰回路用氯丁或其他相当的合成弹性体橡套圆电缆(60245 IEC 58)，扁电缆(60245 IEC 58f)

6—重型软电缆

66—重型氯丁或其他相当的合成弹性体橡套软电缆(60245 IEC 66)

7—特殊型软电缆

70—编织电梯电缆(60245 IEC 70)

74—橡套电梯电缆(60245 IEC 74)

75—氯丁或其他相当的合成弹性体橡套电梯电缆(60245 IEC 75)

8—特殊用途软电缆

81—橡套电焊机电缆(60245 IEC 81)

82—氯丁或其他相当的合成弹性体橡套电焊机电缆(60245 IEC 82)

86—橡皮绝缘和护套高柔软性电缆(60245 IEC 86)

87—橡皮绝缘、交联聚氯乙烯护套高柔软性电缆(60245 IEC 87)

88—交联聚氯乙烯绝缘和护套高柔软性电缆(60245 IEC 88)

89—乙丙橡皮绝缘编织高柔软性电缆(60245 IEC 89)

附 录 B
（规范性附录）
60245 IEC 53、57 和 66 型电缆护套厚度的计算方法

B.1 概述

本护套厚度计算方法适用于 GB/T 5013.4 中二芯、三芯、四芯和五芯的下列型号电缆：

——60245 IEC 53：普通强度橡套软线；

——60245 IEC 57：普通氯丁或其他相当的合成弹性体橡套软线；

——60245 IEC 66：重型氯丁或其他相当的合成弹性体橡套软电缆。

注：列于 GB/T 5013.4 中电缆护套厚度的计算未采用本计算方法，本计算方法只在这些型号电缆可能扩展时应用。

B.2 计算公式

应使用下列公式：

a) 60245 IEC 53 和 57 型：

$$t_s = 0.085\ D_f + 0.45$$

b) 导体截面积 6 mm^2 及以下的 60245 IEC 66 型：

$$t_s = 0.13\ D_f + 0.74$$

c) 导体截面积大于 6 mm^2 的 60245 IEC 66 型：

$$t_s = 0.11\ D_f + 1.8$$

式中：

t_s——护套厚度，mm；

D_f——成缆线芯的假定直径，mm。

假定直径 D_f 应按下述公式计算： $D_f = K(d_L + 2t_i)$

式中：

d_L——导体假定直径，mm；

t_i——绝缘规定厚度，mm；

K——成缆系数。

各标称截面积导体的假定直径 d_L（实心导体直径）见表 B.1：

表 B.1 各标称截面积导体假定直径

导体标称截面积/ mm^2	导体假定直径 d_L/ mm	导体标称截面积/ mm^2	导体假定直径 d_L/ mm
0.75	1.0	35	6.7
1	1.1	50	8.0
1.5	1.4	70	9.4
2.5	1.8	95	11.0
4	2.3	120	12.4
6	2.8	150	13.8
10	3.6	185	15.3
16	4.5	240	17.5
25	5.6	300	19.6
		400	22.6

五芯及以下电缆的成缆系数 K 如下表：

芯　数	2	3	4	5
K	2.00	2.16	2.42	2.70

B.3　护套厚度计算时的数字修约

假定直径 D_f 和护套厚度 t_s 应按下述方法修约至小数点后一位：

当修约前的第二位小数小于 5 时，第一位小数保持不变；当修约前的第二位小数是 5 或大于 5 时，第一位小数应加 1。

附 录 C
（资料性附录）
产品型号表示法及与 IEC 60245 产品型号的对照

C.1 GB/T 5013 中产品型号表示

C.1.1 系列代号

移动式电气设备等用电缆系列代号 …… Y

家庭电器设备用电缆系列代号 …… R

C.1.2 按材料特征分

硬铜导体 …… 省略

软铜导体 …… R

绝缘乙丙胶混合物 …… E

绝缘硅橡胶混合物 …… G

绝缘乙烯-乙酸乙烯酯橡皮混合物 …… YY

绝缘交联聚氯乙烯 …… VJ

护套天然丁苯胶或类似弹性体混合物 …… 省略

护套氯丁胶混合物 …… F

护套编织织物 …… B

护套交联聚氯乙烯 …… VJ

C.1.3 按使用特征分

电焊机用 …… H

电梯用 …… T

具有耐户外气候性能 …… W

装饰回路用 …… S

C.1.4 按结构特征分

轻型 …… Q

中型 …… Z

重型 …… C

圆型 …… 省略

扁型(平型) …… B

C.2 型号对照表

型号对照表见表 C.1。

表 C.1 橡皮绝缘电缆型号对照表

序号	名　　称	IEC 60245 的型号	GB/T 5013 中的型号
1	导体最高温度 180℃耐热硅橡胶绝缘电缆	60245 IEC 03	YG
2	导体最高温度 110℃750 V 硬导体耐热乙烯-乙酸乙烯酯橡皮绝缘单芯无护套电缆	60245 IEC 04	YYY

表 C.1(续)

序　号	名　　称	IEC 60245 的型号	GB/T 5013 中的型号
3	导体最高温度 110℃750 V 软导体耐热乙烯-乙酸乙烯酯橡皮绝缘单芯无护套电缆	60245 IEC 05	YRYY
4	导体最高温度 110℃500 V 硬导体耐热乙烯-乙酸乙烯酯橡皮或其他相当的合成弹性体绝缘单芯无护套电缆	60245 IEC 06	YYY
5	导体最高温度 110℃500 V 软导体耐热乙烯-乙酸乙烯酯橡皮或其他相当的合成弹性体绝缘单芯无护套电缆	60245 IEC 07	YRYY
6	普通强度橡套软线	60245 IEC 53	YZ
7	普通氯丁或其他相当的合成弹性体橡套软线	60245 IEC 57	YZW
8	装饰回路用氯丁或其他相当的合成弹性体橡套圆电缆,扁电缆	60245 IEC 58 60245 IEC 58f	YS YSB
9	重型氯丁或其他相当的合成弹性体橡套软电缆	60245 IEC 66	YCW
10	编织电梯电缆	60245 IEC 70	YTB
11	橡套电梯电缆	60245 IEC 74	YT
12	氯丁或其他相当的合成弹性体橡套电梯电缆	60245 IEC 75	YTF
13	高强度橡套电焊机电缆	60245 IEC 81	YH
14	氯丁或其他相当的合成弹性体橡套电焊机电缆	60245 IEC 82	YHF
注:表 C.1 仅适用于 GB/T 5013 的第 1 至第 7 部分,不适用于第 8 部分。			

ICS 29.060.20
K 13

中华人民共和国国家标准

GB/T 5013.2—2008/IEC 60245-2:1998
代替 GB 5013.2—1997

额定电压450/750 V及以下橡皮绝缘电缆 第2部分:试验方法

Rubber insulated cables of rated voltages up to and including 450/750 V—
Part 2:Test methods

(IEC 60245-2:1998,IDT)

2008-01-22 发布　　　　2008-09-01 实施

中华人民共和国国家质量监督检验检疫总局
中国国家标准化管理委员会　发布

前　言

GB/T 5013《额定电压450/750 V及以下橡皮绝缘电缆》分为八个部分：

——第1部分：一般要求；

——第2部分：试验方法；

——第3部分：耐热硅橡胶绝缘电缆；

——第4部分：软线和软电缆；

——第5部分：电梯电缆；

——第6部分：电焊机电缆；

——第7部分：耐热乙烯-乙酸乙烯酯橡皮绝缘电缆；

——第8部分：特软电线。

本部分为GB/T 5013的第2部分。本部分等同采用IEC 60245-2:1998《额定电压450/750 V及以下橡皮绝缘电缆　第2部分：试验方法》(英文版)。

为便于使用，GB/T 5013的本部分做了下列编辑性修改：

——用小数点“.”代替作为小数点的逗号“,”；

——删除国际标准的前言。

本部分对IEC原文第4章标题的编辑性错误进行了更正，改为“IE4型绝缘橡皮混合物在空气烘箱和空气弹老化后的机械性能试验”。

本部分从实施之日起代替GB 5013.2—1997。

本部分与GB 5013.2—1997相比主要变化如下：

——3.1“曲挠试验”内容重新编排，并对重锤重量、滑轮直径和施加电流等参数做了修改补充；

——增加了3.5“三轮曲挠试验”和3.6“扭绞试验”；

——第4章中分别用“IE4”、“空气”和“8.2”替代原文的“IE1”、“氧”和“8.3”。

本部分由中国电器工业协会提出。

本部分由全国电线电缆标准化技术委员会归口。

本部分负责起草单位：上海电缆研究所。

本部分主要起草人：金标义、刘旌平、曲文波。

本部分所代替标准的历次版本发布情况为：GB 5013.2—1997。

额定电压 450/750 V 及以下橡皮绝缘电缆
第 2 部分:试验方法

1 概述

1.1 范围

GB/T 5013 的本部分给出了 GB/T 5013 的所有部分规定的而没有包括在 GB/T 2951 中的试验方法。

1.2 规范性引用文件

下列文件中的条款通过 GB/T 5013 的本部分的引用而成为本部分的条款。凡是注日期的引用文件,其随后所有的修改单(不包括勘误的内容)或修订版均不适用于本部分,然而,鼓励根据本部分达成协议的各方研究是否可使用这些文件的最新版本。凡是不注日期的引用文件,其最新版本适用于本部分。

GB/T 131 产品几何技术规范(GPS)技术产品文件中表面结构的表示法(GB/T 131—2006, ISO 1302:2002,IDT)

GB/T 2951.1—1997 电缆绝缘和护套材料通用试验方法 第 1 部分:通用试验方法 第 1 节:厚度和外形尺寸测量——机械性能试验(idt IEC 60811-1-1:1993)

GB/T 2951.2—1997 电缆绝缘和护套材料通用试验方法 第 1 部分:通用试验方法 第 2 节:热老化试验方法(idt IEC 60811-1-2:1985)

GB/T 5013.1—2008 额定电压 450/750 V 及以下橡皮绝缘电缆 第 1 部分:一般要求(IEC 60245-1:2003,IDT)

GB/T 5013.3 额定电压 450/750 V 及以下橡皮绝缘电缆 第 3 部分:耐热硅橡胶绝缘电缆(GB/T 5013.3—2008,IEC 60245-3:1994,IDT)

GB/T 5013.4—2008 额定电压 450/750 V 及以下橡皮绝缘电缆 第 4 部分:软线和软电缆(IEC 60245-4:2004,IDT)

GB/T 5013.8—2006 额定电压 450/750 V 及以下橡皮绝缘电缆 第 8 部分:特软电线(IEC 60245-8:1998,IDT)

GB/T 18380.1 电缆在火焰条件下的燃烧试验 第 1 部分:单根绝缘电线或电缆的垂直燃烧试验方法(GB/T 18380.1—2001,IEC 60332-1:1993,IDT)

1.3 试验按频度分类

按 GB/T 5013.1—2008 中 2.2 定义,试验规定为型式试验(符号 T)和/或抽样试验(符号 S)。

符号 T 和 S 用在产品标准(GB/T 5013.3、GB/T 5013.4 等)的有关表格中。

1.4 取样

如果绝缘或护套采用压印凸字标志,取样时应包括该标志。

除非另有规定,对于多芯电缆,除 1.9 所规定的试验以外,应取不超过三芯试样(若分色,任取不同颜色)进行试验。

1.5 预处理

全部试验应在绝缘或护套硫化后至少存放 16 h 后才能进行。

1.6 试验温度

除非另有规定,试验应在环境温度下进行。

1.7 试验电压

除非另有规定，试验电压应是交流 49 Hz～61 Hz 的近似正弦波形，峰值与有效值之比等于$\sqrt{2}$(1±7%)。电压均为有效值。

1.8 颜色和标志的耐擦性检查

用浸过水的一团脱脂棉或一块棉布轻轻擦拭制造厂名或商标及绝缘线芯颜色或数字标志，共擦10次，检查是否符合要求。

1.9 绝缘厚度测量

1.9.1 步骤

绝缘厚度应按 GB/T 2951.1—1997 中 8.1 规定的方法测量。

应在至少相隔 1 m 的三处各取一段电缆试样。

五芯及以下的电缆，每一绝缘线芯均要检查。五芯以上的电缆，则检查任意五根绝缘线芯。

如果取出导体有困难，可放在拉力机上拉出，或将该段绝缘线芯浸入水银中，直至绝缘变得松弛，能把导体抽出。

1.9.2 试验结果评定

每一根绝缘线芯取三段绝缘试样，测得 18 个值的平均值(以 mm 表示)，应计算到小数点后第二位，并按如下规定修约，然后将该值作为绝缘厚度的平均值。

计算时，如果第二位小数是 5 或大于 5，则第一位小数应加 1，例如 1.74 修约为 1.7，1.75 修约为 1.8。

所测全部数值的最小值应作为任一处绝缘的最小厚度。

本试验可以结合任何其他的厚度测量一起进行，例如 GB/T 5013.1—2008 中 5.2.4 规定的测量。

1.10 护套厚度测量

1.10.1 步骤

护套厚度应按 GB/T 2951.1—1997 中 8.2 规定的方法测量。

应在至少相隔 1 m 的三处各取一段电缆试样。

1.10.2 试验结果评定

从三段护套上测得的全部数值(以 mm 表示)的平均值应计算到小数点后第二位，并按如下规定修约，然后将该值作为护套厚度的平均值。

计算时，如果第二位小数是 5 或大于 5，则第一位小数应加 1，例如 1.74 修约为 1.7，1.75 修约为 1.8。

所测全部数值的最小值应作为任一处护套的最小厚度。

本试验可以结合任何其他的厚度测量，例如 GB/T 5013.1—2008 中 5.5.4 规定的测量一起进行。

1.11 外形尺寸和椭圆度的测量

按 1.9 或 1.10 规定取三段试样。

任何圆电缆的外径测量和宽边不超过 15 mm 的扁电缆的外形尺寸应按 GB/T 2951.1—1997 中 8.3 规定测量。

当扁电缆的宽边超过 15 mm 时，应使用千分尺、投影仪或类似仪器测量。

所测得数值的平均值作为平均外形尺寸。

圆形护套电缆椭圆度的检查，应在电缆同一横截面上两处测量。

1.12 未镀锡导体的锡焊试验

1.12.1 试验目的

本试验用于检验未镀锡导体和绝缘之间的隔离层是否有效。

用下述规定的焊锡槽方法检查是否符合标准要求。

1.12.2 **试样的选择和试件制备**

在电缆三点分别选取一段长度足够用于下述规定的弯曲试验的样品，并将每段样品的绝缘线芯小心地从所有其他组件上剥离。

将得到的每根绝缘线芯试样在直径为三倍线芯直径的心轴上卷绕三圈。

把试样退绕并拉直，然后再次卷绕，卷绕方式使第一次卷绕时被压缩的一面变为第二次卷绕时拉伸的一面。

对这样的操作周期再重复两次，即一个方向弯曲三次，另一个方向弯曲三次。

第三次弯曲后，把线芯拉直。对每个线芯试样从实际卷绕过的那部分取下长约 15 cm 的试件。

然后每个试件应在温度为 70℃±1℃的热空气烘箱中加速老化 240 h。

加速老化后，将试件置于环境温度下存放至少 16 h。

然后在每个试件的一端剥去 60 mm 长一段，用下述规定焊锡槽方法进行焊锡试验。

1.12.3 **焊锡槽**

焊锡槽的体积应足够大，以保证当导体进入焊锡槽时，焊锡的温度均匀一致。应有一个将焊锡温度保持在 270℃±10℃的装置。

焊锡槽的高度应至少为 75 mm。

为了防止焊锡槽对线芯的直接辐射，可用耐热材料制的穿孔板使其可见表面积尽可能减少。

焊锡的组分应是锡(在 59.5%和 61.5%之间)和铅。

杂质(与总质量的百分比)应不超过：

锑	0.50	锌	0.005
铋	0.25	铝	0.005
铜	0.08	其他	0.080
铁	0.02		

1.12.4 **试验步骤**

焊锡槽的表面应保持清洁光亮。

在环境温度下浸在盛有氯化锌溶液(ZnCl 占总质量的 10%)的酸洗池中 10 s 后，每个试件的裸露端头应沿其纵轴方向浸入焊锡槽中 50 mm 长。

浸入速度为 25 mm/s±5 mm/s。

浸锡时间为 5 s±0.5 s。

取出速度为 25 mm/s±5 mm/s。

一次浸入的开始与下一次浸入的开始之间的时间间隔为 10 s，共浸三次。

1.12.5 **要求**

导体的浸入部分应充分地镀上锡。

2 电气性能试验

2.1 导体电阻

导体电阻检查应在长度至少为 1 m 的电缆试样上对每根导体进行测量，并且还应测量每根电缆试样的长度。

若需要，可按下列公式换算到导体在 20℃，长度为 1 km 时的电阻：

$$R_{20}=R_t\frac{254.5}{234.5+t}\times\frac{1\,000}{L}$$

式中：

t——在测量时的试样温度，℃；

R_{20}——20℃时导体电阻，Ω/km；

R_t——t(℃)时，长度为L(m)的电缆的导体电阻，Ω；

L——电缆试样长度(是成品试样的长度，而不是单根绝缘线芯或单线的长度)，m。

2.2 成品电缆电压试验

交货的成品电缆试样应浸入水中。试样长度、水温和浸水时间见 GB/T 5013.1—2008 表 3 的规定。

电压应依次施加在每一导体对连接在一起的所有其他导体和水以及中心金属芯(若有)之间。然后电压再施加在所有连接在一起的导体对水并连接中心金属芯(若有)之间。

施加电压和耐压时间应按 GB/T 5013.1—2008 表 3 中的各项规定。

2.3 绝缘线芯电压试验

该项试验适用于有护套或有编织的电缆。

试验应在一根 5 m 长的电缆试样上进行。应剥去护套或外编织层和任何其他覆盖层或填充物，而不损伤绝缘线芯。

绝缘线芯应按 GB/T 5013.1—2008 表 3 的规定浸于水中，电压施加在导体和水之间。

施加电压和耐压时间应按 GB/T 5013.1—2008 表 3 中的各项规定。

2.4 温度 90℃以上的绝缘电阻

本试验方法适用于导体最高允许温度 90℃以上的电缆或绝缘线芯。

本试验应在用作电压试验的同一试样上进行。

从被试电缆或线芯上切取一段 1.40 m 长的试样。在试样中央部分，在要包覆的屏蔽层外并应超过金属丝扎线的宽度包覆一层半导电层。

屏蔽层可以是金属编织或金属带，其包覆方式应使得有效测量长度为 1.0 m。

在有效测量长度的两端留出 1 mm 宽的间隙，在其半导电层上绑扎约 5 mm 宽的金属丝作为保护环。应除去间隙上的任何半导电材料。

然后将试样弯成直径约为 $15D$(D为绝缘线芯的标称外径)但至少是 0.20 m 的圆圈。

试样应在规定试验温度的空气烘箱中持续 2 h。试样和空气烘箱的箱壁之间的净距应至少为 5 cm。

在导体和屏蔽之间施加 80 V～500 V 的电压后 1 min 测量绝缘电阻，保护金属丝环接地。该数值应换算成 1 km 长的数据。测得的电阻值应不小于产品标准规定的最小绝缘电阻值。

3 成品软电缆的机械强度试验

3.1 曲挠试验

3.1.1 概述

试验要求见 GB/T 5013.1—2008 中 5.6.3.1。

本试验不适用于导体标称截面积超过 4 mm^2 的软电缆和超过 18 芯的具有两层以上同心层的电缆。

3.1.2 试验设备

试验应在图 1 所示的设备上进行，该设备由小车 C 及其传动系统和四个用于卷绕试样的滑轮组成，小车 C 支撑两个相同直径的滑轮 A 和 B。另两个固定的滑轮安放在设备的两端，其直径可以不同于滑轮 A 和 B，但四个滑轮应能使装在其间的电缆呈水平状态。小车应在大于 1 m 的行程上以约 0.33 m/s 的恒速作往返运动。

滑轮由金属制成，对于圆电缆滑轮上开有半圆形的凹槽，对于扁电缆滑轮上开有平底的凹槽。限位夹头 D 应安装成使小车始终在重锤所施加的拉力作用下进行移动。当一端的夹具与支撑座接触时，另一端的夹具与支撑座的距离最大不超过 5 cm。

传动系统应能使小车平稳地作往返运动。

3.1.3 试样准备

取一根约5 m长的软电缆试样，如图1所示在滑轮上将其拉紧，两端各挂一个重锤。重锤的质量及滑轮A和B的直径见表1。

表1 负重和滑轮直径

软电缆型号	芯数	标称截面积/mm^2	负重/kg	滑轮直径[a]/mm
编织软线	2或3	0.75	1.0	80
		1	1.0	80
		1.5	1.0	80
普通强度橡套软线及软电缆 普通型氯丁或其他相当的合成弹性体橡套软线及软电缆 重型氯丁或其他相当的合成弹性体橡套软电缆	2～5	0.75	1.0	80
	2	1	1.0	120
		1.5	1.0	120
		2.5	1.5	120
		4	2.5	160
	3	1	1.0	120
		1.5	1.5	120
		2.5	2.0	160
		4	3.0	160
	4	1	1.5	120
		1.5	1.5	160
		2.5	2.5	160
		4	3.5	200
	5	1	1.5	120
		1.5	2.5	160
		2.5	3.0	160
		4	4.0	200
	7	1.5	3.5	160
		2.5	5.0	200
	12	1.5	5.0	200
		2.5	7.5	200
	18	1.5	7.5	200
		2.5	9.0	200

a 直径应在凹槽的最低点测量。

3.1.4 线芯负载电流

产生负载电流的电压可以是低电压或230/400 V的电压。

在曲挠试验过程中，试样的每根导体应负载表2规定的电流：

——二芯和三芯电缆，每根线芯都应加满负荷负载；

——四芯和五芯电缆，其中三芯应加满负荷负载，或所有线芯按下列公式加负载：

$$I_n = I_3\sqrt{3/n}(\mathrm{A/mm^2})$$

式中：

n——芯数；

I_3——表2给出的满负荷负载。

超过五芯的电缆不应加负载电流。在不加负载的线芯上应加一个信号电流。

表 2 负载电流

导体标称截面积/mm^2	电流/A
0.75	6
1	10
1.5	14
2.5	20
4	25

3.1.5 线芯之间的电压

对于二芯电缆,导体之间应施加 230 V 交流电压。对于所有其他三芯或三芯以上的电缆应在三根导体上施加约 400 V 的三相交流电压,而另外任何导体则连接到中性线上。应对三根相邻的线芯进行试验。如果是两层结构,应在外层进行试验。这同样应用于采用低压电流负载的系统。

3.1.6 故障检测(曲挠试验设备的结构)

当发生下述现象时,曲挠试验设备应能检测出并自动停止:

——电流断路;

——导体间短路;

——试样和滑轮间短路。

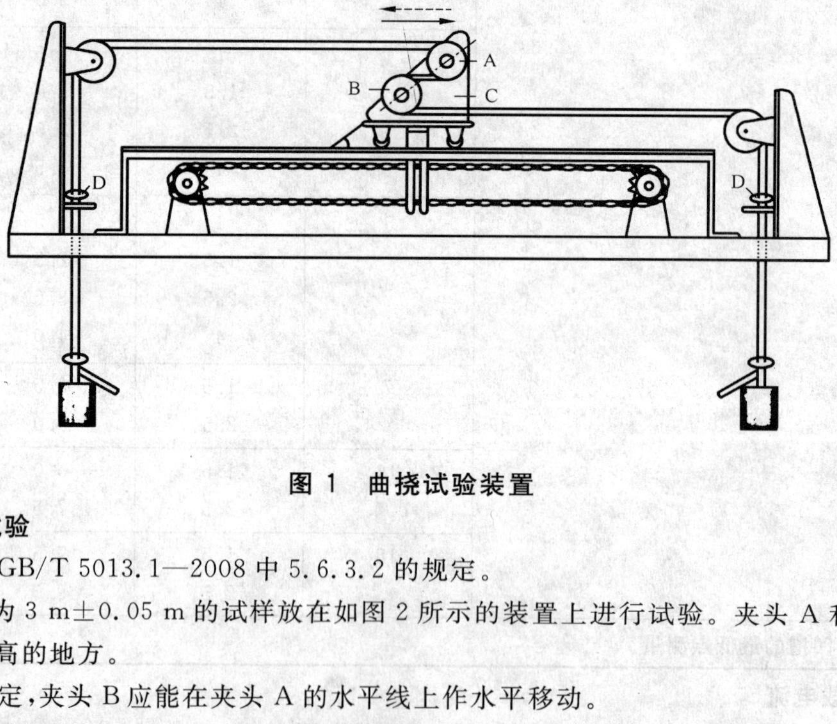

图 1 曲挠试验装置

3.2 静态曲挠试验

试验要求见 GB/T 5013.1—2008 中 5.6.3.2 的规定。

将一根长度为 3 m±0.05 m 的试样放在如图 2 所示的装置上进行试验。夹头 A 和 B 应放置在距地面至少 1.5 m 高的地方。

夹头 A 应固定,夹头 B 应能在夹头 A 的水平线上作水平移动。

应垂直夹住试样的两端(在试验期间应保持垂直),一端夹在夹头 A 上,另一端夹在可移动的夹头 B 上,两夹头之间距离 l=0.20 m。电缆装好后的大致形状如图 2 虚线所示。然后,使可移动的夹头 B 向离开固定夹头 A 的方向移动,直至电缆形状如图 2 实线所示的 U 形为止。即完全为通过夹头的两根铅垂线所包围,铅垂线与电缆的外形线相切。第一次试验后,使电缆在夹头处转 180°,进行第二次试验。

测量两根铅垂线之间的距离 l'并取其两次测量的平均值。

如果试验结果不合格,对试样应进行预处理,即把试样绕在一根直径为电缆外径约 20 倍的轴上,然后松开,这样共重复 4 次,每次应将试样转动 90°。试样预处理后,应经受住上述试验,并应符合规定要求。

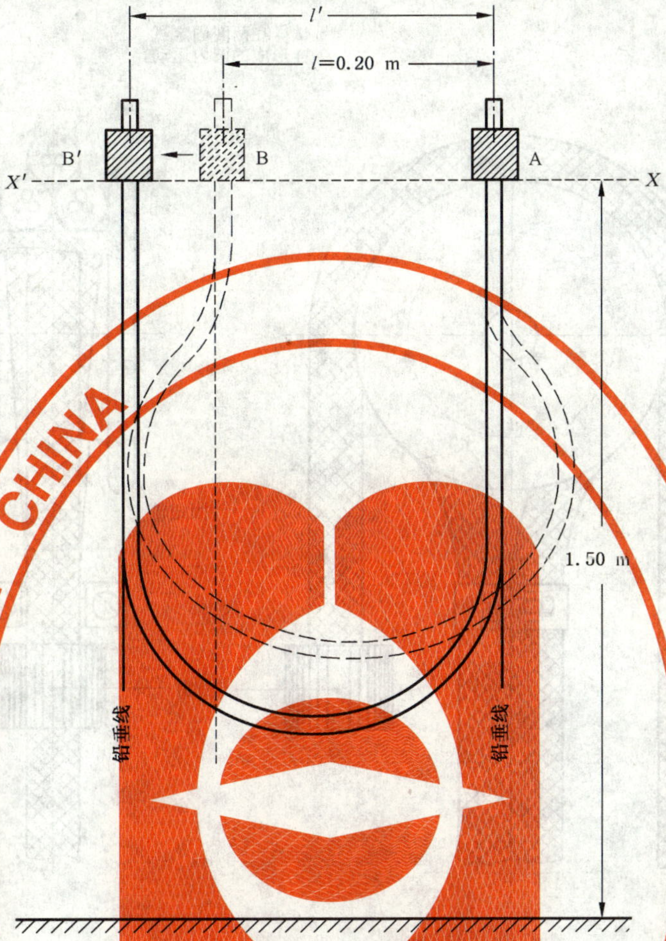

图 2　静态曲挠试验

3.3　耐磨试验

试验要求见 GB/T 5013.1—2008 中 5.6.3.3 的规定。

试验应在三对软电缆试样上进行，每个试样长约 1 m。

在每对试样中，一个试样应在槽底直径为 40 mm 的固定轮上约绕两圈，如图 3 所示，轮子的凸缘之间的距离使每圈试样彼此紧密接触即可。然后固定试样，防止电缆与轮子间有任何相对移动。

另一个试样应放在由上述两圈试样形成的槽中，在其一端悬挂 500 g 质量的重物。

试样另一端应在 0.10 m 距离内作上下运动，速度约为每分钟 40 次单程。

3.4　电梯电缆中心垫芯的抗张强度

试验要求见 GB/T 5013.1—2008 中 5.6.3.4。

从成品电缆上取一根 1 m 长的试样并称重。

剥去距试样两端 0.2 m 内的所有覆盖物并除去绝缘线芯，包括中心承力芯的中心垫芯应承受相当于 300 m 电缆质量的拉力。

拉力应施加 1 min。

可以使用一个自由悬挂的重锤或一个合适的能施加恒定拉力的拉力试验机。

3.5　三轮曲挠试验

3.5.1　试验方法

除对后续描述的试验装置作如下修改外，所有试验应按 3.1 的要求进行。

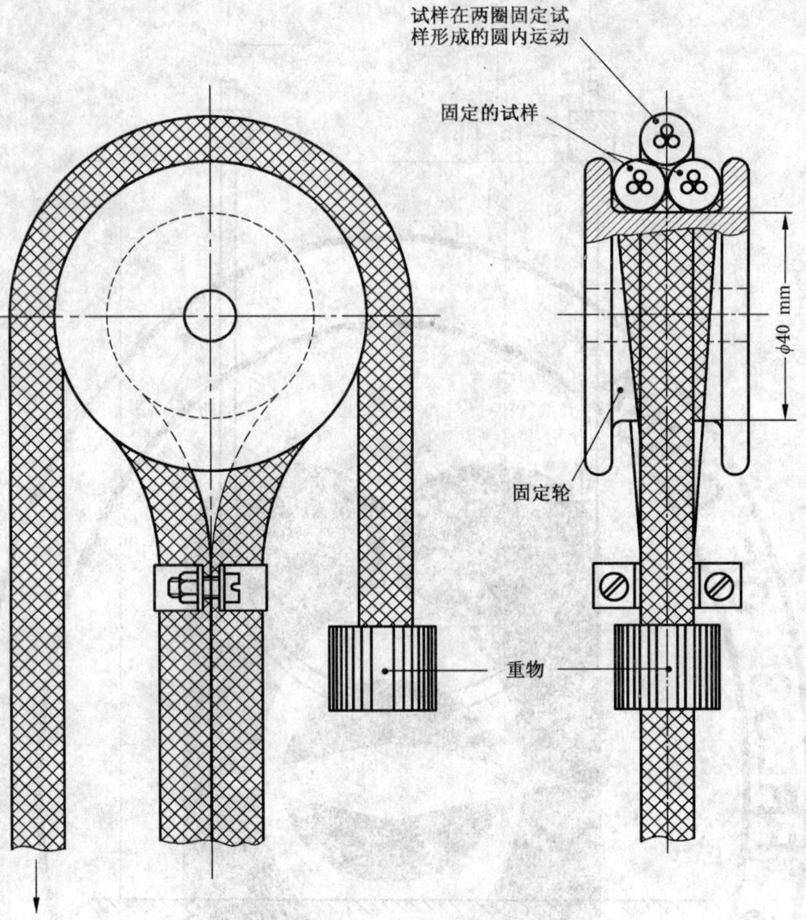

图 3 耐磨试验装置

a) 小车

3.1 中的设备的小车改成图 6 所示。

b) 滑轮

改动的小车 C 三个滑轮直径相同,滑轮直径按表 3 选择。

表 3 滑轮直径

电缆型号(芯数和导体标称截面积) No. ×mm²	滑轮直径/mm
2×0.75	40
2×1	40
3×0.75	40
2×1.5	45
3×1	45
3×1.5	50

c) 小车移动速度

改动的小车应具有约 0.1 m/s 的恒定速度。

d) 负重

3.1 中所述的加在导体上的负重应按 28 N/mm² 进行计算。

3.5.2 试验要求

在往复运动 1 000 次,即单向运动 2 000 次期间,导体不应发生断路,导体间不应发生短路,电缆和滑轮(试验设备)之间也不应发生短路。

试验后,应剥掉电缆护套。绝缘线芯按本部分 2.3 的规定进行电压试验,试验电压见 GB/T 5013.8。

3.6 扭绞试验

3.6.1 适用范围

本试验适用于二芯和三芯、导体截面积不超过 1.5 mm^2 的有护套的软线。

3.6.2 试验设备

本试验应在一台拉力试验机或等效的设备上进行。

用两个夹具固定软线。上夹具应能上下移动。下夹具垂直悬挂不用固定,但应保证软线在试验过程中不发生扭转而导致扭距改变。具体见图 7。

3.6.3 试样

取约 1 m 长的试样。软线应按图 7 中位置 1(起始位置)所示扭转三次,然后固定在上下夹具间,两夹具的初始距离为 200 mm。两夹具间的软线总长约为 800 mm,如图 7 中的位置 2 所示。

该试验需四个试样,两个用作顺时针扭转,另两个用作逆时针扭转。

3.6.4 试验步骤

下夹具按表 4 的要求悬挂一个重物。

表 4 负载重量

导体标称截面积/mm^2	电缆负重	
	二芯 N	三芯 N
0.75 1 1.5	30 50 70	50 70 100

每根导体按表 5 加负载电流。电流应由低电压系统产生。

表 5 试验电流

导体标称截面积/mm^2	试验电流/A
0.75 1 1.5	6 10 16

上夹具以每分钟九个周期的速度上下移动(一上一下为一个周期),每次移动距离(向上或向下)应为 650 mm。

当上夹具升到最高点时,下夹具上的重物应提起 50 mm 高(见图 7,位置 2)

每个试样应承受 3 000 次循环。

3.6.5 试验要求

在试验期间应不发生断路,导体间应不发生短路。

护套以及任何外护层(纺织物编织层)都应无损伤(无裂纹和撕裂)。纺织物编织层应无超过 2 mm 的裂口。

试验后,剥去护套和任何外护层,绝缘线芯按 2.3 的规定进行电压试验,试验电压见 GB/T 5013.8。

4 IE4 型绝缘橡皮混合物在空气烘箱和空气弹老化后的机械性能试验

4.1 概述

试验应按 GB/T 2951.1—1997 中 9.1 和 GB/T 2951.2—1997 中 8.1、8.2 的规定进行。

试验条件和试验要求见 GB/T 5013.1—2008 的表 1。

4.2 取样和制备

从每一被试绝缘线芯上取一个试样作试验,其长度足以切取至少五个试件,经要求的老化处理后作拉力试验。

4.3 老化试验步骤

绝缘线芯试件带导体老化试验应按 GB/T 2951.2—1997 的 8.1.3.2a)和 8.3 规定以管状或哑铃状试片进行试验。

如果预计经老化处理后导体和隔离层(若有)在不损伤绝缘条件下不能取出时,则允许在老化处理前抽出构成导体的约 30%单线。

4.4 试件制备和拉力试验

老化时间结束后,立即从烘箱或空气弹中取出线芯试件,在环境温度下至少放置 16 h,避免日光直接照射。

试件应按 GB/T 2951.1—1997 中 9.1 规定制备。

制备哑铃试片时,面向导体的这一侧绝缘应削平或磨平,使该侧绝缘除去的材料最少而又足够光滑。

制备好的试片应按 GB/T 2951.1—1997 中 9.1 规定进行截面积测定、条件处理和拉力试验。

5 电梯电缆燃烧试验

试验要求见 GB/T 5013.1—2008 中 5.6.3.5。

试验应按 GB/T 18380.1 规定进行。

试验前,电缆中不相邻的导体应串联连接。

在这样形成的两组线路中接入约 220 V 电压,并串联一只约 100 W/220 V 的灯泡。

在两组线路的另一端应接入一只约 10 W/220 V 的指示灯。

注:对于有多层绝缘线芯的电缆,不相邻线芯的串联连接应依次通过每一层,使得在每一层上相邻的绝缘线芯应尽可能地不在同一线路里。

在试验期间,指示灯应保持明亮。

典型的电气回路接线图如图 4 所示。

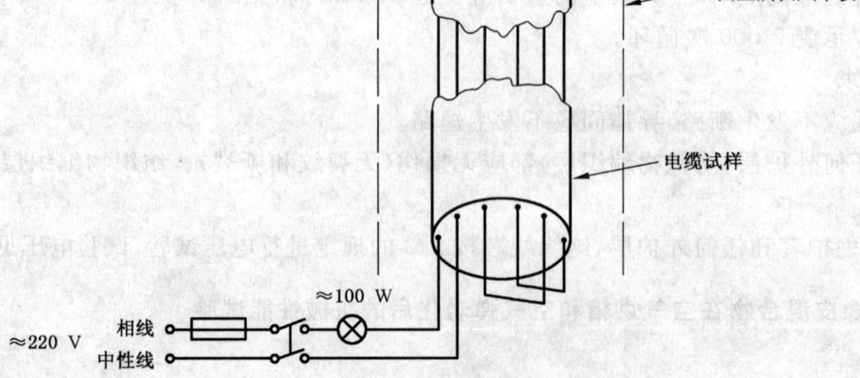

图 4 燃烧试验的电气线路

6 纺纤编织层的耐热试验

6.1 概述

本试验适用于GB/T 5013.8—2006的第2章中60245 IEC 89(RQEB)型编织电缆。

本试验是为了证明纺纤编织层具有足够的耐热性。

6.2 装置

6.2.1 带自然空气流通的电气加热箱。

6.2.2 如图5所示的铝块，表面光滑平整，表面光洁度符合GB/T 131、粗糙度 $Ra50$、试件质量1 000 g ±50 g。

6.2.3 钢制底板和带有导向杆的垂直侧板如图5所示。这样的设计可使铝块能在导向杆之间无阻碍地滑动，并且避免了任何的侧向倾斜。

6.2.4 计时器，如秒表。

6.3 试样

试样应是约300 mm长的一段成品软线。

6.4 制备

试样应校直并放在铝块中部，并尽可能靠近钢底板的中间纵轴位置，如图5所示。试样的一端伸出后部的引入孔约100 mm。

应将符合6.2.2要求的铝块放在6.2.1所述的温度为260℃±5℃的加热箱中至少4 h。

6.5 试验步骤

把铝块从加热箱中取出立即放在试样上 60^{+3}_{0} s。接着从试样上移去铝块。

6.6 要求

试验要求见GB/T 5013.1—2008中5.6.3.6规定。

单位为毫米

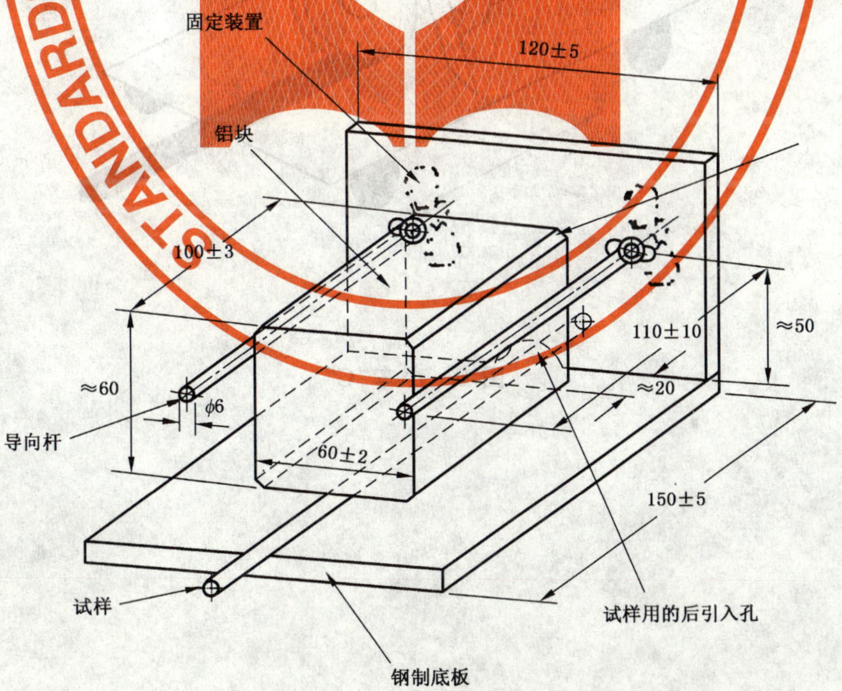

图5 装配好的试验装置

图6 小车“C”

单位为毫米

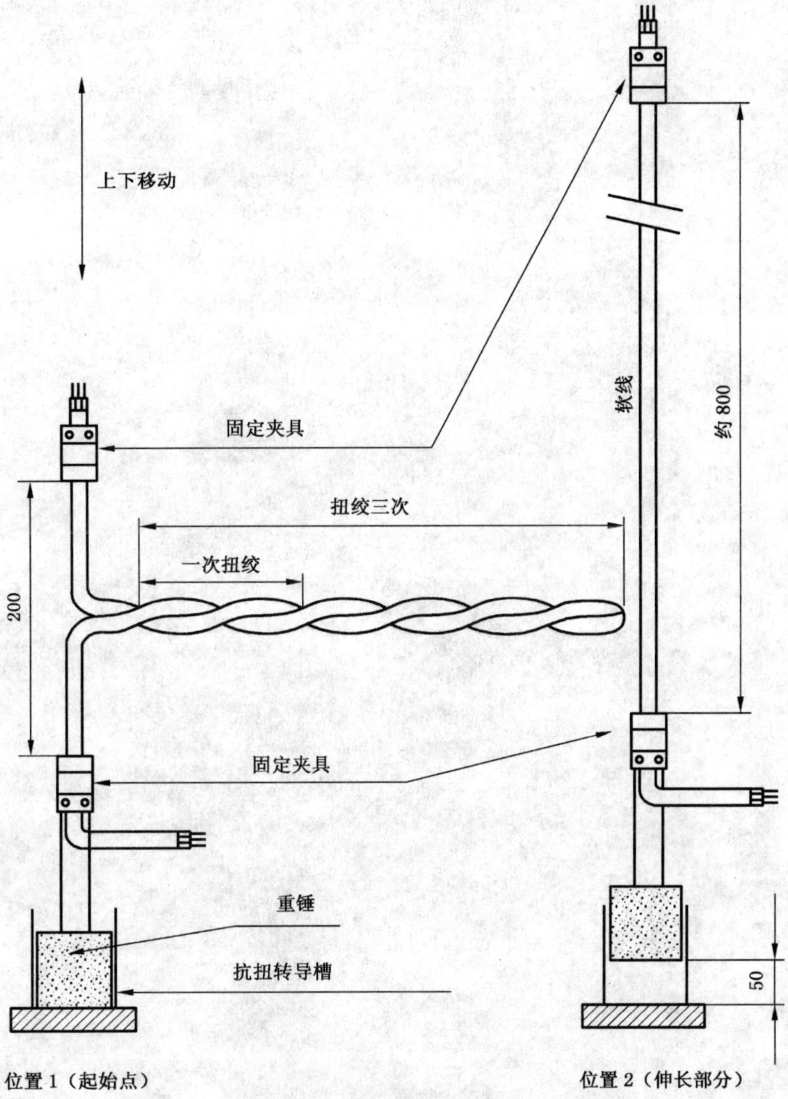

图7　扭绞试验设备